Das menschliche Büro – The human(e) office

Christine Kohlert
(Hrsg.)

Das menschliche Büro – The human(e) office

Hilfe zur Selbsthilfe für eine gesunde Arbeitswelt – Helping people to a healthy working environment

Hrsg.
Christine Kohlert
München, Deutschland

ISBN 978-3-658-33518-2 ISBN 978-3-658-33519-9 (eBook)
https://doi.org/10.1007/978-3-658-33519-9

Die Deutsche Nationalbibliothek verzeichnet diese Publikation in der Deutschen Nationalbibliografie; detaillierte bibliografische Daten sind im Internet über http://dnb.d-nb.de abrufbar.

Planung/Lektorat: Frieder Kumm
Springer Vieweg ist ein Imprint der eingetragenen Gesellschaft Springer Fachmedien Wiesbaden GmbH und ist ein Teil von Springer Nature.
Die Anschrift der Gesellschaft ist: Abraham-Lincoln-Str. 46, 65189 Wiesbaden, Germany

Vorwort

Arbeits- und Lernwelten verändern sich gerade in einem ungeahnten, nie da gewesenen Ausmaß, ausgelöst durch eine globale Pandemie. Kleine wie große Firmen sind verunsichert und ratlos, wie sie den Büroalltag der Zukunft gestalten sollen. Kurz vor Ausbruch der Pandemie entstand die Idee zu diesem Buch, das den menschlichen Arbeitsplatz unter ganz verschiedenen Gesichtspunkten beleuchten wollte. Ziel war es, der Frage nachzugehen, wie eine Arbeitswelt, speziell eine Büroarbeitswelt, aussieht, die den Menschen in den Mittelpunkt stellt und sich ganz besonders um Menschlichkeit am Arbeitsplatz Gedanken macht. Eine Arbeitswelt, die Arbeit und den Ort der Arbeit zu etwas macht, das man mit angenehmen Gefühlen verbindet, ohne Angst oder gar Widerwillen. Ein Arbeitsplatz, an dem man auch Spaß hat, sich gern einbringt, motiviert ist, engagiert und sich gern mit Kollegen austauscht und zusammenarbeitet.

Die Architektur ist der eine Teil, eine räumliche Arbeitsqualität mit vielen Wahlmöglichkeiten, aber ein weiterer sehr wichtiger Teil ist die Wertschätzung, die einem entgegengebracht wird und das gegenseitige Vertrauen. Nur in diesem Zusammenspiel kann eine Arbeitswelt entstehen, die man als ein menschliches Umfeld empfindet. So wie man zu Hause überall, in allen Räumen und Situationen lebt, so funktioniert auch das Arbeiten überall. Das Büro ist nicht ein bestimmter Platz, sondern das ganze Gebäude, die gesamte Organisation und, wie wir durch die Pandemie gelernt haben, noch viel mehr. Arbeiten ist ein Ökosystem aus vielen verschiedenen Orten und Möglichkeiten mit ganz verschiedenen Wahlmöglichkeiten. Aber dazu kommt auch der Mensch, der einerseits dieses Ökosystem und die unterschiedlichen Wahlmöglichkeiten annehmen muss und andererseits sich darauf besinnen sollte, dass er auch selbst für sein Wohlbefinden verantwortlich ist und selbst etwas dafür tun kann und muss, damit es einem selbst und auch den Mitmenschen gut geht. Auch das hat die Pandemie gezeigt, es geht nicht nur darum alles zu tun, damit man selbst gesund bleibt, sondern wir alle haben die Verantwortung für unser aller Gesundheit. Das Gleiche gilt für das Wohlfühlen und die Menschlichkeit.

Schon seit einiger Zeit ging es im Büro vor allem darum, nicht mehr zu denken „das ist mein Büro“ sondern „das ist unser Büro“. Heute geht es nicht mehr nur darum, an sich selbst und das eigene Wohlbefinden und die eigene Gesundheit zu denken, sondern auch, sich um das Wohlbefinden, die Zufriedenheit und die Freiheit aller zu kümmern. Die Arbeitswelt ist ein Teil dieses gemeinsamen Wohlfühlens und der Gesundheit aller, zu der jeder beitragen muss.

Die Autoren in diesem Buch haben es sich zur Aufgabe gemacht, mit ihren unterschiedlichen Blickwinkeln und Fachgebieten alle Aspekte rund um die Arbeitswelt zu betrachten und Vorschläge zu machen, wie man dem Ziel einer menschlichen Arbeitswelt näherkommen kann.

Das Buch gliedert sich in sieben Hauptkapitel. Das Kap. 1 beleuchtet das Thema Menschlichkeit am Arbeitsplatz // Humanity at the workplace. Nach einem Einführungsbeitrag zur Menschlichkeit von *Christine Kohlert*, mit einer Umfrage zum menschlichen Büro, die Anfang 2020 in den sozialen Medien lief, folgt ein Beitrag von *Jan Teunen*, mit einem Aufruf zu einer notwendigen Transformation des Büros, das in einer Krise steckt, mit einem Rückblick auf die menschliche Vergangenheit und woran erinnert werden sollte. *Anicee Bauer* beschäftigt sich mit der konzeptionellen Gestaltung unserer Arbeitsphilosophie und inwieweit die Krise, die wir gerade erleben, als Weckruf dienen kann und sollte, um unsere Herangehensweise an die Arbeit und das Leben im Allgemeinen nicht nur zu überdenken, sondern aktiv neu zu gestalten. Abgeleitet von Aristoteles und anderen großen Denkern, skizziert sie den eudaimonischen Arbeitsplatz, der sich aus einem anderen Satz von Werten wie Einfühlungsvermögen, spiritueller Führung, positiver Psychologie, Zweck und Bedeutung sowie Verbundenheit entwickelt.

Die Kap. 2 und 3 befassen sich mit der Einbeziehung der Menschen // Involvement of the user. Im Teil 2 mit dem Wandel der Arbeitswelt // Change in the world of work. *Mark Philipps, Angelika Donhauser* und *Jennifer Vogt* untersuchen die Entwicklung des Büros und beschäftigen sich damit, wie Veränderungen der Lebens- und Sozialkultur sich auf die Gestaltung menschlicher Büros auswirken werden. *Daniel Ringwald* geht darauf ein, wie wichtig das Büro für den Ausdruck der Kultur einer Organisation, innen wie außen, ist. Folgerichtig stellt er sich die Frage nach seinem Sinn und Zweck: seinem Nutzen. Um dabei der Diversität der Menschen und ihrer unterschiedlichen Anforderungen an eine Arbeitsumgebung gerecht werden zu können, bedarf es eines co-kreativen Ansatzes und vieler unterschiedlicher Perspektiven. Dabei sollte die Planung an einer Konstanten – auf einen Mittelpunkt hin – ausgerichtet sein: den Nutzer. *Sven Ostner* stellt fest, dass sich die evolutionäre Anpassung des Menschen an ein Leben in der Natur über einen sehr langen Zeitraum vollzog, aber auch heute noch wirksam ist. Sinneseindrücke des Raums beeinflussen unser Befinden und unser Verhalten, wie kann man also Architektur als „sensorische Landschaft“ verstehen und richtig einsetzen, um Arbeitsumgebungen mit vielfältigen positiven Effekten zu gestalten, sodass das Büro zum strategischen Werkzeug wird, um sowohl unternehmerische wie auch individuelle Verbesserungen zu erzielen. *Heinz Wagner* gibt fünf konkrete Handlungsempfehlungen für das Gelingen eines New-work-Projekts und unterstreicht, warum sich ein Büro nach modernsten Erkenntnissen lohnt, welche Elemente dazu gehören und wie sich diese zusammenfügen.

Im 3. Kapitel geht es darum, wie man die Menschen verstehen kann und welche Tools und Methoden dabei am besten unterstützen // Understand the people – Tools and methods. *Claudia Rhode* beschäftigt sich mit dem Thema Glück bei der Arbeit. Das Wohlergehen ihrer Mitarbeiter liegt im wirtschaftlichen Interesse der Unternehmen, denn es ist wissenschaftlich erwiesen, dass zufriedene, glückliche Menschen in jeder Hinsicht bessere Leistungen erbringen, zudem sind sie gesünder und kreativer. Glück entsteht in erster Linie durch die eigenen Handlungen und Einstellungen, aber Unternehmen können durch Kultur und Führung eine Kultur schaffen, die Glück fördern kann. Dazu stellt sie den FIRMS-Entwurf vor. Gibt es verschiedene Wahlmöglichkeiten und Arbeitsumgebungen; wie trifft man dann die beste Entscheidung? Hilfestellung dazu gibt *Laureen Clark* durch das Bewusstsein für die eigene Sinneswahrnehmung. Auf der Basis einer empirischen Studie zu Workplace-Organisation und -Strategiebildung von elf multinationalen Großunternehmen diskutieren *Stefanie Lange* und *Lukas Windlinger* die Positionierung von Workplace Management in Organisationen und empfehlen, dies durch eine Workplace Governance zu steuern. Die besonderen Zutaten im Zwischenmenschlichen, die ein Büro beseelen, beschreibt *Sevira Patricia Landsberg* in ihrem Beitrag über die soziale Dimension des Raums und plädiert für mehr Bewusstsein hierfür im Unternehmensalltag.

In Kap. 4, 5 und 6 geht es um die verschiedenen Aspekte des Wohlbefindens – das mentale, das funktionale und das körperliche // Aspects of wellbeing – mental, functional, physical.

In Teil 4, dem mentalen Wohlbefinden // mental wellbeing plädiert Jennifer Gunkel für Selbstmanagement als Grundvoraussetzung dafür, in dieser Arbeitswelt erfolgreich zu sein. Es geht um Freiheiten der neuen Arbeitswelt und um die Möglichkeiten, die der Einzelne hat, sich selbst ressourcenorientiert in ihr zu bewegen. Dabei liegt der Fokus auf der Einzelperson und der Möglichkeit, sich in der neuen Arbeitswelt selbst zu managen, sich selbst gesund zu halten und die eigenen Stärken gezielt nutzen zu können. Der Fokus von psychologischer Forschung und von Interventionen liegt auf intrapersonellen und interpersonellen Aspekten, aber gleichzeitig hat das Außen eine maßgebliche Wirkung. Damit beschäftigt sich *Andrea Prehofer* in ihrem Beitrag zur aktuellen Hirnforschung. Wie man sich fühlt, so arbeitet man. Räume, in denen Menschen gut arbeiten und ihr Potenzial entfalten können, verkörpern diese Erkenntnisse in der Gestaltung von Arbeitsplatz und -umfeld. Bürogestaltung ist immer auch Ausdruck von Prioritäten, Wertschätzung, Kultur und Werten – ob bewusst oder zufällig. Um die innere mentale Fitness geht es im Beitrag von *Heiko Janssen* am Beispiel einer Führungskraft, die ein gesundes Maß an Leistungsüberwachung im Zusammenspiel zwischen Vertrauen und Kontrolle sowie Abgrenzung zum Privatleben für sich und ihre Mitarbeiter finden muss. Darüber hinaus ist jeder selbstverantwortlich hinsichtlich seines Lebensstils. Als Hilfestellung wird die Stoppmethode beschrieben, um konstruktiver durchs Leben gehen zu können. *Stefanie Lange* und *Lukas Windlinger* zeigen anhand des Ansatzes der Workplace Experience, wie eine Passung zwischen Mitarbeitenden und ihrer Arbeitsumgebung erreicht werden und man durch die Gestaltung und den Betrieb der Arbeitsumgebung wechselnde und wiederkehrende positive Erlebnisse schaffen kann. Der hauptsächliche Nutzen des Workplace-Experience-Ansatzes liegt in der Erhöhung der Arbeitgeberattraktivität und der Integration von funktional und emotional positiven Arbeitswelten. Den Abschluss dieses Teils bildet *Susanne Bohra* mit ihrer Betrachtung zum Buzzword Wellbeing bei der Einrichtung einer neuen Arbeitswelt. Psychologische, veränderungsrelevante und humane Einsichten zu Wellbeing und neuen Arbeitswelten werden miteinander verwoben. Erst daraus entsteht eine ganzheitliche Perspektive auf den Menschen im Zentrum des Wandels und somit im Zentrum von neuen Arbeitswelten. Wellbeing in der Gestaltung von neuen Arbeitswelten wird auf drei Ebenen beleuchtet, erstens als Teil des Changemanagements, zweitens als Konsequenz der Veränderung und drittens als Inhalt der neuen Arbeitswelt selbst.

Das Kap. 5 betrachtet das funktionale Wohlbefinden // functional wellbeing. In *Anja Kluges* Beitrag geht es um Räume, die beflügeln. Räume beeinflussen unser Denken, unsere Emotionen und unsere Handlungen. Deshalb sollten sie bewusst so gestaltet werden, dass sie die gewünschten Empfindungen oder Verhaltensweisen fördern und zur Befriedigung der drei Grundbedürfnisse Autonomie, Zugehörigkeit und Kompetenz beitragen. Um den Wunsch der Mitarbeiter nach Identifikation mit dem Arbeitgeber und das neue Selbstverständnis von Arbeit geht es in *Mike Heruds* Beitrag. Architektur kann helfen, die Voraussetzungen im physischen Raum zu schaffen und dabei auch die Schwächen des digitalen Raums auszugleichen. Praktische Beispiele verdeutlichen, wie die veränderten Anforderungen an eine neue Arbeitswelt in der Architektur und Innenarchitektur formuliert werden können. *Malte Kopmann* beschäftigt sich mit der Rolle des Architekten und seinem Anspruch, sein Schaffen in den Dienst von Nachhaltigkeit, Sinnhaftigkeit und Menschenwürdigkeit zu stellen und der Frage bei der Gestaltung von Bürogebäuden nach Angemessenheit und Verhältnismäßigkeit. Die Art des Arbeitens hat sich vollkommen verändert in den vergangenen Jahren und deswegen muss die Frage nach dem richtigen Maß an Menschlichkeit und wie der Mensch hierfür als Maßstab dienen kann, fortwährend und immer wieder neu gestellt werden. Um den gesellschaftlichen Diskurs zu ermöglichen, werden in diesem Text Optionen beschrieben, wie das architektonische Umfeld von Büroflächen mehr Menschlichkeit möglich machen kann. Inhaltlich befasst sich der Text mit den vier Themen Körper, Individuum, Emotion und Gemeinschaft. Im letzten Beitrag dieses Teils stellen *Derek Clements-Croome*, *Clare Bowman* und *Youmna Dmour* das „Flourish Model" für ein ökologisches Design vor. Der multisensorische Flourish(Gedeihen)-Ansatz ist ein Weg, auch künftig eine umfassende und ganzheitliche Sicht über die Auswirkungen der Umwelt auf den Menschen zu erhalten und unseren Gestaltungsspielraum so zu erweitern, dass wir anregende Orte schaffen, an denen die Menschen arbeiten und sich wohlfühlen können.

Das 6. Kapitel beschäftigt sich mit dem körperlichen Wohlbefinden // physical wellbeing. *Giselle Fuchs* erläutert, wie wichtig Bewegungspausen bei der Büroarbeit sind, dass wir dafür selbst verantwortlich sind und was wir selbst dafür tun können. **GYROTONIC®**- und **GYROKINESIS®**-Methoden sind dreidimensionale Bewegungssysteme, die von Juliu Horvath entwickelt wurden und die anhand gezielt aufeinander folgender Bewegungsübungen eine individuelle Schulung der Wirbelsäule, die als steuerndes Zentrum der körperlichen und mentalen Einheit verstanden wird, erlauben. *Benjamin Weiderer* beschäftigt sich mit schlechter Körperhaltung und beschreibt die negativen Folgen und wie man diesen entgegenwirken kann. Einfache Bewegungsroutinen, regelmäßig ausgeübt, helfen, Verspannungen und Schmerzen zu beseitigen sowie zu einer schmerzfreien und gesünderen Leistungsfähigkeit (zurück) zu gelangen.

Das Kap. 7 wagt einen Ausblick in die Zukunft mit und nach Corona und die Zukunft des Arbeitsplatzes // Corona and the future of the workplace. *Gerthin Nadin* erweitert den Blick und betrachtet das Wohlergehen der Gemeinschaft. Wohlergehen ist nicht nur eine Erfahrung für den Einzelnen, sondern wird ganz erheblich von den Menschen um uns herum, in unseren Gemeinschaften, beeinflusst. In Zukunft werden diejenigen Marken, die sich für das Wohlergehen der Gemeinschaft und die Gesundheit der Menschen engagieren, auch erfolgreicher sein und Vertrauen genießen. Um die zukünftige Perspektive der Mitarbeiter geht es im Beitrag von *Theresia Leuenberger, Livia Suter* und *Hartmut Schulze*. Die Digitalisierung ermöglicht eine flexible Gestaltung der Arbeit, die auch die Bürokonzeption und -nutzung beeinflusst, dies wird allerdings durch eine Pandemie erschwert. Es wird deshalb eine Refiguration der flexiblen Arbeit vorgeschlagen, um zu erreichen, dass Mitarbeitende ihren Bedürfnissen entsprechend und unter Berücksichtigung der Pandemiesituation – zeitlich und räumlich – flexibel arbeiten können. Anhand von drei Personae wird die Perspektive von Mitarbeitenden in der Konzeption der flexiblen Arbeit erläutert, die in Zukunft für eine mögliche Neukonzeption der flexiblen Arbeit mitberücksichtigt werden muss. *John Willy Bakke* und *Udo-Ernst Haner* wagen schließlich einen Blick auf die Zeit nach der Pandemie und wie man Büroarbeit überdenken kann. Es werden mehrere Schlüsselthemen behandelt, wobei die Pandemie als Prisma benutzt wird, um zu fragen, welche neuen Praktiken nach der Krise bestehen bleiben oder ob es eine Rückkehr zur Situation vor der Pandemie geben wird. Ausgehend von dieser postpandemischen Perspektive wird die Zukunft der Büroarbeit auf der Grundlage ihrer Eignung für Einzelpersonen und für die Organisation als Ganzes diskutiert. *Christine Kohlert* schließt den Blick am Ende des Buchs mit einigen Betrachtungen zum neuen „Normal" oder einem neuen Anfang. Und fragt, ob die Krise nicht auch eine Chance für einen besseren Neu(Wieder)anfang der Arbeit im Büro sein kann. Dabei sollte man stets im Blick haben: Arbeit ist nicht ein Ort, zu dem man geht, es ist das, was man tut.

Das Buch richtet sich an Geschäftsführer von Unternehmen, Führungskräfte, aber auch Mitarbeiter, die selbst für ihr Wohlbefinden Verantwortung übernehmen möchten. Aufgrund der Praxisorientierung ist es aber auch hilfreich für Architekten, Hochschuldozenten und Studierende sowie für Personalberater, Facility Manager und alle, die sich mit der Planung und Gestaltung zukünftiger Lern- und Arbeitswelten beschäftigen.

Mein Dank gilt allen Autoren, die bereit waren, ihre Forschungen, Erfahrungen und Gedanken sowie ihr Wissen zu einer menschlicheren Arbeitswelt mit allen, die dieses Buch lesen werden, zu teilen. Aber der Dank gilt auch allen anderen, die uns beim Schreiben inspiriert und gute Idee beigetragen haben. Besonders danken möchte ich meiner Tochter Hanna, einer Soziologin, und Eckhard von Münchow, die mich beide bei der Auswertung der Umfrage mit vielen guten Vorschlägen und tatkräftiger Hilfe unterstützt haben.

Organisationen werden ihre Arbeitswelten überdenken müssen und sollten künftig nicht Flächeneinsparungen und Flächenverdichtungen in den Mittelpunkt ihrer Überlegungen stellen, sondern sich um vielfältige Wahlmöglichkeiten für ihre Beschäftigten kümmern und ein Ökosystem aus Arbeitsszenarien zur Verfügung stellen. Damit schaffen sie sich einen Wettbewerbsvorteil, erhalten zufriedene, gesunde, motivierte und engagierte Mitarbeiter und tragen zu einem Wohlfühlen der Gesellschaft als Ganzes bei. Es wäre wünschenswert, wenn das Buch zu einer besseren – einer menschlicheren – Arbeitswelt einen Beitrag leisten könnte.

München
im November 2020

Christine Kohlert

Ein Hinweis vorab

Aus Gründen der besseren Lesbarkeit wurde auf die gleichzeitige Verwendung männlicher und weiblicher Sprachformen im gesamten Buch verzichtet. Sämtliche Personenbezeichnungen gelten gleichermaßen für alle Geschlechter.

Inhaltsverzeichnis

Herausgeber- und Autorenverzeichnis

Über die Herausgeber

Prof. Dr. Christine Kohlert ist Architektin und Stadtplanerin und beschäftigt sich seit über 30 Jahren mit Lern- und Arbeitswelten der Zukunft, insbesondere mit dem Zusammenspiel von Raum und Organisation. Ihre Schwerpunkte liegen in der Einbeziehung der Nutzer in den Entstehungsprozess, dem Sichtbarmachen des Veränderungsprozesses sowie der Raumanalyse. Sie ist außerdem Professorin an der Mediadesign Hochschule in München und der Fachhochschule in Augsburg. Am Massachusetts Institute of Technology betreute sie zwölf Jahre lang als Research Affiliate verschiedene Forschungsprojekte und leitete Seminare zu Raum und Organisation sowie zu Innovation. Christine Kohlert berät und begleitet Organisationen bei der Entwicklung von Strategie und Vision und leitet und führt begleitende Workshops und Exkursionen durch. Sie ist in verschiedenen Gremien und hat die wissenschaftliche Leitung für Konferenzen. Gemeinsam mit Verbundpartnern aus Forschung und Praxis forschte sie im Projekt PRÄGEWELT (Präventionsorientierte Gestaltung neuer Arbeitswelten), wie Arbeitswelten gesundheitsförderlich gestaltet werden können. Sie lebte drei Jahre in Tansania sowie ein Jahr im Kosovo und lehrte an den dortigen Universitäten. Sie arbeitete für die Gesellschaft für technische Zusammenarbeit (GTZ), die Friedrich Ebert Stiftung, Cultural Heritage without Borders (CHwB) sowie die Deutsche Botschaft und leitete verschiedene Stadtentwicklungsprojekte. Außerdem betreute sie im Rahmen des Lehrplans (UNESCO) Entwicklungsprojekte in Tansania.

Autorenverzeichnis

Youmna Al-Dmour Brunel University London, Uxbridge, United Kingdom

John Willy Bakke Aalborg, Denmark

drs. Anicee Carolyn Bauer Environmental Psychologist, Amsterdam, The Netherlands

Susanne Bohra Olching, Deutschland

Clare Bowman De Montfort University, Leicester, United Kingdom

Lauren Clark Johannesburg, South Africa

Derek Clements-Croome Reading University, Reading, United Kingdom

Angelika Donhauser Dipl.-Ing. München, Deutschland

Giselle Fuchs Naturheilpraxis Giselle Fuchs, München, Deutschland

Prof. Dr. Jennifer Gunkel München, Deutschland

Udo-Ernst Haner Fraunhofer-Institut für Arbeitswirtschaft und Organisation IAO Stuttgart, Stuttgart, Deutschland

Mike Herud SCOPE Architekten GmbH, Stuttgart, Deutschland

Heiko Janssen München, Deutschland

Dr. Anja Kluge Kluges Konzept - Mensch & Raum, München, Deutschland

Prof. Dr.-Ing. Christine Kohlert Kohlert Consulting, München, Deutschland

Sevira Patricia Landsberg Troisdorf, Deutschland

Stefanie Lange MSc Institut für Facility Management, Zürcher Hochschule für Angewandte Wissenschaften (ZHAW), Wädenswil, Schweiz

Malte Kopmann Mammolshain, Deutschland

Dr. Theresia Leuenberger Fachhochschule Nordwestschweiz Hochschule für Angewandte Psychologie, Olten, Schweiz

Gethin Nadin Cardiff, UK

Sven Wolf Ostner Dipl.Ing. Solna, Schweden

Prof. Dipl.-Ing. Mark Phillips Hochschule Coburg, Coburg, Deutschland

Andrea Prehofer Dipl.-Math. Starnberg, Deutschland

Daniel Ringwald Dipl.Ing. The Dive GmbH, Berlin, Deutschland

Dr. Claudia Rohde Bröckel, Deutschland

Prof. Dr. Hartmut Schulze Fachhochschule Nordwestschweiz Hochschule für Angewandte Psychologie, Olten, Schweiz

Livia Suter Fachhochschule Nordwestschweiz Hochschule für Angewandte Psychologie, Olten, Schweiz

Prof. Jan Teunen Schloss Johannisberg, Teunen Konzepte GmbH, Geisenheim, Deutschland

Jennifer Vogt Ottensoos, Deutschland

Heinz Wagner Sachsenheim, Deutschland

Benjamin Weiderer BEWECT – Benjamin Weiderer Coaching & Training, München, Deutschland

Prof. Dr. Lukas Inversini Windlinger Institut für Facility Management, Zürcher Hochschule für Angewandte Wissenschaften (ZHAW), Wädenswil, Schweiz

Teil I

Menschlichkeit am Arbeitsplatz
Humanity at the Workplace

Das menschliche Büro

The Human(e) Office

1

Christine Kohlert

Zusammenfassung

Der Begriff Menschlichkeit wird untersucht und definiert, außerdem was eigentlich Gesundheit und Wohlfühlen, Zufriedenheit und Wertschätzung heute bedeuten. Für das Buch wurde eine Umfrage zum Thema „das menschliche Büro" in den sozialen Medien durchgeführt. Die Ergebnisse dieser Studie werden vorgestellt, erläutert und diskutiert, welche Aussagen diese Resultate liefern und welche Bedeutung sie unter dem Kontext Menschlichkeit haben. Unterschiedliche Aspekte, wie der Mensch im Mittelpunkt, die lebendige, lernende Organisation, der physische Raum, Kommunikation und Konzentration, das Umfeld und die neue Führung werden betrachtet als wesentliche Voraussetzungen und Facetten für das menschliche Büro der Zukunft.

Abstract

The term humanity is examined and defined, as well as what health and well-being, satisfaction and appreciation actually mean today. For the book, a survey was conducted on the topic of "the human office" in the social media. The results of this survey are presented, explained, and discussed what these results provide and what meaning they have in the context of humanity. Different aspects, such as the human being at the center, the living and learning organization, physical space,

---

C. Kohlert (✉)
Kohlert Consulting, München, Deutschland
E-Mail: cekohlert@gmx.net

C. Kohlert (Hrsg.), *Das menschliche Büro – The human(e) office*,
https://doi.org/10.1007/978-3-658-33519-9_1

communication and concentration, the environment and the new leadership are considered as essential prerequisites and facets for the human office of the future.

1.1 Definition

Laut Wikipedia hat der Begriff Menschlichkeit oder Humanität eine weitere und eine engere Bedeutung. Der Begriff bezieht sich in seiner weiteren Bedeutung auf „alles, was Menschen zugehörig oder eigen ist". In diesem Sinn bedeutet menschliches Verhalten „jedes empirisch beobachtbare oder mögliche Verhalten von Menschen". Dieses Verhalten zu beschreiben und zu erklären, ist vor allem Aufgabe der Humanethologie. Der Begriff menschliches Verhalten (mit Betonung des Attributs menschlich) hingegen hat einen normativen Gehalt, geht also von Vorstellungen darüber aus, wie der Mensch sein solle oder angeblich seiner wahren Natur oder idealen Bestimmung nach sei. Unter dieser Voraussetzung bezeichnet das Wort Menschlichkeit in einer engeren Wortbedeutung Züge des Menschen, die objektiv als richtig oder gut gelten, zum Beispiel Mitleid, Nächstenliebe, Güte, Milde, Toleranz, Wohlwollen, Hilfsbereitschaft. Als subjektives Ziel der Selbstveredelung wird demgegenüber auch das Streben nach harmonischem Ausgleich von Sinnlichkeit und Sittlichkeit genannt.[1]

Human bedeutet also immer den Menschen betreffend, zum Menschen gehörend, für ihn charakteristisch, menschenwürdig, annehmbar, den Bedürfnissen des Menschen entsprechend, tolerant, nachsichtig – human. Jemand der menschlich ist, ist entgegenkommend und freundlich, er ist gut zu anderen, gütig und hilfsbereit, milde, nachsichtig, sozial und tolerant.

Der Duden beschreibt auch, was mit einem menschlichen Büro gemeint ist: „den Menschen betreffend; zum Menschen gehörend, für ihn charakteristisch" und eine Umgebung, die „menschenwürdig [ist], annehmbar, den Bedürfnissen des Menschen entsprechend" (Duden Bedeutungen 2020).

Der Arbeitspsychologe Eberhard Ulich vertieft dies und bezeichnet die Arbeitstätigkeiten als human, die die psychophysische Gesundheit der Arbeitstätigen nicht schädigen, ihr psychosoziales Wohlbefinden nicht – oder allenfalls vorübergehend – beeinträchtigen, ihren Bedürfnissen und Qualifikationen entsprechen, individuelle und/oder kollektive Einflussnahme auf Arbeitsbedingungen und Arbeitssysteme ermöglichen und zur Entwicklung ihrer Persönlichkeit im Sinn der Entfaltung ihrer Potenziale und Förderung ihrer Kompetenzen beizutragen vermögen (Ulich 2005).

[1] https://de.wikipedia.org/wiki/Menschlichkeit, 17.6.2020.

1.2 Gesundheit und Wohlfühlen, Zufriedenheit und Wertschätzung

In den letzten Jahren wuchs das Bewusstsein der Menschen für die eigene Gesundheit immer mehr. Nicht umsonst heißt es: Gesundheit ist das höchste Gut. Man achtet auf gesundes Essen, kauft bessere und umweltverträglichere Produkte und achtet auf ausreichend Bewegung, die man anhand von Schrittmessern selbst überprüft. Durch Covid-19 hat sich das Verständnis für die eigene Gesundheit weiter verändert. Zuvor war vor allem wichtig, was ist für mich persönlich gut und richtig, nun geht es darum, was ist für uns alle das Richtige und wie können wir uns gemeinsam gesund erhalten und uns alle im Büro wohlfühlen.

Nach der Definition der Weltgesundheitsorganisation umfasst Gesundheit geistige, soziale und körperliche Gesundheit (WHO 2020). Sich gut zu fühlen, bedeutet Glücksgefühle, innere Ruhe zu haben und gut ausbalanciert zu sein in der täglichen Hektik und den unterschiedlichen Formen von Stress im Arbeitsleben. Sich sehr gut zu fühlen, bedeutet auch, dass man Eigeninitiative für die eigene Gesundheit und die eigene Zufriedenheit entwickelt. Das subjektive Wohlfühlen in der Psychologie ist das Gefühl von Lebensglück und die Zufriedenheit mit dem eigenen Leben. Insgesamt bedeutet dies ganz einfach Lebensqualität.

Nur wer sich wohlfühlt und Wertschätzung am Arbeitsplatz erfährt, kann engagiert und kreativ Arbeiten und neues Wissen generieren. Neue Fertigkeiten sind gefordert, nicht mit den Händen, sondern vom Verstand sowie ein Umdenken über die Organisation der Arbeit und ihre Wertschätzung. Dabei geht es aber vor allem nicht nur um die Wertschätzung der Arbeit, sondern auch der Menschen, um eine gegenseitige Achtsamkeit und wie man miteinander umgeht.

1.3 Das menschlichen Büro – Umfrage

Zur Recherche für dieses Buch wurde eine Umfrage in den sozialen Medien gestartet zum Thema „das menschliche Büro“. Der Rücklauf betrug 99 Beantwortungen, wovon 85 % angaben, mit ihrem Arbeitsumfeld zufrieden zu sein, nur 15 % verneinten dies. Die Altersstruktur der Teilnehmer lag mit 93 % im typischen Durchschnitt der arbeitstätigen Bevölkerung, zwischen 30 und 65 Jahren. Sechs Personen waren unter 30 Jahre und eine Person über 65 Jahre alt (Abb. 1.1). Die Mitarbeiteranzahl war relativ ausgewogen, mit etwas mehr Beantwortungen in größeren Unternehmen (Abb. 1.2).

Das Gros der Teilnehmer stammte aus Deutschland, gefolgt von der Schweiz und vereinzelten Teilnehmern aus dem Vereinigten Königreich und aus Australien.

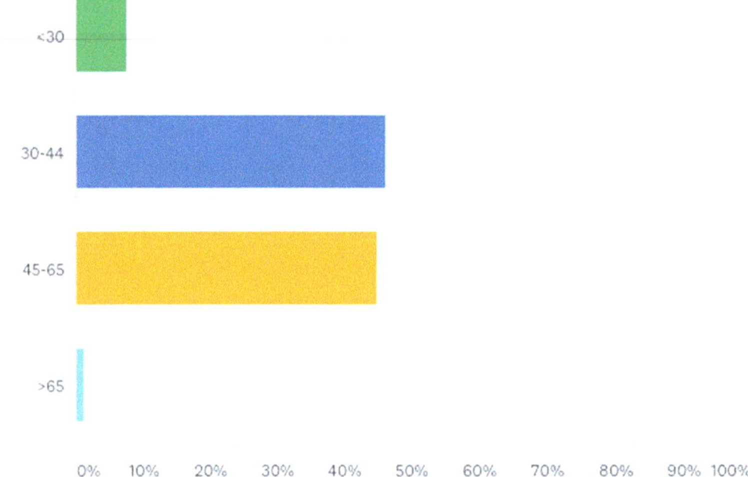

Abb. 1.1 Altersstruktur der Teilnehmer

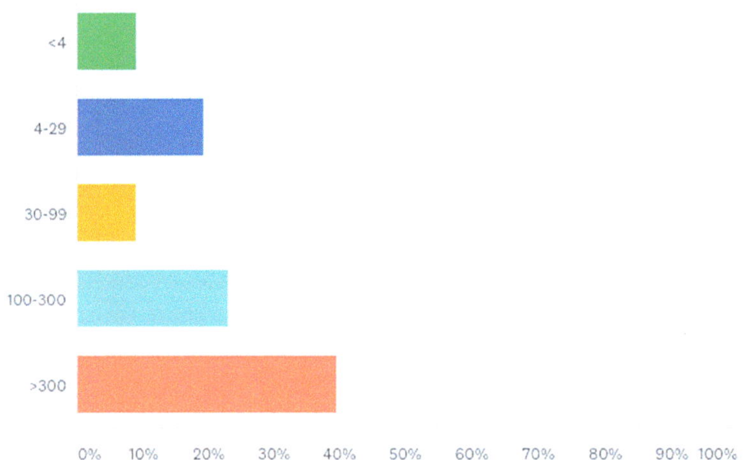

Abb. 1.2 Anzahl der Mitarbeiter

1.3.1 Das richtige Arbeitsumfeld

Die erste Frage lautete: „Was macht ein Arbeitsumfeld in ihren Augen menschlich?"

Alle Antworten kreisten dabei um drei Themen: Wertschätzung, Abwechslung und Wahlmöglichkeiten am Arbeitsplatz und das soziale Miteinander und das Verhalten der Menschen im Büro.

Wertschätzung bedeutet für die Teilnehmer gegenseitiger Respekt, freundlicher Umgang untereinander, eine offene Fehlerkultur, dass einem ein gewisser Grad an Selbstgestaltung und Eigenverantwortung möglich ist sowie die Erfüllung allgemeiner menschlicher Bedürfnisse, wie Verpflegung, aber auch die Möglichkeit, in Ruhe zu arbeiten. Man möchte gut miteinander auskommen, sich gegenseitig unterstützen und helfen und voneinander lernen. Gefragt ist gegenseitiges Vertrauen und dass man als ganzer Mensch geschätzt und wahrgenommen wird, auch von den Vorgesetzten, die empathische Führungskräfte sein sollten mit einer starken Vorbildfunktion.

Sozial möchte man gute Kontakte knüpfen und pflegen, netzwerken und sich auch über die Arbeit hinaus treffen. Kollegialität, Hilfsbereitschaft und ein offenes Ohr füreinander stehen im Vordergrund. Dabei sollten auch der Spaß und die Freude an der Arbeit nicht zu kurz kommen und es sollte nicht vergessen werden, auch gemeinsame Erfolge zu feiern.

Der Raum soll dieses Miteinander und die offene Kommunikation unterstützen und alle miteinander verbinden, statt zu separieren. Die Gestaltung soll abwechslungsreich sein, in einer freundlichen, hellen Umgebung, die auf die Nutzer angepasst ist, mit guter Atmosphäre und vielfältigen Räumen und Zonen zur Auswahl. Die Räume sollen die gelebte Kultur abbilden und die Werte, für die eine Organisation steht. Feedbackkultur untereinander ist gewünscht, ebenso wie der wertschätzende Umgang. Das Vorleben der Führungskräfte hat hohe Priorität.

1.3.2 Voraussetzungen für das Wohlfühlen

Mit der zweiten Frage wurde noch etwas tiefer nachgefragt: „Welche Voraussetzungen denken Sie müsste ein Büro erfüllen damit man sich dort wohlfühlt und ein menschliches Umfeld herrscht?"

Als ein sehr wesentlicher Punkt wurde hier geäußert, dass das Büro eigentlich sekundär ist, dass es viel mehr um die Menschen geht und deren eigene Einstellung zu ihrer Tätigkeit. Und wie grundlegend es ist, das Büro und dessen Umfeld gemeinschaftlich mit den Nutzern zu entwickeln. Die Arbeitswelt sollte als lernendes Objekt wahrgenommen und gegebenenfalls auch immer wieder verändert und gemeinsam umgestaltet werden. Die Planung soll die Menschen zusammenbringen, nicht trennen und gewährleisten, dass es viele verschiedene Möglichkeiten gibt, die Räumlichkeiten und Settings zu nutzen, immer entsprechend der anstehenden Tätigkeit, des jeweiligen Arbeitsstils und der eigenen Persönlichkeit und Stimmung.

Darüber hinaus ist die herrschende Arbeitsatmosphäre ein entscheidendes Kriterium und auch, wie gut die gesamte Umgebung zur Kultur des Unternehmens passt und wie authentisch diese ist. Ganz besonders wünschen würde man sich, dass sich das Umfeld an die Bedürfnisse der Nutzer anpasst und darauf reagiert, dass alle Mitarbeiter achtsam miteinander umgehen und sich auch das Gebäude entsprechend der Bedürfnisse der Nutzer anpasst. Eine weitere wünschenswerte Voraussetzung für das Wohlfühlen ist, dass sich die Menschen gegenseitig mögen, was wiederum durch die richtige Umgebung, Menschlichkeit, Freundlichkeit, den richtigen Umgangston und ein positives Miteinander gefördert wird.

Neben Herzlichkeit und Kollegialität unter Kollegen braucht es auch die richtige Vertrauenskultur, ohne starre Strukturen, wenig Hierarchien und feste Zuordnungen sowie einen Chef und Vorgesetzte, die ein offenes, respektvolles Miteinander pflegen. Führungskräfte sollten echte und gute Vorbilder sein, sich kümmern und mit Wohlwollen führen und den Menschen auch eine gewisse Sicherheit vermitteln. Dabei darf es nicht um Zeitabsitzen, eine Präsenzkultur gehen, sondern es geht um ergebnisorientiertes Arbeiten und das Erreichen von gesetzten Zielen.

Neben diesen eher sozialen und psychologischen Aspekten sind aber auch ganz vordergründige Dinge wichtig, wie gute Luft, die richtige Temperatur, ein angenehmes Klima, Tageslicht, zu öffnende Fenster, helle Räume, gute Akustik, ein grünes Umfeld sowie ansprechendes, funktionales, ergonomisches Mobiliar und vor allem eine gute und funktionierende Technik. Auch bibliophile Elemente und natürliche, „echte" Materialien werden bevorzugt sowie der richtige Einsatz von Farbe oder auch Kunst.

An konkreten Flächen werden immer wieder Rückzugsmöglichkeiten gewünscht, sowohl um allein konzentriert zu arbeiten als auch für Unterhaltungen und Austausch. Daneben benötigt man Orte für Kommunikation unterschiedlichster Art, wie Pausenräume, Treffpunkte, Austausch sowohl formeller als auch informeller Art, die es nicht nur ermöglichen, sondern sogar fördern, sich zufällig zu begegnen. Dazu gehören auch eine gewisse Kulinarik, wie Getränke, Wasser und Kaffee, frisches Obst und eventuell weitere, gemeinsame Verpflegung. Neben der Ergonomie für die Gesundheit der Menschen ist auch Bewegung wichtig, die durch die Umgebung gefördert werden sollte.

Ein Büro zum Wohlfühlen muss ein Platz für Arbeit und Leben sein, in dem man sich willkommen fühlt und bei dem auch Spaß und Freude nicht fehlen dürfen. Es kommt auf den richtigen Mix an, bei dem auch die Lage im Stadtgefüge eine wichtige Rolle spielt, um beispielsweise schnelle Einkaufsmöglichkeiten zu haben und eine gute Erreichbarkeit.

Im Kontext von Corona steht auch Hygiene an hoher Stelle sowie die freie Einteilung der Zeit und unterschiedlichste Wahlmöglichkeiten, wo gearbeitet wird; dies schließt sowohl das Homeoffice als auch Third Places mit ein.

1.3.3 Die drei Aspekte des Wohlbefindens

Anschließend wurde noch nach den drei Aspekten des Wohlbefindens gefragt – dem körperlichen, dem funktionalen und dem psychologischen Wohlbefinden und welche Wichtigkeit die einzelnen Punkte dabei haben.

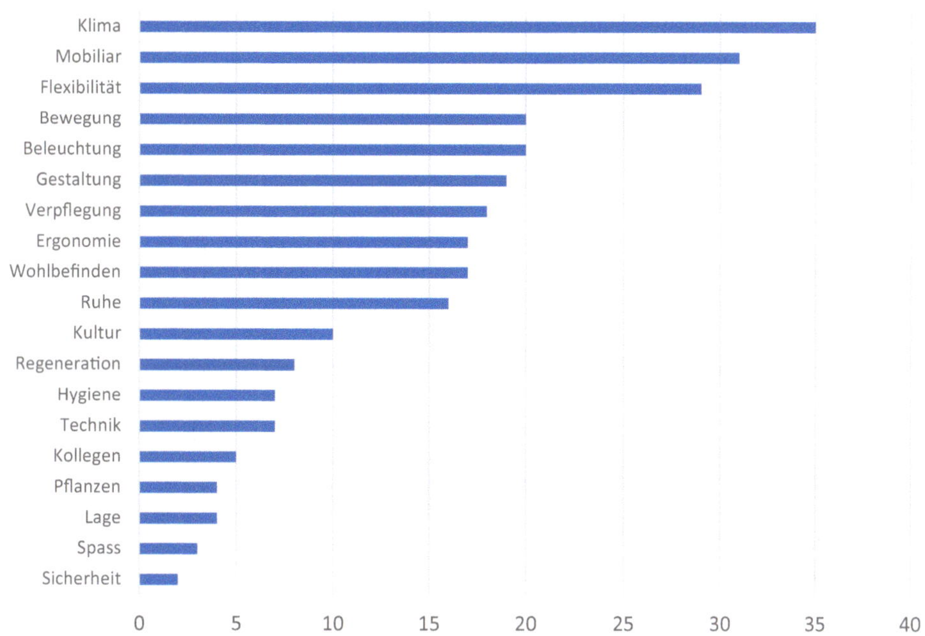

Abb. 1.3 Rangliste für körperliches Wohlbefinden

1.3.3.1 Körperliches Wohlbefinden

Die drei häufigsten Nennungen für das körperliche Wohlbefinden sind Klima, Mobiliar und Flexibilität.

Gutes, behagliches Raumklima bedeutet für die Teilnehmer der Umfrage, die richtige Temperatur im Büro zu haben, gute Luft- und Lichtqualität, ein angenehmes Raumklima mit Frischluft und natürlichem Licht und Fenster, die man öffnen kann (Abb 1.3).

Gewünscht wird ein optimal auf die jeweiligen Mitarbeiter eingestellter Arbeitsplatz, mit verstellbaren Möbeln und einem bequemen Stuhl, dazu Stehtische, diverse unterschiedliche Sitzmöbel sowie Flexibilität, die Dinge auch anders anordnen zu können, und dazu die richtige Atmosphäre.

Flexibilität ist für das körperliche Wohlbefinden ein sehr wichtiges Thema. Dabei geht es um unterschiedliche Bereiche, die man je nach Stimmung und Tätigkeit wählen kann, um nicht starr an einem Platz zu sitzen und sich frei zu bewegen und die Position verändern zu können. Das gilt auch für Meetings, auch da möchte man sich bewegen und auch mal am Boden sitzen. Kurzbesprechungen könnten auch im Stehen funktionieren und auch Außenbereiche bieten sich an, dort ein Gespräch zu führen. Man möchte in einen Flow kommen, ohne eingeschränkt zu werden, und dabei Freude empfinden, mit einem hohen Grad an Selbstbestimmung. Neben der Vielzahl an unterschiedlichen Arbeitsorten, die zur Verfügung stehen sollten, möchte man auch den Grad an Privatsphäre wählen, den man zum jeweiligen Zeitpunkt benötigt sowie für den gewünschten

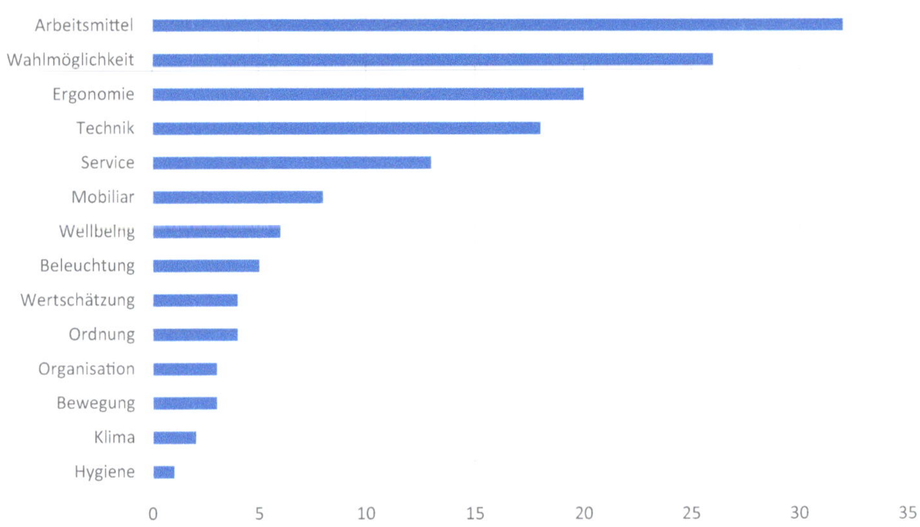

Abb. 1.4 Rangliste für funktionales Wohlbefinden

Arbeitsstil (fokussiert, neugierig, kollaborativ, kontemplativ) und für unterschiedliche Arbeitsphasen, wie gemeinschaftliche Arbeit, Teamarbeit, Einzelarbeit etc. oder weil man sich von Geräuschkulissen zurückziehen möchte, wenn man dies benötigt.

1.3.3.2 Funktionales Wohlbefinden

Die beiden wichtigsten Nennungen für das funktionale Wohlbefinden sind die richtigen Arbeitsmittel und Wahlmöglichkeiten für den Arbeitsplatz.

Als Mitarbeiter möchte man alle erforderlichen und die richtigen, angemessenen Arbeitsmittel dann zur Verfügung haben, wenn man sie benötigt, sie auch gut auffinden können und die wichtigsten in direkter Nähe griffbereit haben (Abb. 1.4) Die Technik, die man benötigt, muss unbedingt problemlos funktionieren, sowohl die persönlichen technischen Hilfsmittel, wie PC oder Laptop, Programme, Smartphone, großer Monitor, Kopfhörer etc., als auch Medienkanäle, wie Skype, Teams, Videokonferenzen etc., sowie „plug and play" für Laptops, auch in Besprechungsräumen. Dabei wird auf aktuelle IT-Ausstattung Wert gelegt, also moderne funktionierende Geräte in gutem und schönem Design. Benötigt man Support, ist dieser erreichbar und steht zur Verfügung. Betritt man einen Meetingraum mit Videokonferenz, muss die Technik voll funktionsfähig und einfach in der Handhabung sein, Drucker sind vernünftig gewartet, der Küchenbereich, samt Kühlschrank, sowie der Sanitärbereich sind sauber. Über Intranet ist man immer auf dem Laufenden und an die Vorgänge in der Firma angeschlossen.

Der Arbeitsplatz soll einen bestmöglich bei der Arbeit unterstützen, sodass man seine Arbeit gut erledigen kann. Höhenverstellbare Arbeitstische und ergonomische Stühle sollten, wenn möglich, elektrisch verstellbar sein, auch soll es einfach sein die Arbeits-

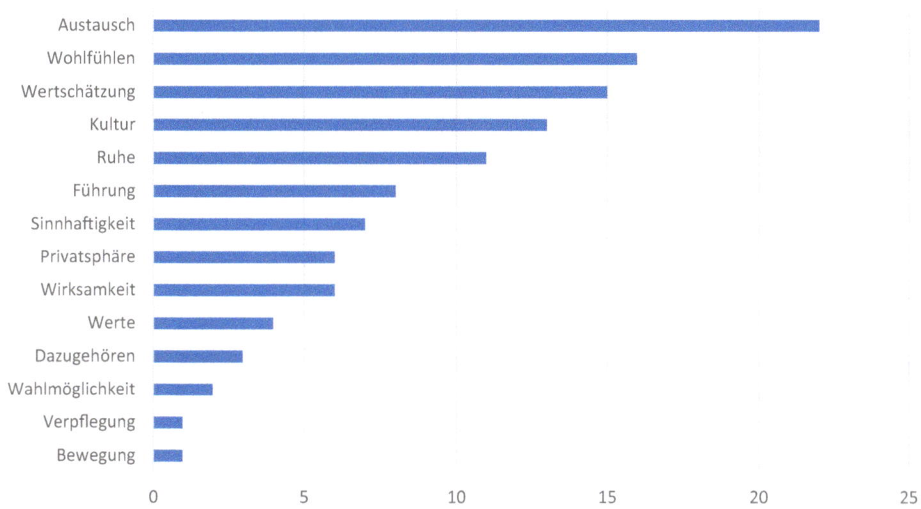

Abb. 1.5 Rangliste für psychologisches Wohlbefinden

position häufig zu wechseln. Dabei braucht es gewisse Routinen, daneben aber auch Raum für Neues. Alles was man braucht ist vorhanden und man kann nicht nur arbeiten, sondern sich auch arbeitsfähig machen, d. h. wenn nötig auch entspannen und bewegen.

Wahlmöglichkeiten sind für ein gutes und unterstütztes Arbeiten die Grundvoraussetzung. Die Mitarbeiter haben unterschiedliche wechselnde Aufgaben, diese werden durch verschiedene Arbeitsplätze, die man leicht wechseln kann, am besten unterstützt. Wo auch immer ich bin, finde ich, was ich zum Arbeiten brauche: Je nach aktueller Tätigkeit, nach Stimmung und geistiger und körperlicher Verfassung muss man das passende Umfeld vorfinden. Für konzentrierte ruhige Tätigkeiten hätte man auch gern ein helles, ruhiges Einzelbüro, aber für Kommunikation, Zusammenarbeit und Austausch benötigt man ganz andere Flächen. Kommunikations- und Rückzugsbereiche sollten dabei unbedingt räumlich getrennt sein. Wichtig ist es dabei frei wählen zu können, wie offen oder zurückgezogen man arbeiten möchte.

1.3.3.3 Psychologisches Wohlbefinden

Für das psychologische Wohlbefinden steht der Austausch untereinander an oberster Stelle.

Hier ist vor allem der gute Umgang mit Kollegen, Projektpartnern und Chefs ausschlaggebend. Man möchte angenehme, nette Kollegen, die auch zu Freunden werden können, und verständnisvolle Chefs, die unterstützen und hinter einem stehen (Abb. 1.5).

Man möchte seine Arbeit gut und in Ruhe machen, sich auch mal zurückziehen und die notwendige Privatsphäre haben können. Schnelle Abstimmungen müssen möglich sein. Man möchte man selbst sein können und dazu sporadisch eine Kaffeepause machen und sich mit Kollegen austauschen können. Der Kaffee soll hervorragend sein und es soll viel frische Luft, Pflanzen, ruhige Orte, Zugang zu Außenbereichen und ein gutes Arbeitsklima geben. Man möchte interessante Aufgaben, Vertrauen, angemessene Vergütung, flexible Zeiteinteilung und ein stabiles Unternehmen und jeden Tag mit Freude zur Arbeit bzw. ins Büro gehen, um dort Dinge im kooperativ-dynamischen Zusammenspiel mit anderen erfolgreich gemeinsam zu meistern.

Ein Bürodesign kann eine gute Stimmung fördern, aber das Wichtigste ist das menschliche Miteinander. Raum und Mobiliar reichen nicht, es braucht gute Umgangsformen, ohne Machtkämpfe.

1.4 Das menschliche Büro

Auch wenn sich an dieser Umfrage nur etwa 100 Personen beteiligt haben und diese im Wesentlichen aus einem Land – Deutschland – kamen, wurde sehr deutlich, wie sehr man als Mensch das Gefühl braucht, wichtig zu sein, ernst genommen zu werden, Vertrauen entgegengebracht und seine Bedürfnisse erfüllt zu bekommen. Im Arbeitsumfeld benötigen die meisten Menschen einerseits den Austausch mit anderen, aber andererseits auch die Möglichkeit, sich zurückzuziehen und konzentriert und ungestört zu arbeiten. Beides ist wesentliche Voraussetzung für Wissensarbeit und kreative Ideen.

1.4.1 Der Mensch im Mittelpunkt

Wenn wir achtsam mit uns und anderen sind und uns von einer Gemeinschaft unterstützt fühlen, bauen wir nicht nur Stress und Angst ab, sondern wir sind auch viel besser in der Lage, uns auf das zu konzentrieren, was wir tun, uns zu engagieren und uns erfüllt und zufrieden zu fühlen und damit auch produktiver zu arbeiten. Vom menschlichen Standpunkt ist es dabei wichtig, dass die Quantität nicht die Qualität überflügelt. Die richtige Quantität ist wichtig für den Erfolg eines Unternehmens, darf aber nicht auf Kosten der Qualität gehen; mangelnde Qualität macht die arbeitenden Menschen unzufrieden und führt zu Stress. Ein wesentlicher Faktor für Menschen bei der Arbeit ist auch die Sinnhaftigkeit ihrer Tätigkeit. Als Mensch möchte man etwas Sinnvolles, etwas mit Bedeutung tun. Tatjana Schnell betreibt empirische Sinnforschung an der Universität Innsbruck. Sie sagt: „Motivation korreliert hoch mit dem Sinnerleben. Wenn ich einen Sinn in dem sehe, was ich tue, dann habe ich auch einen guten Grund, mich zu engagieren“ (Schnell 2018). Sie hat vier Kriterien definiert, die den Begriff der Sinnhaftigkeit konkret machen.

Erstens die Bedeutsamkeit des Handels: Ich weiß, dass das, was ich tue, für etwas gut ist und positive Konsequenzen hat. Es soll der Gesellschaft nutzen, wenn ich dieser Arbeit nachgehe.

Zweitens die Kohärenz: Das, was ich im Beruf tue, passt zu mir und meinem Lebensstil. Das bedeutet, ob Handlungen stimmig und nachvollziehbar sind – im Beruf und drüber hinaus. Hier geht es um die Balance verschiedener Lebensbereiche. Man hat einen Beruf, ist Mutter oder Vater, hat einen Körper, den man gesund erhalten möchte, ist Bürger und hat kulturelle Interessen. Im Beruf kann es beispielsweise zu Unstimmigkeiten kommen, dadurch, dass man Dinge tun muss, die den eigenen Werten und Interessen zuwiderlaufen, oder man ist über- oder unterfordert. Dabei geht es auch um Punkte, wie Arbeitszeitgestaltung oder Vereinbarkeit mit der Familie.

Drittens die Orientierung: Hinter den Zielen, die mein Unternehmen verfolgt, kann ich stehen. Heute oft als „purpose" bezeichnet, also der Sinn, der Zweck oder die Bestimmung.

Viertens die Zugehörigkeit: Ich bin Teil von etwas, werde als Mensch wahrgenommen und fühle mich wertgeschätzt, eingebunden und bekomme Verantwortung. Man ist nicht nur ein ersetzbares Rädchen im Getriebe, sondern wird auf verlässliche Art wertgeschätzt. Dazu gehört auch die Möglichkeit zur Partizipation, also eingebunden zu werden in Entscheidungsprozesse.

Sinnerfüllte Arbeitnehmer legen Wert darauf, ihre Arbeit gut zu machen, sind engagierter, übernehmen Verantwortung, sind seltener krank und wechseln weniger den Job: „Führungskräfte können der Arbeit ihrer Angestellten keinen Sinn geben, denn Sinn ist etwas, das Personen selbst wahrnehmen. Entweder sehen sie aus ihrer Sicht einen Sinn in ihrem Tun – oder eben nicht. Manager können aber auf die Arbeitsbedingungen Einfluss nehmen – und so das Sinnerleben fördern. Etwa durch eine authentische und transparente Unternehmensorientierung" (Schnell 2020).

Eine weitere wichtige Erkenntnis ist, dass Freunde besser zusammenarbeiten. Befreundete Mitarbeiter fühlen sich ihren Kollegen stark verbunden und sind eher bereit, noch etwas mehr zu tun, damit das Team erfolgreich ist. Arbeitnehmer wussten das intuitiv schon immer und bewerteten ihren Arbeitsplatz auch danach. Die Universitäten von Minnesota und Pennsylvania haben dies mit Fakten belegt und festgestellt, dass großartige Arbeitsplätze aus Freundschaften resultieren. Starke soziale Bindungen bringen automatisch bessere Ergebnisse mit sich (Friedmann 2014). Unter Freunden findet eine bessere, offenere Kommunikation statt als unter Bekannten. Das zeigt auch das Verhalten der Studienteilnehmer. Denn das Team aus Freunden nahm konstruktive Kritik an und tauschte zudem positives Feedback aus, während die Gruppe aus Bekannten eher zurückhaltend kommunizierte.

Auch eine Studie des Marktforschungsinstituts Gallup (1999) bestätigt dies. Das Ergebnis zeigt, dass in den produktivsten Arbeitsgruppen mindestens zwei enge Freunde zusammengearbeitet haben. Führungskräfte können dies durch kleinere Feiern, auch Feiern zu gemeinsamen Erfolgen, fördern. Auch Teamarbeit kann Freundschaften fördern sowie Plattformen, wie Yammer, für persönlicheren Austausch. Hervorzuheben sind auch Mitarbeiterempfehlungen zu Bewerbungen und Einstellungen bei der Talentsuche. Verständlicherweise sind nicht alle Führungskräfte begeistert davon, aus Mitarbeitern Freunde zu machen. In Beziehungen kann es auch Konflikte geben oder es wird zu viel über Persönliches am Arbeitsplatz gesprochen. Aber insgesamt überwiegen die Vorteile. Freundschaft am Arbeitsplatz erhöht die Produktivität, fördert eine offene Kommunikation und sorgt für ein harmonisches Arbeitsklima.

Gut für ein ausgewogenes Arbeitsklima und eine gute Stimmung ist es, wenn nicht gegeneinander gearbeitet wird, sondern in einer freundlichen Diskussionskultur, in der es konstruktiver und frei von Diskriminierung zugeht und eine kooperative Arbeitsatmosphäre vorherrscht, in die auch alle unterschiedlichen Bedürfnisse fair einfließen können. Dabei schneiden generell gemischte Teams mit einem gleichwertigen Frauenanteil besser ab als Teams, die vorwiegend nur aus Männern oder Frauen bestehen. Aufgaben heutzutage werden immer komplexer und vielschichtiger; Einzelkämpfer haben da keine Chance mehr, gefragt ist Zusammenarbeit auf Augenhöhe, in einem diversen Team ohne Fehden, Besserwisserei und Intoleranz. In einer solchen Arbeitsatmosphäre können alle glücklich und zufrieden an gemeinsamen Zielen arbeiten. Im Mittelpunkt sollten gemeinschaftliche Gedanken stehen und Gruppenerfolge.

1.4.2 Die lebendige Organisation

Andere Faktoren, die mit dem Wandel der Arbeit verbunden sind, zwingen auch die Organisationen zum Wandel. Eine erfolgreiche, lernende Organisation reagiert auf die ständigen Veränderungsprozesse und ist sich dessen bewusst, dass es eigentlich nie einen fertigen Zustand gibt. Ein Unternehmen der Zukunft muss in der Lage sein, sich schnell und unkompliziert neu ausrichten zu können, um die sich verändernden Anforderungen erfüllen zu können.

Gerade jüngere Arbeitnehmer sehen Beschäftigung anders als frühere Generationen. Was sie an ihren Arbeitsplätzen und Arbeitsumgebungen schätzen, hat erhebliche Auswirkungen auf ihr Engagement und ihre Zufriedenheit. Unternehmen auf der ganzen Welt sind bestrebt, das Geheimnis zu finden, wie sie die Zufriedenheit ihrer Mitarbeiter fördern und dabei die Bindung ans Unternehmen und die Produktivität erfolgreich fördern können.

Agilität, Flexibilität, Kreativität und vor allem Veränderungsbereitschaft zeichnen eine lebendige Organisation aus. Ein solcher Organismus kann schnell und unkompliziert auf wechselnde Bedürfnisse und Anforderungen der Mitarbeiter reagieren sowie sich an verändernde Verhältnisse, wie beispielsweise eine Pandemie, anpassen. Gerade hatte sich in vielen Unternehmen ein Multi Space mit vielen Wahlmöglichkeiten etabliert, der sich auch in extremen Situationen als sehr leistungsfähig erweist, sofern auch eine der Wahlmöglichkeiten das Homeoffice oder andere Third Places sind. Dieses „activity based working“ setzt voraus, dass ich mich als Mitarbeiter frei entscheiden kann, welcher Arbeitsplatz, auch ein externer, zu meiner gerade anstehenden Aufgabe sowie meiner persönlichen Stimmung und meinen Bedürfnissen am besten passt. Coworking Spaces als Firmenarbeitsorte in der Nähe des Wohnorts der Mitarbeiter sind dabei ebenfalls eine gute Alternative zum Homeoffice, wenn man zu Hause nicht ungestört arbeiten kann und lange An- und Abfahrtswege vermeiden möchte. Wichtig ist es immer, alle Räumlichkeiten individuell auf die jeweilige Arbeitskultur abzustimmen.

1.4.3 Der physische Raum

Der Mensch ist ein soziales Wesen, er will sehen und gesehen werden und alles Soziale findet immer in einem räumlichen Kontext statt. Außerdem gehört es zum Wesen des Menschen, dazugehören zu wollen, zu einer Gruppe, einer Gemeinschaft, einer Organisation. Laut der Anthropologin Cathryn Townsend sind Menschen in einer Gemeinschaft bereit, ihre Ressourcen zu teilen und Mitmenschen zu helfen (Townsend 2020). Anhand des Ultimatumspiels hat sie die immer gleiche Erfahrung in vielen Kulturen gemacht, dass Menschen es als gut empfinden, zu teilen. Dies ist eine weithin benutzte Methode, um die Großzügigkeit und Bereitschaft zum Teilen zu messen. Dabei erhält ein Spieler eine Geldsumme und darf frei entscheiden, wie viel er davon an seinen Mitspieler abgibt. Lehnt der andere das Angebot ab, müssen beide Probanden ihr Geld wieder abgeben, akzeptiert der andere, dürfen beide den Einsatz behalten. In allen Kulturen gilt dabei auch das Prinzip: Hilfst du mir, so helfe ich auch dir. Diese Bereitschaft zur gegenseitigen Hilfe und Unterstützung kann durch das entsprechende Umfeld gefördert werden.

Ein Arbeitsplatz, der das menschliche Wohlbefinden fördert, unterstützt Arbeitsaufgaben und Arbeitsprozesse bestmöglich, ist ergonomisch und gut zugänglich, respektiert die Privatsphäre und das persönliche Raumbedürfnis, stärkt das Kontrollgefühl, verbessert Arbeitsabläufe und Engagement und fördert Kommunikation, Lernen und die persönliche Weiterentwicklung.

Die positive Psychologie verfolgt die Idee, Arbeitsräume (und Lernräume) zu schaffen, in denen wir glücklicher und damit kreativer und produktiver arbeiten können. Während viele Projekte damit aufhören, grundlegende funktionale Unterstützung für die Arbeit zu bieten und eine Vielzahl von Räumen, die Menschen für unterschiedliche Aufgaben nutzen können, ist der Trend steigend, den Mitarbeitern eine Atmosphäre des Wohlfühlens am Arbeitsplatz zu bieten. Aus Erkenntnissen mit der Erfahrung einer Pandemie kommt ein weiterer Trend, die Gesundheit, hinzu. Dies äußert sich auch in guten Hygienekonzepten, viel gesunder Luft und stressreduzierendem und gutem Klima fördernden Grün in der neuen Arbeitswelt.

Ein Arbeitsplatz kann nicht als einmalige, endgültige und dauerhafte ergonomische Unterstützung für alle Büroaufgaben konzipiert werden, sondern muss anpassungsfähig, wandelbar und verhandelbar sein, um die Nutzer bestmöglich zu unterstützen. Benutzer benötigen die Fähigkeiten und Möglichkeiten, sich mit ihrer Umgebung erfolgreich auseinanderzusetzen und sie an veränderte Aufgabenanforderungen anzupassen, um den Komfort zu optimieren und den Stress am Arbeitsplatz erfolgreich zu reduzieren und zu bewältigen. So werden Schnelligkeit, Beweglichkeit, Anpassungs- und Wandlungsfähigkeit die neuen Erfolgskriterien für das Büro der Zukunft sein.

Betrachtet man das aktuelle Arbeiten von zu Hause, so kann man sicher feststellen, dass das Arbeiten im Homeoffice sicher temporär funktioniert, allerdings kann selbst das perfekt ausgestattete Büro zu Hause nicht die notwendige menschliche Nähe ersetzen. Als Menschen brauchen wir Austausch, vor allem spontanen, das Gefühl für den Gemeinschaftssinn und dazuzugehören („belonging") und die Stimmung und Atmosphäre des Unternehmens. Genau das, was wir als die Kultur einer Organisation bezeichnen und was wir gerade in Krisen wie der aktuellen so sehr vermissen.

Im Büro geht es um Kollaboration und Zusammenarbeit und wie diese gefördert werden kann, es geht um Teamgeist und gemeinsames Lernen, um Zusammenhalt und das Entwickeln von Ideen. Dazu braucht es eine lebendige und lernende Organisation, die bereit ist, Dinge zu verändern und anzupassen, mit dem dazugehörigen Mobiliar und einer Umgebung, die Mitarbeiter so nutzen können, wie sie zu ihren jeweiligen Arbeitsaufgaben und den, auch persönlichen, Bedürfnissen passen. Eine solche Umgebung der Konsistenz und Klarheit macht die Werte eines Unternehmens sichtbar und trägt zu Glaubhaftigkeit und Sinnstiftung für die Mitarbeiter bei, was wiederum Motivation, Engagement und Loyalität fördert. Variabilität, Flexibilität und Selbstorganisation sind so wesentliche Voraussetzung für das Büro und einen Arbeitsplatz, der die Menschen und ihre Belange, Bedarfe und Wünsche wichtig nimmt und in den Mittelpunkt stellt.

Jacqueline Vischer (2008) erforscht seit Langem die Bedingungen für solche Arbeitsplätze und hat diese in drei Stufen eingeteilt. Sie betrachtet, unter welchen psychologischen, funktionalen und physischen Bedingungen sich Menschen am Arbeitsplatz wohlfühlen. Körperliche Behaglichkeit bezieht sich dabei auf grundlegende menschliche Bedürfnisse wie Sicherheit, Hygiene und Zugänglichkeit, die – in der Regel durch die Anwendung bestehender Bauvorschriften und Normen – sichergestellt werden müssen, damit die Nutzer ihre Umgebung gut nutzen können. Hier nimmt in Zukunft Hygiene einen hohen Stellenwert ein. Funktionskomfort bezieht sich auf den Grad, in dem die Umgebung die Aufgaben der Benutzer unterstützt. Auf einer abstrakteren Ebene, aber ebenso wichtig, ist der psychologischer Komfort, der Gefühle der Zugehörigkeit, des Besitzes und der Kontrolle über den Arbeitsplatz beinhaltet (siehe hierzu auch die Umfrageergebnisse aus den Abb. 1.3, 1.4 und 1.5).

Gutes Klima und frische Luft sind natürlich ebenfalls Grundvoraussetzung für Gesundheit und Wohlfühlen. Besonders Grünräume, Innenhöfe und Gärten können das Arbeitsumfeld um weitere gesunde Orte erweitern.

1.4.4 Kommunikation und Konzentration

Kommunikation ist Grundvoraussetzung für Interaktion und gute Zusammenarbeit. Dazu braucht es Blickkontakt und das Erkennen von Mimik und Körpersprache. Vermittlung von Wissen und eine inhaltliche Auseinandersetzung mit den Themen durch Diskussion ist ein wesentlicher Bestandteil von guter Teamarbeit. Es ist nicht zu unterschätzen, wie wichtig zwischenmenschliche Kontakte sind. Forschungen zeigen immer wieder, dass

Mitarbeiter, die Freunde im Unternehmen haben, wesentlich motivierter, loyaler und engagierter sind, als solche ohne diese menschliche Bindung (Schilke und Cook 2017). Soziale Bindungen fördern Vertrauen und Kreativität. Mediale Lösungen können eine solche physische Präsenz nicht kopieren, dazu muss eine neue Körper- und Zeichensprache im digitalen Raum entwickelt werden.

Der Soziologe Mark Granovetter argumentierte schon 1973, dass nicht nur starke, enge Bindungen, sondern auch schwache Bindungen und zufällige Bekanntschaften das Fundament einer funktionierenden Gesellschaft sind. Der Architekt Carlo Ratti präzisierte dies noch mehr, er sagt, starke Bindungen schaffen dichte, einander überlappende Netzwerke, während schwache Bindungen uns mit einer größeren und vielfältigeren Gruppe von Menschen verbinden. Schwache Bindungen, also auch zufällige Begegnungen überbrücken verschiedene soziale Kreise und bringen uns so rascher mit neuen Ideen und Perspektiven in Kontakt, stellen vorgefasste Meinungen infrage und fördern so Innovationen und deren Verbreitung. Ein Forschungsprojekt am MIT bestätigt, dass sich in Krisenzeiten, wie einer Pandemie, verbunden mit einem Lockdown, die starken Bindungen gut erhalten, sogar verstärkt werden, während die schwachen Bindungen sich eher verringern und kaum neue entstehen. Dies bedeutet, für die Zugehörigkeit und den ungeplanten Austausch sind Orte wie die Teeküche, der Drucker, also Kommunikationsorte, dringend erforderlich und können noch nicht durch virtuelle Meetings ersetzt werden (Ratti 2020).

Es ist also wichtig für einen guten menschlichen Arbeitsplatz, dass man die Wahlmöglichkeit hat zu arbeiten, wo man möchte, dazu zählt auch das Homeoffice, aber gleichzeitig sicherzustellen, dass die Zeit, die die Menschen im Büro verbringen, dazu genutzt werden kann, um schwache Bindungen aufzubauen. Dafür eignen sich offene, dynamische Räume, in denen man gemeinsam arbeitet, sowie Räume, die zufällige Begegnungen nicht nur ermöglichen, sondern sogar generieren, durch erlebnisorientierte Flächen. In Zukunft wird Orten, wie einem Forum oder einem Café, ähnlich einem Wiener Kaffeehaus, als lockere Austauschfläche, noch mehr Bedeutung zukommen. Insgesamt wird man sich von den Verdichtungsüberlegungen der letzten Jahre verabschieden müssen.

1.4.5 Das Umfeld

Forscher, wie beispielsweise Teresa Amabile, Professorin an der Harvard Business School, forscht seit mehr als 30 Jahren zu Kreativität und Wohlergehen am Arbeitsplatz und weist beispielsweise auf verschiedene Aspekte des Arbeitsumfelds hin, die zu Kreativität anregen, wie organisatorische Unterstützung für neue Ideen, positive Herausforderungen für die Mitarbeiter, Autonomie in der Art und Weise, wie die tägliche Arbeit erledigt wird, verbunden mit einem Gefühl von Eigenverantwortung und Kontrolle, gute Ressourcen, einschließlich Informationen und Materialien, und positive Herausforderungen in Bezug auf die Arbeitsbelastung. Sie entdeckte dabei auch alle möglichen organisatorischen Hindernisse sowie Widerstände durch zu hohe Arbeitsbelastungen. Sie untersucht, wie das alltägliche Leben innerhalb von Organisationen Menschen und ihre Leistung beeinflussen kann. Ihre Forschung umfasst Kreativität, Produktivität, Innovation und das innere Arbeitsleben – den Zusammenfluss von Emotionen, Wahrnehmungen und Motivation, die Menschen erleben, wenn sie auf Ereignisse am Arbeitsplatz reagieren.

1.4.6 Eine neue Führungskultur

Es braucht ein neues Führungsverständnis. Führungskräfte müssen eine orientierende Rolle einnehmen, sie müssen Vision und Werte und vor allem Sinn vermitteln, sie müssen Vertrauen schaffen und das gemeinsame Erreichen von Zielen und Weiterentwicklung fördern. Sie müssen aber auch bereit sein, sich selbst zu reflektieren, mit sich im Reinen sein und die eigene Balance zu finden – auch sie müssen sich wohlfühlen, bei dem was sie tun, und den Sinn ihres Handelns erkennen und schätzen.

Effektive Manager haben die Fähigkeit, eine Truppe von Mitarbeitern aufzubauen, die ein gutes inneres Arbeitsleben haben – durchweg positive Emotionen, starke Motivation und eine positive Wahrnehmung der Organisation, ihrer Arbeit und ihrer Kollegen. Schlechte Manager untergraben das innere Arbeitsleben, oft unwissentlich. Teresa Amabile und ihr Mann Steven Kramer erläutern in ihrem Fortschrittsprinzip, wie scheinbar alltägliche Ereignisse des Arbeitstags über das innere Arbeitsleben der Mitarbeiter entscheiden und es fördern oder zerstören. Es ist das „progress principle“ bei einem bedeutungsvollen Arbeitsfortschritt, das das beste innere Arbeitsleben schafft. Sie untersuchten fast 12.000 Tagebucheinträge, die von 238 Mitarbeitern in sieben Unternehmen zur Verfügung gestellt wurden. Das Buch zeigt, wie Hindernisse für den Fortschritt beseitigt werden können, darunter sinnlose Aufgaben und vergiftete oder belastende Beziehungen. Sie erläutern auch, wie man zwei Kräfte aktivieren kann, die Fortschritt ermöglichen: 1. Katalysatoren – Ereignisse, die die Projektarbeit direkt erleichtern, wie z. B. klare Ziele und Autonomie, und 2. Unterstützer – zwischenmenschliche Ereignisse, die die Arbeitnehmer aufrichten, einschließlich Ermutigung und durch Zeigen von Respekt und Kollegialität (Amabile und Kramer 2011).

Nur in einer gelebten Vertrauenskultur kann eine neue Arbeitswelt, in der sich alle wohlfühlen, engagiert sind und gemeinsam vorankommen, funktionieren. Empowerment statt Kontrolle, Coaching und Befähigung sind gefragt und die ehrliche Bereitschaft, Aufgaben abzugeben und sich auf neue Wege einzulassen. Führungskräfte müssen trotz allem die Verantwortung tragen, eine klare Vision haben und Ziele und Ergebnisse vorgeben, aber immer mit Empathie und gegenseitigem Vertrauen. Ohne dieses wechselseitige Vertrauen wird es nie gelingen, neue Wege zu gehen und die richtige Atmosphäre für Wohlfühlen und Zufriedenheit der Mitarbeiter zu schaffen und damit zu einem erfolgreichen Unternehmen zu werden, das nicht nur von den Mitarbeitern, sondern auch den Kunden und Partnern geschätzt wird.

1.5 Fazit zur Menschlichkeit im Büro

Büros sind Lebensräume, sie haben großen Einfluss auf unser Wohlbefinden und sie werden auch immer durch die Gesellschaft geprägt. Ihre Raumstruktur muss zur Organisationsstruktur passen, zur Philosophie, zur Vision und auch dazu, was das Unternehmen zeigen, aber vor allem sein will. Dies ist die räumliche Seite. Genauso wichtig, vielleicht sogar noch wichtiger, ist die organisatorische Seite. Das gegenseitige Vertrauen, das man sich entgegenbringt, die Empathie und die Wertschätzung, die im Büro herrschen, sind Grundvoraussetzung für das Wohlfühlen in der Arbeitswelt – und damit entscheidend für eine menschliche Arbeitswelt.

Auch mit Covid werden Büros nicht verschwinden, sie werden sich verändern und anpassen, aber sie werden weiter der Ort sein, an dem man sich persönlich trifft, an dem man Emotionen und Gesten erkennen und sich austauschen und zusammenarbeiten kann. Allerdings wird man die Module, die künftig eine Arbeitswelt ausmachen, überdenken müssen. Es wird in Richtung weniger Verdichtung, hin zu gemeinschaftlichen Allround-Flächen, wie Cafés und Teamflächen, gehen. Ein Teil der individuellen Arbeit wird in Zukunft – da wo möglich – von zu Hause oder von dritten Orten (Third Places), die leicht und schnell zu erreichen sind, erledigt werden.

Der Trend geht nicht nur in Richtung mehr Menschlichkeit – und nicht nur am Arbeitsplatz –, sondern auch in Richtung Ökologie und Nachhaltigkeit.

Literatur

https://de.wikipedia.org/wiki/Menschlichkeit, 17.6.2020

Duden Bedeutungen, https://www.duden.de/rechtschreibung/menschlich, 17.6.2020

https://www.syntesma.de/

Ulich, Eberhard, Arbeitspsychologie. Zürich, Schäffer Poeschl, 5. Auflage 2005, S. 124

WHO, https://www.euro.who.int/de/home, 13.8.2020

bei dieser Auswertung wurde ich von Eckhard von Münchow von Syntesma unterstützt

Schnell, Tatjana (2018) Warum Arbeit sich sinnvoll anfühlen sollte, Wirtschaftswoche, online: https://www.wiwo.de/erfolg/management-der-zukunft/sinnforschung-warum-arbeit-sich-sinnvoll-anfuehlen-sollte/20956080-all.html, 22.08.2020

Schnell, Tatjana (2020) PLAN W, Frauen verändern Wirtschaft, Muss Arbeit glücklich machen? Ein Heft über Sinn, Süddeutsche Zeitung 01/2020

Friedmann, (2014) veröffentlicht in Forbes, https://www.forbes.com/sites/susanadams/2014/11/14/why-your-work-colleagues-should-also-be-your-good-friends/#6b0f95353d30, 23.08.2020

Gallup Studie (1999) https://www.gallup.com/workplace/237530/item-best-friend-work.aspx, 23.08.2020

Townsend, Cathryn (2020) veröffentlicht in Süddeutsche Zeitung Nr. 215, 17.09.2020

Visher, Jacqueline (2008), Towards an environmental psychology of workspace; how people are affected by environments for work. Architectural Science Review, 51/2, S. 97–108.

Schilke, Oliver; Cook, Karen S. (2017) Sources of Alliance Partner Trustworthiness: Reconciling Calculative and Relational Approaches, published online: https://doi.org/10.5465/ambpp.2011.1.1cx, https://journals.aom.org/doi/abs/https://journals.aom.org/doi/abs/10.5465/ambpp.2011.1.1cx?rss=1&, 20.8.2020

Ratti, Carlo, MIT, Senseable City Lab, Reimaging the office, Jun 15, 2020, https://senseable.mit.edu/news/pdfs/20200615_ProjectSyndicate.pdf, 27.09.2020

Amabile, Teresa; Kramer, Steven (2011), The Progress Principle: Using Small Wins to Ignite Joy, Engagement, and Creativity at Work, Harvard Business Review Press

Prof. Dr. Christine Kohlert ist Architektin und Stadtplanerin und beschäftigt sich seit über 30 Jahren mit Lern- und Arbeitswelten der Zukunft, insbesondere mit dem Zusammenspiel von Raum und Organisation. Ihre Schwerpunkte liegen in der Einbeziehung der Nutzer in den Entstehungsprozess, dem Sichtbarmachen des Veränderungsprozesses sowie der Raumanalyse. Sie ist außerdem Professorin an der Mediadesign Hochschule in München und der Fachhochschule in Augsburg. Am Massachusetts Institute of Technology betreute sie zwölf Jahre lang als Research Affiliate verschiedene Forschungsprojekte und leitete Seminare zu Raum und Organisation sowie zu Innovation. Christine Kohlert berät und begleitet Organisationen bei der Entwicklung von Strategie und Vision und leitet und führt begleitende Workshops und Exkursionen durch. Sie ist in verschiedenen Gremien und hat die wissenschaftliche Leitung für Konferenzen. Gemeinsam mit Verbundpartnern aus Forschung und Praxis forschte sie im Projekt PRÄGEWELT (Präventionsorientierte Gestaltung neuer Arbeitswelten), wie Arbeitswelten gesundheitsförderlich gestaltet werden können. Sie lebte drei Jahre in Tansania sowie ein Jahr im Kosovo und lehrte an den dortigen Universitäten. Sie arbeitete für die Gesellschaft für technische Zusammenarbeit (GTZ), die Friedrich Ebert Stiftung, Cultural Heritage without Borders (CHwB) sowie die Deutsche Botschaft und leitete verschiedene Stadtentwicklungsprojekte. Außerdem betreute sie im Rahmen des Lehrplans (UNESCO) Entwicklungsprojekte in Tansania.

Die Drehung zum Ursprung

Turning to the Origin

2

Turning to the OriginZurück zu einem Mehr an Menschlichkeit im Büro

Back to more Humanity in the Office

Jan Teunen

Zusammenfassung

Die Büroarbeit steckt in einer fundamentalen Krise. Fest steht, wir können mit dem Büro nicht weitermachen wie bisher. Der Ausweg aus einer Krise ist die Transformation. Sie gelingt am besten denjenigen, die ein langes Gedächtnis haben. Woran erinnert werden soll, führt Jan Teunen in seinem Essay aus.

Abstract

Officina Work is in a fundamental crisis. What is certain is, that we can not continue with the office as before. The way out of a crisis is transformation. It works best for those who have a long memory. Jan Teunen explains in his essay what needs to be remembered in relation to the office.

Schwanzbeißen bei Schweinen ist eine weltweite Verhaltensstörung. Teil dieses Problems sind Haltungsbedingungen, die dazu beitragen, dass die Tiere neurotisch werden und in der Folge bei ihren Artgenossen die Schwänze und manchmal die Ohren abbeißen.

J. Teunen (✉)
Schloss Johannisberg, Teunen Konzepte GmbH, Geisenheim, Deutschland
E-Mail: info@teunen-konzepte.de

C. Kohlert (Hrsg.), *Das menschliche Büro – The human(e) office*,
https://doi.org/10.1007/978-3-658-33519-9_2

Dieses Beißen ist ganz untypisch für die intelligenten, neugierigen und friedliebenden Tiere. Um dieses Schwanzbeißen in der Schweinezucht zu vermeiden, ist es fast in ganz Europa erlaubt, die Schwänze zu kupieren, allerdings unter der Voraussetzung, dass die Ferkel nicht älter als vier Tage sind. Das Kupieren ist schmerzhaft und erfolgt in der Regel ohne Betäubung. Bei dieser Symptombehandlung schreien die Ferkel wie am Spieß.

Das Schwanzbeißen ist ein Resultat und Resultate haben Ursachen. Wer andere Resultate möchte, darf sich nicht damit begnügen, nur Symptome zu behandeln, er muss Ursachen verändern. Das tun inzwischen auch fortschrittliche Schweinezüchter und sie haben mittlerweile eine erfolgreiche Methode entwickelt. Der wichtigste Begriff in diesem Zusammenhang ist „enrichment".

Enrichment meint eine kulturelle Aufladung der Ställe und in der Folge hörte das Schwanzbeißen über Nacht auf. Diese Geschichte lässt sich 1:1 auf Büros übertragen.

In der modernen Welt ist Büroarbeit zur eigentlichen gesellschaftlichen Tätigkeit geworden. Das Büro ist ein Steuerungsinstrument, das großen Einfluss auf Veränderungen in der Welt hat. Von der Qualität dieses Steuerungsinstruments ist abhängig, ob die Veränderungen die Welt reicher machen oder eher nicht. Die Qualität der meisten Büros lässt sehr zu wünschen übrig, weil sie von der wirtschaftlichen Rationalität geprägt sind, und diese Prägung führt dazu, dass die Menschen, die in diesen Arbeitsräumen arbeiten, Schaden nehmen, weil die kulturelle Umgebung nicht antwortet.

Rein funktionale Büros haben Kanalcharakter. Es werden die Prozesse in einem hohen Tempo durchgepresst und das führt in der Regel zu negativem Stress. Lediglich 6 % aller Menschen, die in Büros arbeiten, haben keine Probleme mit dem Kanalcharakter von Arbeitsräumen. Der Rest aber schon. Negativer Stress, so lehrt uns die Hirnforschung, führt zunächst dazu, dass die linke Gehirnhemisphäre über die rechte stolpert und zwar so lange, bis es nichts mehr zu stolpern gibt, weil die rechte Gehirnhälfte stressbedingt austrocknet. Was der Mensch dann verliert, ist seine Kreativität und seine Intuition. Zwei Dinge, die für erfolgreiche Büroarbeit unverzichtbar sind.

Weitere negative Folgen sind Ängste, Depressionen, Wut, Mobbing, Einsamkeit und Langeweile, um nur einige zu nennen. In Europa und in Nordamerika ereignen sich 60 % aller Herzinfarkte bei Männern Montagmorgen zwischen 6:00 Uhr und 9:00 Uhr auf ihrem Weg ins Büro…

Dies alles überschattet Lebensqualität und produziert für Unternehmen, Organisationen und die Gesellschaft Reibungsverluste ohne Ende. Mit den von der wirtschaftlichen Rationalität dominierten Büros stecken Unternehmen und Organisationen in einem Dilemma fest und das heißt, sie können nicht einfach weitermachen wie bisher. Weitermachen geht auch nicht wegen der Digitalisierung. Sie hat dazu geführt, dass nahezu alle Routinearbeiten im Büro inzwischen von intelligenten Maschinen erledigt werden (was für ein Geschenk!).

Was für Menschen im Büro an Arbeit bleibt, ist die gewollte Co-Kreation und die kann in rein funktionalen Arbeitsräumen nicht funktionieren. Deswegen haben Andreas

Kulick, Christoph Quarch und ich in unserem Buch Officina Humana dafür plädiert, aus herkömmlichen Büros Gewächshäuser für Kreativität zu machen.

Aus einem Dilemma muss man versuchen herauszukommen, und zwar mittels Transformation. Wenn die gelingen soll, braucht es ein langes Gedächtnis, braucht es – um mit Walter Benjamin zu sprechen – die Erweckung eines noch nicht bewussten Wissens von Gewesenem.

Woran sollten wir uns erinnern, wenn wir Büros menschlicher machen möchten?

1. **An das Universum**
   Das lateinische Universum, das griechische Kosmos, das mittelhochdeutsches All sind alles Bezeichnungen für eine schöne, geordnete und tugendhafte Welt. Das Büro soll eine solche Welt sein.
2. **An die Natur**
   Die Natur hat eine Qualität, die sowohl eine funktionale als auch eine poetische Beziehung möglich macht. Hinzu kommt, dass in der Natur alles auf die 100 % des angelegten Potenzials hinwächst.
   Büros müssen zu einer Einheit von Funktion und Poesie verschmelzen. Ohne diese Allianz hat es die Potenzialentfaltung schwer.
3. **An den Menschen**
   Alle Menschen haben das gleiche Ziel: Sie möchten glücklich sein, wenigstens gelegentlich. Dazu brauchen sie Geborgenheit und die Berücksichtigung ihrer individuellen Wünsche und Bedürfnisse. Alle Menschen möchten prägende Erfahrungen, die sie im Mutterleib gemacht haben, nach der Geburt so oft wie möglich wiederholen, auch im Büro.
   Diese Erfahrungen sind:
   a) Die Verbundenheit mit etwas, das größer ist, als sie selbst sind.
   b) Das Wachsen hin zur Freiheit, d. h. die Potenzialentfaltung.
   Menschen sind mehrdimensionale Wesen. Sie haben einen Körper, ein Ich, einen Geist und eine Seele und alle diese Dimensionen müssen berücksichtigt werden, zum Beispiel indem der Körper stimmiger physischer Ergonomie begegnet, der Geist der Schönheit und die Seele der Kunst. In der Kunst ist die Nahrung, die die Seele braucht – sie heißt Spirit – konzentriert vorhanden. Es reicht allerdings nicht, diese Kunst einfach hinzustellen oder hinzuhängen. Unternehmensführungen müssen ihren Mitarbeitern dabei helfen, den Tiefenraum der Kunst zu öffnen, damit sie an die Nahrung herankommen.
   Das Büro muss Menschen ganzheitlich ansprechen.
4. **An das erste Haus**
   Für den Bau des ersten Hauses vor 12.000 Jahren stand das Universum Modell. Wir können davon ausgehen, dass daher das erste Haus ein sehr schönes Haus wurde. Die Menschen gingen in dieses schöne Haus hinein und verloren ihr Modell aus den Augen. Als Kompensation für das verloren gegangene Modell erfanden sie einen

Begriff und das war die Ethik. Die Ethik bezeichnete ursprünglich das Haus und ein Regelwerk für das In-Ordnung-halten des Hauses.
Das Büro sollte am Universum Maß nehmen und wie ein geschrumpfter Kosmos sein.

5. **An die antike Ökonomie**
   Die antike Ökonomie, so schreibt es Horst Meyer im Buch *Arbeit und menschliche Würde* von Oskar Negt, entstand als ganzheitliche Managementwissenschaft, als Wissenschaft von der ethisch verantwortlichen Menschenführung in einem Haus. Dieses Haus hatte fünf Wirkungselemente, von denen später noch die Rede sein wird.
   Das Büro sollte ein Ort sein, wo ethisch verantwortliche Menschenführung eine Selbstverständlichkeit ist.
6. **An das Kloster**
   Die Wiege des Büros stand in einem Kloster. Dort wurde 1179 das Büro erfunden und zwar durch einen Mönch, der es leid war, ständig mit Papierstapeln herumzulaufen. Er besorgte sich in der Schreinerei zwei Holzböcke und drei ungehobelte Bretter und fertig war der erste Schreibtisch. Damit die Einbände seiner kostbaren Bücher durch das rohe Holz keinen Schaden nahmen, legte er zum Schutz der Folianten einen Teil seiner Kutte – die Burra – über den Tisch. Von der Bezeichnung dieses Tuchs wurde das Wort Büro abgeleitet. Interessant an dieser Geschichte ist, dass das Büro explizit erfunden wurde, um das Kostbare zu beschützen. Von den Klöstern können all diejenigen, die herkömmliche Büros in ein Officina Humana transformieren möchten, viel lernen.
   Zum Beispiel, dass Klöster geführt werden. Äbte und Äbtissinnen managen keine Komplexität. Vielmehr sehen sie ihre Aufgabe darin, das Kloster ständig zu erneuern. In der Regel sind sie weise und diese Weisheit entstand, weil es ihnen gelungen war, in sich einen gleichgewichtigen Dreiklang entstehen zu lassen aus Emotionalität, Rationalität und Sozialität. Äbte und Äbtissinnen begegnen jedem Menschen zunächst als Mensch und behandeln alle gleich. Gleichzeitig schauen sie aufmerksam hin, was der Einzelnen braucht, um seine Potenziale entfalten zu können.
   Klostermenschen haben auch eine interessante Methode: Nach jeder Kreation pflegen sie die Rekreation. Sie nennen es beten und arbeiten, aber das kommt auf das Gleiche hinaus und es hat eine segensreiche Wirkung auf das Gehirn. Sie lassen Orientierung durch das Außen zu, indem sie sich einem Regelwerk unterwerfen. Sie tun dies nicht, um eine zwangsneurotische Ordnung herbeizuführen, sondern weil Regeln zum sozialen Gelingen der Gemeinschaft beitragen.
   Das Büro muss das Kostbare beschützen.
7. **An die Renaissance**
   Die Renaissance gilt gemeinhin als Initialzündung der Moderne, als Neuanfang und „Entdeckung der Welt und des Menschen" nach dem Mittelalter. So steht es im Klappentext eines Katalogs zu einer Ausstellung, die der Frage nachgeht: Was war die Renaissance?
   Was immer sie war, diese Blütezeit, sie hatte eine interessante Methode. Damals wurden drei Energien gebündelt und ausgerichtet, damit sie wirksamer werden

konnten, nämlich Humanismus, Kapitalismus und Ästhetik. Diese Methode ist zukunftsträchtig.

Das Büro braucht eine Re-Renaissance.

Seit der Renaissance hat die Komplexität in der Welt dramatisch zugenommen. Um mit dieser Komplexität zurechtzukommen und vermeintlich die Übersicht zu behalten, haben wir Menschen mit der Fragmentierung begonnen. So konnte es passieren, dass das Einfache durch das Vielfache ersetzt wurde und kein Ende mehr gefunden wird, weil uns irgendwie der Anfang abhandengekommen ist.

Das ist dumm gelaufen. Nun gilt es, die kollektive Sehnsucht danach, das ganze Stück wieder zu kennen, den Bauplan der Welt wieder vor Augen zu haben, zu stillen. Auch Unternehmen haben diese Sehnsucht. Deswegen sagt der ehemalige Captain of Industry, Prof. Dr. Jürgen Strube, dass es die vordringlichste Aufgabe eines Unternehmens heute ist, die abgebrochene Verbindung mit dem Kosmos wiederherzustellen. Wie aber geht das?

Indem die fünf Wirkungselemente des geordneten Hauses restauriert werden. Die da sind:

1. Wirtschaftlichkeit
2. Schutz
3. Zusammengehörigkeit
4. Kulturpflege
5. Identitätsstiftung

Um das zu bewerkstelligen, braucht es hochmotivierte Menschen in den Unternehmen, aber leider ist es um die Motivation in der Wirtschaft nicht gut bestellt, was die Gallup-Studien in regelmäßigen Abständen immer wieder beweisen.

So heißt es dort ziemlich konstant, dass 15 % mit Herz und Seele bei der Sache sind, 70 % Dienst nach Vorschrift machen und 15 % bereits innerlich gekündigt haben. Mit einer solchen müden Truppe lassen sich die Wirkungselemente des geordneten Hauses nicht vollumfänglich restaurieren. Erschwerend kommt hinzu, dass Unternehmer und Führungskräfte ihre Mitarbeiter nicht motivieren können, das müssen diese schon selbst tun.

Unternehmer und Führungskräfte haben aber die Pflicht, so sagt es Götz Werner, der Gründer der dm-Drogeriemarktkette, Umstände zu schaffen, damit Mitarbeiter sich selbst motivieren können.

Danach gefragt, was das denn für Umstände sind, hat Hirnforscher Gerald Hüther geantwortet:

1. Qualität im Umfeld
2. Qualität im Umgang

Es sind diese beiden Bereiche, die unsere volle Aufmerksamkeit brauchen, wenn wir unsere Büros menschlicher machen möchten. Da gibt es noch sehr viel zu tun.

Packen wir es an und lassen wir uns dabei von den oben genannten Drehungen zu den Ursprüngen inspirieren, denn sie sind Bewegungen, die unser Tun in Liebe lenken – sowie von zwei Gedanken. Der eine ist von meinem Landsmann, der große Humanist

Erasmus von Rotterdam und der zweite von dem von mir hochverehrten Künstler Joseph Beuys.

1. „Die Talente begabter Menschen sind unterschiedlich, und jede Zeit hat ihren eigenen Charakter. Lasst jeden zeigen, wozu er fähig ist, und lasst niemanden neidisch auf einen anderen sein, der auf seine Art, im Maße seiner Kräfte, an der allgemeinen Lehre versucht beizutragen."
2. „.... In einer modernen Gesellschaft bedeutet die Zusammenarbeit mit anderen für andere arbeiten ...."

Prof. Jan Teunen ist Cultural Capital Producer. Als Geschäftsführer der Teunen Konzepte GmbH unterstützt er seine Kunden darin, ihr kulturelles Kapital und ihre Wirtschaftskraft zu mehren. Er begleitet sie bei der Entfaltung nachhaltiger Unternehmenskulturen und trägt dazu bei, dass sie mit sich und der Welt im Einklang sind. Er entwickelt individuelle und kreative Konzepte für eine wirkungsvolle Kommunikation und begleitet ihre Realisierung in Zusammenarbeit mit erstklassigen Partnern. Zu seinen Kunden gehören: Arbeiter-Samariter-Bund, dm-drogerie markt, Lufthansa AG, RhönSprudel, combine consulting, König + Neurath, Denta Dox, INJU und Vitra. Er ist Kuratoriumsmitglied der Burg Giebichenstein/Kunsthochschule Halle und hat dort eine Professur für Designmarketing inne. Er ist Fellow und Mentor der Akademie für Potenzialentfaltung und Ehrenmitglied des GENISIS Institute for Social Innovation and Impact Strategies in Berlin. Jan Teunen ist verheiratet, hat zwei Kinder und zwei Enkelkinder und lebt und arbeitet seit 1977 auf Schloss Johannisberg im Rheingau.

The Eudaimonic Workplace

Der Eudaimonische Arbeitsplatz

3

A Plea for Change

Ein Plädoyer für Veränderung

Anicee Carolyn Bauer

Abstract

As a plea for change, this chapter introduces the Eudaimonic Workplace as a contribution to help solve environmental, economic and societal issues. Focussing on human flourishing, values and a "life worth living", the concept of Eudaimonia offers a way to lead us to a more eco-centered world view and a sustainable lifestyle. It is deeply connected with spiritual awareness, which is suggested to be the root of sustainability, because it determines how we create value in this world. The chapter translates the concept to the cultural as well as the physical work environment, that both should be aligned to contribute to the flourishing of the collective human race and all ecosystems alike. The four characteristics and the ten values of the Eudaimonic Workplace are outlined. Concerning the physical design it follows that it is important to design from the inside out, to focus on the people and their attitudes, morale, values and behavior. This can be achieve with six physical design strategies: Sustainable Design, Biophilic Design, The Space In-Between, Design for Spiritual Practice & Rituals, Empowerment and Inspirational Design. The chapter closes with the plea to reset our value system and invite spirituality back into our lives. And courage, above all, is what we need more of if we are to question and change the status quo. Only then can we create a different narrative. As a plea for change, this chapter introduces the *Eudaimonic Workplace* as a contribution to solve environmental, economic and societal issues, that concern all of our lives. Focusing on economic growth as an indicator and measurement of happiness, success and wealth

A. Bauer (✉)
Environmental Psychologist, Amsterdam, The Netherlands
E-Mail: bauer.ac@gmail.com

C. Kohlert (Hrsg.), *Das menschliche Büro – The human(e) office*,
https://doi.org/10.1007/978-3-658-33519-9_3

has led us to develop a value system, that grants too much significance to money and profit making. The lifestyle and behavior patterns that have emerged from this value system in the last decennia have caused—and are still maintaining—global problems like climate change or air and water pollution. It seems, we slowly understand the "true costs" of our on-demand society and the urgency to turn things around. To achieve a substantial change, however, we need to change our thinking and how we define happiness and success.

An answer might be found in Aristotle's holistic concept of Eudaimonia, that focuses on human flourishing and well-being. The concept describes a state of contented fulfillment that what we do in life is worth undertaking, despite the challenges or discomfort, a life that is aligned with intellectual and moral values, in the pursuit of doing justice to our full human potential and the environment. It follows that Eudaimonia leads to a more *eco-centered world view* and a sustainable behavior pattern, which is urgently needed to solve global issues.

According to research, this pro-environmental mindset can be developed by spiritual growth. It is even suggested that the *root of sustainability may be spirituality*, as spiritual awareness creates a sense of belonging or *oneness with all things*. And being more aware of our interconnectedness with nature makes us feel more responsible of the impact of our own behavior. Spirituality is a slow, personal and subjective experience of gradual transcendence and transformation, and it is concerned with compassion, forgiveness and gratitude. It seems to answer to our quest for meaning, morality, self-knowledge and personal growth, offering us a powerful foundation for a harmonious life, that benefits ourselves, others, society and nature.

Not surprisingly, spirituality also is a predictor of *eudaimonic well-being*!

Spirituality does not only guide our *personal belief system*, but also our *professional life*. It determines how we approach work, how we spend our time to earn a living, how we engage in activities and how we eventually create value in this world. By focusing on status, money and profit making, however, we have created a work culture for ourselves, that is very susceptible to stress, unhealthy competitive behavior, workaholism, fatigue, insecurity, disregard and burnout. We confuse our inner worth with external rewards and have lost sight of what gives our lives meaning. And this all could very well be connected to a loss of spirituality.

Workplace spirituality is not a new idea. Research shows convincingly, that the investment in spirituality at work comes with advantages on the personal, the interpersonal, as well as on the organizational level. So, it literally also pays off to reconnect with spirituality, because also consumers and clients take more and more notice to what extent firms have established themselves as *worthy ones*, that is, if they have a higher sense of business purpose and are committed to do good in the world. Handling a holistic business approach with a good balance of economic, social, environmental and spiritual value, will eventually be one of the most powerful pieces of the puzzle in solving global environmental and societal problems.

The article therefore introduces the idea of a *Eudaimonic Workplace*, which is defined as a work environment, that contributes to the flourishing of the collective human race and all ecosystems alike. It focuses on four aspects, (1) having a purpose that relates to the "common good" of society, (2) actively investing to develop a lifestyle that harmoniously co-exists with the planet, (3) aiming for continuous personal growth and (4) embracing and actively stimulating spirituality at work. A set of ten values are offered to guide the decision-making processes within an organization regarding social interaction, strategic behavior, communication, teamwork and work culture. The ten values are empathy, unity, diversity, authenticity, integrity, meaning, organicity, nature, inspiration and courage, which are described in more detail in the article.

Concerning the physical design of a *Eudaimonic Workplace*, it is important to *design from the inside out*, to focus on the "content": on the people, their behavior, their attitudes, their ambitions, their morale and their values. A space should be *effective* in stimulating the development of a sustainable mindset, a pro-environmental behavior pattern and a new identity. Because for new lasting behavior to emerge, our identity has to shift as well. The article describes six *physical design strategies* to create a *Eudaimonic Workplace*: sustainable design, biophilic design, the space in-between, design for spiritual practice and rituals, empowerment and inspirational design.

Sustainable design refers to a perfectly balanced space or building, that creates no waste and no harm to any ecosystem. It naturally makes use of innovative *sustainable technologies*, and, what is more, it applies *biomimicry* to solve engineering problems by copying how nature functions. Sustainable design also includes practical facilities for pro-environmental behaviors and *circular design*, e.g. the reuse or upcycling of furniture, which prioritizes *designing from availability*, being mindful of what is already *there*. It eventually also refers to challenging organizations to make sustainable—and therefore plant-based whole foods—catering choices for the entire building.

Biophilic design refers to the integration of nature into design, aiming to improve human health and well-being, for example by copying or imitating nature. Biophilic design involves the obvious, direct, physical presence of nature in a space, like indoor greenery, water or a fireplace, but it also includes natural analogues or indirect associations with nature. Finally, biophilic design can also be found in the spatial configuration of a space, that reminds us of our evolution and our survival in the Savannah, where we needed unobstructed view over a distance (prospect) as well as a safe place for protection (refuge). Mystery and peril, eventually, are able to engage and fascinate people, creating the much sought-after "wow-effect".

The *space in-between* corresponds to the Japanese concept of *ma*, the "negative space", the emptiness that surrounds an object and makes it stand out. In cluttered spaces, we are not able to grasp the value of things. Having fewer things allows us to focus on what really matters. This does not only apply for physical design, but also for how we plan our busy social and professional lives. But constantly doing *something* wears us out and we implicitly feel the need to simplify things. The concept of *ma* gives us the opportunity to declutter our lives and create the quiet space and time we need to make our lives meaningful—space and time to breathe, walk and just be.

Designing for spiritual practice and rituals refers to spaces that encourage employees to engage in activities like meditation, yoga, relaxation or contemplation—activities that stimulate them to "go within" and explore their inner landscape. These could be spaces, that remind us of spiritual places or experiences and that spark feelings of awe, unity, serenity and peace. Also, the Japanese principle of *wabi sabi* is part of this design strategy, referring to beauty that is "imperfect, impermanent and incomplete". Quirks and anomalies are seen as revealing the authenticity and uniqueness of an object or space. *Wabi sabi* embraces the beauty of decay and therein teaches us, that resisting the change is pointless. It calls us to engage in life as it happens, rather than be caught up in unnecessary thoughts and material things.

Empowerment refers to an environment that supports our individual identity and the behavior through which we express ourselves. Autonomy and freedom to personalize and adjust the workspace to one's own fit is important for employees to feel empowered within their process of creating and experimenting with new habits and rituals and remove the thresholds, that may discourage emerging new behavior. Empowerment also refers to employee *participation in the workplace design*, as the process of active involvement creates a sense of ownership, commitment and a positive attitude towards the new environment.

Inspirational design refers to beauty, meaning, fun, surprise and playfulness. It triggers our curiosity, our urge to explore, to engage in and interact with each other and with the environment. It overlaps greatly with "positive design", appealing to positive emotions, happiness and a sense of freedom and the field of discovery and opportunity. *Inspirational design* is especially important in the context of objects and spaces that facilitate habit formation, as the beauty of objects or spaces is also functioning as a nudge. We like to use beautiful objects, because they are a pleasure to use and therefore also a pleasure to *take care of*. And this leads to people making better overall choices.

The article closes with repeating the plea for change, emphasizing the need to *reset our value system* and invite *spirituality* into our lives. By learning to explore and navigate our *inner landscape*, we are able to slowly shift our understanding of ourselves within the world. Only then can we acquire new lasting habits for a sustainable lifestyle, guided by values like empathy, integrity and courage. And *courage*, above all, is what we need more of if we are to question and change the status quo. Only then can we also create a *different narrative*.

Zusammenfassung

Das Kapitel über den Eudaimonischen Arbeitsplatz ist als Plädoyer für Veränderung zu verstehen im Hinblick auf globale Umwelt-, Wirtschafts- und Gesellschaftsprobleme, die dringend nachhaltige Lösungen erfordern, die unser aller Leben betreffen. Der Fokus auf das Wirtschaftswachstum als Indikator für Glück, Erfolg und Wohlstand hat uns veranlasst, ein Wertesystem zu entwickeln, das Geld und Profit zu viel Bedeutung beimisst. Der Lebensstil und die Verhaltensmuster, die in den letzten Jahrzehnten aus diesem Wertesystem hervorgegangen sind, haben globale Probleme wie den Klimawandel, Wasserverschmutzung und Armut verursacht. Es scheint, dass wir langsam die wahren Kosten unserer On-Demand-Gesellschaft verstehen, aber um substanzielle Veränderungen zu erreichen, müssen wir auch unser Denken ändern und wie wir Glück und Erfolg definieren.

Möglicherweise liefert das holistische Konzept Eudaimonia von Aristoteles einen Ausweg, das sich auf das menschliche Gedeihen und Wohlbefinden konzentriert. Das Konzept beschreibt einen Zustand zufriedener Erfüllung, ein lohnenswertes und sinnvolles Leben, das auf Werte ausgerichtet ist und nicht zurückschreckt vor Herausforderungen oder Unannehmlichkeiten. Eudaimonia strebt danach, unserem vollen menschlichen Potenzial gerecht zu werden, wozu auch eine umweltorientierte Weltanschauung gehört.

Forschungen zufolge kann diese umweltfreundliche Denkweise langzeitlich (nur) durch Spiritualität entwickelt werden, da spirituelles Bewusstsein einhergeht mit dem Gefühl, eins zu sein mit allen Dingen. Wenn wir uns unserer Verbundenheit mit der Natur bewusster werden, fühlen wir uns infolgedessen auch mehr verantwortlich für die Folgen unseres eigenen Verhaltens. Spiritualität beantwortet unser Verlangen nach Sinn, Moral, Selbsterkenntnis und persönlicher Entwicklung und bietet uns eine starke Grundlage für ein harmonisches Leben, das uns selbst, anderen, der Gesellschaft und der Natur zugutekommt. Es überrascht dabei nicht, dass der Forschung zufolge Spiritualität auch ein Prädiktor für das eudaimonische Wohlbefinden ist!

Spiritualität leitet nicht nur unser persönliches Glaubenssystem, sondern auch unser Berufsleben. Es bestimmt, wie wir das Konzept Arbeit verstehen, wie wir unseren Lebensunterhalt verdienen und wie wir neue Werte in dieser Welt erschaffen. Indem wir uns in der Vergangenheit allerdings vor allem auf Status, Geld und Gewinn konzentriert haben, haben wir eine Arbeitskultur geschaffen, die sehr anfällig ist für Stress, extremes Wettbewerbsverhalten, Erschöpfung, Unsicherheit, fehlende Wertschätzung und Burn-out. Wir verwechseln unsere inneren Werte mit äußeren Belohnungen und haben aus den Augen verloren, was unserem Leben Sinn gibt. Der Grund: der Verlust von Spiritualität.

Dabei ist Spiritualität am Arbeitsplatz gar keine neue Idee. Untersuchungen zeigen überzeugend, dass die Investition in Spiritualität auf der Arbeit Vorteile auf persönlicher, zwischenmenschlicher und organisatorischer Ebene mit sich bringt. Es lohnt sich also buchstäblich, Spiritualität im Betriebsmodel zu integrieren, denn auch Verbraucher und Kunden achten immer öfter und mehr darauf, inwieweit sich Unternehmen als würdig etabliert haben und sich engagieren, Gutes in der Welt tun. Ein holistischer Geschäftsansatz, in dem wirtschaftliche, soziale, ökologische und spirituelle Werte in Balance sind, wird letztendlich eines der mächtigsten und wichtigsten Puzzleteile bei der Lösung globaler ökologischer und gesellschaftlicher Probleme sein.

Die Definition eines Eudaimonischen Arbeitsplatzes ist deswegen eine Arbeitsumgebung, die zur Entfaltung der kollektiven Menschheit und aller Ökosysteme gleichermaßen beiträgt. Er konzentriert sich auf vier Aspekte: (1) einen Zweck haben, der sich auf das Gemeinwohl der Gesellschaft bezieht; (2) aktiv in die Entwicklung eines Lebensstils investieren, der harmonisch mit der natürlichen Umwelt koexistiert; (3) kontinuierlich persönliche Entwicklung stimulieren und (4) Spiritualität am Arbeitsplatz aktiv anregen. Es werden zehn Werte beschrieben, die Entscheidungsprozesse innerhalb einer Organisation in Bezug auf soziale Interaktion, strategisches Verhalten, Kommunikation, Teamarbeit und Arbeitskultur leiten können. Die zehn Werte sind Empathie, Einheit, Vielfalt, Authentizität, Integrität, Bedeutung, Organizität, Natur, Inspiration und Mut. Im Kapitel werden alle zehn Werte ausführlich beschrieben.

In Bezug auf die räumliche Gestaltung eines Eudaimonischen Arbeitsplatzes ist es wichtig, dass ein Entwurf von innen nach außen entsteht und sich also auf den Inhalt konzentriert: auf die Menschen, ihr Verhalten, ihre Einstellungen, ihre Ambitionen, ihre Moral und ihre Werte. Ein Raum sollte die Entwicklung einer nachhaltigen Denkweise, eines umweltfreundlichen Verhaltensmusters und einer neuen Identität fördern. Das Kapitel beschreibt sechs Designstrategien zur Gestaltung eines Eudaimonischen Arbeitsplatzes: nachhaltiges Design, „biophilic" Design, der Zwischen-Raum, Design für spirituelle Rituale, Empowerment und inspirierendes Design.

Nachhaltiges Design bezieht sich auf einen perfekt ausbalancierten Raum oder Gebäude, das keinen Abfall erzeugt und kein Ökosystem schädigt. Es nutzt natürliche und nachhaltige Technologien und wendet darüber hinaus Biomimicry an, um technische Probleme zu lösen, indem es die Funktionsweise der Natur kopiert. Nachhaltiges Design umfasst auch praktische Einrichtungen für umweltfreundliches Verhalten und „circular design", zum Beispiel die Wiederverwendung oder das Re- und Upcycling von Möbeln, also auch das Entwerfen nach Verfügbarkeit von Materialien.

„Biophilic" Design bezieht sich auf die Integration der Natur in den Entwurf eines Raums oder Gebäudes, was der Gesundheit und dem Wohlbefinden von Menschen zugutekommt. „Biophilic" Design beinhaltet die direkte Anwesenheit von Natur im Raum, wie zum Beispiel echte Pflanzen, Wasser oder Feuer in einem Kamin, aber es umfasst auch Naturanalogien oder indirekte Assoziationen mit der Natur. Schließlich sehen wir „biophilic" Design auch in der räumlichen Konfiguration eines Raums, der uns an unsere Entstehungsgeschichte in der Savanne erinnert, wo wir zum Überleben einen freien Ausblick brauchten, um Gefahr frühzeitig zu erkennen, sowie auch einen sicheren Zufluchtsort.

Der Zwischen-Raum entspricht dem japanischen Konzept von „ma“, dem negativen Raum, der Leere, die ein Objekt umgibt und hervorhebt und erkennbar macht als solches. In überfüllten Räumen sind wir nicht in der Lage, den Wert von Dingen zu erfassen. Wenn wir also weniger Dinge haben, können wir uns auf das konzentrieren, was wirklich wichtig ist. Dies gilt nicht nur für räumliches Design, sondern auch für unser soziales und berufliches Leben, das wir oft vollplanen. Aber ständig etwas zu tun zu haben, tut uns nicht gut, und wir merken, dass wir implizit das Bedürfnis haben, die Dinge zu vereinfachen. Das Konzept von „ma“ gibt uns die Möglichkeit, unser Leben zu entwirren und den Raum und die Zeit zu schaffen, um unser Leben sinnvoller zu gestalten.

Design für spirituelle Rituale bezieht sich auf Räumlichkeiten, die Arbeitnehmer zu Aktivitäten wie Meditation, Yoga, Entspannung oder Kontemplation ermutigen – Aktivitäten, die sie dazu anregen, nach innen zu gehen und ihre innere Landschaft zu erkunden. Dies können Räume sein, die uns an spirituelle Orte oder Erfahrungen erinnern und Gefühle der Ehrfurcht, der Einheit und des Friedens auslösen. Auch das japanische Prinzip „wabi sabi“ ist Teil dieser Designstrategie und bezieht sich auf Schönheit, die unvollkommen, unbeständig und unvollständig ist. Laut „wabi sabi“ offenbaren Anomalien die Authentizität und Einzigartigkeit eines Objekts oder Raums und lehrt uns die Vergänglichkeit von Dingen, vor allem, dass es sinnlos ist, sich Veränderungen zu widersetzen. „Wabi sabi“ ermutigt uns, uns auf das Leben einzulassen, anstatt uns in Gedanken und materiellen Dinge zu verlieren.

Empowerment bezieht sich auf eine Arbeitsumgebung, die unsere Identität und unser Verhalten unterstützt, durch das wir uns ausdrücken. Autonomie und die Freiheit, den Arbeitsplatz zu personalisieren, sind wichtig, damit sich Arbeitnehmer im Lern- und Aneignungsprozess von neuen Gewohnheiten und Ritualen befähigt fühlen. Empowerment bezieht sich zudem auch auf die aktive Beteiligung von Arbeitnehmern an der Gestaltung und am Entwurf des Arbeitsplatzes, wodurch Verantwortungsgefühl, Engagement und eine positive Einstellung gegenüber dem neuen Umfeld entstehen.

Inspirierendes Design bezieht sich auf Schönheit, Sinngebung, Spaß, Überraschung und Verspieltheit. Es spornt unsere Neugierde an, unseren Drang die Dinge zu erforschen und sich mit unserer Umwelt auseinanderzusetzen. Es hat viele Gemeinsamkeiten mit positivem Design und appelliert an positive Emotionen, an Glück und ein Gefühl der Freiheit. Inspirierendes Design ist besonders wichtig im Kontext von Objekten und Räumen, die das Entstehen von neuen Gewohnheiten unterstützen sollen, da wir nämlich vor allem gern schöne Objekte benutzen, können diese als „nudges“ fungieren, um Gewohnheiten zu automatisieren.

Das Kapitel schließt mit einem erneuten Aufruf zu Veränderung und betont die Notwendigkeit, unser Wertesystem zu überdenken und Spiritualität in unserem Leben zu integrieren. Indem wir lernen, unsere innere Landschaft zu erkunden und in ihr zu navigieren, können wir unser Verständnis von uns selbst und unserem Platz in der Welt langsam verändern. Nur dann können wir dauerhaft neue Gewohnheiten für einen nachhaltigen Lebensstil erlernen, die von Werten wie Empathie, Integrität und Mut geleitet werden. Vor allem brauchen wir mehr Mut – um den Status quo infrage zu stellen und letztendlich zu verändern. Nur dann können wir auch die Geschichte der Zukunft ändern.

A Plea for Change

Be aware. This is not a typical article about workplace design. This article is a plea for change—to do things differently. Because we definitely are able to. Our human history has shown over thousands of years that we have astonishing capabilities to adapt to different circumstances and environmental changes. And as reluctant as we are (or think we are) to the *concept of change,* we need to realize and internalize that change is nothing "extraordinary", but our *natural state of being human.*

> *"We change, whether we like it or not."*
> _ Ralph Waldo Emerald _

So, what exactly needs to be changed? And what does this have to do with workplace design? I will first have quick "gloomy look" at the global problems we are facing at this moment in time and then lay out how *a different set of values* may heal our environmental, economic and societal systems. I will sketch out the value of developing *an eco-centric lifestyle*, that supports and harmonizes with our natural ecosystems. And in this context, I believe we should also view the COVID-19 crisis (and any possible system crashes in its aftermath) as a wake-up call to not only rethink—but actively *reset*—our approach to *life* in general—and to *work* in particular, work being a reflection of how we organize life and the processes around it. I will outline a *work philosophy* that, in my view, could bring about that urgently needed change. And in the last part of this article I will discuss *physical design strategies* that are able to support, stimulate and facilitate this philosophy.

Note, that this article is a blended collection of my professional experience as an environmental psychologist, literature research explicitly done for the purpose of this article, the wisdom and captivating insights from various inspirational and visionary thought leaders and my own experimental journey of personal and spiritual growth. May it spark something in someone.

3.1 A Gloomy Perspective

Looking around in the world, just a little while ago, things seem to be in place. People going about their business, friendly or grumpy, alone or with friends, playing with their kids, busy hammering and forging their path towards happiness. Because they can. Because freedom and the "pursuit of happiness" is one of our most cherished values.

This pretty picture changed drastically in the early months of the year 2020, when the COVID-19 crisis hit—not *one* country or *one* continent, but the whole world. A lot of countries went into complete or partial lockdown and many people were not allowed to leave their houses for weeks, other than for urgent matters. Public squares, streets, cafés, theatres, schools, office buildings—all deserted. Much like an apocalyptic movie. But who am I telling this? Chances are, dear reader, you were there! And are living to tell the tale. A tale of a new surreal world, standing still and turned upside down. Because it *was* (and still *is)* a big deal! Such a big deal, that global attention finally is forced to shift to our environmental, economic and societal issues, which have become subject of tiring discussions in the past—without hardly ever leading to any substantial transformation. I assume you know what issues I have in mind, but still let's name a few examples, along with their consequences and causes.

3.1.1 Our Worldly Issues

Climate Change/Global Warming/Air Pollution
The *consequences* of climate change, global warming and air pollution include dramatic meteorological events like droughts, fires and floods (for example due to melting icebergs), the threatened survival and/or extinction of ecosystems and animals, the threatened survival of people and their habitats (becoming climate-refugees), and risks to human health (e.g. respiratory diseases). The *direct cause* is, of course, essentially CO_2 emission. *Indirect causes* are, for example, the mass meat production and our consumption of animal products, along with a cultural (mis)understanding and focus on animal products as being essential and beneficial to our health. Likewise, our traffic and transportation systems, like driving and frequent flying behavior, supported and maintained by overly cheap flights. And while arid countries are threatened by a lack of drinking water, the agriculture industry accounts for more than 70 % of the water used in these countries to maintain the production of animal products (Gruère et al. 2020).

Pollution and Toxification of Oceans, Rivers and Groundwater
The *consequences* of the pollution and toxification of oceans, rivers and groundwater include the threatened survival of marine ecosystems, substantial suffering of oceanic animals and birds (e.g. suffocating on plastic), people without access to clean drinking water, poor quality of life, health problems (e.g. due to microplastics in fish), depletion

of the earth's soil and threatened food safety in countries, that mostly rely on fishing. Among the *direct causes* we find the dumping of (chemical) waste in oceans, rivers and lakes and, of course, our "good old plain" thoughtless littering behavior. *Indirect causes* are our "on-demand" society with the matching easy and fast lifestyle, our consuming behavior of single-use products (like plastic cups), the cheap and damaging production processes of textiles for the fast fashion industry and, of course, the non-circular and over-production of products, that do not degenerate.

Ecocide

The *consequences* of ecocide are the loss of biodiversity and important ecosystems (e.g. [rain]forests), animal populations losing their natural habitats (22% of animal species are threatened to be extinct) and animal suffering. Some of the *direct causes* are deforestation, overexploitation of natural resources or overfishing. Among the *indirect causes* are our consumption of energy as an infinite resource, no or too little focus on circularity and sustainability of new energy resources and the misleading of consumers by using environmentally friendly-sounding names (like "renewables" or "biomass") for energy production processes, that in the meantime have detrimental environmental effects.

[For more detailed background information on these worldly issues the interested reader is referred to the site of the United Nations and the description of the 17 sustainable development goals.]

Overpopulation—too much and too little

Of course, one could say, that the *actual* cause for all these problems is the world population, which is expected to exceed 8.5 billion by 2030 according to the United Nations. Our cities are crowded—with too much traffic, too much air pollution, too much commute time, too much waste, too much visual input, too much allure, too much consumption, too much excessiveness, too much demand, too much noise, too much inequality. And too little space, too little nature, too little pedestrian-friendly streets, too little time, too little personal attention and neighborliness.

I realize I'm sketching a rather simplistic picture here, as city-life naturally has many important and attractive advantages. However, there is no way around it: the balance is off. We have become entangled in strategies, that should have been adjusted a long time ago, along with our changing circumstances. More people living on the planet simply requires a different set of strategies. And I'm sure we all agree, that *this* is not the planet we want to leave behind for our children. It is time to take responsibility, because we are not only "the first generation to notice the ecological effects of our economic behavior", but we are also the "last one that can do anything about it" (Thieme 2019). Because none of the indirect or direct causes I mentioned earlier are "uncontrollable" events, like an ice-age or a biblical plague. They are *behavioral causes*. It is what *we*, representing the human race, have *done*, that caused these problems. And it is what we are still *doing*, that is maintaining them.

The tricky thing is that most worldly problems are interconnected, and probably no *single* human being is able to grasp the complete picture. Which is why we as average citizens don't know where to *start*. We often feel overwhelmed, think we can't do anything about it, being just "one" individual, we feel powerless and become lethargic. And then we just get used to it. We tell ourselves "that's just the way it is, we might as well enjoy the moment", and we go on with our comfortable daily lives. Also, taking drastic measures from one day to the next is *not realistic*, we say. Passing a law, for example, that would grant animals the rights to live, be treated and respected in the same way *human beings* are, would destroy our shiny economic construction, that we build with so much effort. Of course, we could argue about if this would be a *good* or a *bad* thing. From a lobbyist's perspective, this would naturally be a disaster. But not from an animal rights activist's perspective, nor from the *actual* animal's perspective itself! It seems as long as we have a choice, we often struggle to "do the (morally) right thing". Because (the consequences of) environmental problems are often literally "far away" and not immediate. And many of them do not concern us personally. Until something like COVID-19 happens and robs us from our freedom of choice. *Then* we lament about it and we kick and scream and don't know what to do.

But it doesn't have to be this way.

We could act upon our freedom of choice in making decisions that serve the masses—not only 1% of the earth's population. We could make decisions that would feed *all* human beings. Decisions, that would protect our ecosystems and that would distribute wealth evenly. So, why don't we?

3.1.2 Our Value System

I believe the root cause of a lot of our worldly issues is our *value system*, which dictates how we define and measure happiness, success and wealth. It is reflected in our social culture, our economic system, how we do business, what we prioritize in life and how we spend our time. Since decades now, our focus has greatly been on *individual* health, productivity and happiness—much according to *Western* definitions of "success". We rely on the information that is repeatedly emphasized in our culture, as our "ideals, values and philosophical traditions influence the conceptions of a *life well-lived*" (Friedman et al. 2018). Of course, on first glance, *values* per definition are something *positive*, a strength of a society or human being, contributing to the development and flourishing of a community or an individual. The issue, however, is not the value or strength itself. It is our *overuse* of it—and the *disregard* of our so-called "weaknesses".

> *"A strength overused is a weakness.*
> *A weakness acknowledged is a strength."*

Specialized in the power over the world's finances, the banking an accounting industry seems to be a good representation of our current value system. The pressure to achieve financial targets is often strongly embedded in an organizational culture, that moulds employees to acquire a strong competitive attitude and to apply "creative accounting", just to ensure that the company stays on top of its game, enabling managers and executives to *make* the rules, rather than to *follow* them. Not only for their own company, but for whole industry's or even entire countries. And this *overvaluing of money*, earning, having and spending it—mostly for the sake of an ever-growing economy—has led us to acquire a tunnel vision when it comes to the hidden "true" costs of such a system, like the growing inequality, stress, burnouts, health issues, dependency, depression or poverty. Rutger Bregman (2018) compellingly shows in his book "Utopia for Realists", how for example cutting back social funds for poor families, to save some of the state's money, forces these families to actually "proof their inferiority and defectiveness"—only to justify that they should receive these funds. This way we create problems that are even more costly in the long run—not only financially, but worse so psychologically, emotionally and morally.

> *"Money is a good servant, but a bad master."*
> _ H. G. Bohn _

Also, researcher on moral behavior Naomi Ellemers (2017) raises the concern, that "doing the right thing [...] by investing in Corporate Social Responsibility (CSR) is often seen as a secondary business objective, that is costly, because it takes away time, money, and other resources from the primary goal to make profit". We seem to be far away from "rooting for moral behavior as a valuable outcome *in its own right*" (Kiel 2015). And this is actually rather odd, if we look at the literature, that has confirmed again and again, that money only makes us happier up to a certain point. After a minimum has been reached, any additional financial gain will not increase feelings of happiness (Ahuvia 2008).

One possible reason, we don't bother to be critical regarding our value system, is that the English language does not differentiate enough between the different kinds of contentment and pleasure (Seligman 2004). As a consequence, we like to mix up a "Good Life" with a "Pleasant Life" and are under the impression that we can achieve them in similar ways, "confusing per capita GDP and wealth with happiness and life satisfaction" (Friedman et al. 2018).

But economic growth does not necessarily mean an increase in happiness (Easterlin 2012; Easterlin et al. 2010), which *disqualifies* it as an indicator of happiness of a nation. As Friedman et al. (2018) put it: "in the context of a healthy economy, the environment should be improving, income inequality should be decreasing, and people should be getting happier and healthier. However, while GDP may be growing it is not inconceivable that everything [else] is getting worse. [...] It is clear that economic growth can destroy the environment, increase inequality, reduce happiness, and fail to increase the number of jobs."

Could the problem be a lack of alternatives? Because, despite some initiatives to measure a nation's well-being in other ways, like for example the Kingdom of Bhutan's Gross National Happiness, "no global consensus exists regarding alternatives to GDP" (Friedman et al. 2018). Nevertheless, there is "growing agreement that the continued use of GDP as a proxy for overall well-being is not appropriate". "Economists, who understand the real meaning of happiness, realize that countries should not be obsessed with economic growth" (Friedman et al. 2018).

Also, according to the World Happiness Report by Helliwell et al. (2017) "the libertarian argument that economic freedom should be championed above all other values decisively *fails the happiness test*", as Friedman et al. (2018) summarize. While our much-cherished individual freedom, as well as income per capita, naturally do contribute to happiness, many other objectives and values, like for example social circumstances, work conditions, health and environmental pollution, seem equally—if not more—important. "Sustainable development and related holistic concepts [...] are a better overarching guide to human [flourishing and] wellbeing than the single-minded pursuit of income [...] or other one-dimensional objectives" (Friedman et al. 2018).

"It's easy to make a buck. It's a lot tougher to make a difference."
_ Tom Brokaw _

3.1.3 Alternative Approaches

But there *are* alternatives. In any case, there are inspiring initiatives, voices, economic models, theories and approaches, that have emerged in recent years and that clearly expand and counteract the focus on economic metrics. These voices offer hope to *that* and *how* we can turn things around. They still are far from being "mainstream", but they show a direction that continuously gains more positive attention and followers—and thanks to the COVID-19 crisis finally also more *urgency*.

There is, first of all, of course, the *United Nation's 17 Sustainable Development Goals (SDGs)*, which have been adopted by all UN Member States in 2015, and which are a "call for action by all countries—poor, rich and middle-income—to *promote prosperity while protecting the planet and improve the lives and prospects of everyone, everywhere*. On their website it says that "progress is being made in many places, but overall, action to meet the Goals is not yet advancing at the speed or scale required. 2020 needs to usher in a *decade of ambitious action* to deliver the Goals by 2030", the latter displaying the urgency of the subject matter.

The *Economy for the Common Good* is an alternative economic model, which makes "the Common Good, a good life for everyone on a healthy planet, its primary goal and purpose". It "aims to benefit all stakeholders in an organization [...], the local community and society at large. It does so with the "common Good Balance Sheet", which measures the impact the organization has on these stakeholders". The balance sheet is seen as an "appropriate instrument to implement the *United Nation's Sustainable Development Goals (SDGs),* which are based on the same values as the *Economy for the Common Good* has been built on".

Certified B Corporations are "businesses that meet the highest standards of verified social and environmental performance, public transparency, and legal accountability to *balance profit and purpose.* B Corps are accelerating a global culture shift to redefine success in business and build a more inclusive and sustainable economy. B Corps use profits and growth as a means to a greater end: positive impact for their employees, communities, and the environment".

British Economist *Kate Raworth's* "Doughnut Economy" (2017) introduces an economic model, which is directed at the thriving of humanity and the planet through a circular (more natural) mode of operation as opposed to constant (unnatural) growth. Raworth sketches an economy that considers and stays in-between the social and environmental *planetary boundaries* to avoid overshoot and shortfall, ensuring an "environmentally safe and socially just space in which humanity can thrive". Excitingly, Amsterdam, where I currently live, is known to become the first city to adopt this model.

In her book *The Value of Everything—Making and Taking in the Global Economy* (2018), American economist *Mariana Mazzucato* argues that *value creation* in our current economy in reality actually is more often *value extraction*, which implies merely the *moving* of existing value around or even destroying it. Mazzucato calls for a more critical and courageous attitude in all of us, not blindly following the notions of others. "Some activities will be deemed to be value creating and others will not, simply because someone—usually someone with a vested interest—says so", she writes, referring to the ego-capitalistic spirit of our current times.

In his book *Sapiens* (2019), author and historian *Yuval Noah Harari*, lays out the history of humankind, weaving together historical, biological, technological, philosophical and economic developments and transformations. He points out that humankind has evolved through a series of revolutions, which have made our lives easier and safer, allowing us eventually to rule the planet. But not every so-called "progress" has necessarily always brought us more *mental* well-being, which raises the question why we do what we do. For example, what are our motives for technological innovations? Harari also draws attention to the treatment of animals in modern agriculture, which he calls the "worst crime in history". And he makes us think about how we believe in things, that actually only exist in our imagination, which in turn would suggest that we "just as easily" could change our *story* in order to change our world view and eventually our world.

Dutch historian *Rutger Bregman* puts forward a similar message: "different talk, different thinking". In his book *Utopia for Realists* (2018), mentioned earlier, he makes a compelling case for the unconditional basic income and its many benefits for society, starting from reducing poverty to better physical health, less psychiatric disorders and mental distress, less criminal behavior, more qualitative family time due to less worries, more (time for) voluntary work, better decision-making abilities and more cognitive capacities for growth and creativity. According to Bregman, we would be financially wealthy enough to finance such an impactful historical milestone, moreover, since the benefits would drastically reduce public costs due to unhealthy lifestyles, mental disorders, vandalism or crime. I would guess, that not many people know that the proposition of a basic income has been experimented with as early as in the 1970's in Canada as well as in the US. Unfortunately, the US Senate helped the basic income to a despairing death by rejecting President Nixon's proposal. Learning all that, I ask myself in what kind of a world we would be living now, if the Senate had approved. A mind-blowing question.

Anand Giridharadas, political analyst and author of *Winners Take All* (2019), shows how our plutocratic system maintains itself by guarding and protecting the current "social order". He depicts how the rich and powerful engage in self-glorification, how they sell an image of themselves as "saviors of the poor" and how they "constantly seek to do 'more good', but never less harm". Giridharadas proposes that "we must take on the grueling democratic work of building more robust, egalitarian institutions and truly changing the world. A call to action for elites and everyday citizens alike".

Finally, *Blue Zones Projects* are "places, where whole communities come together with guidance to encourage all community members, as well as local policies and infrastructure, to grow into *thriving places* where the healthy choice is easy". Having its origin in extensive research and in the identification of the *world's longest-lived cultures* and most extraordinary populations, the aim of *Blue Zones Projects* is to considerably improve public health and lower healthcare costs by implementing an "innovative, systematic, environmental approach to well-being that optimizes policy, urban and building design and social networks". The focus is for example on continuous natural movement during the day (instead of spending one "hour of power" in the gym), a plant-based diet, enduring social relationships and a strong sense of purpose in life.

3.1.4 Western and Eastern Culture

When looking at the Blue Zones, it becomes particularly clear, how much we can learn and get inspired by non-Western cultures in other parts of the world. Many people are so used to the Western perspective, that they have become estranged to even consider applying or incorporating aspects of lifestyles that they perceive as being "too different". For example, looking at the *Eastern* philosophy, we see a more *collective* approach with a holistic and sustainable understanding of *prosperity*. In the Western world we consider the individual *in charge* of his destiny and so it makes perfect sense, that he tries to *control* the world around him: people, relationships, the environment, nature and animals. As a consequence, we concentrate on what someone is doing or has done in his life, while the concept of "becoming" should at least be equally important and valued. "Becoming a whole being" is what life is all about, according to medical intuitive Caroline Myss.

The Japanese understanding of happiness and its matching "codes of societal behavior" are, in contrast, more directed toward *social harmony*, devotion to the community, respecting the social order within the group, cooperation and discipline. And while the Western culture often fixates on personal goals, leaning back after having achieved them, the Japanese concept of *kaizen* sees success as part of an ongoing life-long journey of improvement—not as the "final destination". The concept of *kaizen* can be translated as "change for the better" or "continuous improvement" and requires a shift from a "goal-oriented mindset" towards a "journey-focused mindset". Not an easy thing in our society. We often hope to find some sort of "shortcut" by making one big drastic change, that, however, mostly only holds the fort shortly. But we are always in such a rush, that we find it difficult to resign ourselves to a slower than necessary path of "getting there". But the concept of *kaizen* is effective. In spite of only making small changes at a time, they happen in such a steady, solid and reliable way, that they in good time easily add up to achieve the initial goal and often even exceed our expectations. *Kaizen* is like "finding a way to accomplish your dream and then seeing how you could make it even better" (Learn 2 Live Fully 2017).

What we need is a different attitude, a *different kind of thinking*. A thinking that is characterized by intercultural wisdom, positive psychology, ethics, an eco-centered world view, spirituality and values, that will not tolerate suffering of man or animal. In the following part I will lay out my conceptual idea of such a philosophy regarding the workplace, which I call the "Eudaimonic Workplace".

> *"We cannot solve our problems with the same thinkingwe used when we created them."*
> _ Albert Einstein _

3.2 The Eudaimonic Workplace Philosophy

The word *"eudaimonia"* originates from the Greek word εὐδαιμονία, referring to the concept of "good spirit", and often is interpreted as "happiness". However, there is much more to the concept than our modern acclaimed *well-being* or *happiness*. Eudaimonia is a concept about *human flourishing* from "the old times". Several great thinkers and philosophers have written about it. Socrates used eudaimonia to describe the *"ultimate good"* and Plato believed it to be the *"highest aim of moral thought and behavior"*. Originally, the word derived from Aristotle and his *Nicomachean Ethics*, his work on the "science of happiness", where he describes eudaimonia as the pursuit of *"what is worthwhile in life"*. This characterization points to major questions of our times: "What makes a great life?" or "What is the purpose of life?" According to Aristotle, the answer lies—simply put—in living a life that is aligned with our intellectual and moral *virtues*. Intellectual virtues refer to knowledge, wisdom, logic and reason and speak to the *rational* side of a person. Moral virtues, on the other hand, speak to the *emotional* part of a person and include, for example, courage, integrity, humility, kindness, generosity and temperance. The "most common elements in definitions of eudaimonia", according to research, are growth, authenticity, meaning and excellence (Huta and Waterman 2013).

3.2.1 A Life Worth Living

Living *a life of virtue*, by definition, can never be a life merely defined by pleasure or positive emotions. This kind of "exclusive happiness" is often described as a "hedonistic life", a life in "absence of distress" (Huta and Waterman 2013). Eudaimonia, however, refers to a state of contented *fulfillment*, which oftentimes is preceded or accompanied by some type of pain. Think about a difficult task and how much discomfort or indeed pain you felt during the process. And remember the feeling you had when the task was completed. It is not uncommon, therefore, that a state of *fulfillment* is, at some point, associated with feelings of pressure, stress and overload, with physical and mental discomfort and with being exhausted or moody. However, these apparent negative feelings need to be seen as part of a "process of […] realizing one's *daimon* or true nature, […] and living as one was inherently intended to live" (Deci and Ryan 2008).

Eudaimonia *"encourages us to trust, that many of life's most worthwhile projects will at points be quite at odds with contentment and yet worth pursuing, nevertheless. Many of our goals in life will involve us in all manner of challenges that will deeply exhaust and enervate us, provoke and wound us. And yet we will […] feel that the tasks were worth undertaking. Through them, we'll have accessed something grander and more interesting than happiness: we'll have made a difference"* (The School of Life 2020).

The concept of eudaimonia challenges us at our core—at our character. It triggers us to think about who we want to be as a person. And it summons us to invest time and *effort* to become that person. It confronts us with what we individually, as well as collectively, consider *ethical* and accept as "right or wrong". It puts concepts as 'moral conduct' back into our use of language and—that is my deeply felt hope—it gives *spirituality* an essential, worthy and leading role in our societal system.

Eudaimonia, therefore, offers a fundamentally more suitable holistic approach to reset our systems, than the hedonistic and rather short-term rewarding concept of individual happiness does. Because it asks more *substantial and meaningful questions,* that not only concern the individual person, but mankind as a whole. Eudaimonia refers to the pursuit of doing justice to our full *human potential* and working towards the improvement of our *species,* which also includes our natural habitat, our environment—planet earth. It also means being accountable for our actions and understanding that we are not "the masters of", but deeply and inherently connected and greatly dependent participants within this natural world.

> *"When everything is connected to everything else,*
> *for better or for worse, everything matters."*
> _ Bruce Mau _

3.2.2 Towards an Eco-Centered World View

Living a life according to the concept of Eudaimonia does not happen overnight, of course. It implies a shift from our *ego-centric narcissistic view*, wherein "nature provides for our health and well-being *free of charge*" (Adams 2010), towards an *eco-centered world view*, that reflects a human-nature *equilibrium* with a "mutually beneficial [...] relationship of flourishing" (Passmore and Howell 2014). An *eco-centered world view* lies at the foundation of a pro-environmental behavior pattern with a sustainable mindset, *sustainability* being the "development that meets the needs of the present without compromising the ability of future generations to meet their own needs" (World Commission on Environment and Development 1987). The ultimate goal of sustainability should be "a better quality of life for all by pursuing responsible economic profitability, equitable social progress, and successful ecological protection, and by achieving the right balance between them" (Samul 2020).

So, the question is: what drives sustainable behavior? Literature may offer an answer. According to the *Ecological-Self theory* the well-being of humans and of nature are interwoven into a "bio-centric sense of self", whereby well-being is experienced through a *spiritual interconnectedness with all things"* (Bragg 1996; Strumse 2007; Trigwell et al. 2014). A person's understanding of his or her *Ecological Self*, therefore, also implies a *spiritual awareness*, a "sense of belonging or *spiritual oneness with all that is*" (Trigwell et al. 2014; Bragg 1996). The idea is, that if we became more aware of our interconnectedness with nature, realizing we are "only" part of a greater whole, of something bigger, we would be more inclined to take and feel responsibility for (the impact of) our own behavior on the environment and on society as a whole—in the past, in the presence and for future generations. "Exposure to nature and a heightened sense of connectedness to nature enhance the natural world's well-being via an increase of environmentally responsible behaviors by humans" (Passmore and Howell 2014).

Various studies indeed show a connection between *spirituality* and *sustainability* and it appears that "the creation and maintenance of the conditions under which humans and nature can exist in harmony is the *aim of both spirituality and sustainability*", [...] but that "*the roots of sustainability may be spirituality*" (Samul 2020). Spirituality, so the notion, creates a sense of meaning and community, it generates a willingness and maybe even a self-evidence to care for others, nature, and the planet. Spiritual people "tend to focus on sustainability and long-term growth. They intend to make a contribution beyond personal interests" (Zsolnai and Illes 2017). It is specifically this *spiritual awareness*, that enables people to pay attention to others, to the welfare of animals and to environmental issues. Being such an apparent force—and source—of sustainability, it is worth having a closer look at what spirituality is, and what it is not.

3.2.3 Spirituality

Spirituality originates from the Latin word "spiritus", which can be defined as the "animating or vital principle in man and animals". A deeper meaning can be found in the translation as "soul, courage, vigor, breath". It's quite astonishing that we, in current times, have managed to discard spirituality as something rather vague and unnecessary—as time-costly and awkward—while it literally reflects "the life force that inhabits us when we are alive and breathing" (Garcia-Zamor 2003). But then again, anything we don't understand, we generally tend to treat as obscure or unimportant. It could be just our human nature—or our ignorance and fear of the unknown and the intangible. Looking back at our history, we also didn't believe that the earth was round—until we could proof it.

Moreover, oftentimes spirituality is seen just as a different word for "religion", an unfortunate misconception, which drives many of us to miss out on chances of spiritual growth. But religion clearly is something different. Religion refers to an "institutionalized belief system" with a certain message (and a set of rules with clear consequences), that is communicated as "the truth" and that is expected to be followed and adopted by everyone without being questioned. Religion is outward oriented with a focus "on rituals, adhering to dogma and attending church services" (Litzsey 2006).

Spirituality, on the other hand, is neither hierarchical nor ecclesiastic. It is concerned with compassion, forgiveness, contentment, harmony, gratitude and love. Spirituality looks inward and lays emphasis on "personal experiences, manifesting itself through behaviors, principles and practices" (Litzsey 2006). It is a slow, highly individual and subjective discovery of the awareness that everything is connected, an experience of gradual transcendence, personal transformation, timelessness and bliss, creating a sense of belonging to a "greater (divine) whole" and leading to an understanding of a "higher infinite power or intelligence", that does not punish us, but supports us throughout our lifetime. Film director David Lynch talks about this power as the "unified field", that science already has discovered and proven, and that human beings can access through transcendental meditation. It's about knowing that *"we are all spiritual beings having a human experience"*. Religion may have started out from a spiritual perspective, but clearly has developed into something, that no longer serves us.

> The most beautiful thing we can experience is the mysterious.
> It is the source of all art and science.
> Albert Einstein

Spirituality is able to uncover our hidden potential and to raise our self-consciousness. It gives us a sense of who we are, it clarifies our beliefs of why we are here, and it gives purpose to our work and to our life. Not surprisingly, self-reported spirituality has been revealed as being a predictor of *eudaimonic well-being*, creating an inner resource that provides purpose in life and a sense of belonging (Greenfield et al. 2009). Spirituality seems to answer to our quest for meaning, morality, self-knowledge and personal growth, offering us a powerful foundation for a harmonious life, that benefits ourselves, others, society and nature, surpassing any ego-, socio- or anthropocentric systems along the way.

In this context, it is important to underline, that spirituality does not only concern our *individual* personal inner world. Everything we value, believe or experience manifests in our lives and reflects what we think, who we believe to be, how we behave, what we say and how we react in and to everyday life situations. It determines how we spend our time and who we spend it with. And it influences how we spend and earn our money. So, our inner world not only guides our *personal belief system*, but also our *professional life*, "how we approach work, how we engage in activities, how we treat others in the work environment, how we treat the world. [...] Spirituality enables people to feel alive, energized, be passionate, and care for work and people in the workplace" (Samul 2020).

3.2.4 Connecting with our Inner Landscape

Unfortunately, however, working hard, rushed and long hours has become a worrisome source of stress, fatigue, feeling unappreciated, pressured, lost and insecure—leading to workaholism, burnout and in the worst case to chronic disease. While there are also practical solutions for this overload and disbalance, I follow the line of research that argues that this is connected to a loss of spirituality (Killinger 2006). Not having a spiritual perspective or practice leads to choices that continuously will lead to the overvaluing of financial rewards, to needless comparisons of ourselves to others, to unhealthy competitive behavior and to the striving for a meaningless status in a shallow façade. We tend to lean back and relax once we have conquered a certain "title" at work, indulging in the illusion of authority and power—while a title is just that: a title. What makes someone actually *want* to work *with* or *for* us has everything to do with our inner landscape, our integrity and our sincerity. And if we isolate or even reject the "soulful aspects of work life" (Bolman and Deal 2008), we lose sight of what gives our own life or somebody else's life meaning. We confuse our inner worth with external rewards. We "chase the wrong bird", so to say. And don't know it.

Chasing the wrong bird (assuming that material wealth and success will make us happy), then, only deepens the void between us and (the initiation of) any spiritual growth. It makes it harder and harder to change our perspective. We get entangled in trivialities, rush through the day and think we don't have time to "just sit around". Until we collapse and learn the hard way that we cannot go on like this—comparable to the COVID-19 crisis. Apparently, no one saw it coming. But there *were* warning signs. And there *are* warning signs. Always. For everything. Stress, headaches, reduced productivity, difficulty with concentration, impatience, moodiness, rudeness? These are all signs. Signs that tell us, that we need to turn *inwards*, find silence and peace *within*, learn to be still—and just *be*.

All men's miseries derive from not being able to sit in a quiet room alone.
Blaise Pascal

It follows, that it makes sense to also integrate spirituality in our current *business models*, transforming them from primarily focusing on financial and materialistic goals into a holistic approach with a good balance of economic, social, environmental and spiritual value. "In the 21st century, organizations need to incorporate a set of humanistic and spiritual values into workplaces to enable human hearts, spirits and souls to grow and flourish", so Karakas (2010). And as Garcia-Zamor (2003) contemplates, "firms also need to establish themselves as *worthy ones*, that is, organizations with a higher sense of business purpose." And in her literature review of 373 publications on the concept of spiritual leadership and sustainability, Samul (2020) comes to the conclusion that "spirituality is necessary […] for the ethical attitudes of employees, life and job satisfaction and commitment, employee productivity and organizational performance, and sustainability. Organizations should place their attention beyond economic contributions". Also, Stead and Stead (2014) are convinced, that "it is not possible for organizations to become more sustainable without considering spirituality" (Samul 2020).

It's time for a compassionate organizational culture based on spiritual values.
Javed and Suhaib (2016)

3.2.5 The Benefits of Workplace Spirituality

Not surprisingly, the investment in spirituality at work does come with an immense array of benefits. Contemporary evidence shows benefits on the personal level, the interpersonal level as well as on the organizational level. ***Personal or individual benefits*** include, for example, improvements in health, (eudaimonic) well-being, quality of life and life-satisfaction. Spirituality helps to experience of greater fulfillment and contentment in general as well as at work, more (intrinsic) motivation, meaning and engagement at work, more commitment to one's work and a higher productivity. Zsolnai and Illes (2017) found that spirituality helps people to "uncover their creative potentials" and that spiritual "organizations promote long-term character development and […] actively support individuals to find their sense of calling or passion about their lives and work". Other effects of spirituality include a stronger sense of autonomy and self-awareness, having more peace of mind, inner strength, serenity and patience. It helps people to experience a state of flow, a state of "wholeness", a sense of interconnectedness to something larger than oneself and a state of joy or bliss. On the other hand, workplace spirituality is able to reduce frustration, stress, negative emotions, absenteeism and turnover. It might just be the remedy for disengagement and loss of motivation at work.

On the ***interpersonal or team-level*** there is evidence of a higher sense of connection and community as well as improvements in communication (Zellers and Perrewé 2003). Ritter (2014) found more learning in teams and improvements in team-level innovative behaviors. Other benefits include an increase in honesty and trust among colleagues and a greater awareness for the needs of colleagues, resulting in better teamwork and a better team spirit. Workplace spirituality leads to "more pro-social behaviors and [a] strive for social justice" (Samul 2020; Astin et al. 2005).

Regarding the ***organizational level***, improvements are seen in organizational citizenship behavior (Fry and Egel 2017; Nur and Organ 2006), faster growth with higher efficiency (Zellers and Perrewé 2003) and greater organizational flexibility and creativity (Yang et al. 2019). Other benefits concern a more solid common purpose and morale within the organization and a stronger sense of commitment and belonging to the organization as a whole. And, to also attend to the ones that still primarily answer to financial benefits, Thompson (2000) found that workplace spirituality results in profoundly higher organizational profit and success: "in some cases, the more spirited companies outperformed the others by 400–500%, in terms of net earnings, return-on-investment and shareholders' value" (George and Gabriel 2013). This increase seems to be linked to a higher ethical standard in business and sustainable decision-making, along with a level of integrity, that needs no marketing strategy, because it sells and "mesmerizes" others on its own.

For more and detailed data, I would like to refer the interested reader to Joanna Samul's (2020) very recent and extensive literature review on the concept of spiritual leadership within the context of the sustainable workplace.

3.2.6 Follow the Leader

Workplace spirituality, ideally, of course, gets promoted, supported and sustained by a matching leadership or management style, that carries out the perspective of interconnectedness, meaningful work and higher purpose. Inspired leadership even seems to play a *central role* in fostering workplace spirituality, accompanied by organizational integrity (Kinjerski and Skrypnek 2006). Spiritual leaders think of themselves as role models and inspirational examples for others. They motivate and encourage employees to look at their purpose in life, their growth and their humanity. Spiritual leaders amplify the purposeful vision of an organization and internalize as well as externalize an organizational culture, that is nurtured by spiritual values, a sense of belonging and feelings of being understood and appreciated.

Benevolent Leadership Model

A type of leadership, that embraces the *spiritual aspect*, but distinguishes itself from other leadership styles in its "central emphasis on creating observable benefits, actions, or results for the *common good*" (Karakas and Sarigollu 2011), is the model of "benevolent leadership", which therefore I believe best fits the concept of Eudaimonia. Benevolence can be defined as a "philosophic belief in the potential goodness of humanity and the corresponding belief that humans have an obligation to use their natural instincts and developmental attitudes of love and charity; an inclination to do good, to do kind or charitable acts" (Karakas and Sarigollu 2011). Karakas and Sarigollu (2011) describe a conceptual model of benevolent leadership, which is based on "four streams of common good": morality, spirituality, vitality and community.

The main aspect of the *morality stream* is "ethical sensitivity", which focusses on business ethics, leadership values and ethical decision making. Its essential values are integrity, trust, honesty and accountability, which correspond with motto's like "walk the talk", "practice what you preach" or "do what you want to be done unto you". Karakas and Sarigollu (2011) also mention "hurdles", that can slow down or block the establishment of the morality stream, for example corruption, the erosion of values, cynicism, egoism—and indifference, what I believe to be one of our most essential "ills". Not caring anymore equals giving up—or making things worse.

The *spirituality stream* is characterized by the focus on our inner landscape, on a spiritual work culture and spiritual leadership with its corresponding actions. Reflection, awareness and consciousness are part of this stream and pave the way towards inspiration, compassion and transcendence. The typical mottos for this stream refer to self-awareness and creating meaning. Excessive materialism, mindlessness, stress, isolation, fear and individualism are the hurdles blocking this stream, as well as—interestingly enough—*positivism*, a philosophy that *only* acknowledges that, which is scientifically or logically verifiable—so, more or less the opposite of spirituality.

The focus of the *vitality stream* is "positive engagement", creating positive change in organizations and the world and empowering people through "strength-based approaches" and positive psychology. Karakas and Sarigollu (2011) mention the "appreciative inquiry" as an essential concept of this stream, which is an effective innovation strategy that helps groups of people to move towards a shared vision for the future. The stream concentrates explicitly on the thriving of individuals as well as of the community and society. It cherishes a passion for (initiating and catalyzing) change and the hope and faith that change is possible. Within this context an organization learns a lot from "positive deviants", people in similar circumstances than their colleagues regarding challenges, knowledge or resources, who use more effective strategies, that lead to better results than their colleagues. The vitality stream is characterized by a strong strategic vision, that aligns with "the bigger picture", transcending beyond the interests of the company. Bureaucracy, entropy, resistance to change, reductionism and compartmentalization are brought forward as the typical hurdles of this stream (Karakas and Sarigollu 2011).

The *community stream*, at last, is characterized by "community responsiveness", the leaders' contribution to society, serving the community and corporate social responsibility. Employees are encouraged to acquire *organizational citizenship behavior*, representing an organization, that handles "business as an agent of world benefit". *Stewardship*, which essentially means being of service to others and the environment, is the focus of this stream, and naturally is linked to pro-environmental behavior and sustainability. Hurdles for this stream include environmental issues, inequity and social problems.

3.3 Definition and Value System of the Eudaimonic Workplace

By now, I think it's time to recapitulate and condense the above and define the *Eudaimonic Workplace*. As I imagine it, it is a workplace, where everything is aligned to contribute to the flourishing of the collective human race and our ecosystems alike, where each individual strives to become the best person, he or she can be, realizing one's full potential. It can be characterized by four core aspects:

1. Having a purpose that relates to the "common good" of society
2. Actively investing to develop a lifestyle that harmoniously co-exists with the planet
3. Aiming for continuous personal growth
4. Embracing and actively stimulating spirituality at work

The Eudaimonic Workplace Values

To build a strong foundation for the Eudaimonic Workplace, I would like to offer a set of ten values, that can serve as a guideline in the decision-making processes within an organization regarding social behavior, communication, teamwork, as well as determining collective and individual goals and strategies. I chose them consciously to create "anchors" that correspond to each letter of the word *eudaimonic*. I will elaborate on each of these values and specify what they represent. You will notice overlap between them, yet they all have a distinct meaning of their own.

Empathy
Unity
Diversity
Authenticity
Integrity
Meaning
Organicity
Nature
Inspiration
Courage

3.3.1 Empathy

Many people believe they are empathic, because they can sympathize with or even feel the pain of someone else as if it was their own. However, this is only the "first part" of empathy. Empathy refers to the practice of "active listening", taking time to really understand what somebody is saying and responding in a way that the other person indeed feels understood and supported. So, agreeing with someone that he or she indeed is in a stressful situation is not what is meant here. This is sympathy. Empathy is connected to *compassion*. It refers to *humility*, understanding that this moment is *not* about oneself, but about the other person. And empathy is also about being *generous*—being generous with one's time, appreciation, patience, attention and with one's willingness to 'do good'. It's about treating others—as well as oneself—with respect, curiosity and kindness. It's about being able to forgive and not slide off into defensiveness and blame.

> Unless we give part of ourselves away, unless we can live with other people
> and understand them and help them, we are missing the most essential part of our lives.
> Harold Taylor

Empathy is also imperative to identify the *root causes* of any "ills" within an organization. This implies a shift from focusing on the *symptoms*, the "signs" that something is wrong, like disengagement, stress, burnout complaints, poor decision making, and high absence rates, towards the *inner landscapes* of employees. Having the courage (and skill) to ask deeper questions about the motivations, values and dreams of people gives priceless insights into the (interpersonal) dynamics within the work community and can divert symptoms before they manifest. Asking these kind of questions takes time—and courage. Because we might not always like what we hear. And finally, *trust, sincerity* and *honesty* are also firmly interconnected with empathy. They reinforce each other. Pretending to be empathic will probably not get us the honest answers we were looking for, which doesn't however mean that we cannot learn to become (more) empathic, if we feel we lack it. As long as our intentions are genuine. People notice. People know.

3.3.2 Unity

Unity includes three levels, or "scales": unity within the organization, unity with society and spiritual unity. *Unity within the organization* refers to the well-known sense of belonging and the feeling of being part of a community, which makes an organization strong and cohesive. Investing in building and maintaining good (interpersonal) relationships creates the experience of a harmonious work environment, where positive emotions and creativity like to dwell indefinitely. The second level, *unity with society*, refers to the relationships and connections of the organization with the outside world. It's about stewardship, organizational citizenship behavior, caring for and serving other people, contributing to society and the environment, empowering not only the own organization, but also the world that it is embedded in, realizing that all is connected.

Spiritual unity, at last, refers to the growing consciousness that "all is one". This awareness of interconnectedness can be gradually developed by creating room for spiritual practices like inspiring talks, meditation, gratitude practices or yoga. In daily work life spiritual practices can enable employees to view "situations, circumstances, and problems from a holistic perspective, which results in the security and freedom of employees" (Samul 2020). It creates more "room in the mind", more space between action and reaction, giving us the opportunity to break free from old behavior patterns. When we learn that the world does not revolve around us, that we are "only part of something bigger" and that every single action will boomerang back to us in good time, we are able to obtain a more open perspective that will help us to make more sustainable and compassionate decisions. What is in the one, is in the whole. What is in the whole, is in the one.

> Between stimulus and response there is a space.
> In that space is our power to choose our response.
> In our response lies our growth and our freedom.
> Victor E. Frankl

3.3.3 Diversity

Diversity is about creating a human work force that is inclusive, tolerant, welcoming and representative of society. Diversity in a human population is no different than the biodiversity of nature, that we are very well on our way to destroy unfortunately. A healthy ecosystem is composed out of a lot of diverse species and fauna, making it strong, resilient and able to survive setbacks and disturbances. If there were, for example, only lions and antelopes left in the savannah, it would be a matter of time until the lions would have hunted down the very last of the antelopes, and thereafter desperately turning against themselves in the urgent need to feed themselves. The same goes for organizations. We all have different talents (and flaws!), which enables us to each contribute a different piece of the puzzle and eventually together become a complete and healthy "living entity", an ecosystem. If we were all the same, we would not be able to grow and learn. So, selecting only "a certain type of people" to come work for us, would give rise to problems like a lack of innovative ideas or overly competitive behavior.

3.3.4 Authenticity

Authenticity is the *core* of who we are, what our character is like, and if we feel comfortable to show it to the outside world. But it all starts, of course, with actually *knowing* yourself. I wonder how many of us actually believe they know who they truly are. So, authenticity in the first place, means introspection, a dedication to find out about oneself: "*Know thyself*", as the Greek writer Pausanius already noted long before our time. Only then we can also decide who we want to *become*, because before we are able to determine *where* to go (or how), we need to know where we *are*. *You can only change what you are aware of*. Figuring out who we want to be—as well as who we *don't* want to be (any longer)—requires in-depth thinking, asking ourselves difficult questions, answering honestly and monitoring our self-talk. What do you say to yourself all day long? Do *you* know? About the world, about others, about yourself? Because, the problem often is, that we *believe* what we think—whether it's accurate or not.

> You become, what you think about all day long.
> Ralph Waldo Emerson

Knowing yourself, living your truth, being genuine, sincere and honest creates a staggering feeling of empowerment. Imagine (or remember) how much energy it takes to pretend to be someone you are not. And what is worst: the way you treat yourself, is also the way other people will treat you. Others treat us, how we *teach* them to treat us. So, if you feel you have been pushed around, it might be worth the effort to look into any dysfunctional beliefs that you have about yourself. And this means taking personal responsibility, not blaming our surroundings or other people. I do admit, however, that being authentic is, of course, much easier in an environment where people trust each other, as people dare to open up and be vulnerable, when the risk of getting hurt is low.

The focus on economic value is probably also the reason why a lot of organizations presume (if not demand) that employees should "behave in a certain way at work" and leave their "other issues" or their "spiritual identity" at home, not recognizing or acknowledging that "work is such an integral part of our lives that it is *important to engage the whole person* in the workplace" (Samul 2020). Employees do not bring only their bodies and minds to work; but also, their hearts, souls, creativity, talents and unique spirits (Leigh 1997). In that respect, organizational values can cause quite some emotional turmoil, when they are not well-thought through, inaccurately formulated or designed by only a small group of leaders. As Evans (2017) humorously writes: "*Be fun!* But … what if I'm not? Can I still work here? Maybe I'm amazing at what I do and trustworthy, loyal, a team player, a rock star in my field. Do I have to be fun, too? Can't some of us just be nice and competent?" The alignment of a person's individual values with the organizations mission and vision is therefore an important piece of the puzzle, that should not be overlooked, because a misalignment does neither benefit the employee nor the organization, but instead can harm both.

Allowing and encouraging employees to freely express themselves, also spiritually, creates and strengthens feelings of personal fulfillment, completeness and authenticity at work (Burack1999). Asking about what we stand for, what we believe in, what gives our lives and our work meaning, what makes us suffer, what makes us cry, what we are passionate about, what keeps us awake at night, creates depth in our relationships and can have a profound impact on our priorities and, as a consequence, on our careers.

> What happens to a man is less significant than what happens within him.
> Louis L. Manes

3.3.5 Integrity

Integrity, to me, is the "mother of all values". It is the true currency in the world. There is nothing more rewarding than a life of integrity. It gives such peace of mind and clarity. It builds the foundation of all other values. If integrity is missing, the ground will always be shaky, leaving room for "symptoms" to sneak in through the cracks. Integrity is interwoven with courage and authenticity. Staying true to what you believe in and what you stand for as an organization, at times, will require swimming against the current and saying out loud what nobody else is saying (but maybe thinking!). Integrity is about "walking the talk", doing what you say and saying what you mean, being trustworthy and reliable—especially when no one is watching! But let me be clear: integrity is not about *being perfect*. We all make mistakes, we all err at times, make bad decisions or wrong assumptions. That is human nature. The question is: do we *own* our mistakes? Do we take responsibility? Are we trying—honestly and sincerely? Because if we are not, the organization might be heading for trouble.

> How you do anything, is how you do everything.

Sincerity has been found to be quite an important element, especially regarding the communication of the core mission of an organization (Ellemers 2017). If a company tries to sugarcoat their 'true' intentions (e.g. "making profit") by "greenwashing" practices ("we invest in protecting the environment"), people are likely to perceive this as *insincere*. "The pledge to invest in environmental concerns [does] not ring true and [gets] dismissed." Ellemers (2017) suggests that "being explicit about the way moral goals relate to the key mission of the organization, and making visible how the organization invests in achieving these goals, […] helps […] to believe in the sincerity and effectiveness of efforts made by the organization to do what is moral". So, it's not necessarily the aim to do everything right, but instead to be honest about your intentions and limitations and to strive for continuous improvement, learning and growth.

3.3.6 Meaning

Meaning refers to the purpose and mission in life—on an individual level as well as on an organizational level. To ensure personal and organizational flourishing, we need to reflect on our goals in life and in doing so envision a future, that is deeply grounded in a purpose. A purpose we believe in and freely choose to pursue—because we think it's worth the effort and investment of our time. We seldomly realize it, but time is one thing we never get back, time cannot be replaced. That's what makes it one of the most valuable things we "possess". So, how we spend our time, defines us. Because it reveals, what we prioritize. Author Mark Manson proposes an interesting question, that might give you a clue about what it is you value most: "If someone put a gun to your head and forced you to leave your house every day, […] how would you choose to occupy yourself?" … Well?

Determining and clarifying what makes our lives meaningful prevents us from dwelling too much on trivial things. It moves us towards the "progressive realization of a worthy ideal"—Earl Nightingale's inspiring definition of "success". Because *idealism*, in my view, is another concept, that we often mindlessly cast aside as something "ridiculous". You need to be *realistic*, if you want to make it in this world, people often say. Really? What about the many things, we take for granted these days, but could never have imagined in the past? Like computers or the internet. In other words: what would the world look like without idealists? I'd rather not think about it.

> Idealism is the new realism.
> Marianne Thieme

3.3.7 Organicity

Organicity refers to being at peace with the "flow of things". It's a natural phenomenon, that things continuously are in motion, they drift up and down, harmonizing with different seasons, naturally balancing out any disruptions, like tree branches moving in the wind. This is what makes them resilient, "standing the test of time". If they would resist against the wind, they would break. Organicity symbolizes the circularity of natural life. A vegetable or a flower garden is the perfect way to witness the "flow of things" and the cycles of life. What a pleasure it is to watch a new leaf slightly unfolding, each day a little more, changing its color from light pale green to the full dark green of its companion leaves, that welcome it and make room for it.

Regarding the cycles of human life, we nowadays talk a lot about, that we need to "restore our work-life balance". However, it might just be that our priorities simply change with different seasons in life. What we value is very much influenced by our upbringing, personality, career ambitions, social life and culture. So, as I see it, in the end "work-life balance" comes down to making choices that best support one's personal life goals—at that moment in time.

> All the trees are losing their leaves, and not one of them is worried.
> Donald Miller

3.3.8 Nature

The Nature value entails cherishing and honoring nature's wisdom and beauty, spending time in nature and treating it with respect and mindfulness. It also refers to increasing the awareness and attitudes of employees toward sustainability and actively engage them in protecting nature and animals. Nature is an important factor in the creation of a *Eudaimonic Workplace*, as it can induce "emotional affinity" with nature, and as a consequence increase the willingness of people to protect and care for nature (Zelenski and Nisbert 2014). In this regard nature is closely linked to spirituality, as it can create an experience of *awe* (Pfiff et al. 2015), a feeling of astonishment, bedazzlement and amazement, which results in a shift in focus from an ego-centric towards an eco-centric world view. The feeling of awe helps us to understand ourselves as part of a bigger whole and directs our attention away from our personal benefit towards the collective well-being, placing the individual within a broader social and environmental context (Pfiff et al. 2015).

> The goal of life is living in agreement with nature.
> Zeno

A huge body of knowledge exists around the benefits of nature. For example, feeling connected with nature is mentioned as a "significant distinct predictor of many happiness indicators" (Zelenski and Nisbert 2014). And in their extensive literature review Keniger et al. (2013) lay out the positive effects of interacting with nature on our *psychological well-being* (increased self-esteem, improved behavior and mood and reduced anger, frustration and anxiety), on our *cognitive ability* (attentional restoration, reduced mental fatigue, improved academic performance and productivity) and on our *physical health* (e.g. stress reduction, reduced blood pressure, cortisol levels and headaches, reduction in cardiovascular diseases, addiction recovery and improved perceived health). Regarding *social effects*, Keniger et al. (2013) found facilitated social interaction, increased social empowerment, reduced crime rates and violence, more interracial interaction and more social cohesion. Moreover, nature can stimulate trust and empathy: people act more friendly, generous and helpful towards one another. Not surprisingly, these benefits very much resemble the benefits of spirituality.

> Every natural fact is a symbol of some spiritual fact.
> Ralph Waldo Emerson

3.3.9 Inspiration

Have you ever had a deadline *and* felt no inspiration whatsoever? Not a good condition to be in, is it? Inspiration is the *"process of being mentally stimulated to do or feel something creative"*, as defined by the Oxford Dictionary. Inspiration moves us, it "gets us going", activates us. And action is necessary to achieve our goals, "*a goal without action is just a dream*". Inspiration contributes to our enjoyment in life. It is characterized by positive emotions like pleasure, enthusiasm, feeling powerful and happy, experiencing inner peace and hope. It leads us to see new possibilities, where we saw none before, it changes our perception of things—and of our own abilities! But inspiration, much like spirituality, often has the reputation of being something vague, something intangible, something that only happens to a few lucky ones out there, who also didn't see it coming. So, the question is: *how* can we create a state of inspiration? Because we definitely can.

It is possible to prepare for and activate inspiration, for example by practicing an open mind and positive affect, because being in a cheerful mood makes us more attentive and interested in exploring new things. And being surrounded by inspiring people, for example a manager or colleague within the company, can likewise set off inspirational thinking. Moreover, meditation helps to gain more mental clarity and the openness to seeing and imagining new things. Meditation enables us to shut down trivial thoughts, that interfere with and distract us from catching these valuable visionary moments we are hoping for. By being more conscious with our time and taking the freedom to let the mind wander once in a while, we might also get inspired more frequently. Many other suggestions can be found in *Julia Cameron's* book *The Artist's Way* (2016), a guideline to (re)discovering our creativity. For example, she proposes the so-called weekly "artist's date": going somewhere you have never been before and observing what happens around and within you. And finally, there is *music* and *humor*, in my view two very important and effective ways to get inspired. Which is also why many ideation exercises incorporate playful and fun elements in them, that are very effective in making us see things from a different perspective and opening up our minds and hearts. Much like children, whose thinking is much less restricted and more "free-flowing". To top things off: turn up the music and dance!

> "*Life must be lived as play.*"
> _ Plato _

3.3.10 Courage

Courage refers to the ability to do something that is frightening. It means daring to say what no one else is saying and it means *doing the right thing*, as uncomfortable or scary as it might be. "Being terrified but going ahead and doing what must be done", as author Pier Anthony puts it. Courage means being strong when we see ourselves confronted with fear or pain. Because in times of fear or pain we feel vulnerable. And that is a feeling most of us don't really care for too much. But courage is not possible without vulnerability. As Brené Brown, author of *Daring Greatly* (2015), explains: "vulnerability is having the courage to show up and be seen when we have *no control over the outcome*. Vulnerability is not weakness, it's our greatest measure of courage". It is, however, not the same as "fearlessness", because in the absence of fear, no courage is needed. It is conquering the fear, that defines the courageous ones. Only then can we grow beyond what we thought was possible.

> "*The most courageous act is still thinking for yourself. Aloud.*"
> _ Coco Chanel _

Courage is, of course, naturally related to the "act of pioneering", being the first to try out something new and the willingness to take risks, not knowing if someone will follow or adopt the idea. Especially if it goes against the "status quo". Think of organizations that allow employees to spend 20% of their working hours on whatever they want. Which basically means that they give employees salaried time to get inspired. Not many organizations dare to experiment with this idea. Because, what if inspiration is "delayed"—or even nowhere to be seen? What if an employee spends these 20% asleep? Or in the gym, or learning Spanish, watching movies, horse-riding, knitting, having a beer, dusting off the rock collection—or just doing *absolutely nothing*? Well, perfect, I would say! Because inspiration can "hit" us anytime, anywhere, doing anything—especially doing things we *love* to do. The thing is, you cannot *force* inspiration to come to you. It needs space. So, we have to *hang in* there. We have to *not* give up. Because we think it's *worthwhile*—despite what everyone else is saying. If you believe in something, there is only one way: to *stay put*.

> The greatest pleasure in life is doing what people say you cannot do.
> Walter Bagehot

Having sketched out the values, that ideally would be noticeable in the Eudaimonic Workplace, the next part of this chapter will offer design strategies for the physical environment to support and stimulate these values.

3.4 Physical Design Strategies for a Eudaimonic Workplace

The interesting thing in our current time is, that it actually is no longer self-evident that an organization necessarily needs a physical workplace, as working from home and online meetings have entered our lives and are probably here to stay—thanks to COVID-19. Nevertheless, no matter what the future brings, I believe that the built environment will continue to be important and influence us in ways we are often not aware of. Hopefully we can increase our awareness by attending more to fields like environmental psychology, that offers a rich body of knowledge about how to create environments, that do justice to people as well as to nature and that mirror an *eco-centric world view*—the *essence* of the physical design of a *Eudaimonic Workplace*.

Designing from the Inside Out

What I believe needs to change in our perception and our approach regarding architecture and design is, that we should focus less on the "packaging" or the "wrapping" (the outer shell) and more on the "content", which basically means *designing from the inside out*. But *content* not only refers to the individual physical health and happiness of the people inside our buildings, it also refers to their behavior, their attitudes, their ambitions, their morale and their values. And this is why, in my view, the time of *human-centered design* has passed. We need to "kick" the human out of the middle of the circle and put him *off-center.* Because what belongs in the middle of our focus is our planet. And design can empower or *dis*empowered our potential to "do good".

A Habitat for New Habits

More so, this might be *the* moment, especially for the real estate sector and related industries, to shift the focus away from the glorious *efficient* use of square meters and achieving the best possible rent, towards an *effective* use of space, that serve and support the set of values that I described before—effective in their function to help foster *an eco-centered world view.* This way, the square meters that seem not to be "necessary" anymore according to traditional values, can be transformed into quality spaces, that gently guides employees to acquiring a different mindset and a pro-environmental behavior pattern. *A habitat for new habits*, so to say. But creating habits is tricky. Anyone who has ever sworn to go to the gym to work out three times a week ("from *now* on, really!"), probably knows what I mean. "Deciding" to just do (or not do) something, usually does not work in the long run—at least not for the majority of people.

Of course, certain behavior can indeed be elicited through *nudges*, indirect suggestions that can influence our actions and decision making, often based on our cognitive biases. A famous example is the "piano stairs" in Sweden, that "lures" people into taking the stairs instead of the escalator in exchange for a *fun experience.* That's what nudges mostly do: offering people a fun experience, positive reinforcement or feedback about their "performance" in exchange for the target behavior. We gently get guided towards an action, without being forced. But the desirable behavior needs to be easily performable. Unnecessary thresholds can ruin the effect. For example, a meditation room with an exposed entry door may scare some people off and eventually cheats them out of a rewarding experience. We also know, that nudges often only work for a limited amount of time, until the initial surprise and the fun aspect have worn off. And lastly, we know that nudges only affect behavior, but not our intentions or intrinsic motivations. We might "perform" as planned, but not out of an inner conviction. That's why we need more than that.

A great inspiration regarding habit formation is *Atomic Habits* by James Clear. What I find most striking and consider the core message of this book, is the relationship between outcomes, processes and identity. Instead of focusing on achieving the outcomes (for example "being skinny"), we should *focus on building a new identity*, on "*who* we wish to become". And this idea relates perfectly to the concept of "designing from the inside out". Clear notes, that people "set goals and determine the actions they should take to achieve those goals without considering the beliefs that drive their actions. They never shift the way they look at themselves, and they don't realize that their old identity can sabotage their new plans for change". The goal should not be to run a marathon, but "to *become* a runner" (Clear 2018).

Behavior that is incongruent with the self will not last.
James Clear

So, before scattering around all kinds of nudges in the environment, it would be much wiser and more effective to also invest in introspection to figure out who we want to be—as well as who we *don't* want to be. And I realize, it's easier said than done, but it follows, that the *Eudaimonic Workplace* should also be a reflection of our identity as *Ecological Selves*, seeing ourselves interconnected with everything around us, like the aforementioned *"spiritual being, having a human experience"*. To achieve and support this process, I want to offer six strategies, that can be applied in physical design for the creation of a *Eudaimonic Workplace.*

The Obvious
But first I want to mention (what I like to call) the "obvious design choices". These are choices, that should be standard and self-evident in any design these days. There is a lot of research, for example, on the impact of *a healthy indoor climate*, *air quality and daylight* and also on the impact of *acoustics* on our physical health and our performance and productivity. And although I know from experience that this is far from always the case, I'd just like to pretend—to keep it simple—that these design aspects are designed, planned for and executed accurately and well taken care of. Other health-improving design elements, that I consider "obvious" are facilities for *healthy nutrition* and *physical activity,* as they directly influence our physical and mental vitality and fitness—and thus our work capabilities.

So, let's have a look at the "less obvious design choices", the *physical design strategies* to create a *Eudaimonic Workplace*:

1. Sustainable Design
2. Biophilic Design
3. The Space In-Between
4. Design for Spiritual Practice and Rituals
5. Empowerment
6. Inspirational Design

3.4.1 Sustainable Design

Sustainable Design can considerably contribute to promote and stimulate pro-environmental behavior, as it signals the awareness of the organization of the planet's limited resources and the intention to care for them. This also will likely attract clients and employees, that share this awareness. *Sustainable design* refers to a perfectly balanced space, that creates no harm and no waste. Ideally, only materials, furniture or objects are used, that don't damage our environment in any way, for example, through the production and manufacturing process of materials or by ending up as non-decomposable waste. For more detailed information about standards and guidelines, I refer to internationally recognized green building certifications like BREEAM, LEED, Passivhaus or the WELL Building Standard.

Sustainability also, of course, concerns *technologies*, that produce renewable energy sources, save energy or avoid the unnecessary over-use of it. Examples are solar panels, the collection of rainwater, motion-sensitive lighting or persuasive technologies, that give feedback and increase awareness regarding our oftentimes mindless squandering of electricity, heat or water. Also, *biomimicry* plays a vital role in *Sustainable Design*, aiming to solve engineering problems by copying how nature functions. As nature's way of solving problems often is linked to the shape of things, like the Japanese bullet train, that is constructed according to the beak of the kingfisher bird, biomimicry is frequently confused with biophilic design, the design method to integrate nature into the built environment. Biomimicry, however, is in essence an innovation method, that is applied in technology and product development.

The environment should further also offer facilities for "typical" pro-environmental behaviors, that many people already perform in their private homes, like recycling, waste minimization or using green soaps. And if the building and its surrounding plot or the roof allows for it, it would be recommended to set up a garden, greenhouse, nursery or any similar space to cultivate and learn about self-sufficient and sustainable food production. I would also advise to jump into the deep and entirely ban animal products from any food supplies within the building. That would mean, for example, hiring a "whole foods plant-based caterer", who is able to inspire employees by offering healthy, playful, interesting and creative food choices. A nudge can go a long way, but if a company is really looking to no longer contribute to animal suffering, I feel that offering employees *one* food choice—and *one* choice only—is the only *right* choice.

Another aspect of sustainability is *circular design*, which refers to the reuse, recycling, upcycling and transformation of design elements. This means also oftentimes *designing from availability*, being mindful of what is already *there*—free at our disposal—just waiting for another chance to be useful again and to spark joy. In my own research I found, that the integration of a company's old upgraded furniture was very much appreciated by employees, because they perceived them to *"have a story"* and *"add meaning and history"* to the environment, offering surprise, fun and depth all in one go.

The organization of *events with a sustainability focus* has also been found to be able to initiate behavior change amongst attendees (Mair and Laing 2013). The downside is, that such events often attract people, who are already engaged in a sustainable life-style and who use the event as a positive confirmation that they are on the right track. However, it seems, sustainability events are also able to support the processes which are vital in encouraging people who have not yet changed their behaviour (Mair and Laing 2013).

3.4.2 Biophilic Design

Biophilic Design refers to the integration of nature into design, aiming to improve human health and well-being by copying and imitating natural elements and qualities. The term "biophilic" originates from Wilson's *Biophilia Hypothesis* (1984), which states that human beings have an evolutionary determined *"love for life and all living things"*. As we had to survive, live and feed ourselves in natural environments, the hypothesis proposes, that we have developed an innate evolutionary determined predisposition to affiliate with and be in contact with nature, which results in strong positive responses to nature's forms and patterns.

> Nature is not a place to visit. It is home.
> Gary Snyder

The benefits of nature have already been mentioned in a previous part of the article. In the following, I will focus on the translation of nature into design patterns, for which purpose I want to make use of Terrapin Bright Green's extensive description of *14 patterns of Biophilic Design* (Browning et al. 2014). The patterns are divided into three categories, nature *in* the space, natural analogues and nature *of* the space.

Nature in the space is the most obvious category, as it refers to the direct, physical presence of nature in a space, like indoor greenery, a tree, daylight, water or a fireplace. Having a window view onto a natural scenery or the sky or an actual outdoor space, moreover, conveys a sense of time of day and season and a sense of the weather conditions, strengthening the connection with the natural system. The earlier mentioned feelings of awe and inspiration, which offer opportunities for spiritual growth, can especially well be created by wilderness landscapes or natural features depicting the *power* of nature. Also, allowing employees to bring their dog or other pets to work not only creates a connection with a "living thing" but also has been shown to improve teamwork (Fitzgerald and Danner 2012). And one of the most interesting elements in this category, I find, is "non-rhythmic sensory stimuli", which refer to random and temporary connections with nature that may be analyzed, but not predicted, like for example an intriguing display of natural reflections of water or light. These stimuli have an energizing effect on people by offering them an unexpected, brief, but interesting and positive distraction.

The second category, *Natural Analogues*, refers to non-living, organic and indirect evocations of nature. The most obvious one is the "material connection" with nature, that is also often closely related to our sense of touch. "Biomorphic forms and patterns" symbolize the shapes, patterns and textures of nature and "complexity and order" refer to the dynamic spatial hierarchy, that is often found in nature and that is able to create an engaging experience, however, without being overwhelming.

Nature of the Space at last, addresses the spatial configurations of nature. Part of this category is the concept of "prospect and refuge", which is linked to our ancient human history. While we were still hunting and surviving in the Savannah, we have developed a preference of having an unobstructed view over a distance (for surveillance and planning) and at the same time having a safe place to withdraw from environmental conditions for our protection—much like a cabin on a mountain with views out into the valley. And finally, the patterns of mystery and risk/peril are exceptional strategies to engage and fascinate people, creating the much sought-after "wow-effect". Mystery is the "promise of more information upon further exploration", for example, through a meandering pathway with partially hidden views. Mystery often has a curious, magical and sometimes also a "teasing aspect" to it, motivating people to crack some kind of "puzzle" or find their way out of a labyrinth. Great fun! And risk and peril refer to a supposed "threat" or danger, that is, however, coupled with a reliable safeguard, like standing on a transparent floor at great height, looking down into the deep. The experience is intriguing, possibly even irresistible—in any case worth exploring!

3.4.3 The Space In-Between

The *Space In-Between* corresponds to the Japanese concept of *ma*, the "negative space", the emptiness that surrounds an object and makes it recognizable as such. It is the "pure, essential, void between all things, […] the emptiness full of possibilities, like a promise yet to be fulfilled" (Kisaki 2011). According to designer Lawrence Abrahamson in his essay *"The Potential of Nothing"* (2013), *ma* is the "distance that exists between objects as well as between time. It is the silent pause between musical notes, the shadows between the light streaming through blinds, even the interactions between people. […] It is the white between these letters that convey meaning and not just smudges of black ink." *Ma* creates wisdom in leaving space between letters, words and sentences.

In times of COVID-19, *ma* has literally gained importance in the context of our physical health. Keeping physical distance in social interactions, after all, can save lives. And I have to admit, I feel somehow relieved, that "distance" in its own right has finally caught our attention. Because we are suffering from a lack of it—in our physical environments as well as in our daily activities. By literally *stretching out* the physical elements of our interiors, *ma* offers space to breathe, walk and just be. "In nothingness, *ma* enables", so Abrahamson (2013). In cluttered spaces, nothing stands out. In cluttered spaces, we get overwhelmed and are not able to grasp the value of things. Having fewer things, allows us to focus on what really matters. It allows us to engage in tasks more mindfully and to be more aware of the present moment. Because that is all, that really *is*.

All we need is less.

The same goes for how we plan the hours within our days. In our busy lives we feel there is not enough time to do everything properly. Often out of the famous "fear of missing out", we fill our days with one thing after the other, trying to keep up with the digital overload that is accessible 24/7. "We dazzle ourselves with being ‚crazy busy', with no *ma* in between to define that which we are doing" (Breyer 2017). I have always wondered about how strangely proud people seem, when they talk about their fully scheduled days of "back-to-back" meetings, having no time to process or reflect on the content of them. Instead, developing an illusion of self-importance and status. This also frequently applies to our social lives. People often frown, when they hear that someone doesn't have any plans for the weekend—like it's not normal to do "nothing". But I believe constantly doing *something* wears us out. We implicitly feel the need to simplify, but don't know how. That's why we often literally "catch our breath", when we are in nature. Because nature is simple. It reflects innocence, humbleness, purity and serenity. I would even say: sanity.

> Ours is a world where people don't know what they want
> *and are willing to go through hell to get it.*
> Don Marquis

By "embracing nothingness" the concept of *ma* gives us the opportunity to create "the peace of mind we all need, so that there is room for our thoughts to exist properly and to thrive […], the quiet time we all need to make our busy lives meaningful" (Kisaki 2011). It is the process of "decluttering our lives", creating more *space in-between* and learning to love and appreciate it. Imagine how our lives would be if we all had more time. If a 40 hour work week would be something of the past, if we didn't have to rush, but had time to relax, reflect on and breathe in-between tasks, spend more quality time with our families or do volunteer-work. Luckily, these thoughts are no longer completely absurd, because encouraging employees to spend part of their working hours on anything they like, seems to work. Employees feel more freedom to engage in what truly interests them, and they see opportunities to integrate these things into their work. This, in turn, leads to cross-pollination, and as a consequence to unusual solution strategies and innovations.

Finally, I want to stress that the concept of *ma* obviously also applies to our urban spaces. We live in overcrowded cities, door-to-door, window-to-window, stacked above each other and often without any access to private or shared outdoor spaces. This, of course, is related to the earlier mentioned overpopulation. But too much density can have dangerous effects. It's like a balloon with too much air in it. At a certain moment it will burst. In cities this often results in more conflict, more crime and more vandalism. Also, we tend to ban nature from urban environments, which doesn't help. Bikes and pedestrians, for example, have to navigate their way around cars, that have enjoyed prioritization in city planning for quite a while now. Luckily, we see more and more streets primarily for bikes, where cars are merely "guests"—a first signal that things are shifting. Someday we will hopefully laugh at the bizarre memory of a monthly "car-free Sunday". And hopefully we will laugh even louder at the painful memory of massive livestock factory farming, the also called "mega-farms", where the concept of *ma* is absolutely nowhere to be seen. A high-quality life—this goes for human beings as well as for animals—implies having space and nature around us. Where there is space, there can also be silence. And (being able to choose) silence is bliss.

> Silence isn't empty. It's full of answers.

3.4.4 Design for Spiritual Practice and Rituals

Designing for spiritual practice and rituals means integrating facilities, that encourage employees to engage in activities like meditation, yoga, tai chi, prayer or other activities, that help them to connect with a "higher power" and with each other. Facilities for relaxation, contemplation, silence or intimate talks, for sure, also belong to this design strategy, as they stimulate us to "go within" and explore our inner landscape. They help us to slow down, give ourselves time to think and be silent.

> The quieter we become, the more we can hear.
> Rumi

Meditation without any doubt is very effective in calming our "thought carousel" and opening the door to more awareness and consciousness. The benefits of meditation apply to all aspects of our health: our physical, mental and our social health (Chowdhury 2020). Meditation, for example, can help reduce pain, migraine, fatigue, anxiety, depression and even addiction. It contributes to optimizing our blood pressure, quality of sleep, fitness and immune system. And by better regulating the sympathetic and autonomic nervous system it helps us navigate our stress responses. It relaxes the muscles and makes us feel energized and "in control".

Regarding mental benefits, a daily meditation practice is able to improve cognition, attention and concentration span, problem-solving and decision-making, which in turn leads to choices in favor of our physical health, creating more integrity between our intentions and actions and making it more likely to achieve health-related goals like weight loss. Meditation also can be beneficial for our self-image and self-worth, because we get more clarity regarding our mind and the thoughts, that drive our emotions and actions. And on a social level, meditation is found to enhance empathy and compassion—helping to improve social connections and inter-cultural understanding. Meditation "gives us permanent access to happiness, mental peace, and life energy, and opens the real power of our mind" (Chowdhury 2020). Who wouldn't want *that*, I wonder?

> If every 8-year-old in the world is taught meditation,
> we will eliminate violence from the world within one generation.
> Dalai Lama

The benefits of yoga are also researched and are similar to the benefits of meditation. However, the willingness, or threshold for that matter, to actually *engage* in a yoga (or meditation) practice at work, can be quite different for people. Obviously, it depends on their past experiences with yoga, but also, for example, whether people consider yoga as a "sport" or not, or whether they believe they *can* and *should* make time for it (because they know it will benefit them in the end). Furthermore, it depends on practical aspects, for example, whether yoga can be practiced individually or in a group or with or without a teacher. And finally, it also depends on the type and the attractiveness of the space. So, apart from thinking about these things from a work culture perspective and optimizing the space as well as the process around the practice, we also have to realize that we regularly have to go *through the practice* to *understand*. The trick is to accept and embrace the idea that our yoga practice is an individual "journey", very much like the Japanese concept of *Kaizen*, that was mentioned earlier. It's not about "hitting the pose" and comparing ourselves to others, but about continuous improvement, about growing a little bit every day, getting to know our body, challenging our mind, showing up on the mat—"trusting the process", as yoga teacher Adriene Mishler calls it.

Designing for spiritual practice and rituals also refers to spaces that help us understand and realize that we all are one, that we all are connected. So, creating a place for memories, personal stories, photographs, for social rituals, friendship and community gatherings are likely to enhance feelings of trust, solidarity, unity and oneness. A powerful element, for example, is a fireplace (or "campfire setting"), that creates a cozy and intimate atmosphere, making it easier for people to engage in confidential conversations and share personal things with each other. And this, once again, builds a culture of trust and empathy, a strong basis for good teamwork.

Integrating and accentuating the values, vision, mission and history of a company can likewise strengthen organizational commitment and loyalty. And I don't mean writing and displaying them on every wall. Rather, think of symbols, that refer to "inside jokes" or "running gags", something that only employees (but not visitors) understand and that makes them smile and giggle. Or think of graphic illustrations of stories of customers and clients to remind employees "who they are doing it all for" and what they have accomplished already. Affirmations, inspirational quotes or other little thoughtful messages could also be part of the (graphic) design, but these things can also be integrated in the work culture in the form of rituals. Imagine, for example, that every day a colleague walks around the office with a nicely designed box of cards. And this colleague distributes cards with messages of wisdom or deep questions to each employee, creating a little bit of excitement, fun, inspiration and interaction: "What will I get today? Will it trigger something? What can I learn from it?"

Designing spaces, that remind us of spiritual places or experiences, can also be a powerful strategy. I'm not saying "build an office-church" or "go, work in a church"—even though: why in heaven's name not? Could be worth exploring. However, what I want to suggest here, above all, is to create "glimpses", little "touches" or sparks of awe, unity, serenity and peace. Imagine a colorful lead window that lets in the morning light, when you enter the workplace. Or a circle of tall trees in an atrium, that make you feel as just a small part of a greater whole, when you look up and see the treetops touching. Or tree branches as doorknobs. A lamp shaped like a constellation of planets in outer space. After all, *the devil is in the detail.* Hallelujah!

Finally, inspiration for the *design for spiritual practice and rituals* can also be found in the Japanese principle of *Wabi Sabi*, a "world view centered on the acceptance of transience and imperfection". It is sometimes described as "beauty that is imperfect, impermanent and incomplete" (Koren 2008). "*Wabi Sabi* nurtures all that is authentic by acknowledging three simple realities: nothing lasts, nothing is finished, and nothing is perfect" (Powell 2004), therein also accepting limitations in design and manufacturing. It is characterized by asymmetry, simplicity and modesty. It may have little quirks and anomalies, but these reveal just the uniqueness of an object or space. *Wabi Sabi* represents the beauty of decay, the patina, the serenity that comes with age. It considers cracks and repairs as part of the history of an object, rather than something to hide or cover up. In that respect, *Wabi Sabi* perfectly links to the concept of *circular design.*

Wabi Sabi teaches us that nothing stays as it is and that resisting the change is pointless. It calls us to "engage in life as it happens, rather than be caught up in unnecessary thoughts". Furthermore, *Wabi Sabi* is characterized by its "appreciation of the ingenuous integrity of natural objects and processes"—in other words: nature. The ultimate goal is to help us transcendent to a simpler life, where we are not hung up on material things. *Wabi Sabi* aims to change our perception of the world, by stimulating us to "find the most basic, natural objects interesting, fascinating and beautiful", which connects us to our real world—to the present moment—instead of getting distracted by and stuck in our stressful "thought carousels". It invites us to be curious and look around—and see *more* than what we want to see.

> When you change the way you look at things,
> the things you look at change.
> Max Planck

3.4.5 Empowerment

Empowerment is closely related to the value of *authenticity.* It refers to an environment that supports our individual identity and the behavior through which we express ourselves, because one-size does not fit all, as we have learned by now. It has always astonished me to hear from employees that they were not allowed to bring their own little plants or other "pieces of themselves" into the workplace—despite studies that show that personalization of the workplace is able to reduce emotional exhaustion (Laurence et al. 2013). When you are stressed but have something near you to look at or touch, that "sparks joy", as Marie Kondo would say, it can relieve the stress immediately and help you to relax and refocus on the task at hand.

And it's rather easy to *write* about the development of an eco-centric lifestyle, but actually creating new habits takes *time and effort*. And I'm aiming at yet something else than the amount of days or the cycles of repetitions that it takes to automatize behavior. I'm aiming at the time and effort it takes to *experiment*. When you don't manage to do yoga every morning, it doesn't necessarily mean, that yoga is not for you. There is still the option to do yoga at lunchtime or in the evening. But you have to invest the time and have the possibilities to try out different approaches and see what suits you best—before discarding it as "not for me". One strategy to create new habits is "habit stacking", which refers to coupling a new behavior to an already dialed-in behavior (Clear 2018). When someone, for instance, already regularly does yoga, it might be quite easy to match it with a meditation practice after. In this context, the very valuable and effective *Tiny Habits®* method to teach oneself new habits, is explained compellingly by BJ Fogg, founder of the Behavior Design Lab at Stanford, in his book *Tiny Habits* (2019).

> All life is an experiment.
> The more experiments you make, the better.
> Ralph Waldo Emerson

Autonomy and freedom to personalize and adjust the workspace to one's own fit can therefore be an important element for employees to feel empowered within their process of creating and experimenting with new habits and rituals—and remove the thresholds, that may discourage emerging new behavior. This would, again, ask for an environment that is designed according to *Wabi Sabi*: "incomplete, imperfect and impermanent". An *incomplete* environment can be completed by the people who actually spend time in it to best fit their needs. And an *imperfect* environment continues to engage people and encourages them to stay involved in the gradual maturation of it. A perfect environment on the other hand only asks for passive enjoyment—it doesn't trigger own initiatives or inventiveness. Finally, an *impermanent* environment offers flexibility, the opportunity to modify it and to grow alongside the changing needs of employees.

Finally, active employee *participation in the workplace design* also can contribute to a work environment that supports the development of new habits. Employees have to get active, think for themselves about what they need and why, work their way through disagreements and build commitment towards the new interior, as they have invested time and effort in it. This process of active involvement creates a positive attitude of employees towards the new environment, as they already started to develop a sense of ownership during the design process. Moreover, engaging employees in the design fits very well within the concept of Eudaimonia, that reminds us that feeling truly fulfilled and happy is usually accompanied with a personal investment, that might also involve the experience of challenging or uncomfortable emotions. "Lasting happiness and a full life cannot be passively consumed. […] To flourish, and actually identify with the positive change, personal effort must be invested" (Desmet and Pohlmeyer 2013).

3.4.6 Inspirational Design

Inspirational design, the sixth and final design strategy, refers to beauty, meaning, fun, surprise and playfulness. It triggers our curiosity, our urge to explore, to engage in and interact with the environment. Inspirational design represents the field of positive psychology, appealing to positive emotions, happiness and a sense of freedom and the field of discovery and opportunity. It also overlaps greatly with "positive design", a design approach that "encompasses the entire life of people and communities, including all facets of subjective well-being" (Desmet and Pohlmeyer 2013). Positive design is focused on "supporting existing possibilities and creating new ones, [...] stimulating excellence".

> Beauty is power, a smile is its sword.
> John Ray

We like to be in beautiful spaces, and we like to use beautiful objects. It's much more fun to drink your coffee out of a beautifully designed ceramic mug than out of a plastic cup. Hence, the objects and spaces that are supposed to facilitate habit formation need special attention to make sure they are a pleasure to use. And not only a pleasure to *use*, but also a pleasure to *take care of.* This way, the beauty of objects is actually also functioning as a "nudge", that stimulates people to make better choices, for example, carefully cleaning the mug after they used it. Because the quality of objects and materials signal their *value* to us, they either communicate "treat me well", or they don't. "Make it attractive", so also James Clear's advice.

The aspect of joy and momentary pleasure is important, as it anchors people in the "here and now", allowing them to relax and appreciate the present moment in time. But the sole focus on moments of pleasure can conflict with our pursuit of long-term goals. Think of a cookie-jar, offering us short-term pleasure, versus our intention to eat less sugar, contributing to our long-term goal of being healthy. So, an environment should strive to find a balance between "present and future benefits", "addressing pleasure and personal significance as well as virtue", enabling people to live a life of balance and minimal conflict (Desmet and Pohlmeyer 2013). Without being too literal, it should remind us of our purpose, our values and our goals, and just as well, it should be able to let us come to a stand still, frowning in startled confusion and trying to figure out what we are looking at. We might not understand it, but that doesn't mean, that the things we are looking at, are not the things we should see.

> Before fixing what you are looking at,
> check what you are looking through.

3.4.7 Closing Thoughts

And so, we have come to the end of my attempt to sketch my vision of "The Human Office". As mentioned in the introduction, I intended it to be a *plea for change*, a plea to do things differently, by resetting our *value system* and inviting *spirituality* into our lives. I hope that this is, what you will remember, if nothing else. Because the problems we are facing globally cannot be solved with our current narrow mindset, and I believe that *spiritual awareness* is a big and important part of the solution. It can help us understand that we are connected to everyone and everything and it can lead us to develop an *eco-centered world* view and discover our *Ecological Self.* And by slowly changing our identity and shifting the perception and our understanding of ourselves within the world, we can acquire new habits for a more sustainable lifestyle, guided by values like empathy, integrity and courage.

I hope everyone of us will eventually be able to create a Eudaimonic life, a life that is *worthwhile*—for us personally, for society and for the environment and all animals alike. I hope, that we eventually will focus more on *being of service*, instead of demanding to be served, that we do more good *and* less harm. I hope that we will be able to slow down more, breathe, learn to be still and listen. That we discover the benefits of a *journey-focused mindset* and dare to turn inwards and explore and navigate our *inner landscape.* And I hope we will be able to open up to and get inspired by foreign philosophy's, like *ma*, *kaizen* or *wabi sabi*, that can enrich our daily lives immensely and help us find other, more meaningful ways to define and measure success and prosperity.

> Strive not to be a success, but rather to be of value.
> Albert Einstein

And in this regard, I realize, that to some people my illustration of the *Eudaimonic Workplace* might appear rather naïve and unworldly. Maybe even utopian. But as Bregman notes, a utopian view doesn't necessarily have all the answers, but "it asks the right questions". And that is also my understanding. We need to be more aware and critical of the *status quo.* Is it still viable? Does it still serve us? Does it still serve the planet? What has changed around us? And does that mean we also need to change strategy? How? If we dare to face these questions, I believe we eventually will learn to "talk differently" and succeed in changing our *narrative.* If we listen, stay open, pay attention, inquire, research and challenge ourselves and others, we can create a *different narrative* together. Even if no one applauds at first.

> Silence isn't neutrality; it's supporting the status quo.
> Yuval Noah Harari

That said, I invite you to remember one last thing from this article, and that is: *be brave*, be *courageous.* Acknowledge, respect and embrace that nagging feeling when something doesn't quite add up, when you see something happening that is *not* worthwhile, that is *not* aligned with your cherished values. Be on the lookout for "signs". And get yourself to speak up. Get yourself to be the first who does. Ignore that fearful chatter in your head. Instead, be the *man in the arena*, "who spends himself in a worthy cause; who at the best knows in the end the triumph of high achievement, and who at the worst, if he fails, at least fails while daring greatly" (Roosevelt 1910). You might be surprised what happens. It might just be the right time.

Be aware.

> There is nothing more powerful, than an idea, whose time has come.
> Victor Hugo

References

Abrahamson, L. (2013). *The Potential of Nothing.* Retrieved May 13 2020 from: https://www.mascontext.com/issues/17-boundary-spring-13/the-potential-in-nothing/

Adams, W. W. (2010). Basho's therapy for Narcissus: Nature as intimate other and transpersonal self. *Journal of Humanistic Psychology, 50,* 38–50.

Ahuvia, A. C. (2008). If Money Doesn't Make Us Happy, Why Do We Act as If It Does? *Journal of Economic Psychology, 29(4),* 491-507.

Astin, A.W., Astin, H.S., Lindholm, J.A. & Bryant, A.N. (2005). *Spirituality in Higher Education: A National Study of College Students' Beliefs and Values.* Higher Education Research Institute: Los Angeles, CA, USA.

Bolman, L. G. & Deal, T. E. (2008). *Reframing Organizations: Artistry, Choice, and Leadership.* Jossey-Bass Business and Management Series, 4th Edition.

Bragg, E. A. (1996). Towards ecological self: Deep ecology meets constructionist self-theory. *Journal of Environmental Psychology, 16,* 93–108.

Bregman, R. (2018). *Utopia for Realists.* London, UK: Bloomsbury Publishing Plc.

Breyer, M. (2017). Concept of "Ma" is at the heart of Japanese Minimalism. Retrieved on April 12 2020 from: https://www.treehugger.com/cultural-concept-ma-heart-japanese-minimalism-4858440

Brown, B. (2015). *Daring Greatly.* New York, USA: Penguin Random House LLC.

Burack, E. (1999). Spirituality in the workplace. *Journal of Organizational Change Management, 12(4),* 280–291.

Cameron, J. (2016). *The Artist's Way.* New York, USA: Penguin Random House LLC.

Clear, J. (2018). *Atomic Habits.* London, UK: Penguin Random House.

Chowdhury, M.R. (2020). *5 Health Benefits of Daily Meditation according to science.* Retrieved May 18 2020 from: https://positivepsychology.com/benefits-of-meditation/

Deci, E. L. & Ryan, R.M. (2008). Hedonia, Eudaimonia, and Well-Being: an introduction. *Journal of Happiness Studies,* 9, 1–11.

Desmet, P. M. A., & Pohlmeyer, A. E. (2013). Positive design: An introduction to design for subjective well-being. *International Journal of Design, 7(3),* 5-19.

Easterlin, R. A. (2012). When growth outpaces happiness. *New York Times*, Opinion. Retrieved on January 12 2020 from: https://www.nytimes.com/2012/09/28/opinion/in-china-growth-outpaces-happiness.html

Easterlin, R. A., McVey, L. A., Switek, M., Sawangfa, O., & Zweig, J. S. (2010). The happiness–income paradox revisited. *Proceedings of the National Academy of Sciences, USA, 107*, 22463–22468.

Ellemers, N. (2017). Organizational morality and employee commitment. Conference Paper. Retrieved on May 21 2020 from: https://ernop.eu/wp-content/uploads/2017/06/Ellemers-Organizational_morality_and_employee_commitment_ERNOP_paper.pdf

Evans, R. (2017). Do we need company values in the future of work? Retrieved on May 22 2020 from: https://medium.com/the-ready/do-we-need-company-values-in-the-future-of-work-871af32509e5

Fitzgerald, C.J. & Danner, K.M. (2012). Evolution in the Office: How Evolutionary Psychology Can Increase Employee Health, Happiness, and Productivity. *Evolutionary Psychology, 10(5)*, 770-781.

Fogg, BJ (2019). *Tiny Habits.* London: Penguin Random House UK.

Friedman, H. H., Warter, I. & Warter, L. (2018). Economic Growth and Happiness. Cultural Relativism. *Journal of Intercultural Management and Ethics, 3,* 31–38.

Fry, L., & Egel, E. (2017). Spiritual Leadership: Embedding Sustainability in the Triple Bottom Line. Graziadio Business Review Special Issues on Spiritual Leadership. 20, 3.

Garcia-Zamor, J. (2003). Workplace Spirituality and Organizational Performance. *Public Administration Review, 63(3),* 355–363.

George, B.M. & Gabriel, J.M.O. (2013). Spirit or soul at work: Myth or dependable reality. International *Journal of Development and Sustainability, 2(1),* 364- 379.

Giridharadas, A. (2019). *Winners take all.* London, UK: Vintage.

Greenfield, E. A., Vaillant, G. E. & Marks, N. F. (2009). Do formal religious participation and spiritual perceptions have independent linkages with diverse dimensions of psychological well-being? *Journal of Health and Social Behavior, 50,* 196–212.

Gruère, G., M. Shigemitsu & S. Crawford (2020). Agriculture and water policy changes: Stocktaking and alignment with OECD and G20 recommendations. *OECD Food, Agriculture and Fisheries Papers*, No. 144, OECD Publishing, Paris.

Harari, Y.N. (2019). *Sapiens – A brief history of humankind.* London, UK: Vintage.

Helliwell, J. F., Layard, R. & Sachs, J. (2017). World happiness report. Retrieved on June 13 2020 from: https://s3.amazonaws.com/sdsn-whr2017/HR17_3-20-17.pdf

Huta, V. & Waterman, A.S. (2013). Eudaimonia and Its Distinction from Hedonia: Developing a Classification and Terminology for Understanding Conceptual and Operational Definitions. *Journal of Happiness Studies, 15,* 1425-1456.

Javed, S. & Suhaib, M. (2016). Role of spirituality in corporate social responsibility. *International Journal of Current Research, 8(7),* 35003-35008.

Karakas, F. (2010). Spirituality and performance in organizations: a literature review. *Journal of Business Ethics, 94(1),* 89-106.

Karakas, F. & Sarigollu, E. (2011). Benevolent leadership: conceptualization and construct development. *Journal of Business Ethics, 108(4),* 537–553.

Keniger, L.E., Gaston, K.J., Irvine, K.N. & Fuller, R.A. (2013). What are the Benefits of Interacting with Nature? *International Journal of Environmental Research and Public Health, 10,* 913-935.

Kiel, F. (2015). *Return on character: The real reason leaders and their companies win.* Boston, MA, USA: Harvard Business Review.

Killinger, B. (2006). The workaholic breakdown syndrome. In R. J. Burke (Ed.), *New Horizons in Management. Research Companion to Working Time and Work Addiction,* pp. 61–88. Cornwall, UK: Elward Elgar Publishing.

Kinjerski, V. & Skrypnek, B.J. (2006). Creating Organizational conditions that foster spirit at work. *Leadership and Organization Development Journal, 27(12),* 280-295.

Kisaki, Y. (2011). When Less is More. Japanese Concept of 'MA', Minimalism and Beyond. Retrieved on February 27 2020 from: https://wawaza.com/blogs/when-less-is-more-japanese-concept-of-ma-minimalism-and-beyond/

Koren, L. (2008). *Wabi-Sabi for Artists, Designers, Poets and Philosophers.* Imperfect Publishing.

Laurence, G.A., Fried, Y., & Slowik, L.H. (2013) "My space": A moderated mediation model of the effect of architectural and experienced privacy and workspace personalization on emotional exhaustion at work. *Journal of Environmental Psychology,* 36, 144–152.

Learn 2 Live Fully (2017). *Improve yourself the Kaizen way: How to progress quickly 1% daily.* Retrieved May 13 2020 from: https://learn2livefully.com/improve-yourself-the-kaizen-way/

Leigh, P. (1997). The new spirit at work. *Training and Development, 51(3),* 26-33.

Litzsey, C. (2006). *Spirituality in the Workplace and the Implication for Employees and Organization.* A Research Paper, Southern Illinois University Carbondal.

Mair, J. & Laing, J. (2013). Encouraging pro-environmental behaviour: the role of sustainability focussed events. *Journal of Sustainable Tourism, 21(8),* 1113-1128.

Mazzucato, M. (2018). *The Value of Everything. Making and taking in the global economy.* London, UK: Penguin Random House UK.

Nur, Y.A. & Organ, D.W. (2006). Selected organization outcome correlates of spirituality in the workplace. *Psychological Reports, 98(3),* 111-120.

Passmore, H.A. & Howell, A.J. (2014). Eco-Existential Positive Psychology: experiences in nature, existential anxieties, and well-being. *The Humanistic Psychologist, 42,* 370-388.

Piff, P.K., Dietze, P., Feinberg, M., Stancato, D.M. & Keltner, D. (2015). Awe, the Small Self, and Prosocial Behavior. *Journal of Personality and Social Psychology, 108(6),* 883–899.

Powell, R.R. (2004). *Wabi Sabi Simple.* Adams Media.

Raworth, K. (2017). *Doughnut Economics.* London, UK: Random House Business Books.

Ritter, R.A. (2014). Infusing traditional business systems with spiritual wisdom: How mindfulness improves organizational effectiveness. *Graziadio Business Review, 17,* 1–13.

Roosevelt, T. (1910). Citizenship In A Republic, speech delivered at the Sorbonne, in Paris, France on 23 April, 1910.

Seligman, M. E. P. (2004). *Can happiness be taught?* Daedalus, 133 (2), 80-87.

Samul, J. (2020). Spiritual Leadership: Meaning in the Sustainable Workplace. *Sustainability, 12,* 267.

Stead, J.G. & Stead, W.E. (2014). Building spiritual capabilities to sustain sustainability-based competitive advantages. *Journal of Management, Spirituality & Religion, 11,* 143–158.

Strumse, E. (2007). The Ecological Self: a psychological perspective on anthropogenic environmental change. *European Journal of Science and Theology, 3(2),* 7-12.

Browning, W.D., Ryan, C.O. & Clancy, J.O. (2014). *14 Patterns of Biophilic Design.* New York: Terrapin Bright Green llc.

The School of Life (2020). A Better Word than Happiness: Eudaimonia. Retrieved on October 19 2020 from: https://www.theschooloflife.com/thebookoflife/a-better-word-than-happiness-eudaimonia/

Thieme, M. (2019). *Groeiend verzet.* Amsterdam, NL: Prometheus.

Thompson, W.D. (2000). Can you train people to be spiritual? *Training and Development, 54(12),* 18-19.

Trigwell, J. L., Francis, A. J. P. & Bagot, K. L. (2014). Nature Connectedness and Eudaimonic Well-Being: Spirituality as a Potential Mediator. *Ecopsychology, 6(4),* 241-251.

World Commission on Environment and Development (1987). Retrieved on June 20 2020 from: https://sustainabledevelopment.un.org/content/documents/5987our-common-future.pdf

Yang, F., Huang, X. & Wu, L. (2019). Experiencing meaningfulness climate in teams: How spiritual leadership enhances team effectiveness when facing uncertain tasks. *Human Resource Management, 58*, 155–168.

Zelenski, J.M. & Nisbert, E.K. (2014). Happiness and feeling connected. The distinct role of nature relatedness. *Environment and Behavior, 46(1)*, 3–23.

Zellers, K. L. & Perrewé, P.L. (2003). The Role of Spirituality in Occupational Stress and Well Being. In R.A. Giacalone & C. L. Jurkiewicz (Eds.), *Handbook of Workplace Spirituality and Organizational Performance*, pp. 300–313. New York, USA: M.E. Sharpe.

Zsolnai, L. & Illes, K. (2017). Spiritually inspired creativity in business. *International Journal of Social Economics, 44(2)*, 195 – 205.

Websites

United Nation's 17 Sustainable Development Goals (SDGs) https://sdgs.un.org/goals
Certified B Corporations https://bcorporation.net/about-b-corps
Economy for the Common Good https://www.ecogood.org
Blue Zones Projects https://www.bluezones.com

Anicee Bauer got her master's degree in Psychology at the University of Amsterdam and has worked as a Neuropsychologist and a lecturer of Applied Psychology before she turned to the field of Environmental Psychology. Certified in evidence-based design and having some experience as an interior designer, Anicee has worked at Design Studio D/DOCK, where she integrated psychology, scientific research and design thinking methods into the design process. However, in 2020, her focus shifted and she decided to fully invest her time in helping to solve environmental problems and prevent animal suffering, something very close to her heart. Her mission now is to make "people fall in love with nature" again. And to achieve that, Anicee believes, we must first better understand our own relationship with nature, because we cannot care for what we don't care about. Anicee now offers inspirational talks and interactive workshops in and around nature, that allow people to challenge their mindsets, explore spirituality and experiment with their own path of personal growth. Furthermore, she coaches people in "biophilic [behavior] design", where she aims to create a synchronized flow within the design of sustainable habits and the physical environment. This way, she hopes to contribute to strengthen our natural connection with "all living things", so that we can adopt an eco-centered worldview and embrace the changes we need to make to create a balanced and healthy world for all.

Teil II

Einbeziehung der Menschen – Wandel der Arbeitswelt

Involvement of the User—Change of Work

4 New Work im New Office – Der Wandel der Arbeitswelt und dessen Auswirkungen auf den Büroalltag

New Work in a New Office – The Changing World of Work and its Effects on Everyday Office Life

Angelika Donhauser, Mark Phillips und Jennifer Vogt

Zusammenfassung

Unsere Arbeitswelt befindet sich seit einigen Jahren in einem rudimentären und strukturellen Wandel. Durch die zunehmende Digitalisierung entwickeln wir uns mehr und mehr von einer Industrie- zu einer Wissensgesellschaft und verändern damit auch unseren Arbeitsbegriff. So bewegen wir uns heute weg von unseren traditionellen und starren Arbeitsstrukturen hin zu den neuen Arbeitsweisen im digitalen und globalen Zeitalter. Diese Entwicklung und die daraus resultierende neue Arbeitswelt kann unter dem Begriff ‚New Office' zusammengefasst werden, der Begriff ‚New Work' wurde ursprünglich von Frithjof Bergmann verwendet. Wenn wir wollen, dass sich auch künftige Generationen mit geplanten neuen Arbeitsumgebungen angesprochen fühlen und die Erwartungen an ein gesundes Büro erfüllt werden, dann müssen bei der Veränderung der Arbeitswelt spezifische menschliche Bedürfnisse berücksichtigt werden. Das private Umfeld ist ein mögliches Modell für eine

A. Donhauser
München, Deutschland
E-Mail: angelika@kinzo-muenchen.de

M. Phillips (✉)
Hochschule Coburg, Coburg, Deutschland
E-Mail: mark.phillips@hs-coburg.de

J. Vogt
Ottensoos, Deutschland
E-Mail: jennifer.Vogt@stud.hs-coburg.de

C. Kohlert (Hrsg.), *Das menschliche Büro – The human(e) office*,
https://doi.org/10.1007/978-3-658-33519-9_4

flexible Raumstruktur, in der die Bereiche jeweils auf unterschiedliche, ganz menschliche Bedürfnisse ausgerichtet sind und damit eine Vielzahl unterschiedlicher Arbeits- und Tätigkeitsbereiche repräsentieren. Im Büro begegnet man in der Regel einer sehr monotonen Raumgestaltung. Um auch im Büro eine bedarfsorientierte und selbstbestimmte Arbeitsweise zu fördern, sollten vielseitige Raumstrukturen in die Bürowelt integriert werden. Mit einer größeren Standortwahl ist es nicht mehr notwendig, an einem Ort zu bleiben, sondern die Arbeitsposition kann immer wieder gewechselt werden. Dies sorgt für mehr Bewegung und unterstützt sowohl ergonomische Arbeitsmethoden als auch eine bessere Arbeitsleistung und Kreativität. Für mehr Produktivität am Arbeitsplatz ist ein Umfeld, in dem man sich als Individuum wohl fühlt, besonders wichtig. Die Mitbestimmung bei der Bürogestaltung wirkt sich nachweislich positiv auf unsere Produktivität, unsere Identifikation mit unserem Arbeitsplatz und damit auf unsere Gesundheit aus. Schon kleine Eingriffe, wie Dekorationen oder Begrünungen, sorgen für eine erhöhte Mitarbeiterzufriedenheit und ein größeres kreatives Potenzial.Mit der Veränderung unserer Arbeitsumgebung sind viele Vorteile verbunden. Insbesondere die neu gewonnene Flexibilität und Selbstbestimmung sorgen für verbesserte Arbeitsbedingungen. Neue Formen des Wissens bergen aber auch Gefahren durch die zunehmende Verschmelzung von Privat- und Berufsleben. Ständige Erreichbarkeit und Transparenz im Büroalltag beeinflussen zunehmend unser Privatleben und erschweren es heutzutage, von der Arbeit abzuschalten und sich zu entspannen. Dies führt zu gesundheitlichen Beeinträchtigungen und wirkt sich kontraproduktiv auf unser Wohlbefinden sowie auf die Arbeitsleistung und Produktivität aus. Bei der Planung neuer Arbeitsumgebungen, die unsere Gesundheit fördern, muss ein sensibler Ansatz gewählt werden, und vor allem sollte die Selbstbestimmung der Mitarbeiter im Vordergrund stehen. Wie schon bei Frithjof Bergmann geht es in Zukunft um nicht weniger als die Übertragung von Veränderungen der Lebens- und Sozialkultur auf den Bereich der Gestaltung menschlicher Büros.

Abstract

For some years now, our working world has been experiencing a rudimentary and structural change. Due to increasing digitalisation, we are evolving more and more from an industrial to a knowledge-based society and, as a result, are also changing our concept of work. So, today we are moving away from our traditional and rigid working structures towards the new ways of working in the digital and global age. This development and the resulting new world of work is summarised under the term New Work, initially used by Frithjof Bergmann. If we want future generations also to feel addressed with planned New Work environments and the expectations of a healthy office be fulfilled, then specific human needs must be taken into account when changing the world of work. The private environment is a possible model for a flexible spatial structure in which the areas are each designed to meet different entirely human requirements and thus represent a variety of different areas of work and activity. In the office, one generally encounters a very monotonous spatial design. In order to also promote a needs-oriented and self-determined way of working in the office, versatile room structures should be integrated into the office world. With a greater choice of location, it is no longer necessary to remain in one place, but rather the working position can be changed again and again. This provides for more movement and supports both ergonomic working methods as well as better work performance and creativity. For more productivity at work, an environment in which one feels comfortable as an individual is particularly important. Co-determination in office design has a proven positive effect on our productivity, our identification with our workplace and consequently on our health. Even minor interventions, such as decorations or greening, ensure increased employee satisfaction and greater creative potential. There are many benefits associated with the change in our working environment. In particular, the newly gained flexibility and self-determination ensure improved working conditions. But new forms of knowledge also harbour dangers due to the increasing fusion of private and professional life. Constant accessibility and transparency in everyday office life increasingly influence our private life and make it difficult to switch off and relax from work these days. This leads to health impairments and has a counterproductive effect on our well-being and on work performance and productivity. When planning new working environments that promote our health, a sensitive approach needs to be taken and, above all, the self-determination of the employees should be a priority. As was already the case for Frithjof Bergmann, the future is about nothing less than transferring changes in lifestyle and social culture to the field of designing human offices.

Seit einigen Jahren spürt unsere Arbeitswelt einen strukturellen und elementaren Wandel. Durch die zunehmende Digitalisierung entwickeln wir uns immer mehr von einer Industrie- zu einer Wissensgesellschaft und verändern damit auch unser Konzept der Arbeit (Böschen und Schulz-Schaeffer 2003). So entwickeln wir uns heute weg von unseren klassischen und starren Arbeitsstrukturen hin zu den neuen Arbeitsweisen des digitalen und globalen Zeitalters. Diese Entwicklung und die daraus resultierende neue Arbeitswelt wird unter dem Begriff New Work zusammengefasst.

4.1 Die New-Work-Bewegung und die Geschichte dahinter

Gerade in den letzten Jahren wurde der Ausdruck ‚New Work' immer populärer. Er dient als Überschrift für zahlreiche Studien und Publikationen und wird in etlichen Kongressen und Konferenzen von Fachleuten thematisiert und diskutiert. Was heute als neue und innovative Entwicklung der Arbeitswelt gefeiert wird, ist aber gar nicht so jung und modern wie man vermuten würde. Bereits vor mehr als 40 Jahren erschuf der austro-amerikanische Philosoph Frithjof Bergmann das ursprünglich sozialphilosophische Konzept New Work (Bergmann 2019). Darin sah er nicht nur die bloße Veränderung der Arbeitsstruktur, sondern auch einen Wandel der Lebensweise und der gesellschaftlichen Kultur. Als Grund dafür nannte er vor allem die neuen Technologien. Durch den digitalen Wandel drohte ein Wegfall von Berufen und Arbeitsaufgaben – doch sah er darin nicht allein ein Risiko für die Arbeitswelt, eher die Möglichkeit Arbeit neu zu gestalten.

Als Kernpunkt seines Konzepts thematisierte Bergmann die inhärente Polarität von Arbeit. Damit bezog er sich auf die oftmals übliche Auslaugung und Belastung durch den Beruf und bezeichnete dies gar als „milde chronische Krankheit“ (Bergmann 2019). Jedoch beschrieb er auch die gegenteilige Wirkung, dass Arbeit zu mehr persönlicher Erfüllung und Lebendigkeit verhelfen kann. Er definierte als entscheidenden Punkt die Sinnhaftigkeit von Arbeit. Beschäftigungen die man, wie Bergmann betonte „wirklich, wirklich will“, die der eigenen Persönlichkeit entsprechen und die ein System der menschlichen Grundversorgung garantieren, gestalten die Arbeitswelt der Zukunft (Hofmann et al. 2019). Bergmann war mit dieser Version in den frühen 80er Jahren schon Vielen voraus. Seine Theorie erhielt aber zunächst lange Zeit keine Beachtung mehr. Erst 2016 wurde sie von Markus Väth in dem Buch „Arbeit – die schönste Nebensache der Welt“ (Väth und Vollmoeller 2016) wieder aufgegriffen und weiterentwickelt. Darin beschäftigt er sich auch, wie zuvor Bergmann, mit der sinnstiftenden Arbeit und was sie beinhaltet. Dies bedeutet hierbei für Väth, dass.

> „[…] die Arbeit die Stärken eines Menschen fördert, sie in einem Umfeld angesiedelt ist, in das der arbeitende Mensch passt, und diese Arbeit eine höhere Bedeutung für die Person hat. Das Ziel von Arbeit ist auf individueller Ebene daher die persönliche Entfaltung, auf Organisationsebene die Anpassung an eine komplexe (Arbeits-)Welt und auf gesellschaftlicher Ebene der maßvolle Kapitalismus.“ (Hofmann et al. 2019)

In vielen Punkten lassen sich bei den beiden Konzepten von Bergmann und Väth Parallelen finden. Allerdings geht es heute nicht mehr nur – wie damals bei Bergmann – darum die klassische Arbeit auf ein Minimum zu reduzieren, sondern sie komplett neu zu revolutionieren und nachhaltig zu gestalten. Für eine Weiterentwicklung der Arbeitswelt definiert Väth fünf Handlungsfelder als Impulse. Diese sind: „[…] Führung, Agilität, Individualität, Flexibilität und Creative Workspaces.“ (Hofmann et al. 2019). Das Konzept des New Work wurde zwar in den vergangenen Jahren bereits um viele Facetten erweitert, jedoch lassen sich einige bedeutenden Handlungsfelder in Konzepten für gesundes Arbeiten wiederfinden.

4.2 Kreativitätsförderung im Büroalltag

Kreativität ist der Aspekt, der in den heutigen Büros von Unternehmen, die sich mit New Work und damit mit einer neuen Form der Wissensarbeit im New Office auseinandersetzen, die größte Rolle spielt. Dies führte im letzten Jahrzehnt unter anderem dazu, dass große Unternehmen im Bereich der Digitalisierung wie Apple[1], Facebook[2], Amazon[3] oder Google[4] moderne Architekturbauten planten und errichteten (Phillips und Remke 2018) um die Wahrscheinlichkeiten physischer Begegnungen (Waber et al. 2014) und damit Kollaboration zwischen Mitarbeitern und Mitarbeiterinnen zu erhöhen. Die Forderung nach und die Frage der Förderung von Kreativität ist auch in deutschen Unternehmen präsent. Laut einer Umfrage von Adobe verlangen bei mehr als zwei Drittel (67 %) der Deutschen die Vorgesetzten kreative Höchstleistungen. Jedoch steht dies meist in Konkurrenz mit den ebenfalls sehr hohen Anforderungen an Produktivität und Effizienz gegenüber den Mitarbeitern. So gaben 9 von 10 Befragten an, durch den ausgesetzten Druck weniger kreative Leistung bringen zu können und gerade mal ein Viertel der Befragten (24 %) sind der Meinung, das eigene kreative Potenzial überhaupt ausschöpfen zu können („Adobe: State of Create 2016 Report" o. J.).

Ein Großteil der Befragten (73 %) ist sich einig, dass sich durch Förderung von Kreativität eine positive Wirkung auf die Wirtschaftsleistung ausüben ließe und sogar 80 % halten Kreativität für einen Schlüssel unternehmerischen Wachstums. Und nicht allein wirtschaftlich hätte dies Vorteile, auch eine positive Beeinflussung der Unternehmenskultur ginge damit einher. Die Studie gibt an, dass Unternehmen, die Kreativität fördern, von glücklicheren und zufriedeneren Mitarbeitern profitieren können. („Adobe: State of Create 2016 Report" o. J.) Bei allen Vorteilen fragt man sich, wie lässt sich kreativitätsförderndes Arbeiten in die neue Arbeitswelt integrieren? Und wie kann ein Effekt gemessen werden? Der kreative Output von Mitarbeitern ist keine einfache, messbare Leistung und dadurch schwierig zu erfassen und zu beeinflussen. Mehrere Studien und Befragungen geben darüber Aufschluss, durch welche Aspekte im Büroalltag sich das kreative Arbeiten erleichtern und unterstützen lässt. So spielt bei der Kreativitätsförderung vor allem der Ort eine entscheidende Rolle. Die Umgebung ist entscheidend für den Aufbau und Erhalt unserer Identität. Die Grundvoraussetzung um kreativ arbeiten zu können ist, dass wir uns sicher fühlen. (Pöppel o. J.) Ohne eine gefestigte innere Sicherheit lässt sich auch keine Kreativität entwickeln.

Dies können wir am besten erreichen, wenn man den Ort der Arbeit auch als persönlichen Raum ansieht, was durch persönliche Gegenstände, Mitgestaltung und Mitbestimmung unterstützt werden kann. Eine räumliche Gestaltung wirkt sich dabei positiv auf das Wohlbefinden aus, Wohlfühlen wiederum wirkt sich auf unsere Produktivität aus („IBA-Studie 2017: Wohlbefinden im Büro" o. J.). Dekoration, Bilder oder auch die Aussicht aus dem Fenster erhöhen die visuellen Reize, was wichtig ist um neue

[1] Apple Park: https://www.fosterandpartners.com/projects/apple-park/ Letzter Zugriff 12.06.2020.

[2] Facebook Menlo Park https://www.bauwelt.de/themen/bauten/Facebook-Zentrale-MPK-20-Menlo-Park-Gehry-3081157.html Letzter Zugriff 12.06.2020.

[3] Amazon Spheres: https://www.nbbj.com/work/amazon/ Letzter Zugriff 12.06.2020.

[4] Google Mountain View: https://www.heatherwick.com/project/google-mountainview/ Letzter Zugriff 12.06.2020.

Bezüge und ungewöhnliche Einfälle hervorzurufen. (Pöppel o. J.) Ebenso unterstützen flexible Arbeitsplätze den Ideenreichtum. Je nach Bedürfnis der Mitarbeiter empfiehlt es sich für Unternehmen offene Kommunikationsbereiche, Zonen für konzentriertes Arbeiten und Ruhebereiche für Entspannung für ihre Mitarbeiter bereit zu halten, um optimale Arbeitsbedingungen für unterschiedliche Tätigkeiten zu bieten. („Kreativität und Arbeit – Innovationsschmiede Arbeitsplatz?" o. J.) Vor allem Bereiche der Entspannung stimulieren Kreativität, wie Nachforschungen der schwedischen Psychologieprofessorinnen Eva Hoff und Nathalie Öberg belegen: Besonders in Zonen der Ruhe und Erholung treten vermehrt kreative Einfälle durch Entspannung auf. (Hoff und Öberg 2014) Abb. 4.1 zeigt die Umsetzung eines ruhigen Ortes in einem Foyer einer Bürolandschaft.

Neben Selbstbestimmtheit in Form von Flexibilität bei der Platzwahl hat insbesondere die selbstbestimmte Arbeitsweise sehr viel Einfluss auf Kreativität (Meinel u. a. 2017) und auf Wohlbefinden. Selbstbestimmtheit am Arbeitsplatz ermöglicht es auch außerhalb der Büros zu arbeiten und somit die berufliche Tätigkeit besser mit dem Privatleben zu vereinbaren. Freiheit zur Selbstbestimmung und Flexibilität bieten Raum und Vielfalt im Arbeitsalltag und sorgen für mehr kreative Leistung.

Wie das persönliche Arbeitsverhalten Ideen befördern kann untersuchte eine Studie der Stanford University (Oppezzo und Schwartz 2014). Dabei konnte gezeigt werden, welche immense Auswirkung Bewegung auf unser kreatives Denken hat. In einem

Abb. 4.1 (Foto: Huthmacher)

Experiment analysierten die Autoren der Studie anhand von Assoziationen und Analogien zu vorgegebenen Bildern die kreative Leistung von Studierenden. Dabei unterschieden sie in vier Gruppen. Die erste Gruppe absolvierte den Kreativitätstest innen vor einer weißen Wand, die zweite ebenfalls vor der weißen Wand auf einem Laufband. Die beiden anderen Gruppen bearbeiteten ihren Test im Freien. Dabei durfte ein Teil während der Befragung spazieren gehen und die restlichen Testpersonen wurden mithilfe eines Rollstuhls auf derselben Strecke gefahren. Bei der Auswertung der Testergebnisse ließ sich feststellen, dass zum einen die Komplexität der Umgebung sich positiv auf unsere Kreativität ausübt. Was aber eine viel entscheidendere Rolle gespielt hat, war die körperliche Bewegung während der Befragung. Sowohl die Spaziergänger, als auch die Gruppe auf dem Laufband konnten deutlich mehr Ideen aufweisen, als die anderen Probanden. So konnte bei den Testpersonen auf dem Laufband bereits eine unglaubliche Kreativitätssteigerung von 350 % und bei den Spaziergängern sogar von 400 % erzielt werden. Aber nicht nur die Quantität der Kreativität stieg an. Die Auswertungen zeigten auch eine deutlich höhere Qualität bei deren entwickelten Ideen („Kreativität und Arbeit – Innovationsschmiede Arbeitsplatz?" o. J.).

Sieht man in die heutigen, klassischen Büros, so ist von Bewegung am Arbeitsplatz meist nicht viel zu sehen. Der Büroarbeitstag spielt sich bis zu 90 % sitzend am Schreibtisch ab. Bürokonzepte von Unternehmen der New Work-Bewegung reagierten bereits auf diese Erkenntnisse und versuchen zunehmend durch veränderte Ausstattung oder Gestaltung ihre Mitarbeiter zum Bewegen zu animieren. Es findet sich in Unternehmen nicht selten ein Fitnesscenter auf dem Firmengelände oder Sportgeräte zwischen den Arbeitsplätzen. Doch auch subtilere Methoden fördern die Bewegung im Raum. Es kann zum Beispiel bereits in der Grundrissplanung bewusst darauf eingegangen werden flexible Arbeitsplätze anzubieten, die Anordnung der Räume und Funktionen im Gebäude zu verteilen oder den Außenraum als Teil des Büros zu integrieren.

4.3 Effekte körperlicher Aktivität während eines Büroarbeitstages auf die Gesundheit und Leistungsfähigkeit der Beschäftigten

Neben den vielleicht etwas überraschenden Auswirkungen von Bewegung auf Kreativität hat diese auch immer schon Einflüsse auf körperliches Wohlbefinden. Fast jeder dritte deutsche Erwachsene hat nach eigener Aussage ständig oder oft Rückenprobleme, gut ein weiteres Drittel gibt an, zumindest ab und zu Beschwerden zu haben und fast jeder zehnte hatte sie bereits. Rückenschmerzen sind, laut den Umfragen der Techniker Krankenkasse, mit einer der meisten Gründe für Krankschreibungen (Voermans et al. o. J.). Das ist aber auch kein Wunder. Beobachtet man den Tagesablauf, fällt auf, dass ein Großteil davon im Sitzen verbracht wird. Ob beim Frühstück, auf den Weg in die Arbeit, tagsüber am Schreibtisch oder abends auf dem Sofa. Meist acht Stunden des Tages spielen sich im Sitzen ab. Der Großteil davon am eigenen Arbeitsplatz. Dass das viele

Sitzen und die fehlende Bewegung im Alltag nicht gut sind und starke Auswirkungen auf unsere Gesundheit haben, ist allgemein bekannt. Als größter Faktor hat die Zeit am Arbeitsplatz das meiste Potenzial für Verbesserung des Bewegungsdefizit und die dadurch entstehende gesundheitliche Verbesserung.

Die Studie „Bewegt im Betrieb" des DOSB (Wedekind 2014) zeigt wie man dabei erfolgreich vorgehen kann und erläutert anhand eines Vier-Wochen-Programms wie einfach sich Bewegung in unseren beruflichen Alltag integrieren lässt. So lassen sich durch regelmäßige Bewegung am Arbeitsplatz der Schutz des Herz-Kreislaufsystems und der Stoffwechsel unterstützen und dadurch Krankheiten vorbeugen, zusätzlich wird das Immunsystem gestärkt. Durch mehr Sport und Bewegung während der Arbeit kann den oftmals sehr monotonen Bewegungsabläufen und der dadurch entstehenden einseitigen Belastung entgegengewirkt werden. Hierbei gibt es einen Einfluss auf unsere Körperhaltung. Durch mehr Bewegung nehmen wir automatisch eine selbstbewusstere und aufrechte Körperhaltung ein, was sich ebenfalls auf eine gesündere Arbeitshaltung auswirkt. Auch auf die Psyche hat dies Einfluss denn durch länger andauernde Bewegung werden Endorphin und Serotonin ausgeschüttet und sorgen somit für Glücksmomente. Eine erhöhte Durchblutung und Sauerstoffaufnahme im Gehirn steigern die Konzentration und erleichtern das effektive Arbeiten. Abb. 4.2 zeigt einen beispielhaften Ort für Kommunikation im Büro in unterschiedlichen Körperhaltungen, z. B. im Stehen an einer Theke, im erhöhten Sitzen an einem Hochtisch und in normaler Sitzhöhe.

Doch trotz alarmierender Studien und Bewegungsratgebern sitzt immer noch ein Großteil der Wissensarbeiter am Schreibtisch. „A guide to healthy computing"

Abb. 4.2 (Foto: Schnepp)

(Microsoft 2013) zeigt wie sehr unsere Gesundheit unter dem ständigen Sitzen leidet und welche Folgen dies hat. Dafür wurden 530 Mitarbeiter, die länger als 3 h am Computer arbeiten, während ihrer Tätigkeit begleitet und zu ihrem körperlichen Empfinden befragt. Erschreckende 86 % klagten über Unwohlsein oder gar körperliche Schmerzen durch die Arbeit im Sitzen. Dabei sind vor allem der Nacken- und Schulterbereich besonders betroffen. Als Ursachen dafür wurden besonders das Starren auf den Computer und das lange Sitzen am Schreibtisch oder in Meetings genannt. Ungesunde Büroarbeit kann auf Dauer zu schwerwiegenden Krankheiten führen. Nicht nur auf die körperliche Gesundheit hat dies Auswirkungen, sondern auch auf die Arbeitsleistung. Viele der Befragten klagten über Konzentrationsschwäche oder einen spürbaren Leistungsabfall nach einiger Zeit. Gleichzeitig stieg das Bedürfnis nach Pausen und Erholung.

Um die negativen Auswirkungen des Sitzens auf unsere Gesundheit zu verringern und in Zukunft gesundheitsfördernder zu arbeiten wird nach alternativen Arbeitsweisen gesucht. Viele Firmen reagieren auf diese Erkenntnisse bereits mit dem Angebot von höhenverstellbaren Tischen. Dadurch soll den Mitarbeitern ermöglicht werden ihre Arbeitsposition flexibel an ihre Bedürfnisse anzupassen und auch im Stehen arbeiten zu können. Abgesehen von den körperlichen Vorteilen, soll dadurch auch die Produktivität gesteigert werden (Garrett u. a. 2016).

Activity-based-working, also der funktionsbezogene Wechsel der Arbeitsplätze, ist ein Konzept mit integrierter Bewegung und hat sowohl einen positiven Einfluss auf unsere Interaktion und Kommunikation, als auch auf die Kontrolle von Zeit und Raum und auf die grundlegende Zufriedenheit der Mitarbeiter (Engelen u. a. o. J.). Von Interesse ist daher die Wirkung von kontinuierlicher Bewegung am Arbeitsplatz, was bei Tests mit Laufband-Arbeitsplätzen ermittelt wurde. Diese eher ungewöhnliche Arbeitsform erforderte von den Testpersonen einiges an Multitasking und ist auch nicht für jede Büroarbeit geeignete. Am Ende der Testphase konnte allerdings festgestellt werden, dass durch die gleichmäßige Bewegung Stress reduziert und die Leistung des Gedächtnisses verbessert werden konnte. (Ben-Ner u. a. 2014) Es erscheint vielleicht umständlich und unpraktisch nun seine Arbeit auf dem Laufband zu erledigen, jedoch könnte bereits mit kleineren Spaziergängen zwischendrin ein ähnlicher Erfolg erzielt werden.

Das Bewusstsein für die körperliche Gesundheit steigt in unserer Gesellschaft immer weiter an, jedoch nehmen wir an unserem Arbeitsplatz einige gesundheitsgefährdende Umstände willentlich in Kauf. Dabei könnte schon durch kleine Änderungen unserer Arbeitsweise eine große Verbesserung bewirkt werden. Beispielsweise kurze Spaziergänge in den Arbeitspausen oder ein regelmäßiger Wechsel der Arbeitsposition führen nachweislich zu einer gesunderen Lebensweise.

4.4 Mit dem Arbeitsplatz raus aus der Komfortzone?

Neben körperlichen Beeinträchtigungen bei Beschäftigten gibt es auch mentale Auswirkungen der Arbeit. Was passiert, wenn wir im Beruf plötzlich unsere gewohnte Komfortzone verlassen und uns ins Ungewisse stürzen sollen? Gibt es mögliche positive

Effekte und wie können diese räumlich umgesetzt werden? Das Drei-Zonen-Modell nach Senninger beinhaltet die Komfortzone, die Panikzone und die Wachstumszone („Komfortzonenmodell oder 3- Sektoren- Modell in der Erlebnispädagogik" 2020):

> „In der Komfortzone befinden wir uns [...] in einer durchweg komfortablen Situation. Ohne große Anstrengungen und Stress ist hier alles vertraut [...]. Wir handeln ohne groß Nachzudenken. Sobald wir diese Gewohnheit verlassen haben befinden wir uns in der Wachstums- oder Lernzone. Hier fühlen wir uns nun nicht mehr ganz so sicher und eventuell steigt unser Stresslevel ein wenig. Denkprozesse werden in Gang gesetzt um auf das neue zu Reagieren und man Anfang ist hier mit Fehlern zu rechnen. Die Wachstumszone stellt uns jedoch vor lösbare Probleme, es bedarf nur mehr Arbeit als in der Komfortzone. Um die neuen Aufgaben zu meistern muss ein Lernprozess stattfinden. In der Panikzone übersteigen wir eine Schwelle zu viel und negativer Stress setzt ein." (Heckmair und Michl o. J.)

Auch wenn das Modell ursprünglich aus der Erlebnispädagogik stammt, kann es veranschaulichen, wie der Mensch lernt. So findet sich in der Komfortzone nur Dinge und Begebenheiten, die bereits bekannt und gewohnt sind. Will man etwas Neues erleben, muss ein Wagnis eingegangen und die bequeme Umgebung verlassen werden. Befindet man sich in der Wachstumszone findet automatisch ein Lerneffekt statt. Hier begegnet man Neuem und Unerwartetem und es entstehen neue Herausforderungen und Anregungen. Überschreitet man jedoch die Grenze in die Panikzone, ist man mit den Aufgaben und Anforderungen plötzlich überfordert und entwickeln sich nicht mehr weiter. Es lässt sich feststellen, dass unsere Komfortzone verlassen werden muss um überhaupt neue Erfahrungen zu machen und zu lernen.

Der Stress des Ungewohnten und Neuen kann aber auch gerade die Weiterentwicklung behindern. Dabei sollte zwischen den unterschiedlichen Arten von Stress unterschieden werden. Man differenziert zwischen „Eustress", dem positiven und stimulierenden Stress, und „Distress", dem negativen und belastenden Stress. Um sich weiter zu entwickeln muss ein individuell optimaler Stresspegel erreicht werden (Milek und Bodenmann 2018). Dieser sollte weder zu hoch noch zu niedrig sein, da er sonst entweder zu Langweile und Unzufriedenheit oder letztendlich zu Angst und Nervosität führt (Volkart 2018). Die Produktivität, ist als messbarer Faktor von Leistung, eng mit unserem Stresslevel verknüpft. Um produktiv zu werden, muss man zuallererst die Komfortzone verlassen und sich in die Lernzone begeben. Dort benötigt man ein gewisses Maß an Eustress um fokussiert zu sein und rational zu denken (Warner o. J.).

Leo Rosa Borges, ein international erfolgreicher Creative Direktor, ist der Ansicht, dass immer ein gewisses Maß an Unbehagen nötig ist, um kreativ zu sein (Borges 2018). Kreativ zu sein, heißt bekanntlich auch Neues zu entdecken und das findet sich nur außerhalb bekannter Komfortzonen. Auch das Selbstbewusstsein wird durch den Schritt in die Wachstumszone gesteigert. Das Bewältigen neuer Aufgaben und Überwinden von Hürden erfüllt uns mit Stolz und gibt uns schließlich ein positives Gefühl. Durch immer neue Herausforderungen wächst man an seinen eigenen Leistungen und entwickelt sich weiter (Mehlich u. a. 2014).

Für alle diese Vorschläge braucht es Motivation um den komfortablen Bereich zu verlassen und Neues zu wagen. *„Das Gehirn trachtet immer danach, Dinge zu automatisieren, Gewohnheiten auszubilden, und es besetzt dies mit deutlichen Lustgefühlen"* (Roth 2017). Es liegt im natürlichen Verhalten der Menschen den bekannten Raum erst einmal nicht zu verlassen. Durch bestimmte Ziele und Motive sehen wir einen Sinn darin uns aus unserer Komfortzone hinauszubewegen. Raum ist hier durchaus im Sinne des physischen Raumes gemeint. Es wird ein beständiges Gleichgewicht zwischen Lern- und Komfortzone benötigt, um Mitarbeitern einen Rückzug in ihren gewohnten Bereich zu ermöglichen. Vor allem die Grenze zwischen Lern- und Panikzone ist schmal. Ist diese erst einmal überschritten, folgen Verunsicherung und Angst und dies verhindert Weiterentwicklung und Veränderungen.

4.5 Welchen Einfluss haben Mitarbeiter durch Selbst- und Mitbestimmung auf die Gestaltung ihrer neuen Büroarbeitswelt?

Mentaler Stress entsteht insbesondere durch reale und gefühlte Veränderungen und Umbrüche in Unternehmen und Büros. Viele Bürokonzepte, die lange Gültigkeit hatten, erhalten nun eine elementare Überarbeitung und verändern sich grundlegend. Bei diesen Anpassungen und Change-Prozessen wird oft ein entscheidender Teil eines Unternehmens vergessen: die Mitarbeiter. Menschen sind Gewohnheitstiere und reagieren meist sehr sensibel mit negativen Emotionen auf Neuerungen im direkten Umfeld. Besonders bei großen Veränderungen bei denen stark in die Privatsphäre eingegriffen wird. Dabei benötigt es viel Feingefühl und Verständnis. Für erfolgreiche Umplanungen und Veränderungen im Unternehmen ist im Allgemeinen der Change-Management-Prozess verantwortlich und sollte acht Phasen durchlaufen (Kotter 2015).

Als erstes müssen den Mitarbeitern die Dringlichkeiten aufgezeigt werden, welche die Umplanung begründen. Anschließend wird aus mehreren Personen eine Führungskoalition aufgebaut, die das Projekt federführend leitet und als Ansprechpartner dient. Wurden die ersten beiden Punkte erledigt, geht es daran eine Vision und Strategie zu entwickeln und anschließend diese nach außen zu kommunizieren. Oftmals erscheinen bei der Planungsphase auch Hindernisse die zum Fortschreiten aus dem Weg geräumt werden müssen. Um die Motivation zu erhalten und den Verlauf des Projekts zu dokumentieren, sollte man auch kurzfristige Erfolge sichtbar machen und die Veränderung weiter antreiben. Als letzten Punkt gilt es, die erreichten Ziele fest in der Unternehmenskultur zu verankern. Erst dann handelt es sich um einen gelungenen Change-Management-Prozess (Kotter 2015). Durch diese sensible Vorgehensweise werden die Mitarbeiter in den Wandlungsprozess miteinbezogen und können ein Verständnis für die Umplanungen entwickeln.

Die Wichtigkeit des Einbezugs der Mitarbeiter in derartige Prozesse verdeutlicht ein Experiment zur Mitbestimmung bei der Büroumplanung (Knight und Haslam

2010). Dafür wurden die Probanden mit vier unterschiedlichen Szenarien konfrontiert. Sie kamen entweder in ein Büro, das kahl und nüchtern gestalteten war, das dekoriert wurde, das von den Probanden selbst gestaltet wurde oder das von den Testern dekoriert und anschließend von jemand anderen wieder umdekoriert wurde. Der Einfluss dieser Umstände wurden gemessen an der organisatorischen Identifikation, dem Wohlbefinden und an unterschiedlichen Formen der Produktivität (Fehlerhäufigkeit und Geschwindigkeit). Die Auswertungen zeigten, dass in den gestalteten und dekorierten Räumen das Wohlbefinden und die Produktivität der Mitarbeiter stark anstieg. Am besten waren die Testergebnisse jedoch, als die Probanden selbst ihren Raum gestalten konnten. Die nachträgliche Änderung der eigenen Gestaltung hingegen hat die Testergebnisse wieder verschlechtert.

Es wird ersichtlich, dass eigenes Einwirken auf den Arbeitsraum die Arbeitsweise positiv beeinflusst („Designing Your Own Workspace Improves Health, Happiness and Productivity" o. J.). Laut der Auswertung von zwei Studien arbeiten 35 % der Mitarbeiter glücklicher und gesünder, wenn sie Einfluss auf ihre Umgebung haben. Mehr Kontrolle und Mitbestimmung sorgt für zufriedene Mitarbeiter, welche noch dazu effizienter arbeiten und sich folglich mehr mit dem eigenen Unternehmen identifizieren können. Sie sind schließlich die Nutzer und Hauptakteure der neuen Arbeitswelt und Grund für Veränderungen. Für Akzeptanz von Veränderungen ist es wichtig, dass Alle den Nutzen darin erkennen und abwägen können, was dafür aufgegeben wird. Geschieht eine Umplanung in gemeinsamer Zusammenarbeit und Absprache, kann nicht nur ein langanhaltendes positives Ergebnis erzielt, sondern gleichzeitig auch die Zufriedenheit der eigenen Mitarbeiter unterstützt werden.

4.6 Homely Office statt Homeoffice – entwickelt sich unser Arbeitsplatz immer mehr zum Wohnzimmer?

Abb. 4.3 Viele Unternehmen haben bereits erkannt: Für die Zufriedenheit der Mitarbeiter aus den Generationen X, Y und Z ist eine strikte Trennung von Privatem und Beruflichem nicht wichtig. Vielmehr geht es ihnen darum aktiv mitzugestalten, wie, wo und wann sie arbeiten -sie wünschen sich mehr Flexibilität und Freiheit im Arbeitsalltag (Spath u. a. 2012). Unternehmen reagieren darauf, indem sie vermehrt flexible Arbeitsstrukturen und mobiles Arbeiten ermöglichen. Immer mehr Mitarbeiter nutzen diese neu erhaltene Freiheit um auch von Zuhause aus zu arbeiten. So erfreut sich das Home-Office in den letzten Jahren immer mehr an Beliebtheit. („IZA/XING-STUDIE Neue Arbeitswelt: Arbeitszeitgesetz verliert an Bedeutung" o. J.) Nicht zuletzt, weil es auch viele Vorteile bietet.

Tatsächlich konnte man belegen, dass uns die Arbeit aus unserem privaten Lebensraum glücklicher macht. („TINYpulse: What Leaders Need to Know About Remote Workers" o. J.) Die Flexibilität ist hier ein klarer Pluspunkt, denn Mitarbeiter können nun frei wählen wo und wann sie arbeiten und haben ein hohes Maß an Selbstbestimmtheit. Auch bei der Wahl des Arbeitsplatzes kann frei entschieden werden. Zu Hause

Abb. 4.3 (Foto: Huthmacher)

bieten sich eine große Auswahl an unterschiedlichen Arbeitspositionen an, wohingegen man im klassischen Büro oftmals nur unseren Schreibtisch zur Verfügung hat. Auch in der Gestaltung der Arbeitszeit ist man freier. Zu Hause lassen sich Arbeits- und Pausenzeiten auf die persönlichen Bedürfnisse und den Biorhythmus besser anpassen.

Dabei könnte der klassische Büroarbeitsplatz schnell überflüssig erscheinen. Sollte man in Zukunft tatsächlich auf das klassische Büro verzichten und das Zuhause diese Aufgabe übernehmen lassen? Zur Untersuchung der unterschiedliche Auswirkungen von Arbeit im Büro oder im Home-Office (Bloom u. a. 2015) wurden Mitarbeiter in zwei Gruppen geteilt. Die eine blieb für das Experiment in ihrem gewohnten Callcenter und die zweite Gruppe arbeitete ausschließlich von Zuhause aus. Die Ergebnisse waren verblüffend. Die Home-Office-Arbeiter konnten nicht nur ihre Arbeitsleistung deutlich steigern, sondern waren auch viel weniger erschöpft und dadurch körperliche fitter, als ihre Kollegen im Büro.

Doch trotz all der Vorteile wollte keiner der Mitarbeiter am Ende der Testphase weiterhin voll im Home-Office arbeiten. Als Gründe dafür wurden die mangelnde Konversation und Interaktion miteinander, das Gefühl von Isolation und die fehlende Nähe zu den Kollegen genannt. (Bloom u. a. 2015) So hat das Arbeiten von Zuhause zwar Vorzüge, aber es kann letztendlich das klassische Büro nicht ersetzen. Die Art des Home-Office während eines Shutdowns stellt einen derartigen Sonderfall dar (mit Kindern zu Hause, Ausgangssperren, usw.), dass aus den Erfahrungen daraus nur bedingt Schlüsse gezogen werden können. Jedoch kann aus den unbestrittenen Qualitäten des Home-Office viel für die Gestaltung der Büroarbeitswelt des New Office mitgenommen werden. Solche Qualitäten könnten am heimischen Ambiente orientierte Angebote darstellen, wie Arbeitsplätze in Lounges, an Küchenthresen (siehe Abb. 4.3) oder im Freien.

4.7 Der open space Campus und seine Freizeitangebote

Ein 5-Minütiger Arbeitsweg, eine Wellness-Massage in der Mittagspause und leckeres kostenloses Essen nach Feierabend klingt im ersten Moment für uns wie das Paradies der Arbeitswelt von morgen. Dabei ist dies kein im Traum ausgedachtes Büro, sondern Wirklichkeit. Mit derartigen Angeboten locken derzeit Büros im Silicon Valley (Apple Park; Facebook Menlo Park; Google Mountain View) neue Mitarbeiter an. Auf den campusartigen Firmengeländen findet man alles, was man für ein glückliches Leben braucht. So erscheint es uns zumindest. Aber ist dieser Schein der heilen Welt Wirklichkeit und was versteckt sich hinter dem großen Aufwand für das Wohlbefinden der Mitarbeiter? Im Roman ‚The Circle‘ von Dave Eggers (Eggers et al. 2015) gibt der Autor Einblicke in ein fiktives Unternehmen, das große Parallelen zu den Konzernen von Google, Facebook und Co. aufweist. Durch viele Freizeitangebote und möglichst komfortable Arbeitsbedingungen werden die Mitarbeiter ins Unternehmen gelockt und landen in einem Strudel von mangelnder Privatsphäre und systematischer Überwachung. Immer mehr entwickelt sich das Firmengelände zum Lebensmittelpunkt und beeinflusst die Mitarbeiter dahin gehend, immer mehr Zeit an ihrem Arbeitsplatz zu verbringen.

Man könnte es als Hölle, die sich als Paradies verkleidet hat, bezeichnen. Was in ‚The Circle‘ als Utopie beschrieben wird, erscheint uns heute gar nicht mehr weit weg von den diversen Mega-Campi des Silicon Valley. Glaubt man den gesammelten Erfahrungsberichten von Heimkehrern aus dem Silicon Valley (Keese 2016) spielen sich viele der beschriebenen Szenarien auch in Wirklichkeit dort ab. Es wird z. B. erzählt, dass Fachkräften private Erledigungen und Aufgaben abgenommen werden oder rund um die Uhr kostenloses Essen zur Verfügung gestellt wird. Das soll den Mitarbeitern helfen sich gedanklich frei zu machen und sich vollständig ihrer Arbeit hinzugeben. Eine Trennung zwischen Privatleben und Beruf gibt es nicht mehr und beide Bereiche verschmelzen immer mehr zu einer Einheit. Man wohnt, lebt, isst und arbeitet auf dem Firmengelände. Es geht sogar so weit, dass Mitarbeiter während Sprints über mehrere Tage das Büro gar nicht mehr verlassen und dort übernachten.

Die Studie „Gesundheitliche und soziale Auswirkungen langer Arbeitszeiten“ (Wirtz 2010) beschäftigt sich genauer mit der Vereinbarkeit von beruflichen und privaten Interessen in Abhängigkeit von wöchentlicher Arbeitszeit. Dabei wird klar, je höher die Arbeitszeit, desto mehr sinkt die Vereinbarkeit der Bereiche. Beschwerden der Mitarbeiter wurden häufiger und die Anzahl an Mitarbeitern ohne gesundheitliche Beeinträchtigungen nahm ab. Eine weitere Studie berichtet außerdem, dass bereits eine Überstunde pro Woche ausreicht, um der eigenen Gesundheit zu schaden und dass sich sogar eine Relation zwischen den Überstunden und der Anzahl der psychischen Erkrankungen feststellen lässt (Cygan-Rehm und Wunder 2018).

So wird ersichtlich, dass der dauerhafte Aufenthalt an unserem Arbeitsplatz und die dadurch entstehende Abnahme des eigenen Privatlebens starke negative Faktoren mit sich bringen kann. Die Beziehungen zu Unternehmensfremden brechen immer mehr ab und selbst die Partnersuche wird vom Unternehmen indirekt gesteuert (Laube o. J.). Die Angestellten werden so lange bewusst beeinflusst, bis für sie nur noch das Firmengelände und ihre Arbeit existiert. So erscheint uns der Campus erst als komfortable und praktische neue Arbeitswelt, jedoch lauern hinter der schönen, modernen Fassade einige Gefahren. Die völlige Aufgabe unseres Privatlebens hätte zur Folge, dass wir uns dadurch schweren gesundheitlichen Risiken aussetzen und unser soziales Umfeld verlieren. Es sollte daher den Mitarbeitern ermöglicht werden den nötigen Abstand vom beruflichen Umfeld nehmen zu können und im Privatleben eine Distanz zum Unternehmen zu pflegen. Die Vermischung von Beruf- und Privatleben spielt in der Entwicklung der Arbeitswelt von morgen eine immer größer werdende Rolle. Durch die steigende Digitalisierung und die veränderten Vorstellungen jüngerer Generationen verschwimmt die Grenze dieser beiden Bereiche immer mehr und dies hat offensichtlich Auswirkungen auf die Gesundheit.

4.8 Fazit

Sollen auch zukünftige Generationen mit geplanten Arbeitswelten angesprochen und die Erwartungen an ein gesundes Büro erfüllt werden, müssen beim Wandel der Arbeitswelt ganz konkrete Bedürfnisse der Menschen berücksichtigt werden. Das private Umfeld ist ein mögliches Vorbild für eine flexible Raumstruktur, in der die Bereiche jeweils auf unterschiedliche ganz menschliche Anforderungen ausgelegt sind und somit eine Vielzahl von verschiedenen Arbeits- und Handlungsbereichen darstellen. Im Büro findet man vor allem eine sehr monotone räumliche Gestaltung. Um auch im Büro eine bedürfnisorientierte und selbstbestimmte Arbeitsweise zu fördern, sollten vielseitige Raumstrukturen in Form von Multispaces (Haner und Wackernagel o. J.) in die Bürowelt integriert werden. Die dabei entstehenden Zonen für Ruhe und Entspannung sind ebenfalls sehr bedeutend für unsere Kreativität und können uns zu mehr innovativen Ideen verhelfen (Meinel u. a. 2017). Doch selbst in moderneren Formen der Bürolandschaft, wie sie dem Multispace darstellt, lässt sich nicht das individuelle und fast chaotisch-persönliche Angebot darstellen, das man für bestimmte Tätigkeiten zu brauchen scheint.

Durch mehr Auswahl bei unserer Platzwahl muss nicht mehr nur an einem Ort verweilt werden, sondern die Arbeitsposition wird immer wieder verändert. Dies sorgt für mehr Bewegung und unterstützt sowohl die ergonomische Arbeitsweise, wie auch eine bessere Arbeitsfähigkeit und Kreativität. (Meinel u. a. 2017) Für mehr Produktivität am Arbeitsplatz ist insbesondere auch eine Umgebung entscheidend, in der man sich individuell wohl fühlt. Mitbestimmung bei der Bürogestaltung wirkt sich nachweislich positiv auf unsere Produktivität, unsere Identifizierung mit unserem Arbeitsplatz und damit auf unserer Gesundheit aus („IBA-Studie 2017: Wohlbefinden im Büro“ o. J.). Bereits kleinere Eingriffe, wie Dekorationen oder Begrünung sorgen für mehr Zufriedenheit der Mitarbeiter und größeres kreatives Potenzial. (Meinel u. a. 2017)

Mit der Veränderung unserer Arbeitswelt gehen etliche Vorteile einher. Dabei sorgen besonders die neu gewonnene Flexibilität und Selbstbestimmtheit für verbesserte Arbeitsbedingungen. Doch bergen neue Formen der Wissensarbeit auch Gefahren durch die steigende Verschmelzung von Privat- und Berufsleben. Ständige Erreichbarkeit und Transparenz im Büroalltag beeinflussen unser Privatleben zunehmend und machen ein Abschalten und Entspannen vom Beruf heutzutage nur schwer möglich. Dies führt zu gesundheitlichen Beeinträchtigungen und wirkt sich kontraproduktiv auf unser Wohlbefinden und auf Arbeitsleistung und Produktivität aus. Bei der Planung neuer Arbeitswelten, die unserer Gesundheit fördern, sollte sensibel vorgegangen werden und vor allem die Selbstbestimmung der Mitarbeiter im Vordergrund stehen. Wie schon für Frithjof Bergmann geht es in Zukunft um nicht weniger als darum den Wandel der Lebensweise und der gesellschaftlichen Kultur auf den Bereich der Gestaltung von menschlichen Büros zu übertragen.

Literatur

„Adobe: State of Create 2016 Report". o. J. Zugegriffen 1. Juli 2020. https://www.adobe.com/content/dam/acom/en/max/pdfs/AdobeStateofCreate_2016_Report_Final.pdf.

Ben-Ner, Avner, Darla J. Hamann, Gabriel Koepp, Chimnay U. Manohar, und James Levine. 2014. „Treadmill Workstations: The Effects of Walking while Working on Physical Activity and Work Performance". *PLoS ONE* 9 (2). https://doi.org/10.1371/journal.pone.0088620.

Bergmann, Frithjof. 2019. *New work, new culture: work we want and a culture that strengthens us*. Winchester, UK; Washington, USA: Zero Books.

Bloom, Nicholas, James Liang, John Roberts, und Zhichun Jenny Ying. 2015. „Does Working from Home Work? Evidence from a Chinese Experiment*". *The Quarterly Journal of Economics* 130 (1): 165–218. https://doi.org/https://doi.org/10.1093/qje/qju032.

Borges, Leo. 2018. „Graph: Creativity vs Discomfort". *The Professional Creative* (blog). 26. Juli 2018. https://www.theprofessionalcreative.com/graph-creativity-vs-discomfort.

Böschen, Stefan, und Ingo Schulz-Schaeffer, Hrsg. 2003. *Wissenschaft in der Wissensgesellschaft*. 1. Aufl. Wiesbaden: Westdeutscher Verlag.

Cygan-Rehm, Kamila, und Christoph Wunder. 2018. „Do Working Hours Affect Health? Evidence from Statutory Workweek Regulations in Germany". SSRN Scholarly Paper ID 3228382. Rochester, NY: Social Science Research Network. https://papers.ssrn.com/abstract=3228382.

„Designing Your Own Workspace Improves Health, Happiness and Productivity". o. J. ScienceDaily. Zugegriffen 1. Juli 2020. https://www.sciencedaily.com/releases/2010/09/100907104035.htm.

Eggers, Dave, Ulrike Wasel, und Klaus Timmermann. 2015. *Der Circle: Roman*. 1. Aufl. KiWi 1465. Köln: Kiepenheuer & Witsch.

Engelen, L., J. Chau, M. Mackey, S. Young, D. Jeyapalan, und A. Bauman. o. J. „Is activity-based working impacting health, work performance and perceptions? A systematic review". *Building Research and Information: the international journal of research, development and demonstration* 47 (4): 468–79.

Garrett, Gregory, Mark Benden, Ranjana Mehta, Adam Pickens, S. Camille Peres, und Hongwei Zhao. 2016. „Call Center Productivity Over 6 Months Following a Standing Desk Intervention“. *IIE Transactions on Occupational Ergonomics and Human Factors* 4 (2–3): 188–95. https://doi.org/https://doi.org/10.1080/21577323.2016.1183534.

Haner, Udo-Ernst, und Stephanie Wackernagel. o. J. „KURZBERICHT ZUR STUDIE »WIRKSAME BÜRO- UND ARBEITSWELTEN«“, 16.

Heckmair, Bernd, und Werner Michl. o. J. *Erleben und Lernen – Einführung in die Erlebnispädagogik*. Zugegriffen 1. Juli 2020. https://www.reinhardt-verlag.de/de/titel/53520/Erleben_und_Lernen/978-3-497-02825-2/.

Hoff, Eva, und Natalie K. Öberg. 2014. „The Role of the Physical Work Environment for Creative Employees – a Case Study of Digital Artists“. *The International Journal of Human Resource* 26 (14): 1889–1906.

Hofmann, Josephine, Alexander Piele, und Christian Piele. 2019. *New Work. Best Practices und Zukunftsmodelle*. Stuttgart: Fraunhofer IAO.

„IBA-Studie 2017: Wohlbefinden im Büro“. o. J. Zugegriffen 1. Juli 2020. https://iba.online/site/assets/files/3939/iba-studie_2017_web.pdf.

„IZA/XING-STUDIE Neue Arbeitswelt: Arbeitszeitgesetz verliert an Bedeutung“. o. J. Zugegriffen 1. Juli 2020. https://idw-online.de/de/attachmentdata64898.pdf.

Keese, Christoph. 2016. *Silicon Valley: was aus dem mächtigsten Tal der Welt auf uns zukommt*. 3. Auflage. München: Penguin Verlag.

Knight, Craig, und S. A. Haslam. 2010. „The relative merits of lean, enriched, and empowered offices: An experimental examination of the impact of workspace management strategies on well-being and productivity. – PsycNET“. *Journal of Experimental Psychology: Applied* 16 (2): 158–72.

„Komfortzonenmodell oder 3- Sektoren- Modell in der Erlebnispädagogik“. 2020. *N.E.W. Institut* (blog). 23. Januar 2020. https://new-institut.com/erlebnispaedagogik/komfortzonenmodell/.

Kotter, John P. 2015. *Leading change: wie Sie Ihr Unternehmen in acht Schritten erfolgreich verändern*. Übersetzt von Werner Seidenschwarz. München: Vahlen.

„Kreativität und Arbeit – Innovationsschmiede Arbeitsplatz?“ o. J. Zugegriffen 1. Juli 2020. https://www.cp.de/magazin/presse/detail-1/kreativitaet-und-arbeit-innovationsschmiede-arbeitsplatz.

Laube, Helene. o. J. „Google Facebook Evernote verwöhnen Mitarbeiter mit Wellness – manager magazin – Digitales“. Zugegriffen 1. Juli 2020. https://www.manager-magazin.de/digitales/it/google-facebook-evernote-verwoehnen-mitarbeiter-mit-wellness-a-963437.html.

Mehlich, Patrick, Torsten Brandenburg, Meinald T. Thielsch, und Torsten Brandenburg und Meinald T. Thielsch (Hrsg)# Münster :: Monsenstein und Vannerdat ISBN 3-86991-438-6=978-3-86991-438-1 Patrick Mehlich, Hrsg. 2014. *Praxis der Wirtschaftspsychologie: Themen und Fallbeispiele für Studium und Anwendung. 3: ...* Münster: Monsenstein und Vannerdat.

Meinel, Martin, Lukas Maier, Timm F Wagner, und Kai-Ingo Voigt. 2017. „Designing Creativity-Enhancing Workspaces: A Critical Look at Empirical Evidence“, 12.

Microsoft, Hrsg. 2013. „Microsoft: A guide to Healthy Computing: How to reduce costs and improve productivity in the workplace“. https://www.google.com/url?sa=t&rct=j&q=&esrc=s&source=web&cd=&ved=2ahUKEwiOhNOr7qvqAhWHyqQKHXUfCr4QFjAAegQIAxAB&url=http%3A%2F%2Fdownload.microsoft.com%2Fdownload%2Fe%2F4%2F1%2Fe413e1ec-b4e7-4b49-b786-f07ba02c57d3%2Fhealthy_computing_guide.pdf&usg=AOvVaw0sYsmsCeQk-FOtRtNpgWrk.

Milek, Anne, und Guy Bodenmann. 2018. „Stressbewältigung“. In: *Margraf, Jürgen; Schneider, Silvia (Ed.), Lehrbuch der Verhaltenstherapie. Band 2: Psychologische Therapie bei Indikationen im Erwachsenenalter (S. 557–568). Berlin: Springer, 2018*, 557–68. Springer.

Oppezzo, Marily, und Daniel L. Schwartz. 2014. „Give your ideas some legs: The positive effect of walking on creative thinking". *Journal of Experimental Psychology: Learning, Memory, and Cognition,* 40 (4): 1142–52.

Phillips, Mark, Hrsg. 2020. *New Work / New Office*. Coburg: Hochschule Coburg.

Phillips, Mark, und Tanja Remke. 2018. „B1/18 | Arbeitswelten". *Baumeister* 1 (18). https://shop.georg-media.de/baumeister-b1-2018/.

Pöppel, Ernst. o. J. „Kreativität der Mitarbeiter am Arbeitsplatz Büro". business-wissen.de. Zugegriffen 1. Juli 2020. https://www.business-wissen.de/artikel/kreativitaet-der-mitarbeiter-am-arbeitsplatz-buero/.

Roth, Gerhard. 2017. *Persönlichkeit, Entscheidung und Verhalten: warum es so schwierig ist, sich und andere zu ändern.* 12. Auflage. Stuttgart: Klett-Cotta.

Spath, Dieter, Wilhelm Bauer, Stefan Rief, Jörg Kelter, Udo-Ernst Haner, und Fraunhofer-Institut für Arbeitswirtschaft und Organisation. 2012. *Arbeitswelten 4.0 wie wir morgen arbeiten und leben = Working environments 4.0.* Stuttgart: Fraunhofer-Verl.

„TINYpulse: What Leaders Need to Know About Remote Workers". o. J. Zugegriffen 1. Juli 2020. https://cdn2.hubspot.net/hubfs/443262/TINYpulse_What_Leaders_Need_to_Know_About_Remote_Workers.pdf.

Väth, Markus, und Thomas Vollmoeller. 2016. *Arbeit – die schönste Nebensache der Welt: wie New Work unsere Arbeitswelt revolutioniert.* Offenbach: GABAL.

Voermans, Dr Sabine, Michaela Hombrecher, und Katharina Borgerding. o. J. „Beweg Dich, Deutschland!", 48.

Volkart, Lia. 2018. „Stress ist nicht gleich Stress – Eustress vs. Distress". Klaus Grawe Institut. 18. April 2018. https://www.klaus-grawe-institut.ch/blog/stress-ist-nicht-gleich-stress-eustress-vs-distress/.

Waber, Ben, Jennifer Magnolfi, und Greg Lindsay. 2014. „Workspaces That Move People". *Harvard Business Review*, Oktober, 139–51.

Warner, Jon. o. J. „Stress Diagram | ReadyToManage". Zugegriffen 1. Juli 2020. https://blog.readytomanage.com/stress-diagram/.

Wedekind, Sabine. 2014. „BEWEGT IM BETRIEB · Vier-Wochen-Bewegungsprogramm für mehr Wohlbefinden und Gesundheit am Arbeitsplatz". Deutscher Olympischer Sportbund.

Wirtz, Anna. 2010. *Gesundheitliche und soziale Auswirkungen langer Arbeitszeiten.* Dortmund: Bundesanstalt für Arbeitsschutz und Arbeitsmedizin.

Angelika Donhauser, Dipl. Ing. Innenarchitekt (FH), verfügt über mehr als 20 Jahre Berufserfahrung in den unterschiedlichsten Planungsbereichen der Innenarchitektur und ist Lehrbeauftragte an der Hochschule Coburg. Insbesondere in den letzten 15 Jahren war ihr persönlicher Planungsschwerpunkt im Bereich der „Neuen Arbeitswelten" angesiedelt. In dieser Zeit begleitete sie auf internationaler Ebene diverse Großunternehmen bei der Gestaltung der Office-Räume. Dafür erhielt sie in der Funktion als Head of Design für das Büro Landau & Kindelbacher zahlreiche Design-Auszeichnungen. Seit 2019 leitet Sie für das Büro Kinzo Berlin den Standort in München. Kinzo zeichnet sich als professioneller Spezialist für nutzerorientierte Gestaltung von Arbeitswelten aus. Sie lehrt seit 2018 das Fach Projektmanagement und Baurecht und hält regelmäßig Vorträge über „Neue Arbeitswelten".

Prof. Mark Phillips ist seit 2012 Professor für Experimentellen Raum im Studiengang Innenarchitektur der Fakultät Design an der Hochschule Coburg. Er verfügt über mehr als 20 Jahre praktische und akademische Erfahrung im Bereich der Innenarchitektur, einschließlich Erfahrung in der Planung und Umsetzung von verschiedenen Büroprojekten mit unterschiedlichen Partnern und Kunden. Seine aktuellen Lehr- und Forschungsgebiete sind Material und Ästhetik, Entwerfen, Praxisprojekte im Bachelor Innenarchitektur und New Work/New Office im Master Design. So forschte er u. a. Zum Thema „Kollisionen – Raum für Kreativität und Innovation im Büro". Er publiziert in verschiedenen Fachzeitschriften und Medien zum Thema New Work/New Office, unter anderem in AIT (Phillips, 2016, Okt.), Deutschlandfunk (Burgwinkel, 2016), Süddeutscher Zeitung (Klaaßen, 2017) und Baumeister (Phillips, 2018, Jan.). Gemeinsam mit dem Studiengang „Zukunftsdesign" hat er 2020 ein internationales wissenschaftliches Fachsymposium zum Thema „New Office Goes Science" organisiert und geleitet. Das aktuelle Forschungsgebiet ist Arbeitswelten der Zukunft – unter anderem auf Basis historischer Grundlagen.

Jennifer Vogt Jennifer Vogt hat an der Hochschule Coburg im Bachelor Innenarchitektur mit dem Schwerpunkt New Work - New Office sehr erfolgreich studiert. Sie hat während des Studiums in diesem Bereich geforscht und publiziert und praktische Projekterfahrung unter anderem im Büro Landau Kindelbacher gesammelt. Sie war beteiligt an verschiedenen Kooperationsprojekten aus dem Bereich der Arbeitslandschaften u.a. mit Audi, Designfunktion und Wieland Electric.

Mensch-zentriertes Bürodesign aus Perspektive der Nutzer*innen

5

Human-Centered Office Design Created by Users

Daniel Ringwald

Zusammenfassung

Die Zyklen der Veränderung der Arbeitswelt – das Was und Wie – sind aktuell sehr kurz und damit deutlich geringer als die Lebenszyklen von Möbeln, Büros und Gebäuden. Räume wie die in der Bahn, dem Café oder einem Co-Working Space erfreuen sich zunehmender Beliebtheit als Arbeitsplatz. Die Grenze zwischen Büro und Homeoffice verschwimmt zunehmend. Gleichzeitig ist das Büro Ausdruck der Kultur einer Organisation, im Innen wie im Außen. Folgerichtig stellt sich die Frage nach seinem Sinn und Zweck: seinem Nutzen. Wenn wir heute etwas für (über-) morgen planen, das sinnvoll nachhaltig wirken kann, sehen wir uns vor einige Herausforderungen gestellt. Dabei sollte die Planung an einer Konstanten – auf einen Mittelpunkt – ausgerichtet sein: den Nutzer*innen. Um dabei der Diversität der Menschen und ihren unterschiedlichen Anforderungen an eine Arbeitsumgebung gerecht werden zu können, bedarf es eines co-kreativen Ansatzes und vieler unterschiedlicher Perspektiven. Dafür scheinen ein fundamentales Umdenken und das Einschlagen eines Wegs, der auf kollektivem Wissen und möglichst diversen Kompetenzen fußt, unumgänglich. Eine Annahme gilt dabei als unumstößlich: Nachhaltigkeit = Zukunftsfähigkeit und vice versa!

D. Ringwald (✉)
The Dive GmbH, Berlin, Deutschland
E-Mail: ringwald@thedive.com

C. Kohlert (Hrsg.), *Das menschliche Büro – The human(e) office*,
https://doi.org/10.1007/978-3-658-33519-9_5

Abstract

The cycles of change in the world of work – of what and how – are currently very short and thus significantly shorter than the life cycles of furniture, offices and buildings. Spaces in trains, cafés or co-working spaces are becoming more and more popular as workplaces. The border between office and home office is becoming increasingly blurred. At the same time, the office is an expression of the culture of an organization – inside and outside. Consequently, the question of its meaning and purpose – its type of use – arises. If we are planning something today for tomorrow and beyond that can have a meaningful and sustainable effect, we are faced with a number of challenges. Planning needs a constant – a focal point of orientation: the users. In order to respond to the diversity of people and their different demands on a working environment, a co-creative approach and many different perspectives are required. For this, a fundamental rethinking seems to be inevitable and a path that is based on collective knowledge and as diverse competences as possible seem to be inevitable. An assumption is regarded as irrefutable: sustainability = future-proof and vice versa!

5.1 Komplexe Zusammenhänge erfordern eine holistische Perspektive

Wer heute ein neues Büro planen oder beauftragen möchte, trifft meist weitreichende Entscheidungen. Es gibt eine Vielzahl an Fragestellungen, die bedacht und deren Antworten miteinander abgewogen werden wollen. Gleichzeitig existiert eine große Unbekannte, die jetzt noch nicht sichtbar ist: die Zukunft. Unter Umständen kann das morgen anders sein als noch gestern oder heute.

Die Bedingungen, unter denen wir leben, arbeiten und Entscheidungen fällen, sind hoch dynamisch und instabil. Dieser Zustand wird allgemeingültig unter dem englischen Begriff VUCA (Volatilität, Unsicherheit, Komplexität und Unklarheit) zusammengefasst (Johansen 2012) und hat Auswirkungen auf die Unternehmen, ihre Arbeitsumgebung, ihre Arbeitskultur und die Menschen.

Betrachtet man diese Entwicklung genauer, wird die Veränderung sichtbar, ausgelöst unter anderem durch Künstliche Intelligenz (KI) und smarte Technologien und die daraus resultierenden Auswirkungen auf die Arbeitswelt. Denn mit fortschreitender Digitalisierung – der Automatisierung von Prozessen und Dienstleistungen – verändern sich die Anforderungen, wie wir Aufgaben und Tätigkeiten nachgehen, kontinuierlich (Horváth und Michel 2015). Der Fokus der Tätigkeiten verschiebt sich vom Erledigen bzw. Abarbeiten hin zu kommunikativen, kreativen und lösungsorientierten Aufgaben. Gleichzeitig entstehen neue Formen der Beziehungen zwischen Mensch und Technologie. Diese sogenannten Mensch-Maschine-Interaktionen werden weitreichende, noch ungeahnte Veränderungen mit sich bringen.

Unabhängig von den sich zukünftig entwickelnden Bedingungen, stellt sich die Frage nach den generellen Anforderungen an die Planung. Der Grad an Komplexität und die Anzahl unterschiedlicher Interessen sind an sich schon sehr hoch – unabhängig von der Volatilität der (Nutzungs-)Anforderungen (Sacks et al. 2020). Die Herstellung oder der Umbau eines Bürogebäudes – egal welchen Maßstabs – wird durch eine Vielzahl an Faktoren beeinflusst, die organisatorischer, technischer und regulativer Natur sind (Abb. 5.1). Betrachtet man nun die sich dynamisch verändernden äußeren und inneren Bedingungen, die auf Organisationen und ihre Menschen wirken, lässt sich das Ausmaß der Komplexität erahnen.

Verlassen wir die Flughöhe der organisationsspezifischen Belange und fokussieren den Blick auf den Ausschnitt der Raumplanung, zeigt sich ein etwas reduzierteres Bild an wechselseitigen Beziehungen. Jede Büroumgebung wird geprägt durch den individuellen Entwicklungsstand des Raums selbst, der darin angewandten Methode(n), der dort zur Verfügung stehenden Technologien und Technik sowie dem Mindset – der Haltung mit der sich Menschen dort begegnen (Abb. 5.2).

Dieses Verhältnis zueinander gibt Auskunft über den aktuellen Reifegrad und das Spektrum an Entwicklungsmöglichkeiten für ihre Nutzer*innen. Dabei sollte es eine grundlegende Zielsetzung der Konzeption sein, den Menschen eine Arbeitsumgebung zur Verfügung zu stellen, die sie in ihrer Potenzialentfaltung unterstützt – unabhängig vom aktuellen Entwicklungsstand einer Organisation.

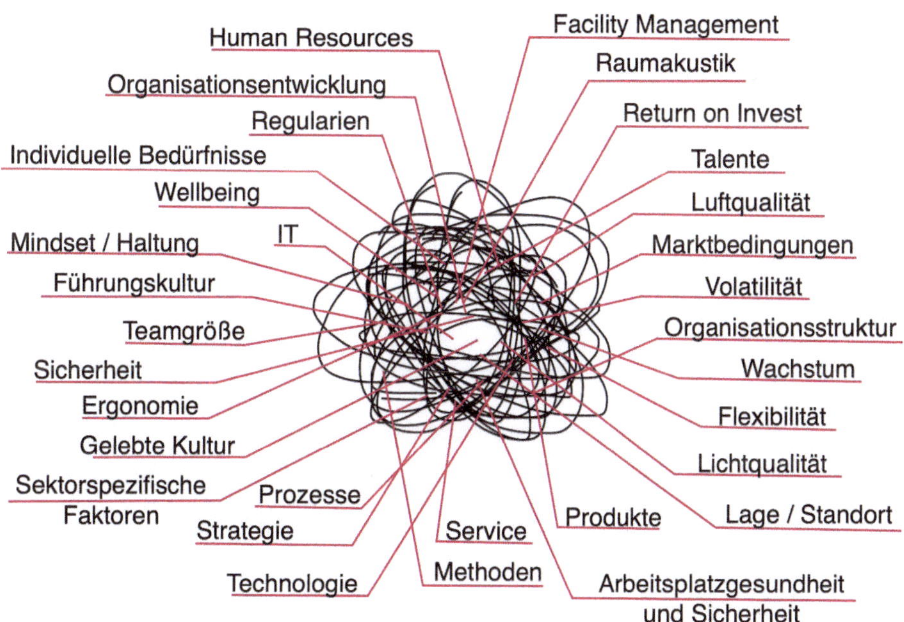

Abb. 5.1 Einflussfaktoren der Büroplanung. (Eigene Darstellung)

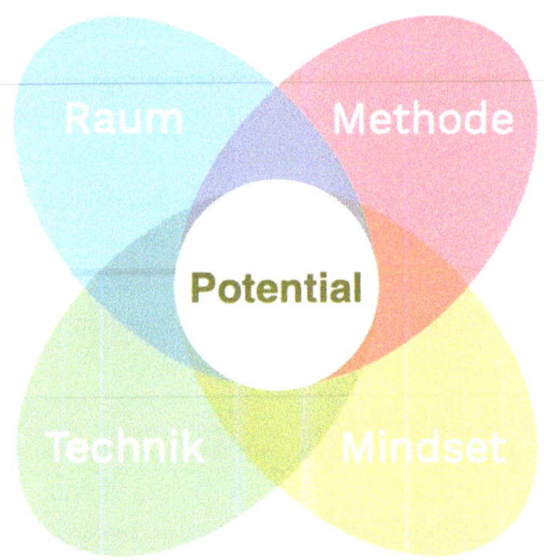

Abb. 5.2 Beziehungen und Einflussfaktoren auf die Potenzialentfaltung. (Eigene Darstellung)

Die Planungshorizonte werden im Allgemeinen seit Jahren immer kürzer (Verschoor 2015). Deshalb ist die Sicherheit von Entscheidungen nur in Relation zu ihrem Kontext definierbar. Umso mehr spielt der Weg, der zum Ziel führt, die entscheidende Rolle. Ein Ansatz, der in der Lage ist, in komplexen Umgebungen Lösungen zu entwickeln, findet sich im User-Centered Design (UCD) als einem Multi-Stage Problem Solving Prozess (Hofmann 2012). Dabei liegt der Fokus auf der Erfüllung der Bedürfnisse der Nutzer*innen, einer iterativen Vorgehensweise und der schnellen Entwicklung erster Prototypen, um die getätigten Annahmen früh überprüfen zu können und Fehlplanungen zu vermeiden (Doorley und Witthoft 2012).

Das scheint auch bei der Entwicklung von Büros zielführend, da dieser Ort mit seinen diversen Menschen, Aufgaben und Funktionen multiperspektivisch ist. Um die Bedarfe und Bedürfnisse aller Stakeholder und Nutzer*innengruppen abbilden zu können, ist ein holistischer Blick auf die Vielschichtigkeit der Zusammenhänge von Vorteil. Dabei bietet die Schwarmintelligenz (Malone und Bernstein 2015) durch die Nutzung des kollektiven Wissens einer Gruppe eine mögliche Perspektive, was die frühzeitige Einbindung der Stakeholder in Form eines co-kreativen Prozesses erfordert.

Hierfür sind ein fundamentales Umdenken und eine entsprechende Haltung erforderlich, vor allem bezogen auf das Verhältnis zwischen Auftraggeber*innen, Planer*innen und Dienstleister*innen. Es bedarf einer Form der Zusammenarbeit, die über die aktuelle Praxis der Vergabe von Dienstleistungen hinausführt und auf dem kollektiven Wissen und den Kompetenzen aller basiert (AKBW 2009).

Um der hier beschriebenen Komplexität adäquat begegnen zu können, braucht es im Kern zwei grundsätzliche Voraussetzungen:

1. Jede Planung richtet sich an den Nutzer*innen aus.
2. Die Gestaltung wird mit dem Wissen möglichst vieler Beteiligter in einer Co-Kreation entwickelt.

5.2 Drei Säulen der Nachhaltigkeit

Die Notwendigkeit nachhaltiger Strategien aufgrund der Auswirkungen unseres gesellschaftlichen und wirtschaftlichen Handelns auf unseren Planeten Erde ist wissenschaftlich belegt. Dennoch geht der Wandel nur sehr schleppend voran, und der Einfluss von Gebäuden auf den globalen CO_2-Ausstoß ist enorm. Im Jahr 2018 entfielen auf den Gebäude- und Bausektor 36 % des Endenergieverbrauchs und 39 % der energie- und prozessbedingten CO_2-Emissionen (IEA 2019). Der Verbrauch von Ressourcen wie Sand und Wasser, der entstehende Sondermüll und die beim Abriss freigesetzte graue Energie sind ein zusätzliches globales Problem (Petkar 2014). Offensichtlich gibt es einen akuten Handlungsbedarf.

Den Fokus auf die Zertifizierung neuer Gebäude (BNB, DGNB usw.) zu richten, ist ein richtiger und wichtiger Ansatz. Darüber hinaus müssen Antworten gefunden werden, wie bestehende Immobilien um- und nachgenutzt werden können. Es ist unausweichlich, den Blick zu weiten und alternative Konzepte zu entwickeln, um die oben dargelegten negativen Auswirkungen von Gebäuden auf ein Minimum zu reduzieren.

Dabei kann eine übergeordnete Definition von Nachhaltigkeit, wie die des Drei-Säulen-Modells, helfen (Deutscher Bundestag 1998). Dieses beschreibt nachhaltiges Handeln anhand seiner grundlegend zusammenhängenden Beziehungen (Abb. 5.3). Eine Entwicklung kann nur durch das gleichzeitige und gleichberechtigte Umsetzen von umweltbezogenen, wirtschaftlichen und sozialen Zielen als nachhaltig bezeichnet werden.

Sofern wir also eine gesamtgesellschaftliche Verantwortung übernehmen wollen, scheint ein ganzheitlicher Blick auf die Zusammenhänge unumgänglich (BMU 2015). Damit nachhaltige Entscheidungen zur selbstverständlichen Grundlage werden, bedarf es bereits in der Vorplanung einer klaren Ausrichtung an entsprechende Wertvorstellungen. Modelle der Risikoanalyse können dabei helfen, Zusammenhänge und deren Auswirkungen sichtbar zu machen und zur Entscheidungsfindung beizutragen.

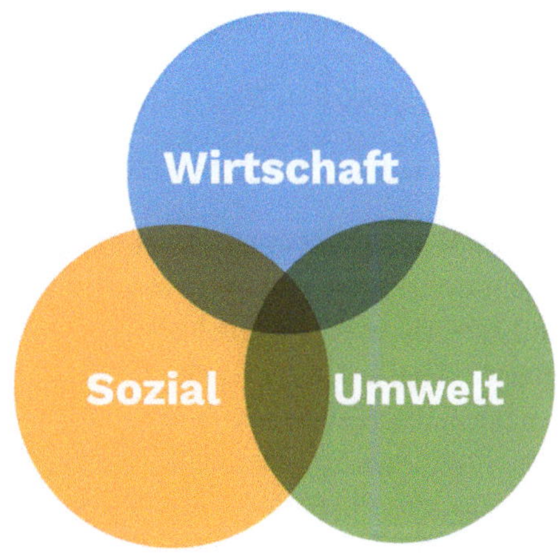

Abb. 5.3 Drei Säulen der Nachhaltigkeit. (Eigene Darstellung)

Generell gilt: Die Notwendigkeit einer Maßnahme sollte auf die Gesamtheit ihrer Auswirkungen hin überprüft werden und das Ergebnis Einfluss auf die Entscheidungen in der Konzeption, Planung und Umsetzung haben.

5.3 Ausrichtung – Sinn und Zweck (Purpose) des Büros

Werfen wir von heute aus einen Blick zurück in die Zeit, als das Büro noch ein Ort war, an dem Abläufe gesteuert und dokumentiert sowie die Abrechnungen organisiert wurden.

Die Anzahl der Teilnehmer*innen an Meetings und ihre Anzahl selbst waren überschaubar. Abläufe und Prozesse wurden an zentraler Stelle geplant und auf allen Ebenen der Organisation wie vorgegeben umgesetzt – Skalierung war eine Art Additionsaufgabe. Die Menschen arbeiteten meist ein Leben lang in ein und derselben Organisation. Dabei waren die zu erledigenden Aufgaben klar definiert und über relativ lange Zeit gleichbleibend.

Der aktuelle Zustand zeigt ein anderes, dynamischeres und gleichzeitig deutlich diffuseres Bild. Agile Arbeitsweisen, Selbstorganisation, soziokratische oder holokratische Organisationsmodelle sind nicht nur in der Start-up-Szene bekannt, sondern finden auch in kleinen und mittleren Unternehmen (KMU) und global agierenden Konzernen Beachtung. Der Wunsch nach einer Auflösung des Silodenkens zwischen Abteilungen und Ressorts wächst genauso wie der nach Jobsharing in Führungspositionen. Flexible Arbeitszeitmodelle und die Option eines Sabbaticals sollen keine Ausnahme sein (Horváth und Michel 2015). Digitale Formen der Zusammenarbeit sind spätestens seit dem ersten Halbjahr 2020 global erprobt und etabliert. In diesem dynamischen Wirrwarr an Veränderung ist die Frage nach den Orten und Gebäuden nicht mehr eindeutig zu beantworten.

Heute existiert bereits ein breites Spektrum an Möglichkeiten, wie und wo Menschen arbeiten können und wollen. Es reicht von der Anwesenheitspräsenz im Büro über Co-Working-Flächen bis hin zu diversen Formen des mobilen Arbeitens. Die Frage nach dem Sinn und Zweck von Bürogebäuden ist deshalb mehr denn je berechtigt.

> Was ist eigentlich ein Büro heute, morgen und in Zukunft?
> Welche Nutzungen sind dort relevant?
> Und welchem Zweck dient es?

Diese möglicherweise auf den ersten Blick philosophisch anmutenden Fragestellungen sind eine wichtige und unausweichliche Grundlage jeder (neuen) Arbeitsumgebung. Die mit fortschreitender Digitalisierung kürzer werdenden Innovationszyklen haben direkte Auswirkung auf Organisationen, deren Arbeitsabläufe und – daraus resultierend – auch auf die räumlichen Bedarfe (Horváth und Michel 2015). Art und Umfang sind dabei von den Veränderungen, der jeweiligen Marktsituation und den Produkten und Services eines Unternehmens abhängig. Dabei bleibt eine Konstante im Mittelpunkt des Geschehens weitestgehend erhalten: die Menschen und ihre Bedürfnisse. Ausgehend von der Annahme, dass zufriedene Menschen (Lamb und Kwok 2016) prinzipiell gern ihrer Arbeit und den damit verbundenen Herausforderungen nachgehen, spielt ihr Wohlergehen eine wesentliche Rolle (Bluyssen et al. 2011).

Die kontinuierliche Veränderung der äußeren Bedingungen erfordert von den Mitarbeitenden einer Organisation die Bereitschaft, sich selbst kontinuierlich zu entwickeln, sich anzupassen und dazuzulernen. Eine darauf ausgerichtete Organisationskultur und Arbeitsumgebung unterstützen diese Bereitschaft. Büroumgebungen müssen demnach gleichfalls sich kontinuierlich selbst entwickelnde, lernende und lebende Umgebungen sein und spontan aktuelle Anforderungen adaptieren können. Ihre Ausrichtung und ihr Zweck verändern sich mit fortschreitender Zeit – sie sind sozusagen fluide. Dieser Gedanke wirft die Fragestellung auf, ob ein Büro zukünftig ein Ort oder eher ein Zustand oder vielleicht ein Zeitfenster im Tagesablauf sein wird. Oder alles zusammen?

5.4 Raum und Organisationskultur

Neben den äußeren Bedingungen und Einflüssen spielt ein weiterer Faktor – die gelebte Kultur einer Organisation – im Kontext des Büros eine entscheide Rolle (Laloux 2015). Die Kultur bestimmt und prägt die Handlungs(frei)räume und gestaltet das Klima des Miteinanders.

> „Culture eats strategy for breakfast!"
> (Peter Drucker)

Inwieweit eine neue Arbeitsumgebung ihre Wirksamkeit entfalten kann, ist von eben diesem kulturellen Habitus abhängig (Miller et al. 2014). In neuen Räumen werden diese Muster und ihre Ausprägungen sichtbar und können zu Irritationen mit Auswirkungen bis zum Stillstand einzelner Teile der Organisation führen. Um den so entstandenen Schaden zu begrenzen, muss im Nachgang in aufwendigen Change-Prozessen nachgesteuert werden.

Um das zu vermeiden, müssen kulturelle Aspekte als Teil der Zielsetzung mit Planungsbeginn in das Vorhaben integriert werden. Denn wie eine neue Arbeitsumgebung angenommen wird, ist von der Bereitschaft abhängig, bekannte Pfade zu verlassen und neue Wege einzuschlagen. Dazu gehört auch eine Anpassung der Führungskultur, ein wertschätzender und respektvoller Umgang untereinander und eine hierarchieübergreifende Kommunikation auf Augenhöhe.

Mit der Gestaltung einer neuen Arbeitsumgebung ergibt sich fast beiläufig die Chance eines weitgreifenden Kulturwandels, dessen aktive Gestaltung ein strategischer Erfolgs- bzw. Wettbewerbsvorteil werden kann.

Die Theorie von Spiral Dynamics (Beck und Cowan 2007) bietet ein adäquates Modell die evolutionäre Entwicklungsstufe der eigenen Organisation zu analysieren und zu bestimmen. Durch diese Verortung werden Entwicklungsräume sichtbar und Zielsetzungen definierbar.

5.5 Einflussfaktoren einer Nutzer*innenzentrierten Büroumgebung

Generell bringt jede Veränderung neue Ausgangsbedingungen mit sich. Die daraus resultierenden (neuen) Anforderungen an die Arbeitsorte sind entsprechend vielfältig und verändern sich kontinuierlich in ihrer Art, ihrer Gewichtung zueinander und ihrem zeitlichen Umfang. Die Nutzer*innenzentrierung ist, wie bereits in Abschn. 5.1 erläutert, bei der Entwicklung neuer Bürokonzepte und Arbeitsumgebungen elementar. Dafür sind ein entsprechender Entwicklungsfreiraum und ein wertschätzendes, die Hürden anerkennendes Umfeld notwendig, da die Anpassung an neue Abläufe von den Menschen einen erhöhten Energieaufwand erfordert.

Die Herausforderung von Veränderung wird von den Einzelnen unterschiedlich belastend wahrgenommen. Das persönliche Wohlbefinden ist typspezifisch, in Abhängigkeit der persönlichen Konstitution, des Augenblicks, des Alters und der beruflichen Aufgaben zu betrachten. Zudem verändern sich die persönlichen Bedürfnisse im Lauf des Lebens – unter Umständen sogar mehrfach. Es bedarf also eines vielschichtigen Ansatzes, in dem die Unterschiedlichkeit und die Vielfalt der Bedürfnisse berücksichtigt werden können.

In jeder Büroumgebung gibt es Menschen, die als extrovertiert oder als introvertiert bezeichnet werden können. Solche natürlichen Unterschiede der Neurodiversität werden als eine sich ergänzende Vielfalt angesehen und sollten in der Konzeption neuer Arbeitsorte berücksichtigt werden.

Die Art der Gestaltung von Raum hat erwiesenermaßen Auswirkungen auf das menschliche Gehirn. So können niedrige Räume dann vorteilhaft sein, wenn es um Konzentration geht, jedoch weniger, wenn Kreativität im Raum gefragt ist. Wissenschaftler*innen aus dem Fachgebiet der Neuroarchitecture (Metzger 2018) untersuchen diese Zusammenhänge mit dem Ziel, Räume der Zufriedenheit und Produktivität zu schaffen, die dabei helfen, Stress und Ängste abzubauen. Menschen, die sich in ihrer Arbeitsumgebung wohlfühlen, sind seltener krank, zugleich zufriedener und produktiver.

Unter dem nicht eindeutig definierten Begriff des Wellbeing werden Themen aus den Bereichen Gesundheit, Ergonomie und Aufenthaltsqualität zusammengefasst. Grundsätzliche, die Aufenthaltsqualität betreffende Aspekte wie Luft, Licht, Akustik und Ergonomie tragen neben einer ansprechenden räumlichen Gestaltung ebenfalls zum Wohlbefinden in Räumen bei. Ergänzt wird dieses Spektrum durch kulturelle Aspekte, die keinen direkten Bezug zur Arbeit haben wie eine gesunde Ernährung, Fitnessangebote und das Thema der Achtsamkeit bzw. Mindfullness (Good et al. 2015).

Die Dynamik des Veränderungsdrucks (s. Abschn. 5.1), der auf einer Organisation lastet, stellt zusätzliche Anforderungen an Raum. Die Gestaltung, Aufteilung und Zuordnung der Büroflächen orientiert sich idealerweise an den Arbeitsabläufen und Interaktionen innerhalb der Organisation. Verändern sich hier die Bedingungen, wie beispielsweise durch die Weiterentwicklung des organisationalen Betriebssystems oder die Digitalisierung von

Arbeitsschritten, ist eine Neuformatierung – die Anpassung der räumlichen und kulturellen Logik – unumgänglich und Grundlage für den Erfolg der Transformation.

An deren Anfang steht eine zentrale und generelle Frage: Was muss ein Büro als Ort leisten können, an dem Menschen gut und gern arbeiten?

Empowerment!

Menschen müssen in einem Büro – bei sich verändernden äußeren und inneren Bedingungen – gesund und inspiriertsowohl gemeinsam mit Kolleg*innen als auch allein fokussiert die Dinge tun können, die dem Zweck der Fortführung bzw. des Überlebens der Organisation und ihrer Ziele dienen.

Die Ausrichtung auf das Empowerment möglichst vieler Menschen erfordert ein diverses Spektrum an Arbeitsorten. Ein umfangreiches Angebot an Möglichkeiten bietet dabei das Konzept des Activity-Based-Borking (Appel-Meulenbroek 2011). Es sieht vor, dass jede(r) Mitarbeiter*in selbst entscheiden kann, wo sie/er welche Aufgabe erledigen möchte. Solche Büros bieten neben klassischen Arbeitstischen eine Vielzahl zusätzlicher Arbeitsorte. Durch die Aufteilung offener Flächen in kleinere räumliche Zonen entsteht eine Landschaft mit unterschiedlich gestalteten Bereichen und Nischen, die entsprechend ihrer Zielsetzung (Fokus, Kommunikation, Interaktion usw.) mit Mobiliar und technischem Equipment ausgestattet werden.

5.6 Der (Arbeits-)Ort

Das Büro ist durchlässig geworden (s. Abschn. 5.3), es verflüssigt sich gewissermaßen. Betrachtet man die Fragestellung nach dem WO wollen wir arbeiten eingehender, dehnt sich der Begriff des Orts aus – weit hinaus über die Grenzen eines Gebäudes. Ob wir in einem Gebäude am Unternehmensstandort, in einem Co-Working, im Homeoffice, im Café oder auf einer Insel arbeiten können und wollen, ist von dem WAS und WIE abhängig. Es gibt Aufgaben, die sich wunderbar von einem beliebigen Ort auf der Erde aus „remote" erledigen lassen. Andere wiederum erfordern soziale und persönliche Nähe oder auch physische Nähe, zum Beispiel zu Produktionsanlagen oder zu gemeinsamen Arbeitsmitteln (Produktmuster u. ä.). Nicht alle Tätigkeiten lassen sich an jedem Ort innerhalb eines Büros in gleicher Qualität und mit gleicher Effizienz erledigen. Das gilt auch gleichermaßen für alle Formen des mobilen Arbeitens und des Homeoffice.

Immer seltener findet Arbeiten an nur einem einzigen bestimmten Ort oder Tisch statt. Auch deshalb sind die Nutzer*innenzentrierung und die Wertschätzung diverser räumlicher Qualitäten eine essenzielle Grundlage zukunftsweisender Bürogestaltung.

Das „Human Office" ermöglicht die Potenzialentfaltung aller Mitarbeiter*innen durch das Angebot, qualitativ unterschiedliche Arbeitsorte und -plätze nach persönlichen Vorstellungen frei wählen zu können.

5.7 Auf Augenhöhe – ein co-kreatives Entwicklungsmodell

Mit dem Ziel, bestmögliche Arbeitsumgebungen und Bedingungen im Kontext dynamischer Veränderung zu konzipieren, wurde der im folgenden beschriebene Ansatz entwickelt, umgesetzt und kontinuierlich iteriert.

Basierend auf den Grundlagen agiler Prozessgestaltung, wie der des Design Thinkings, wird das hier beschriebene Co-Kreationsmodell von dem Anspruch getragen, möglichst alle Perspektiven auf das Büro und seine Umgebung sichtbar zu machen und entsprechend in die(Neu–)Entwicklung zu integrieren.

Im Zentrum steht dabei die Potenzialentfaltung der Menschen. Das Modell basiert auf dem Grundgedanken von Nachhaltigkeit, wie in Abschn. 5.2 beschrieben. Auf diese Weise können wirksame, flexible und anhaltend nachhaltige Büroumgebungen entstehen, die den Menschen dienen, dem Planeten nicht schaden und gleichzeitig ökonomisch profitabel sind. Damit das gelingen kann, bedarf es der generellen Freigabe des Managements für die Vorgehensweise, eines gemeinsamen Prozessverständnisses und klarer Leitplanken, innerhalb derer die Entwicklung stattfinden soll. Neben der Messbarkeit des Erfolgs müssen die wichtigsten Rahmenbedingungen, wie Zielsetzung, Zeitrahmen, Budget und Entscheidungsprinzipien, festgelegt werden.

Die Co-Kreation von Büros mit unterschiedlichen Stakeholdergruppen geht neue Wege in der Planung. Dies erfordert kontinuierliche Perspektivwechsel der am Projekt Beteiligten, um die Bedarfe der jeweils anderen besser verstehen und integrieren zu können. Dabei werden die innerhalb von Organisationen existierenden Beziehungen zwischen Kultur und Raum sichtbar gemacht. Die daraus resultierenden Entwicklungsräume können – entsprechend der zu Beginn formulierten Zielsetzung der Transformation – ausgelotet und neu besetzt werden.

Gleichzeitig erfordert dieses Zusammenarbeitsmodell eine gemeinsame Haltung und ein gemeinsames Verständnis von Zusammenarbeit als Basis. Alle Projektbeteiligten sollen sich hierarchie- und bereichsübergreifend auf Augenhöhe begegnen können. Die Mitarbeitenden müssen zu Projektbeginn auf die Arbeitsweise und die dafür notwendige Haltung vorbereitet werden. Dazu gehört neben lösungsorientiertem Denken und Handeln auch ein respektvoller Umgang miteinander. Die Verantwortung, bestimmte Aufgaben zu übernehmen, wird über die Definition von Rollen beschrieben. Diese können sehr klein und zeitlich begrenzt oder wiederkehrend sein. Jede Person übernimmt in der Regel im Lauf des Projekts mehrere Rollen, auch gleichzeitig.

Die Beteiligung der Mitarbeiter*innen im Projekt findet auf unterschiedlichen Ebenen statt. Die Spannweite an Partizipationsmöglichkeiten ist breit gefächert und reicht von allgemeinen Online-Umfragen über zielgruppenbezogene Feedback-Sessions zu bestimmten Fragestellungen bis hin zu einer tiefen Verankerung in den gesamten Prozess der Entwicklung in den Projekt-Teams.

Diese Vorgehensweise erfordert das Prozessverständnis, aus Fehlern und Irrtümern lernen zu wollen und Arbeitsschritte bei Bedarf zu iterieren, um zu einem möglichst frühen Projektstand Fehlentwicklungen erkennen und abwenden zu können. Unterstützt wird dies durch eine Prozessbegleitung mit entsprechender Methodenkompetenz in der Moderation und Co-Kreation (Kohlert 2016), wodurch die notwendige Sicherheit und Ruhe auf der Reise, auch bei unruhigem Wetter und diffuser Sicht, ermöglicht wird. Dabei liegt der Fokus – neben der Prozessgestaltung und -beobachtung – darauf, den Teilnehmer*innen Orientierung zu geben und existierende kulturelle Muster sichtbar zu machen.

5.8 Der ganzheitliche Ansatz

Der Fokus des hier beschriebenen Ansatzes geht über das Design physischer Räume hinaus. Das gesamte Spektrum an äußeren und inneren Entwicklungsräumen wird mit ihren Abhängigkeiten zueinander betrachtet und erfolgt in Anlehnung an Frederic Laloux' Übersetzung des Vier-Quadranten-Modells von Ken Wilber (Laloux 2015). Die Tauchtiefe variiert dabei in Abhängigkeit der Zielbildperspektive des Vorhabens.

5.8.1 Prozessstruktur

Alle relevanten Stakeholder sollten in den Prozess integriert werden. Da deren Anzahl häufig das vertretbare Maß einer agilen Gruppengröße überschreitet, gibt es hier – ähnlich der Beteiligung aller Mitarbeiter*innen – unterschiedliche Beteiligungstiefen, von „muss regelmäßig informiert werden" bis hin zu „ist Teil des Projektteams".

Um den unterschiedlichen Anforderungen und Aufgaben gerecht werden zu können, werden zwei Teams gebildet (Abb. 5.4). Dass Kern-Team übernimmt strukturelle, kommunikative und advokative Rollen. Es steuert den Prozess und stellt die Anbindung an die Organisation sicher. Das Projekt-Team übernimmt die inhaltliche Entwicklung und Gestaltung aller räumlichen und kulturellen Aspekte und kann sich voll und ganz dieser Aufgabe widmen. Beide Teams stehen in engem Kontakt zueinander, werden von externen Prozessgestaltern begleitet und sind hierarchieübergreifend und crossfunktional aufgestellt. Zusätzlich zu diesen Teams werden bei Bedarf entsprechende Expert*innen (intern/extern) und Fachplaner*innen als Support in den Prozess integriert (Abb. 5.4).

5.8.2 Phasen und Prozessebenen

Vor Beginn des gemeinsamen Entwicklungsprozesses müssen der jeweilige Status von Raum, Methode, Technologie und Mindset und ihre Beziehungen zueinander grundlegend erfasst und analysiert werden. Gemeinsam mit dem Core-Team werden die erstrebenswerten Entwicklungsräume in Abstimmung aufeinander definiert (Abb. 5.5 Phase 1). Zwei Fragestellungen stehen dabei im Vordergrund: das WAS und das WOZU der neuen Arbeitsumgebung.

In der Definition des Zielbilds werden die Schlüsselanforderungen dessen, was erreicht werden soll, beschrieben. Das Spektrum der Anforderungen – aus Perspektive

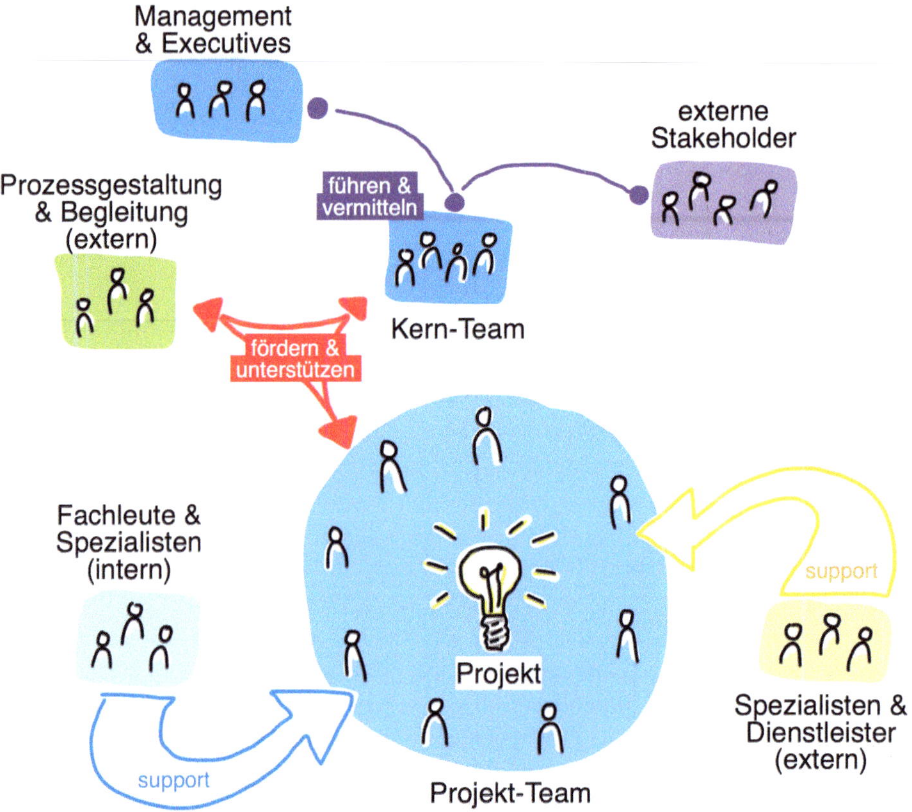

Abb. 5.4 Systemskizze einer Stakeholderübersicht. (Eigene Darstellung)

der Nutzer*innen – an die neue Arbeitsumgebung wird durch eine Online-Erhebung verfeinert. Aus der Analyse dieser Bedarfe und Bedürfnisse wird das WIE lesbar und in ein Format als Prozessgrundlage der Co-Kreation überführt. Im Anschluss daran werden die Mitarbeiter*innen in einem offenen Verfahren zur Partizipation aufgerufen, sich freiwillig und selbstbestimmt den Projektteams ihrer Wahl anzuschließen. Als sichtbare Bühne des Projekts wird ein existierender Raum der Organisation umgewidmet und dem Projekt als Labor zugeordnet. Er dient als Arbeitsort der Teams, ist Ort des Austauschs über den aktuellen Entwicklungstand und steht allen Interessierten jederzeit offen. Mit einem gemeinsamen Kick-off-Termin beginnt die Zusammenarbeit an Lösungen für die zukünftige Arbeitsumgebung.

Die Projekt-Teams starten die Co-Kreationsphase (Abb. 5.5 Phase 2) mit ihrer Arbeit an den kulturellen und räumlichen Fragestellungen zu Raum, Methodik, Technologie und Mindset. Die Anzahl der gemeinsamen Termine bzw. Workshops ergibt sich aus der Länge des Wegs zum angepeilten Ziel. Dabei kann es sinnvoll sein, bestimmte Themen zu vertiefen und deren Fragestellungen länger zu bearbeiten (Abb. 5.5 Phase 3) als ursprünglich gedacht. Unter Umständen können diese Fragen und ihre Beantwortung

Abb. 5.5 Prozessskizze der Projektphasen. (Eigene Darstellung)

bis in die Nutzungsphase hineinreichen (Abb. 5.5 Phase 4) hineinreichen. Welche Fragestellungen als Bestandteile der nächsten Iteration (Abb. 5.5 Phase 5) nach Nutzungsbeginn Berücksichtigung finden sollten, stellt sich in der Regel innerhalb der ersten 12–18 Monate des Nutzungszyklus dar.

Zusätzlich zur gestaltenden Ebene sieht der Prozessansatz auch eine beobachtende, reflektierende und lernende Ebene vor. Diese Perspektive gibt dem Core-Team(siehe oben) und der Prozessbegleitung den Raum zu verstehen, in welchem Zustand sich die Organisation aktuell befindet und welche Dynamiken wirken. Hier entstehen Steuerungsimpulse, um bei Bedarf notwendige zusätzliche Freiräume zu schaffen oder den Prozess in Abstimmung mit den Teams den Erfordernissen entsprechend anzupassen. Idealerweise endet diese Phase der Beobachtung nicht, da sie kontinuierliche Innovationspotenziale aufzeigt. Der Fokus verschiebt sich dabei immer wieder, er variiert zwischen prozessualen und steuernden Fragestellungen in Abhängigkeit der jeweiligen Projektphase.

5.8.3 Interaktionen der Co-Kreation

Der Ablauf einer Workshopserie folgt den Grundsätzen der agilen Projektlogik und wird von zwei unterschiedlichen Phasen geprägt (Abb. 5.6). In einer Sprintphase, die Teil eines Workshops (A) ist, entstehen Prototypen und Lösungsansätze (P), die als Arbeitsgrundlage der darauffolgenden Arbeits- und Feedbackphase dienen. Hier werden die entwickelten Annahmen vertieft und validiert. Das geschieht auf zwei Arten: Zum einen findet zu fachspezifischen Fragestellungen ein Austausch mit den relevanten Expert*innen und Dienstleistern statt und zum anderen werden die Nutzer*innengruppen um Feedback zum aktuellen Status des Prototyps gebeten.

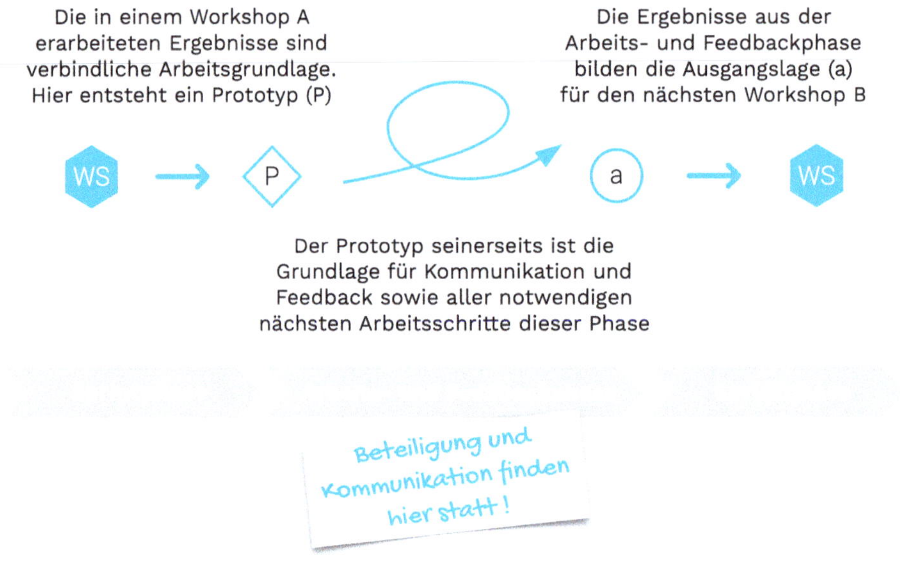

Abb. 5.6 Sprint- und Feedbackphasen. (Eigene Darstellung)

Feedback zu geben ist ein essenzieller Bestandteil des Prozesses in dieser Phase und soll in seiner Form nicht als Kritik, sondern als Ergänzung bzw. Bereicherung verstanden und praktiziert werden. Die Formulierung eines Feedbacks soll deshalb generell positiv ausgeführt werden, wie beispielsweise dieses Anliegen: „Ich wünsche mir eine praktikable Lösung, wie ich meine persönlichen Gegenstände lagern kann."

Der Zeitraum der Arbeits- und Feedbackphase verläuft über mehrere Wochen und erfordert die regelmäßige Synchronisation der Teams untereinander. Aus den so entstandenen Ergebnissen wird die Ausgangslage (a) für den nächsten gemeinsamen Workshop (B) mit dem nächsten Sprint vorbereitet.

Zusätzlich werden die Prototypen regelmäßig den unterschiedlichen Stakeholdergruppen vorgestellt, um Rückmeldung zu Qualität, Akzeptanz und den zu integrierenden Ergänzungen und Änderungsvorstellungen zu erhalten.

Auf diese Weise wird das Konzept stetig vertieft und weiterentwickelt. Zu besonderen Fragestellungen, wie beispielsweise der Funktionalität von Möbelprodukten, wird deren Eignungsfähigkeit durch Testaufbauten und deren Nutzung (Nutzer*innen-Feedback) überprüft.

5.8.4 Workshopserie Raum

Die Struktur der Workshops zur Gestaltung der physischen Räume ist in vier Themenblöcke gliedert (Abb. 5.7). Dabei werden kulturelle und technologierelevante Aspekte,

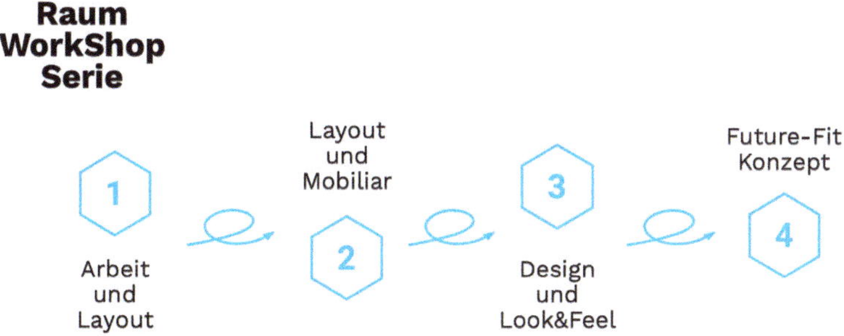

Abb. 5.7 Raum Workshop-Module, Themen. (Eigene Darstellung)

die in direkter wie auch in indirekter Weise das Arbeitsumfeld beeinflussen, entsprechend ihrer Abhängigkeiten untereinander entwickelt und in das Gesamtkonzept integriert.

Workshop (1) beginnt mit der Fragestellung: Wie arbeiten wir und welche Orte nutzen wir dafür?

Als Antwort darauf entstehen in der Regel unterschiedliche Prototypen, die Grundlage der Ausarbeitung (intern und extern) sind und für die nächste Feedbackschleife mit den Nutzer*innen und den Stakeholdern dient.

In Workshop (2) fokussieren sich die Teilnehmenden auf die Frage nach den Orten und ihrer Ausstattung. Welche räumliche Qualität, welche Möbelkonstellation bietet welche Arbeitsqualität?

Während die ersten beiden Termine das WAS und das WO betrachten, dreht sich der Workshop (3) um die Frage der szenischen Qualität – dem Ausdruck von Design und ihrem Einfluss auf das Wohlbefinden der Nutzer*innen im Kontext von Arbeit.

In Workshop (4) werden alle erarbeiteten und iterierten Ergebnisse zusammengeführt. Gleichzeitig liegt der Fokus hier auch auf der Fragestellung, inwiefern sich die Gestaltung an zukünftige Entwicklungen anpassen lässt und somit zukunftsfähig ist.

5.8.5 Realisierung

Eine auf diese Weise entwickelte Vision aus Organisationsperspektive braucht externe professionelle Unterstützung (siehe Abschn. 5.8.1) in der Umsetzung. Je nach Projektumfang und benötigter Expertise werden unterschiedliche Fachplaner und Dienstleister daran beteiligt und in die Entscheidungsfindung aktiv eingebunden. Dadurch entsteht in jeder Planungsphase ein hohes Maß an Transparenz bezogen auf real existierende Gestaltungsspielräume und damit verbundener Konsequenzen für den Projektverlauf.

Fazit

Der beschriebene Ansatz zeigt die Herleitung und den Ablauf einer Co-Kreation auf Augenhöhe und den damit einhergehenden Mehrwert auf. Im nutzer*innenzentrierten und bedarfsorientierten Prozessablauf werden die räumlichen und kulturellen Aspekte einer Arbeitsumgebung ganzheitlich entwickelt.

Die eigene Arbeitszukunft dabei selbst gestalten und (er)leben zu können, macht Veränderung nachhaltig wirksam. Der Blick wird dabei auch auf die Themen gelenkt, die Einfluss auf das Wellbeing haben, was zu einem tieferen Verständnis für die Diversität der Mitarbeiter*innen und den damit verbundenen unterschiedlichen Bedürfnissen führt.

Das Format der Co-Kreation und die daraus entstandene Arbeitsumgebung wirken gleichermaßen identitätsstiftend und teambildend. Das Ergebnis steigert die Attraktivität der Organisation unter den gegenwärtigen Mitarbeiter*innen und erhöht die Erfolgsaussichten bei der Suche zukünftiger Talente. Das Prinzip der Interaktion zwischen Projekt -Team und Organisation wirkt nachhaltig und bleibt – sofern gewollt – darüber hinaus bestehen.

Durch die Integration der Mitarbeiter*innen in die Co-Kreation entfällt die Notwendigkeit langwieriger, nachgelagerter Change- und Anpassungsprozesse, da alle gemeinsam und miteinander die Veränderung gestaltet haben. Die Mitarbeiter*innen werden zu einem selbstverständlichen Umgang mit Raum geführt. Das schafft die Grundlage, bei sich in Zukunft verändernden Bedingungen Anpassungsbedarfe eigenständig erkennen und entsprechende Lösungswege einschlagen zu können. Die iterative Anpassung an die jeweils aktuellen Bedarfe bleibt fortwährend eine Notwendigkeit bei der Weichenstellung in Richtung Zukunftsfähigkeit.

In sich dynamisch entwickelnden Systemen braucht es multiperspektivische und dauerhaft flexible kulturelle Verabredungen und Räume: „human-centered" und divers.

Das humane Büro ist ein lebendiges, nachhaltiges und diverses Ökosystem.

Literatur

AKBW – Architektenkammer Baden-Württemberg Hrsg. (2009) Bauteam – ein Leitfaden für Architekten und Handwerker, Selbstverlag, Stuttgart

Appel-Meulenbroek R, Groenen P, Janssen I (2011) An end-user's perspective on activity-based office concepts, Journal of Corporate Real Estate, Ausgabe 13(2), Seiten 122–135. DOI: https://doi.org/10.1108/14630011111136830

Beck D.E, Cowan C.C (2007) Spiral Dynamics – Leadership, Werte und Wandel: Eine Landkarte für Business und Gesellschaft im 21. Jahrhundert, Kamphausen Media GmbH, Bielefeld

Bluyssen P M, Janssen S, van den Brink L H, Kluizenaar Y (2011) Assessment of wellbeing in an indoor office environment, Building and Environment, Volume 46, Issue 12, Seiten 2632–2640

BMU – Bundesministerium für Umwelt, Naturschutz, Bau und Reaktorsicherheit Hrsg. (2015) Kriterien – BNB (Bewertungssystem Nachhaltiges Bauen) Büro- und Verwaltungsgebäude – Neubau, Version 2015 https://www.bnb-nachhaltigesbauen.de/bewertungssystem.html. Zugegriffen am 02.07.2020

Deutscher Bundestag Hrsg. (1998) Abschlussbericht der Enquete-Kommission „Schutz des Menschen und der Umwelt – Ziele und Rahmenbedingungen einer nachhaltig zukunftsverträglichen Entwicklung", Drucksache 1311200, 26.06.98

Doorley S, Witthoft S (2012) *make space*, John Wiley and Sons Inc., Hoboken, New Jersey

Good DJ, Lyddy CJ, Glomb TM, Bono JE, Brown KW, Duffy MK, Baer RA, Brewer JA, Lazar SW (2015) Contemplating Mindfulness at Work: An Integrative Review, Journal of Management, Volume 42, Seiten 114–142

Hofmann M L, Hrsg (2012) Der menschliche Faktor, Wilhelm Fink Verlag, Paderborn

Horváth P, Michel U (2015) Controlling im digitalen Zeitalter, Schäffer Poeschel, Stuttgart

IEA – International Energy Agency Hrsg. (2019) 2019 Global Status Report for Buildings and Construction https://wedocs.unep.org/bitstream/handle/20.500.11822/30950/2019GSR.pdf. Zugegriffen am 02.07.2020

Johansen B (2012) Leaders Make the Future: Ten New Leadership Skills for an Uncertain World, Berrett-Koehler Publishers, Oakland

Kohlert C (2016) Büro-Flächen-Gestaltung – Trends und Ansätze. In: Klaffke M (Hrsg) Arbeitsplatz der Zukunft. Springer Gabler, Wiesbaden, Seite 130–131

Laloux F (2015) Reinventing Organizations, Verlag Franz Vahlen GmbH, München

Lamb S, Kwok K C S (2016) A longitudinal investigation of work environment stressors on the performance and wellbeing of office workers, Applied Ergonomics, Volume 52, Seiten 104–111

Malone T W, Bernstein M S (2015) Handbook of Collective Intelligence, MIT Press, Massachusetts

Metzger C (2018) Neuroarchitecture, Jovis Verlag, Berlin

Miller R, Casey M, Konchar M (2014) Change your space, change your culture, John Wiley & Sons, Inc., Hoboken, New Jersey

Petkar S (2014) Environmental Impact Of Construction Materials And Practices. doi:https://doi.org/10.13140/RG.2.1.2581.0001

Sacks R, Girolami M, Brilakis I (2020) Building Information Modelling, Artificial Intelligence and Construction Tech, Developments in the Built Environment, Available online 16 May 2020. doi: https://doi.org/10.1016/j.dibe.2020.100011

Verschoor C (2015) Change ahead – how research and design are transforming business strategy, BIS Publishers, Amsterdam

Daniel Ringwald ist Raumexperte und Co-Createur bei TheDive. Im Mittelpunkt seiner Arbeit steht die Begleitung von Menschen und Organisationen auf ihrem Weg der Entwicklung ganzheitlicher und menschenzentrierter Arbeitsumgebungen. Seit seinem Studium von Architektur und Szenografie beschäftigt er sich mit den Fragen: Welchen Einfluss haben Räume auf Menschen? Und welche Umgebung dient welchem Zweck und zu welchem Zeitpunkt? Einige der Antworten lassen sich weder in der Architektur noch dem Design noch in der Möblierung finden, weshalb Daniel Ringwald seinen Blick auch auf die systemischen Zusammenhänge von Organisationen und ihrer diversen Perspektiven richtet. Zu seinen Kunden zählen internationale Konzerne, kleine und mittlere Unternehmen sowie Start-ups. Daniel Ringwald ist Mitglied bei Architects for Future Deutschland e. V.

Das Büro als Habitat – Die Beziehung von Mensch und Natur in der gebauten Umwelt

6

The Office as Habitat – The Relationship Between Man and Nature in the Built Environment

Sven Wolf Ostner

Zusammenfassung

Die evolutionäre Anpassung des Menschen an seine Umwelt vollzog sich über einen sehr langen Zeitraum und ist auch heute noch wirksam. Verhaltensweisen, die in der Vergangenheit vorteilhaft waren, erscheinen aber heute, im Kontext unserer modernen Lebensumstände, paradox und hinderlich. Ein Verständnis für die Bedürfnisse und Voraussetzungen des Systems Mensch ist daher eine wichtige Grundlage, um mit dem zivilisatorischen Konflikt unsere Unangepasstheit umgehen zu können. Nicht zuletzt die Rolle der gebauten Umwelt ist dabei bisher stark unterschätzt worden. Die Sinneseindrücke von Räumen beeinflussen unser Befinden und unser Verhalten zu einem erheblichen Teil. Es gilt Architektur als sensorisches Relief zu verstehen und richtig einzusetzen. Somit eröffnet sich ein weitreichendes Potenzial für die Gestaltung von Arbeitsumgebungen mit vielfältigen positiven Effekten. Das Büro wird damit zum strategischen Werkzeug, um sowohl unternehmerische als auch individuelle Verbesserungen zu erzielen.

Abstract

Man's evolutionary adaptation to the environment took place over a very long period of time and is still effective today. Behaviors that were beneficial in the past, appear now, in the context of our modern living conditions, paradoxical and obstructive. An understanding of the needs and prerequisites of the human system

S. W. Ostner (✉)
Solna, Schweden
E-Mail: info@ostner.online

C. Kohlert (Hrsg.), *Das menschliche Büro – The human(e) office*,
https://doi.org/10.1007/978-3-658-33519-9_6

is therefore an important basis for dealing with the mismatch of civilization and our ancestral environment. This is especially true for the built environment. The mental implications of architectural settings are so far greatly underestimated. The sensory impressions of space influence our well-being and our behavior to a considerable extent. It is important to understand architecture as a sensory relief and to use it correctly. This opens up a far-reaching potential for the design of working environments with a wide range of positive effects. The office thus becomes a strategic tool for achieving both entrepreneurial and individual improvements.

6.1 Veränderte Voraussetzungen

Von einem evolutionären Standpunkt aus, war der Mensch überaus erfolgreich. Über die längste Zeit unserer Entwicklungsgeschichte mussten wir uns der umgebenden Natur anpassen. Aber seit etwa 10.000 Jahren, seit der Sesshaftwerdung, haben wir uns in immer stärkerem Maß von den Zwängen der Natur emanzipieren können. Diese Entwicklung hat sich in den letzten 100 Jahren noch einmal beschleunigt. Wir schaffen Gebäude, die uns nicht nur vor den Elementen schützen, sondern zu jeder Zeit einen hohen Komfort bieten. Körperliche Anstrengungen werden vermieden und für künstliches Licht und Luft ist gesorgt. Wir haben es also nach einer langen Zeit geschafft, mit einer großen Anzahl von Hilfsmitteln, uns von der Natur fast unabhängig zu machen. Das dies nur fast der Fall ist, erweist sich aber zunehmend als Problem.

Man nimmt heute an, dass der *Homo sapiens* seit etwa 300.000 Jahren existiert. Wo genau die Geschichte des Menschen beginnt, ist aber unmöglich festzustellen. Dies ist im Grunde auch weniger wichtig, da die Ursprünge unserer Entwicklung viel weiter zurückreichen. Auf jeden Fall konnte der Mensch sich während einer sehr langen Entwicklungszeit seinen Umweltbedingungen hervorragend anpassen. Genau wie andere Lebewesen sind wir mit jedem Teil unseres Körpers für ein Leben in einer bestimmten Bandbreite von Biotopen geschaffen.

Fachsprachlich werden diese Umgebungen, die uns historisch geprägt haben „environment of evolutionary adaptedness" (EEA) genannt. Diese Umgebungen sind von Vorlieben für besonders günstige räumliche Situationen beeinflusst (Kaplan und Kaplan 1989). Da sich evolutionär so gut wie alles darauf zurückführen lässt, die Bedingungen zum Überleben zu verbessern, so vermutet man, dass auch diese Vorlieben mit verbesserten Lebensbedingungen in Verbindung gebracht werden können. Konkret kann man sich diese Ideallandschaft mit Merkmalen einer Savanne vorstellen.

Nun wissen wir jedoch, dass Menschen in sehr vielfältigen Umwelten leben können, da *Homo sapiens* viel anpassungsfähiger ist, als die meisten anderen Arten. Dennoch sind wir an bestimmte Parameter gebunden und können uns grundlegend nur langsam verändern. Man nimmt an, dass eine Veränderung auf evolutionärem Weg zwischen 5000 bis 10 000 Jahre benötigt. Auch wenn man Erkenntnisse aus der Epigenetik berücksichtigt und unterstellt, dass sich Veränderungen wesentlich schneller vollziehen können

(Kegel 2009; Tsankova et al. 2007; Vonderach 2015), so sind diese möglichen Veränderungen des Systems Mensch doch sehr begrenzt.

Führt man sich gleichzeitig vor Augen, wie stark sich unsere Umwelt seit den Zeiten, da wir als Jäger und Sammler gelebt haben, verändert hat, wird deutlich, wie groß die Diskrepanz zwischen unserer biologischen Veranlagung und unserem gestalteten Kontext ist.

Das Problem besteht also darin, dass wir zwar gut an unsere Umwelt angepasst sind, aber diese Umwelt, die uns geprägt hat, nicht mehr dem entspricht, was uns heutzutage umgibt.

David M. Buss, ein Evolutionspsychologe, formulierte es auf diese Weise: „[…] in einer modernen Umwelt tragen wir ein Steinzeitgehirn mit uns herum. Daher geraten nun unsere früher so erfolgreichen Verhaltensweisen und Mechanismen in Konflikt mit den neuen Voraussetzungen" (Buss 2008). Man könnte in diesem Zusammenhang von einem Zivilisationsparadox sprechen.

6.2 Erkenntnisse

Diese Tatsache hat Auswirkungen auf alle Lebensbereiche.

Eine wachsende Anzahl von Forschungsergebnissen aus sehr unterschiedlichen Bereichen legt diesen Schluss nahe. Dazu gehören Disziplinen wie evolutionäre Psychologie, Biologie und Medizin, kognitive Neurowissenschaft, Verhaltensgenetik, biologische Anthropologie und vor allem die Gehirnforschung. Zum ersten Mal ist es möglich, Forschungsergebnisse aus sehr verschiedenen Forschungszweigen miteinander zu einer kohärenten Theorie zu verbinden. Die gemeinsamen Prinzipien sind grundlegend und berühren das Wesen der Menschheit. Auch wenn kulturelle Einflüsse eine gewisse Rolle spielen, so ist es doch möglich, von einer gemeinsamen Veranlagung aller Menschen zu sprechen. Besonders der transdisziplinäre Charakter der Forschungsergebnisse lässt eine Überprüfung von Erkenntnissen durch unterschiedliche Blickwinkel und Herangehensweisen zu. Eine Selbstbezogenheit der Forschung wird damit erfolgreich vermieden.

6.3 Wirkungsweisen

Unsere evolutionären Anlagen bringt es mit sich, dass wir auf eine bestimmte Weise mit unserer Umwelt interagieren. Die Wirkungszusammenhänge sind mit dem Aufbau des Gehirns verknüpft. So „lesen" wir ununterbrochen Signale aus unserer Umgebung und reagieren auf diese. Dies geschieht überwiegend unbewusst und schwerpunktmässig im Hirnstamm. Reize werden hier sehr energieeffizient und schnell verarbeitet. Dieser Mechanismus kann nicht unterdrückt oder ausgeschaltet werden. Er wird aber vielfach durch unseren rational und denkenden Teil des Gehirns, vor allem dem Kortex, überformt. Dieser Teil hat fast spiegelbildliche Eigenschaften des vorigen. Er ist langsam und energieintensiv, aber vor allem stellt er unser Bewusstsein dar. Auch wenn wir überwiegend annehmen, dass wir uns bewusst und rational verhalten, so ist doch ein sehr großer Teil unserer Handlungen von unserem Unterbewusstsein beeinflusst. Dies war unter den Bedingungen unserer langen Entwicklung im EEA eine sehr erfolgreiche Art zu überleben. Es ist wichtig, diesen Zusammenhang zu verstehen, um Verhaltensweisen zu deuten und mentale Bedürfnisse richtig einschätzen zu können. Die Grundlage für diese Erkenntnis wurde schon vor vielen Jahren von beispielweise Roger Ulrich gelegt (Ulrich 1984). Er dokumentierte, dass Krankenhauspatienten, die ein Zimmer mit Aussicht zur Natur hatten, schneller gesund wurden, einen niedrigeren Puls und Blutdruck hatten und auch weniger starke Schmerzmittel benötigten. Dieses Phänomen wurde seitdem in vielen Untersuchungen bestätigt. Umgebung, als emotionales Relief, beeinflusst uns also nicht nur unbewusst psychisch, sondern sogar physisch. Dies bestätigen auch Studien bezüglich der japanischen Tradition des Shinrin-yoku (wörtlich Waldbaden). Hierbei werden der Aufenthalt und das Erleben im Wald gezielt zur Entspannung eingesetzt. Neben der Reduzierung von Stress (Tsunetsugu 2010) wurden außerdem generelle positive mentale Effekte (Morita et al. 2007; Lee 2014) und eine Stärkung des Immunsystems (Li 2010) festgestellt.

6.4 Theoretischer Rahmen

Dass gerade gewisse natürliche Elemente einen positiven Einfluss auf den Menschen haben, liegt an unserer Affinität zum EEA und wird als Biophilie bezeichnet (Kaplan 1992; Kellert et al. 2008). Dabei ist Natur nicht an sich, sondern nur im Vergleich zu künstlich geschaffenen Umwelten positiv. Natürliche Umgebungen sind nur der Normalzustand für den Menschen, an den wir neuronal am besten angepasst sind. Wenn in verschiedenen Untersuchungen positive Effekte relativ zur moderenen Umwelt festgestellt werden, ist dies daher eher ein Zeichen für die Folgen einer Distanzierung von Natur. Biophilie ist eingebettet in den größeren Forschungszweig der Evolutionspsychologie (EP), die auch Verhaltensweisen untersucht, die über den Naturbezug hinausgehen. Beiden Konzepten ist gemeinsam, dass man davon ausgeht, dass der Mensch durch einen evolutionären Prozess und unter den Verhältnissen einer vorzivilisatorischen Umwelt geprägt wurde. Diese Prägung bestimmt, wie das Gehirn aufgebaut ist und wie es arbeitet. Dabei wäre es falsch, das Gehirn als biologischen Computer anzusehen, der in vorgegebenen Bahnen funktioniert (Epstein 2016). Je nach Stärke, Art und Kontext des Umwelteinflusses kann Verhalten maßgeblich beeinflusst werden (Determinismus) oder es ermöglichen (Possibilismus) bzw. es wahrscheinlich machen (Probabilismus; Krupper 2011, S. 40). Zudem handelt es sich um ein System organischer Komplexität, das auch zur Problemlösung und zum Lernen fähig ist. Da diese Fähigkeit ebenfalls entwicklungsgeschichtlich bedingt ist, handelt es sich um einen Wirkungsgefüge ohne einen wirklichen Gegensatz von Kultur und Natur oder Gene versus Lernen. Die Plastizität und die Flexibilität des Gehirns werden durch einige eher statische Funktionsweisen ergänzt. Auch auch der genetische Aspekt kann nicht als völlig stabil angesehen werden. „Untersuchungen zeigen, dass extreme Umweltbedingungen und genomische Schocks zu einem Ausbruch an epigenetischen Variationen und damit zu neuen Phänotypen führen können" (Kegel 2009). „Die Größenordnung epigenetischer Veränderungen ist im Lebensverlauf um ein Vielfaches höher als die genetischen Mutationen" (Tsankova et al. 2007). Vor diesem Hintergrund gilt es, menschliches Verhalten besser zu verstehen, indem man Reaktionen in den Kontext des EEA setzt. Dadurch kann die Wirkungsweise von Umwelteinflüssen besser eingeschätzt werden.

6.5 Effekte

Raum kann als Gemenge unterschiedlicher Sinneseindrücke aufgefasst werden. Zu diesen Reizen zählen: Farbe, Gerüche, Form, Dimensionen, Licht, Akustik, Symbole und Haptik. Es ist also von höchster Wichtigkeit, die Signale eines Raums an unser Gehirn so zu gestalten, dass die Funktion des Raums gestärkt wird. Dies soll im Folgenden anhand von Beispielen erläutert werden. Es geht dabei nicht darum, jeden Aspekt ausführlich zu behandeln, sondern einen Eindruck von deren Einflussmöglichkeiten zu vermitteln.

Farbe
Farbpsychologie ist empirisch relativ gut erforscht (Mahnke 1996), wenn auch noch manche Fragen zum Einfluss von Farbe nicht abschließend geklärt sind. Rot scheint eine Farbe zu sein, die mit starken Emotionen verknüpft wird. Dies führt zu erhöhter Aufmerksamkeit, aber auch zu einer Beeinträchtigung des logischen Denkens und der Konzentration. Gleichzeit kann Rot aber vorteilhaft sein, wenn eher monotone Arbeiten ausgeführt werden sollen. Eine der wichtigsten und überaus positive Farbe ist Grün. Diese Farbe wird mit lebendigen Pflanzen und deshalb mit Nahrung und Schutz assoziiert. Naturnahe Grüntöne sind daher beruhigend und werden als angenehm und belebend empfunden. Generell gilt, dass Sättigung und Intensität der Farbe sowie auch die Kombination mit anderen Farben eine große Rolle für die erlebten Eigenschaften haben. Es scheint, dass Farben selbst die Wahrnehmung von Raumdimensionen, Zeit und Temperatur beeinflussen können (Augustin 2009, S. 55).

Gerüche
Wir sind zu jeder Zeit Gerüchen ausgesetzt, aber nur selten kommen sie uns zu Bewusstsein. Daher ist der Geruchssinn der am meisten unterschätzte. Dennoch beeinflussen uns Gerüche (Tsunetsugu 2010). Sie können Erinnerungen hervorrufen, unser Urteilvermögen beeinflussen (Weir 2011) und sind entscheidend für unser Geschmacksempfinden. Es gibt daher auch Möglichkeiten, bestimmte Düfte gezielt einzusetzen. So erleichtern Zitrusdüfte konzentriertes Arbeiten, Pfefferminze dagegen körperliche

Anstrengung und Lavendel trägt zu einem besseren Schlaf bei. Was früher nur auf Erfahrungswerten gegründet war, kann mittlerweile auch forschungstechnisch nachgewiesen werden (Sowndhararajan und Kim 2016). So ist beispielweise festgestellt worden, dass der Effekt von Lavendel auf einer schwach betäubende Wirkung auf eine Gehirnregion beruht (Augustin 2009, S. 42).

Form
Auch in Bezug auf die Wirkung von unterschiedlichen Formen ist es mittlerweile möglich, mit modernen Hilfsmitteln wie beispielweise Magnetresonanztomographie (MRT) zu stichhaltigen Erkenntnissen zu gelangen. Beobachtet man die Reaktion der Amygdala, des emotionalen Zentrums im Gehirn, so zeigt sich, dass runde Formen als neutral angesehen werden können. Kantige und vor allem spitze Formen haben dagegen einen negativen Charakter. Gleichzeitig werden gerade Linien und Symmetrie aber auch als Zeichen von Kraft und Kontrolle interpretiert (Augustin 2009).

Dimensionen
Auch die Größenverhältnisse von Räumen beeinflusst uns. Eine große Deckenhöhe wird mit eher förmlichem Verhalten in Verbindung gebracht, niedrige dagegen mit einer geringeren Hemmschwelle für vertraute Gespräche und Geborgenheit (Augustin 2009, S. 71). Hierbei spielt auch die Präferenztheorie für bestimmte räumliche Verhältnisse eine Rolle. So bevorzugen Menschen geschützte, etwas höher gelegene Plätze mit Aussicht. Man nimmt an, dass dies entwicklungsgeschichtlich bedingt ist (Kaplan und Kaplan 1989).

Licht
Der Einfluss von Licht auf den Menschen ist ein weites Feld. Die wichtigste Referenz für Kunstlicht ist Tageslicht und seine Veränderlichkeit über den Tageslauf. Der natürliche Wechsel des Tageslichts unterstützt den biologischen Rhythmus des Menschen und vieler Tiere. Wird diese Funktion geschwächt, etwa durch den Mangel an Tageslicht, kann dies zu gesundheitlichen Problemen führen (Zivkovic 2012). Mit unterschiedlichen Lichttemperaturen kann ein bestimmtes Verhalten unterstützt werden. Kaltes Licht eignet sich, um Konzentration zu fördern, warmes, um soziale Interaktion zu erleichtern (Augustin 2009, S. 62). Man geht für gewöhnlich von einer ausreichenden Beleuchtungsstärke im Büro von 500 lx aus. Die Lichtstärke im Freien ist jedoch wesentlich höher. So kann ein klarer Himmel im Sommer bis zu 90.000 lx und im Winter noch 20.000 lx betragen. Es wird deutlich, dass 500 lx im Vergleich biologisch dunkel sind. Eine zu geringe Lichtstärke wird mit einer verminderten mentalen Leistungsfähigkeit in Verbindung gebracht (Soler et al. 2018). Gleichzeitig sind wir den natürlichen Lichtverhältnissen so entwöhnt, dass wir ohne Schutzausrüstung wie Sonnenbrille, Sonnencreme und Kopfbedeckung im Sommer kaum im Freien sein können. Dabei ist der ungeschützte Kontakt mit Sonnenlicht wichtig für die Bildung von Vitamin D und damit für die Gesundheit (Spitz 2018).

Akustik
Eine harte Akustik mit einer hohen Nachklangzeit wird oft als unangenehm empfunden und meist von einem eher förmlichen Verhalten begleitet. Eine gedämpfte Akustik wirkt dagegen beruhigend. Akustische Störungen am Arbeitsplatz sind der Hauptkritikpunkt in vielen Büros. Besonders menschliche Stimmen nehmen unsere Aufmerksamkeit in Anspruch und mindern das Konzentrationsvermögen (Varjo 2015). Wird Musik zur Überlagerung von störenden Geräuschen gewählt, passt sich der Herzschlag nach einiger Zeit dem Rhythmus der Musik an. Es ist daher günstig, Musik am Arbeitsplatz zu wählen, die etwa 30–50 bpm hat, um einen ruhigen Puls zu fördern und Stress abzubauen (Augustin 2009, S. 45). Naturgeräusche sind ebenfalls günstig, um eine Entspannung herbeizuführen.

Die Aufzählung könnte um weitere Aspekte ergänzt werden. Nicht zu unterschätzen sind das Raumklima und die mögliche Kontrolle darüber, Raumluftqualität, allgemeine Umweltkontrolle (Ostner 2018), Privatheit und Territorialität, Komplexität, Dichte sowie die Raumkonfiguration und Symbolik. Die meisten der dargestellten Aspekte beziehen sich auf mentale Reaktionen. Die evolutionär bedingte körperliche Anpassung betrifft aber natürlich nicht nur das Gehirn. Der menschliche Organismus ist beispielweise darauf ausgelegt und darauf angewiesen sich zu bewegen. Ohne ausreichende Bewegung ist der Blutkreislauf gehemmt und damit die Organtätigkeit beeinträchtigt. Dies hat langfristig erhebliche gesundheitliche Schäden zur Folge (Ekblom Bak 2014; Glöckl und Breithecker 2014) und mindert auch das Leistungsvermögen des Gehirns (Hansen 2016). Längeres Sitzen zu vermeiden, ist deshalb eine wichtige Herausforderung. Es kann festgestellt werden, dass zahlreiche physische und psychische Einflüsse und deren Folgen in Betracht gezogen werden müssen. Es sind aber nicht nur die überaus zahlreichen Einzelparameter, die einen Einfluss ausüben. Darüber hinaus ist es auch die Verknüpfung der Aspekte untereinander und der Kontext der Eindrücke, die beachtet werden müssen. Auch individuelle Befindlichkeiten, Gesundheit und der kulturelle Hintergrund haben einen Einfluss auf die Reaktion räumlicher Gegebenheiten (Ulrich 1993). Und dennoch ist es möglich, allgemeine Aussagen zu treffen, denn die Schnittmenge der Verhaltensweisen ist größer als deren Abweichungen.

Das Wissen um das Wirkungsgefüge verschiedener Reize eröffnet neue Möglichkeiten für den Entwurf von Architektur. Wenn wir lernen, die Palette der Sinneseindrücke richtig zu nutzen, ergibt sich dadurch auch ein bedeutender Mehrwert des gebauten Raums.

6.6 Büros

Nicht zuletzt gilt das für die Gestaltung von Büroarbeitsplätzen. Für Büroarchitektur gelten keine anderen Maßstäbe als für andere Gebäude, aber eine menschengerechte Gestaltung ist hier aus bestimmten Gründen besonders relevant. Büros sind in den meisten Fällen spezielle Umgebungen, in denen wir besonders oft mit Menschen interagieren, Stress ausgesetzt sind und zudem viel Zeit verbringen. Der dominierende Aspekt eines Büros ist zudem ökonomischer Natur. Wir halten uns dort auf, weil wir dafür belohnt werden, und gleichzeitig wird erwartet, dass dort ökonomische Werte entstehen. Die persönlichen Risikofaktoren Stress, komplexes Sozialgefüge und die zumindest teilweise Unfreiwilligkeit des Aufenthalts im Büro tragen nicht zum Wohlbefinden der Mitarbeiter bei. Berücksichtig man, dass die meisten Büroräume nicht unseren evolutionären Bedürfnissen entsprechen, ergibt sich daraus ein recht düsteres Bild. Die Folge davon ist oft ein beeinträchtigtes Leistungsvermögen, gerade an dem Ort, an dem dieses am meisten gefordert ist. Gerade aus diesen problematischen Aspekten ergeben sich aber auch große Potenziale für Verbesserungen. Dies gilt sowohl im individuellen Bereich bezüglich Gesundheit, Wohlbefinden und Zufriedenheit, als auch bezogen auf eine bessere Leistung des gesamten Unternehmens. Auf diese Weise wird das Büro zu einer Ressource, statt als Kostenpunkt aufgefasst zu werden (Gerhardt 2014). Anstatt das Arbeitsumfeld als eine Möglichkeit zur Kostenreduzierung zu sehen, sollte das Potenzial genutzt werden, das sich aus einer richtig gestalteten Arbeitsumgebung eröffnet. Durchschnittlich entfallen etwa 80 % des Etats eines Unternehmens auf Lohnkosten und nur 5 % auf die Büromiete (Brill und Weidemann 2001). Es wird damit deutlich, wie wichtig das Büro als Mittel des Human Capital Management ist. Ein Unternehmen kann sich nicht zum Erfolg sparen. Es kann aber in seine wichtigste Grundlage investieren, in seine Mitarbeiter. Dies geschieht am effektivsten und kostengünstigsten durch den räumlichen Kontext.

6.7 Prozesse

Das Verhalten des Individuums und der Organisation sind an den Rahmen der physischen Arbeitsumwelt gebunden. Da mentale Prozesse durch Raum beeinflusst werden, ist auch eine Reihe von Schlüsseltätigkeiten davon berührt. Ein Beispiel ist der Bereich der sozialen Interaktion und damit verbunden die interne Kommunikation. Dies ist nicht nur von überragender Bedeutung für die Zufriedenheit der Mitarbeiter, sondern auch Voraussetzung für den Wissensaufbau in einer Organisation (Appel-Meulenbroek 2016). Nur Personen, die genügenden Kontakt haben, können Vertrauen zueinander aufbauen, gegenseitig Fragen stellen und somit zum Erfahrungsaustausch beitragen (Döös 2003). Wie schon beschrieben, können räumliche Aspekte wie Licht, Farbe und Akustik genauso zu einem besseren sozialen Gefüge beitragen, wie die Markierung von Territorien, Wegeführung und Symbole (Knight und Baer 2014). Jeder Aspekt muss den jeweiligen Voraussetzungen und Bedürfnissen angepasst werden. Beispielsweise kann die symbolische oder räumliche Markierung eines Gruppenterritoriums eine Barriere für die Kontaktaufnahme Außenstehender mit dieser Gruppe sein (Silobildung). Sie kann aber auch innerhalb der Gruppe identitätsstiftend wirken und die Zusammenarbeit stärken, was bei zeitlich begrenzten Arbeitsgruppen vorteilhaft ist. Die Frage der Territorialität des Arbeitsplatzes ist auch für die einzelne Person von Bedeutung. Ein eigener Arbeitsplatz, der als private Zone wahrgenommen wird, bietet die Möglichkeit der Umweltkontrolle und ist Ausdruck von Individualität und Zugehörigkeit zur Organisation (Ostner 2018). Er wirkt damit stressreduzierend. Gleichzeitig kann es für kreative Tätigkeiten besser sein, nicht nur an einem Arbeitsplatz gebunden zu sein. Ein Wechsel der Umgebung kann durch neue Eindrücke Kreativität befördern. Auch für andere Arten von Arbeiten kann die Raumgestaltung unterstützend wirken. Dies geschieht teilweise durch die Vermeidung von sensorischer Unter- und Überforderung sowie der angemessenen Komposition von Reizen.

6.8 Produktivität

Von großer Bedeutung ist die Reduzierung von Stress. Stress als automatische Reaktion auf eine Bedrohung im Hirnstamm, aktiviert unreflektierte Verhaltensmuster wie Flucht oder Aggression, die entwicklungsgeschichtlich sinnvoll waren, solange es um Herausforderungen der Jäger und Sammler ging. Heutzutage, da sich die Bedrohung eher als Zeitdruck oder Überforderung darstellt, reagieren wir aber immer noch auf die gleiche Weise, ohne einen größeren Nutzen davon zu haben. Stress reduziert sogar die kognitiven Fähigkeiten und damit die Produktivität. Da biophile Gestaltung, wie schon erwähnt, erfolgreich zur Stressreduzierung eingesetzt werden kann, erklärt sich dadurch auch die produktivitätssteigernde Wirkung von Biophilie (Nieuwenhuis et al. 2014). Auch wenn es durchaus schwierig ist, Produktivität objektiv zu messen (Sullivan et al. 2013), so gibt es doch eine Reihe von Forschungsergebnissen, die dies sehr plausibel machen, wie hier beispielhaft in Tab. 6.1 dargestellt:

6.9 Vorteile

Über die unmittelbare Verbesserung produktiver Arbeitsschritte hinaus, gibt es noch eine Reihe weitere positiver Effekte, die sich mit einer psychologisch vorteilhaften Arbeitsumgebung in Verbindung bringen lassen. Langanhaltender Stress wird als ein wichtiger Faktor bei der Entstehung von Krankheiten und Fehlzeiten am Arbeitsplatz gesehen. Es wird daher angenommen, dass sich allein durch eine bessere Arbeitsplatzgestaltung gesellschaftliche Kosten in größerem Umfang reduzieren ließen (Fisk 1999; Clements-Croome 2015). Ein angenehmes und attraktives Arbeitsumfeld trägt darüber hinaus zu einer höheren Motivation der Mitarbeiter bei, macht es leichter neue Personen anzuwerben und deren Verweildauer im Unternehmen zu erhöhen. Auch die Identifikation der Mitarbeiter mit dem Unternehmen kann sich dadurch erhöhen und somit ein Beitrag zur Außendarstellung leisten. Büroarchitektur kann mithin zum Wettbewerbsvorteil werden. Der Gestaltung von Büroarbeitsplätzen erwächst dadurch eine neue Dimension. Bisher waren Kosten, Gebrauchswert und Ästhetik die bestimmenden Parameter. In Zukunft wird sich diese Sicht wandeln müssen (Krupper 2011, S. 23). Dies wird deutlich, wenn man sich das Verhältnis von Errichtungskosten oder Unterhaltskosten zu den Kosten für Lohnzahlungen an die Beschäftigten in einem Bürogebäude bewusst macht. Obwohl die jeweilige Gewichtung stark schwanken kann (Evans et al. 1998; Hughes 2004; Sullivan et al. 2013), ist unstreitig, dass die Lohnkosten die beiden anderen Kostenpunkte bei Weitem übersteigen (beispielsweise um den Faktor 12 bis 80). Wenn die Ausformung eines Gebäudes aber einen so großen Einfluss auf die Leistung der Benutzer hat, wird deutlich, dass ein Entwurf gemäß einer menschenzentrierten Gestaltung von großer Wichtigkeit wäre.

6.10 Ausblick

Dies ist nichts Geringeres als ein Paradigmenwechsel.

Kurz gefasst geht es darum, das oben genannte Zivilisationsparadox so weit wie möglich aufzulösen. Wir sind für ein Leben in der Natur geschaffen, wollen aber verständlicherweise nicht auf die Annehmlichkeiten unserer Gebäude und unserer technischen Errungenschaften verzichten. Es muss also versucht werden, die natürliche Außenwelt und ihre Qualitäten ins Innere zu holen. Es geht um die Imitation und Integration unserer natürlichen und angestammten Umwelt in unsere künstliche

Tab. 6.1 Produktivitätssteigerung durch Bezug zu natürlichen Elementen

Veränderung der Produktivität	Mittel	Quelle
+7 bis 18 %	Tageslicht	Heschong Mahone Group (1999)
Verbesserung der kognitiven Leistung	Natur	Berman (2008)
+15 %	Gestaltung mit Zimmerpflanzen	Knight et al. (2014)
+10 bis 14 %	Zimmerpflanzen	Daly et al. (2010)
Verbesserung	Angenehme Naturgeräusche	Fitzgerald und Danner (2012)
+20 bis 26 %	Tageslicht	Terrapin Bright Green (2012)
+38 %	Zimmerpflanzen	Knight (2013)
+6 %	Natürliche Elemente	Cooper (2017)

Umgebung. Anzustreben wäre eine Kombination, im besten Fall auch Fusion, von Natur und Kultur bzw. Architektur. Für den architektonischen Entwurf ist die Einbeziehung einer breiten wissenschaftlichen Grundlage eine große Chance, an Relevanz hinzuzugewinnen. Der künstlerische, subjektive Aspekt wird zwar nicht verdrängt, aber durch eine neue Dimension ergänzt und weiterentwickelt.

Literatur

Appel-Meulenbroek R. et al. (2016) Knowledge Sharing Behavior: The Role of Spatial Design in Buildings, Environment and Behavior. 1–30, SAGE Publications, Seite 22

Augustin S (2009) Place Advantage. John Willey & Sons, Hoboken, New Jersey

Berman M G, Jonides J, Kaplan S (2008) Research report, The Cognitive Benefits of Interacting with Nature, Psychological Science. Association for Psychological Science, USA

Brill M und Weidemann (2001) Disproving Widespread Myths about Workplace Design. Kimball International, NY

Buss D M (2008) Evolutionary Psychology, New York, Seite 18

Clements-Croome D (2015) Creative and productive workplace: a review. Intelligent Buildings International, 7 (4) pp. 164-183

Cooper G (2017) Human Space Report: Biophilic Design in the Workplace. https://www.p-plus.nl/resources/articlefiles/Human-Spaces-report-web-res-3.pdf.pdf (Zugegriffen 15. Februar 2020)

Christensson J (2020) Vår hörsel fungerar bra i skogen. Saint-Gobain, https://www.ljudskolan.se/ljudfakta/hur-fungerar-var-horsel/ (Zugegriffen 20. May 2020)

Daly J, Burchett M und Torpy F (2010) Plants in the Classroom Can Improve Student Performance. Centre for Environmental Sustainability, Faculty of Science, University of Technology, Sydney (UTS)

Döös M (2003) Arbetsplatsens relationik – om långsamt kunskapande och kompetenta relationer. Arbetslivsrapport Nr 2003:12 , Arbetslivsinstitutet, Stockholm

Ekblom Bak E (2014) Långvarigt stillasittande. Studentlitteratur, Lund

Epstein R, (2016) “The empty brain”. https://aeon.co/essays/your-brain-does-not-process-information-and-it-is-not-a-computer (Zugegriffen 18. März 2020)

Evans, R, Haryott, R, Haste N und Jones, A (1998) *The Long Term Costs of Owning and Using Buildings*. London, Royal Academy of Engineering

Fisk J (1999) Estimates of Potential Nationwide Productivity and Health Benefits from Better Indoor Enviroments: An Update. Indoor Air Quality Handbook, chapter 4, McGraw-Hill Education

Fitzgerald C und Danner K (2012) Evolution in the Office: How Evolutionary Psychology Can Increase Employee Health, Happiness, and Productivity. Evolutionary Psychology, www.epjournal.net – 2012.10(5):770–781 (Zugegriffen 05. May 2020)

Gerhardt A (2014) Bürowelt: Effizienz durch Architektur. Pabst Science Publishers, Lengerich, Seite 19

Glöckl J und Breithecker D (2014) Active Office. Springer Gabler, Wiesbaden

Hansen A (2016) Hjärnstark. Fitnessförlaget, Stockholm

Heschong L (1999) Daylighting in Schools: An Investigation into the Relationship Between Daylight and Human Performance. Heschong L. Mahone Group, USA

Hughes W et al. (2004) Exposing the Myth of the 1:5:200 Ratio Relating Initial Cost, Maintenance and Staffing Costs of Office Buildings. 20th Annual ARCOM Conference, Heriot Watt University, Association of Researchers in Construction Management, Vol. 1 373-81

Kaplan R und Kaplan S (1989) The Experience of Nature: A Psychological Perspective. Cambridge: Cambridge University Press

Kaplan S (1992) The Restorative Environment: Nature and Human Experience, The Role of Horticulture in Human Well-Being and Social Development. Portland, OR: Timber Press

Kegel, B (2009) Epigenetik, DuMont Buchverlag, Köln

Kellert S R, Heerwagen J H, Mador M L (2008) Biophilic Design: The Theory, Science, and Practice of Bringing Buildings to Life. John Wiley & Sons, Inc. Hoboken, New Jersey

Knight C (2013) Office Plants Boost Well-being at Work, University of Exeter's Psychology

Knight C et al. (2014) Why Plants in the Office Make us More Productive, University of Exeter, https://www.exeter.ac.uk/news/featurednews/title_409094_en.html (accessed 03 April)

Knight C und Baer M (2014) Get Up, Stand Up: The Effects of a Non-Sedentary Workspace on Information Elaboration and Group Performance. Social Psychological and Personality Science 5:910, SAGE publications

Krupper D (2011) Immobilienproduktivität: Der Einfluss von Büroimmobilien auf Nutzerzufriedenheit und Produktivität. Arbeitspapiere zur immobilienwirtschaftlichen Forschung und Praxis, Band Nr. 25, Technische Universität Darmstadt, Seite 23

Lee J (2014) Influence of Forest Therapy on Cardiovascular relaxation in Young Adults. Hindawi Publishing Corporation, volume 2014, Article ID 834360

Li Q (2010) Effect of forest bathing trips on human immune function. Enviroment Health Prev Med 15:9-17

Mahnke F (1996) Color, Environment, and Human Response. John Wiley & Sons, New York

Morita E et al. (2007) Psychological effects of forest enviroments on healthy adults: Shinrin-yoku (forest-air bathing, walking as a possible method of stress reduction. Public Health 121, 54–63 Elsevier

Nieuwenhuis M et al. (2014) The Relative Benefits of Green Versus Lean Office Space: Three Field Experiments, Journal of Experimental Psychology: Applied, Advance online publication, https://www.researchgate.net/publication/264395358_The_Relative_Benefits_of_Green_Versus_Lean_Office_Space_Three_Field_Experiments (Zugegriffen 03. April 2020)

Ostner S, (2018) "New Work and Old Habits", paper presented at Transdisciplinary Workplace Research Conference, 19–21 September 2018, Tampere Finland, https://www.twrnetwork.org/wp-content/uploads/2018/10/TWR2018-Proceedings.pdf, (Zugegriffen 18. März 2020)

Soler J E, Robison A J, Núñez A A, Yan L (2018) Light modulates hippocampal function and spatial learning in a diurnal rodent species: A study using male nile grass rat (Arvicanthis niloticus). Department of Psychology, Michigan State University, Hippocampus, 28(3)

Sowndhararajan K und Kim S (2016) Influence of Fragrances on Human Psychophysiological Activity: With Special Reference to Human Electroencephalographic Response. Scientia Pharmaceutica 84, 724–751, MDPI, Basel

Spitz J (2018) Vitamin-D-Mangel. Verlagshaus der Ärzte, Wien

Sullivan J et al. (2013) Measuring Productivity in the Office Workplace. Centre for Building Performance Research, Victoria University of Wellington

Terrapin Bright Green LLC (2012) The Economics of Biophilia. New York und Washington DC

Tsankova, N et al. (2007) Epigenetic Regulation in Psychiatric Disorders. Nature Reviews Neuroscience 8, S. 355–367

Tsunetsugu Y (2010) Trends in reseach related to „Shinrin-yoku" (taking in the forest atmosphere or forest bathing) in Japan. Enviroment Health Prev Med 15:27-37

Ulrich R S (1984) View Through a Window May Influence Recovery from Surgery. Science, New Series, Volume 224, Issue 4647, 420-421

Ulrich R S (1993) Biophilia, Biophobia, Natural Landscapes. The Biophilia Hypothesis. Washington, Island Press, Seite 73–137

Varjo J (2015) Simultaneous effects of irrelevant speech, temperature and ventilation rate on performance and satisfaction in open-plan offices. Journal of Enviromental Psychology 44 16–33, Elsevier, Seite 11

Vonderach A (2015) Anthropologie Europas. Seite 183–187, Ares Verlag, Graz

Weir K (2011) Scent and sensibility. American Psychological Association, Vol 42, No.2 https://www.apa.org/monitor/2011/02/scents (Zugegriffen 17. May 2019)

Zivkovic B (2012) Clocks, Metabolism, Evolution – Towards an Integrative Chronobiology. Scientific American

Sven Wolf Ostner wurde 1971 in Frankfurt a. M. geboren. Nach dem Studium der Architektur an der Technischen Universität Darmstadt, dem University College London und der Architectural Association in London absolvierte er eine Ausbildung zum Europaarchitekten an der Akademie der Architektenkammer Baden-Württemberg (IFBAU). Dies tat er zur Ergänzung seiner damaligen beruflichen Tätigkeit in London. Im Jahr 2004 erfolgte ein Umzug nach Stockholm. Die Arbeit als Architekt in Schweden führte fünf Jahre später zur Gründung eines eigenen Büros. Bis zum heutigen Tag konnte er in über 140 Projekten eine breite Berufserfahrung aufbauen. Seine Projekte spannen sich von Innenarchitektur, über Wohnungs- und Bürobauen, Theater, Schulen, Hotels, einem Krankenhaus und Handelsimmobilien bis hin zum Städtebau. Im Augenblick ist er als Stratege für Büroprojekte tätig. In dieser Funktion widmet er sich seit sechs Jahren der Entwicklung eines forschungsbasierten Entwurfsansatzes. Dieses Wissen vermittelt er in zahlreichen Vorträgen. Sein Konzept basiert auf einem umfangreichen Spektrum unterschiedlicher wissenschaftlicher Disziplinen und eröffnet eine neue Perspektive auf den gebauten Raum.

7 Mensch-Zentrierte Arbeitsplätze im Zeitalter der Digitalisierung

Human-Centered Workplaces in the Age of Digitalization

Heinz Wagner

Zusammenfassung

Nach Corona heißt es für viele Wissensarbeiter „zurück aus der Zukunft" und wieder raus aus dem Homeoffice. Dabei kann man sehr viel aus dem Homeoffice für das Büro übernehmen und vice versa! In diesem Beitrag über menschzentrierte Arbeitsplatzdesigns von Heinz Wagner, Geschäftsführer von WIIPP und langjähriger „Mr. Future Workspace" bei Fujitsu, lesen sie neben fünf konkreten Handlungsempfehlungen für das Gelingen eines New-Work-Projekts auch, warum sich ein Büro nach modernsten Erkenntnissen lohnt. Aber wie könnte denn ein Arbeitsplatzkonzept genau aussehen, das im Büro genauso funktioniert wie im Homeoffice? Lassen sie sich überraschen, welche Elemente dazu gehören und wie sich diese zusammenfügen. Schließlich stellt sich die Frage: Was kommt danach? Wie geht es weiter in den nächsten Jahren? Der nun folgende Beitrag wurde ausschließlich von einem digitalen Sprachassistenten geschrieben und vom Autor diktiert.

Abstract

After Corona, for many knowledge workers it is „back from the future" and again out of home office. You can transfer a lot from home office to the office and vice versa! This article on human-centered workplace designs by Heinz Wagner, Managing Director of WIIPP and long-time „Mr. Future Workspace" at Fujitsu, you can read not only five precise recommendations for the success of a New Work project but also

H. Wagner (✉)
Sachsenheim, Deutschland
E-Mail: Heinz.Wagner@wiipp.de

C. Kohlert (Hrsg.), *Das menschliche Büro – The human(e) office*,
https://doi.org/10.1007/978-3-658-33519-9_7

why an office is worthwhile according to the latest findings. But what exactly could a workplace concept look like that works in the office just like in home office? Let yourself be surprised which elements are part of it and how they fit together. After all, the question is, what comes next? What will happen in the coming years? – The following article was written exclusively by a digital speech assistant and dictated by the author.

Immer weniger junge Menschen möchten ins Handwerk. Alle möchten viel lieber ins Büro. Im Büro zu arbeiten, bedeutet neben der Unabhängigkeit vom Wetter, dass man sich nicht die Finger schmutzig machen muss und es ist viel bequemer, immer warm und man kann vermutlich bis ins hohe Rentenalter dort arbeiten. Die Ironie daran ist, dass wenn man dann im Büro ist, man dort wieder raus möchte, z. B. ins Homeoffice, zu den Kunden oder schlichtweg unterwegs arbeiten möchte, z. B. auf dem Flughafen oder im Hotel. Aber dazu später mehr.

Es ist ja auch durchaus richtig, dass in den letzten Dekaden viel für die Büroergonomie und auch für gesundes Arbeiten getan wurde. Aber heißt das gleichzeitig auch, dass wir wirklich etwas für die Menschen getan haben? Heißt es, dass wir wirklich verstanden haben, wie wir Menschen funktionieren? Sind wir die Wege zu einem besseren Büro auch zu Ende gegangen oder sind wir kurz vor dem Ziel stehen geblieben?!

7.1 Das alles ist Geschichte!

Als ich meinen ersten Job in einem Großraumbüro antrat, bekam ich auch, oh Wunder oh Wunder, einen höhenverstellbaren Schreibtisch. Jedoch musste man die Höhenverstellung erst mühselig und quietschend in Form einer kleinen, kaum bedienbaren, rappelnden Kurbel unter dem Tisch finden, dann zugänglich machen, indem man sie nach vorn ziehen musste, um dann schließlich ächzend und nach viel zu vielen Umdrehungen in die Höhenanpassung zu gehen.

Es handelt sich dabei lediglich um die Idee, den Tisch einmalig für mich anzupassen, aber bei Weitem nicht um die Möglichkeit, mehrfach am Tag z. B. zwischen einer Sitz- und Steharbeitsweise zu wechseln. Geschweige denn, dass es mir möglich gewesen wäre, einen anderen Tisch, eine differenzierte Arbeitsplatzausstattung oder sogar einen anderen Arbeitsort aufzusuchen.

7.2 Shared Desk – Der „Standard" gewinnt und das Zuhause wird zum Büro

Erst etliche Jahre später, kurz nach der Jahrtausendwende, und da war mein damaliger Arbeitgeber bereits revolutionär früh dran, kam dann die Einführung des Shared Desk. Verbunden wurde das Ganze mit den ersten Gehversuchen zum Homeoffice.

Oft fehlte den Verantwortlichen für die Bürogestaltung der Mut und die Möglichkeit, an dieser Stelle weiterzugehen. Kaum verwunderlich, denn die größten Widerstände kamen und kommen leider immer noch von den Betriebsräten und auch oft von der Belegschaft selbst, für die es doch eigentlich im Kern gedacht sein sollte. Aber auch das ist kaum verwunderlich, wenn weder der Betriebsrat noch die Mitarbeiterschaft zu neuen Arbeitsplatzszenarien befragt, geschweige denn als Projektmitglied eingebunden wurden. Es gibt dadurch wenig Wissen, Informationen oder sogar Erfahrung bei der eigentlichen Zielgruppe, die unsere Büros bevölkert und davon Nutzen ziehen sollte.

Shared Desk war damals daher, wie leider auch heute noch allzu oft, im Wesentlichen dadurch geprägt, dass feste Arbeitsplätze zugunsten eines Bereichs oder Pools von Arbeitsplätzen für Mitarbeiter abgelöst wurden. Unter dem Strich handelt es sich aber noch nicht wirklich um ein flexibles Szenario, sondern um ein Flächen- und Kostenoptimierungsprogramm. Arbeitsplatzausstattungen wurden eher kaufmännisch, denn nach der Sinnhaftigkeit beschafft. Mit anderen Worten: Es musste günstig sein und einer sehr hohen Standardisierung folgen. Mit einem Share von 1,1 bis 1,3 Mitarbeitern pro Arbeitsplatz und meist zu wenigen Besprechungs- respektive Kollaborationsflächen waren und sind diese Szenarien nur begrenzt zielführend.

Homeoffice gab es zu Beginn dieses Jahrtausends nicht wirklich; es wurde der Begrif des Telearbeitsplatzes eingeführt. Man musste einen mehrseitigen Antrag ausfüllen und auf die Gunst seiner Vorgesetzten bauen. Wenn man Glück hatte, wurde einem dafür die notwendige Technik zur Verfügung gestellt. Technik hieß damals, man bekam einen speziellen VPN-Router, erhielt ein mobiles Endgerät und, wenn man einen sehr großzügigen Arbeitgeber hatte, auch dazu noch einen Bildschirm. Meistens verlor man aber den Arbeitsplatz im Büro. Es gab ein Entweder-oder und keine Koexistenz zwischen Homeoffice und Büro.

Im Jahr 2016 stellte das Deutsche Institut für Wirtschaftsforschung (DIW) Berlin in der Studie „Home Office: Möglichkeiten werden bei weitem nicht ausgeschöpft"*[3] fest, dass in Deutschland der Homeofficeanteil weit hinter dem EU-Schnitt liegt. Zitat: „Nur zwölf Prozent aller abhängig Beschäftigten hierzulande arbeiten überwiegend oder gelegentlich von zu Hause aus, obwohl dies bei 40 % der Arbeitsplätze theoretisch möglich wäre."

Besonders bemerkenswert ist die weitere Feststellung in dieser Publikation, dass wir hier eigentlich von einer Win-win-Situation sprechen. Im Klartext: Der Arbeitgeber erhält signifikant mehr Performanz und der Arbeitnehmer fühlt sich besser dabei!

7.3 Typische Fehler – Wer ohne Schuld ist, werfe den ersten Stuhl!

Inzwischen ist sehr viel passiert. In den großen Konzernen gibt es dedizierte Verantwortliche für Bürogestaltung und Arbeitsplatzdesigns. Kleinere Betriebe können hier auf erfahrene Dienstleister, Berater und Experten zurückgreifen, die komplementär zu der eigenen Leistungsfähigkeit beraten und im Idealfall sogar ein One-Stop-Shopping ermöglichen. In den letzten beiden Dekaden wurden, wie beschrieben, Entscheidungen mehr monetärer denn technischer Natur gefällt. Selbst wenn eine technische Evaluierung mit viel Aufwand im Vorfeld stattfand, entschied am Ende des Tages der Kaufmann. Ein armer Teufel durfte dann diese Technik, die teilweise überhaupt nicht zusammenpasste, in eine Funktionskette bringen. Naturgemäß ist es schwierig, einzelne Hersteller bei einer Dysfunktion in die Verantwortung zu zwingen. Der Klassiker ist, dass sie am Ende definitiv eine Fehlfunktion feststellen, aber alle Komponentenlieferanten die Hände heben und ihre Unschuld beteuern.

⇨ Daher ist es wesentlich günstiger, einen Lieferanten zu finden, der einen Arbeitsplatz ganzheitlich designt und verkauft. Damit haben sie einen Verantwortlichen, einen Ansprechpartner und bei einer Vollkostenbetrachtung mit Sicherheit den günstigeren Arbeitsplatz!

New-Work-Projekte sind aber bei Weitem kein Selbstläufer. Ich möchte an dieser Stelle auch mit der Erwartungshaltung brechen, dass die Belegschaft lemmingartig in jedes Konzept folgen wird, oder sich sogar darauf freut oder sich wertgeschätzt fühlt, wenn ein Arbeitgeber in neue Arbeitsplatzkonzepte investiert. Wir Menschen stehen Veränderungen grundsätzlich eher skeptisch gegenüber. Wenn es dann auch noch eine Vertrauensbasis zwischen Arbeitnehmer und Arbeitgeber gibt, die wenig belastbar ist, wird die Skepsis, ja sogar Abwehrhaltung, noch größer. Um dies zu umgehen oder um sich sogar eine gute Ausgangsposition für das angehende Projekt bezüglich einer neuen Bürolandschaft zu erarbeiten, möchte ich im Folgenden auf übliche Fallstricke und Untiefen aufmerksam machen und Hinweise geben, wie man starten könnte.

7.4 Diese fünf Punkte helfen ihnen beim Aufsetzen eines erfolgreichen New-Work-Projekts

1. **Mut und Freiheitsgrade:** Leider habe ich allzu oft Projekte kennengelernt, bei denen es den Verantwortlichen an Mut, aber auch an Freiheitsgraden fehlte. Wobei zugegebenermaßen, das eine mit dem anderen viel zu tun hat. Ich meine nicht nur Mut, neue Wege zu gehen und auch gegen Widerstände in der Belegschaft neue Konzepte durchzusetzen. Ich meine viel mehr sich gegenüber der Geschäftsleitung und deren Budgetgeber als der „Anwalt" der Nutzer und Mitarbeiter zu verstehen.
2. **Interdisziplinarität:** New-Work-Projekte können nur dann gelingen, wenn die komplette benötigte Expertise mit am Tisch sitzt. Bei einer Kette entscheidet das schwächste Glied über die Zugfestigkeit. Genauso ist es auch bei neuen Bürokonzepten. Es nutzt nichts, das beste Licht zu installieren, aber dann eine extrem schlechte Akustik in den Räumen zu belassen. Es muss also ein in sich stimmiges und ausgewogenes Konzept erarbeitet werden. Alle Themenfelder, egal ob eine IT-

Infrastruktur oder Möbel oder andere Gewerke, zahlen auf ein gutes Konzept ein. Ich kann nur empfehlen, bereits in einem sehr frühen Stadium sowohl IT, als auch HR, Betriebsrat und Facility Management zu involvieren. Zudem gehören für mich unbedingt auch Vertreter der Belegschaft, und damit meine ich nicht den Betriebs- oder Personalrat, an den Tisch. Es ist wichtig, die Bedürfnisse der eigentlichen Nutzer in den Mittelpunkt zu stellen. Um das machen zu können, benötige ich sehr intime Kenntnisse über gewünschte Funktionen, Ausstattungsmerkmale und Arbeitsplatzszenarien.

3. **Kommunikation:** Genauso wichtig wie Informationen einzusammeln, ist es aber auch, Informationen an die Belegschaft weiterzugeben. Wie bereits erwähnt, scheuen wir Menschen Veränderungen. Daher wird jedes noch so gut gemeinte Gestaltungsprojekt im Büro Ängste und Ressentiments verursachen. Immer! Akzeptanz lässt sich nicht per Order Mufti befehlen, sondern wird durch Aufklärungsarbeit und durch Einbindung schrittweise generiert. Mit anderen Worten: Die Akzeptanz der Belegschaft muss man sich verdienen.
4. **Über das Ziel gehen:** Manchmal blutet einem das Herz. Man sieht die riesigen Investments eines Arbeitgebers auf der einen Seite und die Unzufriedenheit bei den Nutzern auf der anderen Seite. So enden manchmal Office-Projekte. Sie werden vom Projektmanagement als final beendet erklärt, im Feld beim Nutzer aber erntet man keine Akzeptanz. Oft liegt es dabei nur an Kleinigkeiten, die mit wenig Aufwand hätten ausgemerzt werden können. Manchmal fehlte es den Verantwortlichen einfach auch nur an dem notwendigen Blickwinkel und etwas Verständnis für die Nutzer. Beispielsweise kann es nicht sein, dass Sachbearbeiter, die teilweise immer noch papierbasiert arbeiten, keinen Stauraum mehr bekommen, oder Kreativkräfte werden in langweilige, farblose, immer gleich möblierte Büros gequetscht. Wichtig ist also, auch die letzten Zentimeter über das Ziel zu gehen und auch bis in die Details die Arbeitsplatzszenarien zu Ende zu denken. Wie löst man z. B. die Verkabelung am Tisch, welche verschiedenen Rollen und Tätigkeiten gibt es im Unternehmen und wie kann ich diese optimal unterstützen, wodurch wird das Büro attraktiver oder wie kann ich den „Stallgeruch" des Arbeitgebers aufgreifen?
5. **Ganzheitlich denken:** Neben der Interdisziplinarität ist es auch wichtig, ganzheitlich die Arbeitsplätze im Büro und das Büro im Gebäude zu denken. Die vierte Dimension dabei sollten die Bedürfnisse der Mitarbeiter und der Organisation sein, wie z. B. Prozesse und Abläufe. Beispielsweise wirkt sich der Energieverbrauch des IT-Equipment stark auf die Kühl- oder Heizleistung eines Gebäudes aus. Das Licht, das Bildschirme emittieren, beeinflusst die Beleuchtung eines Raums genauso, wie den Menschen selbst bis hin zu seinem Hormonhaushalt. Alles hängt zusammen und so sollte es auch gemeinsam durchdacht werden. Erst wenn die Schnittstellenthemen zwischen den einzelnen Gewerken bedacht wurden und die Zusammenhänge zwischen den Arbeitsplätzen und z. B. dem Gebäudemanagement klar sind, kann ein modernes Büro sinnvoll aufgesetzt werden. Vor allem in Zeiten von IoT, Digitalisierung und „cognitive infrastructures" muss sehr früh schon klar sein, welche

Sensoren an welcher Stelle wie ausgewertet werden. Was ist einem Benutzer zumutbar, was aber auch nicht mehr, wie weit darf ich Daten auswerten, ohne Probleme mit dem Betriebsrat oder der Datenschutz Grundverordnung zu bekommen etc. Ohne eine zu Ende gedachte und ganzheitlich aufgesetzte Digitalisierung werden Sie die nächste Evolutionsstufe Ihrer Bürolandschaft nicht einleiten können.

Nun lassen Sie uns etwas detaillierter in die einzelnen Punkte schauen.

7.5 Nur die Harten kommen in den Garten

Freiheit setzt meistens Mut voraus und – vice versa – erzeugt Freiheit Mut! Aus der Sicht von Arbeitgebern erscheinen Neugestaltungen von Büros erst mal als großes Investment. Speziell die kaufmännische Seite ist dabei meist eher bremsend und innovationshemmend unterwegs. Was man dabei gern vergisst, ist, auf der Habenseite mal genauer zu hinterfragen, was diese Projekte überhaupt bringen. Selbst kritischen Rechnern sollte die Performanzsteigerung und die verbesserte Motivation der Mitarbeiter auch etwas wert sein. Wenn man ganz nüchtern berechnet, dass ein durchschnittlicher, gut ausgebildeter und geschätzter Facharbeiter in der Industrie, egal in welcher Rolle, über das Jahr gerechnet mindestens 100.000–150.000 € an Lohn- und Lohnnebenkosten verursacht. Man könnte Werte sogar darüber annehmen, denn ein nicht unerheblichen Prozentsatz davon gilt als Spezialisten oder stammt sogar aus dem Management, oder ggf. kommt noch ein Firmenwagen dazu, Um hier auch für den Mittelstand und Arbeitskräfte aus dem öffentlichen Sektor zu sprechen, möchte ich untenstehende Rechnung auf Basis von 100.000 € pro Mitarbeiter und Jahr im Mittel aufstellen. Wenn wir ferner sehr konservativ und fast schon pessimistisch annehmen, dass eine, wie auch immer geartete, Neugestaltung der Arbeitssituation nur 5 % Performanzsteigerung verursacht (Studien belegen hier deutlich mehr Steigerungen) und eine Erhöhung der Bindung ans Unternehmen um 10 % unterstellen und weiterhin annehmen, dass ein Mitarbeiter z. B. durch mehr Ergonomie am Arbeitsplatz nur einen Krankentag pro Jahr weniger Fehlzeit generiert, lässt sich folgende Rechnung aufstellen (Tab. 7.1):

Wenn wir also selbst in dieser konservativen Abschätzung bereits über ein Delta von mehr als 10.000 € per anno reden können, sollte jedem kühlen Rechner klar sein, dass sich „New Work" wirklich lohnt! Diese Kalkulation mag dem einen oder anderen etwas simpel anmuten, jedoch gebe ich an dieser Stelle zu bedenken, dass hier einige noch wesentlichere positive Aspekte gar nicht eingerechnet wurden, weil sie monetär schlichtweg schwer bis gar nicht zu fassen sind:

⇨ Moderne Bürolandschaften wirken, richtig konzipiert, auch sehr positiv auf den Cultural Change in Unternehmungen, sie wirken stark agilisierend auf Teams und Organisationen und sie inspirieren und kreativieren Mitarbeiter!

7.6 Von allem ein bisschen!

Der zweite Kardinalsfehler, der häufig Projekte gefährdet und den großen Wurf verhindert, ist die monothematische Planungsweise. Damit meine ich das Future-Workplace-Projekte oft nur in einer Abteilung hauptverantwortlich aufgehängt werden. Ob es sich dabei um das Facility Management oder die IT Abteilung handelt oder HR ist nicht entscheidend. Faktisch müssen solche Projekte interdisziplinär aufgesetzt und durchgeführt werden. Keine der genannten Abteilungen ist allein in der Lage, ein ganzheitliches und erfolgreiches Future-Workplace-Projekt durchzuführen.

Aber was sind nun richtig konzipierte Bürolandschaften? Diese Frage lässt sich nicht mit einem Satz beantworten. Letzten Endes kann man hier nur mit einer Gegenfrage reagieren: „Was sind denn die Ziele bei einer Büroneugestaltung?" Stellt man die Agilität beispielsweise in den Mittelpunkt, so wird man wesentlich flexiblere Konzepte zugrunde legen als z. B. bei einer Produktivitätssteigerung von Sachbearbeitern. Genauso wird es Unterschiede geben, wenn man den Schwerpunkt aufs Homeoffice legen möchte und die Mobilisierung der Belegschaft anstrebt vs. offen konzipierter „activity-based offices", die eine hohe Zugkraft zum Büro erzeugen können. So muss letzten Endes für die Bedürfnisse des Kunden und wiederum dessen Nutzer jedes Mal aufs Neue ein Maßanzug geschneidert werden. Wobei hier die Erfahrung zeigt, dass sich viele Dinge von anderen lernen und übernehmen lassen und am Ende des Tages so eine Art modulare Standardisierung sich etablieren wird.

Schließlich ist aber entscheidend, dass wir hier interdisziplinär denken. Was hilft es, wenn die Personalabteilung Homeoffice ermöglichen würde, die Belegschaft aber nur

Tab. 7.1 Kalkulation New-Work-Effekte (www.WIIPP.de 06/2020)

Annahmen	
Performanzsteigerung durch New Work	5 %
Weniger Fehlzeiten pro Jahr	1 MT
Weniger Neuakquise durch bessere Bindung	10 %
Kosten	
Mittlere Kosten je Mitarbeiter pro Jahr	100.000 €
Mittlere Arbeitstage (minus Urlaub, Wochenende und Feiertage)	220
Kosten Neuakquise über Headhunter	50.000 €
Berechnung positiver Effekte durch New Work	
Performanzsteigerung	5000 €
Weniger Fehlzeiten pro Jahr (gerundet)	450 €
Weniger Neuakquise über Headhunter	5000 €
Summe	10.450 €

Desktop-PC hat, oder wenn Homeoffice eingeführt wird, aber mobiles Arbeiten aufgrund fehlender VPN-Zugänge unmöglich ist. Genauso ärgerlich sind nicht über die Grenzen gedachte Konzepte im Kleinen. Zum Beispiel ärgern sich Nutzer Grün und Blau, wenn die Rüstzeiten am Shared Desk mehrere Minuten dauern. Ein moderner und aktiver Mitarbeiter dockt mehrfach an seinen Arbeitsplatz an und ab. Wenn das nicht zügig geht, verschwendet man nicht nur Arbeitszeit, sondern riskiert auch das Wohlwollen seiner Mitarbeiter. Genauso ärgerlich sind fehlende Steckdosen am Tisch oder ein unübersichtliches Kabelgewurschtel um und hinter den Displays. Solche Situationen verursachen nicht nur Reinigungsprobleme bei Shared Desks, sondern sie reduzieren auch die Flexibilität und Anpassungsmöglichkeiten für Mitarbeiter und erhöhen die Fehlerquellen. Man muss sich also im Vorfeld genauer über das Gesamtkonzept im Klaren sein und z. B. konkrete Lösungen für eine saubere Verkabelung und smarte Dockinglösungen an den Shared Desks einplanen. Genauso wichtig sind auch Individualisierungsmöglichkeiten für Mitarbeiter, denn letzten Endes ist ein Shared Desk quasi kein Maßanzug, sondern ein One-fits-all-Ansatz. Aber auch hier gibt es Lösungen, die machbar, bedienbar und letzten Endes auch bezahlbar sind. Aber diese Lösungen werden sie nur umsetzen können, wenn z. B. eine IT-Abteilung mit dem verantwortlichen Möbler und dem Facility Management spricht.

7.7 Schweigen ist Silber, Reden ist Gold!

Worum geht es denn dem Investor, wenn man ehrlich ist? Unternehmen erhoffen sich nicht nur die Steigerung der Produktivität und das Senken von Ausfallzeiten, sondern möchten auch gute Fachkräfte stärker an ihre Unternehmen binden. Last, but not least wollen Unternehmungen, egal welcher Größe und Branche schneller und innovativer am Markt agieren. Dass das eine hervorragende Bürolandschaft leisten kann, das hat das Fraunhofer-Institut für Arbeitswirtschaft und Organisation (IAO) in Stuttgart mehrfach durch Studien belegt. Bitte vergleichen sie dazu im Folgenden die beiden Grafiken, die die Wirkungsweise von mobilem (autonomem) Arbeiten (Abb. 7.1) und dem Arbeiten in einem gut gestalteten Büro (Abb. 7.2) in Beziehung setzen. Um es vorweg zu nehmen: Das Büro gewinnt!

Leider wird die Neugestaltung von Büros aber oft noch top-down entschieden und auch genauso geplant und umgesetzt. Dadurch geht die wertvollste Informationsquelle, nämlich der Nutzer, der am meisten über seine Bedürfnisse erzählen könnte, verloren. Das demzufolge verursachte Problem ist mehrschichtig. Ein aus der Nutzerschaft kommendes und mitgestaltetes Konzept wird viel schneller adaptiert und wird somit viel schneller auf der Habenseite der vorhin berechneten monetären Betrachtung einzahlen.

Aus meiner Sicht ist es daher elementar wichtig, die Mitarbeiter und auch den Betriebs- respektive Personalrat sehr früh in die Planungen und in die Ideenfindung zur neuen Bürolandschaft einzubinden! Selbst wenn das Gleiche herauskäme, wie es ein erfahrener und hochkompetenter zentraler Planungsstab hätte planen können, es ist doch

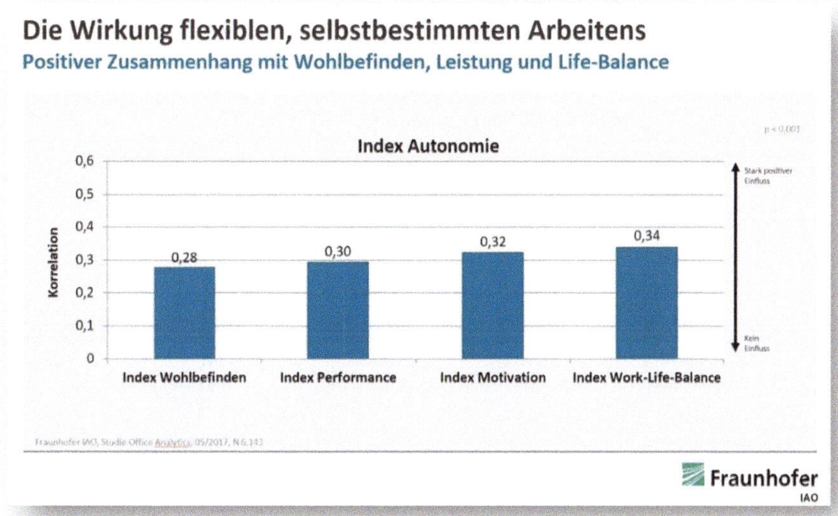

Abb. 7.1 Wirkung autonomen Arbeitens

das Konzept der Mitarbeiter selbst und steigt damit enorm in Ansehen und Akzeptanz. Dabei geht es nicht um Wünsch-dir-was und um Luftschlösser, sondern um viele konkrete Hinweise, die sicherlich gefiltert werden müssen, aber die als solide Grundlage für jedes Projekt im Büro dienen können.

Wichtig ist auch, gemeinsam mit der Unternehmensleitung, eine homogene und stringente Kommunikation und Aufklärungsarbeit zu leisten und diese auch im Vorfeld mit ins Budget einzuplanen. Wie wichtig das ist, habe ich in einem Projekt erlebt, in dem vom Management des Kunden gegenüber der Belegschaft „Kaviar und Langusten" versprochen wurden, die Verantwortlichen aber nur ein Budget für eine „Gulaschsuppe" bekamen. Selbst wenn alles perfekt läuft, ist solch ein Projekt zum Scheitern verurteilt. Es ist also essenziell, offen, ehrlich und empathisch mit den Kollegen und Nutzern zu kommunizieren.

7.8 Wichtig ist, was hinten rauskommt!

Am Ende einer jeden Konzeptionierung für Büros steht der Mensch, d. h. es werden Konzepte entweder aus der Sicht von Kaufleuten aufgesetzt oder mit einer technischen Brille betrachtet und angestartet oder man kommt von Raum her und leitet daraus Konzeptionen, Infrastruktur und Ausstattung ab. Und wenn überhaupt, wird relativ spät die Frage nach dem Nutzer gestellt.

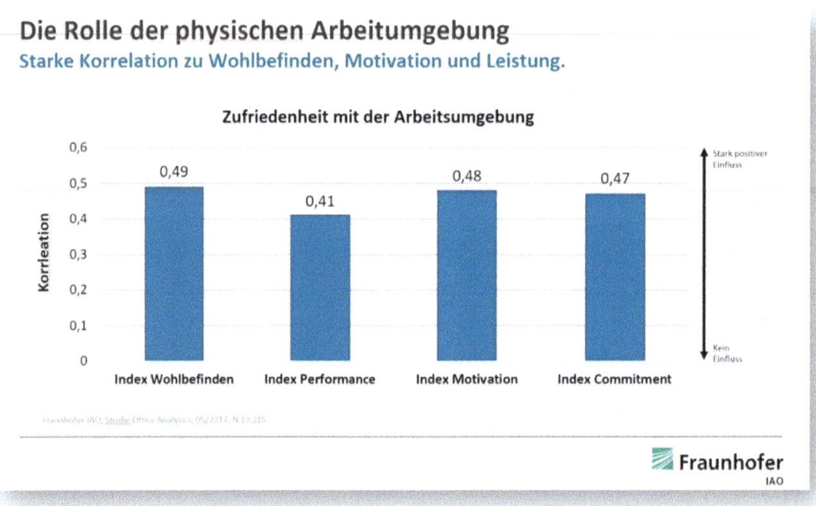

Abb. 7.2 Wirkung des physischen Raums

Aus meiner Sicht muss man aber hier mutig sein und das Pferd an der anderen Seite aufzäumen. Mit menschzentrierten Arbeitsplatzkonzepten ist nicht nur eine Floskel gemeint, sondern vielmehr ein Strategiewechsel bei der Erarbeitung von Konzepten, Bedürfnislandschaften und Lösungen! Es ist über die letzten Dekaden betrachtet ein echter Paradigmenwechsel. Nicht mehr und nicht weniger!

Als „gebürtiger" IT-ler kann ich mich noch sehr gut an Terminal-Mainframe-Projekte erinnern, bei denen man billigend in Kauf genommen hat, alle Nutzer monatelang auf Schulungen zuschicken, damit sie überhaupt in der Lage waren, mit dieser Technik umzugehen. Ich meine damit nicht hochspezialisierte Administratoren, die den Betrieb sicherstellen, sondern selbst normale Nutzer verloren Monate an Produktivität. Diese technikfokussierte Sichtweise wurde in den letzten beiden Dekaden zugunsten der kaufmännisch bestimmten Vorgehensweise aufgebrochen. Die letzten Jahre haben Ausschreibungen, Dutch Auctions und Online Bidding Events die Beschaffungslandschaft geprägt. Der Einkauf eines Konzerns war meist weit mächtiger als die Technikabteilungen. Dies führte entsprechend zu absurden Auswüchsen, die in der Praxis darin mündeten, dass immer nur das Billigste, aber nicht das Beste beschafft wurde. Es wurde gespart, koste es, was es wolle!

Inzwischen sind einige Kunden in dieser evolutionären Entwicklung den nächsten Schritt gegangen und schreiben ihren Einkäufern auch Key Performance Indicators (KPI) wie die Nutzerzufriedenheit in die Bücher. Getrieben durch Fachkräftemangel, den Wunsch agiler zu werden und durch die Digitalisierung werden immer mehr flexible, individualisierbare und hochwertige Arbeitsplätze in den Büros installiert. Die feste Zuweisung von Arbeitsplätzen weicht immer mehr einer Vertrauensarbeitszeit und einem Vertrauensarbeitsort. Über die letzten Jahre hat sich das Homeoffice mehr und mehr zu einem wesentlichen Pfeiler im Arbeitsalltag gemausert. Trotzdem blieb es in einer rechtlichen Grauzone, war mehr geduldet denn offiziell anerkannt und zudem haben die meisten Arbeitgeber außer einem mobilen Endgerät in der Regel keinen Beitrag zur Qualität der Arbeitsumgebung zu Hause geleistet.

Dies führte dazu, dass viele zu Hause in allen möglichen Sitzpositionen und ohne Arbeitsplatzsicherheit unkontrolliert und oft nicht ergonomisch über viele Stunden, wenn nicht sogar Tage, gearbeitet haben.

7.9 Der Corona-Effekt!

Durch die Veränderungen, die der Corona-Virus im Frühjahr 2020 brachial gebracht hatte, ist der Homeofficeanteil bei Büroarbeitsplätzen während der Corona-Krise von 5 % in 2019 auf einen 75-Prozent-Share im April 2020*[1] katapultiert worden! Sicherlich wird nach der Corona-Ära wieder mehr im Büro gearbeitet werden, aber – das belegen Statistiken: Die Mehrheit der Nutzer wünscht sich zukünftig einen wesentlich höheren Homeofficeanteil als früher.

⇨ Homeoffice ist seit Corona nicht mehr nur geduldet, sondern ein etablierter und sogar nachhaltig bleibender und bestimmender Arbeitsort. Dies zwingt Arbeitgeber in die Verantwortung, auch die Arbeitsplätze zu Hause zu gestalten und stellt ein erhöhtes Versicherungs- und Regressrisiko dar!

In den letzten Dekaden haben Experten wie beschrieben über diverse Iterationsstufen Bürogestaltung und Arbeitsplätze optimiert. Leider machten diese Entwicklungen nicht nur vor dem Homeoffice halt, sondern fanden auch oft nicht den Weg zu Klein- und Kleinstunternehmen.

Das hat zur Folge, dass besonders in kleineren Unternehmen, bei der öffentlichen Hand und im Homeoffice die Arbeitsplatzausstattung und -konzeption „by accident" entstanden und organisch gewachsen über die Jahre betrieben wurden.

Wie sieht es nun dort konkret mit der Sicherheit und der Arbeitsplatzergonomie aus? Sind z. B. ihre Homeoffices so gut wie ihre Büros ausgestattet? Falls nicht, ist eine valide Frage: Tragen sie vielleicht sogar ein erhöhtes Risiko von Regressklagen oder Schadensersatzforderungen ihrer Mitarbeiter im Fall des Falles? Für den Gesetzgeber ist die Trennung deutlich formuliert in der Arbeitsstettenverordnung zu finden. ort wird klar formuliert, dass der allenortens verwendete Begriff des „Mobile Workings" lediglich auf Nutzer anzuwenden ist, die gelegentlich, z. B. außerhalb ihrer Arbeitszeit, Mails abrufen oder ebenmal bearbeiten. Alternierendes Arbeiten zu üblichen Bürozeiten und über längere Zeiträume ist eindeutig als „Telearbeit" deklariert. Für einen Telearbeiterarbeitsplatz trägt ein Arbeitgeber jedoch die gleiche Verantwortung und Ausstattungsverpflichtung, wie für einen Bildschirmarbeitsplatz im Büro.

Der Nachholbedarf bei Homeoffices ist also immens. In einem Beitrag von Spiegel Online*2 vom Mai 2020 „Das Ende des Großraums" wurde das Potenzial in Europa auf 16–32 Mrd. € geschätzt! Die Autoren gingen von einem mittleren Invest von 3000 € pro Homeoffice aus. Wohingegen in Büros Firmenstrategie, Atmosphäre und Branding klar geführt werden, ist das Homeoffice immer noch ein nicht gestalteter Raum.

Dennoch, es ist leider nicht trivial, ad hoc jedem Mitarbeiter für die eigenen vier Wände einen kompletten Arbeitsplatz, analog dem eines Büros bereitzustellen. Damit meine ich nicht etwa die Kosten, sondern vor allem die Tatsache, dass sie als Arbeitgeber nicht frei über die Flächen und die Kapazitäten in den Wohnungen ihrer Mitarbeiter verfügen können.

Aber was tun, um das Risiko einzugrenzen und um die Verantwortung eines Arbeitgebers anzunehmen?

⇨ Damit Sie schnell und ohne Anlaufphase durchstarten können, haben Sie die Möglichkeit zum vorhandenen Homeoffice des Mitarbeiters komplementäre Module auf freiwilliger Basis anzubieten. Lehnt er ab, entlässt er sie ein Stück weit aus der Haftung, nimmt er an, auch!

Dabei gibt es die Möglichkeit, Module oder ganze Arbeitsplätze im One-Stop-Shopping vom Mitarbeiter selbst bestellen zu lassen und diese mittels eines adäquaten Roll Out Service beim Mitarbeiter installieren zu lassen. Mittel und langfristig können Firmen dann eigene Konzepte und Brandings fürs Homeoffice ihrer Mitarbeiter konzipieren.

7.10 Zurück aus der Zukunft?

Corona hat es bewiesen, Mitarbeiter, die in Homeoffices arbeiten, fühlen sich nicht nur effizienter, sie fühlen sich meist ausgesprochen wohl. Das geht sogar so weit, dass diese nicht mehr zum alten Status quo zurück möchten. Im Büro zu arbeiten, ist ja schön und gut, aber die leidige An- und Abfahrt wird mehr und mehr als Zeitverschwendung wahrgenommen. Zudem stellen viele fest, dass beim Von-zu-Hause-Arbeiten die Work-Life-Balance wesentlich besser ist. Man ist in der Familie präsenter, kann flexibler über seine Zeit entscheiden und es bleibt unterm Strich netto mehr Freizeit übrig. Da wundert einen das Ergebnis der in Abb. 7.3 abgebildeten Umfrage*4 unter den Homeofficenutzern nicht.

Die überwiegende Mehrheit der Mitarbeiter bestätigen das in einer Umfrage der aconsea noch während der Corona-Pandemie. Es ist also nicht nur nicht ratsam, sondern meiner Meinung nach auch nicht schlau, alle Mitarbeiter wieder zwingend ins Büro zu holen und so wie früher weiter zu arbeiten. Die aktuell vorherrschende gesteigerte Akzeptanz gegenüber modernen Arbeitsplatz- und Arbeitszeitmodellen und die Bereitschaft, neue Wege zu gehen, sollten wir für den Neustart in den Büros nutzen.

Um Investitionsschutz zu betreiben, ist es wichtig, den Arbeitsplatz ganzheitlich zu denken. Die einzelnen Module müssen aufeinander abgestimmt und miteinander integrierbar sein. Suchen sie also bitte einen Anbieter, der ihnen komplementär zum Vorhandenen Konzepte liefert und End to End die Funktion und die Passgenauigkeit aller

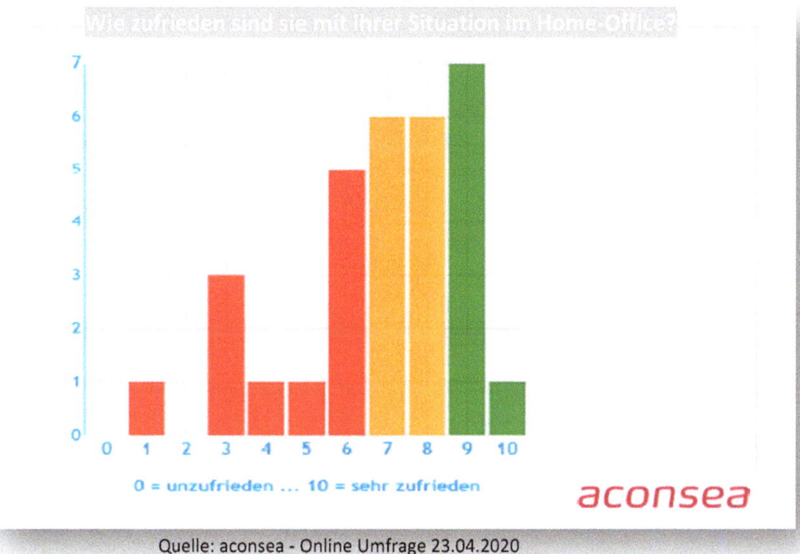

Abb. 7.3 Umfrage Aconsea 23.04.2020

erworbenen Komponenten garantiert. Im Büro sind Ausfälle und technische Probleme bereits teuer, was würde das für Aufwände im Homeoffice aller Mitarbeiter bedeuten?

Wenn sie ihren Mitarbeitern Module für ihr Homeoffice anbieten wollen, müssen diese zwingend nachrüstbar und zerstörungsfrei reversibel entworfen sein. Zum Beispiel: Falls ihr Mitarbeiter zu Hause bereits einen Tisch hat, rüsten sie einfach die nötigen Ergänzungen nach. Ohne Bohren oder Fräsen ist der Weg zurück damit offen und erhöht die Wahrscheinlichkeit, dass er sich darauf einlässt.

7.11 Der perfekte Arbeitsplatz!

Aber wie könnte jetzt ein konkretes Arbeitsplatzkonzept aussehen, dass modernste Anforderungen und Erkenntnisse aus der Biomedizin und der Gehirnforschung berücksichtigt? Im Folgenden finden Sie Beispiele, wie sie einen Arbeitsplatz modular ergänzend können. Das Schöne ist: Diese Module funktionieren meist sowohl im Büro als auch im Homeoffice.

1. **Universale Docking-Lösungen:** Reduzieren sie nicht nur die Rüstzeiten der Nutzer, sondern steigern sie nebenbei die Performanz ihrer Mitarbeiter durch universelle Docking-Lösungen. Universal bedeutet, sie gehen keine Abhängigkeit oder Kompatibilitätseinschränkung zu einem Hersteller ein und mehrere Gerätegenerationen können ohne Neubeschaffung im Idealfall mit einer Docking-Lösung

betrieben werden. Moderne Docking-Lösungen verwenden nur noch ein Kabel, um Daten und Energie zu übertragen.

2. **Raumakustik:** Was nutzt das beste Headset, wenn es im Raum hallt! Das ist nicht nur unangenehm für uns Menschen, sondern stört alle Beteiligten in Telefonkonferenzen und reduziert die Treffergenauigkeit von sprachgesteuerten Assistenzsystemen. In Räumen, in denen die Akustik schlecht ist, sinkt die Konzentrationsfähigkeit signifikant. Dabei wäre es doch so einfach, mit akustisch wirksamen Elementen, z. B. an der Wand befestigt, eine Raumakustik nachhaltig positiv zu verbessern.
3. **Flexible Monitorlösungen:** Mit aufgerichtetem Kopf, die Augen geradeaus nach vorn blickend versucht unser Gehirn, im „Big-Picture-Modus" einen weiten Blickwinkel zu erfassen. Ordnen wir frontal Bildschirme an, zwingen wir unser Gehirn, sozusagen im falschen Modus Details zu erkennen. Unser Gehirn schaltet in den „Detail-Modus" um, wenn wir den Kopf leicht abknicken und in die ermüdungsfreie natürliche Lesehaltung wechseln. Jetzt erst arbeiten wir effizient, wenn wir z. B. einen Text korrigieren wollen. Sie kennen bestimmt den Effekt, dass sie ein Dokument ausdrucken und dann erst feststellen, dass sie noch mehrere Rechtschreibfehler auf dem Bildschirm übersehen haben. Das liegt nicht daran, dass das Papier besser als der Bildschirm wäre, sondern daran, dass ihre Hände in einem anderen Modus arbeiten und nun leistungsfähiger sind. Das in Abb. 7.4 dargestellte Monitorarmsystem nutzt exakt diesen Effekt und bietet an, zusätzlich zu einem normalen Bildschirm einen zweiten Touch-Bildschirm vor den Körper zu ziehen und diesen, wie ein Tablet oder ein Stück Papier, in der natürlichen Lesehaltung zu benutzen. Besonders angenehmen ist diese Arbeitsweise für Gleitsichtbrillenträger, die nun endlich in dem dafür vorgesehenen Bereich der Brille scharfstellen können. Das ist aber nur ein Beispiel von möglichen Bildschirmszenarien. Lassen Sie sich unbedingt beraten, denn hier ist unglaublich viel Performanz, Ergonomie und Akzeptanz der Belegschaft zu generieren.
4. **Beleuchtung:** Licht ist für uns Menschen lebensnotwendig. Wir sind seit Urzeiten durch die Sonne in unserem Tagesablauf synchronisiert. Das richtige Licht bringt uns morgens auf Touren und macht uns abends müde. Wissenschaftler haben mehrfach belegten, dass wir über spezielle Rezeptoren in den Augen vegetativ und unbewusst auf die Lichtfarbe und Intensität reagieren. Unser Hormonhaushalt wird dadurch synchronisiert. Zudem lassen sich bestimmte Stimmungen und Wirkungsweisen während unserer täglichen Arbeit positiv unterstützen. Zum Beispiel können wir uns bei einer erhöhten Helligkeit und bei mehr Blauanteilen besser und länger konzentrieren. Richtig gute Leuchten bieten sogar eine Human-Centric-Lighting(HCL)-Funktion an. Dabei unterstützt eine solche Leuchte synchron mit der Sonne einen Menschen dabei, seinen Biorhythmus auch in dunklen Räumen und bei Sitzplätzen weit weg vom Fenster beizubehalten. Mit der richtigen Beleuchtung minimieren wir nicht nur Augenkrankheiten, sondern halten unsere Mitarbeiter gesund und erhöhen ihre Performanz.
5. **Integrierte End-Point-Akustik:** Nicht nur die Raumakustik ist wichtig. Besonders im Homeoffice steigt der Bedarf nach digitaler Kollaboration. Aktuelle Studien gehen davon

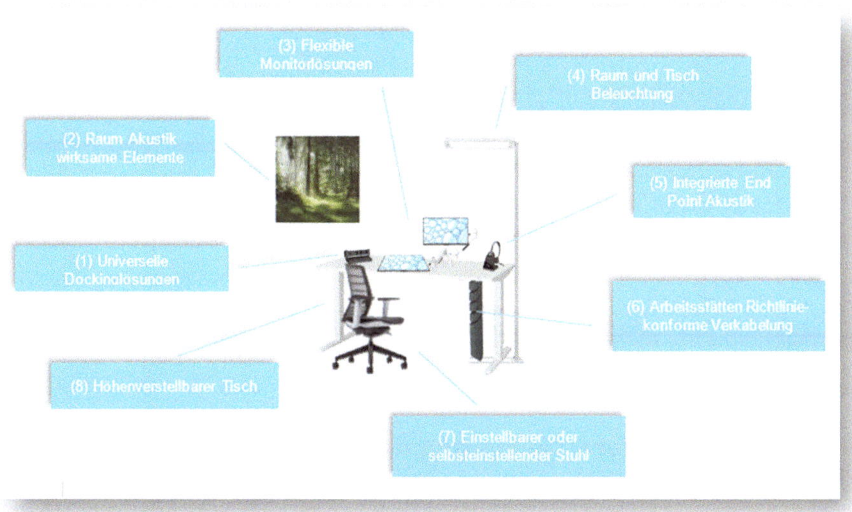

Abb. 7.4 Der Arbeitsplatz als Gesamtkunstwerk, bestehend aus nachrüstbaren Modulen

aus, das wir über 60 % der Zeit in Digital Collaboration Tools verbringen. Bei diesen Tools wie z. B. „Teams" von Microsoft oder „WebEx" von Cisco ist neben dem Teilen der Inhalte die Kommunikation über Sprache essenziell! Die Schlüsselkomponente dabei ist noch das Headset. Jedoch legen hier die Notebookhersteller nach und bestücken ihre Geräte mit integrierter Technik, also immer mehr Mikrofonen und verbessern die Sprachausgabe gleichermaßen. Das ist gut, denn wer hat schon Lust, zwei Drittel des Arbeitstags mit einem Headset zu verbringen, ganz abgesehen davon, was in der Zeit an Strahlung auf den Körper einwirkt. Zudem steigt auch der berufliche Einsatz von sprachgesteuerten Assistenten, wie z. B. Chat Bots oder der Einsatz von Diktierfunktionen an.

6. **Kabelführung:** Eine professionelle Verkabelung reduziert nicht nur Gefahrenquellen, sondern sieht gleich viel besser aus und lässt sich leichter reinigen! Auch nicht technisch begabte Mitarbeiter finden sich damit schneller zurecht. Wichtig ist, dass Sie bei allen Verkabelungsmethoden die Möglichkeit offen lassen, Elemente zu erweitern oder zu gegebener Zeit ein Technikupdate zu machen. Es könnte sich ja auch sogar der Standort des Tischs ändern. Moderne Technologien lassen diese Flexibilität zu. Lassen Sie die Kabel von Profis verlegen. Auch wenn es in der Praxis sehr trivial aussieht, so ist es doch ein sehr spezielles Thema. Nicht eingehaltene Biegeradien, abgedeckte Lüftungsschlitze oder zu kurz verlegte Leitungen verursachen Mittel und langfristig enorme Probleme. Besondere Beachtung gehört diesem Thema im Homeoffice. Im Homeoffice müssen sie mit herum krabbelnden Kleinkindern und Haustieren rechnen, die sich ggf. an herunterhängenden Kabeln strangulieren, oder in stromführende Leitungen beißen könnten. Der Sicherheitsstandard muss somit im Homeoffice höher sein, wie im Büro.
7. **Professionelle Sitzmöglichkeit:** Der Spruch „Sitzen ist das neue Rauchen!" hat leider einen ernsten Hintergrund. Mit einem höhenverstellbaren Tisch bekomme ich

schon deutlich mehr Dynamik in die Arbeitsplatzsituation. Weiter optimiert wird eine monotone Sitzhaltung durch flexible Monitorlösungen. Trotzdem ist es elementar wichtig, dass ein Mitarbeiter auf einem Stuhl sitzen kann, der sich auf seine Körpergeometrie, sein Gewicht und seine Sitzposition adaptieren lässt. Im Idealfall macht ein Stuhl dass automatisch; in der minimalen Anforderung sollte er manuell einstellbar sein. Ein professioneller Stuhl gehört in jedes Büro, auch in jedes Homeoffice!

8. **Höhenverstellbarer Tisch:** Ein Tisch, der sowohl in einer Sitz- als auch Stehposition genutzt werden kann, erhöht nicht nur die Sitzdynamik, sondern hilft auch beim kreativen und ermüdungsfreien Arbeiten. Tische sollten in verschiedenen Maßen verfügbar sein. Damit lässt sich der verfügbare Platz optimal nutzen und Sie reduzieren die Hemmschwelle für den Einsatz im Homeoffice.

7.12 Der Mensch war schon immer und wird auch immer ANALOG bleiben!

Aber wie geht es weiter? Was macht als nächste Evolutionsstufe Sinn? Im Zeitalter der Digitalisierung ist klar, dass auch unsere Arbeitsumgebung mehr und mehr durch digitale Elemente transformiert werden wird. „Human centric" wird uns aber im Besonderen jetzt, während der digitalen Transformation beschäftigen. Und auch hier greift wieder der Interdisziplinaritätsansatz.

Stellen sie sich vor, sie sind Flächenplaner in einem Büro. Der Trend geht zu immer kleineren Tischen und eben solche Anforderungen hätten sie umzusetzen. Falls sie nun nicht mit dem IT-Kollegen sprechen, werden sie nicht erfahren, dass die Displays immer größer werden. Aktuell reden wir von zwei Displays im Standard mit 24" Diagonale und Außenmaßen von etwa 55 cm je Screen, also in Summe 110 cm. Bei kleinen Tischen mit einer Breite von 140 cm ist das schon grenzwertig, aber nun stellen sie sich vor, es findet der nächste Sprung im Markt statt auf zweimal 27" mit je 62 cm oder gar einem 42" Curved mit 125 cm? Sie wären gezwungen, neue Tische zu beschaffen.

Noch viel gravierender ist aber, dass Displays, auch durch den Flächenzuwachs, in Büros inzwischen einen wesentlichen einzukalkulierenden Faktor bei der Beleuchtung spielen. Großflächige Displays können z. B. den positiven Effekt durch HCL-Leuchten wesentlich beeinträchtigen. Eine weitere Fragestellung ist zu klären: Wie gehen wir mit sprachgesteuerten Assistenzsystemen in Zukunft in Büros um? Was bedeutet das für die Akustik und für die Raumgestaltung?

7.13 Wir merken, dass das Anders, anders anders ist, als das Anders früher!

Ein Notebook ist im Prinzip kompatibel zu einem Tausend Jahre alten Tisch. Aktuelle Technik könnte ich auch darauf legen und alles auch elektrifizieren. Wenn wir nun aber über kabelloses Laden oder über die Integration von Sensorik reden, wird es ungleich komplexer werden, vielleicht ist es sogar machbar, in einen Tisch aus den 80er Jahren moderne Technik zu integrieren, aber zumindest wird es nicht mehr wirtschaftlich sein. In der Vergangenheit konnte man mittels Plug & Play Integration nachgelagert durchführen. Das wird Kunden und Anwendern nun mehr und mehr schwerfallen. Der entscheidende Unterschied zu früher ist, dass die digitalen Komponenten als integrale Bestandteile in analogen Komponenten mehr und mehr verbaut werden müssen und wir vermehrt auf den Punkt der Unwirtschaftlichkeit und auf zu hohe Komplexitäten stoßen werden. Aber wie lösen wir nun diesen Gordischen Knoten?

Digitale Integration muss vorgedacht werden! Hersteller müssen im Vorfeld über die Integration von Technologie Einigkeit über die Branchen hinweg, also interdisziplinär erzeugen und die klassischen Schnittstellenthemen gelöst haben. Erst dann haben Kunden die Chance diese bereits integrierte Lösung als Building Block z übernehmen. Der Weg führt also weg vom Produkt, hin zu Lösungen und in logischer Konsequenz auch zu Lösungsanbietern.

Beispielsweise macht es keinen Sinn, Internet-of-Things-Komponenten solitär im Raum verteilt zu montieren. Um hier über die Jahre des Betriebs und im Sinn eines sinnvollen Technologieupdates nach der Laufzeit eine akzeptable Total Cost of Ownership (TCO) zu erhalten, werden die IoT Komponenten z. B. Sensoren in Leuchten konsolidiert verbaut. Somit wird das Nachrüsten von Bestandsgebäuden ermöglicht und der Integrationsaufwand bei Neubauten erleichtert.

Ein zweites Beispiel ist die bereits angesprochene Mischbeleuchtung durch Leuchten und Displays. Hier wird in Zukunft die Synchronisierung zwischen Display und Leuchte eine große Rolle spielen. Konkret wird also z. B. die Leuchte den Takt vorgeben und die Displays folgen. Bei aktiviertem HCL oder einer vom Nutzer eingestellten Individualisierung strahlen die Monitore und die Standleuchte nun das gleiche, homogene Licht ab.

Den Grundsätzen der Useability-und-User-Experience(UUX)-Forschung z. B. der Hochschule der Medien in Stuttgart folgend, sollte bei den letzten Beispielen der Nutzer auch nicht zeitintensiv sich Skills aneignen müssen, um zu verstehen, welche Lichtsituation er benötigt, um dann seine Individualisierungen jedes Mal aufs Neue einstellen zu müssen. Diese Funktionen sollten einfach und intuitiv zur Verfügung gestellt werden, ja sogar einen Erlebnischarakter haben. Und selbstverständlich werden diese nicht auf die Beleuchtungseinstellungen beschränkt sein, sondern auch z. B. die Tischhöhenverstellung inkludieren, den Kaffeegeschmack im Profil abspeichern, ebenso, wie die präferierte Platzwahl in den Büros, etc. Selbstredend, dass diese Nutzung keine Einbahnstraße ist. Die Sensorik und mein Habitus werden für eine optimalere Nutzung des Gebäudes konform zur Datenschutz-Grundverordnung (DSGVO) dem Gebäudemanagement bereitgestellt. So werden nicht nur meine Bedürfnisse besser getroffen, sondern auch die Betriebskosten gesenkt.

Damit sind wir schon mitten in der schrittweisen Evolution der Büros in Richtung der „cognitive infrastructures“. Wir werden mehr und mehr biometrische Verfahren im Einsatz finden, die unsere Authentifizierung und damit die Rechteverwaltung automatisieren, sprich wir werden z. B. von einem Gebäude automatisch erkannt, wenn wir dieses betreten, selbst, wenn wir keine elektronische Komponente mit uns tragen.

Die Interaktion mit KI und Assistenzsystemen wird mehr und mehr über unserer Sprache, Mimik und Gesten funktionieren. Lästige administrative Tätigkeiten, wie z. B. Protokollierungen, Übersetzungen oder wenig komplexe monotone Arbeiten mit hohem Wiederholungscharakter werden in Zukunft von Algorithmen übernommen.

Wichtig ist mir aber an dieser Stelle darauf hinzuweisen, dass alle genannten Technologien und Funktionen, jeder Tisch und jedes Gebäude, mögen sie noch so smart sein, als einzige Daseinsberechtigung haben, dass sie wie auch immer Teil eines Arbeitsplatzes sind, der einzig uns Menschen dienen sollte. Erst, wenn dieser Baustein uns in unserer Bedürfnislandschaft und für unsere Leistungsfähigkeit optimal unterstützt, ist das Ziel erreicht. Nicht, wenn wir die tollste verfügbare Technik installiert haben, nicht wenn wir den günstigsten Arbeitsplatz beschafft haben, und auch nicht, wenn wir das schönste Designelement entworfen haben, sondern, wenn wir die zufriedensten Nutzer haben, waren wir erfolgreich!.

Quellen Angaben:

1. Grafik 01: Fraunhofer IAO, Studie Office Analytics, 05/2017, N 6.143
2. Grafik 02: Fraunhofer IAO, Studie Office Analytics, 05/2017, N 6.143
3. *1: Umfrage „Von wo aus arbeitet ihr derzeit?“ mit Mentimeter „TMC Live Talk vom 16.04.2020“ n = 106

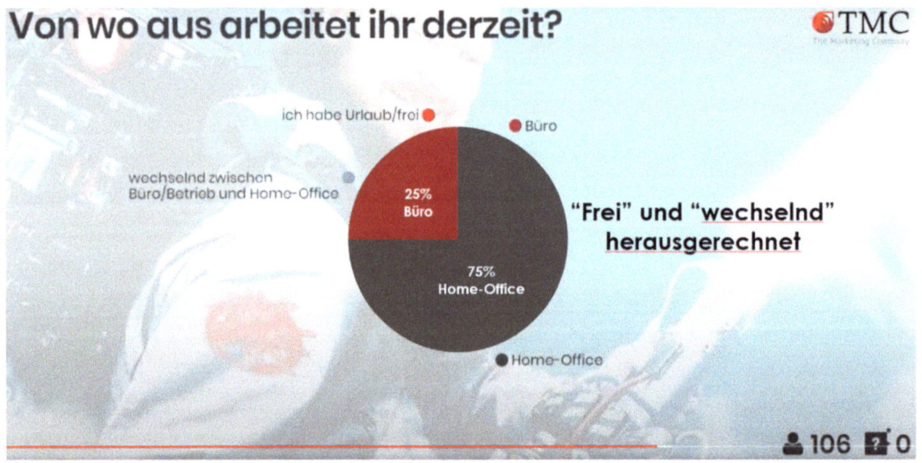

4. *2: Spiegel Online: „Das Ende des Großraums“ https://www.spiegel.de/karriere/arbeitswelt-nach-corona-das-ende-des-grossraums-a-632cdd19-0d21-46a5-8106-a1f677453c5a
5. *3: DIW Karl Brenke – 2016
6. *4 – Aconsea Rüdiger Schneider – 2020

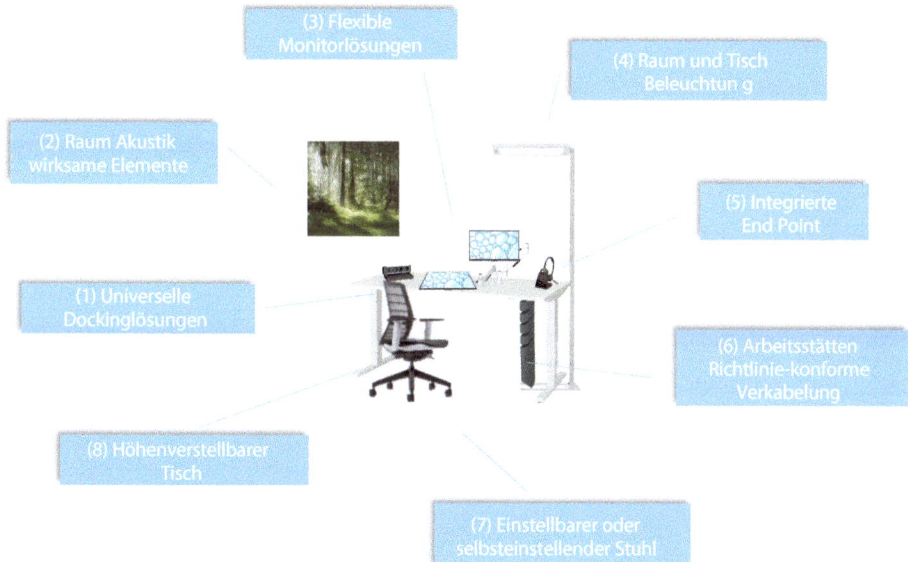

Heinz Wagner ist seit 1995 beruflich in der IT tätig. Von 1995 bis 2001 war Heinz Wagner als Gründer und Geschäftsführer von microSTORE Systems tätig. Im Jahr 2001 begann er bei Fujitsu seine Karriere. Verschiedene Stationen und Verantwortlichkeiten von Marketing über Business Development und Product Management, Client Computing Devices und Service Portfolio Management, national und international, ermöglichten ein breites Spektrum an Erfahrungen und Entwicklungsmöglichkeiten. Seit 2006 bis 2019 war er unter anderem für die Koordination des Verbundforschungsprojekts Office 21® des Fraunhofer Instituts für Arbeitswirtschaft und Organisation (IAO) verantwortlich. Seit 2016 bis 2019 leitete er ein agiles Team als Head of Future Workplace im EMEIA Headquarter mit der Aufgabe, den Arbeitsplatz der Zukunft weit über den klassischen IT-Ansatz hinaus zu entwickeln.

Diese ganzheitliche Betrachtung der Neugestaltung des Arbeitsplatzes der Zukunft diente als Inkubator für vielfältige Kundenprojekte und gestatteten auch die Erkennung und Entwicklung von IT-Trends um beschleunigte Innovationen zu initiieren, die nicht nur in die Produktentwicklungen im Bereich IT-Endgeräte münden, sondern auch neue Portfolioelemente, z. B. im Bereich Bürogestaltung und Möbel, erst ermöglichten. Die interdisziplinäre Geburtsstätte für End-to-End-betrachtete integrierte Arbeitsplatzlösungen ist das in diesen Jahren entstandene Eco-System, bestehend aus Forschern und Analysten, Entwicklungs- und Technologiepartnern, Visionären und innovativen Kunden. Im August 2019 gründete Heinz Wagner die WIIPP GmbH. WIIPP steht für Workplace Innovation + Inspiration + Performance + Productivity. Als Geschäftsführer und Inspirencer möchte Heinz Wagner Entscheider bei der Gestaltung von Arbeitsplätzen inspirieren, ganzheitlich beraten, unterstützen und mittels des vorhandenen und belastbaren Eco-Systems auch in die Lage versetzen, ein One-Stop-Shopping durchzuführen. Er ist verheiratet und hat vier Kinder.

Teil III

Die Menschen verstehen - Tools und Methoden
Understand the People—Tools and Methods

Glück bei der Arbeit

Happiness at Work

Claudia Rohde

8

Happiness at WorkZusammenfassung

Das Wohlergehen ihrer Mitarbeiter liegt im wirtschaftlichen Interesse der Unternehmen. Wissenschaftliche Erkenntnisse, insbesondere aus der Positiven Psychologie, zeigen, dass zufriedene, glückliche Menschen in jeder Hinsicht bessere Leistungen erbringen können. Sie sind gesünder und kreativer. Sie sind besser in der Problemlösung und in der sozialen Vernetzung. Es ist jedoch nicht möglich, einen anderen Menschen auf Dauer glücklich zu machen, denn Glück entsteht in erster Linie durch die eigenen Handlungen und Einstellungen. Unternehmen, insbesondere ihre Personalmanager und Führungskräfte, können in Kultur und Führung eine Umgebung schaffen, die Glück und Zufriedenheit ihrer Mitarbeiter unterstützt, indem sie solche Handlungen ermöglichen und fördern. Das FIRMS- Design fasst zusammen, was Unternehmen dafür tun können.

Abstract

The well-being of their employees is in economic interest of companies. Scientific findings, especially from Positive Psychology, show that satisfied, happy people can perform better in every respect. They are healthier and more creative. They are better in problem solving and in social networking. However, it is not possible to make another person happy in the long term, because happiness is created primarily through one's own actions and attitudes. Companies, especially their HR managers

C. Rohde (✉)
Bröckel, Deutschland
E-Mail: claudia.rohde@gmx.net

C. Kohlert (Hrsg.), *Das menschliche Büro – The human(e) office*,
https://doi.org/10.1007/978-3-658-33519-9_8

and executives, can create an environment in culture and leadership that supports happiness and satisfaction of their employees by enabling and encouraging such actions. The FIRMS design summarizes what companies can do for this.

Eine glücksfördernde Umgebung im Unternehmen schaffen mit den fünf Handlungsfeldern aus dem FIRMS-Design

„You can take my factories, burn up my buildings, but give me my people and I'll build the business right back again.“ Schon Henry Ford, von dem dieser Ausspruch stammt, hatte erkannt, dass seine Mitarbeiter seinen Erfolg ausmachen. Er war sich auch dessen bewusst, dass Menschen nicht nur arbeiten, um Geld zu verdienen, denn er sagte: *„Profit is a by-product of work; happiness is its chief product“*. Robert Bosch wies bereits darauf hin, wie wichtig es ihm ist, Mitarbeitern Freiraum zu geben: *„Es war bei mir ständiger Grundsatz, mir willige Mitarbeiter heranzuziehen, und zwar dadurch, dass ich jeden möglichst weit selbständig arbeiten ließ, ihm dabei aber auch die entsprechende Verantwortung auferlegte“*. Außerdem legte er Wert auf ihre gute Bezahlung: *„Ich zahle nicht gute Löhne, weil ich viel Geld habe, sondern ich habe viel Geld, weil ich gute Löhne zahle“*. Der amerikanische Schokoladenfabrikant Milton Hershey baute sogar eine ganze Stadt mit Schulen, Parks und Kirchen für seine Mitarbeiter. Er sagte über sich selbst: *„I realized that the only thing I was really interested in was doing a good job and keeping a lot of people happy and employed“*. Diesen Unternehmern ging es nicht nur um die Leistung ihrer Mitarbeiter, sie sorgten sich auch um deren Wohlbefinden.

Heute zeigen Forschungsergebnisse vieler verschiedener Wissenschaftler, dass Mitarbeiter, denen es gut geht, die glücklich und zufrieden sind, die positive Gefühle haben, dadurch deutlich bessere Voraussetzungen haben, um gute Leistungen zu erbringen. In der praktischen Anwendung im Personalbereich haben sich fünf Handlungsfelder, die das Wohlbefinden der Mitarbeiter unterstützen, die eine glücksfördernde Umgebung schaffen, bewährt. Diese werden im FIRMS-Design zusammengefasst. Im Folgenden wird der wissenschaftliche Hintergrund für den Nutzen positiver Gefühle und für jedes einzelne Handlungsfeld dargestellt. Anhand von Beispielen wird erläutert, wie sich die Handlungsfelder auswirken und mit welchen Maßnahmen sie in Unternehmen eingebracht werden können. Der pragmatische Ansatz kann in jedem Unternehmen umgesetzt werden und eignet sich gut für eine schrittweise Einführung. Also, einfach anfangen!

Vor allem die Positive Psychologie untersucht, unter welchen Bedingungen sich Menschen und Organisationen am besten weiterentwickeln können. Die amerikanische Psychologieprofessorin Barbara Fredrickson (2011) stellt diesen Zusammenhang in ihrer Broaden-and-Build-Theorie dar (Abb. 8.1). Sie sagt über positive Gefühle: „[…] they open our hearts and our minds“. Ihre Forschungsergebnisse zeigen, dass positive Gefühle Menschen offener für neue Erfahrungen machen und sie alles mit einer breiteren Perspektive betrachten. Auf diese Weise sind sie kreativer, werden bessere Problemlöser und können leichter Neues erlernen. Auch gegenüber anderen Menschen werden sie offener. Das bedeutet, sie lernen einfacher neue Menschen kennen und fühlen auch

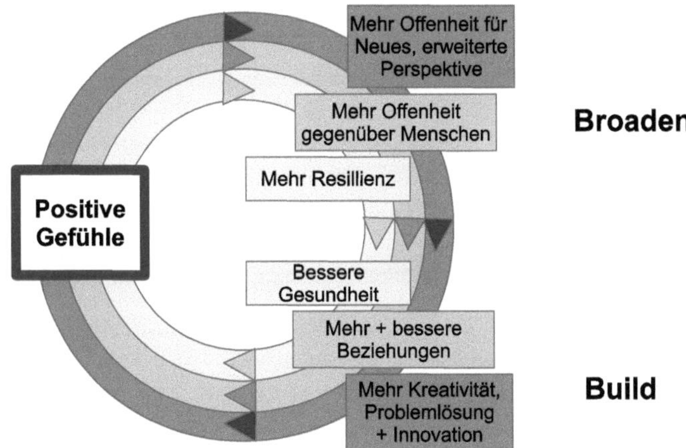

Abb. 8.1 Die Aufwärtsspirale der positiven Gefühle, Broaden-and-Build-Theorie (nach Fredrickson B 2011)

eine tiefere Verbundenheit zu bereits bekannten Personen. Damit wird es für sie einfacher, soziale Netzwerke zu knüpfen und zu pflegen. Die Hilfsbereitschaft wird erhöht und die Zusammenarbeit verbessert. Insgesamt wird es mit positiven Gefühlen einfacher, neue Ressourcen, im Sinn von neuen Fähigkeiten, neuem Wissen und neuen sozialen Beziehungen, aufzubauen. Hinzukommt noch eine positive Auswirkung auf die Gesundheit. Zum Beispiel wurde nachgewiesen, dass positive Gefühle das Immunsystem stärken und bei Stress das kardiovaskuläre System entlasten. Insgesamt führen sie zu einer höheren physischen Resilienz und damit zu besserer Gesundheit, sogar zu einer längeren Lebensdauer.

Die schon länger erforschte Wirkung negativer Gefühle geht in die andere Richtung. Sie fokussieren unsere Energie auf wenige Handlungsmöglichkeiten: Flucht oder Angriff. Dies machte in der frühen Menschheitsgeschichte auch Sinn, denn diese Gefühle wurden oft von einer akuten Gefahr ausgelöst. Standen unsere Vorfahren z. B. einem Säbelzahntiger gegenüber, war eine schnelle Entscheidung und Reaktion lebensnotwendig. Durch die Reduktion auf nur zwei Handlungsoptionen konnte diese Entscheidung, wahrscheinlich abhängig von der Größe des Tieres relativ zur eigenen körperlichen Stärke, effektiv und schnell getroffen werden. Auch wenn es heute in manchem Büro noch säbelzahntigerähnliche Kollegen und Vorgesetzte geben mag, sind negative Gefühle im normalen Arbeitsalltag oft wenig hilfreich. Schlimmstenfalls können starke negative Gefühle sogar zu einer Erstarrung, einer Handlungsunfähigkeit führen.

Tatsächlich können negative Gefühle die oben beschriebenen nützlichen Effekte der positiven Gefühle verhindern. Wir nehmen negative Gefühle deutlich intensiver wahr als positive. Durch diese sog. negative Verzerrung wirken sich negative Gefühle auch viel stärker auf uns aus. Wenn wir die in der Broaden-and-Build-Theorie beschriebenen Auswirkungen positiver Gefühle nutzen wollen, brauchen wir dafür deutlich mehr positive als negative Gefühle. Doch es geht in der Positiven Psychologie nicht darum, gar keine negativen Gefühle zu haben. Sie sind für uns lebensnotwendig, um Entscheidungen treffen zu können, um den Bezug zur Realität zu behalten und um geerdet zu bleiben. Barbara Frederickson beschreibt diesen Zusammenhang in einem schönen Bild (Abb. 8.2). Wenn wir als Segelboote durch das Meer unseres Lebens fahren, sind die positiven Gefühle unser Segel, sie bringen uns voran. Die negativen Gefühle sind der Kiel, der verhindert, dass unser Segelboot umkippt, und uns ermöglicht, unseren Kurs zu halten. Offensichtlich muss der Mast, der unsere Segel hält, deutlich höher sein als der Kiel, denn sonst kann unser Boot keine Fahrt aufnehmen. Aber wir brauchen beides, um unser Ziel zu erreichen.

Die meisten Unternehmen sind heute in einem wirtschaftlichen Umfeld tätig, für das sich der Ausdruck VUCA als Beschreibung durchgesetzt hat. Diese Abkürzung wurde in einer amerikanischen Militärhochschule geprägt, um die unübersichtliche Lage nach dem Ende des Kalten Krieges zu beschreiben. VUCA steht für Volatilität („volatility"), Unsicherheit („uncertainty"), Komplexität („complexity") und Ambiguität („ambiguity"), und diese Begriffe umreißen erstaunlich gut die Bedingungen unserer heutigen Arbeitswelt. Die VUCA-Welt verändert sich unvorhersehbar und sprunghaft, sodass wir die Zukunft immer schlechter planen können. Zusammenhänge sind so komplex, dass wir Probleme nicht mehr nur mit logischer Analyse lösen können. Es gibt häufig kein Schwarz und Weiß, kein Richtig und Falsch mehr. Lösungen sind nur noch in einem iterativen Prozess aus Versuch und Irrtum zu finden. Schlagwörter wie „Fail fast! Fail smart!" verschrecken Mitarbeiter und Vorgesetzte, die bis jetzt mit einem Qualitätsverständnis erfolgreich waren, das für hohe Planungsgenauigkeit und Null-Fehler-Toleranz stand. Um langfristig gute Leistungen zu erbringen und erfolgreich zu sein, benötigen Mitarbeiter nun

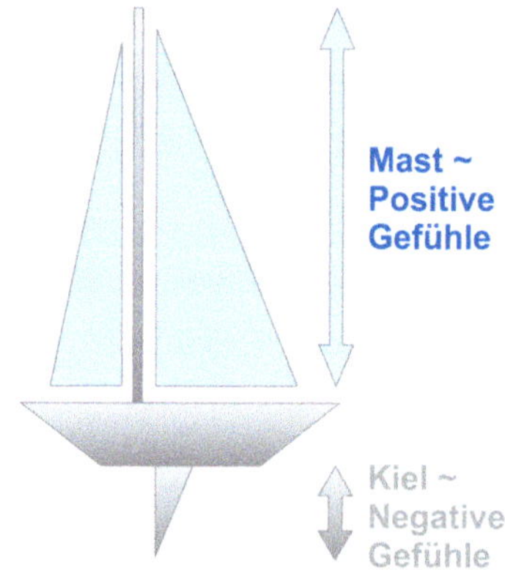

Abb. 8.2 „Das Segelboot der Gefühle", positive und negative Gefühle sind gleichermaßen lebenswichtig für uns (nach Fredrickson B 2011)

vor allem Offenheit für Neues, Kreativität, Problemlösefähigkeit und gute Networking-Qualitäten. Die Herausforderungen der VUCA-Welt sind daher am besten zu bewältigen, wenn Mitarbeiter die nützlichen Effekte positiver Gefühle für sich nutzen können.

Unternehmen oder genauer gesagt ihr Management und ihre Personalabteilung sollten sich also die Frage stellen: Was können wir für das Glück unserer Mitarbeiter tun? Ich verwende hier gern das Wort Glück, weil es kurz und praktisch ist, doch dahinter steckt viel mehr. Die Definition einer weiteren amerikanischen Psychologieprofessorin, Sonja Lyubomirsky (2008), beschreibt es treffend: „Ich nutze den Ausdruck Glück im Sinne des Erlebens von Vergnügen, Zufriedenheit oder positivem Wohlbefinden kombiniert mit dem Gefühl, dass das eigene Leben gut, sinnvoll und lebenswert ist."

In der deutschen Sprache ist das Wort Glück ein sehr unglückliches Wort, denn wir haben nur ein Wort für zwei ganz verschiedene Phänomene. Wir sagen „Glück empfinden", aber wir sagen auch „Glück haben". Dadurch entsteht schnell das Missverständnis, dass beides eng zusammenhängt. Die Vermutung liegt nahe, dass ein Mensch Glück haben muss, um auch Glück empfinden zu können. Zum Glück hat Sonja Lyubomirsky (2008) mit ihrem Team intensiv erforscht, was Menschen glücklich macht. Ihre grundlegende Erkenntnis ist, wie sie selbst sagt: „Happiness is not out there for us to find. The reason that it's not out there is that it's inside us". Sie machte drei Faktoren aus, von denen die Unterschiede im individuellen, chronischen Glücksempfinden verschiedener Menschen abhängen. Einen wesentlichen Anteil hat die genetische Veranlagung. Dagegen wirken sich die äußeren Umstände, zu denen auch das sog. Glück-Haben gehört, nur sehr gering auf das Glücksempfinden aus. Fast die Hälfte des Glückslevels wird durch das eigene Handeln und Denken bestimmt. Die Forscher fanden verschiedenste Tätigkeiten und auch Gedanken, die messbar und langfristig das persönliche Glücksempfinden steigern können. Dazu gehören unter anderem Sport treiben, die Natur genießen, gute Beziehungen pflegen, Dankbarkeit empfinden und zeigen, schöne Erinnerungen oder auch Vorfreude genießen, Achtsamkeit und Meditation.

Da die Faktoren, die das Glückslevel beeinflussen können, vor allem die eigenen Handlungen und Gedanken sind, ist es nicht einfach, einen anderen Menschen dauerhaft glücklich zu machen. Anders gesagt, Glück kommt von innen und kann nicht von außen erzeugt werden. Das macht es auch für Unternehmen schwer, ihre Mitarbeiter langfristig glücklich zu machen. Dan Buettner (2017) und sein Team haben im Blue-Zones of Happiness-Projekt die statistisch glücklichsten Orte der Welt untersucht. Ihre Forschungsergebnisse zeigen, dass die Umgebung und die Gemeinschaft, in denen wir leben und arbeiten, durch ihren Einfluss auf unsere Handlungen und Gedanken auch unser Glücksniveau stark beeinflussen. Sie können glücksfördernde Aktivitäten und Einstellungen anregen oder erleichtern. Diese leichte, meist unbewusste Beeinflussung wird auch „nudge", also schubsen, genannt. Jeder Einzelne kann versuchen, seine eigene Umgebung so zu gestalten, dass das eigene Glück angeregt wird. Auch die Entscheider, die Organisationen leiten oder Gemeinden vorstehen, können diese Umgebung so verändern, dass die Mitarbeiter oder die Einwohner ihres Orts darin glücklicher sein können. Zum Beispiel wurden typisch amerikanische Orte, deren Verkehrsinfrastruktur komplett auf Autos eingestellt war, mit Bürgersteigen und Fußgängerzonen fußgängerfreundlich umgebaut. Die Einwohner bewegten sich mehr, weil sie nun kurze Wege ohne Auto bewältigen konnten. Außerdem bauten sie neue Kontakte auf und vertieften alte Beziehungen, da sie nun einander öfter zu Fuß begegneten. Insgesamt stieg das Glückslevel in diesen Orten an. Es konnte also durch bauliche Veränderungen angehoben werden.

In unserer konzeptionellen und praktischen Personalarbeit mit dem Fokus auf Personal- und Organisationsentwicklung habe ich zusammen mit meinem Team kontinuierlich Erkenntnisse der aktuellen Forschung umgesetzt, um zum Glück unserer Kollegen beizutragen und damit auch ihre Leistungsfähigkeit zu steigern. Dabei haben sich fünf Bereiche herauskristallisiert, die einen positiven Einfluss auf das Glückslevel der Mitarbeiter haben und von der Personalabteilung gut umgesetzt oder unterstützt werden können:

Flow: Flow-Erlebnisse ermöglichen
Involvement: Mitarbeiter einbeziehen
Relations: Gute soziale Netzwerke gestalten
Meaning: Sinn erlebbar machen
Strengths: Stärkenorientierung leben

Diese fünf Handlungsfelder werden im FIRMS-Design zusammengefasst. Damit zeigt dieses ganz pragmatisch auf, was Firmen tun können, um eine glücksfördernde Umgebung für ihre Mitarbeiter zu schaffen. Neben der Personalabteilung können vor allem Führungskräfte das FIRMS-Design zur Orientierung nutzen. Dabei kommt es nicht nur darauf an, was getan wird, sondern auch darauf wie es getan wird.

Das FIRMS-Design

Flow – Flow-Erlebnisse ermöglichen

Enjoyment appears at the boundary between boredom and anxiety, when the challenges are just balanced with the person's capacity to act. (Mihaly Csikszentmihalyi)

Es war schon spät in der Nacht. Meine Familie hatte beschlossen, sich an ein großes Puzzle zu wagen und nun lag ein Korallenriff in 1000 Puzzleteilen ausgebreitet auf unserem Esstisch. Ich hatte nur gedacht: „Puzzeln? Wie sinnlos und langweilig ist das denn?“ Nun waren alle schon längst im Bett. Mit einem Blick auf den Tisch hatte ich festgestellt, dass noch nicht viel geschafft war und da fragte ich mich, wie lange das Puzzle unsere gemeinsamen Mahlzeiten behindern würde. Seufzend sah ich mir an, was zu tun war und nach einer Weile hatte ich das erste passende Puzzleteil gefunden. Ich setzte es ein und freute mich darüber, wie gut es passte. Nach einigem Suchen folgte ein Zweites, dann noch ein Drittes und so weiter. Irgendwann sah ich auf die Uhr und erschrak. Es war schon viel später als gedacht. Ich hatte stundenlang gepuzzelt und kam nun viel zu spät ins Bett. Was war passiert? Ich musste nicht lange nachdenken: Flow beim Puzzeln. Dieses erste Erlebnis war so angenehm, dass ich mich im weiteren Verlauf rege an der Fertigstellung des Puzzles beteiligte.

Wohl jeder von uns hat das schon mal erlebt: Man ist so in eine Tätigkeit versunken, dass man alles um sich herum vergisst. Man merkt gar nicht wie die Zeit vergeht, bekommt nicht mit, was um einen herum passiert, hört nicht, wenn man angesprochen wird. Oft spürt man auch keinen Hunger oder merkt nicht, dass es kalt ist oder schon dunkel wird. Man vergisst sich selbst. Die ganze Aufmerksamkeit ist auf die Tätigkeit gelenkt und man hat das gute Gefühl, alles unter Kontrolle zu haben. Wenn man so ganz in seiner Aufgabe aufgeht, ist das ein sehr positives Erlebnis. Wir brauchen keine weitere Motivation für diese Aufgabe, denn die Tätigkeit selbst ist belohnend. Diesen ganz besonderen Zustand bezeichnet Mihaly Csikszentmihalyi (2017) als „Flow". In umfangreichen Forschungsarbeiten hat er herausgefunden, unter welchen Bedingungen Menschen ein Flow-Erlebnis haben können.

Der Anspruch der Aufgabe muss zu unseren Fähigkeiten passen. Der sog. Skill-Task-Fit muss erfüllt sein. Ist die Aufgabe zu einfach, langweilen wir uns, übersteigen die Anforderungen unsere Fähigkeiten deutlich, sind wir nur gestresst. In beiden Fällen kann kein Flow eintreten. Liegen die Anforderungen nur ein wenig über den bereits vorhandenen Fähigkeiten, kann dies zu einer Weiterentwicklung führen und der Flow bleibt erhalten oder kehrt nach einer Lernphase wieder. Darüber hinaus sind aber noch weitere Rahmenbedingungen für den Flow notwendig. Sowohl das Ziel, das mit der Tätigkeit erreicht werden soll, als auch die Regeln, die dabei gelten, müssen klar definiert sein. Eine weitere Notwendigkeit ist ein zeitnahes, klares Feedback zu der eigenen Leistung. Mein Puzzleerlebnis erfüllte alle diese Kriterien einwandfrei. Die Regeln und das Ziel – Fertigstellen eines Korallenriffbilds auf unserem Esstisch – waren mir vollkommen klar. Ein Feedback erhielt ich bei jedem Puzzleteil, das sich perfekt in das bereits bestehende Bild einpasste. Offensichtlich passte ein 1000-Teile-Korallenriff-Puzzle genau zu meinen Puzzlefähigkeiten. Nach jedem Puzzleteil musste ich eine Weile suchen, aber nie so lange, dass ich frustriert war und darüber die Lust verlor. Als ich später mal meiner Schwiegermutter bei einem deutlich anspruchsvolleren Puzzle half, lobte sie mich bei jedem passenden Puzzleteil mit ehrlicher Begeisterung. Dadurch bekam ich noch ein zusätzliches positives Feedback und blieb auch bei dem mühsameren Puzzle motiviert und im Flow.

Tatsächlich lebt eine ganze Industrie von unserem Bedürfnis nach Flow-Erlebnissen. Computerspiele sind darauf ausgerichtet, dem Spieler ein optimales Flow-Erlebnis zu bieten: Die Regeln und das Ziel sind immer klar definiert. Das Feedback ist eindeutig und kommt prompt. Meistens weiß man sofort, dass man etwas falsch gemacht hat, weil man dadurch „ein Leben verliert". Der Skill-Task-Fit wird durch einen einfachen Trick auch langfristig erhalten. Wenn man länger spielt und sich die Fähigkeiten dadurch verbessert haben, sodass man nun alle Aufgaben leicht bewältigen kann, kommt man auf ein höheres Level, das anspruchsvollere Aufgaben bietet. Wenn von Gamification, z. B. im Zusammenhang mit E-Learning, die Rede ist, bedeutet dies meistens, dass hier auch beim Lernen ein Flow-Erlebnis geboten wird.

Ein Flow-Zustand kann natürlich nicht nur beim Puzzeln oder Computerspielen auftreten, sondern auch bei vielen anderen Tätigkeiten, wie z. B. beim Sport, beim Musizieren, in einem guten Gespräch, aber auch beim Erstellen einer Excel-Datei oder einer PowerPoint-Präsentation. Menschen müssen für Aufgaben, die ihnen ein Flow-Erlebnis bieten, nicht ausdrücklich motiviert werden. Dieses Erlebnis ist so positiv, dass eine Tätigkeit, die dies bietet, an sich schon motivierend ist. Sowohl aus Unternehmens- als auch aus Mitarbeitersicht ist es daher absolut erstrebenswert, dass die alltäglichen Arbeitsaufgaben eine Möglichkeit für Flow-Erlebnisse bieten. Während es relativ einfach ist, ein Computerspiel so zu designen, dass die Spieler von Anfang bis Ende Flow erleben, ist es eine große Herausforderung, Mitarbeitern bei der Arbeit dauerhaft oder wenigstens regelmäßig Flow-Erlebnisse zu ermöglichen.

Schon die Erfüllung der Rahmenbedingungen ist in vielen Unternehmen nicht gegeben. Ziele werden zwar vereinbart, aber noch immer wird oft nur einmal im Jahr über die Zielerreichung gesprochen. Dies ist als Feedback für ein Flow-Erlebnis nicht ausreichend, denn dafür ist ein regelmäßiges, zeitnahes Feedback notwendig. Im Zusammenhang mit agilem Arbeiten werden oft „objectives and key results" (OKR) verwendet, um Ziele zu vereinbaren. Diese gelten meist für einen Zeitrahmen von zwei bis vier Monaten. Außerdem gibt es kurze wöchentliche Statusupdates zu den Zielen. Damit ist ein zeitnahes Feedback eher gewährleistet. Zusätzlich werden die Ziele („objectives") mit numerischen Anforderungen („key results") hinterlegt und so konkretisiert. Dadurch wird sowohl die Definition des Ziels als auch das Feedback zur Zielerreichung wesentlich klarer. Über den reinen Zielvereinbarungs- und Zielerreichungsprozess hinaus, sollten regelmäßige Feedbackgespräche zwischen Vorgesetztem und Mitarbeiter stattfinden. Das Feedback sollte sich nicht nur auf die Zielerreichung, sondern auch auf die Verhaltensebene beziehen. Dafür sind nicht unbedingt formale Strukturen und Formulare notwendig. Dies kann auch ganz formlos geschehen. Für die Förderung von Flow-Erlebnissen ist eine Feedbackkultur günstig, in der Feedback nicht nur vom Vorgesetzten an den Mitarbeiter geht, sondern auch in die andere Richtung, vom Mitarbeiter an den Vorgesetzten. Zusätzlich können sich auch Mitarbeiter gegenseitig Feedback geben, dies kann sowohl von Kollegen aus dem eigenen Team als auch von internen Kunden kommen. Eine solche Kultur kann durch geeignete Softwarelösungen gefördert werden.

Unklare Regeln können ebenfalls das Flow-Erlebnis behindern. Dies ist z. B. oft an Schnittstellen in Matrixorganisationen der Fall. Sind die Rollen hier nicht klar definiert, reiben die Mitarbeiter sich gegenseitig auf, sind gestresst und können keinen Flow erleben. Zu einer klaren Rollendefinition an Schnittstellen gehört insbesondere eine verbindliche Vereinbarung dazu: Wer was verantwortet und wer Entscheidungen trifft oder wie Entscheidungen im Team getroffen werden.

Hinzu kommt noch die schwierige Aufgabe, einen Skill-Task-Fit herzustellen und aufrechtzuerhalten. Dies ist in erster Linie Aufgabe der Führungskraft. Dazu muss sie die Fähigkeiten, Kompetenzen und insbesondere die Stärken des Mitarbeiters sehr gut kennen. Wenn die Zusammenarbeit nicht so eng ist, dass sie dies aus eigener Erfahrung einschätzen kann, hat sie nur die Möglichkeit, diese Informationen aus Gesprächen zu erhalten. Dafür sind regelmäßige Gespräche mit dem Mitarbeiter notwendig; darüber wie er seine Aufgaben bearbeitet, was ihm besonders liegt, wo er Erfolge hat und wie diese zustande kommen und auch über das, was nicht so gut läuft und wie es dazu kommt. Ergänzend kann eine Führungskraft auch Feedback von Kollegen zu den eigenen Mitarbeitern einholen, um auch andere Perspektiven zu berücksichtigen. Kommt die Führungskraft so zu einer fundierten Einschätzung der Fähigkeiten des Mitarbeiters, besteht die nächste Herausforderung darin, dem Mitarbeiter dazu passende Aufgaben zu geben, damit ein Flow-Erlebnis ermöglicht wird.

Die meisten Mitarbeiter werden, wenn sie eine Weile an bestimmten Aufgaben arbeiten, immer besser darin. Sie verbessern ihre Fähigkeiten, bis der ursprünglich vorhandene Skill-Task-Fit nicht mehr besteht. Jeder kennt das, Aufgaben, die zu Anfang interessant und anspruchsvoll waren, bei denen man einen Flow-Zustand erleben konnte, werden langweilig, wenn man zu lange immer das Gleiche machen muss. Musiker begegnen diesem Effekt, indem sie immer wieder neue, anspruchsvollere Stücke spielen. Sportler setzen sich höhere Ziele. In Unternehmen können Mitarbeiter sich bestenfalls weiterentwickeln, bekommen neue Aufgaben und neue Positionen. Doch dies ist – vor allem in kleineren Unternehmen – nicht immer möglich. Hier kann man dem Mitarbeiter in anspruchsvollen Projekten die Möglichkeit für Flow-Erlebnisse geben.

Ein gut funktionierendes Talentmanagement unterstützt Mitarbeiter und Führungskräfte in diesem Prozess. Es bietet Strukturen und Möglichkeiten für die notwendigen Gespräche, sodass Mitarbeiter, Führungskräfte und der Personalbereich, der diesen Prozess moderiert, eine gute Einschätzung der Fähigkeiten und Kompetenzen der Mitarbeiter erhalten. Dann können diese zur Verfügung stehenden Ressourcen bestmöglich den zu erfüllenden Aufgaben zugeordnet werden. Darüber hinaus sollten auch zukünftige Aufgaben schon einbezogen werden. Auf diese Weise kann der Talentmanagementprozess genutzt werden, um möglichst vielen Mitarbeitern die Gelegenheit für Flow-Erlebnisse bei der Arbeit zu geben. Die zu ihren Fähigkeiten passenden, herausfordernden Aufgaben fördern außerdem die Weiterentwicklung der Mitarbeiter.

Sind Unternehmen und Führungskräfte flexibel, z. B. wenn in agilen Strukturen gearbeitet wird, kann der Skill-Task-Fit auch in die Eigenverantwortung der Mitarbeiter gelegt werden. Wenn Mitarbeiter selbst oder im Team entscheiden können, wer welche Aufgaben übernimmt, können sie selber darauf achten, dass die Möglichkeit für Flow im Arbeitsalltag besteht. Mitarbeiter können sich auch gut selbst Ziele setzen, die ihren Flow fördern. Manche Unternehmen geben ihren Mitarbeitern auch ganz bewusst Zeit zur freien Verfügung, in der sie an eigenen Projekten arbeiten können. Diese können weitere Gelegenheiten für Flow-Erlebnisse bieten und nutzen den Unternehmen durch die innovativen Ideen, die daraus entstehen. Zum Beispiel fordert 3M schon seit 1948 mit großem Erfolg seine Angestellten dazu auf, 15 % ihrer Arbeitszeit in persönliche Projekte zu investieren.

Äußere Umstände, die den Flow verhindern können, sind mangelnde Ressourcen. Durch einen Mangel an Ressourcen in Form von Zeit, Budget oder technischen Arbeitsmitteln kann die Erreichung eines gesetzten Ziels so erschwert werden, dass Stress und Frustration entstehen und kein Flow aufkommen kann. Neuere Forschungen haben außerdem gezeigt, dass regelmäßige Pausen, in denen man abschalten kann, und Erholung am Feierabend ebenfalls Voraussetzungen für Flow sind. Unerledigte Aufgaben, durch die es schwierig wird abzuschalten, können dagegen Flow verhindern. Das Gleiche gilt für Multitasking, denn die meisten Menschen können sich damit nicht mehr auf eine Tätigkeit fokussieren. Ausgenommen sind die wenigen Menschen, die eine genetische Veranlagung für Multitasking haben und gerade dabei Flow erleben können. Großraumbüros, die sich wieder wachsender Beliebtheit bei den Entscheidern in Unternehmen erfreuen, sind für den Flow nicht förderlich. Die Mitarbeiter werden immer wieder von ihren Kollegen abgelenkt. Jede Unterbrechung unterbricht auch den Flow und es kostet jedes Mal wieder neue Anstrengungen, in den Flow-Zustand zurückzukommen. Andererseits ist Flow auch ansteckend und inmitten eines Teams, das im Flow arbeitet, ist es einfacher, selbst auch in den Flow-Zustand zu kommen. Das soziale Umfeld spielt für den Flow eine wichtige Rolle. Fühlt man sich in seinem Team wohl, wird unterstützt und hat auch mal Spaß mit den Kollegen, kann man zwischendurch besser abschalten und kann trotz Stress Flow erleben. Corinna Peifer und Gina Wolters (2017) haben in ihrer Zusammenfassung der aktuellen Forschungsarbeiten zum Thema Flow diese Voraussetzungen zusammengetragen. Zu den Auswirkungen von Flow stellen sie fest: „Flow fördert die Leistung, das Wohlbefinden, die Arbeitszufriedenheit, und führt zu mehr Arbeitsengagement". Daher lohnt es sich für Unternehmen, ihre Führungskräfte und ihren Personalbereich, Strukturen zu schaffen, die Flow-Erleben fördern. Die Implementierung eines wie hier beschriebenen gut funktionierenden Talentmanagements, die Etablierung einer Feedbackkultur und die klare Definition von Zielen und Rollen sind aufwendig, leisten aber einen wichtigen Beitrag zur Förderung von Flow bei der Arbeit.

Involvement – Mitarbeiter einbeziehen

Menschen wollen nicht verändert werden. (Markus Ebner)
Wenn wir uns ein Unternehmen vorstellen, in dem nicht die Führungskräfte allein entscheiden, wer eingestellt, befördert oder entlassen wird, wie die Leistung eines Mitarbeiters bewertet wird, wie hoch Gehaltserhöhung oder Bonus eines Mitarbeiters sein sollen, ein Unternehmen, in dem der Vorstand alle Mitarbeiter zu wöchentlichen Meetings einlädt und dort ganz offen ihre Fragen beantwortet, dann denken wir gleich, das kann nur ein kleines Start-up-Unternehmen sein. Damit liegen wir auch nicht ganz falsch, denn es hat als kleines Start-up-Unternehmen begonnen. Doch wie Laszlo Bock (2016), ehemaliger Senior Vice President People Operations von Google, in seinem 2013 erschienenen Buch beschreibt, hat sich das Unternehmen auch mit mehr als 50.000 Angestellten noch nach den Prinzipien der Beteiligung und Transparenz gerichtet. Die Personalentscheidungen werden in einem speziellen Ausschuss oder in engagierten, autonomen Teams getroffen. Die Google Gründer Larry Page und Sergey Brin luden alle Mitarbeiter zu wöchentlichen Thanks-God-It's-Friday(TGIF)-Meetings am Donnerstagnachmittag ein. Tausende nahmen persönlich oder per Videokonferenz an diesen Meetings teil und Zehntausende sahen sich die Aufnahme des Meetings später online an.

Immer nahmen sich die Firmengründer eine halbe Stunde Zeit, um offen alle Fragen zu beantworten. Nun passt so viel Offenheit und Beteiligung nicht zu jeder Firmenkultur und nicht alle Firmengründer waren auf einer Montessori-Schule, aber jedes Unternehmen kann den Mitarbeitern mehr Möglichkeiten für freie Entscheidungen und Einflussnahme einräumen und die dafür notwendige Transparenz gewährleisten.

Die Personalabteilung kann hier bei der Entwicklung ihrer Instrumente und Konzepte mit gutem Beispiel vorangehen. Wir starteten ein Programm zur Implementierung unserer neuen Führungsgrundsätze mit je einem Workshop zu jedem der fünf Führungsgrundsätze. Die Führungskräfte konnten frei entscheiden, an welchem Workshop sie teilnehmen. Die einzige Vorgabe war, dass sie mindestens an einem Workshop teilnehmen müssen, aber sie konnten auch zu mehreren Workshops gehen. Damit gingen wir das Risiko ein, dass sich zu einem der Workshops niemand oder nur wenige Teilnehmer anmelden würden. Doch wir hätten dies als eine klare Aussage gesehen, dass unsere Führungskräfte nicht hinter diesem Führungsgrundsatz stehen. Durch dieses Vorgehen, das auf Eigenverantwortung setzte, hatten wir sehr motivierte Teilnehmer in den Workshops und einige Führungskräfte nahmen an mehr als einem Workshop teil.

In den Workshops wurden für jeden Führungsgrundsatz Verhaltensweisen definiert, die diesen genauer beschrieben. Wir fragten: Wie verhält sich eine Führungskraft, die diesen Grundsatz wirklich lebt? Die gemeinsam erarbeiteten Verhaltensweisen wurden als Kriterien für ein 360-Grad-Feedback genutzt, das auch Teil des Programms war. Später wurden diese Verhaltensweisen auch als Kriterien für die Beurteilung der Führungskräfte im Mitarbeitergespräch verwendet. Unsere Führungskräfte erhielten dadurch Feedback, das auf den von ihnen selbst erarbeiteten Kriterien basierte.

Das Programm bestand aus zwei Modulen: einem Modul zur Reflexion und einem Modul zur Entwicklung. Beide Module enthielten mehrere Instrumente. Die Teilnehmer konnten sich aussuchen, welche Instrumente sie nutzen wollten. Die einzige Vorgabe war, dass sie mindestens ein Instrument zur Reflexion und zwei Instrumente zur Entwicklung durchführen mussten. Auch hier bewährte sich das Prinzip der Freiwilligkeit und die meisten Führungskräfte nahmen an mehr Aktivitäten teil, als vorgeschrieben.

Nicht nur in Change-Projekten, sondern auch in regelmäßig wiederkehrenden Prozessen können den Mitarbeitern Möglichkeiten zur Auswahl und zur Einflussnahme geboten werden. Nach jeder Runde der Mitarbeitergespräche haben wir Feedback abgefragt. Auch unsere Verbesserungsideen für die Gespräche haben wir zur Abstimmung gestellt. Auf Basis der Ergebnisse wurden die Gespräche regelmäßig überarbeitet. Im Sinn der Transparenz wurden die Ergebnisse dieser Feedbackabfrage offen ins Unternehmen kommuniziert. Mit diesem Vorgehen wird klargestellt, dass nicht die „allwissende" Personalabteilung allein entscheidet, wie dieses Instrument aussieht. Es ist nicht das Instrument der Personalabteilung, sondern ein Instrument für Mitarbeiter und ihre Vorgesetzten. Die Gespräche werden nicht geführt, weil die Personalabteilung es will, sondern weil sie für Mitarbeiter und Vorgesetzte sinnvoll sind. Die Gespräche sind nicht für jeden Mitarbeiter gleich. Das Gesprächsformular enthält optionale Elemente, sodass Mitarbeiter und Vorgesetzte zusammen entscheiden können, ob sie diese nutzen wollen. Seit eine zweite, deutlich kürzere, einfachere Version des Mitarbeitergesprächs eingeführt wurde, können Teamleiter entscheiden, welche Version sie für die Gespräche mit ihren Mitarbeitern nutzen. Wir hätten auch genau definieren können, für welche Zielgruppe das kürzere Gespräch gedacht ist; diese Definition hätten wir klar kommunizieren können und dann kontrollieren, dass alle das richtige Gespräch nutzen. Aber warum hätten wir das tun sollen? Die Teamleiter wissen selbst doch am besten, welches Gespräch für ihre Mitarbeiter passt.

Eine Mitarbeiterbefragung kann ein gutes Instrument sein, um Mitarbeiter in den Wandel eines Unternehmens einzubeziehen. Schon bei der Auswahl der Themen kann man die Mitarbeiter mitbestimmen lassen. Zusätzlich bieten offene Fragen die Gelegenheit, Themen anzusprechen, die den Mitarbeitern wichtig sind, von denen die Spezialisten, die den Fragenkatalog erstellt haben, aber nichts wussten. In den offenen Fragen können Mitarbeiter außerdem genauer erläutern, worum es ihnen geht. Viele Anbieter von Befragungsplattformen können diese Antworten bereits KI-gestützt auswerten. Für die Einbeziehung der Mitarbeiter ist es essenziell, dass die Ergebnisse der Auswertung so offen wie möglich an alle im Unternehmen kommuniziert werden. Nur wer alle Informationen hat, kann sich auch konstruktiv einbringen. Der kritischste Teil des Prozesses beginnt mit der Bearbeitung der Ergebnisse. Nun zeigt sich, ob eine echte Beteiligung der Mitarbeiter am Change-Prozess gewünscht ist. Viele Unternehmen begehen hier einen Fehler, den ich gern als „Christmas Management" bezeichne. Eine kleine Gruppe von Managern und Spezialisten zieht sich mit den Ergebnissen zurück und entwickelt im stillen Kämmerlein eine Lösung für die darin aufgezeigten Themen. Sie nehmen also das Ergebnis der Befragung als eine Art Wunschzettel und überraschen dann „zur Bescherung" die Mitarbeiter mit ihrer Lösung. Stattdessen ist es sinnvoller, die Lösungen in einem möglichst transparenten Prozess zusammen mit den betroffenen Mitarbeitern zu entwickeln. So entsteht von Anfang an eine hohe Identifikation der Mitarbeiter mit den Lösungen. Im Optimalfall können sich interessierte Mitarbeiter freiwillig zur Mitarbeit in den Projekten im Nachfolgeprozess der Befragung melden.

Gerade im Zusammenhang mit Veränderungsprozessen ist die Einbeziehung der Mitarbeiter von großer Bedeutung. Auch wenn immer wieder behauptet wird, dass Menschen keine Veränderungen mögen, trifft doch eher zu: Menschen wollen nicht verändert werden (so drückte es Markus Ebner auf dem Fachtag „Arbeit und Führung 4.0? Antworten der Positiven Psychologie" an der Hochschule Hannover im März 2019 aus). Die Wissenschaft zeigt, dass ein Gefühl der Selbstbestimmung einen großen, positiven Einfluss auf unsere Leistungsfähigkeit und unser Wohlbefinden hat. Dies ergibt die Zusammenfassung der Forschungsergebnisse von Daniel Pink (2010) in seinem Buch *Drive*. Darüber hinaus identifiziert er zwei weitere Faktoren, die Menschen wirklich motivieren: Sinnerfüllung und Streben nach Perfektion. Ersteres ist im FIRMS-Design unter Meaning enthalten und der zweite Punkt wird hier mit Flow und Stärkenorientierung abgedeckt.

In einer VUCA-Welt ist es für Unternehmen überlebenswichtig, dass alle Mitarbeiter bereitwillig ihre Meinung äußern, auch wenn sie kritisch ist, und dass sie sich trauen, ihre Ideen einzubringen, auch wenn sie ungewöhnlich sind. Wie Amy Edmondson (2018) sagt, müssen Führungskräfte aufmerksam zuhören und verstehen, dass ihre Mitarbeiter sowohl die Sensoren, die die Signale für notwendige Veränderungen aufnehmen, als auch die Quelle für kreative, neue Ideen sind. In ihrer umfangreichen Forschung hat sie herausgefunden, dass Menschen oft eher dazu neigen, sich zu schützen und daher das Risiko einer Beteiligung nicht eingehen. Damit dem Unternehmen dadurch kein wertvoller Input verloren geht, sollten Führungskräfte für psychologische Sicherheit im Arbeitsumfeld sorgen. Dafür können sie viel tun, wie z. B. die Wahrscheinlichkeit von Fehlern in einem komplexen Umfeld thematisieren, Fehler konstruktiv bearbeiten, eigenes Unwissen zugeben, gute offene Fragen stellen, mit echtem Interesse zuhören, Foren und Strukturen für Mitarbeiter-Input schaffen und sich sowohl für kritische Meinungen als auch für ungewöhnliche Ideen bedanken und sie wertschätzen.

Ich wünsche jedem Entscheider in Unternehmen den Mut zur Freiheit. Sorgen Sie für Transparenz, z. B. von Unternehmenskennzahlen und Entscheidungsprozessen, denn nur wer informiert ist, kann einen eigenständigen Beitrag leisten. Geben Sie Ihren Mitarbeitern Freiräume, setzen Sie auf Freiwilligkeit und Eigenverantwortung oder bieten Sie zumindest Auswahlmöglichkeiten an. Lassen Sie Ihre Mitarbeiter Einfluss nehmen auf die Gestaltung ihrer eigenen Arbeitswelt, auf Prozesse, Ziele und Strategien. Ich bin mir sicher, dass wir hier mehr wagen können, als bisher gedacht. In der Corona-Krise haben fast alle Unternehmen ihren Mitarbeitern eine bisher nie gekannte freie Wahl von Arbeitsplatz und teilweise auch Arbeitszeit ermöglicht. Die Mitarbeiter haben gezeigt, dass sie mit Freiheit umgehen können.

Relations – Gute soziale Netzwerke gestalten

Like food and air, we seem to need social relationships to thrive. (Ed Diener)
Ein Studium an der Harvard University ist der Traum von vielen ehrgeizigen jungen Menschen. Doch nur für wenige wird dieser Traum wahr. Schier unerschöpfliche Quellen des Wissens, ein Speisesaal wie in Hogwarts und am Ende ein Abschluss, mit dem den Absolventen alle Türen offenstehen, und dennoch wird der Traum für manche Studenten zum Albtraum. Die Anforderungen, die die Universität, die Familien und auch die Studenten selbst an sich stellen, sind hoch. Manche Studenten leiden sehr unter diesem Druck. Sie werden unglücklich, bis hin zur Depression. Andere aber gedeihen, genießen ihre Studienzeit und wachsen fachlich und persönlich. Shawn Achor (2011), der nach seinem Studium in Harvard als Dozent dort blieb, fragte sich, worin der Unterschied liegt. Welche Bedingungen führten dazu, dass sich die einen so schwertaten und die anderen scheinbar mühelos erfolgreich waren? Er beobachtete die Studierenden, analysierte ihre Unterlagen, führte mehr als 1000 Interviews und machte eine Umfrage mit 1600 Studenten. Der wesentliche Unterschied bestand in den guten sozialen Kontakten, die von den erfolgreichen Studenten gepflegt wurden. Sie beteiligten sich an Arbeitsgruppen und nahmen sich weiterhin Zeit für ihre Freunde. Während sich die unglücklichen Studenten zurückzogen, gerade in schwierigen Zeiten versuchten, sich

allein durchzukämpfen, und immer einsamer wurden. Er fand heraus, dass von allen untersuchten Parametern wie Alter, Einkommen der Eltern und Schulnoten, die sozialen Beziehungen den bei Weitem größten Einfluss auf das Wohlbefinden und den Erfolg der Studenten hatten. Shawn Achor sagt „[…] one of the greatest predictors of success and excellence – our social support network".

Dieses Ergebnis wird von unzähligen weiteren Studien verschiedener Wissenschaftler bestätigt. Eine der aufsehenerregendsten ist die Harvard Men Studie, in der 268 Männer über 70 Jahre beobachtet worden waren. Auf Basis der so ermittelten Daten untersuchten die Wissenschaftler, welche Lebensumstände und persönlichen Charaktereigenschaften die glücklichen Teilnehmer, die ein erfülltes Leben führten, von den weniger erfolgreichen unterschieden. George Vaillant (2009), der die Studie über 40 Jahre lang leitete, antwortete einer Zeitung auf die Frage, ob er die wichtigsten Ergebnisse in einem Wort zusammenfassen könnte: „love – full stop". In einem ausführlicheren Beitrag schrieb er: „70 years of evidence that our relationships with other people matter, and matter more than anything else in the world".

In ihrem Buch *Happiness* geben Ed Diener und Robert Biswas-Diener (2008) einen Überblick über eine große Anzahl von Studien zum Thema Glücklichsein. Sie kommen zu einem ähnlichen Schluss: „wie Nahrung und Luft scheinen wir soziale Beziehungen zu brauchen, um zu gedeihen". Wer gute Beziehungen zu Partner, Familie, Freunden oder Kollegen hat, erholt sich schneller von Rückschlägen, erreicht mehr und empfindet mehr Sinn im Leben. Soziale Interaktionen haben einen sowohl kurz- als auch langfristigen positiven Effekt auf uns. Im Moment der Begegnung machen sie uns Freude. Für die Zukunft stärken sie unsere Beziehungen und heben damit den Level unseres Glücksempfindens. Entsprechend der Broaden-and-Build-Theorie vereinfachen die positiven Gefühle, die durch soziale Beziehungen entstehen, wiederum den Aufbau neuer Verbindungen und vertiefen die Beziehung zu Menschen, die wir bereits kennen. So entsteht eine positive, sich selbst verstärkende Aufwärtsspirale.

Unternehmen haben viele Möglichkeiten, ihre Mitarbeiter darin zu unterstützen, gute soziale Beziehungen zueinander aufzubauen und zu pflegen. Tatsächlich gehe ich davon aus, dass die Unterstützung des Aufbaus sozialer Netzwerke in Zukunft eine der wichtigsten Aufgaben des Personalbereichs sein wird. Gleichzeitig wird es auch um den Schutz der sozialen Beziehungen im Unternehmen gehen. Durch interne Konkurrenz z. B. werden die Beziehungen der Mitarbeiter untereinander verschlechtert und der Aufbau neuer Beziehungen erschwert. Entgegen der in Führungskreisen immer noch weit verbreiteten Meinung, wird dadurch die Leistungsfähigkeit der Organisation geschwächt.

Wir haben sehr gute Erfahrungen mit Personalentwicklungsmaßnahmen gemacht, in denen Mitarbeiter sich gegenseitig beraten, unterstützen und voneinander lernen. Im Rahmen unseres Führungskräfteprogramms bildeten die Teilnehmer Gruppen zur kollegialen Beratung, die nach einer Einführung in einem Kick-off-Meeting selbstorganisiert teilweise über Jahre weiterliefen. Durch unser Mentoring-Programm entstanden Verbindungen zwischen erfahrenen Managern und Nachwuchsführungskräften aus verschiedenen Unternehmensbereichen, die im Anschluss auch zu gemeinsamen

Projekten führten. Ganz konkrete Stärkung der sozialen Beziehungen erfahren Vorgesetzte und Mitarbeiter in Teambuilding-Workshops. Bei uns gehörten diese zum Standard-Onboarding-Prozess für Führungskräfte.

Auch hier kommt es nicht nur darauf an, was man macht, sondern auch wie man es macht. Alle unsere Trainings- und Entwicklungsaktivitäten waren so ausgelegt, dass sie den Teilnehmern die Gelegenheit boten, einander kennenzulernen und sich miteinander zu vernetzen. Bei allen Vorteilen, die E-Learning heute bietet, sind Präsenztrainings dafür besser geeignet, insbesondere bei einem Unternehmen mit Mitarbeitern in verschiedenen Standorten, Filialen oder im Außendienst, die sich nur selten treffen. Trainings können auch genutzt werden, um Mitarbeiter aus unterschiedlichen Fachbereichen zusammenzubringen. Ganz bewusst haben wir in jedem Training Übungen eingesetzt, in denen die Teilnehmer mehr übereinander erfahren konnten, über ihre Aufgaben im Unternehmen, aber auch darüber hinaus. Zusätzlich wurden lange Pausen eingeplant, die zum entspannten Netzwerken einluden. Bei längeren Veranstaltungen endete das Training oft mit einem kleinen Umtrunk in der firmeneigenen Bar.

Es gelang uns sogar, externe und interne Assessment Center so zu gestalten, dass eher ein Miteinander als ein Gegeneinander entstand. Ein Instrument, das dazu beitrug, war das Peer-Feedback, in dem die Teilnehmer sich gegenseitig ein wertschätzendes Feedback geben konnten. Damit sind die Teilnehmer nicht nur in der passiven Rolle, desjenigen, der beurteilt wird, sondern auch in einer aktiven, beobachtenden Rolle. Am Ende eines eintägigen Assessment Centers für Dualstudenten hatten die Bewerber schon eine gemeinsame WhatsApp-Gruppe gegründet und sich zum Essen verabredet. In internen Orientierungscentern wurden die Teilnehmer zu Lernpartnerschaften zusammengefasst, von denen einige weit über die Veranstaltung hinaus bestanden.

Auch jenseits der klassischen Entwicklungsinstrumente haben wir die Kontakte der Mitarbeiter miteinander gefördert. Dafür haben wir eine Online-Plattform eingesetzt, auf der sich die Mitarbeiter anmelden konnten und dann einen Kollegen als zufälligen Partner für eine Verabredung zum Mittagessen oder Kaffeetrinken zugelost bekamen. Vor allem zum Start wurde dieses Instrument sehr gut angenommen, sodass wir an manchen Tagen viele Kollegen zusammen im Betriebsrestaurant essen sahen, die sonst gar nichts miteinander zu tun hatten. Aber auch mit eher nostalgischen Offline-Mitteln konnten wir etwas bewirken. Wir haben unseren Kollegen Dankeskarten im Markendesign des Unternehmens zur Verfügung gestellt. Diese wurden sehr gern genutzt, um sich bei Kollegen für eine besondere Unterstützung oder Leistung zu bedanken. Dadurch wurde noch ein weiterer wünschenswerter Effekt erzeugt, denn sich zu bedanken, insbesondere einen Dankesbrief zu schreiben, verursacht zuverlässig positive Emotionen beim Schreiber und erhöht langfristig dessen Glücksniveau. Dies wurde in Studien von Sonja Lyubomirsky (2008) wissenschaftlich belegt. Übrigens haben wir uns zu diesem Instrument von einer ähnlichen Karte inspirieren lassen, die in der Hotelkette The Ritz-Carlton schon lange verwendet wird.

Unternehmen und Führungskräfte können durch unternehmensweite oder teaminterne Feiern und Aktivitäten zur sozialen Vernetzung ihrer Mitarbeiter beitragen. Von der Sommergrillfeier für alle Mitarbeiter – gern auch mit Familienangehörigen – bis zum

Abteilungswandern ist hier alles möglich. Teeküchen mit Sitzecken oder Kickertische gibt es schon in vielen Unternehmen. Damit sich diese positiv auf die Beziehungen der Mitarbeiter auswirken, muss auch klar sein, in welchem Rahmen, also wann und wie lange sie genutzt werden dürfen. Umso mehr dies in der Eigenverantwortung der Mitarbeiter liegt, umso mehr werden sie zu positiven Gefühlen bei der Belegschaft beitragen. Dann gibt es noch die gute alte Betriebssportgruppe, die nicht nur durch soziale Beziehungen, sondern auch durch die sportliche Aktivität das Glücksgefühl der Mitarbeiter steigert. Ungewöhnlicher, aber genauso wirkungsvoll, sind Firmenchöre, Unternehmensorchester oder wie bei der Westfalen AG ein eigener Karnevalsverein. Durch die regelmäßigen Treffen und gemeinsamen Aktivitäten in diesen Organisationen werden die Beziehungen der Mitarbeiter über die Zeit gestärkt und vertieft.

Wenn Führungskräfte verstehen, dass gute soziale Beziehungen nicht nur die Zusammenarbeit für Mitarbeiter angenehmer machen, sondern auch die Leistungsfähigkeit des Unternehmens erhöhen, können sie wie hier beschrieben auf vielfältige Weise dazu beitragen. Insbesondere können sie auch Vorbild sein, indem sie ein echtes Interesse an ihren Mitarbeitern zeigen, offen sind und auch Persönliches von sich preisgeben, sich an sozialen Aktivitäten beteiligen und dadurch gute Beziehungen zu ihren Mitarbeitern und Kollegen pflegen.

Meaning – Sinn erlebbar machen

Der Wille zum Sinn ist der wahre Antrieb des Menschen. (Viktor Frankl)
Da war dieses Teil in einer Produktionsmaschine der Automobilindustrie. Es war ein Verbrauchsteil, das mehrmals am Tag ausgetauscht werden musste. Das war ein Standardprozess, also kein Problem. Aber viel zu oft entsprach das Teil nicht der für den Produktionsprozess notwendigen Norm. Dann fiel die Maschine aus und der Produktionsprozess wurde für ungefähr eine Stunde unterbrochen. Das war ein Problem, denn es verursachte jedes Mal hohe Ausfallkosten. Mit dem einzigen Lieferanten für dieses Teil waren Verträge geschlossen worden, die die Einhaltung der Norm juristisch einforderten. Doch das nützte nichts. Schließlich wurden Mitarbeiter aus der Produktion des Lieferanten, die das Teil herstellten, zu einem Besuch eingeladen. Sie konnten sich den Produktionsprozess, in dem das von ihnen produzierte Verbrauchsteil eingesetzt wurde, vor Ort ansehen und auch die Mitarbeiter dort kennenlernen. Zum ersten Mal sahen sie, was passierte, wenn sie Teile lieferten, die nicht der geforderten Norm entsprachen, und nun wussten sie auch, wer den so entstandenen Schaden beheben musste. Nach diesem Besuch verbesserte sich die Qualität der Verbrauchsteile um ein Vielfaches. Dadurch konnten die Ausfallzeiten signifikant verkürzt werden.

Mitarbeiter von Tankstellenshops verkauften immer wieder Alkohol an Jugendliche. Kritische Gespräche mit den verantwortlichen Mitarbeitern, bis hin zur Androhung einer Kündigung, konnten das nicht ändern. In Interviews stellte sich heraus, dass viele der Mitarbeiter der Meinung waren, dass Alkohol für Jugendliche nicht sehr schädlich sei, denn ihnen hätte Alkohol in der Jugend auch nicht ernsthaft geschadet. Daraufhin wurde ein kurzes, professionelles Video gedreht, das Jugendliche zeigte, die sich mit Alkohol, den sie in einem Tankstellenshop gekauft hatten, betranken und dann wurde der Zusammenhang zwischen Alkoholkonsum in der Jugend und einer späteren Alkoholkrankheit klar dargestellt. Dieses Video wurde den Mitarbeitern zur Verfügung gestellt. So konnte der Verkauf von Alkohol an Jugendliche drastisch reduziert werden.

Diese beiden Fälle aus seiner eigenen Beratungspraxis beschreibt Markus Ebner (2019), der als Wirtschafts- und Organisationspsychologe an den Universitäten Wien und Klagenfurt lehrt, in seinem Buch *Positive Leadership*. Er führt noch andere Beispiele auf. Ärzte in einem Radiologiezentrum, die normalerweise ihre Diagnose stellen, ohne den Patienten jemals zu sehen, bekamen nicht nur die Röntgen- oder MRT-Aufnahmen, sondern auch ein Foto des Patienten. Dadurch wurden die Gutachten der Ärzte um 29 % ausführlicher und um 46 % präziser als die Diagnosen ohne Patientenfoto. Fundraiser, die aus einem Call Center potenzielle Geldgeber anriefen, um sie für eine finanzielle Unterstützung einer Universität zu gewinnen, durften Studierende kennenlernen, die von dem eingeworbenen Geld profitierten. Daraufhin verbrachten sie 141 % mehr Zeit damit, Unterstützer zu gewinnen, und sie konnten um 171 % mehr Geld einsammeln als vorher.

Was macht den Unterschied aus? Warum stellten die Produktionsmitarbeiter Teile her, die besser der Norm entsprachen? Warum verkauften die Mitarbeiter im Tankstellenshop kaum noch Alkohol an Jugendliche? Warum wurden die Diagnosen der Ärzte präziser und die eingeworbenen Summen der Fundraiser höher? Der Unterschied liegt im Erleben von Sinn. Der Sinn der Anforderungen wurde besser verstanden. Eine Aufgabe macht mehr Sinn, wenn man weiß, für wen man sie erfüllt. Sinn erleben beginnt mit jeder einzelnen Aufgabe. Immer sollte für Mitarbeiter klar sein, warum eine Aufgabe durchgeführt wird. Im großen Zusammenhang sollten Mitarbeiter wissen, welchen Beitrag sie mit ihrer Tätigkeit zum Erreichen der strategischen Ziele leisten. Über diesen rationalen, logischen Sinn hinaus wollen Mitarbeiter auch wissen, ob es für sie persönlich Sinn macht, einen Teil ihrer Lebenszeit mit dieser Aufgabe in diesem Unternehmen zu verbringen. Hier ist ein eher ethischer, moralischer Sinn gefragt. Dafür ist es entscheidend, ob die Werte des Unternehmens zu den persönlichen Werten der Mitarbeiter passen. Mitarbeiter fragen sich: Wofür steht diese Organisation? Was ist ihre Mission?

Simon Sinek (2011) vertritt in seinem Buch *Start with Why* die Meinung, dass es für Organisationen am wichtigsten ist, zu definieren, warum sie etwas machen wollen, und erst dann geht es darum, was sie machen und wie sie es machen. Er sagt, wer mit dem Warum beginnt, inspiriert Menschen zum Handeln. Er stellt sein Modell im sog. The Golden Circle dar, in dessen Mitte er das Warum stellt. Erst danach folgt das Wie und das Was bildet den äußeren Kreis. Doch seiner Einschätzung nach gehen die meisten Unternehmen umgekehrt vor. Jedes Unternehmen weiß, was es macht, also welche Waren oder Dienstleitungen es herstellt und anbietet. Die meisten Unternehmen machen sich auch darüber Gedanken, wie sie dies machen, z. B. im Rahmen von Prozessverbesserungen. Aber oft fehlt der Sinn dahinter. Die Frage, warum sie machen, was sie machen, wird nicht beantwortet. Als ein positives Beispiel aus der Wirtschaft führt er unter anderem Apple an. Würde Apple nur für das stehen, was sie tun, dann würden sie kommunizieren: „Wir machen großartige Computer. Sie haben ein wunderschönes Design und sind benutzerfreundlich." Doch stattdessen steht Apple für Folgendes: „Bei allem, was wir tun, glauben wir daran, den Status quo infrage zu stellen. Wir glauben daran, anders zu denken." Darüber hinaus versteht Apple es auch, dies seinen Kunden und Mitarbeitern zu vermitteln.

Viele Unternehmen formulieren das, wofür sie stehen, ihr Warum, explizit. Meist nennen sie dies ihre Mission. Eine wirksame Mission gibt den Mitarbeitern das Gefühl, einen Beitrag zu etwas Größerem, Wichtigem zu leisten. Bei Google heißt es z. B.: „Das Ziel unseres Unternehmens ist es, die Informationen der Welt zu organisieren und allgemein zugänglich zu machen". Bei Unilever findet man unter „Unsere Vision" Folgendes: „Unilever hat ein einfaches, aber klares Ziel – Nachhaltigkeit alltäglich zu machen". Eine Mission muss nicht unbedingt realistisch erreichbar sein. Sie gibt eher eine Richtung vor. Oft bezieht sich die Mission konkret auf die Kunden, so wie z. B. bei der Mast-Jägermeister SE, die ihren Kunden „The Best Nights of your Life" bieten will.

Wichtiger als eine offizielle Formulierung der Mission ist ein gemeinsames Verständnis davon, wofür das Unternehmen steht. Doch umso größer und damit komplexer und heterogener ein Unternehmen ist, umso mehr macht es Sinn, sich auf eine solche offizielle Formulierung zu einigen. Diese Mission sollte für alle Mitarbeiter erlebbar sein. In der heutigen Arbeitswelt, in der Produktion und auch Dienstleistungen in Arbeitsschritte aufgeteilt sind, die von unterschiedlichen Menschen ausgeführt werden, können Mitarbeiter die Auswirkungen ihrer Arbeit oft nicht mehr direkt erleben. Sie sehen nicht, wie die Kunden davon profitieren. Unternehmen können hier mehr Sinnerleben ermöglichen, indem sie Mitarbeitern, die in ihrem normalen Arbeitsalltag keinen Kontakt zu Kunden haben, die Gelegenheit geben, Kunden zu treffen oder zumindest mit ihnen zu kommunizieren. So können sie erleben, wie sie mit ihrer eigenen Arbeit einen positiven Beitrag zum Leben der Kunden leisten.

Auch die gemeinsame Definition von Werten kann zum Sinnerleben der Mitarbeiter beitragen. Nur wenn Unternehmenswerte definiert und auch kommuniziert werden, haben Mitarbeiter die Möglichkeit, diese mit ihren eigenen Werten abzugleichen. Zusätzlich können zusammen mit den Führungskräften erarbeitete Führungsgrundsätze beschreiben wie die Werte in der Führung umgesetzt werden. Sie geben den Vorgesetzten Leitplanken für ihre Führungstätigkeit und den Mitarbeitern Sicherheit, indem sie vorgeben, was sie von ihren Vorgesetzten erwarten können. Werte und Führungsgrundsätze können nur zum Sinnerleben der Mitarbeiter beitragen, wenn sie im Unternehmen in der täglichen Arbeit, aber auch in besonderen Situationen, wie z. B. Krisen, praktisch umgesetzt werden. Eine besondere Rolle kommt hier den Vorgesetzten zu, sie sollten Vorbilder sein und die Werte vorleben. Falls Werte oder Führungsgrundsätze in den Führungsebenen des Unternehmens nicht vorgelebt werden, kann dies zu Frustration und Zynismus bei den Mitarbeitern führen. Tatsächlich sollten Unternehmen bei klaren Verstößen gegen die vereinbarten Werte konsequent reagieren, vor allem bei Führungskräften.

Wir haben in einem hierarchie- und bereichsübergreifenden Workshop konkrete Verhaltensweisen definiert, die die Umsetzung der Unternehmenswerte im Arbeitsalltag beschreiben. Diese von den Mitarbeitern selbst entwickelten Verhaltensweisen wurden als Beurteilungskriterien im Mitarbeitergespräch eingesetzt. Auf diese Weise wurden die Werte immer wieder zwischen Mitarbeiter und Vorgesetztem thematisiert und diskutiert. Auch für die Führungsgrundsätze wurden in dem bereits beschriebenen Programm gemeinsam mit den Führungskräften Verhaltensweisen definiert, mit denen sie im Führungsalltag umgesetzt werden. Diese wurden als Kriterien für ein 360-Grad-Feedback und im Jahresgespräch für die Führungskräfte genutzt.

Zahlreiche Studien belegen, dass positive Gefühle signifikant gefördert werden, wenn man das Gefühl hat, etwas Sinnvolles zu tun. Markus Ebner (2019) fasst die Ergebnisse der Studien zusammen. Wenn Menschen ihre Tätigkeit als sinnvoll erleben, empfinden sie weniger Stress dabei, leiden weniger unter den gesundheitlichen Folgeerscheinungen von Stress und ungünstige Arbeitsbedingungen werden als weniger störend empfunden. Darüber hinaus haben Menschen, die ihr eigenes Leben als sinnvoll erleben, eine signifikant höhere Lebenserwartung. Dagegen ist das Fehlen von Sinnhaftigkeit wahrscheinlich eine mögliche Ursache für Depressionen. Schon der Psychotherapeut Viktor Frankl, der Begründer der Logotherapie, sagte, dass aus seiner Sicht der „Wille zum Sinn“ der wahre Antrieb des Menschen sei.

Strengths – Stärkenorientierung leben

People have several times more potential for growth when they invest energy in developing their strengths instead of correcting their deficiencies. (Tom Rath)

Der erste Tag in einem neuen Job ist aufregend. Der neue Mitarbeiter im indischen Call-Center der Firma Wipro hatte auch schon in anderen Unternehmen gearbeitet. Er wusste, was ihn an so einem Onboarding-Tag erwartete. Er würde zusammen mit den anderen neuen Mitarbeitern Formulare ausfüllen müssen, ein Kollege aus dem Personalbereich würde kommen und erklären, wie die Verwaltungsprozesse hier laufen und wahrscheinlich würde auch noch jemand erzählen, warum sie nun glücklich sein können, bei Wipro zu arbeiten. Doch er wurde überrascht. Der Manager, der erschien, kam nicht aus dem Personalbereich. Zunächst erzählte er von seinen eigenen persönlichen Erlebnissen bei Wipro. Dann stellte er den neuen Mitarbeitern eine Aufgabe, in der es gar nicht um ihre neue Firma ging, sondern um sie selbst. Er bat sie, eine Situation aufzuschreiben, in der sie glücklich waren und ihre beste Leistung zeigen konnten, weil sie etwas tun konnten, was ihrer Natur entsprach. Nachdem er seine Überraschung überwunden und kurz darüber nachgedacht hatte, schrieb der neue Mitarbeiter über die Nachhilfe, die er seinem Neffen in Mathematik gegeben hatte. Er hatte dem Jungen gut zugehört und so verstanden, wo seine Probleme lagen. Geduldig und in einfachen Worten hatte er ihm die Regeln erklärt. Schließlich konnte der Junge seine Aufgaben selbst rechnen und bedankte sich glücklich bei ihm. Nun forderte der Wipro-Manager die Neuanfänger auf, sich einander vorzustellen. Dazu sollten sie ihre Geschichten nutzen und erläutern, was diese über sie aussagten. Sie sollten sich einander von ihrer besten Seite vorstellen. Der neue Mitarbeiter erzählte der Gruppe, wie er seinem Neffen geholfen hatte, wie er empathisch auf den Jungen eingegangen war und ihm geduldig die Zusammenhänge erklärt hatte. Am Ende des Tages hatte der neue Mitarbeiter das Gefühl, dass seine neuen Kollegen schon viel über ihn erfahren hatten und im Gegenzug er auch viel über sie wusste.

Diese Form des individualisierten, stärkenorientierten Onboardings ist deutlich effizienter als das übliche Vorgehen. Es führt zu besserer Leistung und einer stärkeren Mitarbeiterbindung. Dies fand Daniel Cable (2019) mit seinem Team in einer Studie bei Wipro heraus. Während eine Gruppe das hier beschriebene Onboarding durchlief, bekam eine zweite Gruppe Informationen zu den Werten und Besonderheiten von Wipro, reflektierte und diskutierte diese. Eine dritte Gruppe, die Kontrollgruppe, nahm an Wipros Standard-Onboarding-Prozess teil, der auf das Training von Fähigkeiten fokussiert war. Alle Teilnehmer wurden über sechs Monate beobachtet. Die Gruppe mit dem individualisierten, stärkenorientierten Onboarding zeigte eine bessere Leistung, was sich unter anderem in einer höheren Kundenzufriedenheit äußerte, und diese Teilnehmer hatten auch eine höhere Wahrscheinlichkeit, im Unternehmen zu verbleiben als die Kontrollgruppe. Die Gruppe, die sich mit den Werten von Wipro beschäftigt hatte, zeigte ebenfalls eine stärkere Bindung an die Firma. Doch ihre Leistung war nicht besser als die der Kontrollgruppe. Der Start in einer neuen Firma ist für die meisten Menschen eine kritische Situation, in der sie sich verletzlich fühlen und zunächst vor allem dazugehören wollen. Dies führt oft dazu, dass sie sich anpassen und sich nicht so geben, wie sie sind, sondern so, wie sie glauben den Erwartungen am besten zu entsprechen. Die neuen Mitarbeiter, die sich bei Wipro im Onboarding von ihrer besten Seite zeigen durften, brauchten sich nicht verstellen, um ihren Kollegen ein positives Bild von sich selbst vorzustellen. Das positive Feedback, das sie darauf bekamen, führte dazu, dass sie ihre Stärken auch in der neuen Arbeit vermehrt einsetzten. Darauf bekamen sie noch mehr positives Feedback – ein sich selbst verstärkender Prozess. Zusätzlich führte dies auch zu positiven Emotionen mit all ihren Vorteilen. Wie die Studie zeigt, hatte dies einen nachhaltig positiven Effekt für die Mitarbeiter und das Unternehmen.

Etliche weitere Studien untermauern die Vorteile der Stärkenorientierung. Markus Ebner (2019) stellt unter anderem Studien vor, die belegen, dass Mitarbeiter eine messbar bessere Leistung, positiveres arbeitsbezogenes und weniger unternehmensschädigendes Verhalten zeigen, wenn sie ihre wichtigsten Stärken bei der Arbeit einsetzen können. Außerdem stellt er dar, dass die Stärkenorientierung der Führungskräfte einen großen Einfluss auf die Mitarbeiter hat. Wird der Führungsstil als stärkenorientiert wahrgenommen, sind die Mitarbeiter engagierter und verhalten sich fast nie unternehmensschädigend. Weitere von Nico Rose (2019) zusammengefasste Studien fanden heraus, dass Mitarbeiter, die ihre wichtigsten Stärken regelmäßig bei der Arbeit nutzen, nicht nur mehr Engagement zeigen, sondern auch eine hohe Arbeitszufriedenheit und mehr psychisches Wohlbefinden empfinden. Zusätzlich sehen sie ihren Beruf eher als eine Berufung, was sich ebenfalls positiv auswirkt. Insgesamt bewirkt Stärkenorientierung eine höhere Lebenszufriedenheit.

Trotzdem wird Personalentwicklung oft noch schwächenorientiert durchgeführt. Anforderungsprofile werden erstellt und mit den Mitarbeiterprofilen verglichen. Dort wo der Mitarbeiter noch Lücken, also negative Abweichungen vom Sollprofil, hat, werden ihm sog. Entwicklungsfelder bescheinigt. Bestenfalls gelingt es, mit geeigneten

Maßnahmen die Lücken zu füllen, und der Erfolg besteht darin, dass alle Mitarbeiter an ein ihrer Aufgabe entsprechendes standardisiertes Sollprofil angepasst werden. Wenn diese Sollprofile ohne statistische Unterstützung erstellt werden, ist dies ein sehr unzuverlässiger Prozess. Man erhält nur die Expertenmeinung, die nicht unbedingt mit den tatsächlichen Anforderungen übereinstimmt. Hinzu kommt, dass auch die in Zukunft benötigten Kompetenzen berücksichtigt werden sollten und das ist in diesen Zeiten des schnellen, unvorhersehbaren Wandels nahezu unmöglich. Daher sind Unternehmen mit einer vielfältigen Belegschaft, deren Mitarbeiter sich also durch viele verschiedene Stärken auszeichnen, durch ihre Flexibilität klar im Vorteil. Da eine Schwäche nur sehr selten in eine Stärke verwandelt werden kann, erhält man mit einem Schwächenfokus nur Mittelmaß, oder wie Markus Ebner es ausdrückt:„Mitarbeiter und Mitarbeiterinnen werden so lange entwickelt bis sie unsichtbar sind". Dies kann doch nicht das Ziel der Personalentwicklung sein! Jeder Mitarbeiter ist einzigartig und hat ein ganz besonderes Stärkenprofil. Es wäre dumm von uns, dieses nicht zu nutzen. Trotzdem ist es in manchen Situationen sicherlich auch sinnvoll und notwendig, an den Schwächen der Mitarbeiter zu arbeiten.

Was bedeutet dies nun für die Entwicklung und Führung von Mitarbeitern? An dieser Stelle werden immer gern Gleichnisse aus dem Tierreich genutzt und das möchte ich nun auch tun, weil es einfach so schön anschaulich ist. Stellen Sie sich vor, Sie haben in Ihrem Team eine Forelle, eine Schwalbe und einen Hasen. Wenn Sie nun versuchen, alle drei zu Generalisten zu entwickeln, die zumindest ein bisschen schwimmen, fliegen und laufen können, ist das nicht effizient und wird nicht zum Erfolg führen. Zusätzlich werden Ihre drei Teammitglieder schon bald sehr frustriert sein. Es könnte sogar sein, dass die Forelle erstickt und die Schwalbe ertrinkt, um in unserem Tierbild zu bleiben. Der Hase könnte, wenn er sich besonders anstrengt und sehr hoch und weit springt, so etwas Ähnliches wie Fliegen erreichen und er könnte auch gut genug schwimmen, um nicht unterzugehen. Doch herausragende Leistungen sind von ihm auf diesen beiden Gebieten nicht zu erwarten. Wenn Sie dagegen erkennen, wo jeder der Drei seine Stärke hat und sie darin unterstützen, diese weiter auszubauen, werden sie sich zu überaus leistungsfähigen, motivierten Mitarbeitern entwickeln. Nun müssen Sie diese nur noch ihren Stärken entsprechend einsetzen. Ein weiterer, für die Leistungsfähigkeit des Teams notwendiger Schritt ist die gegenseitige Wertschätzung der Stärken. So können sich die Mitarbeiter durch den Einsatz ihrer Stärken gegenseitig unterstützen und ergänzen. Das gesamte Team erreicht auf diese Weise ein hohes Leistungsniveau.

Die drei Schritte zur stärkenorientierten Mitarbeiterführung sind Entdecken, Entwickeln und Einsetzen, die drei E für Stärken. Die größte Herausforderung ist dabei die Entdeckung der Stärken, denn oft sind sich Menschen ihrer eigenen Stärken nicht bewusst. Entwicklung und Einsatz der Stärken können oft gleichzeitig erfolgen, denn wenn wir unsere Stärken in einer herausfordernden Aufgabe einsetzen, entwickeln wir sie dadurch auch weiter. Manchmal kann es allerdings schwierig sein, in einem Unternehmen die dafür geeigneten Aufgaben zu finden.

Die eigenen Stärken zu kennen, wird durch verschiedene Faktoren erschwert. Zunächst sind die meisten von uns durch unsere Kultur, die wir vor allem in der

Schule und in der Ausbildung, aber oft auch in der Familie, erlebt haben, auf eine Schwächenorientierung geprägt. Immer geht es darum, zu ermitteln, wo wir noch Lücken haben, wo wir einem vorgegebenen Anforderungsprofil noch nicht entsprechen und dann die zur Anpassung notwendigen Verbesserungen zu erreichen. Sogar die Eltern gucken oft eher auf die schlechteste Note im Zeugnis, um dann wohlwollend mit dem Kind zu besprechen, wie diese verbessert werden kann. Ich erinnere mich an einen Kollegen, ein sehr erfolgreicher Marketing-Manager, der mir erzählte, dass er es in der Schule nicht immer leicht hatte und dass ein Lehrer ihm sehr geholfen hat. Dieser Lehrer hatte seine Stärken in Kreativität, Kommunikation und seiner Verbindung zu anderen Menschen erkannt. Er sagte ihm, dass er mit diesen besonderen Fähigkeiten viel erreichen kann, auch wenn sie in der Schule kaum geschätzt werden. Das hat dem Selbstbewusstsein und damit wohl auch der Entwicklung dieses jungen Menschen sehr gut getan. Zum Glück gab es diesen Lehrer, aber schade, dass es nur ein einziger war.

Wir neigen dazu, uns selbst als Maßstab zu nehmen. Dies kann dazu führen, dass wir unsere eigenen Stärken einfach übersehen. Wir unterschätzen sie. Mir fällt es z. B. leicht, vor vielen Menschen zu reden und einen Vortrag zu halten. Es bereitet mir sogar Vergnügen. Wenn etwas so einfach ist, benötige ich dafür doch keine Stärke, könnte ich nun denken. Dabei übersehe ich, dass es vielen Menschen eher schwerfällt, vor größeren Gruppen zu reden. Nur durch meine Stärken in Kommunikation und Kontaktfähigkeit fällt es mir so leicht, auch ein großes Publikum mit einer Präsentation zu unterhalten.

Als wir anfingen, mit unseren Führungskräften stärkenorientierte Workshops durchzuführen, stießen wir auf eine weitere Herausforderung: Manche Stärken wurden nicht wertgeschätzt oder zumindest nicht im gleichen Maß wie die anderen Stärken. In einem unserer Workshops war ein Kollege, dessen Stärke darin lag, besonders vorsichtig zu sein und keine Risiken einzugehen. Der Kollege sah diese Eigenschaft zwar bei sich, war aber nicht sehr glücklich damit. Etwas ratlos fragte er sich, ob das denn überhaupt eine Stärke sei. Da dies ein Manager aus unserem Finanzbereich war, erklärten wir alle, wie froh wir sind, dass er diese Stärke hier einbringt.

Wir mussten erfahren, dass sich die Manager aus einem anderen, eher praktisch orientierten Fachbereich über ihre Stärken ausgetauscht hatten und nun einen Kollegen bemitleideten, der eine Stärke darin hatte, gern nachzudenken und intellektuelle Konversationen zu führen. Ihnen fehlte schlicht die Vorstellungskraft, um zu erkennen, wie wertvoll diese Stärke für ihren Bereich war. In den meisten unserer Führungskräfte-Workshops waren die Kollegen begeistert von den Stärken der anderen, von der Vielfältigkeit der Stärkenprofile in unserem Unternehmen und davon wie gut diese zu den Aufgaben der jeweiligen Manager passten. Doch es gab auch Workshops, in denen die Teilnehmer darum wetteiferten, wer die besseren Stärken hatte. Es war nicht immer einfach, allen verständlich zu machen, dass alle Stärkenprofile gleich viel wert sind. Wir trösteten uns damit, dass auch Wettbewerbsorientierung eine Stärke ist.

Dadurch wurde uns klar, dass wir zu den drei E für Stärken unbedingt noch ein W für Wertschätzung hinzufügen müssen. Damit ist sowohl die Wertschätzung der eigenen Stärken als auch die Wertschätzung der Stärken anderer gemeint. Wenn wir mit jemandem zusammenarbeiten, der ganz anders ist als wir, kann das sehr anstrengend sein. Erkennen wir, dass die Andersartigkeit darin besteht, dass dieser Kollege andere Stärken hat als wir, verändert das unsere Perspektive. Wir können Möglichkeiten sehen, wie dieser Kollege uns unterstützen kann und wie wir uns gegenseitig ergänzen können. Zum Beispiel hatte ich in meinem Team jemanden, der viel vorsichtiger war als ich. Derjenige hatte bei meinen Plänen oft Einwände und äußerte Bedenken, was mich sehr störte. Als ich verstand, dass dies eine Stärke meines Teammitglieds war, begann ich, sie für mich zu nutzen. So war ich gewarnt, wo bei meinen Plänen eventuell Schwierigkeiten auftreten könnten, wo ich also besonders aufmerksam sein sollte oder mit wem ich vorher noch reden sollte.

Es gibt verschiedene Möglichkeiten, wie wir unsere Mitarbeiter und Kollegen darin unterstützen können, ihre eigenen Stärken zu entdecken. Selbstreflexion, Feedback und Persönlichkeitstests sind Instrumente, mit denen sie mehr über die eigenen Stärken erfahren können. Als erster Schritt ist eine Selbstreflexion gut geeignet, in der man sich Fragen stellen kann wie: Welche Tätigkeiten fallen mir besonders leicht? In welchen Aufgaben bin ich besonders erfolgreich? Welche Stärken setze ich dazu ein? In einem zweiten Schritt kann man diese oder ähnliche Fragen auch an Kollegen und Vorgesetzte stellen, um von ihnen ein Feedback zu den eigenen Stärken zu erhalten. Natürlich kann zusätzlich das Feedback von Personen aus dem privaten Umfeld sehr sinnvoll sein. Aus diesen beiden Schritten kann sich schon ein hilfreicher Vergleich von Fremd- und Selbstbild ergeben. Für ein Feedback zwischen Menschen, die sich nicht gut kennen, eignet sich eine „Positiver Bericht“ genannte Methode, die der im Onboarding bei Wipro eingesetzten Übung sehr ähnlich ist. Der Feedbacknehmer beschreibt eine Situation, in der er ganz bewusst aktiv wurde, sich bemüht hat und so eine Herausforderung bestanden, ein Problem gelöst hat. Freude beim Handeln und Zufriedenheit mit dem Ergebnis des eigenen Tuns sollten die Situation kennzeichnen, dabei muss es sich nicht um ein großes lebensveränderndes Ereignis handeln. Die Feedbackgeber benennen dann alle Stärken, die sie in diesem Handeln erkennen.

Eine strukturiertere Herangehensweise an die eigenen Stärken bieten Persönlichkeitstests. Wie Markus Ebner (2019) anführt, sind der StrengthsFinder des Gallup Instituts und der VIA Charakterstärkentest die beiden am häufigsten verwendeten stärkenorientierten Tests. Sie wurden auf sehr unterschiedliche Weise entwickelt. Für den StrengthsFinder wurde eine sehr große Anzahl von Interviews mit Berufstätigen ausgewertet. Mithilfe einer Faktorenanalyse wurden daraus 34 sog. Talente ermittelt. Im Gallup-Modell entsteht eine Stärke, wenn zu einem vorhandenen Talent auch noch das passende Wissen und Können erworben wird. Die VIA (Values in Action) Charakterstärken wurden von einem Team von 55 namhaften Sozialwissenschaftlern entwickelt, darunter auch Martin Seligmann. Dafür analysierten sie Weltreligionen, Philosophien und Psychologie, um herauszufinden, was in unterschiedlichen Kulturen als Stärke oder Wert angesehen wird. Daraus wurden die Werte ermittelt, die alle gemeinsam haben. Auf Basis bestimmter Kriterien, wie z. B.: der Wert muss die individuelle Zufriedenheit fördern, wurden daraus die 24 Charakterstärken ausgewählt. Die im StrengthsFinder verwendeten

Talente beziehen sich auf das Arbeitsleben und daher ist dieser Test im beruflichen Umfeld gut einzusetzen. Für die Nutzung dieses Tests verlangt das Gallup Institut eine Gebühr, während der VIA Charakterstärkentest kostenlos durchgeführt werden kann und sämtliche statistischen Kennwerte online zur Verfügung stehen. Dagegen gibt das Gallup Institut kaum Daten über den StrengthsFinder heraus. Während eine große Anzahl von Studien zu den VIA Charakterstärken durchgeführt und veröffentlicht wurde, muss man sich bezüglich des StrengthsFinders auf die vom Gallup Institut intern durchgeführten Studien verlassen.

Wir haben auf allen Ebenen den StrengthsFinder eingesetzt. In der Regel haben unsere Kollegen das Buch *Entdecken Sie Ihre Stärken jetzt* (Buckingham M 2014) erhalten. Sie konnten sich in das Thema einlesen und im Buch war ein Code für den Online-Test enthalten. Dieser Test liefert die wichtigsten fünf Stärken. In Workshops und anderen Entwicklungsmaßnahmen wurde mit und an diesen fünf wichtigsten Stärken gearbeitet. In der Seminarbroschüre haben wir einen Stärken-Workshop angeboten, zu dem sich jeder anmelden konnte. Im bereits beschriebenen Führungskräfteprogramm gehörte ein Stärken-Workshop zu den Instrumenten, aus denen die Führungskräfte auswählen konnten. Das Nachwuchskräfteprogramm wurde von Dagmar Paulwitz-Holtz so konzipiert, dass sich die Stärkenorientierung als roter Faden durch alle Module zog. Die Entwicklung der Auszubildenden wurde von der Ausbildungsleiterin Vijdan Bangura konsequent stärkenorientiert ausgerichtet. Alle Ausbildungsbeauftragten in den Fachabteilungen nahmen an Workshops zur Stärkenorientierung teil, in denen sie einerseits ihre eigenen Stärken entdecken und weiterentwickeln konnten und andererseits lernten, wie sie den Auszubildenden stärkenorientiertes Feedback geben konnten. Die Auszubildenden und Dualstudenten nahmen zu Beginn der Ausbildung an einem Stärken-Workshop teil. In ihrem individuellen „Meister-Buch“, das sie durch die drei Jahre ihrer Ausbildung begleitete, konnten sie ihre Stärken reflektieren. Zum Beispiel stellten sie sich bei einem positiven Feedback die Frage, welche Stärke sie eingesetzt hatten. In Peer Groups diskutierten sie zusätzlich die Entwicklung und den Einsatz ihrer Stärken.

Im Mitarbeitergespräch wurde gefragt, welche Stärken bei guten Leistungen bereits eingesetzt wurden und welche noch zur Verbesserung von Leistungen beitragen könnten. Im Entwicklungsplan, der ein Teil des Gesprächs war, wurde ausdrücklich darauf hingewiesen, dass auch Maßnahmen zum weiteren Ausbau bereits vorhandener Stärken vereinbart werden sollten. Zusätzlich gab es ein optionales Stärken-Feedback, das genutzt werden konnte, wenn der Mitarbeiter oder die Führungskraft es wünschte. Dieser Teil des Gesprächs bezog sich dann ganz konkret auf die mit dem StrengthsFinder ermittelten Stärken, ihre Weiterentwicklung und ihren Einsatz.

Gemeinsam mit Dagmar Paulwitz-Holtz und Vijdan Bangura aus meinem Team entwickelten wir ein Konzept für stärkenorientierte Teambuildings, die wir auf Anfrage in den Fachabteilungen durchführten. Zu Beginn dieses Workshops stellten die Mitarbeiter einander ihre fünf wichtigsten Stärken vor. Da ihnen die Form der Darstellung freigestellt war, entwickelten einige in dieser Aufgabe eine beeindruckende Kreativität. In verschiedenen weiteren Übungen bekamen alle positives Feedback von ihren

Kollegen. Jeder stellte dar, bei welchen Aufgaben er seine Stärken einsetzen konnte und welche Stärken er gern noch mehr einbringen würde. Alle Teilnehmer erstellten Stärkensteckbriefe, die sie auf ihrem Schreibtisch platzieren konnten. Als Überschrift für ihren Steckbrief wurde ihnen vom Team ein origineller Titel verliehen, der zu ihren Stärken und ihrer Tätigkeit passte. Die Entwicklung dieser Titel zog sich oft mit großer Begeisterung bis in die Pausen hinein und war ein weiteres Zeichen der Wertschätzung des Teams für jeden einzelnen Mitarbeiter.

Unsere Kollegen beteiligten sich mit großer Offenheit an den verschiedenen stärkenorientierten Aktivitäten. Wir erhielten ein durchweg ausgesprochen positives Feedback dazu. Nur manche Auszubildende waren der Meinung, dass es schon ein bisschen zu viel Stärkenfokus war. Gerade einige erfahrene Kollegen und Führungskräfte waren geradezu erleichtert, dass nun endlich ihre Stärken im Mittelpunkt standen. Auf sie hatte dieses Vorgehen eine befreiende Wirkung. Wir konnten bei vielen Teilnehmern unserer Maßnahmen eine positive Entwicklung beobachten, die sich sowohl in persönlicher Leistung und Engagement als auch in der Zusammenarbeit zeigte.

Die fünf Handlungsfelder des FIRMS-Design sind eng miteinander verknüpft und bestärken sich gegenseitig. Wenn ich zu den Kollegen in meinem Team gute soziale Beziehungen habe, gibt dies meiner Arbeit mehr Sinn. Wenn meine Kollegen und ich unsere eigenen Stärken gut kennen und wir die Freiheit haben, unsere Aufgaben selbst zu verteilen, kann jeder seine Stärken einsetzen und durch den Skill-Task-Fit Flow erleben, um hier nur einige Zusammenhänge aufzuzeigen. Daher ist es naheliegend, Maßnahmen zu entwickeln, die mehrere Handlungsfelder gleichzeitig abdecken. Zwei besonders gut geeignete Themengebiete stelle ich Ihnen im Folgenden vor.

Alle Formate, in denen Mitarbeiter voneinander lernen können, lassen sich so gestalten, dass alle fünf FIRMS-Handlungsfelder abgedeckt sind. Geben Sie Mitarbeitern die Chance, als interne Referenten zu ihrem eigenen Fachgebiet oder einem Fachgebiet, das sie besonders interessiert und auf das sie sich entsprechend vorbereitet haben, ihr Wissen weiterzugeben. Den Referenten kann ein großer Gestaltungsspielraum eingeräumt werden. Sie können ihre Stärken einsetzen und bis an die Grenze ihrer Fähigkeiten gehen, sodass sie Flow erleben. Die Weitergabe von Wissen auf einem Gebiet, dass uns wichtig ist, empfinden wir meist auch als sinnvoll. Das Voneinander- und Miteinanderlernen stärkt die sozialen Beziehungen.

Bei Jägermeister hatten Kollegen die Möglichkeit, selbst einen Workshop in der internen Seminarbroschüre anzubieten. Dies wurde von Lehrenden sowie Lernenden gern und intensiv genutzt. Die Themen erstreckten sich von Generation Z, über Innovation, Markenschutz, Positive Psychologie bis hin zur Spirituosenindustrie, also dem Wettbewerbsumfeld des Unternehmens. Bei der Westfalen AG hatten die Teilnehmer des Nachwuchskräfteprogramms ein eigenes Format entwickelt. Bei ihren Learn@Lunch-Veranstaltungen trafen sie sich mit einem kleinen Kreis von Kollegen im Betriebsrestaurant und gaben Input zur praktischen Nutzung von IT-Tools, wie z. B. dem E-Mail-Programm. In der kleinen Gruppe von Kollegen im lockeren Rahmen entspann sich schnell ein reger Austausch über die eigenen Erfahrungen, Tipps und Tricks.

Das Format soll nun auch für andere Themen und weitere Referenten geöffnet werden. Bei Google werden 80 % aller registrierten Trainings von Mitarbeitern für Mitarbeiter gehalten. Ein internes Freiwilligennetzwerk von mehr als 6000 Referenten engagiert sich, um ihre Kollegen in deren Entwicklung zu unterstützen. Das g2g (googler-to-googler) genannte Programm deckt alle Themen von Softwareentwicklung bis Mitarbeiterführung ab. Die internen Trainer können sich selbst weiterbilden und an internen Schulungen zur Durchführung und Konzeption von Trainings teilnehmen. In den drei unterschiedlichen Unternehmen haben die Voneinanderlernen-Formate eins gemeinsam: Das Engagement der Referenten basiert auf Freiwilligkeit.

Ein weiterer Bereich, in dem sich viele Möglichkeiten ergeben, die fünf FIRMS-Handlungsfelder miteinander zu kombinieren, sind Wohltätigkeitsprojekte. Wenn die Mitarbeiter sich gemeinsam für einen guten Zweck einsetzen können, erleben sie Sinn und bauen gute Beziehungen zueinander auf. Von der Entscheidung, welche Projekte angegangen werden sollen, bis zu den Details der Durchführung können die beteiligten Mitarbeiter auch hier viel Freiraum erhalten. Da meist viele verschiedene Aufgaben erfüllt werden müssen, kann sich jeder beteiligte Mitarbeiter eine seinen Stärken entsprechende Tätigkeit suchen. Wenn die Aufgaben anspruchsvoll sind, werden auch in diesem Bereich Flow-Erlebnisse ermöglicht.

Die Mitarbeiter der Firma Bahlsen verkaufen z. B. jedes Jahr an einem Samstag in der Vorweihnachtszeit ihre Kekse für einen guten Zweck. Zu diesem schon traditionellen Keksverkauf auf dem Opernplatz in Hannover kommen viele freiwillige Helfer aus dem Unternehmen, manche bringen ihre Kinder mit und auch einige Bahlsen-Rentner beteiligen sich noch. Dabei werden sie von Prominenten unterstützt. Zusammen verbringen sie einen langen, arbeitsreichen Tag. Manche kommen nur für ein paar Stunden, andere sind von morgens bis abends dabei. Von der Planung über die Logistik bis zum eigentlichen Verkauf der Kekse an einer langen Theke sind viele verschiedene Aufgaben zu erledigen, damit am Ende der Keksverkauf erfolgreich ist und eine große Summe gespendet werden kann.

Wenn Sie das FIRMS-Design in Ihrer Firma umsetzen möchten, brauchen sie kein fertiges, perfektes Konzept, das alle Handlungsfelder bereits abdeckt. Fangen Sie einfach an. Probieren Sie aus, was zu Ihrem Unternehmen passt und lassen Sie sich von Rückschlägen nicht entmutigen. Sie können Instrumente, die Sie schon einsetzen, überarbeiten, sodass sie dem FIRMS-Design entsprechen. Zum Beispiel können Sie in Ihren Mitarbeitergesprächen optionale Elemente anbieten, Ihr Nachwuchskräfteprogramm stärkenorientiert ausrichten oder in Ihren internen Trainings Übungen und freie Zeiten einplanen, damit die Teilnehmer sich besser kennenlernen können. Manches, was Sie jetzt schon tun, wird vielleicht auch gut ins FIRMS-Design passen. Wenn Sie neue Instrumente, Konzepte oder Programme entwickeln, berücksichtigen Sie die fünf FIRMS-Handlungsfelder gleich von Anfang an. Es geht dabei weniger darum, Regeln zu befolgen, es ist vielmehr eine Einstellung. Wenn es gelingt, diese Einstellung im Personalbereich und bei den Führungskräften zu etablieren, kann in Ihrem Unternehmen eine glücksfördernde Umgebung mit all ihren Vorteilen für die Mitarbeiter und die gesamte Organisation entstehen.

FIRMS-Design im Überblick

FIRMS Design	Voraus-setzungen	Maßnahmen	Wirkung u. a.
Flow Flow-Erlebnisse ermöglichen	• Klare Regeln • Klare Ziele	• Skill-Task-Fit • Klares + zeitnahes Feedback	• Motivation durch Aufgabe • Meisterschaft • positive Gefühle
Involvement Mitarbeiter einbeziehen	• Transparenz • Zusammen-arbeit auf Augenhöhe	• Einbeziehung • Beteiligung • Mitbestimmung • Auswahl-möglichkeiten • Freiraum • Freiwilligkeit	• Selbst-wirksamkeit • Identifikation mit Inhalten + Unternehmen • positive Gefühle
Relations Gute soziale Netzwerke gestalten	• Raum + Zeit für Begegnungen auch virtuell	• Schaffen + gestalten von sozialen Netzwerken	• Stressreduktion • Verbesserte Zusammen-arbeit + Informationsfluss • positive Gefühle
Meaning Sinn erlebbar machen	• Unternehmens- – Werte – Mission – Strategie	• Strategie klar kommunizieren • Sinn + Werte thematisieren + leben • Corporate Social Responsibility • Charity	• Loyalität zum Unternehmen • Authentizität • Motivation • positive Gefühle
Strengths Stärken-orientierung leben in Kultur und Führung	• Offenheit für neue Perspektive	• Eigene Stärken + Stärken von Anderen – erkennen – wert-schätzen – entwickeln – einsetzen	• Meisterschaft • Motivation • Teamspirit • positive Gefühle

Literatur

Achor S (2011) The Happiness Advantage: The Seven Principles of Positive Psychology that Fuel Success and Performance at Work. Virgin Books, London

Bock L (2016) Work Rules!: Wie Google die Art und Weise, wie wir leben und arbeiten, verändert. Vahlen, München

Buckingham M, Clifton D (2014) Entdecken Sie Ihre Stärken jetzt! Das Gallup-Prinzip für individuelle Entwicklung und erfolgreiche Führung. Campus Verlag, Frankfurt

Buettner D (2017) The Blue Zones of Happiness: Lessons From the World's Happiest People. National Geographic, Washington

Cable D (2019) Alive at Work: The Neuroscience of Helping Your People Love What They Do. Ingram Publisher Services, La Vergne TN

Csikszentmihalyi M (2017) Flow – Das Geheimnis des Glücks. Klett-Cotta, Stuttgart

Edmondson A (2018) The Fearless Organization: Creating Psychological Safety in the Workplace for Learning, Innovation, and Growth. Wiley, Hoboken NJ

Ebner M (2019) Positive Leadership. Erfolgreich führen mit PERMA-Lead: die fünf Schlüssel zur High Performance. Facultas, Wien

Fredrickson B (2011) Die Macht der guten Gefühle: Wie eine positive Haltung Ihr Leben dauerhaft verändert. Campus Verlag, Frankfurt

Diener E, Biswas-Diener R (2008) Happiness: Unlocking the Mysteries of Psychological Wealth. Wiley-Blackwell, Hoboken NJ

Lyubomirsky S (2008) Glücklich sein: Warum Sie es in der Hand haben, zufrieden zu leben. Campus Verlag, Frankfurt

Peifer C, Wolters G, (2017) Bei der Arbeit im Fluss sein. Konsequenzen und Voraussetzungen von Flow-Erleben am Arbeitsplatz. Wirtschaftspsychologie Heft 3, 6-22

Pink D (2010) Drive: Was Sie wirklich motiviert. Ecowin, Elsbethen

Rose N (2019) Arbeit besser machen: Positive Psychologie für Personalarbeit und Führung. Haufe, Freiburg

Sinek S (2011) Start with Why: How Great Leaders Inspire Everyone to Take Action. Portfolio, Frankfurt

Vaillant G (July 16 2009) Yes, I stand by my words, „Happiness equals love – full stop." Positive Pschology News Daily. Retrieved at https://positivepsychologynews.com/news/george-vaillant/200907163163

Dr. Claudia Rohde Zusammen mit ihrem Team entwickelt sie als Leiterin Personal- und Organisationsentwicklung bei der expert Warenvertrieb GmbH Konzepte und Angebote für die Zentrale und die Gesellschafter der Kooperation. Zuvor war sie in ähnlicher Funktion mit Verantwortung für die Personalentwicklung bei der Mast-Jägermeister SE und bei Bahlsen tätig. Nach ihrem Berufseinstieg als Unternehmensberaterin bei McKinsey entschied sie sich für eine Laufbahn im Personalbereich, denn die Entwicklung von Menschen und Organisationen ist ihre Leidenschaft. Ein naturwissenschaftliches Studium, das sie mit einer Promotion in Physik abschließt, bildet die Basis für ihre Arbeit. Kombiniert mit der jahrelangen Erfahrung in Unternehmen führt dies zu einem pragmatischen, wissenschaftlich fundierten Ansatz, der vor allem Erkenntnisse aus der Positiven Psychologie und anderer verwandter Gebiete nutzt.

9 Sensory Awareness – Understanding Your Unique Brain Response to Sensory Input from the World Around You

Sinneswahrnehmung Verstehen – Wie einzigartig das Gehirn auf Sinneseindrücke aus der Welt um uns herum reagiert

Lauren Clark

Zusammenfassung

Sensorisches Bewusstsein: Wie können Mitarbeiter jetzt, wo es eine Arbeitsumgebung mit vielen Auswahlmöglichkeiten gibt, bessere Entscheidungen darüber treffen, welche Arbeit sie wo verrichten? Wenn man versteht, wie das Gehirn in einzigartiger Weise auf sensorische Eingaben reagiert, wird deutlich, wie dieselbe Arbeitsumgebung von verschiedenen Menschen unterschiedlich erlebt werden kann. Dies hilft den Mitarbeitern, bessere Entscheidungen darüber zu treffen, wo und wann sie arbeiten wollen, und Empathie im Team zu entwickeln.

Abstract

Sensory Awareness: now that choice-rich work environments are increasingly common, how do employees make better choices about what work to do where? Understanding, how the brain responds uniquely to sensory input, uncovers how the same work environment can be experienced differently by different people. This helps employees make better choices of where and when to work and helps to develop empathy across teams.

L. Clark (✉)
Johannesburg, South Africa
E-Mail: lauren@theforgottenflexible.com

C. Kohlert (Hrsg.), *Das menschliche Büro – The human(e) office*,
https://doi.org/10.1007/978-3-658-33519-9_9

No one is getting the most out of where or how they work – yet!

The global labour force is made up of 3.5 billion people, according to a 2018 report by the United Nations. This means that there are a lot of people on this planet who carry out work, and the places where work is done are numerous and varied. This continues to shiftand change as technology progresses, job roles change, and also the impact of events, such as a global pandemic, forces us to adapt where and how to work.

Despite the increase in awareness of certain personal bio-data such as blood type, heart rate, sleep patterns and DNA genetic testing, as well as the field of neuroscience becoming increasingly accessible, there remains a lack of self-awareness of how one's individual brain is wired to respond to sensory information from the surrounding environment. This information is known as the sensory thresholds of the brain.

Equally so, despite great expertise, effort and expense applied to the design, construction and use of workplaces, this crucial set of sensory data is often entirely overlooked and largely unknown.

Neither designers nor users of workplaces understand enough about the human neurophysiological response to the surrounding world. This neurophysiological response is the unique way in which each individuals' brain processes sensory input, which in turn affects a persons' stress levels, available cognitive capacity and well-being. This gap in awareness means that work spaces are designed and created without taking this information into account, resulting in the delivery of workspaces that are often not optimal or do not have the potential to be optimally used. The threat does not only lie with the designers of workspaces but also with every individual user of workspaces. If a user of an environment does not understand their own unique brain responses and how to apply this knowledge to making choices of where and when to carry out particular forms of work, then even the most considerate design, choice-rich workspace will be underutilised, leading to low levels of well-being and productivity.

Choice-Rich Workspaces

Optimising the use of a choice-rich environment implies that a workspace actually has a variety of spaces to choose from. It is then also critical that people using the space have the freedom to carry out work in a variety of spaces.

With this in mind, let us first look at how a choice-rich environment can be designed before exploring the neurophysiological response to space and how it can be applied to the design and use of space.

The design, creation and use of workspaces are complex processes with many factors and many stakeholders to consider. Some of the most common factors that influence the design of a workplace project are:

- The number of employees needed to be accommodated
- Growth or reduction projections of teams
- The particular make-up of teams and what proximity do these teams need to have to one another

- The functions carried out by these teams and what kinds of facilities and spaces would best support these functions
- The brand of the company and how this reflects in the built environment
- Sustainability goals or company policies

Now, that remote working is more common, and this is only set to increase after the COVID-19 pandemic of 2020, aspects like sharing ratio policies for work stations, number of employees who work from home, and part time employee numbers are all taken into consideration.

Apart from the more qualitative data that is used to conceptualise the initial dimensions of a workplace project, there are several more qualitative aspects that have an impact. Physical expressions of the company culture could result in planning decisions where call centre staff, who are young and noisy, are given the minimum workstation footprint possible vs. the upper management who are given a large 'status inferring' offices despite being in meetings all day. Role and seniority can often have an influence on how a workspace is designed.

As will a company's brand. How the brand of a particular company is translated into physical space is considered an important factor in terms of creating a vessel to express company brand and a foundation on which to build company culture.

Geographic location, industry and the inherent unique cultural norms can also be factors that affect the form of a workspace. For example, will the workplace be made up of more cellular spaces or more open plan, will it contain more break-out spaces or a corner office, or are democratic unassigned desks more important.

Workplace trends, such as increased open plan offices, or activity based working, acoustics, lighting, homelier furniture entering the office, standing meeting rooms or more recently a focus on biophilia, all continue to inform the design of workspaces.

All these considerations are important and when applied considerately can hugely improve workplaces through providing the critical element of CHOICE. In order to fulfill a wider or more known spectrum of needs, a workplace needs to include increasing levels of CHOICE. This is already evident in many workplaces.

People can work at one of many different desk positions, you could choose to carry out work in a more dense, busier environment, or choose to retreat to a quieter, more secluded environment. You could sit, you could stand. You could use a white board and sticky notes, or a keyboard and a spreadsheet, you could walk-and-talk face to face, or sit and speak via video conference, you could, you could, you could.

With all these choices to make, how does one know what to do when?

Once choice in the workplace is an option, then people need to be trained to make better choices about where to work in order to work with their brain and not against it.

How does one know how or where you best work?

How do you know how to best help your brain help you?

Who is teaching or training people how to work best in choice-rich environments?

Who is training people what the benefits are of various environments and how their own individual brain processing can be understood and harnessed to make better decisions on where and when to work on what tasks. This has the potential to raise productivity, give employees a greater sense of agency and user choice and promote or assist with greater workplace well-being.

Knowing Your Brain

Let us now unpack this neurophysiological data that could prove so powerful in helping people manage themselves in their work (and other!) environments so much better.

The only way we take in the world around us, is through our senses: sight, hearing, touch, smell, taste, movement. This is what enables us to experience the world around us. The way these systems take that information in is largely similar, but how our brain prioritizes and translates this information – that is different for everyone – unique to you.

So how does this work? Take me as an example: I hate heights, roller coasters and driving fast. I get car sick if I take my eyes off the road for a second, and flying is uncomfortable at the best of times. My brother is exactly the opposite: bridge swinging, heights, roller coasters, these are all things that make him feel alive. I used to think it was so strange that our preferences were so different in this sphere, and thought that I was just generally being a bit of a wimp. Then I learnt about how my brain processes movement sensory input – that my sensory threshold for movement is very low while my brothers is sky high.

What does this mean? Well, my brain perceives movement very acutely and with minimal sensory input, while my brother's brain generally ignores movement related sensory input until he is experiencing intense movement. This means that he has to physically bungee jump to feel the same experience that I get from missing the last step of the staircase at work! It's a little exaggerated, but you get the point, right?

While it is commonly known that humans have five senses, there are two movement senses that play a crucial role in the way people experience their environment. Sensory data identify the different sensory threshold that exists in an individuals' brain wiring for each of the seven senses:

- Sight
- Hearing
- Touch
- Smell
- Taste
- Movement: vestibular
- Movement: proprioceptive

A person can have either a high, neutral or low sensory threshold. A threshold is the level at which a person's brain will take notice of or filter out sensory information and either regard it as important to process and act on, or disregard and filter out.

People with high sensory thresholds have brains that filter out more of a particular type of sensory input and more can be tolerated or is even sought out. On the other side of the spectrum, people with low thresholds have brains that take notice of and process every bit of a sensory input, easily leading to overwhelm and distraction. In the middle are people who have brains that are more neutral and flexible, able to tolerate a wider range of sensory input. For this group of people, it is crucial to do a lot of reflection and observation to understand what a person's preference actually is, rather than just tolerating a particular environment.

It is normal to have a combination of different threshold levels across the seven sensory systems. Awareness of this level of detail and resulting actions one can take to seek out more of a specific type of sensory input but also reduce another type is what makes this self-awareness so potentially powerful.

Sensory Awareness in the Workplace

In the workplace, this plays out in fascinating ways:

A colleague of mine is visually sensitive, though not to light, but to visual movement and clutter. So if someone walks past, he gets distracted. He needs to choose where to work based on limiting the potential movement within his field of vision. If he looks at the wall next to my desk, which is littered with post notes that track ideas and reminders, he experiences it as visual noise. For me it's helpful, but for him, it puts him on high alert and leads to stress and reduced productivity.

Another colleague has a sensitivity to touch – once she realized this, she always choses a seat in the boardroom where she faces the meeting room door so that she can use her visual sense to anticipate touch – this assurance and ability to control her interaction helps reduce her alertness, and in turn reduces her stress levels.

The open plan coffee area which always buzzes with activity and noise is the perfect place for the outgoing, high threshold sales person on the team to clear their email inbox and do expense reports. They used to attempt to do this in a quiet booth, thinking that isolating themselves would help them focus, but found that they actually required higher sensory input to stay engaged in simple administrative tasks.

In the open plane office, picking a desk that does not face into the office area if one has low visual thresholds is important, and picking a desk in a quiet open plan area or even isolating oneself in a quiet room will be crucial when doing focus work with a brain that has a low threshold for sound.

Both examples as well as the list below reiterate why sensory data are so important to consider in the design process and the use of space:

- Two people experience the exact same moment and environment differently because of how their brain filters sensory input into different levels of priority or order to pass these signals on in the brain.

- Depending on our unique combination of sensory thresholds, sensory input either enhances our ability to access our cognitive capacity because we are calm, or highjacks additional cognitive capacity because we are overstimulated or stressed.
- This affects everyone. Greater awareness and application of sensory data in the design of space will support everyone and particularly people on the extremes of the neuro-diversity spectrum. Individual sensory data can provide a granular level of detail, making it possible for space to meet individual needs in a uniquely comprehensive way.

It is then not too far a stretch to see how understanding your own sensory threshold combination and being able to use this to regulate your physiological stress response can be enormously beneficial for being more productive at work – especially when we have more and more choices about where and when we work. Understanding this across teams also has the potential to create empathy where people acknowledge that even at a base neurobiological level – we experience the world differently, so finding ways to accommodate one another is important.

And it doesn't just affect our working selves, knowing this information can help with creating empathy and understanding in our relationships, and in parenting our children.

While this information is surprisingly common sense and often reveal how people have intuitively learnt to adapt to their surroundings, there is a deep scientific base to this field. This chapter describes a person's neurophysiological response to sensory input and is built on research work completed by Dr Annemarie Lombard (www.sensoryintelligence.com) who is one of the leading academics and practitioners in this space and the creator of an online tool, the Sensory Matrix TM, that can reveal a person's individual sensory thresholds. Dr Lombard's work built on the work done by Dr Winnie Dunn in the field of sensory thresholds. Both of these woman set out to correlate certain daily preferences and responses to the sensory systems and the tendencies to be either sensory seeking or sensory avoiding.

So, if you are someone who is about to design a workplace, or maybe you are the one who is overwhelmed by your own open plan work environment, or getting through a rowdy dinner time with your kids – consider discovering what your sensory threshold combination is. It is as simple as filling out an online questionnaire (visit www.theforgottenflexible.com for testing and debriefing of your results) and explore how your combination affects you in your unique context with an experienced coach. It will shift the way you live, work and interact.

Lauren Clark is fascinated by probing the 'invisible' aspects of our visible lives. Her visually dominant design background coupled with her expertise in non-visual aspects of design such as sound, light, activity and behavior, enables her to bring a broad and deep understanding on how to better design and better use space. Lauren started her design career as a lighting designer, where she developed an appreciation for the close link between the experience of space and human senses. While practicing as an Interior architect she designed and delivered, within a team, innovative activity-based workplaces for leading companies in South Africa. Her dual project design & research role enabled Lauren to develop expertise in workplace strategy while also gaining project experience. This led Lauren to her current role as a Concept Developer for Ecophon Saint-Gobain where she carries out research on the changing world of work; factors which influence productivity & wellbeing in the workplace with a focus on sound, psychoacoustics & user choice.

Das Management des menschlichen Büros: Strategie, Organisation und Betrieb

10

The Management of the Human Office: Strategy, Organization and Operation

Stefanie Lange und Lukas Inversini Windlinger

Zusammenfassung

Auf der Basis einer empirischen Studie zu Workplace-Organisation und -Strategiebildung von elf multinationalen Großunternehmen wird die Positionierung von Workplace Management in Organisationen diskutiert. Workplace Management als Funktion in der Verantwortung für die strategische und operative Steuerung von Arbeitsumgebungen sollte durch eine Workplace Governance geleitet werden. Die Workplace Governance ist ein Rahmenwerk von Regeln, das die funktionalen Bereichsinteressen (z. B. von HR, IT, CREM) integriert und mit übergeordneten strategischen Zielen verbindet. Zusätzlich werden auf Basis der Facility-Management-Norm (DIN EN 15.221-1 oder SN EN 15.221-1) und der Richtlinie Prozess-/Leistungsmodell im Facility Management (ProLeMo) Leistungskategorien für den Betrieb von Arbeitsplatzumgebungen präsentiert.

Abstract

Based on an empirical study on workplace organization and strategy formation of eleven multinational corporations, the positioning of workplace management in organizations is discussed. Workplacc Management as a function in the responsibility

S. Lange (✉) · L. I. Windlinger
Institut für Facility Management, Zürcher Hochschule für Angewandte Wissenschaften (ZHAW), Wädenswil, Schweiz
E-Mail: stefanie.lange@zhaw.ch

L. I. Windlinger
E-Mail: wind@zhaw.ch

C. Kohlert (Hrsg.), *Das menschliche Büro – The human(e) office,*
https://doi.org/10.1007/978-3-658-33519-9_10

for the strategic and operational control of working environments should be guided by Workplace Governance. Workplace Governance is a framework of rules that integrates the functional divisional interests (e.g. of HR, IT, CREM) and links them to higher strategic goals. In addition, performance categories for the operation of workplace environments are presented based on the facility management norm (DIN EN 15.221-1 or SN EN 15.221-1) and the facility management process / performance model (ProLeMo).

Das Management von Arbeitsumgebungen und deren Wechselwirkung mit Technologie und Services wird als Workplace Management bezeichnet. Es besteht aus interdisziplinär ausgeführten Aktivitäten über den gesamten Lebenszyklus von Arbeitsplatzumgebungen (Initialisierung, Analyse, Konzept, Planung, Implementierung, Evaluation sowie Betrieb und Optimierung). Die Hauptaktivitäten der Organisation und entsprechend der Nutzerinnen und Nutzer sollen durch das Workplace Management bestmöglich unterstützt werden (Konkol et al. 2017).

In jedem Unternehmen mit Büroarbeitsplätzen findet Workplace Management zumindest teilweise statt. Eher in geringem Umfang findet es in kleinen und mittleren Unternehmen (KMU) statt. Entweder werden Know-how und Leistungen bei Beratungsunternehmen und Dienstleistern eingekauft oder ein Teil der Workplace-bezogenen Aufgaben wird eher pragmatisch und verteilt durch interne Funktionen erledigt. Großunternehmen haben mögliche Potenziale des Workplace Management, wie Flexibilität (finanziell und räumlich), Arbeitgeberattraktivität, Gesundheit und Wohlbefinden der Mitarbeitenden, Unterstützung von Arbeitsaufgaben und -prozessen und andere erkannt. Dementsprechend haben sie die Workplace-bezogenen Aufgaben strategisch, taktisch und operativ organisiert.

In der Workplace-Management-Literatur werden aktuell mehrheitlich konzeptionelle oder planerische Aspekte behandelt. Es sind verschiedene konzeptionelle Ausprägungen von Büros sowie Bezüge zu Arbeitsweisen, Innovation oder Technologie beschrieben (Klaffke 2016; Seiferlein und Kohlert 2018). Seltener werden das Vorgehen im Projekt sowie Workplace Change Management thematisiert (Konkol, et al. 2017). Die Einordnung von Workplace Management als Fachdisziplin, Organisation des Workplace Management oder strategische Steuerung in der Betriebsphase wurden bisher noch kaum behandelt. In der Praxis werden diese Themen unternehmensindividuell gelöst.

Dokumentierte Merkmale und Konsequenzen unterschiedlicher Workplace-Organisationsstrategien können einen Mehrwert leisten. Diese Dokumentation kann im Sinn eines evidenzbasierten Ansatzes Organisationen in der Umsetzung von Aufbau- und Ablauforganisation des Workplace Management (z. B. durch eine Workplace-Fachstelle) unterstützen. Dies gilt vor allem für das Corporate Workplace Management, d. h. wenn das Workplace Management intern von einem Fachbereich ausgeführt wird. Für die Strategiebildung, die Umsetzungskraft und einen zielgerichteten Betrieb spielt die Workplace-Organisation eine Rolle. Je nach Verortung der Verantwortung für Workplace-Aufgaben im Organigramm zielen Workplace-Leistungsbereiche und Kennzahlen mehr oder weniger auf räumliche Aspekte, Mitarbeiter- oder Innovationsthemen ab.

In der Managementlehre ist der Leitsatz „structure follows strategy" (Chandler 1962) lange bekannt. Dieser impliziert, dass die Unternehmensstruktur so gestaltet werden soll, dass sie die Umsetzung der Unternehmensstrategie bestmöglich unterstützt. Auch die Relevanz der Prozesse wird in diesem Zusammenhang hervorgehoben. So ergänzt Chandler im Weiteren: „structure follows process follows strategy". Er betont, dass die Organisationsgestaltung als Instrument dienen sollte, um strategische Prozesse und so schlussendlich Unternehmensziele umzusetzen. An Arbeitsumgebungen sind heute oft hohe Erwartungen und Ziele geknüpft. Folglich ist Chandlers Aussage auch für das Workplace Management als Funktionsbereich im Unternehmen relevant.

Aspekte der Organisationsgestaltung im Kontext des Corporate Workplace Management

Der Begriff Organisation kann im Zusammenhang mit Unternehmen verschiedene Bedeutungen aufweisen. Je nach Sichtweise beschreibt er (1) das Unternehmen als ein System, (2) die Ordnung oder Gestalt, die ein solches System darstellt (Aufbau- und Ablaufstruktur) oder (3) die Tätigkeit, die organisiert, strukturiert oder gestaltet (Schreyögg 1997 und Kneubühl und Züger 2012). Andere Bezeichnungen können gleiches meinen. Müller-Stewens und Lechner (2005) sowie Schreyögg und Koch (2015) nutzen beispielsweise eher Gestaltung anstelle von Organisation. Grund dafür ist vermutlich, dass die Managementdisziplin Organisation (von Struktur, Ablauf, Positionierung etc.) als wesentliche Gestaltungstätigkeit zur Steuerung des Unternehmens wahrnimmt (Schreyögg und Koch 2015). Diese zentrale Bedeutung hat Organisation innerhalb von Funktionsbereichen oftmals nicht. Auch für die aus der Praxis bekannten Workplace-Organisationen spielen Aufbau- und Ablauforganisation eine eher geringe Rolle.

Lange (2016) beschäftigt sich in einer empirischen Arbeit mit der Dokumentation von Workplace-Organisationsstrategien und der Organisation der Workplace-Praxis. Resultat ist eine Momentaufnahme zu Workplace-Organisation und -Strategiebildung von elf multinationalen Großunternehmen. Untersucht und belegt wurde der Zusammenhang von Organisationsstruktur und Strategiebildung. Allerdings wirkte sich die Positionierung des Workplace Management (als Funktionsbereich im Organigramm) weniger stark auf die Workplace-Strategie oder -Zielsetzungen aus als erwartet. Erwartet wurde eine stärke strategische Einflussnahme der übergeordneten Instanz. Dennoch wurde die Positionierung als Einflussfaktor beim Durchsetzen oder Mitgestalten übergeordneter Aspekte sowie bei Zielkonflikten bestätigt.

Es wurde festgestellt, dass Unternehmen Workplace Management häufig als Eigenleistung abwickeln. Sechs der elf untersuchten Fälle führten das Management der Büroumgebungen über eine spezialisierte, interne Einheit, also als eigens organisierten Funktionsbereich aus. Die Prozesse wurden dabei möglichst standardisiert und strategische Aufgabenbereiche waren vorwiegend innerhalb der Großunternehmen zentralisiert. Diese zentrale Abwicklung unterstützt zum einen die Vollständigkeit der weitgefassten Workplace-Themen und zum anderen erleichtert sie die Abstimmungsprozesse, Koordination und das Schnittstellenmanagement der beteiligten bzw. Workplace-relevanten Unterstützungsfunktionen (wie beispielsweise IT oder HR).

Ein Hinweis auf eine problematische Ausgangslage des Workplace Management ist die zahlreich angetroffene Positionierung in der Tiefe der Organisationsstruktur. Im Vergleich zu größeren Organisationseinheiten (Finanzen, CREM, HR etc.) wurde dies von den Workplace-Verantwortlichen als eine strategisch schwächere Ausgangslange gewertet und erklärt, dass das Mitgestalten und Durchsetzen von strategischen Zielen dadurch erschwert sei. Das heißt, Workplace Management ist oftmals im Vergleich zum Hauptgeschäft und zu anderen Funktionsbereichen nicht einflussreich positioniert. Es kann strategische Ziele nicht immer vertreten oder durchsetzen. Das führt dazu, dass die Potenziale des Workplace Management (z. B. hinsichtlich Effektivität, Effizienz oder Nachhaltigkeit) nicht oder nur in geringem Maß genutzt werden können.

Effektive und effiziente Organisationen hinsichtlich Workplace-relevanter Strategien und optimaler Zusammenarbeit der involvierten Fachbereiche sollten zukünftig durch die Workplace-Verantwortlichen gestaltet werden. Dafür kann es keine allgemeingültige Rezeptur geben. Die Unternehmen und deren Bedürfnisse sind so verschieden, dass jeder Fall eine Neubeurteilung benötigt. Dennoch bestehen wiederkehrende Einflüsse und Aspekte, die sich aus Theorie und Praxis bestätigen lassen.

Die aus der Studie resultierende Momentaufnahme gilt als eine Zwischenbilanz auf dem Entwicklungsweg des Funktionsbereichs. Workplace-Verantwortliche kennen oder verstehen oftmals nur den eigenen Fall. Diese Arbeit dokumentierte eine größere Fallmenge und konnte so Orientierung geben. Zudem wird die Theorie der Organisationsgestaltung auf das Workplace Management bezogen und das Vorkommen belegt Zusammenhänge von Strategiebildung und Organisationsstruktur.

Strategisches Workplace Management und Workplace-Strategie
Grundsätzlich vermittelt eine Strategie grundlegende (Unternehmens-)Ziele und wie diese Ziele erreicht werden sollen. Sie bietet dadurch auch Entscheidungsorientierung auf dem Weg zur Zielerreichung und bildet eine Grundlage für unternehmerisches Handeln. „Structure follows strategy“ (Chandler 1962) und „people follow strategy“ (Müller-Stewens und Lechner 2005) sind vom Management geprägte Leitsätze, die die elementare Bedeutung von Strategie darlegen. Der Prozess der Strategieformulierung ist dabei umfassend und umstritten (Dubs 2004). Die Theorie bietet verschiedene Modelle und Ansätze entsprechend verschiedener Managementschulen. Prinzipiell werden zur Strategiebildung Analyseergebnisse zu einem strategischen Rahmen verdichtet (Schreyögg und Koch 2015). Eine daraus resultierende Strategie ist nicht statisch. Sie muss stetig entwickelt, (neu) ausgerichtet oder revitalisiert werden (Müller-Stewens und Lechner 2005). Theoretisch werden der Strategie folgend Strukturen geschaffen und jeder beteiligten Partei eine Rolle und Aufgabenschwerpunkte zugeteilt (Dubs 2004; Müller-Stewens und Lechner 2005). Entsprechend der Dynamik des strategischen Rahmens unterliegt auch die Struktur einem kontinuierlichen Veränderungsdruck.

Auch die Workplace-Strategie findet ihre Wurzeln in der Unternehmensstrategie. Aus dem Ursprung der Unternehmensstrategie kaskadieren Anteile über die jeweilig gegebenen Ordnungsstufen in funktionale Strategien, funktionale Teilstrategien bis hin zu Projektstrategien. Fachbereichsstrategien sind also eine Synthese aus der Unternehmensstrategie, dem fachlich-funktionalen Rahmen und den fachlichen Zielen des Bereichs. Kaskadieren die strategischen Vorgaben über mehrere Ordnungsstufen, so besteht die Gefahr, dass die strategische Grundhaltung verwässert oder durch funktionale Strategie stark verzerrt wird. Eine Workplace-Strategie sollte direkt an die übergeordnete Unternehmensstrategie angeknüpft sein, um deren Ziele zu unterstützen.

Als strategisches Workplace Management werden die Aufgaben bezeichnet, die mit der zuvor beschriebenen Synthese zusammenhängen. Es geht darum, die Workplace-relevanten Ankerpunkte der Unternehmensstrategie unter Berücksichtigung aller Rahmenbedingungen fortzusetzen. Als Rahmenbedingungen gelten beispielsweise Anforderungen, die durch Nutzende (Teams oder Individuen), räumliche Gegebenheiten, Technologien oder äußere Faktoren gegeben sind. Ohne die Berücksichtigung dieser Faktoren können beispielsweise räumliche Lösungen (Büros) oder Services leblos, wirkungslos bleiben oder unpassend wirken. So geht es schlussendlich um die Passung von strategischen Vorgaben und praktischen Möglichkeiten im jeweiligen Fall. Aufgrund der Komplexität von unternehmerischen Strukturen kann es keine Musterlösung geben.

Anstelle einer strategischen Musterlösung kann das Vorgehen zur Strategiebildung empfohlen werden. In Abb. 10.1 sind der Ablauf einer Workplace-Strategiebildung sowie deren wesentliche Elemente dargestellt. Zumeist erfolgt dies zu Beginn eines Veränderungsprojekts. Am Anfang steht jeweils ein Visions- und Ziele-Workshop. Strukturiert und moderiert erarbeitet das oberste Gremium im Projekt (Verantwortliche, wie z. B. Geschäftsleitung, Auftraggeber, Abteilungsleiter) Ziele, die mit dem Workplace-Projekt erreicht werden sollen und zugleich eine Fortsetzung der Unternehmensstrategie bilden. Mit dieser strategischen Vorgabe erarbeitet das Workplace-Projektteam eine Workplace-Strategie und bestimmt somit, durch welche Maßnahmen die Projektziele erreicht werden sollen. Dies erfolgt in zwei Stufen. Erst wird die Strategie skizziert. Anschließend erfolgen interne und externe Analysen verschiedener Aspekte. Das sind beispielsweise Arbeitsweisen, räumliche oder technologische Themen, aber auch gesetzliche Vorgaben oder das Branchenumfeld. Aus den Analyseergebnissen ergeben sich Rahmenbedingung und Anforderungen für das Projekt. Anhand dieser wird die zuvor skizzierte Workplace-Strategie nochmals geprüft und gegebenenfalls korrigiert oder geschärft. Erst nach diesem Schritt kann die Workplace-Strategie vom obersten Gremium (vgl. Vision und Ziele Workshop) bewilligt und für die anschließende Büroplanung freigegeben werden.

Organisation und Aufgaben des Workplace-Betriebs

Workplace Management besteht aus interdisziplinär ausgeführten Aktivitäten zur Konzeption, Planung, Bereitstellung, Bewirtschaftung, Verwaltung und Evaluation von

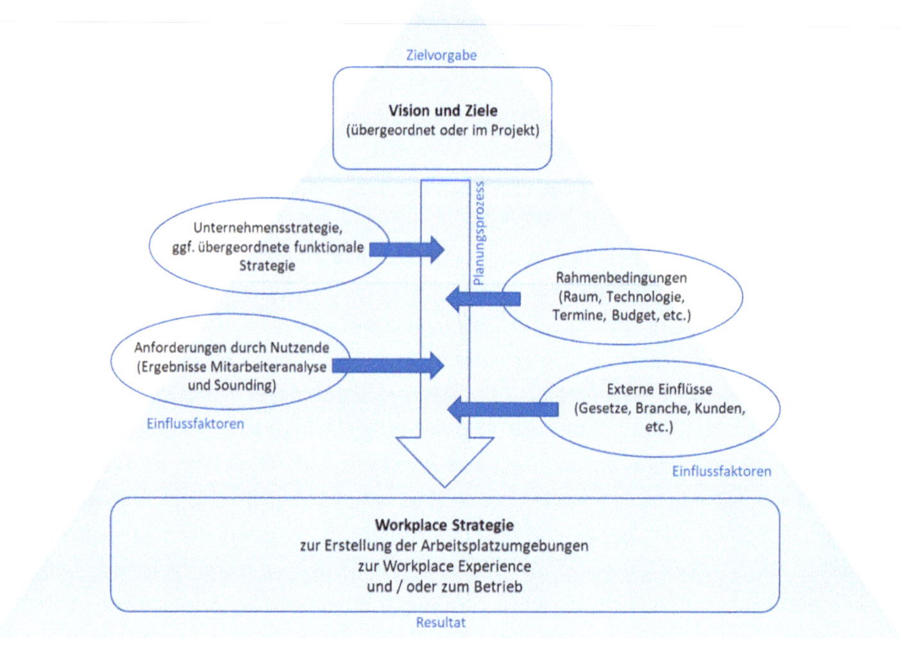

Abb. 10.1 Prozess zur Erarbeitung einer Workplace-Strategie

Arbeitsplatzumgebungen und dazugehörigen Dienstleistungen für die Büronutzenden (Windlinger et al. 2014). Der Fokus liegt auf der bestmöglichen Unterstützung aller Hauptaktivitäten einer Organisation und deren Mitarbeitenden sowie dem effizienten Einsatz von Ressourcen. Das gilt für den gesamten Lebenszyklus eines Büros. also nicht nur für die Entstehungsphase (Veränderungsprojekt), sondern auch für den Betrieb. Denn auch in der bedeutend längeren Betriebsphase einer Arbeitsplatzumgebung stecken Potenziale und Hebel zur Erreichung der Ziele, die im Projekt oder in späteren Zyklen definiert wurden.

Organisatorisch kann zwischen Tagesgeschäft und Projektgeschäft unterschiedenen werden. Ein Workplace-Projekt ist als ein Event zu betrachten, das einen Teil oder das gesamte System der Büroraumumgebung verändert (Abb. 10.2). Diese Veränderung ist zu einem definierten Zeitpunkt abgeschlossen und kann den Raum, die Ausstattung sowie die Services betreffen (Konkol et al. 2017). Das beansprucht eine temporäre, aber intensive Auseinandersetzung mit dem Thema. Die Betriebsphase ist hingegen fortlaufend. Es gibt nur gelegentliche strategische oder interdisziplinäre Eingriffe. Der Workplace-Betrieb ist eher standardisiert, weniger komplex und die Koordination weniger anspruchsvoll. Somit resultieren je nach Phase unterschiedliche Ausprägungen

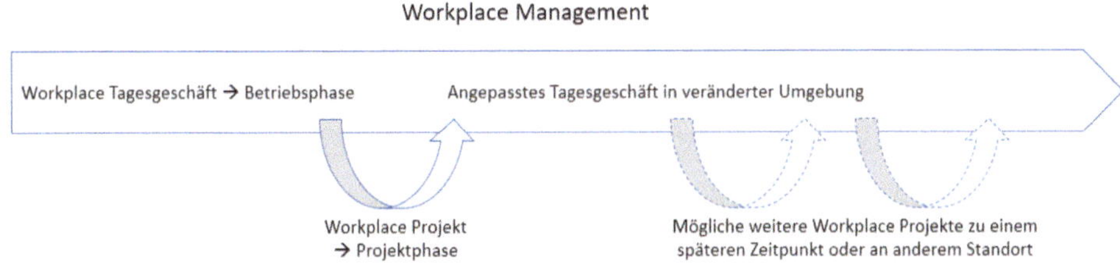

Abb. 10.2 Darstellung zur Einordnung von Tagesgeschäft und Projektgeschäft im Workplace Management

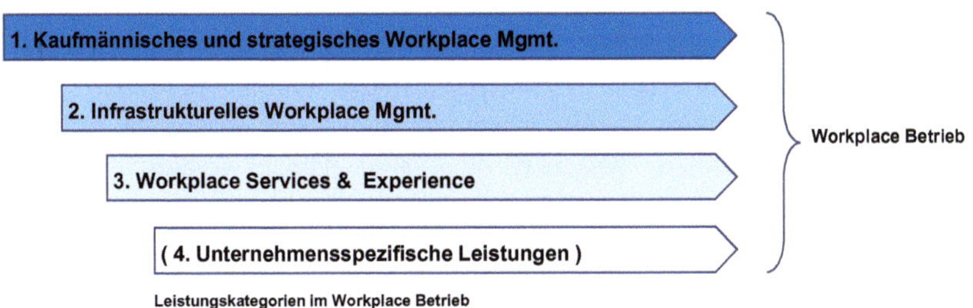

Abb. 10.3 Leistungsbereiche im Workplace-Betrieb

zu Aspekten, wie System- und Bearbeitungsgrenze, Schnittstellen, Detail- bzw. Eingriffstiefe und letztendlich Aufbau- und Ablauforganisation.

Die operative sowie strategische Verantwortung des Tagesgeschäfts übernimmt idealerweise eine Workplace-Fachstelle. Je nach Anzahl betriebener Arbeitsplätze, strategischer Ausrichtung und Organisation des Unternehmens kann die Größe von einer Teilzeitstelle bis zu einer Abteilung mit vielen Personen variieren. In der Studie von Lange (2016) wurden mehrere Fälle dokumentiert, die die gesamte Organisation des Facility Management und der Immobilienabteilung in eine große Abteilung unter dem Themendach des Workplace Management zusammengeführt hatten. Eine allgemeingültige Empfehlung kann betreffend Größe und Organisation des Workplace-Betrieb nicht gegeben werden. Diese müssen unternehmensspezifisch erarbeitet werden.

Während des Tagesgeschäfts laufen verschiedene Leistungsbereiche parallel (Abb. 10.3), um alle Aspekte des Workplace Management zu erfüllen. Für die Kategorisierung der Leistungen lieferten die Facility-Management-Norm (DIN EN 15.221-1 oder SN EN 15.221-1) sowie die Richtlinie Prozess-/Leistungsmodell im Facility Management (ProLeMo) Vorlagen, die wir für das Workplace Management adaptiert haben. Diese Kategorisierung der Workplace-Leistungen ermöglichen einen Vergleich der Workplace-Leistungen verschiedener Unternehmen. Leistungen hinsichtlich Gebäudehülle, Haustechnik, Instandhaltung und Außenräumen spielen dabei eine untergeordnete Rolle. Es wird von einer Mietersituation ausgegangen und somit beziehen sich die Workplace-Leistungen lediglich auf den Innenausbau, die Ausstattung und Dienstleistungen für Büronutzende. Gemäß DIN EN 15.221-1 und ProLeMo resultieren nach Abgrenzung der technischen und baulichen Leistungsbereiche nun die kaufmännischen sowie infrastrukturellen Leistungsbündel für den Workplace-Kontext, die durch „Workplace Services und Experience" ergänzt werden.

Workplace-Services-und-Experience-Leistungen treten weniger häufig außerhalb von Bürobetrieben auf und zählen nicht zum klassischen Facility Management, sondern gehen darüber hinaus. Das Vernachlässigen der Workplace Experience, also einer konsequenten Nutzerorientierung betreffend Arbeitsplatzumgebung und Services für die Mitarbeitenden, kann Potenziale betreffend Mitarbeiterzufriedenheit und -bindung ungenutzt verstreichen lassen.

In Abb. 10.4 sind mögliche Leistungen der verschiedenen Bereiche zusammengetragen. Der erste Leistungsbereich umfasst alle kaufmännischen und strategischen Leistungen des Workplace-Betriebs. Es gibt eine große Schnittmenge mit den typischen Leistungen des kaufmännischen Facility Management. Es sind in diesem Fall Arbeitsplatzaspekte, die dokumentiert, gesteuert oder abgerechnet werden. Aufgaben zu Liegenschaften und Gebäude sind exkludiert. Im zweiten Leistungsbereich sind infrastrukturelle Leistungen zusammengefasst. Reinigung, Sicherheitsmanagement und

Abb. 10.4 Leistungsübersicht zum Workplace-Betrieb (Bildquelle: Colourbox)

administrative Dienste entsprechen mehrheitlich dem Umfang des Facility Management entsprechend der DIN EN 15.221-1. Workplace-spezifische Dienstleistungen und Angebote zur Workplace Experience sind als drittes Bündel zusammengefasst.

Community und Event Management, Gesundheit, Wellness, Mobility und der Schwerpunkt Verpflegung weisen eine Schnittmenge mit dem Hospitality Management auf. Somit ist der dritte Leistungsbereich eine Erweiterung des klassischen Facility Management und betont die Nutzerorientierung während der Betriebsphase. Das entspricht der Entwicklung hin zu mehr Kundenorientierung. Betriebliches Gesundheitsmanagement und Employee Experience Management sind nur zwei Bereiche, die hier Anteile zum Workplace-Betrieb liefern.

Aufgaben zum Workplace Management können auch klassisch unter Facility Management, Human Ressources und Immobilien gebündelt werden. Dies entspricht der historisch bewährten Organisation, jedoch weniger der nutzerorientierten Betrachtung. Mitarbeitende erleben die Arbeitsplatzumgebung als ein Ganzes. Treten dabei Unzufriedenheiten oder spezielle Anforderungen auf, können diesen nicht immer intuitiv ein Fachbereich und dessen Anlaufstelle zugeordnet werden. Eine zentrale Anlaufstelle kann den Prozess vereinfachen. Ist ein Anliegen aufgenommen, kann intern klassifiziert und gehandelt werden. Je nach Fall bedarf die Lösung einer Koordination oder Zusammenarbeit verschiedener Fachbereiche.

Instrumente des Corporate Workplace Management

Resultierend aus zuvor dargestellten Überlegungen zum Workplace Management werden folgend einige Instrumente vorgeschlagen, die die strukturierte Organisation des Workplace Management, den Betrieb von Büroumgebungen und die Bearbeitung von Veränderungen unterstützen. Das sind:

- Die Organisation eines Workplace-Ausschusses
- Die Erarbeitung eines Workplace-Governance-Dokuments
- Eine prozessbezogene Erarbeitung von Veränderungen (vgl. Konkol et al. 2017) und entsprechende Projektphasenabschlussdokumente, ein Workplace-Strategie-Papier, ein Bürokonzept sowie ein Workplace-Handbuch (als Kommunikationsmittel nach Inbetriebnahme)
- Erstellung und Einsatz eines Workplace-Betriebskonzeptes, auch als Workplace-Experience-Leitfaden

Die Koordination der Fachbereiche und Fachbereichsstrategien ist eine der großen Herausforderungen beim Betrieb von Arbeitsplatzumgebungen. Das abgestimmte Zusammenspiel von „people, place, technologies“ macht die Natur des Workplace Management aus. Es gibt Aufgaben, die die Mitarbeitenden („people“), die Räume („place“) und die Technologien („technologies“) betreffen. Operative Prozesse sind dabei weniger herausfordernd. Sind diese eingespielt, verlaufen sie zumeist routiniert. Kommt es hingegen zu komplexen Eingriffen ins operative Tagesgeschäft, beispielweise durch Veränderungen innerhalb eines anderen Fachbereichs, des Kerngeschäfts oder zur strategischen Neuausrichtung, ist die Koordination aufwendiger und bedeutsamer. Ein Workplace-Ausschuss, bestehend aus Vertretern von HR, FM, CREM, IT etc., kann als strategische Steuerungsgruppe besondere Anliegen betrachten, bewerten und entsprechende Arbeitsaufträge in die Fachbereiche geben. Parallelbearbeitungen, Zielkonflikte, Komplikationen und vergebene Ressourcen können so reduziert werden.

Ein Workplace-Ausschuss muss nicht viel Aufwand verursachen. Aus den Workplace-relevanten Fachbereichen ist eine Person mit Strategiekenntnissen delegiert, um regelmäßig (z. B. halbjährlich) an Ausschusssitzungen teilzunehmen und anstehende Anliegen entsprechend aufzunehmen, zu bewerten und gegebenenfalls weiterzuleiten. Wenn in einem Unternehmen in der Vergangenheit eine Workplace-Projektorganisation gut funktionierte, können die Schlüsselpersonen der unterschiedlichen Fachbereiche nach Abschluss des Projekts von der Projekt- in die Ausschussorganisation übergehen. Die Vertretenden der Fachbereiche können Fachkenntnisse sowie die Vorkenntnisse aus dem Projekt einbringen und eine gesamthafte Qualität der Arbeitsumgebung und Services sichern.

Eine Corporate Workplace Governance dient dem Workplace-Ausschuss als strategisches Regelwerk (Abb. 10.5) und schriftliche Dokumentation. So geht es um ein Dokument, das kurz und präzise strategische Ziele, strategische Grundsätze (Workplace-Strategie) sowie Hinweise zur Organisation betreffend Raum, Ausstattung und Betrieb beinhaltet. Verantwortlichkeiten, Schnittstellen und Qualitätsmanagementprinzipien der Betriebsphase sind zusammengefasst. Workplace-bezogene Aufgaben sind strukturiert dargestellt und somit grob koordiniert. Das erleichtert das Tagesgeschäft, indem beispielsweise Pflichten der Fachbereiche, Handlungsspielräume oder Rechte der Instanzen, Abläufe oder exakte Zielvorgaben festgehalten sind (Abb. 10.6).

Der Governance Begriff wird in verschiedenen Zusammenhängen und für verschiedene Inhalte und Aktivitäten verwendet. Für die Workplace Governance kann er in Anlehnung an die HR Governance als Rahmenwerk von Regeln verstanden

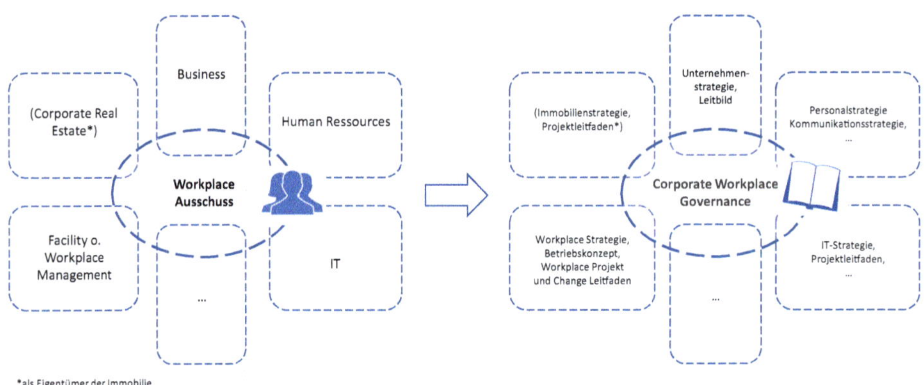

Abb. 10.5 Workplace-Ausschuss und Corporate Workplace Governance (Bildquelle: Colourbox)

werden (Kaehler und Grundei 2019). Dieses Rahmenwerk bildet die Grundlage für das Workplace Management als strategische und operative Aktivitäten.

Büros können als ein System beschrieben werden, in dem die räumlich-materiellen Faktoren in Wechselwirkung mit Arbeitsprozessen, Organisationskultur, Mitarbeitenden, sozialen Beziehungen sowie Informations- und Kommunikationstechnologien stehen (Becker und Steele 1995). Entsprechend der thematischen Wechselwirkungen sind verschiedenen Fachbereiche ins Workplace Management involviert. Durch deren Einflussnahme sind auch hier die funktionalen Strategien konzeptionell aufeinander abzustimmen und gegebenenfalls zu einer übergeordnete Strategie zusammenzuführen und die Handlungsfolgen dementsprechend abzuwägen. Für diesen Prozess ist der Workplace-Ausschuss verantwortlich. Die Resultate des Gremiums sind in der Corporate Workplace Governance festgehalten, bei gegebenem Anlass zur Prüfung oder Handlungsorientierung herbeizuziehen und gegebenenfalls zu überarbeiten.

Entscheiden Verantwortliche eines Unternehmens (Geschäftsleitung, Personalleitung etc.), eine Workplace Governance zu formulieren, so ist dies ein bedeutsamer Schritt. Denn es werden nicht nur strategische räumliche Aspekte oder Details zur Büroausstattung festgehalten, wie dies in einem Bürohandbuch der Fall ist, sondern es wird vielmehr eine Haltung zu den funktionalen Bereichen formuliert. Die Haltung betrifft unter anderem Arbeitsweisen, Führungsgrundsätze sowie Arbeitskultur und

Abb. 10.6 Mögliches Inhaltsverzeichnis einer Workplace Governance (Bildquelle: Colourbox)

übersetzt diese in Konsequenzen für die „office ecology" (Becker und Steele 1995), also das System der Büroraumumgebung, der Workplace-Projektorganisation oder den Workplace-Change-Management-Richtlinien.

Die Corporate Workplace Governance kann zum Abschluss eines Veränderungsprojekts erarbeitet bzw. teilweise aus den Planungsdokumenten abgeleitet werden. Das Dokument bietet einen Überblick zu den wichtigsten Themen und strategischen Entscheiden, der vorgängigen Phasen. Ergänzend zur strategischen Übersicht können Elemente aus den vorgängigen Phasen angehängt werden (Abb. 10.6, Ergänzend) oder sie dienen nur zur Erarbeitung der Governance. Das können sein:

- **Workplace-Strategie-Papier –** Während der Planungsphase eines Büros entsteht als erstes ein Workplace-Strategie-Papier. Es dokumentiert die ersten Projektschritte und fasst die Vision, die strategischen Ziele im Projekt, die Analyseergebnisse und die resultierende Workplace-Strategie zusammen. Erste konzeptionelle Ansätze sind in Wort, Zahl und Referenzbildern beschrieben.
- **Bürokonzept und Planung** – Anschließend werden ein detailliertes Konzept und eine komplette Planung inklusive Produkt- und Ausführungsdetails erarbeitet.
- **Workplace-Handbuch** – Flächenarten, Flächenfunktionen, Ausstattungsdetails und Nutzungsinformation können aus dem Konzept in ein Workplace-Handbuch überführt werden. Mitarbeitende, Führungskräfte sowie Workplace-Beteiligte erhalten während der Nutzungsphase daraus nützliche Informationen. Das Handbuch kann detailliert sein und auf die operativen Prozesse des Betriebs (innerhalb der verschiedenen Fachbereiche) eingehen.
- **Betriebskonzept (o.a. Betriebsführungskonzept)** – Möglicherweise gilt das Handbuch auch als Betriebskonzept. Dann weist es einen starken Bezug zum Facility oder Workplace Management und den Service auf. Falls nicht, ist das Betriebskonzept ein weiteres, ergänzendes Dokument.

Das Workplace-Betriebskonzept steuert das operative Tagesgeschäft des Workplace Management und ist somit ein leitendes und zentrales Arbeitsinstrument. Es ermöglicht die bestmögliche Nutzung der Arbeitsplatzumgebung, d. h. des Raums, der Ausstattung und der Services (für die Technologien am Arbeitsplatz trägt die IT die Verantwortung und es wird in diesem Fall abgegrenzt).

Als eine Konsequenz der starken Nutzerorientierung im Workplace Management ist das Betriebskonzept auch ein Workplace-Experience-Leitfaden. Dabei liegt der Fokus sowohl auf funktionalen wie emotionalen Komponenten der Workplaces mit dem Ziel, ein ganzheitlich subjektives positives Erlebnis während der Nutzung der Arbeitsplatzumgebung und Services zu schaffen.

Zusammenfassend ist ein Workplace-Betriebskonzept ein holistisches Konzept zu Bewirtschaftung und Betrieb einer Büroraumumgebung, das sämtliche Räume, Flächen sowie die Ausstattung und die damit verbundenen Dienstleistungen, Prozesse und Verantwortlichkeiten klärt. Es umfasst das klassisches Facility Management, wie beispielsweise Reinigung, Entsorgung oder Postdienste, ergänzt durch betriebliche Aspekte der Workplace-Services-und-Experience-Leistungen (Abb. 10.4). Es wird entsprechend des Unternehmens und dessen Anforderungen zusammengestellt und kann die Fortsetzung oder Ergänzung der bestehenden Planungsdokumente (Konzept, Raumbuch oder Pflichtenheft) sein.

Fazit und Implikationen für das Management des menschlichen Büros
Arbeitsplatzumgebungen und Workplace Services sind bedeutsame Instrumente, die Einfluss auf den Unternehmenserfolg haben können (Konkol et al. 2017). Zum Workplace Management gehören vielfältige Themen- und Aufgabenbereiche, die sich über unterschiedliche Funktionsbereiche eines Unternehmens verteilen. In diesem komplexen Feld können Zielkonflikte in Projekten und Bewirtschaftung entstehen. Eine gut positionierte, mit entsprechenden Kompetenzen, Ressourcen und Instrumenten versehene Workplace-Management-Einheit kann nicht nur solche Konflikte lösen, sondern sowohl im Tages- wie auch im Projektgeschäft Nutzen und Mehrwerte des Workplace Management realisieren.

„Structure follows process follows strategy." Auf Basis der Erfahrungen und Untersuchungen des IFM wird empfohlen, Aspekte der Workplace-Organisation für die Betriebsphase unter Einbezug verschiedener Gestaltungsaspekte, wie Unternehmensstrategie, interne Faktoren (unter anderem Arbeitsstile, Kultur- und Führungsstile, Veränderungsbereitschaft der Nutzer), Geschäftsprozess, Supportumfeld (vorhandene Struktur), Nutzerbedarfe, Räumlichkeiten und raumbezogene Bedarfe zu gestalten. Externe Faktoren wie gesetzliche Vorgaben oder das Branchenumfeld sind dabei zu beachten.

Arbeitsplatzumgebungen, Workplace Service und Workplace-Betriebskonzept sollte nicht eindimensional (beispielsweise einzig mit Kostenorientierung) erarbeitet werden, sondern strategische Bezüge zu übergeordneten Strategien, internen und externen Einflussfaktoren aufweisen sowie auf eine Workplace-Vision ausgerichtet sein. Potenziale zur Workplace Experience sind dabei zu skizzieren und möglichst auszuschöpfen.

Die hier präsentierten Ansätze sind als Ergänzung zu den bisherigen Beiträgen betreffend Bürogestaltung, Projektabwicklung und Workplace Change Management zu verstehen. Es werden Instrumente vorgeschlagen, die die strategische Bedeutung der Arbeitsplatzumgebung mit dem Bedarf an räumlicher Unterstützung der Mitarbeitenden (als Endnutzer) in Einklang bringen. Bislang erbrachte Teilleistungen verschiedener Funktionsbereiche werden integriert und über die verschiedenen Organisationsebenen (strategische, taktische und operative Ebene) betrachtet. Die vorgeschlagenen Organisationsansätze und Instrumente ermöglichen Transparenz und Vergleichbarkeit zu anderen Unternehmen.

Eine Orientierung an der DIN EN 15.221-1 sowie der Richtlinie ProLeMo ist betreffend der Leistungsbereiche sinnvoll und unterstützt die Vergleichbarkeit (Benchmarking). Als Arbeitsinstrument im Tagesgeschäft koordiniert das Workplace-Betriebskonzept die operativen Aufgaben der Workplace-Fachstelle. Ergänzend dokumentiert die Workplace Governance die strategischen und langfristigen Aspekte des

Workplace Management. Vor allem aber schafft sie mittels eines Workplace-Ausschusses die funktionsbereichsübergreifende Zusammenarbeit während der langjährigen Betriebsphase von Arbeitsplatzumgebungen.

Literatur

Becker, F., & Steele, F. (1995). *Workplace by design. Mapping the high-performance workscape.* San Francisco: Jossey-Bass.

Chandler, A. J. (1962). *Strategy and Structure: Chapters in the History of the American Industrial Enterprise.* Cambridge: MIT Press.

Dubs, E. R.-S. (2004). *Einführung in die Managementlehre, Band 1.* Berne: Haupt.

Kaehler, B., & Grundei, J. (2019). *HR Governance. A theoretical introduction.* Cham: Springer.

Klaffke, M. (2016). *Arbeitsplatz der Zukunft. Gestaltungsansätze und Good-Practice-Beispiele.* (M. Klaffke, Ed.) Wiesbaden: Springer.

Kneubühl, D., & Züger, R.-M. (2012). *Organisation – Management-Basiskompetenz, 3. Auflage.* Zürich: Compendio.

Konkol, J., Schanné, F., Lange, S., Weichbrodt, J., Degenhardt, B., Schulze, H., . . . Windlinger, L. (2017). *Handlungsempfehlungen für Unternehmen in der Schweiz, um bei der Planung, Implementierung und Bewirtschaftung von Büroräumen die psychische Gesundheit der Mitarbeitenden zu fördern.*

Lange, S. (2016). Strategie und Organisation im Workplace Management. In L. Windlinger, S. Hofer, B. Keller Foletti, R. Schlegel, & I. (. Arnold Moos, *Tagungsband zum Symposium "FM – here we go! Standortbestimmung einer Milliardenbranche* (S. 155–162). Wädenswil: ZHAW, Institut für Facility Management: ZHAW.

Müller-Stewens, G., & Lechner, C. (2005). *Strategisches Management. Wie strategische Initiativen zum Wandel führen, 3. Auflage.* Stuttgart: Schäffer-Poeschel.

Schreyögg, G. (1997). *Organisation - Grundlagen moderner Organisationsgestaltung, 2. Auflage.* Wiesbaden: Betriebswirtschaftlicher Verlag Dr. Th. Gabler.

Schreyögg, G., & Koch, J. (2015). *Grundlagen des Managements, 3. Auflage.* Wiesbaden: Springer.

Seiferlein, W., & Kohlert, C. (2018). *Die vernetzten gesundheitsrelevanten Faktoren für Bürogebäude – Die geplante Gesundheit.* Wiesbaden: Springer.

Windlinger, L. (2012). Workplace Management und die Rolle der Büroumgebung in der Office Ecology. *congena Texte*, S. 3–7.

Windlinger, L., Konkol, J., Schanné, F., Sesboüé, S., & Neck, R. (2014). *Gesundheitsförderliche Büroräume. Wissenschaftliche Grundlagen zum Zusammenhang zwischen psychischer Gesundheit und Büroraumgestaltung.* Bern und Lausanne: Gesundheitsförderung Schweiz, Bericht 4.

Stefanie Lange studierte im Jahr 2003 Lighting Design an der Hochschule für angewandte Wissenschaft und Kunst Hildesheim/Holzminden/Göttingen und nach einigen Jahren in der Berufspraxis im Jahr 2013 Facility Management am Institut für Facility Management (IFM) in Wädenswil (CH). Während des Masterstudiums begann sie ihre Tätigkeit am IFM als wissenschaftliche Mitarbeiterin in der Kompetenzgruppe Betriebsökonomie und Human Resources. Workplace Experience, Workplace Organisation und Workplace Management in hybriden Arbeitsumgebungen (Fokus Spital) sind Themenfelder, welche sie seither entwickelt. Ergänzend zu diesen F&E Tätigkeiten ist sie in Lehre und Weiterbildung zum Thema Workplace Management am IFM eingebunden.

Prof. Dr. Lukas Windlinger studierte Arbeits- und Organisationspsychologie an den Universitäten Bern, Bremen und an der Eidgenössischen Technischen Hochschule (ETH) Zürich. Nach dem Studium arbeitete er am Institut für Arbeitspsychologie der ETH Zürich und wechselte von dort an das Institut für Facility Management der Zürcher Hochschule für Angewandte Wissenschaften (ZHAW). Seit 2008 trägt er den Professorentitel und ist als Leiter der Kompetenzgruppe Betriebsökonomie und Human Resources Mitglied der Institutsleitung. Seine Promotion schloss er 2012 am University College London (UCL) ab („Effective workplaces: contributions of spatial environments and job design – A study of demands and resources in contemporary Swiss offices"). Lukas Windlinger forscht seit 2005 zu Workplace Management und vertritt diese Disziplin auch in den Bachelor-, Master- und Weiterbildungs-Studiengängen des Instituts für Facility Management.

Die soziale Dimension des Raums – Wie die Qualität des Zwischenmenschlichen Räume und Arbeit beseelt

The Social Dimension of Space—How the Quality of Human Interaction Inspires both, Space and Work

11

Sevira Patricia Landsberg

Zusammenfassung

Die massiven Veränderungen der Arbeitswelt der letzten Jahrzehnte haben auch die Anforderungen an Raumarchitektur und Einrichtung revolutioniert. Das Erschaffen ansprechender Arbeitsumgebungen, die nicht nur optisch wirken, sondern auf ein wünschenswertes Arbeitsverhalten perfekt abgestimmt sind, beschäftigt Planer, Architekten und Unternehmensführung seit Jahren. Doch reicht dies aus, um die Menschen im Unternehmen zu erreichen? Was sind eigentlich die besonderen Zutaten im Zwischenmenschlichen, die ein Büro beseelen – was macht aus Teamarbeitszeit und Begegnung eine Quality Time? Es gilt, sich hierfür **die soziale Dimension des Raums** zu erschließen, über die bisher nur wenig Bewusstsein im Unternehmensalltag besteht. Produktive, kreative und sinnerfüllte Zusammenarbeit wird nur in dieser besonderen Raumqualität überhaupt möglich. Unsere zwischenmenschliche Kommunikation, unsere Haltung im Miteinander und ein Gefühl von Verbundenheit sind Elemente dieser Raumdimension.

Abstract

The world of work has undergone massive change over the last decades, revolutionizing in turn the way interior and workspace design "work". For years now, planners, architects and business leaders alike have been focused on creating work environments that are not only attractive but reflect and foster desired ways

S. Landsberg (✉)
Troisdorf, Deutschland
E-Mail: info@sevira-consult.de

C. Kohlert (Hrsg.), *Das menschliche Büro – The human(e) office*,
https://doi.org/10.1007/978-3-658-33519-9_11

of working. But what about the actual experience of the people working in these spaces—is it fulfilling? And what are the special ingredients of human interaction that define a workplace? How does in-person team-time and collaboration blend to beget true quality time? The trick is tapping into ***the social dimension of space****, an aspect of the workplace that is yet to be fully understood in the business world. It is the key to enabling productive, creative and meaningful collaboration. Our way of communicating with one another, our attitudes as well as our sense of connection are all elements of this spatial dimension. Humans are social beings. Recognition and appreciation are central motivators. We are neurobiologically wired to connect, form and nurture social relationships. At work, however, we encounter on the one hand, incentive-based systems built on and driven by competition and lone fighters, and on the other, cool and target-driven leadership. The motivational potential that lies within social interaction and encounter remains in this scenario grossly untapped. Practical constraints and our internalized focus on hard facts and figures has caused us to lose sight of meaningful communication and a genuine interest in others. The workday is reduced to small talk and factual exchange.This does not nourish us on a holistic, emotional level, however. What does are conversations that allow us to experience not only others but ourselves on a deeper level. Active listening, humor and intellectually stimulating exchange all offer valuable communicative "spaces" for interaction, engagement and connection. The key enabler here is heart-driven communication – once developed and ushered into the business world, the true spirit of teamwork can take hold. This connects us and inspires us to explore our potential. An environment based on mutual respect and openness can be fertile ground for cultivating a deeper sense of belonging and fulfillment in the workplace. This in turn allows thought diversity, creativity, resilience and a sense of community to grow and thrive, even in crisis situations. Communication and leadership expert, and award-winning top business coach Sevira Patricia Landsberg invites her readers to explore and embrace co-working and the social dimension of space.*

Die massiven Veränderungen der Arbeitswelt der letzten Jahrzehnte haben die Anforderungen an Raumarchitektur und Einrichtung revolutioniert. Dass Arbeitsumgebung und Arbeitsleistung zusammenhängen, ist längst kein Geheimnis mehr. Das Erschaffen ansprechender Büros, die nicht nur optisch wirken, sondern auf ein wünschenswertes Arbeitsverhalten perfekt abgestimmt sind, beschäftigt Planer, Architekten und Unternehmensführung seit Jahren.

Im Unternehmen einen Spirit zu entfachen, in dem Führungskräfte und Mitarbeiter in einer Art und Weise kooperieren und kommunizieren, die am Ende des Tages produktive Ergebnisse generieren, ist ein wichtiges Ziel, für das entsprechend gestaltete Räume die Grundlage bilden. Bisher spielten hierbei zwei Raumdimensionen eine tragende Rolle:

1. Der materielle Raum, die Bürowelt mit all ihren Ausgestaltungsmöglichkeiten, Farben, Formen, Materialien und Ausstattungen. In zahlreichen Untersuchungen und Umsetzungen ist es in den letzten Jahren gelungen, kreative Lösungen für das Miteinanderarbeiten und seine optimalen räumlichen Bedingungen aufzuzeigen.
2. Der virtuelle Raum, der uns via Bildschirm, Smartphone und entsprechend technisierten Meetingformaten räumliche Grenzen und Entfernungen überwinden lässt. Dieser virtuelle Raum ermöglicht komplexen Informationsaustausch sowie kognitives Lernen. Seit Corona uns per globalem Rundumschlag ins Homeoffice verfrachtete, hat sich diese Raumdimension mit einem Quantensprung sehr viel schneller in unserem Unternehmensalltag etabliert, als dies ohne die Krise zu erwarten war.

Vielfältige Beispiele und Begebenheiten sind uns mittlerweile bekannt, aus denen erkennbar wird, dass auch die optisch schönste Ausgestaltung von Räumen leider keine Garantie dafür ist, dass das Miteinander damit auch wirklich funktioniert. Und mit der neuen Bedeutung des virtuellen Raums – bei gleichzeitig reduzierter Begegnung im physischen Raum – wird es immer herausfordernder, Zugehörigkeit und kreatives Miteinander erlebbar zu machen.

Damit eröffnet sich die grundsätzliche Frage: Was sind eigentlich die besonderen Zutaten im Zwischenmenschlichen, die ein Büro beseelen – was also macht aus Teamarbeitszeit und Begegnung erlebbare Quality Time?

Hierfür kommen wir nicht umhin, eine weitere Raumdimension zu betrachten: den Raum unserer Interaktionen im Zwischenmenschlichen. Diese ***Dimension des sozialen Raumes*** zeigt sich nicht auf den ersten Blick – sie ist unsichtbar aus der Perspektive der Zahlen-Daten-Fakten-basierten Realität. Aber sie ist sehr wohl fühlbar. Produktive, kreative und sinnerfüllte Zusammenarbeit wird in dieser besonderen Raumqualität erschaffen. Unsere zwischenmenschliche Kommunikation, unsere Haltung im Miteinander und ein Gefühl von Verbundenheit sind Elemente dieser Raumdimension.

11.1 Die Rolle des Zwischenmenschlichen im heutigen Unternehmensalltag

Jahrzehntelange Auswirkungen eines Managementdenkens, das die arbeitenden Menschen vorrangig auf ihre Produktivität reduziert, stecken den meisten Unternehmen „in den Knochen“. Strategien, Planungen, Personalentwicklung und Führung stellen Ergebnisse und Fakten in den Vordergrund. Die damit einher gehende Kommunikation wirkt zuweilen seltsam entmenschlicht.

Wirft man einen Blick in den Unternehmensalltag, so ist dieser eingespannt in ein straffes Gerüst von Zeit- und Leistungsanforderungen. Dadurch sind persönliche, zwischenmenschliche Begegnungen, ein freundliches Wort, eine Aufmerksamkeit zwischendurch kaum noch möglich. Für die Mitarbeiter vorrangig erlebbar ist das Streben zum Zenit einer Effizienz, die allein schon zeitlich gesehen jegliches

Luftholen unterbindet. Nicht selten gipfelt dieses bedenkliche Muster darin, in E-Mail-Kommunikation und in Chatrooms jedes persönliche Wort zu streichen – Anrede- und Grußformel werden weggelassen oder abgekürzt. Eine sachbetonte Kommunikation gilt als professionell.

Das Persönliche, Menschliche kostet zu viel Zeit und hält bei der Erreichung des Tagewerks nur auf. Also wird es abgeschafft – und weil es die meisten Kollegen so tun, fühlt man sich in seinem Handeln bestätigt.

Wenn unternehmensseitig gespart werden soll, dann fallen wiederum die Räume, die Begegnungsqualität ermöglichen, dem Rotstift schnell zum Opfer. In Zeiten der Corona-Krise und ihren Nachwirkungen steht das Thema Flächeneffizienz wieder hoch im Kurs.

Auch in der Betrachtung von Homeoffice und Remote Work wird der Fokus bei den zu optimierenden Kriterien vorwiegend auf technische Ausstattung und organisatorische Kriterien – und damit rein auf eine Sachebene – gelegt. Führungskräfte werden für die „Führung auf Distanz" vor allem in kognitivem Methodenwissen geschult. Viele sind froh, dass Meetings per Bildschirm auf einmal effizienter ablaufen. Und doch mutet so manchem virtuellen Meeting etwas Roboterhaftes an, und die Gesamtatmosphäre hinterlässt bei den Beteiligten nicht selten einen schalen Nachgeschmack.

Was diese Verknappung des Zwischenmenschlichen in Teams bewirkt, wird oft unter den Tisch fallen gelassen – es scheint ja alles zu laufen. Die erforderliche Wahrnehmungsfähigkeit für Auswirkungen im Miteinander ist aus meiner Erfahrung unzureichend geschult. Welche Rolle Begegnungsqualität spielt, wird bisher nur selten ernsthaft unternehmensintern untersucht und reflektiert. Hinzu kommt, dass Führungskräfte den Dialog mit ihren Mitarbeitern überwiegend so gestalten, dass sie Informationen und Aufträge „absenden". Zuhören ist Mangelware.

Bereits vor Corona war in vielen Unternehmen die Kommunikationskultur im Fokus. Abkühlende Teambeziehungen, störungsanfällige Zusammenarbeit, zeitraubende Kommunikationsschleifen und zunehmende Konflikte sind ungesunde Entwicklungen, die sich auch in suboptimaler Produktivität widerspiegeln. Durch die Corona-Krise wurden die Symptome verstärkt – es fanden noch weniger Gespräche statt, die auch die Ebene des Zwischenmenschlichen tangieren - schon gar nicht solche, die Fingerspitzengefühl erfordern. Gleichzeitig nahm die psychische Belastung zu, sowohl für Führungskräfte als auch Mitarbeiter. Und durch die verordnete physische Distanz wurde spätestens deutlich, dass es vielen Menschen ohne echte Begegnung nicht gut geht. Damit ist nicht nur das physische Treffen gemeint. Wichtig für erlebte Begegnung ist eine Komponente der Kommunikation, die über bloße sachliche Verständigung hinausgeht: eine Begegnung, die die zwischenmenschliche Beziehung wertschätzt und ihr Raum gibt.

11.2 Wofür brauchen wir Beziehungen?

Von Geburt an stehen wir in Beziehung zu den uns umgebenden Menschen. Neurobiologische Forschungen zeigen, dass wir über besondere Nervenzellen, unsere Spiegelneuronen, unbewusst und intuitiv fortwährend mit unserem Gegenüber kommunizieren und auch unser Sozialverhalten darüber erlernen (Bauer J, 2006). Unsere biologischen Systeme können somit nur dann ihr Potenzial entfalten, wenn sie durch Interaktion mit der Umwelt – also echte, physische Begegnung – in Gang gesetzt und in Funktion gehalten werden. Stabile und tragfähige zwischenmenschliche Beziehungen sind für unser Wohlbefinden und unsere psychische Gesundheit immens wichtig. Evolutionär betrachtet sind wir Menschen Gemeinschaftswesen.

Lebenslang ist das Streben nach Zuwendung und Wertschätzung von anderen Menschen das zentrale Motiv menschlichen Handelns. Neurobiologisch sind wir auf soziale Gemeinschaft und gelingende Beziehungen mit anderen Individuen ausgerichtet. Doch im Unternehmensalltag erleben wir Anreizsysteme, die auf Konkurrenz und Einzelkämpfertum abzielen, gepaart mit Führung, die von kühler Sachlichkeit geprägt ist.

Es scheint also ein riesiges Potenzial im Zwischenmenschlichen zu liegen, das in den heutigen Unternehmensstrukturen nicht ausgeschöpft wird.

11.3 Voraussetzungen für das Gelingen von zwischenmenschlichen Beziehungen

Was sind die Voraussetzungen und Kriterien für eine gelingende Beziehung, was brauchen wir als Mensch im Team, damit wir uns verbunden fühlen, motiviert und leistungsfähig sind und gleichzeitig wachsen können?

Die Neurobiologie fand folgende Aspekte heraus, die zum Gelingen von Beziehungen beitragen (Bauer J, 2007):

1. Wir möchten uns anderen gegenüber zeigen und spüren, dass wir als Individuum, als Persönlichkeit von anderen gesehen werden. In einem solchen Umfeld fällt es uns auch selbst leichter, anderen mit Aufgeschlossenheit zu begegnen.
2. Wir interessieren und engagieren uns gemeinsam mit anderen für etwas Drittes, nehmen Anteil und lassen die anderen teilhaben.
3. Wir zeigen Empathie füreinander und geben dem Raum, was uns und den anderen berührt.
4. Wir handeln gemeinsam, unternehmen etwas, setzen uns für etwas ein – jeder in seinen individuellen Qualitäten und Fähigkeiten.
5. Es besteht ein wechselseitiges Verstehen und Respektieren von Motiven und Absichten. Wir lassen uns auf den anderen wahrhaft ein und erkennen an, dass sich dieser – genau wie wir selbst – verändert. Dies erfordert Aufmerksamkeit und ist anstrengend, da unser Gehirn zu Schubladendenken neigt und Motive bzw. Absichten anderer gern nach festen Schemata sortiert. Diese beruhen auf früheren typischen Erfahrungen, die jedoch eine Weiterentwicklung aufgrund unterbewusst befürchteter Risiken verhindern.

Mit diesen Erkenntnissen wird deutlich, dass sowohl Führung als auch die Gestaltung von kooperativem Miteinander im sozialen Raum hochkomplex sind. Mit rein sachlich-methodischem Fokus kann diese Gestaltung nicht gelingen. Sie braucht hingegen echtes Interesse am anderen Menschen und eine Kultur, die die zwischenmenschliche Beziehung als Basis für ein gelingendes Miteinander sehen, verstehen und fördern muss.

11.4 Vertrauen und Verbundenheit im virtuellen Raum

Die Forcierung des virtuellen Raums in der Arbeitswelt stellte Unternehmen vor eine echte Herausforderungen. Vor allem diejenigen, die Präsenz (und Kontrollierbarkeit) als unerlässlich für Arbeitsmenge und -qualität ansehen. Bei Remote Work braucht es hingegen eine Kultur des Vertrauens, ebenso wie die gut entwickelte Fähigkeit zum selbstorganisierten und eigenverantwortlichen Arbeiten. Vertrauen und emotionale Verbundenheit sind wesentliche „Brennstoffe" für kooperatives, transparentes Arbeiten.

Doch wann immer ein co-kreatives Miteinander mit einem bestimmten Spirit verbunden wird, dann, so zeigt die Erfahrung, ist dies im virtuellen Raum kaum möglich. Unsere neuronalen Vernetzungen können über virtuellen Austausch in z.B. Videokonferenzen zwar grundsätzlich angesprochen werden, doch ihr volles Potenzial wird nicht annähernd ausgeschöpft – allein dadurch, dass in der Videokonferenz nur ein sequentielles Aneinanderreihen von Beiträgen möglich ist. Die sich überschneidenden, multidimensionalen, vielfach nonverbalen Interaktionen, die wir in physischer Begegnung erleben, sind im virtuellen Kontakt nur auszugsweise vorhanden.

Es sind die kleinen, nonverbalen Kommunikationscodes, die in einem sozialen Raum schwingen und die das Miteinander zu einer mulitsensorischen und sozial anregenden Erfahrung werden lassen. Ein besonderer Sprit braucht die Resonanzerfahrung zwischenmenschlicher Begegnung, die innerhalb der anwesenden Teammitglieder schwingt und die in der Lage ist, jeden Einzelnen emotional zu berühren. Diese elementaren Erfahrungen in der Gemeinschaft etablieren ein Gefühl von Sicherheit und Verbundenheit, wenn sie – ähnlich einem unausgesprochenen Ritual – wiederholt und lebendig gehalten werden.

11.5 Tiefes Gespräch, liebevoller Humor und geistreiches Gedankentanken – nützliche Kommunikationsräume im zwischenmenschlichen Dialog

Um einen Menschen zu verstehen und die zwischenmenschliche Beziehung zu gestalten, bedarf es nicht nur guter Beobachtungsgabe und intuitiver Fähigkeiten, sondern vor allem auch des persönlichen Gesprächs.

Doch viele Menschen haben sich an eine Art des Austauschs gewöhnt, die viel mit Fastfood-Nahrung gemeinsam hat: Es muss schnell gehen, es ist immer dasselbe Angebot und dieselbe Qualität – und es sättigt nicht nachhaltig.

Eine oberflächliche Smalltalk-Qualität ist hier genauso gemeint wie eine betont faktenbasierte Verständigung. Dialog erleben wir meistens nur als ein Aneinanderstellen von Monologen, in dem jeder nur mit sich selbst zu sprechen scheint, auch wenn man einander zugewandt steht. Echte Begegnung oder befruchtender Austausch finden hier nicht statt.

Alle diese Gesprächsformen haben im Alltag an passender Stelle ihre Berechtigung. Werden sie jedoch zur ausschließlichen Kommunikationsform, so bleibt ein Gefühl von Leere, ein nicht gestilltes Bedürfnis nach einer Tiefe, die uns in Kontakt mit uns selbst oder mit anderen bringt. Sind wir in der Lage, wertvolle Gespräche zu führen, so erleben wir eine Qualität, die unsere Gedanken ordnen kann und uns ermöglicht, Zusammenhänge zu erkennen sowie neue Erkenntnisse zugewinnen. Zudem fühlen wir uns von einem empathischen Gesprächspartner wahrgenommen und spüren in uns ein aufbauendes Gefühl.

11.6 Kommunikation, die uns emotional nährt

Eine Kommunikation, die eben nicht nur aus Austausch von Informationen besteht, bezieht die wertschätzende Begegnung mit dem anderen Menschen mit ein. In dieser Qualität von Kommunikation fühlen wir uns lebendig, verbunden und emotional genährt.

In der Unternehmenswelt soll diese Bindung über häufig teure Anreizsysteme, Benefits und Incentives hergestellt werden. Damit wird der Fokus auf das Materielle gelegt und man darf sich nicht wundern, wenn darüber angeworbene Mitarbeiter nach immer mehr dieser Benefits streben- oftmals, ohne sich entsprechend loyal verbunden zu zeigen.

Die Bedeutung von guten, verbindenden und menschenzentrierten Gesprächen wird hingegen völlig unterschätzt, wenn es darum geht, Mitarbeiterpotenziale zu gewinnen oder zu halten. Dabei kann es eine Wirkung entfalten, die denen eines extrinsischen Anreizsystems in Nichts nachsteht – sie häufig sogar deutlich übertrifft, wie aus der Motivationspsychologie hinreichend belegt ist.

Natürlich braucht diese Kommunikation den Faktor Zeit. Und wir brauchen Herzens- und Kommunikationsqualitäten, die wir entwickeln und auch in die Businesswelt einladen sollten: eine achtsame Grundhaltung, die es uns erlaubt, in einer Begegnung etwas Besonderes zu entfachen. Es braucht empathisches Zuhören, auf den anderen eingehen können, ein geduldiges Erkunden der Meinungen und Absichten des Gegenübers. Es braucht echtes Interesse am anderen Menschen und ein feines Gespür für einen stimmigen Gesprächsfluss.

In meiner langjährigen Tätigkeit in der Begleitung von Führungskräften gewann ich den Eindruck, dass viele Führungskräfte wenig geübt darin sind, anderen Menschen ihre ungeteilte Aufmerksamkeit und Empathie zu schenken. Ihnen fehlt damit auch die Erfahrung, welches Potenzial diese Gesprächsqualität bereithält.

Den Raum dafür zu öffnen, sehe ich als eine meiner wesentlichen Aufgaben als externe Beraterin an. So ermutigte ich kürzlich einen Geschäftsführer zu einem persönlichen und informellen Gespräch mit einem Leistungsträger, der das Unternehmen eigentlich verlassen wollte. Sie unternahmen einen gemeinsamen Spaziergang und investierten dafür beide Freizeit. Sie kehrten mit der Erfahrung eines bereichernden Austauschs zurück: Ohne Stress hatten sie einander zugehört, ihre gegenseitigen Perspektiven geklärt und waren zu einer tollen Lösung gekommen, die den Leistungsträger im Unternehmen hielt. Der Geschäftsführer hatte über das Gespräch ein tieferes Verständnis von Zusammenhängen erhalten, die sich ihm erst über die Kenntnis einer anderen Perspektive erschlossen. Vormals getrennte Welten konnten so verbunden werden. Beide erweiterten ihren eigenen Horizont.

Was uns nährt und auf vielen Ebenen bereichert, ist also eine Qualität der Kommunikation, in der wir uns Zeit nehmen und uns ganz auf den anderen einlassen, mit allen Sinnen wahrnehmen und die Eindrücke wirken lassen. Eine solche Begegnungsqualität erreicht uns auf mehreren Ebenen, regt uns an, inspiriert uns weiterzudenken und stärkt das Vertrauen ineinander.

Als ein Gesprächspartner, die er solches Gespräch initiiert, ist es wichtig, einen Raum zu eröffnen, in dem sich der andere ausbreiten darf, ohne dass man sich mit eigenen Geschichten einmischt und hineindrängt. Die Aufgabe besteht eher darin, diesen Raum einfach zu halten, mit einer friedvollen, zugewandten Energie, mit Geduld und Offenheit.

Diese Form der verbindenden Kommunikation benötigt als Fundament eine entwickelte Herzensqualität, die in der Businesswelt derzeit noch eher selten anzutreffen ist. Doch wird sie gerade hier dringend benötigt, um die Herausforderungen unserer Zeit wirksam und human anzugehen. Sie wird außerdem wichtig, um vergangene Krisen zu bewältigen und für neue gerüstet zu sein.

11.7 Humor – Verbindungsglied und Mittel zum Stressabbau

> „Humor ist keine Gabe des Geistes, sondern eine Gabe des Herzens“
> (Mark Twain)

Eine weitere Qualität , die unseren sozialen Raum bereichert, ist Humor. Eine humorvolle Gesprächsführung zum richtigen Zeitpunkt führt zu Kongruenz, auch wenn man unterschiedlicher Meinung ist. Dies ist eine wichtige Voraussetzung für gemeinsame Handlungsfähigkeit. Humor lockert die Gesprächsatmosphäre, hilft Stress abzubauen und führt von Kopflastigkeit zu einem spontanen, heiteren Impuls im Hier und Jetzt. Humor schafft Nähe und lässt gleichzeitig aus empfundener Enge neuen Raum entstehen, öffnet vielleicht eine Hintertür. Humorvoll vorgetragene Kritik löst weniger Abwehrreaktionen aus als derselbe Inhalt in einem knochentrockenen Format, das uns eher widerborstig und missmutig stimmt.

Der hier angesprochene Humor geht nie auf Kosten anderer. Man lacht lieber miteinander als übereinander, vor allem dann, wenn noch keine gestärkte Beziehungsebene vorhanden ist. Mit Leichtigkeit auch mal über sich selbst lachen können, ohne seine Rollenklarheit zu verlassen, ist eine Königsdisziplin, die Respekt einbringen kann, wo es vielleicht noch an fachlicher Kompetenz fehlt – es schafft vielmehr Sympathien, macht menschlich und nahbar.

Humor dient der Psychohygiene, denn Lachen stärkt unseren intuitiven Überlebensinstinkt und hat nachweislich vielfältige positive Effekte auf unsere Gesundheit. Und in der Teamarbeit lassen wir uns dadurch noch besser auf die soziale Seite der Zusammenarbeit ein, über die Grenzen der Abteilung, Branche und individuellen Andersartigkeit hinaus.

11.8 Meinungsvielfalt in guter Gesellschaft: mit respektvoller Haltung und offenem Geist einen Nährboden für Zugehörigkeit initiieren

Bei all den Einschränkungen, die wir, ausgelöst durch Corona, in unserer gemeinschaftlichen Arbeit im Office erlebt haben, gilt es nun, die Bedeutung dieser besonderen Dimension des Raums herauszuarbeiten, denn die meisten Firmen werden wohl die Vorteile von Remote Work und Homeoffice auch künftig noch verstärkt einsetzen.

Die besondere Qualität eines sozialen Raums ist, dass darin Co-Kreativität entsteht. Ideen, Kenntnisse und Erfahrungen verschiedener Personen können nur dann Nutzen entfalten, wenn sie in einen Entstehungsprozess für Neues einfließen. Dafür ist es wichtig, dass die beteiligten Personen es schaffen, ihre unterschiedlichen Auffassungen und Sichtweisen nicht nur zuzulassen, sondern als bereichernde Erweiterung zu begreifen. In der aktuellen Zeit, in der Perspektiven ideologisiert und Meinungsinhaber etikettiert werden, ist dies keine leichte Aufgabe.

Die Beteiligten müssen nicht nur miteinander reden, sondern sich auch auf einen Denkprozess einlassen, der individuelle Ideen sinnvoll verbindet. Diese Form wird neue Perspektiven eröffnen im Sinn eines Pars pro Toto. Gemeinsame Meetings und Besprechungen können wahrhaft schöpferisch werden, wenn die Beteiligten andere Sichtweisen kennenlernen, sich interessiert darauf einlassen und ihre eigene Sichtweise bereitwillig weiterentwickeln. Diese Weiterentwicklung sollte jedoch stets eine bewusste Entscheidung sein können und keine durch Gruppendruck erzeugte.

Anstelle von bloßem Informationskonsum und starrer Präsentation von Informationen müssen wir in einen aktiven, lebendigen Austausch dazu gehen. Bei der künftigen Wissensarbeit wird es verstärkt darum gehen, Informationen nicht nur einordnen zu können, sondern sie kreativ zu verbinden und für das große Ganze nutzbar zu machen.

Je mehr wir durch multiple Perspektiven sehen und nachvollziehen können, desto weiter wird auch unser eigener Horizont. Unser Verhaltensradius erweitert sich damit auch – wir müssen uns nicht länger in eingefahrenen Denkbahnen und Handlungsmustern bewegen, sondern können uns gezielt neue Routinen aneignen.

> „Gesellschaften müssen, um lebensfähig zu bleiben, sowohl produktiv als auch schöpferisch sein. Diese 2 Eigenschaften koexistieren nicht so ohne weiteres. Die Balance zwischen den beiden muss immer wieder neu bewertet und kreiert werden."
> (Richard Lester und Michael Piore)

Ein weiterer wesentlicher Aspekt kommt hinzu: wenn wir uns gegenseitig ermutigen, auch Misserfolge als Lernerfahrung und Entwicklungschance zu nutzen, steigt unsere Experimentierfreude und die eigene Erfahrungswelt wird vielfältiger. Aus meiner Sicht ist dies der wichtigste Nährboden für Kreativität und Problemlösungskompetenz.

Kommunizieren wir in dieser Grundhaltung miteinander und berücksichtigen den gemeinsamen Austausch auch als ein gleichzeitiges Miteinanderlernen, so würdigen wir diesen Weg noch bewusster und machen die Erfahrung, an Herausforderungen zu wachsen.

Forschungen zeigen, dass ein kooperativer, empathischer Geisteszustand sozial ansteckend wirkt. Einige wenige Menschenreichen oft schon aus, dass sich eine positive Atmosphäre im ganzen Team ausbreiten kann. Ich habe es selbst schon mehrfach erlebt, dass sich mit Einstieg von einem bis zwei neuen, positiv gestimmten Kollegen ein ganzer Filialbetrieb verändern konnte, ja selbst dauerkranke Mitarbeiter auf einmal wieder gesundeten und sich aktiv an diesem neuen Spirit beteiligen wollten.

Ein gelebtes Menschenbild, das von einer positiven, vertrauensvollen Grundhaltung geprägt ist, hat eine starke Hebelwirkung auf Produktivität und Arbeitszufriedenheit – mehr, als dies allgemein angenommen wird.

11.9 Gemeinsam die neuen Räume gestalten

Sowohl im Privaten, als auch in der Businesswelt tun wir gut daran, wenn wir der Entwicklung von guten zwischenmenschlichen Beziehungen einen hohen Stellenwert beimessen. Gerade in Krisensituationen wird dieser höhere Stellenwert unmittelbar seinen Nutzen zeigen, indem er so manchen Konflikt deutlich weicher abfedern kann, als dies in instabilen Beziehungen der Fall ist. So manche Krise lässt sich besser überstehen und konstruktiv für das weitere Miteinander nutzen, wenn gefestigte Beziehungen und enge Verbundenheit bestehen.

> „Wherever you stand be the soul of that place"
> Rumi

Der „Kulturfaktor Office" hat in unseren Zeiten der Transformation großes Potenzial. Aus meiner Sicht reicht dieses Potenzial noch weit über Unternehmensgrenzen hinaus. Berücksichtigen wir, dass jeder Mitarbeiter, jede Führungskraft, jedes Teammitglied prägende Erfahrungen aus dem sozialen Raum des *Mikrokosmos Office* mit nach

Hause nimmt, so besteht die Chance, dass er diese positiven Erfahrungen auch in sein weiteres soziales Umfeld einbringt.

Neues gesellschaftliches Bewusstsein, das wir an vielen Stellen so dringend benötigen und uns wünschen, hat seine Wurzeln gerade im täglichen Miteinander im Unternehmen, in dem wir nicht selten die meiste Zeit des Tages verbringen. Somit sind wir gut beraten, bei unserer Arbeit, in der täglichen Interaktion, die physische Begegnung im sozialen Raum als etwas Besonderes wahrzunehmen, konstruktiv zu entwickeln und achtsam zu nutzen – ohne unsere Individualität dabei aufzugeben.

Literatur

Bauer J (2006) Warum ich fühle was du fühlst. Hoffmann und Campe Verlag, Hamburg

Bauer J (2007) Prinzip Menschlichkeit. Hoffmann und Campe Verlag, Hamburg

Weiterführende Literatur

Berner W, Hagenhoff R, Vetter T, Führung M (2015) Ermutigende Führung. Schäffer-Poeschel Verlag für Wirtschaft, Steuern, Recht, Stuttgart

Fittkau B, Müller-Wolf HM, Schulz von Thun F (1994), Kommunizieren lernen. Hahner Verlagsgesellschaft, Aachen-Hahn

Hänsel M (Hg) (2012) Die spirituelle Dimension in Coaching und Beratung. Vandenhoeck & Ruprecht GmbH & Co. KG, Göttingen

Landsberg T (2019) Leadership Excellence. BoD, Norderstedt

Mandl C, Hauser M, Mandl H (2008) Die schöpferische Besprechung. EHP Verlag Andreas Kohlhage, Bergisch Gladbach

Newberg A, Waldman MR (2013) Die Kraft der mitfühlenden Kommunikation. Kailash Verlag, München

Rosenberg M (2006) Die Sprache des Friedens sprechen. Junfermann Verlag, Paderborn

Scheller T (2017) Auf dem Weg zur agilen Organisation. Verlag Franz Vahlen, München

Sevira Patricia Landsberg setzt Impulse für eine zeitgemäße Führungs- und Kommunikationskultur in modernen Arbeitswelten. Führung braucht heute ein neues Miteinander, das Raum für kreative Lösungsfindung und Fortschritt erschafft. Sevira Patricia Landsberg ist in diesem Feld seit über zehn Jahren selbstständig als zertifizierte Leadership-Trainerin, Coach und professionelle Sparringspartnerin tätig. Sie wird als Expertin für eine zeitgemäße Kommunikationskultur in Zeiten von Matrixteams, flexiblen Aufgabenbereichen und Change beauftragt. Ihr Spezialthema ist wirkungsvolle, verbindende Kommunikation für die Führungskultur in neuen Arbeitswelten, für die sie spezielle Kommunikationsformate entwickelte. Sie schöpft aus über 20 Jahren Tätigkeit im Bankensektor (Vertrieb, Marketing, Geschäftsstellenleitung) und ist auch als Kommunikationsdesignerin tätig. Von der Zeitschrift FOCUS und der Business-Plattform XING erhielt sie Auszeichnungen als Top-Coach 2016 und Top Business Coach 2019.

Teil IV

Wohlfühlen am Arbeitsplatz – Mentales Wohlbefinden

Wellbeing at the Workplace—Mental Wellbeing

12 Selbstmanagement für Kreativität in einer neuen Arbeitswelt

Self-Management for Creativity in a New Working World

Jennifer Gunkel

Zusammenfassung

Das moderne Büro heißt oft: Offene, transparente Räumlichkeiten, die Kollaboration fördern (sollen), viele unterschiedliche Orte und Arten zu arbeiten, Technologie satt – inklusive Homeoffice. Jeder soll aus einer Vielzahl von Optionen wählen können – was ist heute meine Aufgabe? Was brauche ich dazu? Welcher Ort passt dazu? Die Idealvorstellung ist, dass jeder bekommt, was er aktuell braucht. Dies entspricht dem Arbeiten entlang eines Prozesses in der kreativen Wissensarbeit – in unterschiedlichen Phasen werden unterschiedliche Ressourcen benötigt. Die Grundvoraussetzung dafür, in dieser Arbeitswelt erfolgreich zu sein, ist die Fähigkeit zur Selbstorganisation. Spätestens seit Covid-19 haben wir gelernt, uns stärker selbst zu managen – Zeit und Ort(e) mussten und müssen möglichst effizient genutzt werden. Natürlich ist das eine Ausnahmesituation, aber sicher hat es viele von uns dazu gebracht, anders über die eigene Arbeit nachzudenken: Was ist wirklich nötig? Wie kann ich meine eigene Arbeit auch in Zukunft besser organisieren? Wie kann ich zum Arbeiten den passenden Ort finden, an dem ich wirklich produktiv bin? Wie entkomme ich der Always-on-Falle? Was kann ich als Individuum tun? In diesem Beitrag geht es um Freiheiten der neuen Arbeitswelt und um die Möglichkeiten, die *der Einzelne* hat, sich selbst ressourcenorientiert in ihr zu bewegen. Es geht nicht um Change-Management-Maßnahmen, die eine Gesamtheit von Mitarbeitern befähigen sollen und ihre Kompetenzen stärken sollen, auch nicht um Organisationsentwicklung oder nutzerorientierte Bedarfsanalysen, mit deren Hilfe die Organisation und der Raum in

J. Gunkel (✉)
München, Deutschland
E-Mail: jennifer.gunkel@hs-fresenius.de

C. Kohlert (Hrsg.), *Das menschliche Büro – The human(e) office*,
https://doi.org/10.1007/978-3-658-33519-9_12

ihrer Komplexität aufeinander abgestimmt werden können. All das ist sehr wichtig bei der Planung, Umsetzung und dem Leben neuer Arbeitswelten; und die Bedeutung der organisationalen Ebene kann gar nicht stark genug betont werden. Der Fokus im vorliegenden Beitrag liegt jedoch auf der Einzelperson und der Möglichkeit, sich in der neuen Arbeitswelt selbst zu managen, sich selbst gesund zu halten und die eigenen Stärken gezielt nutzen zu können.

Abstract

If you think about the modern office, you might think of transparent rooms built to foster collaboration, plenty of spaces to work from, all kinds of technological devices—and home office. Employees can choose from various options. What's my task today? What does it require? Which location is suitable for my task? In an ideal world, everybody will find what is needed in a specific moment. This should be beneficial in a creative process. In a creative working process, there are different stages requiring respective resources. However, creative work in a modern working world requires self-organization to be successful. Since Covid-19, we have learned to manage ourselves better—we had to manage time and space(s) in most efficient ways. Lockdown was certainly an exceptional situation. However, it made many of us re-think our ways of working: What is really necessary? How can I organize my work better in the future? How can I find the right place, where I am most productive? How can I escape the always-on trap? What can I, as an individual, do? This contribution deals with the advantages of the new working world and the opportunities for individuals to make better use of their resources. It is not about change management to enable a number of employees and strengthen their skills. It is also not about complex organizational development or user-centered requirements analysis to match space and organization. All this is important in planning, introducing, and retaining new working environments. The meaning of the organizational level cannot be overstated. However, the focus of this contribution is on the individuals' opportunities to manage themselves, their health and to be able to use their strengths purposefully.

12.1 Einleitung

Die neue Arbeitswelt verlangt unseren Gehirnen einiges ab – wir Wissensarbeiter sind immer weniger dazu verdammt, bürokratische Bandarbeit zu verrichten, Dinge abzuarbeiten. Mit dem Fortschreiten der Digitalisierung ergeben sich neue Möglichkeiten. Wir haben eine echte Chance, neue und nützliche Lösungen für die Probleme der Welt zu kreieren. Gleichzeitig bedeutet dies eine hohe Anforderung an uns. Unsere Arbeitswelt wird immer schnelllebiger, unvorhersehbarer und vielfältiger. Andererseits funktionieren wir Menschen am besten mithilfe von Routinen; wir sind Gewohnheitstiere. Routinen entlasten das Gehirn und helfen uns, den komplexen Alltag zu bewältigen. Neuartige

Lösungen zu erarbeiten, heißt hingegen, aus dem Trott herauszukommen. Was also tun? Die Lösung besteht sicher nicht darin, Routinen zu verbannen. Denn Routinen ermöglichen es uns auch, den Kopf für frisches und innovatives Denken frei zu machen (Ohly et al. 2006). Darum sollte es in der Bürowelt gehen – Menschen den perfekten Mix zu bieten für Routinen und Out-of-the-box-Denken. Der Mensch sollte Optionen haben, aus denen er wählen kann – und die Kompetenz, zu wissen, wann welche Option die richtige ist.

Der Fokus wird im vorliegenden Beitrag bewusst auf kreative Arbeit gelegt. Die Rahmenbedingungen dafür sind vielfach erforscht. Von besonderem Interesse ist, dass es nicht eine pauschale Lösung zur Kreativitätsförderung gibt, sondern Kreativität und Innovation vielmehr als Prozess mit unterschiedlichen Phasen verstanden werden müssen (z. B. West und Farr 1990). Dabei gibt es Höhen und Tiefen, Phasen der Einzelarbeit und Phasen der Zusammenarbeit, Phasen der Inspiration und der „Transpiration", wie schon Edison behauptet haben soll. Für die Generierung neuer Ideen sind zunächst einige Faktoren auf der individuellen und auf der Teamebene ausschlaggebend: Motivation, kreative Fähigkeiten und Expertise. Damit erzeugte Ideen dann umgesetzt werden können, kommen organisationale Ressourcen ins Spiel: Die Einstellung der Organisation zum Thema Innovation, die Motivation, etwas Neues zu schaffen, das Verhalten der Führungskräfte sowie diverse Ressourcen wie Zeit, Räume und Tools (Amabile 1996).

Menschen benötigen für kreative Wissensarbeit in unterschiedlichen Phasen also unterschiedliche individuelle, teambezogene und organisationale Ressourcen. Fraglich ist es, ob alle Ressourcen immer zu gegebener Zeit vorhanden sind. Umso wichtiger erscheint vor diesem Hintergrund die Frage, wie ich mich selbst organisieren kann, um in jeder Phase Zugang zu relevanten Ressourcen zu haben. Dieser Frage wird im Folgenden nachgegangen.

12.2 Menschen als Gestalter ihrer Arbeit

In der Arbeits- und Organisationspsychologie weiß man nicht erst seit gestern, dass nicht nur die Arbeitswelt den Menschen beeinflusst, sondern Menschen aktive Gestalter ihrer eigenen Arbeit sind – sogenannte „Job Crafter" (Wrzesniewski und Dutton 2001). Menschen werden von ihrem Arbeitsumfeld beeinflusst; zahlreiche uns umgebende Faktoren lenken unser Verhalten und somit unsere Arbeitsergebnisse. Der direkteste Weg jedoch, unsere Arbeitsergebnisse zu beeinflussen, steckt in uns selbst: Als Individuum habe ich unendlich viele Möglichkeiten, mein Umfeld zu gestalten. Dies trifft auf alle Tätigkeitsbereiche und Positionen zu – in unterschiedlichem Ausmaß.

Im Konzept des Job Crafting haben Wrzesniewski und Dutton (2001) die Ebenen zusammengefasst, auf denen Mitarbeiter ihre eigenen Tätigkeiten selbst gestalten: durch Veränderungen an den Aufgaben („crafting task boundaries"), durch die Veränderung der arbeitsrelevanten Beziehungen („crafting relational boundaries") oder durch die Veränderung der eigenen Gedanken über die Arbeit („crafting cognitive boundaries"). Denkt man an das Büro als physischen Ort, so könnte es auch eine vierte Ebene geben, die Veränderung der physischen Umwelt, z. B. durch tatsächliche Umgestaltung von Räumen oder Möbeln oder durch Nutzung bzw. Nichtnutzung unterschiedlicher Orte: „crafting space boundaries". Ebenso wäre eine fünfte Ebene, das Zeitmanagement, denkbar: „crafting time boundaries". In der Veränderung der Aufgaben wird zwar im ursprünglichen Konzept bereits angedeutet, dass die zeitliche Reihenfolge oder Menge der Aufgaben beeinflusst werden kann, Zeitmanagement ist aber nur einer von vielen Aspekten, die hier eine Rolle spielen. Im vorliegenden Beitrag wird also das ursprüngliche Konzept von Wrzesniewski und Dutton erweitert. Es resultieren fünf Dimensionen des Job Crafting (Abb. 12.1).

Neben der Frage, wie Organisationen Mitarbeitern die bestmögliche Arbeitswelt zur Verfügung stellen können, stellt sich also die Frage, wie sich der oder die Einzelne die neue Welt der Arbeit selbst gestalten kann, um einen möglichst hohen Nutzen daraus zu haben. Durch Job Crafting ist eine solche Gestaltung möglich. Wenn Menschen Job Crafting anwenden, finden sie mehr Sinn und Bedeutung in ihrer eigenen Arbeit (Tims et al. 2016). Diese Bedeutung ist eine der wichtigsten individuellen Ressourcen in unserer Arbeitswelt, denn sie hängt mit Engagement bei der Arbeit und mit geringen Fehlzeiten zusammen (Soane et al. 2013).

Im vorliegenden Beitrag werden unterschiedliche Formen des Job Crafting als besondere Form des Selbstmanagements dargestellt. In fünf Abschnitten werden jeweils der Hintergrund erläutert und abschließend beispielhafte Vorgehensweisen beschrieben, wie die Formen des Job Crafting anwendbar sind. Diese können einzeln oder in Zusammenarbeit mit anderen, z. B. in Workshops, genutzt werden. Die Einzelelemente können auch selektiv genutzt werden. Sie stellen kein unzertrennbares Gesamtkonzept dar, das nur zusammenhängend funktioniert.

12.3 Ich gestalte mir meinen Traumjob: Fünf Dimensionen

Im Folgenden wird anhand von fünf Dimensionen darauf eingegangen, wie Menschen sich bei ihrer Arbeit selbst organisieren und dabei die Arbeit auf sich zuschneiden können: 1) die persönliche Interpretation der Arbeit, 2) die Arbeitsaufgabe, 3) die zeitliche Organisation, 4) der Arbeitsort und 5) die sozialen Beziehungen. Die Dimensionen sind im unterschiedlichen Ausmaß von allen Berufs-und Tätigkeitsgruppen anwendbar. Jedoch liegt ein besonderer Fokus auf Personen mit geistigen Tätigkeiten, die oft neuartige Lösungen entwickeln müssen und in kreative Prozesse involviert sind. Für diese Personen ist es besonders wichtig, sich in unterschiedlichen Phasen der Tätigkeit unterschiedliche Bedingungen zu schaffen.

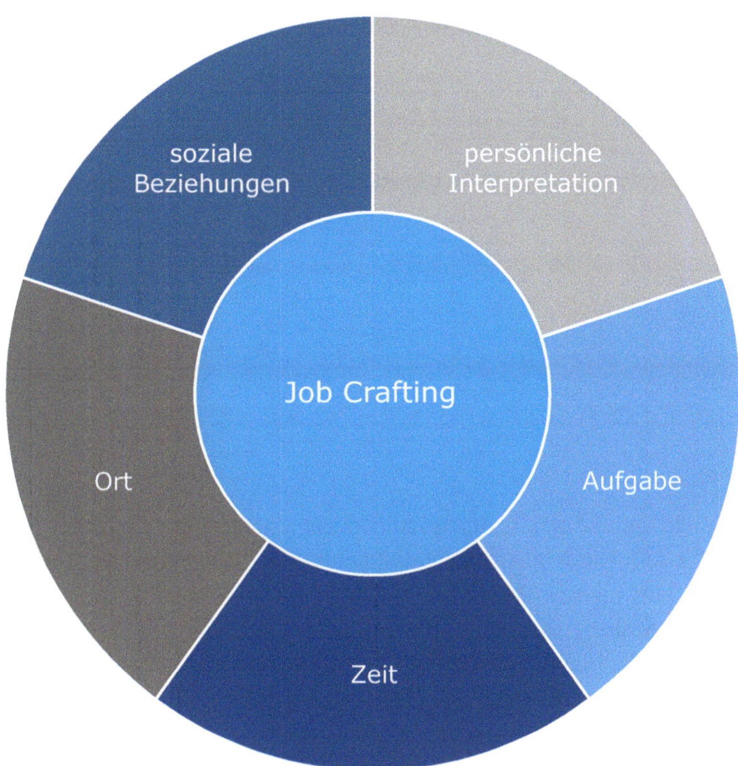

Abb. 12.1 Erweitertes Job-Crafting-Modell (in Anlehnung an Wrzesniewski und Dutton 2001)

1. ***Die persönliche Interpretation: Der größere Zusammenhang***
Die Bedeutung der eigenen Arbeit in einen größeren Sinnzusammenhang zu bringen, ermöglicht es uns, die Arbeit besser auf die eigene Person zuzuschneiden und mehr Erfüllung in der eigenen Arbeit zu finden. Ein Slogan allein reicht jedoch nicht aus. Die Aussage muss auch gelebt werden. Wie man das erreichen kann, ist Thema der folgenden Abschnitte. Verwiesen sei auch auf das Handbuch *Job Crafting Exercise* von Berg et al. (2013) mit einer Übung, um Bestandteile des eigenen Jobs neu zu interpretieren und somit zu neuen Schwerpunktsetzungen zu gelangen.

2. ***Die Aufgabe: Ich bin Gestalter meiner Arbeitsinhalte***
Folgende Interpretationen ihrer Arbeit könnte eine Reinigungskraft, nennen wir sie Rosa, in einem Krankenhaus formulieren: 1) „Ich säubere die Räume und entferne den Dreck.“ 2) „Ich bin die Seelsorgerin der Patienten, weil ich ihnen so gut zuhöre.“ Diese Interpretationen unterscheiden sich maßgeblich. Nicht nur in Bezug auf den Inhalt, sondern vor allem in Bezug auf die Konsequenzen für Rosa. Wenn Rosa gern Menschen hilft,

Tab. 12.1 Beispiele für persönliche Interpretationen der eigenen Arbeit

Beruf	Interpretation 1 (reine Tätigkeitsbeschreibung)	Interpretation 2 (größerer Sinnzusammenhang)
Linda, Mechatronikerin im Automobilkonzern.	„Ich fertige Kabelbäume."	„Ich bin Teil eines Unternehmens, welches die Mobilität von Menschen ermöglicht."
Tom, Heizungsinstallateur	„Ich repariere Schäden an Heizungen."	„Ich verhelfe Menschen zu einer guten Wohn- und Lebensqualität."
Gaby, Lehrerin	„Ich unterrichte Deutsch und Mathematik."	„Ich leiste einen wichtigen Beitrag in der Erziehung junger Menschen."
Ihr Beruf:	Ihre Interpretation 1:	Ihre Interpretation 2:

dann ermöglicht ihr die zweite Interpretation eine sinnerfüllte Tätigkeit. Die Art und Weise, wie wir selbst unsere Arbeit interpretieren, hat einen großen Einfluss auf unsere Zufriedenheit. Die meisten Menschen möchten etwas Sinnvolles tun, das in einem größeren Zusammenhang steht und nicht ein Rad in einer Maschinerie sein. Weitere Beispiele für persönliche Interpretationen der eigenen Arbeit sind in Tab. 12.1 aufgeführt. In der letzten Zeile können Sie selbst Ihre Interpretationen einfügen.

In einem gewissen Maß kann jeder auch die Inhalte der eigenen Arbeit beeinflussen: Sei es die Reihenfolge der Aufgaben, die Anzahl oder die Art und die Schwerpunktsetzung. Natürlich ist dies abhängig von der Position, den eigenen Fähigkeiten und den möglichen Einsatzgebieten innerhalb des Unternehmens. Von nicht zu unterschätzender Bedeutung ist aber auch die eigene Haltung. Es gibt zwei Pole, die die Sichtweise auf die Gestaltbarkeit der eigenen Arbeitsinhalte beschreiben: 1) die Gestalterhaltung und 2) die Opferhaltung (Koch 2017): Sehe ich mich als Opfer organisationaler Strukturen und Prozesse, so kann ich nur reagieren. Ich habe keine eigene Einflussmöglichkeit auf meinen Tätigkeitsbereich und tue das, was mir aufgetragen wird. Dabei bleibt unberücksichtigt, ob die Art der Aufgaben, die Menge oder die Zusammenstellung zu mir und meinen Ressourcen passen oder nicht. Sehe ich mich hingegen als Gestalter, kann ich selbst Einfluss nehmen. Ich nutze Möglichkeiten, Aufgaben auszuwählen, mich für interessante Projekte anzubieten, Aufgaben abzulehnen, die Anzahl oder das Ausmaß der Aufgaben mitzubestimmen. Das Schwierige an der Gestalterhaltung ist, dass sie eine gewisse Erfahrung und Expertise verlangt. Gut daran ist, dass sie erlernt werden kann.

Um eine Gestalterhaltung gegenüber den eigenen Aufgaben anzunehmen, sind die folgenden vier Aspekte ausschlaggebend (Koch 2017): eine internale Kontrollüberzeugung (Rotter 1954), hohe Selbstwirksamkeit (Bandura 1986), Optimismus (Seligman 2005) und proaktives Verhalten (Crant 2000).

Internale Kontrollüberzeugung. Bin ich der Überzeugung, dass die Ergebnisse meines Handelns die Konsequenz meines eigenen Tuns sind, so habe ich eine internale, also innere, Kontrollüberzeugung. Habe ich hingegen eine externale Kontrollüberzeugung, so bin ich der Überzeugung, dass die Ergebnisse meiner Handlungen von außen bestimmt werden und ich darauf keinen Einfluss habe. Die Kontrollüberzeugung spielt in der Entwicklung von Stress eine bedeutende Rolle. Zeige ich eine internale Kontrollüberzeugung, blicke ich meinem Alltag gelassener entgegen und bin außerdem aktiver, d. h. ich kann mich auch eher als Gestalter meiner eigenen Arbeitsaufgaben betätigen.

Selbstwirksamkeit. Wenn ich in einer bestimmten (schwierigen) Situation der Überzeugung bin, die Lage aus eigener Kraft meistern zu können, besitze ich eine hohe Selbstwirksamkeit. Im Vergleich zur Kontrollüberzeugung liegt der Fokus hier insbesondere auf der Überwindung von möglichen Hindernissen.

Optimismus. Optimistische Menschen lassen sich auch von Rückschlägen nicht entmutigen und bewerten Fehler oder negative Ereignisse als notwendiges Übel. Diese Einstellung hängt eng mit der Kontrollüberzeugung und der Selbstwirksamkeit zusammen, fokussiert aber stärker die Widerstandsfähigkeit.

Proaktives Verhalten. Proaktive Menschen entdecken aus eigenem Antrieb Gelegenheiten, die Lage oder den Status quo zu verbessern, sie stellen sich der Herausforderung und schaffen sich dafür selbst förderliche Voraussetzungen.

Für die vier erwähnten Einstellungen fasst eine abschließende Checkliste die wichtigsten Aspekte in Bezug auf die Gestaltung der eigenen Arbeitsinhalte zusammen. Angereichert ist die Liste mit Fragen, die man sich selbst stellen und beantworten kann, um eine Gestalterhaltung zu entwickeln:

3. ***Die zeitliche Organisation: Ich manage mich selbst***

Eine der bedeutendsten und effizientesten Aspekte des Selbstmanagements ist die zeitliche Organisation. Viele Studien belegen, dass erfolgreiches Zeitmanagement mit dem Kontrollgefühl bezüglich der Zeit, Arbeitszufriedenheit und Gesundheit im positiven

Tab. 12.2 Aspekte der Gestalter-Haltung – Checkliste

Einstellung	Fragen
Internale Kontroll-überzeugung	Gehe ich davon aus, dass ich selbst Inhalte meiner Arbeit beeinflussen kann? Wenn ja, welche? Inwiefern kann ich die Inhalte beeinflussen? Wieviel Kraft kostet das? Welchen Gewinn habe ich davon?
Selbstwirksamkeit	Kann ich Inhalte meiner Arbeitsaufgaben auch bei auftretenden Schwierigkeiten erfolgreich verändern? Welche Schwierigkeiten können auftreten? Wie kann ich diese Schwierigkeiten bewältigen?
Optimismus	Wenn bei der Gestaltung meiner Aufgaben durch mich selbst Fehler oder Rückschläge passieren, lasse ich mich dadurch entmutigen? Welche Fehler und/ oder Rückschläge könnten auftreten? Wie kann ich daraus lernen, ohne mich davon entmutigen zu lassen?
Proaktivität	Stelle ich überhaupt in Frage, ob meine Arbeitsaufgaben für mich passend sind? Welche Kosten und Nutzen sind mit der Veränderung meiner Aufgaben verbunden? Wird es langfristige, nachhaltige Verbesserungen für mich geben, wenn ich meine Arbeitsaufgaben anpasse (z.B. weniger Arbeitsbelastung, sinnvollere Aufgaben, mehr Herausforderung)? Was werden andere darüber denken?

Zusammenhang steht. Gleichzeitig haben Personen, die Zeitmanagement anwenden, weniger Stress (Claessens et al. 2007). Für ein erfolgreiches Zeitmanagement in der modernen Bürowelt existieren unzählige Ratgeber und wissenschaftliche Veröffentlichungen, meist mit der Zielgruppe Führungskräfte. In diesem Abschnitt werden nur einige ausgewählte Ansätze aufgezählt, die in einem flexiblen Umfeld (Moderne Bürokonzepte mit offenen Bereichen und Mix mit alternativen Arbeitsorten) und für das individuelle Zeitmanagement relevant sind. Interessierte Leser seien auf weiterführende Literatur verwiesen (z. B. Seiwert 2014; Mackenzie und Nickerson 2009).

Berücksichtigt man die Natur der neuen Arbeitswelt, erscheinen die folgenden Zeitfallen als herausragend:

- Schlechte Planung
- Überlastung durch zu große Arbeitsmenge
- Unterbrechungen durch direkte Ansprache, Telefon und aufpoppende Nachrichten
- Unterbrechungen durch akustische oder visuelle Ablenkungen
- Selbstablenkung (Multitasking oder Abschweifen)

Auf mögliche Umgangsweisen mit diesen Zeitfallen wird im Folgenden eingegangen.

Planung: Methoden

Gerade bei großen Entscheidungsfreiräumen erscheint es oft schwierig, den Fokus zu behalten. Viele mögen die Situation kennen, dass man sich am Ende des Tages die Frage stellt: Was habe ich heute eigentlich geschafft? Ohne feste Vorgaben zu Terminen oder Vorgehensweisen muss man sich die Struktur selbst geben. Hierzu gibt es vielerlei Ansätze. Verbreitete und oft zitierte Methoden sind z. B. das Notieren der drei wichtigsten Aufgaben für den Tag zu Tagesbeginn oder für die Woche zu Wochenbeginn. Hilfreich sind dabei visuelle Methoden (z. B. Post-Its), um sich selbst an Abarbeitung zu erinnern. Eine beispielhafte Methode zur Tagesplanung ist die ALPEN Methode (Seiwert 2014): A – Aufgaben aufschreiben, L – Länge der Aktivität(en) festlegen, P – Pufferzeiten einplanen, E – Entscheidung treffen für Kernaufgaben und N – Nachkontrolle und Übertragen in den nächsten Tag.

Arbeitsmenge – Regulationsmöglichkeiten

Die Gründe für eine zu große Arbeitslast sind vielfältig und sind nicht immer durch den Betroffenen beeinflussbar, jedoch kann es helfen, sich anhand der folgenden Fragen kritisch selbst zu reflektieren:

JA sagen und NEIN sagen. Sage ich zu oft Ja zu Aufgaben, die ich eigentlich nicht übernehmen müsste bzw. die nicht in meinen Zeitplan passen? Nein zu sagen, erfordert gegebenenfalls ein wenig Übung. Macht man aber einmal die Erfahrung, dass einem das Nein nicht persönlich übelgenommen wird, kann dies ein wohltuender Lerneffekt sein.

Delegieren. Lassen sich einige meiner Aufgaben delegieren? Wie im Beispiel-Kasten kann eine zu hohe Arbeitslast durch die Einstellung entstehen, dass Aufgaben nur dann gut erledigt werden, wenn man sie selbst macht. Das kann auf Dauer an die Substanz gehen. Andere in Aufgaben einzuweisen, zu betreuen und zu trainieren, ist eine Investition, die sich langfristig auszahlt.

Kasten: Die Delegations-Falle

Gerade bei Führungskräften ist die Frage der Delegation extrem ausschlaggebend in Bezug auf die eigene Arbeitslast. Dazu das folgende Beispiel:Tobias, der Kunden Key-Account Manager, hat für seinen Kunden ABC GmbH eine schwierige Excel-Liste zu erstellen. Eigentlich ist er mit dem Projektmanagement und der Kundenbetreuung vor Ort mehr als ausgelastet und müsste die Excel-Liste von jemandem in seinem Team erstellen lassen. Dennoch scheut er die Mühe, einem Teammitglied die Aufgabe zu erklären. Wenn das Ergebnis dann nicht richtig ist, muss er hinterher doch alles selbst machen. Diese Situation kommt leider öfter vor, denn dadurch, dass die Mitarbeiter im Team so wenige verantwortungsvolle Aufgaben zugewiesen bekommen, haben sie auch wenig Übung. Tobias Mitarbeiter*innen drehen am Ende Däumchen und Tobias hat so viel zu tun, dass er sich nicht mehr um seine Führungsaufgaben kümmern kann – das führt zu Unzufriedenheit auf beiden Seiten und es entsteht ein Teufelskreis.

Sich Verstärkung holen. Kann ich mir Verstärkung holen (einen Kollegen oder eine Kollegin, eine/n Partner/in oder eine Hilfskraft)? Geteiltes Leid ist halbes Leid, selbst wenn erst einmal ein gewisser Aufwand mit dem Onboarding eines oder einer Verbündeten betrieben werden muss. Am Ende zahlt sich eine Verstärkung aber oft doppelt aus, denn gerade in stressigen Zeiten sehen vier Augen mehr als zwei. So können auch Fehler reduziert werden.

Ablenkungen. Ist die Arbeitslast eigentlich gar nicht so groß, erscheint jedoch durch viele Ablenkungen schlecht bewältigbar? Im letzteren Fall gibt es Methoden zum Abwenden von Ablenkungen (siehe nachfolgende Ausführungen).

Unterbrechungen durch direkte Ansprache, Telefon und aufpoppende Nachrichten

Direkte Unterbrechungen durch Kollegen sind für ein kreatives Arbeiten im Team oft notwendig, da Kollegen auf schnelle Antworten von relevanten anderen angewiesen sind, um in ihrer Arbeit voranzukommen. Jedoch kann dies den Konzentrationsprozess des Einzelnen stören. Um Störungen durch viele Unterbrechungen zu vermeiden, muss ich mir als Person darüber im Klaren sein, welche Aufgabe gerade ansteht: Erledige ich eine Arbeit, die nicht so viel Konzentration benötigt? Ist es gerade wichtig, dass andere mich sehen und erreichen können? Oder muss ich z. B. dringend einen Bericht finalisieren und benötige absolute Konzentration? Je nach Kontext sind dafür unterschiedliche Arbeitssettings zielführend (siehe auch Punkt 4 – Der Arbeitsort). Es gibt aber noch andere Möglichkeiten, sich bei hohen Konzentrationserfordernissen gegenüber Ablenkungen zu schützen, z. B. durch das Ausschalten des E-Mail-Programms für eine begrenzte

Dauer, z. B. zwei Stunden ohne Outlook (siehe dazu auch Beispiel im Kasten). Auch Chatprogramme lassen sich ausschalten. Telefone lassen sich im Bedarfsfall umleiten auf Kollegen, die nur bei Notfällen Anrufer durchstellen. Wichtig für die Zusammenarbeit ist natürlich, das man auch Sprechzeiten zulässt und sich nicht über einen längeren Zeitraum komplett isoliert.

Kasten: Ablenkungen durch E-Mails

Beispiel: Beim Schreiben dieses Artikels erhalte ich die folgende E-Mail von einem Studierenden:

Sehr geehrte Frau Dr. Gunkel,

mich würde sehr interessieren, was für Bücher (muss sich nicht unbedingt, kann aber gerne auf Psychologie beziehen) man im Leben gelesen haben sollte.

Mit freundlichen Grüßen, XY

Das ist natürlich eine spannende Frage, durch die man sich gerne ablenken lässt. Ich komme ins Grübeln und schreibe ihm zurück. Aber schlimmer noch, ich erzähle einer Kollegin von dieser Anfrage und wir überlegen sofort gemeinsam, was das für Bücher sein könnten. Vielleicht hätte ich einfach besser mein Outlook abgeschaltet und mich später dieser Anfrage gewidmet…

Unterbrechungen durch akustische oder visuelle Ablenkungen

In einem offenen Büro, in dem sich viele Menschen treffen und es lebendig ist, ist es nur normal, dass wir uns ablenken lassen – sei es durch Gespräche, die wir mithören, durch Geräusche, die uns aufschrecken lassen, oder durch Szenen, die wir beobachten. Natürlich ist dies genauso bei Büros mit offenen Türen oder Glastüren möglich oder bei Büros mit großen Fenstern mit Ausblick auf Plätze des öffentlichen Lebens (für beispielhafte Ablenkungen siehe Kasten unten). So z. B. wenn eine Filmszene direkt vor dem Fenster gedreht wird, wie im Kasten unten. Wahrscheinlich kommt das eher selten vor; die häufigere Situation ist vielleicht, dass ein Paket geliefert wird oder sich Kollegen lautstark unterhalten. Oft ist es unmöglich, diesen Störungen zu entkommen. Wenn man weiß, dass man konzentriert arbeiten muss, kann man dieselben Methoden wie im Punkt 4 anwenden. Einigen hilft auch das Hören von Musik oder von speziellen Geräuschen auf Kopfhörern, um sich von der Außenwelt abzuschotten.

Kasten: Visuelle und akustische Ablenkungen

Beispiel 1: In einem Büro wird direkt vor dem Fenster eine Filmszene gedreht – mit einer Anlage für künstlichen Regen und mit Schauspielern, die wir aus dem Fernsehen kennen – das ist natürlich sehr interessant und eine Weile konzentriert sich keiner der Anwesenden im Büro mehr auf seine Arbeit.

Beispiel 2: Neben demselben Büro gibt es, ebenfalls durch dasselbe Fenster sichtbar, eine Laterne in der Fußgängerzone, die regelmäßig von unterschiedlichen Lieferanten umgefahren wird . Anmerkungen und Gelächter sind garantiert – wieder keine Konzentration.

Beispiel 3: Im Büro passiert eine unangenehme Szene – ein Streit zwischen zwei Kollegen, die sich lautstark anschreien . Der Streit endet damit, dass einer der Streithähne sich auf den Weg nach Hause macht…

Natürlich lassen sich Ablenkungen wie die oben genannten unmöglich komplett vermeiden. Bei wichtigen Aufgaben, die Konzentration erfordern, kann man jedoch im Vorhinein einen ruhigeren Arbeitsort wählen oder die Aufgabe auf einen Zeitpunkt schieben, zu dem weniger los ist.

Selbstablenkungen

Die Digitalisierung der Bürowelt ist Fluch und Segen zugleich. Wenn wir den Internetbrowser öffnen, erscheinen (oft auf uns zugeschnittene) Nachrichten, die unsere Aufmerksamkeit beanspruchen. Es besteht die ständige Verlockung, im Social Network zu schauen, was die Szene treibt. Ich kann mich auch jederzeit asynchron mit Kollegen, Freunden oder meiner Familie abstimmen, z. B. über Chatprogramme oder Nachrichtendienste wie Teams, Skype, Whatsapp usw. Wenn ein Gedanke aufblitzt, erledige ich es schnell, bevor ich es vergesse. Das ist oftmals eine Falle, die uns davon abhält, fokussiert zu arbeiten. Um sich zu fokussieren, gibt es unterschiedliche Methoden, von denen hier eine Auswahl kurz dargestellt wird:

Die Pomodoro-Technik. Die Pomodoro-Technik ist benannt nach der Eieruhr, die manchmal auch die Form einer Tomate hat. Man kann eine Eieruhr z. B. auf 25 Minuten einstellen und sich vornehmen, in dieser Zeit konzentriert zu arbeiten und jeder Ablenkung zu widerstehen. Dazu kann man, wie oben bereits beschrieben, auch E-Mail- und Chatprogramme schließen oder das Handy weglegen. Nach 25 Minuten konzentrierter Arbeit baut man eine fünfminütige Pause ein. Nach vier Durchläufen baut man eine längere Pause ein. Oft lässt uns eine zeitliche statt eine inhaltliche Vorgabe („Ich möchte 20 Minuten konzentriert arbeiten“ statt „Ich möchte den Bericht am Stück fertig schreiben“) produktiver arbeiten, weil man für eine Weile Störungen abwenden kann. Kleiner Geheimtipp am Rand: Diese Methode empfiehlt sich übrigens auch für die Hausaufgaben des Nachwuchses! Zuzeiten des Lockdown hat sie beim Home-Schooling Wunder gewirkt.

Reizarme Umgebung. Eine andere Möglichkeit, sich vor Selbstablenkung zu schützen, ist, sein Umfeld möglichst reizarm zu gestalten. Oft hilft bereits ein aufgeräumter Schreibtisch (Papierunterlagen können in einen Schuber ins Regal gestellt werden). Auch der Rückzug an einen Ort ohne viele Ablenkungen ist hier wieder möglich (siehe Punkt 4).

4. ***Der Arbeitsort: Ich weiß, wo ich was am besten tun kann***
Ein wichtiger Aspekt, der im originalen Job-Crafting-Modell nicht zu finden ist, ist der Arbeitsort. Personen können in gewissem Maß, in modernen Arbeits- und Bürowelten stärker als in klassischen, selbst wählen, an welchen Orten sie was tun. Viele Unternehmen, vor allem große Konzerne, haben ausgeklügelte Konzepte für das neue, ortsunabhängige Arbeiten, bei Microsoft heißt dies z. B. „worklifeflow", bei der Lufthansa „New Workspace", bei Kyocera heißt es „SmartWorking", um nur einige zu nennen. Diese Konzepte lassen sich natürlich nicht alle über einen Kamm scheren, gemeinsam ist ihnen aber eine Vielfalt unterschiedlicher Orte für unterschiedlicher Arbeitsweisen. Das Grundprinzip ist meist das „Activity-based Flexible Office" (Wohlers und Hertel, 2016), bei dem Arbeitsplätze nicht mehr zugeordnet sind, sondern nach Bedarf ausgewählt werden. A-FO können wie folgt charakterisiert werden: 1) Ein Büro und andere Orte dienen als Arbeitsplatz. 2) Das Büro bietet eine Vielfalt unterschiedlicher Arbeitsmöglichkeiten. Der Großteil der Fläche besteht aus Open-Space-Arbeitsplätzen. 3) Es wird Desk Sharing praktiziert, d. h. es gibt mehr Mitarbeiter als Arbeitsplätze und es gibt keine zugeordneten Arbeitsplätze (Gerdenitsch et al. 2018). Eine solche Arbeitswelt birgt viele Potenziale, die der Einzelne aber auch nutzen können muss. In einem Forschungsprojekt (Kratzer 2020) entwickelten wir ein Selbstreflexionstool, mit dessen Hilfe man als individuelle Person herausfinden kann, welche Orte für welche Tätigkeiten besonders gut funktionieren. In der Selbstreflexion liegt der Fokus auf der eigenen Produktivität und der emotionalen Bewertung der Arbeitssituation. Sie kann mit einem professionellen Coach oder auch allein durchgeführt werden. Dabei wird eine grafische Darstellung der Arbeitsumwelt auf großformatigem Papier (z. B. Flipchart) angefertigt. Es werden alle möglichen Arbeitsorte ins Bewusstsein geführt, die dann in Hinblick auf Effizienz und Wohlbefinden bewertet werden. Eine Beschreibung des Tools und eine detaillierte Anleitung befinden sich bei Pfitzner und Gunkel (2020). Zwei Beispiele für Reflexionsergebnisse sind im untenstehenden Kasten dargestellt.

Kasten: Der Arbeitsort
Beispiel 1: Durch eine eigene Reflexion stellte ich (da ich das Selbstreflexionstool als Mitautorin natürlich an mir selbst getestet habe) fest, dass ein dezidierter „Silent Room" innerhalb unseres Büros einer meiner Lieblingsorte ist. Es ist dort ruhig und ich kann mich in eine schwierige Aufgabe vertiefen. Für einige Aufgaben ist das sehr förderlich. Denke ich jedoch darüber nach, wie oft ich diesen Raum nutze, stelle ich fest, dass ich meist doch im Open Space Bereich sitzen bleibe, auch wenn das für hochkonzentrierte Aufgaben nicht wirklich passt. Durch diese Reflexion entdecke ich ein Potenzial und überdenke meine eigene Nutzung der Räumlichkeiten neu.

Beispiel 2: Eine der ersten Testpersonen, mit denen ich die Reflexion durchführte, entdeckte während unseres Gesprächs und während des Zeichnens der persönlichen Büro-Landkarte einen neuen Ort im Büro, den sie vorher nie genutzt hatte. Es war ein Ort abseits des Teams ohne direkten Sichtbezug (obwohl es sich bei dem Büro um ein Open Space Büro handelte), der sich gut für störungsfreies Arbeiten eignete. Die Testperson nahm sich vor, in den folgenden Tagen diesen Ort für sich auszuprobieren.

5. ***Die sozialen Beziehungen: Ich weiß, wer mich unterstützen kann***
Ein sehr wichtiges Feld, auf das wir oft mehr Einfluss haben als wir denken, ist unser soziales Netzwerk. Bezogen auf unsere Arbeit gibt es zwei wichtige Ressourcen: fachliche Unterstützung und soziale Unterstützung. Für beide Bereiche ist es uns möglich, die Häufigkeit und die Qualität von Interaktionen bewusst zu steuern. Wenn ich einen Experten kenne, der mich im Rahmen meines Projekts beraten kann, werde ich versuchen, ihn zu wichtigen Terminen oder spontan bei Bedarf einzubinden. Das ist vorteilhaft für mein Arbeitsergebnis. Auf einer anderen Ebene benötige ich oftmals soziale Unterstützung, sei es nur, um Frust loszuwerden. Im Beispiel im Kasten unten nutzt eine Mitarbeiterin in einem Gruppenbüro, Beate, die Gelegenheit, sich bei ihrer Kollegin über ein schlechtes Meeting auszulassen. Die Forschung zeigt, dass soziale Unterstützung einen doppelten Effekt auf unser Wohlbefinden hat: einen direkten und einen indirekten, den Puffereffekt, der vor Stress schützt (Cohen und Wills 1985).Wenn ich z. B. weiß, dass ich an einem Tag schwierige, nervenaufreibende Aufgaben habe, kann ich im Vorhinein planen, an diesem Tag neben einer bestimmten Kollegin zu sitzen oder mit einem Kollegen essen zu gehen, von dem ich weiß, dass er mich in schwierigen Situationen wieder auf den Boden holen kann. Es erscheint lohnenswert, zu überprüfen, ob die Gestaltung unserer sozialen Beziehungen bei der Arbeit möglich ist. Die Gestaltung der sozialen Beziehungen begrenzt sich übrigens nicht nur auf Kollegen, auch gemeinsame Aktivitäten oder Gespräche mit bewusst ausgewählten Kunden oder sonstigen Externen können uns den Alltag verschönern oder erträglicher machen.

Kästen: Soziale Unterstützung
Beispiel: Beate*, eine neue Mitarbeiterin in einem Gemeinschaftsbüro mit 20 Arbeitsplätzen, erlebt in einem Meeting eine Auseinandersetzung mit Kolleginnen. Sie wird für einen Fehler verantwortlich gemacht, den sie nicht verursacht hat. Sichtlich aufgewühlt kommt sie nach dem Meeting an ihren Arbeitsplatz zurück und findet dort eine Kollegin vor, der sie alles erzählt. Nach diesem kurzen Gespräch setzt sie sich wieder an ihre Arbeit. Die Aufregung hat sich etwas gelegt.

*Diese Szene beruht auf einer Beobachtungsstudie im Rahmen des Projekts PRÄGEWELT (Kratzer, 2020). Der Name wurde geändert.

Die Abb. 12.2 fasst alle hier behandelten Möglichkeiten der Selbstorganisation nochmals zusammen.

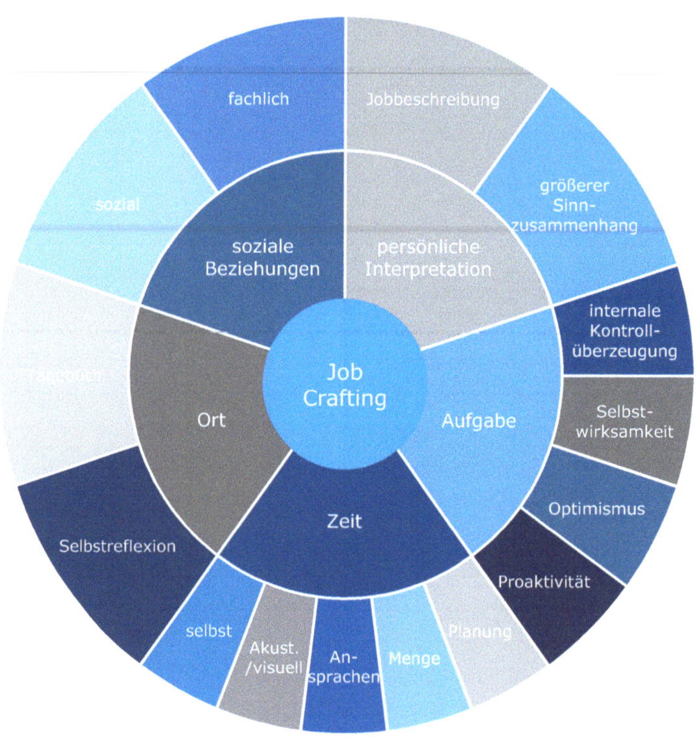

Abb. 12.2 Erweitertes Job-Crafting-Modell mit beispielhaften Ansätzen für Selbstmanagement

12.4 Schlusswort: Die zunehmende Bedeutung der Selbstorganisation

Selbstorganisation ist Trumpf, da die Notwendigkeit zur Selbstverantwortung zunimmt. Soziologen haben längst erkannt, dass der Mensch zum Arbeitskraftunternehmer wird (Voß und Pongratz 1998), dass Grenzen zwischen Arbeit und Leben immer mehr verschwimmen. Das kann gut oder schlecht sein und wird kontrovers diskutiert (z. B. Scholz 2017). In jedem Fall benötigt der Einzelne Kompetenzen, die ihn zur Integration der Lebensbereiche, zum Selbstmanagement befähigen. Interessanterweise wird der hier fokussierte Ansatz des Job Crafting auch im Zusammenhang mit dem Lebensalter als empfehlenswerte Strategie gesehen (Kooij et al. 2015). In einer Welt, in der die Unsicherheit zunimmt und das Durchschnittsalter der Bevölkerung ansteigt, ist es in vielerlei Hinsicht lohnend, auf Selbstorganisation und Wohlbefinden zu blicken.

Nicht nur die Forschung zu diesem Thema könnte in Zukunft forciert werden, sondern vor allem die praktische Anwendung: In einer immer offeneren, immer flexibleren und schnelllebigen Arbeitswelt wird die Fähigkeit zur Selbstorganisation und zum erfolgreichen Job Crafting immer wichtiger. Deshalb sind neue, einfach umsetzbare Methoden gefragt, Programme, Trainings oder Coachings, die Hilfe zur Selbsthilfe bieten. Diese sollten wissenschaftlich begleitet und evaluiert werden. Eine Qualifizierung auf diesem Gebiet könnte die Produktivität und das Wohlbefinden der Mitarbeiter nachhaltig positiv beeinflussen.

Schließlich soll nochmals betont werden, dass nicht dem Individuum allein die gesamte Verantwortung für das eigene Wohlbefinden übertragen werden soll. Die Gestaltung der Arbeit ist vor allem eine Aufgabe des Managements und der Führung. Die beschriebenen Methoden können zusätzlich Anwendung finden. Management und Führungskräfte können hierfür förderliche Rahmenbedingungen schaffen, z. B. durch Gewährung von Handlungsspielräumen oder durch die aktive Ermunterung zur Nutzung von Job-Crafting-Techniken. Nutzen wir also die Chance, die Büroarbeit dadurch menschlicher zu machen!

Ein herzlicher Dank geht an meine beiden kritischen Reviewerinnen Ingrid Knigge und Prof. Dr. Adriana Abstein.

Literatur

Amabile, T. M. (1996). *Creativity in Context.* New York: Westview Press.

Bandura, A. (1986). *Social foundations of thought and action: A social-cognitive theory.* Englewood-Cliffs, NY: Prentice-Hall.

Berg, J. M., Dutton, J., & Wrzesniewski, A. (2013). *Job Crafting Exercise* (3. Ausg.). Michigan: University of Michigan.

Claessens, B. J., Van Eerde, W., Rutte, C., & Roe, R. (2007). A review of the time management literature. *Personnel Review, 36*, S. 255-276.

Cohen, S., & Wills, T. (1985). Stress, social support, and the buffering hypothesis. *Psychological Bulletin, 98*, S. 310-357.

Crant, J. M. (2000). Proactive behavior in organizations. *Journal of Management*, S. 435–462.

Gerdenitsch, C., Korunka, C., & Hertel, G. (2018). Need–Supply Fit in an Activity-Based Flexible Office: A longitudinal study during relocation. *Environment and Behavior, 50*, S. 273–297.

Halbesleben, J. R., Novicevic, M., Harvey, M., & Buckley, M. (2003). Awareness of temporal complexity in leadership of creativity and innovation: A competency-based model. *The Leadership Quarterly, 14*, S. 433-454.

Koch, A. (2017). *Change mich am Arsch. Wie Unternehmen ihre Mitarbeiter und sich selbst kaputtverändern.* Berlin: Econ.

Kooij, D. T., Tims, M., & Kanfer, R. (2015). Successful Aging at Work: The Role of Job Crafting. In P. Bal, D. Kooij, & D. Rousseau, *Aging Workers and the Employee-Employer Relationship* (S. 145-161). Cham: Springer.

Kratzer, N. (2020). *Open Space. Besser machen. Eine Praxisbroschüre des Projekts PRÄGEWELT – „Präventionsorientierte Gestaltung neuer Open-Space-Arbeitswelten".* München: Insitut für Sozialwissenschaftliche Forschung.

Mackenzie, A., & Nickerson, P. (2009). *The time trap: The classic book on time management* (4 Ausg.). NY: American Management Association.

Ohly, S., Sonnentag, S., & Pluntke, F. (2006). Routinization, work characteristics and their relationships with creative and proactive behaviors. *Journal of Organizational Behavior, 27*, S. 257–279.

Pfitzner, J., & Gunkel, J. (2020). *PRÄGEWELT Reflexionstool. Bausteine zur Verbindung von Change Management und betrieblicher Gesundheit in neuen Arbeitswelten.* Von https://praegewelt.de/wp-content/uploads/PR%C3%84GEWELT_Reflexionstool.pdf abgerufen

Rotter, J. B. (1954). *Social learning and clinical psychology.* Englewood Cliffs, NY: Prentice-Hall.

Scholz, C. (2017). *Mogelpackung Work-Life-Blending: Warum dieses Modell gefährlich ist und welchen Gegenentwurf wir brauchen.* New York: Wiley.

Seiwert, L. (2014). Ziele entspannt erreichen durch Zeitplanung. Die Business-Methode auf wenigen Seiten zum schnellen Verstehen und sofortigen Anwenden. Hamburg. Von https://absolventa-downloads.s3.amazonaws.com/files/Gratis_Ebook_Ziele_entspannt_erreichen_durch_Zeitplanung.pdf abgerufen

Seligman, M. E. (2005). *Der Glücks-Faktor: Warum Optimisten länger leben.* Bergisch Gladbach: Lübbe.

Soane, E., Shantz, A., Alfes, K., Truss, C., & Gatenby, M. (2013). The association of meaningfulness, well-being, and engagement with abseentism: A moderated mediation model. *Human Resource Management, 52*, S. 441–456 .

Tims, M., Derks, D., & Bakker, A. (2016). Job crafting and its relationships with person–job fit and meaningfulness: A three-wave study. *Journal of Vocational Behavior, 92*, S. 44-53.

Voß, G. G., & Pongratz, H. (1998). Der Arbeitskraftunternehmer. Eine Grundform der Ware Arbeitskraft? *Kölner Zeitschrift für Soziologie und Sozialpsychologie, 50*, S. 131-158.

West, M. A., & Farr, J. L. (1990). Innovation at work. In M. A. West, & J. L. Farr, *Innovation and creativity at work. Psychological and organizational strategies* (S. 3–13). Chichester: Wiley.

Wohlers, C., & Hertel, G. (2016). Choosing where to work at work–towards a theoretical model of benefits and risks of activity-based flexible offices. *Ergonomics, 60*, S. 467-486.

Wrzesniewski, A., & Dutton, J. (2001). Crafting a job: Revisioning employees as active crafters of thier work. *Academy of Management Review, 26*, S. 179-201.

Dr. Jennifer Gunkel, ist Professorin für Angewandte Psychologie an der Hochschule Fresenius und berät innerhalb der rheform – WorkplaceInnovation GmbH Kunden Bereich New Work. Als Diplom-Psychologin forschte sie an der Technischen Universität München gemeinsam mit Soziologen und Produktenwicklern zu Innovationsprozessen und Kreativität in der Arbeitswelt, bevor sie 2011 bei DEGW die Welt der Workplace-Beratung kennen und lieben lernte. „Der Mensch steht im Mittelpunkt" war der Satz, der sie von Anfang an umtrieb. Von 2016 bis 2019 erforschte sie gemeinsam mit Verbundpartnern aus Forschung und Praxis im Projekt PRÄGE-WELT („Präventionsorientierte Gestaltung neuer Arbeitswelten", www.praegewelt.de), wie Open Space Arbeitswelten ressourcenorientiert und gesundheitsförderlich gestaltet werden können. Sie hielt zahlreiche Lehraufträge an diversen Hochschulen in den Fächern Wirtschafts-, Sozial-, Trainings- und Coachingpsychologie. Jennifer Gunkel lebt mit ihrem Mann und zwei Söhnen in München. Motto: Probieren und Studieren!

13 Wie man sich fühlt, so arbeitet man: Aktuelle Erkenntnisse aus Hirnforschung und Psychologie

How You Feel is How You Work: Current Findings From Brain Research and Psychology

Andrea Prehofer

Zusammenfassung

Auch wenn die Arbeitsinhalte gut zu Kompetenzen und Persönlichkeit passen: Erfolgreiche Arbeit braucht mehr. In den letzten Jahren und Jahrzehnten haben Psychologie und Hirnforschung die Rahmenbedingungen, unter denen Menschen motiviert und optimal leistungsfähig arbeiten können, zunehmend entmystifiziert. Welche Faktoren sind entscheidend für Kreativität, Produktivität und Erfolg? Zentrale Rollen nehmen Emotionen – positive wie negative – und soziale Beziehungen ein. Naturgemäß liegt der Fokus von psychologischer Forschung und Interventionen auf intrapersonellen und interpersonellen Aspekten. Gleichzeitig hat das Außen eine maßgebliche Wirkung. Räume, in denen Menschen gut arbeiten und ihr Potenzial entfalten können, verkörpern diese Erkenntnisse in der Gestaltung von Arbeitsplätzen und -umfeld, denn Bürogestaltung ist immer auch Ausdruck von Prioritäten, Wertschätzung, Kultur und Werten – ob bewusst oder zufällig.

Abstract

Even if the job content fits competencies and personality well: It takes more to be successful. In recent years and decades, psychology and brain research are increasingly demystifying the conditions under which people can work motivated and optimally efficient. Which factors are pivotal for creativity, productivity and success? Emotions – both positive and negative – and social relationships play key

A. Prehofer (✉)
Starnberg, Deutschland
E-Mail: mail@andrea-prehofer.de

C. Kohlert (Hrsg.), *Das menschliche Büro – The human(e) office*,
https://doi.org/10.1007/978-3-658-33519-9_13

roles. By nature, intrapersonal and interpersonal aspects are in the scope of psychological research and interventions. At the same time the outside has a substantial impact. Spaces in which people can work well and develop their potential embody these findings in the design of workplaces and environments, because office design is always also an expression of priorities, appreciation, culture and values – whether consciously or by chance.

13.1 Symphonie in Braun

Mitte der 1990er-Jahre hielt ich meinen ersten Arbeitsvertrag in der Hand. Stolz, optimistisch und mit einer Portion Lampenfieber machte ich mich am ersten Arbeitstag auf den Weg ins Büro. Ich traf meinen zukünftigen Chef, lernte meine Kollegen kennen und wurde gleich mit Arbeit überhäuft. Mein zukünftiger Arbeitsplatz raubte mir schon am ersten Tag den Atem: Kunsteiche an Schreibtisch und Schränken, schlammbrauner Teppich, dunkelbraun melierte Vorhänge und selbstverständlich war auch der Bürostuhl in Erdfarbe gehalten. Eine Symphonie in Braun empfing mich. Im Sommer sorgten die defekten Außenjalousien zu allem Übel dafür, dass wir uns an unseren Schreibtischen schon um 10 Uhr wie am Strand fühlten – zumindest was die Temperaturen anging.

Einige Jahre später war ich die Chefin. Neue Bürostühle sollten beschafft werden und wir entschieden uns gemeinsam im Team endlich für etwas Farbe, nahe an der Corporate Identity der Firma. Nach Monaten wurden die Stühle endlich geliefert. Voller Vorfreude öffneten wir die Kartons und wollten unseren Augen kaum trauen: zum Vorschein kamen … braune Stühle! Nicht weil wir sie falsch bestellt hätten. Sondern weil der Einkauf meinte, die Farbe müsse wohl ein Versehen gewesen sein. Schließlich passe doch ein schickes Braun viel besser zur vorhandenen Einrichtung.

Ich liebte meinen Job: Das Geschäft florierte, mein Team war engagiert, die Zusammenarbeit mit den Kollegen angenehm und ich lernte jeden Tag etwas dazu. Aber jeden Morgen, wenn ich aus dem Fahrstuhl stieg, empfing mich eine Umgebung, die mich zunehmend frustrierte. Die Farbe Braun mag für Solidität und Behaglichkeit stehen. Ich empfand sie in dieser Fülle und Kombination lediglich so, wofür sie im Mittelalter bekannt war: als Hässlichste der Farben. Spießig und ärmlich. Das passte so gar nicht zu dem jungen dynamischen High-Tech-Unternehmen.

13.2 Wer braucht schon Emotionen?

Der Mythos „Emotionen haben bei der Arbeit nichts zu suchen“ hielt sich lange. Und ist durchaus noch, manchmal versteckt, zu entdecken. „Wir sind doch erwachsen und bleiben bitte sachlich“ war die Devise. Seit Aristoteles wurde die reine Vernunft als anzustrebendes Ideal hochgehalten.

Inzwischen scheint ein anderes Licht darauf. Im Jahr 2002 erhielt Daniel Kahneman, ein israelisch-US-amerikanischer Psychologe, den Nobelpreis für seine Forschungen. Im Kern widerlegt er mit seinen Kollegen den Mythos Homo oeconomicus, des rational agierenden Menschen (Kahneman 2012). Wir entscheiden nicht (immer) rational, um unseren Nutzen zu maximieren. Vielmehr arbeitet unser Gehirn einen Großteil der Zeit in einem Modus, der als automatisch, assoziativ, Heuristik-basiert und vor allem schnell charakterisiert ist – genannt System 1. Alle Reize unserer fünf Sinne werden in Sekundenbruchteilen gefiltert und eingeordnet. Die entstehenden Emotionen sind untrennbar mit unseren Reaktionen verknüpft. Gut oder schlecht? Freund oder Feind? Bedrohung oder Belohnung? Als Basis für die Reaktion dienen unsere Erfahrungen. Jedes Ereignis wird in Verbindung mit dem emotionalen Zustand in unserem Gedächtnis abgespeichert (Kißler 2013): Der Geruch von ofenfrischen Gugelhupf mit den sonnigen entspannten Nachmittagen bei den Großeltern, das Kribbeln im Bauch bei diesem speziellen Lied, die Nervosität beim Anblick des Templates für das jährliche Mitarbeitergespräch. Emotionen sind der Ausgangspunkt für unsere Reaktionen auf das, was um uns herum passiert.

Erst danach setzt in Ausnahmefälle unser sogenanntes System 2 ein, im Denkmodus, der als logisch, analytisch, faktenbasiert und systematisch charakterisiert wird. Aber auch als anstrengend und langsam. Deshalb spielt dieser Modus im täglichen Denken nur eine Nebenrolle. Das ist für die Bewältigung unseres Lebens auch gut so, denn System 1, das intuitive Denken, ist unser Energiesparmodus. Das Gehirn benötigt bereits im ausgeklügelten Zusammenspiel von System 1 und System 2 Unmengen an Energie: Bei einem Gewicht von etwa 2 % des Gesamtkörpergewichts benötigt es 20 – 25 % der Energie eines Erwachsenen (Esch 2012). Der Mensch nutzt nicht nur sein System 2 zur logisch-analytischen Entscheidungsfindung bei der Arbeit – sondern in viel größerem Maß System 1, das intuitiv basierend auf Erfahrungen und Emotionen arbeitet, den positiven ebenso wie den negativen.

13.2.1 Warum empfinden Menschen Angst, Wut oder Ekel?

Der Begriff Emotionen leitet sich vom lateinischen ab: „emotio" für heftige Bewegung, „emovere" für aufwühlen, heraustreiben. Und so manche Emotion ist in der Tat mit Aktion verknüpft.

Welche negativen Emotionen kennen Sie?, fragen Sie – und Sie werden eine Fülle an Begriffen hören: Angst, Ärger, Wut, Traurigkeit, Ekel, Schuld, Entsetzen, Enttäuschung, Frustration – um nur einige zu nennen. Als angenehm empfinden wir keine davon. Vielmehr lösen diese Reaktionen auf zumeist äußere Reize eine ganze Kette an Folgen aus.

Dabei spielen die Mandelkerne, die Amygdala, tief im Inneren unseres Gehirns eine zentrale Rolle bei der Verarbeitung. Diese prüfen eingehende Reize in Sekundenbruchteilen: Könnte das, was unsere fünf Sinne wahrnehmen, eine Gefahr sein oder werden? Falls ja, wird eine Art Notfallmechanismus aktiviert: Stresshormone, insbesondere Noradrenalin und Kortisol, werden ausgeschüttet. In Folge steigen Herztätigkeit, Blutdruck, Körpertemperatur und Muskelspannung, Muskeln werden mit Sauerstoff und Zucker versorgt und die Atmung wird beschleunigt. Es werden alle verfügbaren Kräfte mobilisiert. Im Gegenzug werden das Verdauungssystem, Regenerationsprozesse und die Libido vorübergehend heruntergefahren (Weaver 2017). Unser Körper wird auf „fight or flight" eingestellt. Wir sind reaktionsbereit und das Blickfeld ist auf das Problem verengt. Evolutionsbiologisch ist das eine erfolgreiche Überlebensstrategie, um die Begegnung mit einem Säbelzahntiger zu überleben. Entweder indem wir unsere Beine unter die Arme nehmen und flüchten oder in den Kampf ziehen.

Bei drohender Gefahr wird gleichzeitig unter anderem die Produktion von Serotonin reduziert und höhere Hirnfunktionen werden zunehmend heruntergefahren. Das wirkt sich negativ auf Lernfähigkeit, Entscheidungsfähigkeit, Gedächtnis, Kreativität und Impulskontrolle aus. Bis hin zum „Amygdala Hijack", den Daniel Goleman als „personal, emotional response that is immediate, overwhelming, and out of measure with the actual stimulus" (Goleman 1999) beschreibt – eine emotionale Überreaktion als überbordende Notfallreaktion, plötzliche impulsive Reaktionen von starker Intensität. Diese laufen manchmal sogar im Auge der Öffentlichkeit ab: So manchem ist die legendäre Wutrede von Giovanni Trapattoni mit dem einprägsamen „Schwach wie eine Flasche leer!" auch nach über 20 Jahren noch in Erinnerung.

Diese archaischen Reaktionsmuster auf negative Emotionen prägen uns bis heute. Sie werden bei Gefahren für Leib und Leben ebenso gestartet wie bei eher neuzeitlichen Stressoren: das andauernde Pling aus elektronischen Geräten, die nicht abarbeitbare To-Do-Liste, ein Konflikt mit der Kollegin oder wenn der Chef zum Mitarbeitergespräch einlädt. Was zu Beginn der Menschheit optimal im Umgang mit der drohenden Gefahr war, hindert uns heute, auf jene Ressourcen zuzugreifen, die wir in schwierigen Situationen am nötigsten brauchen: Kreativität und einen klaren Kopf, der strukturiert auf unser Wissen zugreifen kann. Um im Bürodschungel zu überleben, braucht es mehr.

Take-away-Message
Negative Emotionen aktivieren das menschliche Notfallsystem, sowohl physisch als auch psychisch. Sie wirken sich negativ auf Lernfähigkeit, Entscheidungsfähigkeit, Gedächtnis, Kreativität und Impulskontrolle aus.

13.2.2 Warum haben positive Emotionen die Evolution überlebt?

Dieser Forschungsfrage widmet sich eine der großen Psychologinnen unserer Zeit: Barbara Fredrickson. Die US-amerikanische Professorin konzentriert sich in ihrer Forschungsarbeit auf die Effekte guter Gefühle auf Menschen. Negative Emotionen sind der Trigger für unser Notfallsystem, das unser Überleben sichert. Aber welchen Nutzen haben positive Emotionen? Wieso erleben wir Freude, Heiterkeit, Stolz, Gelassenheit, Hoffnung, Dankbarkeit, Verbundenheit, Interesse, Erstaunen und Inspiration? Außer, dass wir es als angenehm empfinden und genießen können.

In einer Vielzahl an Experimenten konnten Barbara Fredrickson und zahlreiche ihrer Kolleginnen und Kollegen weltweit nachweisen, worin der Anpassungsvorteil positiver Emotionen liegt: Sie sind essenziell für unser Wachstum. Im positiven Zustand sind Menschen kreativer, flexibler, zugänglicher und offener im Denken. Positive Emotionen erweitern das Denk- und Handlungsrepertoire im Moment und auch langfristig. So fasst Fredrickson ihre Erkenntnisse in der Broaden-and-Build-Theorie zusammen (Fredrickson 2011). Einige Jahre später ergänzt sie diese noch um den „undoing effect", den Aspekt Resilienz. Positive Emotionen helfen, sich in Stresssituationen schneller zu beruhigen. Blutdruck, Herzfrequenz und Durchblutung der Hände normalisierten sich in Versuchen bis zu doppelt so schnell, wenn die Probanden in einem positiven Zustand waren. Darüber hinaus wirken sie als Puffer für zukünftigen Stress (Fredrickson 2011).

Fredricksons Ergebnisse trugen auch dazu bei, eine relativ neue Forschungsrichtung der Psychologie zu etablieren: die Positive Psychologie. Seit den 1990er-Jahren beschäftigen sich mehr und mehr renommierte Wissenschaftler mit den Auswirkungen des Positiven auf den Menschen. Sind Menschen zufrieden, d. h. erleben sie deutlich mehr positive als negative Emotionen, werden erstaunliche Auswirkungen beobachtet, um nur einige herauszugreifen:

- 31 % höhere Produktivität (Achor 2011)
- 37 % mehr Umsatz (Achor 2011)
- 19 % höhere Genauigkeit bei Aufgabenbearbeitung (Achor 2011)
- Dreimal kreativer (Fredrickson 2011)
- Besseres Immunsystem, allgemein gesünder und eine um bis zu zehn Jahre höhere Lebenserwartung (Ruckriegel 2016)

Ganz abgesehen von der positiven Wirkung auf das subjektive Wohlbefinden. Die Forschung stützt zunehmend die These: Positive Emotionen sind die Voraussetzung für Erfolg – nicht dessen Ergebnis (Lyubomirsky et al. 2005).

Take-away-Message
Positive Emotionen sind kein „nice to have". Sie sind essenziell für Leistungsfähigkeit, Entwicklung und Wachstum sowie geistige und körperliche Gesundheit.

13.2.3 Negativ wirkt stärker als positiv

Wir kommen mit unseren psychologischen Mustern gut durchs Leben. Trotz der erstaunlichen Effekte positiver Emotionen lautet die Grundregel dennoch: „Bad is stronger than good" (Baumeister et al. 2001). Im System 1 haben negative Emotionen Vorfahrt. Dieser Effekt wird auch als „negativity bias" bezeichnet (Kahneman 2012). Kurzfristiges Überleben ist wichtiger als Wachstum in der Zukunft. Und nicht nur das: Negative Emotionen werden stärker wahrgenommen (Baumeister et al. 2001). So wird z. B. ein ärgerliches

Gesicht in einer Menschenmenge leichter erkannt als ein fröhliches (Öhman et al. 2001). Negative Emotionen binden besonders stark unserer Aufmerksamkeit (Stemmler 2009). Im heute permanenten Kampf um Aufmerksamkeit sind wir deshalb verstärkt umgeben von negativen Reizen: Warnsignale bei Küchengeräten und Assistenzsystemen in Fahrzeugen, rote Verkehrs- und Verbotsschilder, die neuesten Nachrichten und auch viele intensive Erlebnisse in Kunst, Musik und Film (Menninghaus et al. 2017). Zusätzlich richtet sich das Augenmerk in Bildung und Arbeitswelt oft auf die Defizite, ganz nach dem Motto „Aus Fehlern lernt man am besten". In der Schule werden Fehler mit rotem Stift angestrichen – was richtig ist, wird nicht markiert. Mit Feedback verbinden viele ein mehr oder weniger konstruktives Feedback zu beobachteten Schwächen. Immerhin im Idealfall kombiniert mit positiven Aspekten. Entwicklungsbestrebungen fokussieren oft auf die Bekämpfung von Schwächen. Dieses defizitorientierte Klima befeuert unsere angeborenen Denk- und Verhaltensmuster noch zusätzlich.

Die gute Nachricht: Wir können der Vorherrschaft negativer Emotionen entgegentreten. Wir können den Blick bewusst auf das Funktionierende und Gute wenden und ein Umfeld kreieren, in dem wir mehr positive Emotionen erleben.

Take-away-Message
Negative Emotionen werden stärker wahrgenommen als positive.

Durch bewusste Lenkung der Aufmerksamkeit können wir den „negativity bias" entschärfen.

13.3 Die soziale Natur des Menschen

Im Jahr 1938 startete eine Studie zur Entwicklung von 268 Harvard-Absolventen. Was macht ein gesundes und glückliches Leben aus? Auf diese Frage erhofften sich die Forscher der Grant & Glueck Study Antworten. In einer der längsten und umfassendsten Studien zum Thema verfolgten die Wissenschaftler Lebensgeschichten, analysierten Fragebögen und Interviews, Blutwerte und Gehirnscans – nach und nach auch von den Kindern der ursprünglichen Probanden sowie Hunderten weiterer Teilnehmer. Die Ergebnisse lassen einen eindeutigen Schluss zu: Beziehungen sind ein zentraler Schlüssel zu einem gelingenden Leben. Die echte und tiefe Bindung zu anderen Menschen ist ein Förderer positiver Emotionen und macht uns glücklicher und gesünder (Mineo 2017).

So ist es nicht verwunderlich, dass zwischenmenschliche Beziehungen im Zentrum zahlreicher psychologischer Modelle stehen:

- R für „Relationships" in PERMA, den fünf Säulen des Aufblühens, nach Martin Seligman neben „positive emotions", „engagement", „meaning" und „accomplishments" (Seligman 2011);

- Beziehungen als eine der sechs Quellen für psychologisches Wohlbefinden nach Carol Ryff neben Autonomie, Alltagsbewältigung, persönlichem Wachstum, Selbstakzeptanz und Lebensziele (Ryff 1989);
- Soziale Eingebundenheit in der Selbstbestimmungstheorie zur Motivation nach Edward Deci und Richard Ryan und neben Kompetenz und Autonomie (Deci und Ryan 2008);
- R: „Relatedness“ als eine Dimension des neurobiologiebasierten SCARF-Modells nach David Rock neben „status“, „certainty“, „autonomy“ und „fairness“ (Rock 2008);
- „Do you have a best friend at work?“ als Ausdruck sozialer Beziehung als eine der zwölf Eigenschaften, die Gallup als charakteristisch für hochproduktive Arbeitsgruppen ansieht (Gallup 1999);

um nur einige zu nennen.

Die Bedeutung von sozialen Beziehungen wird durch die Biochemie gestützt. Wenn wir uns anderen verbunden fühlen, wird Oxytocin ausgeschüttet. Dieses Hormon wirkt stressreduzierend und der Notfallreaktion von Gehirn und Körper entgegen. Die Amygdala wird beruhigt und wir können wieder auf das volle Spektrum unserer kognitiven Fähigkeiten zugreifen. Das Gefühl von Verbundenheit erhöht Leistungsfähigkeit, Motivation und Aufmerksamkeitsspanne. Zudem wird weniger Erschöpfung empfunden. Schon bei Aussicht auf fehlende Verbundenheit dagegen wurde eine Verschlechterung von Arbeitsergebnissen um 27 % beobachtet (Purps-Pardigol 2015). Die neurobiologische Forschung geht inzwischen so weit, unser Gehirn als „social brain“ zu bezeichnen (Johann und Möller 2013).

In ihrer Forschungsarbeit untersuchen die US-amerikanischen Professorin Jane Dutton und ihre Kolleginnen und Kollegen die Charakteristika, Entstehung und Auswirkungen von „high quality connections“. Diese kurzen Momente des Verbundenseins sind gekennzeichnet durch ein Gefühl von Vitalität und positiver Energie, gegenseitiger Wertschätzung und empfundener Gegenseitigkeit (Dutton und Heaphy 2003). Zahlreiche Forschungsergebnisse lassen darauf schließen, dass mit dieser Art von verbindenden Momenten sowohl auf der individuellen als auch der organisatorischen Ebene positive Veränderungen einhergehen, unter anderem in Bezug auf kognitive Leistungen wie Verarbeitungsgeschwindigkeit und Arbeitsgedächtnis, Resilienz, Fehlererkennung, organisatorische Prozesse, Zusammenarbeit und gegenseitige Unterstützung bis hin zu höherem Vertrauen und stärkerer Bindung zur Organisation (Stephens et al. 2011).

Auch beim Lernen und bei der Entwicklung spielt der soziale Aspekt eine zentrale Rolle. In Intelligenztests, bei denen Kleinkinder die gleichen Aufgaben wie Schimpansen und Orang-Utans erhielten, schnitten die Kleinen nicht merklich besser bei Aufgaben zu räumlichem Verständnis, Rechnen oder Kausalität ab. Bei Gedächtnistests bewältigten Schimpansen schwierige Aufgaben sogar besser als Studenten. Noch einmal zurück zu den Kleinkindern. In den Tests wurde auch „social learning“ verglichen. Hier könnten die Ergebnisse kaum unterschiedlicher ausfallen: Während Schimpansen und Orang-Utans Werte um 0 erreichten, lagen die Kinder bei 100 %. Diese Resultate lassen den

Schluss zu: Unser größter Vorteil als Mensch ist es, Beziehungen zu anderen Menschen zu knüpfen und von ihnen zu lernen – ebenso wie umgekehrt (Bregmann 2020).

Einst hat der Homo sapiens die Erde mit dem Homo neanderthalensis, kurz Neandertaler genannt, geteilt. Die Neandertaler waren kräftiger, mutiger und ihr Gehirnvolumen war durchschnittlich 15 % größer als das der heutigen Menschen. Sie kochten und waren künstlerisch ebenso wie handwerklich versiert (Bregmann 2020). Wieso sind sie nach 200.000 Jahren und zwei Eiszeiten ausgestorben – und der Homo sapiens hat überlebt? Am wahrscheinlichsten sind wir das Resultat des „survival of the friendliest" (Heare 2017). Wir haben besser miteinander gelebt, voneinander gelernt und kooperiert.

Emotionen spielten für unser Überleben eine zentrale Rolle – und genauso ausschlaggebend war die Fähigkeit, soziale Beziehungen aufzubauen und zu pflegen. Schlechte soziale Beziehungen wirken sich auch heute noch auf die Lebenserwartung aus: Die Wahrscheinlichkeit eines frühen Sterbens ist um 70 % höher (Seppälä und Cameron 2015).

Take-away-Message
Ohne gelingende Beziehungen kein gelingendes Leben, weniger Lernen und Entwicklung – und keine nachhaltige produktive, kreative und innovative Arbeit.

13.4 Ein Umfeld für erfolgreiche Arbeit

Die Positive Psychologie forscht seit Mitte der 1990er-Jahre, was ein gelingendes Leben ausmacht. Nach und nach werden diese Ergebnisse und die daraus resultierenden Ansätze auch im beruflichen Kontext gesehen und aufgegriffen. Daraus entwickelten sich Ansätze wie Positive Leadership (Cameron 2012; Ebner 2019) und Positive Organizational Scholarship (Cameron und Caza 2004) mit forschungbasierten Antworten auf die Frage: Wie kann Arbeit, Führung und Organisation so gestaltet werden, dass Menschen motiviert und optimal leistungsfähig sind und bleiben und herausragende Ergebnisse erzielen? Naturgemäß liegt der Fokus von psychologischen Forschungen und Interventionen auf intrapersonellen und interpersonellen Aspekten, von hilfreichen bzw. weniger hilfreichen Denkmustern bis zur zwischenmenschlichen Kommunikation und zu systemischen Rahmenbedingungen. Forschung und Erfahrung zeigen: Wir sind unserer Umwelt und unseren Genen nicht ausgeliefert. Wir können aktiv unsere Handlungen und Denkmuster gestalten (Lyubomirsky 2008), ganz nach dem Motto: „Happiness is an inside job".

Und genauso gilt: Das Außen hat eine maßgebliche Wirkung auf uns. Denken wir nur zurück an die „Symphonie in Braun". Unsere Emotionen sind eine Reaktion auf das, was die fünf Sinne wahrnehmen. Welche Farben herrschen vor? Welche Materialien sehe, spüre und rieche ich? Wie sind die Lichtverhältnisse? Wie ist die Temperatur? Welche Geräusche sind zu hören? Welche Gegenstände umgeben mich?

Nicht umsonst steht im Zentrum der populären Aufräumphilosophie von Marie Kondo die Frage: „Does it spark joy?“. Jeder Gegenstand wird in die Hand genommen. Die aufkeimende emotionale Reaktion entscheidet, ob er wieder im Schrank oder doch im Müllbeutel landet (Kondo 2019).

Wenn ich gerade einen kleinen Motivationsknick habe, kann ein Strauß Sonnenblumen auf dem Schreibtisch den kleinen Kick zur Motivation beitragen. Ein nach Farben sortiertes Bücherregal mag ungewöhnlich sein – aber mein Herz hüpft bei jedem Anblick etwas schneller. Gegen das Mittagstief hilft etwas frische Luft und Sonnenschein besser als die zusätzliche Portion Koffein. Eine Aneinanderreihung von sterilen Einzelbüros rechts und links von schmucklosen Fluren strahlt Abgrenzung aus und drückt andere Prioritäten als Kollaboration und Out-of-the-box-Denken aus.

Forschungsarbeiten bestätigen einen Zusammenhang zwischen Innen und Außen: Zum Beispiel arbeiten Menschen mit Sonnenlicht besser und lachen mehr und Blumen haben eine positive Wirkung auf Stimmung und Gedächtnisleistung (Fetell Lee 2018). Auch die Wirkung von Farben ist seit Langem Thema in Forschung und Praxis.

13.4.1 Ein positives Umfeld

Das Büro, in dem Menschen gut arbeiten, ist so gestaltet, dass es positive Emotionen fördert.

Tischkicker und kostenlose Snacks? Vielleicht – aber darum geht es nicht im Kern. Es geht um die Emotionen, die entstehen, wenn man das Gebäude betritt, am besten schon das Gelände, wenn man aus dem Fahrstuhl steigt, wenn man durch die Tür geht: Freue ich mich auf den Tag? Fühle ich mich angekommen? Bin ich positiv gespannt auf das, was kommt? Bin ich stolz auf das, was ich wahrnehme und was daraus werden kann? Keimt Inspiration auf? Gibt mir die Umgebung Energie? Werde ich positiv überrascht?

Dazu lohnt ein Blick auf Räume und Orte, an und in denen wir uns wohl und sicher fühlen, die wir gern aufsuchen und uns inspirieren. Sei es das Lieblingscafé, das gemütliche Wohnzimmer der Lieblingstante, die sonnendurchflutete Gartenlaube von Freunden, das inspirierende Museum, das pulsierende Stadtviertel oder der Sehnsuchtsort im Wald oder am Meer. Diesen Räumen ist charakteristisch:

- Einladende statt verschlossene Ausstrahlung
- Abgestimmte Lichtverhältnisse mit reichlich Tageslicht
- Gute Luftqualität und angenehmes Raumklima
- Günstige Akustik mit niedrigem Geräuschpegel
- Lebendige, stimulierende, ausgewogene, gewagte Farben, Formen und Muster
- Einrichtungsgegenstände mit ansprechender Haptik
- Gelegenheiten für unerwartete kleine Freuden wie Accessoires, Kunstwerke, Kontraste, Stilbrüche, Unkonventionelles

- Hochwertige Materialien, die Wertschätzung ausdrücken – ebenso wie der Allgemeinzustand
- Eingangsbereiche, die Willkommen-Sein und Gastfreundschaft ausstrahlen
- Aufenthaltsbereiche, die zum Verweilen einladen
- Natürliches Grün und Wasser im Innenbereich und leicht erreichbare Außenbereiche
- Funktional und funktionierend – damit die Technik nicht zum Bottleneck wird

Genauso wie unterschiedliche Menschen verschiedene Lieblingsorte haben können, sind auch individuelle Präferenzen im Arbeitsumfeld zu finden. Dementsprechend ist neben einer durchdachten Konzeption im Ganzen ein gewisser Grad an Individualität ausschlaggebend. Das können persönliche Gegenstände von emotionaler Bedeutung sein wie Arbeitsergebnisse, die Menschen stolz machen, oder das Bild eines Orts, der Gelassenheit auch in hektischen Situationen ausstrahlt. Die Bandbreite ist so vielfältig wie die Menschen selbst.

In gleichem Maß wichtig ist die Passgenauigkeit der Umgebung zur anstehenden Tätigkeit: kreative Diskussion oder konzentrierte Arbeit? Vertrauliches Gespräch oder Regenerationspause? Die Wahl zu haben, ist zentral für unsere Zufriedenheit und Motivation.

13.4.2 Ein beziehungsförderndes Umfeld

Das Büro, in dem Menschen gut arbeiten, ist so gestaltet, dass es gelingende Beziehungen fördert. Wieso arbeiten wir nicht einfach jeder für sich im Homeoffice? Die Corona-Pandemie 2020 und damit einhergehende Einschränkungen haben gezeigt, dass dank moderner Kommunikationsinfrastruktur ortsunabhängiges Arbeiten besser gelingt als pessimistische Stimmen befürchtet haben. Arbeitgeber sprechen von höherer Produktivität. Arbeitsnehmer genießen es, überfüllten Verkehrsmitteln und Staus zu entgehen und sich gleichzeitig flexibler die Arbeitszeit einzuteilen. Allesamt valide Argumente. Den Unterschied macht die Qualität der Beziehungen. Für konzentriertes individuelles Arbeiten kann das Homeoffice der passende Ort sein. Als Ort persönlicher Begegnung und gemeinsamen Arbeitens braucht es auch direkte persönliche Interaktion. Denn Beziehungen leben von Gemeinsamkeit und Austausch, von spontanen Impulsen, die sich an keinen Meetingplan halten, und der konstruktiven Lösung von Meinungsverschiedenheiten und Konflikten von Angesicht zu Angesicht. Optimale Rahmenbedingungen dafür sind:

- Kreativitätsfördernde Räumlichkeiten mit Ausstattung zum Brainstormen, Diskutieren, Experimentieren, Lösungen-finden, Sich-inspirieren-lassen, Visionen-entwickeln und mehr
- Flexible Räumlichkeiten für agile Arbeitsformen und Teamarbeit in wechselnden Konstellationen, in denen Ideen, Pläne, Arbeitsprozesse und Ergebnisse sichtbar sind

- Sitzmöglichkeiten und Aufenthaltsbereiche, die zu gezieltem und informellem Austausch einladen
- Nischen und Räume für ungestörte Gespräche, wenn es um sensible, kritische oder persönliche Themen geht
- Orte, an denen gemeinsame Erfolge ebenso gefeiert werden wie aus Misserfolgen gelernt werden kann

Zwischen den Polen „Jeder im Einzelbüro" und „Alle im Großraumbüro" ist viel Platz für menschliche Raumkonzepte, die Orte für Begegnungen sind und den unterschiedlichen Situationen und Bedürfnissen von Zusammenarbeit Rechnung tragen.

Wo Nähe entstehen kann, braucht es auch Möglichkeiten für Distanz: Orte für konzentriertes Arbeiten und Regeneration mit Privatsphäre. Auch weil nicht jeder zu Hause arbeiten kann oder möchte. Hier kommen „silent areas" oder Ruheboxen zum Einsatz, finden sich Arbeitsplätze zum Sitzen, Stehen oder in Bewegung genauso wie bequeme Sofas, Sessel oder Ruheräume, vielleicht eine Bibliothek im modernen Gewand oder naturnahe Außenbereiche.

Beziehung im beruflichen Kontext bezieht sich nicht nur auf die Menschen, sondern auch auf das Unternehmen, die Organisation oder das Team: Wem oder was fühle ich mich verbunden? Wo gehöre ich dazu, wenn ich arbeite? Büros können die Identität und den Spirit ausstrahlen sowie Kultur und Werte zum Leben erwecken. Es beginnt mit Logo, Farben und Bildwelten. Produkte, Erfolge und Visionen können sichtbar gemacht werden und bleiben so sprichwörtlich immer im Blick. Werte, die oft geduldig ihr Dasein auf Folien oder in Hochglanzbroschüren fristen, können anfassbar werden: Sei es Nachhaltigkeit bei den verwendeten Materialien, Flexibilität in der Nutzung, Individualität der Arbeitsplätze oder den Kunden sprichwörtlich in den Mittelpunkt zu stellen. Die Bürogestaltung ist immer auch ein Ausdruck von Kultur und Werten – sei es bewusst oder zufällig. Warum nicht proaktiv die fürs Unternehmen zentralen Prinzipien umsetzen? Für mehr Verbundenheit mit dem Unternehmen und als Kitt, der Menschen zusammenhält und gemeinsam erfolgreich sein lässt.

Take-away-Message
Das Büro, in dem Menschen gut arbeiten, fördert positive Emotionen und gelingende Beziehungen.

Literatur

Achor S (2011) The Happiness Dividend. Harvard Business Review, 06/2011

Baumeister R, Bratslavsky E, Finkenauer C, Vohs, K (2001). Bad is stronger than good. Review of General Psychology, 5, 323-370

Bregmann R (2020) Im Grunde Gut: Eine neue Geschichte der Menschheit. Rowohlt, Hamburg

Cameron K (2012) Positive Leadership: Strategies for extraordinary performance. Berrett-Koehler, San Francisco

Cameron K, Caza A (2004) Contributions to the Discipline of Positive Organizational Scholarship. American Behavioral Scientist, Vol 47, Issue 6

Deci E, Ryan R (2008) Self-Determination Theory: A Macrotheory of Human Motivation, Development, and Health. Canadian Psychology 49, 182–185

Dutton J, Heaphy E (2003) The power of high quality connections at work. Positive organizational scholarship: Foundations of a new discipline, Chapter 17, 263-278

Ebner M (2019) Positive Leadership: Erfolgreich führen mit PERMA-Lead: die fünf Schlüssel zur High Performance. Facultas, Wien, Österreich

Esch T (2012) Die Neurobiologie des Glücks: Wie die Positive Psychologie die Medizin verändert. Thieme, Stuttgart

Fetell Lee I (2018) Joyful: Wie Sie Ihre Wohlfühlumgebung gestalten und glücklich leben. Piper, München

Fredrickson B (2011) Die Macht der guten Gefühle: Wie eine positive Haltung ihr Leben dauerhaft verändert. Campus, Frankfurt am Main

Gallup (1999) Item 10: I Have a Best Friend at Work. https://www.gallup.com/workplace/237530/item-best-friend-work.aspx. Zugegriffen: 16.06.2020

Goleman D (1999) Working with Emotional Intelligence. Bantam Books, New York

Heaphy E, Dutton J (2008) Positive social interactions and the human body at work: Linking organiszations and physiology. Academy of Management Review 2008, Vol. 33, No. 1, 137–162

Heare B (2017) Survival of the Friendliest: Homo sapiens Evolved via Selection for Prosociality. Annual Review of Psychology 2017 68:1, 155-186

Johann T, Möller T (2013) Positive Psychologie im Beruf: Freude an Leistung entwickeln, fördern und umsetzen. Springer Gabler, Wiesbaden

Kahneman D (2012) Schnelles Denken, langsames Denken. Siedler, München

Kißler J (2013) Werden Emotionen „gespeichert"? https://www.dasgehirn.info/aktuell/frage-an-das-gehirn/werden-emotionen-gespeichert. Zugegriffen: 29.06.2020

Kondo M (2019) Magic Cleaning: Wie richtiges Aufräumen Ihr Leben verändert. Rowohlt Taschenbuch, Reinbeck bei Hamburg

Lyubomirsky S (2008) Glücklich sein: Warum Sie es in der Hand haben, zufrieden zu leben. Campus, Frankfurt am Main

Lyubomirsky S, King L, Diener E (2005) The Benefits of Frequent Positive Affect: Does Happiness Lead to Success? Psychological Bulletin, Vol. 131, No. 6, 803–855

Menninghaus W, Wagner V, Hanich J, Wassiliwizky E, Jacobsen T, Koelsch S (2017). The Distancing-Embracing model of the enjoyment of negative emotions in art reception. Behavioral and Brain Sciences, 40, E347

Mineo L (2017) Good genes are nice, but joy is better. https://news.harvard.edu/gazette/story/2017/04/over-nearly-80-years-harvard-study-has-been-showing-how-to-live-a-healthy-and-happy-life/. Zugegriffen: 16.06.2020

Öhman A, Lundqvist D, Esteves F (2001) The face in the crowd revisited: A threat advantage with schematic stimuli. Journal of Personality and Social Psychology, S. 381–396

Purps-Pardigol S (2015) Führen mit Hirn: Mitarbeiter begeistern und Unternehmenserfolg steigern. Campus, Frankfurt am Main

Rock D (2008) SCARF: A brain-based model for collaborating with and influencing others, NeuroLeadership Journal 01/2008

Ruckriegel K (2016) Glücksforschung auf den Punkt gebracht. https://www.ruckriegel.org/vortraege-medienbeitraege-publikationen/. Zugegriffen: 19.06.2020

Ryff, C (1989). Happiness is everything, or is it? Explorations on the meaning of psychological well- being. Journal of personality and social psychology, 57(6), 1069-1081

Seligman M (2011) Flourish: A Visionary New Understanding of Happiness and Well-Being. Free Press, New York

Seppäla E, Cameron K (2015) Proof that positive work cultures are more productive. Harvard Business Review 01/2015

Stemmler G (2009) Psychologie der Emotion. Hofgrefe, Göttingen

Stephens J, Heaphy E, Dutton J (2011) High-quality Connections. The Oxford Handbook of Positive Organizational Scholarship, Chapter 29, 385-399

Weaver L (2017) Das Rushing Woman Syndrom: Was Dauerstress unserer Gesundheit antut. Trias, Stuttgart

Andrea Prehofer blickt auf eine langjährige Karriere im Technologie-Sektor zurück. Sie studierte Mathematik und war zwei Jahrzehnte als Führungskraft im Halbleiter-Sektor, Leiterin von anspruchsvollen Beratungsprojekten und Personalmanagerin im internationalen Industriegeschäft tätig. Ihre breite Erfahrung, wie Unternehmen, Organisationen und Menschen erfolgreich geführt werden können, gibt sie heute weiter. Als Beraterin, Trainerin und Coach begleitet sie Menschen und Unternehmen auf ihrem Weg zu anspruchsvollen Zielen und einem erfüllten Leben. Ihr besonderes Interesse gilt der Positiven Psychologie „Der Wissenschaft des gelingenden Lebens“ und Positive Leadership. Ihre Schwerpunkte liegen in den Bereichen Führung, Persönlichkeits-Entwicklung und der Begleitung von Teams und Organisationen. Sie engagiert sich sozial in Schulen und ist Vorsitzende des Hochschulrats der Hochschule Coburg. Mit Ihrer Familie lebt sie im Süden Münchens.

Innere mentale Fitness im Office und Homeoffice

Inner Mental Fitness in the Office and Home Office

14

Heiko Janssen

Zusammenfassung

Wir leben in einer schnelllebigen Zeit mit vielen Veränderungen, denen wir ausgesetzt sind und die hohe Anforderungen an uns stellen. In dieser immer mehr digitalisierten Welt, einhergehend mit einer Informationsüberflutung und neuen technischen Tools in der Arbeitswelt, kommt der inneren mentalen Fitness eine zunehmende Bedeutung zu. Die Gesundheit spielt eine entscheidende Rolle, denn ohne sie ist der Mensch eingeschränkt handlungsfähig und kann kaum volle Leistung in der Arbeit erbringen. Dieser Beitrag zeigt das Zusammenspiel zwischen unserer inneren mentalen Gedankenwelt, den äußeren Umständen, denen wir ausgesetzt sind, und den Auswirklungen auf unser Gehirn, unseren Körper und damit auf unser Leistungspotenzial.

Der Leser lernt, wie er dies positiver bzw. optimaler für sich gestalten kann anhand von praktischen Anleitungen und Tipps, die dazu anregen sollen, nicht in die mentalen Fallen zu tappen, sondern konstruktiv und positiv die innere mentale Fitness zu erhalten oder sogar auszubauen für ein gesundes Arbeitsleben. Die Inhalte werden teils anhand der Geschichte einer Führungskraft und durch Begriffsklärungen erzählt, in der ich die Du-Form als Anrede verwende, weil sich unser Unterbewusstsein, das uns steuert, nur angesprochen fühlt, wenn es das Du hört. Dieser Beitrag richtet sich an alle Führungsebenen, Erwerbstätigen und wer sich darüber hinaus angesprochen fühlt.

H. Janssen (✉)
München, Deutschland
E-Mail: hjj@heikojjanssen.com

C. Kohlert (Hrsg.), *Das menschliche Büro – The human(e) office*,
https://doi.org/10.1007/978-3-658-33519-9_14

Abstract

The new working worlds have a great influence on all working people in this year 2020. It has an impact on mobility and where and how we work today and in the future.

In order to make home office work more attractive than before, further optimization of processes is necessary. The number of business trips will also decrease, making the form of communication for video conferencing more important. This article presents the connections of the new working worlds in the interplay of office and home office in connection with the inner mental fitness on the one hand and the effects of stress on the brain on the other hand.

By clarifying the terms inner mental fitness, resilience and stress we build a bridge to the effects of negative thoughts in our brain and our performance at work, whether in home office or office.

A study on digital stress in Germany shows that the most frequent stress factors cited by the employees surveyed are performance monitoring, the unreliability of digital technologies and media and the impairment of privacy, which the respondents also perceive as major triggering components of digital stress.

A manager like Carl M. therefore has to find a healthy level of performance monitoring in the interplay between trust and control and separation from private life for himself and his employees. Furthermore, the provision of the necessary digital technology and media must be ensured in order to avoid or at least reduce negativism as far as possible. Optimism on the other hand is food for a positive mindset.

Furthermore, everyone is responsible for their own lifestyle. Each person needs sufficient oxygen, relaxation, exercise and a balanced, healthy diet and ensures a balanced serotonin balance. A deficiency would create a basis for negative actions and thus negative thoughts. In order to interrupt negative thoughts, the stop method was described, which helps to walk through life more constructively.

These new forms of work in remote mode entail many imponderables and uncertainties, and quickly negative thoughts are involved with the described consequences for health and brain performance. The upcoming challenges of these new forms of work in combination of office and home office are accompanied by necessary behavioural changes of those involved, which are possible through new thinking; but this will happen at different speed and not everyone will be able or willing to follow.

Vorwort

Wir leben in einer schnelllebigen Zeit mit vielen Veränderungen, denen wir ausgesetzt sind und die hohe Anforderungen an uns stellen. In dieser immer mehr digitalisierten Welt, einhergehend mit einer Informationsüberflutung und neuen technischen Tools in der Arbeitswelt, kommt der inneren mentalen Fitness eine zunehmende Bedeutung zu.

Die Gesundheit spielt eine entscheidende Rolle, denn ohne sie ist der Mensch eingeschränkt handlungsfähig und kann kaum volle Leistung in der Arbeit erbringen.

Dieser Beitrag zeigt das Zusammenspiel zwischen unserer inneren mentalen Gedankenwelt, den äußeren Umständen, denen wir ausgesetzt sind, und den Auswirklungen auf unser Gehirn, unseren Körper und damit auf unser Leistungspotenzial.

Der Leser lernt, wie er dies positiver bzw. optimaler für sich gestalten kann anhand von praktischen Anleitungen und Tipps, die dazu anregen sollen, nicht in die mentalen Fallen zu tappen, sondern konstruktiv und positiv die innere mentale Fitness zu erhalten oder sogar auszubauen für ein gesundes Arbeitsleben.

Die Inhalte werden teils anhand der Geschichte einer Führungskraft und durch Begriffsklärungen erzählt, in der ich die Du-Form als Anrede verwende, weil sich unser Unterbewusstsein, das uns steuert, angesprochen fühlt, wenn es das Du hört.

Dieser Beitrag richtet sich an alle Führungsebenen, Erwerbstätigen und wer sich darüber hinaus angesprochen fühlt.

14.1 Allgemeine Situation im Homeoffice/Office

14.1.1 Ausgangssituation: Aktuelle Zeit beginnend im Frühjahr/Sommer 2020

Die Geschichte erzählt Carl M., 45 Jahre alt, verheiratet, zwei schulpflichtige Kinder. Er lebt südlich von München und ist als Sales Director in einer großen mittelständischen Maschinenbaufirma für ein Vertriebsteam von 20 Mitarbeitern verantwortlich. Seine Mitarbeiter nehmen ihn als einen mutigen, ehrgeizigen und neugierigen Vorgesetzten wahr, der bisher Toleranz und Geduld für die Menschen im stressigen Vertriebsalltag mitbringt. Nun geht es für ihn darum, wie er dies weiterhin beibehalten bzw. ausbauen kann.

Er hat im Arbeitsalltag gern Menschen um sich herum, sodass er auch auf der nonverbalen Ebene agieren kann. Bedingt durch die physische Distanz fühlt er sich im Homeoffice ein Stück weit abgeschnitten von den Mitarbeitern und Kunden. Eine Unruhe kommt innerlich in ihm auf, begleitet von negativen Gedanken.

Der Fokus liegt hier auf seiner inneren Fitness, der mentalen Fitness im Homeoffice und Office und seiner Mitarbeiter. Schon in den letzten Jahren hat sich die Arbeitswelt bezüglich des Arbeitsorts verändert.

So war es früher noch bis vor wenigen Jahren üblich, dass viele Berufstätige den Arbeitsplatz im Büro oder in der Produktion hatten.

Allerdings haben auch bereits seit Jahren Arbeitnehmer die Möglichkeit wahrgenommen, von zu Hause aus im Homeoffice tätig zu sein. Dies hatte vielfach familiäre Gründe. Dabei stellte die Arbeit im Homeoffice die Ausnahme dar und es musste teils darum gerungen werden, ein bis zwei Tage in der Woche von dort aus arbeiten zu dürfen.

Im Jahr 2020 erreichte uns weltweit eine Viruswelle, die zur Pandemie ausgerufen wurde und die Unternehmen dazu veranlasste in Lockdown-Zyklen, ihre Mitarbeiter von zu Hause aus arbeiten zu lassen, um die Gesundheit der Belegschaft sicherzustellen; mit der Folge, dass eine Umkehr stattfand, in der die Mehrheit der Erwerbstätigen

Abb. 14.1 (1 vgl. Pixabay), Abb. zeigt die Team-Zusammenarbeit im Office

(unabhängig davon, ob in der öffentlichen Verwaltung oder in der freien Wirtschaft) vom Homeoffice aus arbeitete.

Abrupt führte dies zu einer Umstellung für quasi alle Mitarbeiter vom Chef bis zum Mitarbeiter einer Organisation. Diese Zeit stellte und stellt alle Beteiligten vor nie vorher da gewesene Herausforderungen.

Auch Carl M. und sein Team waren davon betroffen.

Für die meisten bedeutete dies eine große Umstellung, da sie nicht mit den technischen Möglichkeiten und Tools vertraut oder diese nicht installiert waren. Zum einen sorgten sich die Menschen um ihre Gesundheit und zum anderen wurde seit Wochen das Arbeitsleben auf den Kopf gestellt.

Nun hatten Carl und seine Mitarbeiter zwar die Möglichkeit, von zu Hause aus zu arbeiten, dennoch war dies keine normale Arbeit wie gewöhnlich im Büro, sondern war und ist häufig mit Doppelbelastungen verbunden. Insbesondere für Familien, die nun ganztägig die Kinderbetreuung übernehmen mussten, weil die Schulen, Kindergärten und Kinderkrippen für mehrere Wochen parallel in dieser Krisenzeit geschlossen waren.

Abb. 14.2 (2 vgl. Pixabay), Abb. zeigt die mobbile Arbeit mit Laptop, unabhängig vom Ort

Dieser neue Arbeitsalltag verbunden mit psychischer Belastung bezüglich der Angst vor Kurzarbeit oder Arbeitslosigkeit und der Kinderpflege stellte und stellt für viele eine enorme Herausforderung dar.

Allerdings brachte die neue Situation auch positive Aspekte hervor: die flexiblere Zeiteinteilung, der nicht mehr existierende Arbeitsweg, mehr Zeit für Kinder und Familie und die individuelle Sportausübung, auf die hier nicht näher eingegangen wird.

14.1.2 Herausforderungen in extremen Zeiten für Carl M.?

Carl M. und seine Teammitglieder sind tagtäglich mit unterschiedlichen Herausforderungen konfrontiert, die ihre Gesundheit und Produktivität beinträchtigen, z. B.:

- Körperliche Beschwerden und Einschränkungen
- Psychische Belastungen
- Pandemien und deren Auswirkungen
- Vereinbarkeit von Beruf und Familie
- Überforderung durch Digitalisierung
- Koordination der Remote-Arbeit mit den Mitarbeitern und Kunden

Die aufgeführten Punkte hatten alle einen direkten und/oder indirekten Einfluss auf die innere mentale Gesundheit, denn sie sind mit Gedanken verbunden. Wenn Carl M. beispielsweise Schmerzen (Kopfschmerzen) hat oder empfindet, wird es ihm kaum gelingen, positive Gedanken aufkommen zu lassen.

Ein entscheidender Faktor sind für Carl und sein Team die ausbleibenden sozialen Kontakte im Homeoffice (bezogen auf die physische und psychische Ebene) zur geistigen Leistungsfähigkeit. Immer wenn wir uns mit Menschen umgeben, die uns sympathisch sind, aktiviert dies in unserem Gehirn das Belohnungssystem und körpereigene Drogenstoffe, sog. Endorphine, werden ausgeschüttet. Wir sind dann in der Lage, Informationen schneller und besser zu verarbeiten. Dies ist nicht in der gleichen Qualität im Homeoffice anzutreffen, kann jedoch teilweise dadurch kompensiert werden, da sich die Kollegen kennen.

Laut einer vom unabhängigen Marktforschungsinstitut YouGov im Auftrag von LinkedIn durchgeführten Umfrage spüren vier von fünf deutschen Arbeitnehmern (82 %) die Folgen von Stress am Arbeitsplatz. Die häufigsten Auswirkungen sind Anspannung (57 %), Unruhe (44 %) und Schlafstörungen (40 %; PRESSEMITTEILUNG – 06 MAI 2019).

Es geht letztlich darum, dass Carl seinen persönlichen Ruheanker als Kraftquelle findet, aus der er schöpfen kann, insbesondere in bewegenden Zeiten wie im Jahr 2020.

Fritz M. und seine Vertriebsmitglieder haben jeweils eine individuelle Stressresistenz und gehen daher unterschiedlich mit den Herausforderungen dieser Zeit um, dem insbesondere Carl M. als Vorgesetzter Rechnung tragen darf.

14.1.3 Begriffserläuterung „innere mentale Fitness"

Der Begriff innere Fitness zielt auf die Gesundheit und hier im Speziellen auf die mentale geistige Gesundheit ab. Allgemein gehen wir Menschen in der Arbeit davon aus, dass unser Gehirn immer funktioniert. Insbesondere in der immer schneller werdenden Arbeitswelt hat unser menschliches Gehirn Enormes zu leisten. Es ist wichtig und entscheidend zu wissen, wie du mit deinem Körper und auch Deinem Gehirn umgehst, die Zusammenhänge verstehst, damit Du leistungsfähig bleibst. Fitness ist somit nie nur auf gewisse Körperfunktionen beschränkt, sondern umfasst alle deine Bereiche: Körper, Geist und Seele. Dabei achtsam und bewusster zu sein, im Umgang mit Dingen, Menschen, Worten, Gedanken und Verhalten sowie Bewertungen.

14.1.4 Menschliche Resilienz

Menschliche Resilienz bedeutet im Grunde die psychische und kognitive Fähigkeit, Belastungen zu ertragen und möglichst zu bewältigen. Die Stresstoleranz spielt bei der Resilienz einer Person eine entscheidende Rolle. Diese bildet sich bereits in Deinem frühen Vorschulalter aus. Sie ist eine wichtige Grundlage für Deine Lebenszufriedenheit. Zu dieser gehören unter anderem körperliche Gesundheit, soziale Integration, Selbstachtung sowie Kompetenzgefühl und Leistung. Was hat das nun für eine Bedeutung für Dich? Um eine psychische Resilienz und ein geringes Burn-out-Risiko zu fördern, sind unter anderem folgende Herausforderungen für Dich notwendig:

- Sinnhaftigkeit der eigenen Arbeit
- Möglichkeit der Selbstverwirklichung
- Soziale Einbindung und respektvoller Umgang
- Ausreichende Möglichkeiten der Gestaltung der eigenen Arbeit
- Anerkennung durch Führungskräfte, Mitarbeiter und Kollegen

Insbesondere die soziale Bindung ist bedeutend bei Deiner Stressregulation. Die Bindungsfähigkeit eines Menschen wird in der frühen Kindheit bereits angelegt. In der sozialen Interaktion kommt es zur Ausschüttung des Bindungshormons Oxytocin, das stark stresshemmend und beruhigend wirkt. Gemeinsames Arbeiten im Team führt in der Regel zu einem Wohlgefühl. Die Teamarbeit ist somit fördernd und auch im Homeoffice durch die jeweilige Führungskraft dahingehend zu steuern.

Die soziale Bindung ist für uns Menschen existenziell. Dieser bei der Remote-Arbeit im Homeoffice gerecht zu werden ist herausfordernd, denn in Videokonferenzen besteht nicht die Möglichkeit der physischen Berührbarkeit, sich zu riechen usw. Wir Menschen nehmen aufgrund unserer persönlichen Konditionierung dies auf unterschiedlichen Ebenen wahr. Irritationen sind damit an der Tagesordnung. Wenn z. B. Carl M. in einer

Videokonferenz mit seinen Mitarbeitern eine witzige Aussage trifft, kann er sich nicht sicher sein, dass sie von allen verstanden wird oder es zu Missverständnissen kommt.

14.2 Was hat innere mentale Fitness mit unserem Gehirn zu tun und wie können wir dies positiver bzw. optimaler für uns gestalten?

14.2.1 Wie funktioniert das menschliche Gehirn?

Das menschliche Gehirn ist als Höchstleistungsorgan die Schaltzentrale unseres Organismus, mit nahezu unbegrenzter Kapazität zur Verarbeitung und Speicherung von Informationen. Etwa 100 Milliarden Gehirnzellen (Neuronen) hat das Gehirn, die Billionen von Verbindungen untereinander eingehen – ein riesiges Netzwerk. Die Gehirnzellen verarbeiten die Signale in Form von elektrochemischen Impulsen und leiten diese an andere Neuronen weiter. Je mehr dies geschieht, desto mehr Informationen können verarbeitet werden. Das Gehirn arbeitet schneller und ist dadurch leistungsfähiger.

Um dies zu gewährleisten, benötigt das Gehirn rund um die Uhr Energie. Es wiegt lediglich zwischen 1,2 kg (Frau) und 1,5 kg (Mann) und verbraucht dabei 20 % der Energie, die dem Menschen zur Verfügung steht, und 50 % des Sauerstoffs. Damit wird deutlich, welche immense Bedeutung unserem Gehirn zukommt. Der Energiehaushalt braucht als Rohstoff Glukose und Sauerstoff. Sauerstoff nehmen wir über die Atmung und Glukose (Traubenzucker) mit unserer Nahrung zu uns. Zudem ist es wichtig, dass wir viel Flüssigkeit zu uns nehmen; etwa drei bis fünf Liter Wasser (stilles oder Leitungswasser) oder ähnliche Getränke.

In der Arbeitswelt, unabhängig davon ob im Homeoffice oder Büro, geht es seit Langem darum, wer der Bessere ist und wer mehr leistet. Per se ist dagegen zunächst nichts einzuwenden, es wird nur dann zum Problem, zur Herausforderung, wenn beim geistigen Wettkampf um Höchstleistungen übertrieben wird. Die Folgen wie negativer Stress, Depression, Burn-out und Ängste sind in unserer Gesellschaft bekannt, nur will es in der Breite der Gesellschaft keiner richtig wahrhaben. Leider nimmt laut der Gesundheitsreports von Krankenkassen die Einnahme von Medikamenten ohne medizinische Notwendigkeit, also nur zum Zweck der Verbesserung der Leistungsfähigkeit und höheren Belastbarkeit in Stresssituationen und besseren Bewältigung der Arbeitsanforderungen, zu. Auf die Möglichkeiten der Einnahme von Medikamenten und Substanzen wird hier jetzt nicht spezifisch eingegangen. Erwähnt seien nur Ritalin zur Steigerung der Konzentration und Modafinil, eine Pille, die aufputscht und wachhält. Mittlerweile ist wissenschaftlich erwiesen, dass diese beiden erhebliche Nebenwirkungen hervorrufen, wie z. B. psychische Abhängigkeit, Angstzustände, Suchtgefahr und Schlaflosigkeit sowie Nervenzucken und Aggressivität. Sogenanntes Leistungsdoping findet nicht nur im Hochleistungssport, sondern zunehmend auch im Berufsleben, an der Uni und im Schulleben statt.

Im Gegensatz dazu gibt es zur Optimierung unserer Leistungsfähigkeit Maßnahmen mit positiven Begleiterscheinungen wie Fröhlichkeit, Vitalität, Fitness und Entspanntheit.

Für unsere mentale Fitness ist die Leistungsfähigkeit des Arbeitsgedächtnisses der Dreh- und Angelpunkt. Alle eingehenden Sinneswahrnehmungen werden dort verarbeitet und mit den Erfahrungen des Langzeitgedächtnisses abgeglichen in Verbindung mit emotionalen Bewertungen des limbischen Systems. Entscheidend ist nun, wie wir Menschen unsere Gehirnzellen in diesen Arealen gut mit Energie versorgen, um leistungsfähig zu sein und zu bleiben (Raymond 1963).

- Wer Sport treibt und sich bewegt, denkt besser: Körperliche Betätigung steigert unsere geistige Leistungsfähigkeit. Zahlreiche Studien und Untersuchungen auf der ganzen Welt belegen dies. Die Verbindung Denken und Lernen mit körperlicher Bewegung fördert die Bildung neuer Gehirnzellen.
- Durch sportliche Betätigung werden Gehirnregionen stärker durchblutet und dadurch besser mit Sauerstoff versorgt. Wir sind dann geistig leistungsfähiger.

Um dies zu erreichen, bedarf es keiner übermäßigen sportlichen Aktivitäten. Es reichen schon ein ausgiebiger, zügiger Spaziergang oder Kniebeugen.

Positive Nebeneffekte bei sportlicher Bestätigung sind eine höhere Motivation, ein stärkeres Selbstwertgefühl und weniger aufkommende Ängste.

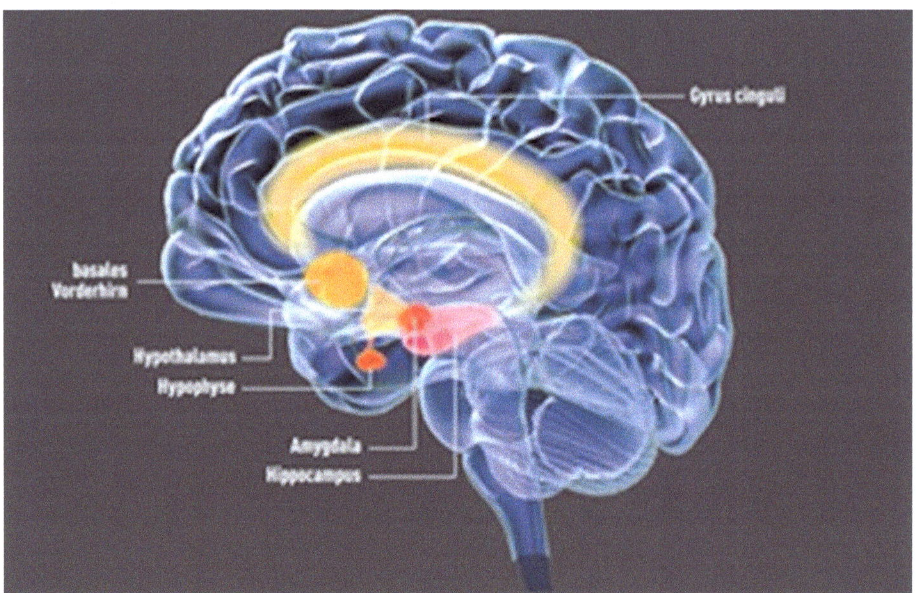

Abb. 14.3 (3 vgl. Focus, 12.05.2017, C. Kläsner, M. Korte), Abb. 14.3 zeigt wichtige Regionen im Gehirn, die eine Rolle bei Stress spielen

- Gute Ernährung ist die fundamentale Grundlage für die Erbringung von Höchstleistungen. Die wichtigsten Hauptenergiequellen sind für das Gehirn Glukose (Zucker) sowie Eiweiß. Eiweiß besteht aus Aminosäuren. Diese müssen teilweise dem Körper durch Nahrung zugeführt werden, damit das Gehirn diese zur Herstellung von Botenstoffen nutzen kann. Ein wichtiger Botenstoff ist Acetylcholin, das unser Gedächtnis schärft und unsere Konzentrationsfähigkeit steigert. Nahrungsmittel wie Getreide, Nüsse und Sojaprodukte unterstützen die Produktion dieses Botenstoffs.
- Die Aminosäure Tyrosin benötigt das Gehirn zur Produktion von Dopamin, Noradrenalin und Adrenalin. Diese Botenstoffe halten uns wach, aktiv und motiviert. Die Einnahme von Hülsenfrüchten, Fisch und fettarmen Milchprodukten unterstützen dies.
- Die Nahrungsaufnahme von Haferflocken, Walnüssen etc. liefert die Energie zur Produktion der Botenstoffe Serotonin und Melatonin, die uns in die Lage versetzen, uns wohlzufühlen, entspannt und ruhig zu sein bei der geistigen Leistungserbringung.

14.2.2 Dauerstress und die gesundheitlichen Folgen

Zunehmender Stress und Hektik gehören zu unserem Arbeitsalltag. Wenn wir uns im Flow befinden, fördert er sogar unsere Leistungsfähigkeit, allerdings nur in Maßen. Nehmen Stress und Hektik überhand, ist die Wirkung für unseren Körper und für unser Gehirn kontraproduktiv, denn unser Gehirn und damit unseren Geist benötigen wir, um unsere Leistung erbringen zu können.

Unser vegetatives Nervensystem steuert lebenswichtige Körperfunktionen wie Herzschlag, Blutdruck und Stoffwechsel. In diesem System unterscheiden wir das sympathische (Sympathikus) und parasympathische (Parasympathikus) Nervensystem. Beide sind im sog. Stammhirn lokalisiert und übernehmen wichtige Aufgaben. So hat der Sympathikus („Gaspedal") die Aufgabe, Aktivitäten vorzubereiten und dafür zu sorgen, dass die nötige Energie dazu bereitsteht. So werden in Stresssituationen Stresshormone wie Kortisol und Adrenalin ausgeschüttet.

Wir nehmen zunächst über unsere Sinnesorgane (Auge, Ohren usw.) eine Gefahr wahr. Diese Informationen werden dann im limbischen System (bestehend aus Amygdala, Hippocampus, Hypothalamus, Gyrus cinguli) in der Amygdala in Bruchteilen von Sekunden gefiltert und mithilfe vorher gemachten Erfahrungen aus der Vergangenheit bewertet (so waren unsere Urvorfahren in der freien Wildbahn vielen Gefahren ausgesetzt). Es bewertet nach gut oder schlecht etc. Es steuert und aktiviert dann in einer Gefahrensituation über den Hypothalamus reflexartig automatische Angstreaktionen (kann auch positive Emotionen auslösen) im Angstzentrum. Nun kommt der Sympatikus („unser Gaspedal") ins Spiel, das den Menschen in die Lage versetzt, in einer Gefahrensituation zu kämpfen, zu flüchten oder zu erstarren. Parallel kommt in der Stresssituation der Parasympathikus („Bremspedal") noch hinzu. Seine Aufgabe ist es, z. B. zu verhindern, während des Kampfes zu verdauen, um das körperliche Gleichgewicht wiederherzustellen. Die Produktion der Stresshormone wird eingestellt, sodass sich Blutdruck, Atmung und Herzschlag normalisieren.

Die hier beschriebene Gefahrensituation verbunden mit der Negativstresskette erscheint uns noch einleuchtend und nachvollziehbar. Leider ist es so, dass diese negative Verkettung auch in ähnlicher Form abläuft, wenn wir lediglich einen negativen Gedanken mit uns herumtragen bzw. äußern, z. B. wenn wir Angst vor dem Feedback des Chefs oder einer anderen Person haben. Dabei informiert mich Angst nicht über die Gefahren der Welt, sondern über das, was ich gelernt habe, für gefährlich zu halten, und das ist sehr individuell.

Dennoch ist es bedenklich, dass wir es fortwährend ermöglichen, das negative Gedanken im normalen Alltagsleben diesen Prozess ansteuern. Dies ist auf Dauer ungesund.

Das An- und Entspannen gehört zu unserem normalen Leben und unterstützt unsere geistige Leistungsfähigkeit. Wir dürfen es nur nicht übertreiben bis zum Black-out, denn Regeneration ist sehr bedeutsam und diese fehlt in aller Regel beim Dauerstress, sodass unser Gehirn und unser Körper mit dem Hormon Adrenalin und dem Stresshormon Kortisol überflutet wird. Selbst wenn sich ein Powermensch im sog. Arbeitsflow befindet, braucht dieser Pausen zur Regeneration (Frank und Storch 2011).

Die Folgen von menschlichem Dauerstress sind in unserer Gesellschaft an vielen Punkten zu erkennen, im Hinblick auf das Herz-Kreislauf-System, das vegetative Nervensystem und auch bei Schädigungen im Gehirn.

Insbesondere der Hippocampus ist bei Dauerstress stark betroffen. Er hat eine bedeutende und wichtige Rolle bei der Verarbeitung und Speicherung von Informationen. So findet bei einer fortwährenden Stressbelastung eine erhöhte Kortisolausschüttung statt, die dem Hippocampus dauerhafte Schäden zufügt. In der Folge

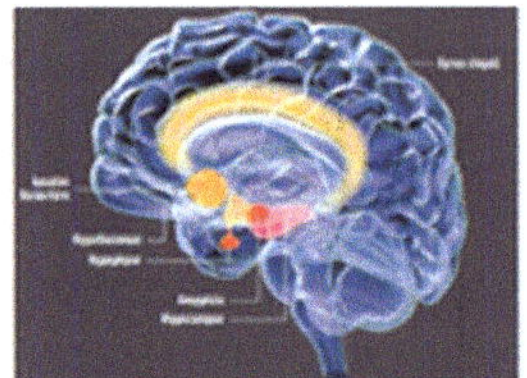

Abb. 14.4 (eigene Darstellung, Heiko J. Janssen), zeigt wichtige Regionen im Gehirn, die eine Rolle bei Stress spielen

schrumpfen Neuronen und die synaptischen Verbindungsstellen werden schwächer. Dies hat Folgen für unser gesamtes neuronales Netzwerk des Gehirns. So wird der Abruf von Informationen immer schwieriger und langsamer, Gelerntes ist nicht mehr verfügbar und die Neubildung von Gehirnzellen wird eingeschränkt oder sogar ganz eingestellt.

Diese Vorgänge haben für uns Menschen im allgemeinen Leben, aber insbesondere auch im beruflichen Alltag Konsequenzen, denn wenn dies geschieht, ist neues Lernen und Leistungserbringung sehr stark eingeschränkt oder nicht möglich. Dies bedeutet den Abschied von Produktivitäts- oder Leistungssteigerung. Das ist in der Arbeitswelt bisher nicht in der Breite bekannt und sollte zukünftig mehr in den Fokus gestellt werden, denn es kostet die Arbeitgeber und den Krankenkassen viel Geld und den betroffenen Menschen Lebensqualität.

Unter chronischer Stressbelastung leidende Menschen haben große Schwierigkeiten bei Konzentration und Merkfähigkeit, sodass sie im Arbeitsalltag häufig länger arbeiten, als sie müssten. Insbesondere steigt die Gefahr im Homeoffice, da die Tätigkeitszeit nicht genau überprüfbar scheint. Hier kommt der Führungskraft eine besondere Verantwortung zu, neben der Eigenverantwortung des betroffenen Mitarbeiters.

Es gibt zum Glück einen Hoffnungsschimmer am Horizont, denn unser Gehirn ist plastisch und dazu in der Lage, geschädigte Strukturen zu reparieren und wiederherzustellen. Grundvoraussetzung ist hierfür die Reduzierung von Stresssituationen, besser noch die Beseitigung dieser.

14.2.3 Die Macht Deiner Gedanken

In wissenschaftlichen Versuchsstudien hat man nachweisen können, dass sich allein durch die Kraft der Gedanken auch die Fähigkeit wie Einfühlungsvermögen erlernen lassen.

So nutzen dies viele erfolgreiche Sportler, denn ohne diese Gedankenübungen hätten sie niemals eine Chance, ihre Höchstleistungen zu vollbringen.

Das Erstaunliche ist, dass allein die Vorstellung einer Handlung in unserem Gehirn die gleichen Aktivitäten auslöst wie die Handlung selbst. Mit reiner Visualisierung bist Du somit zu Leistungssteigerungen fähig.

Nur wie ist das mit unserer menschlichen Prägung? Hier hat die Wissenschaft in den letzten Jahren herausgefunden, dass die Genetik nicht die entscheidende Rolle spielt was Verhalten bzw. Verhaltensänderung betrifft, sondern vielmehr die Epigenetik (Roth 2020). Wie wir denken, ist uns nicht angeboren.

Das Gehirn ist geprägt von dem, was wir im Lauf unserer Erziehung gehört, erlebt und gedacht haben, d. h. wir lernen durch Erfahrung, Erziehung, Situationen und Verhalten von Menschen zu bewerten oder einzuschätzen. Als Ergebnis davon entwickelten sich als Summe unsere unbewussten Verhaltens- und Denkmuster. Unserem Gehirn ist dabei egal, ob die Muster richtig oder falsch, gut oder schlecht sind. Unbewusst folgen wir diesen. Wir können leider unsere unbewusste Prägung nicht einfach eliminieren, allerdings können wir uns neue Wege bilden und mit unserer eigenen mentalen Kraft nur noch diese benutzen. Das Stichwort lautet positives Denken für unser Wohlbefinden, denn Optimismus ist erlernbar (Seligmann 2004, S. 123ff.). Wenn wir anders denken und damit anders bewerten, erzeugen wir andere Gefühle.

Hier zeigt sich, wie wichtig es ist, positive Gedanken zu denken, um konstruktiv voranzugehen. Denn je länger negative Gedanken gedacht werden, desto schwieriger wird es, sie wieder loszuwerden. Hier liegt eine große Eigenverantwortung bei jedem Einzelnen. Die Neuroplastizität des Gehirns schafft die Möglichkeit, dass nicht nur das Verhalten zu einer Veränderung der Gehirnstruktur führt, sondern auch umgekehrt die Gehirnstruktur eine Änderung des Verhaltens initialisieren kann. Das gibt Dir die Möglichkeit mit mentaler Kraft auf gesunde und natürliche Weise Deine Potenziale neu zu entdecken und zu nutzen.

Um Dein Denkmuster zu verändern sind hierzu einige Tipps aufgelistet:

- Mache Dich Deiner realen Gedanken bewusst.
- Visualisiere Dir, wie die Gedanken im Gehirn emotional negativ bewertet werden.
- Diese emotionale Bewertung löst eine Stimmung aus, weil entsprechende chemische Stoffe ausgeschüttet werden.
- Beobachte, wie sich negative Gedanken auf Deinen Körper auswirken. Steigt Dein Herzschlag an?
- Erinnere Dich an ein glückliches oder schönes Erlebnis in Deinem Leben (z. B. am Strand) und beobachte, wie sich jetzt Dein Körper verhält. Wird Dein Herzschlag langsamer? Welches Wohlgefühl empfindest Du?
- Erkenne, wie wichtig es ist, über Gedanken nachzudenken und sie nicht automatisch zuzulassen.
- Trainiere Deine Gedanken in eine positive und hoffnungsvolle Richtung, indem Du Dir Dein Leben so vorstellst, wie Du es gern hättest.
- Durchlebe diese Vorstellung gedanklich so oft wie möglich.
- Stelle Dir vor, wie in Deinem Gehirn die Zellen neue Verbindungen eingehen und neues Lernen entsteht.

14.3 Stress

14.3.1 Definition des Stressbegriffs

Es gibt viele Begriffe für Stress, so ist nach Brockhaus Stress eine über das Normalmaß hinaus gehende körperliche und seelische Belastung des Organismus mit bestimmten

Reizen, sog. Stressoren. Diese nimmt der Mensch unter anderem als Lärm, Stau, extreme Hitze, Zukunftssorgen, Lebensängste und schwere Konflikte wahr.

Wenn wir uns unserer Stressoren nicht bewusst sind, kann es durchaus vorkommen, dass wir häufig nicht souverän agieren können.

14.3.2 Digitaler Stress

Das Fraunhofer-Institut für angewandte Informationstechnik hat Ende 2019 bis Frühjahr 2020 eine Studie zu digitalem Stress in Deutschland durchgeführt

In den letzten Jahren kommt der sog. digitale Stress noch hinzu, der die negativen Folgen durch Belastungsfaktoren der digitalen Arbeit bezeichnet. Eine aktuelle Studie zu digitalem Stress in Deutschland, durchgeführt vom Fraunhofer-Institut für Angewandte Informationstechnik, zeigt interessante Ergebnisse auf. In der Studie wurden der Digitalisierungsgrad sowie unterschiedliche Belastungsfaktoren am Arbeitsplatz unterschieden. Die Stressfaktoren wurden von den Probanden unterschiedlich stark wahrgenommen. Dabei zeigt sich, dass die befragten Erwerbstätigen am häufigsten die **Leistungsüberwachung**, die **Unzuverlässigkeit digitaler Techniken und Medien** sowie die **Beeinträchtigung der Privatsphäre** als Belastungsfaktoren digitaler Arbeit anführen, sodass diese von den Befragten auch als wesentliche auslösende Komponenten von digitalem Stress wahrgenommen werden. Dieser steht in einem negativen Zusammenhang mit Gesundheit und Wohlbefinden der Befragten. Der Digitalisierungsgrad des Arbeitsplatzes als Kombination aus der Anzahl genutzter digitaler Technologien und Medien

Abb. 14.5 (eigene Darstellung, Heiko J. Janssen), Abb. zeigt mögliche Stressoren, die auf den Menschen wirken

sowie der Nutzungsintensität hat einen Einfluss auf die berichteten Belastungsfaktoren der digitalen Arbeit (Studie zu digitalem Stress in Deutschland Fraunhofer Institut für angewandte Informationstechnik FIT /2020 hat Ende 2019 bis Frühjahr 2020; S. 25, 28, 31–32, 35).

Allein diese Belastungsfaktoren sind ein kontraproduktiver Nährboden für unsere innere mentale Fitness, denn sie sind mit negativen Gedanken verbunden. Alles, was uns als Belastung vorkommt, hat meist keine positiven Attribute. Dabei ist zu berücksichtigen, dass immer der individuelle Aspekt eine Rolle spielt bezüglich unserer persönlichen Konditionierung. Eine Führungskraft wie Carl M. hat daher ein gesundes Maß an Leistungsüberwachung im Zusammenspiel zwischen Vertrauen und Kontrolle und Abgrenzung zum Privatleben für sich und seine Mitarbeiter zu finden. Weiterhin ist die Bereitstellung der notwendigen digitalen Technik und Medien sicherzustellen, um möglichst Negativismus zu vermeiden oder zumindest zu mindern. Optimismus ist dafür Futter für ein positives Mindset.

14.3.3 Was kann ich Gutes für mich tun?

Unser Gehirn benötigt ausreichenden Schlaf, eine gute Balance von körperlicher und seelischer Anspannung sowie einen ausgewogenen Energiehaushalt durch eine bewusste gesunde Ernährung, damit keine neurologischen Defizite entstehen. Ein ganz wichtiges Defizit ist der Mangel an Serotonin.

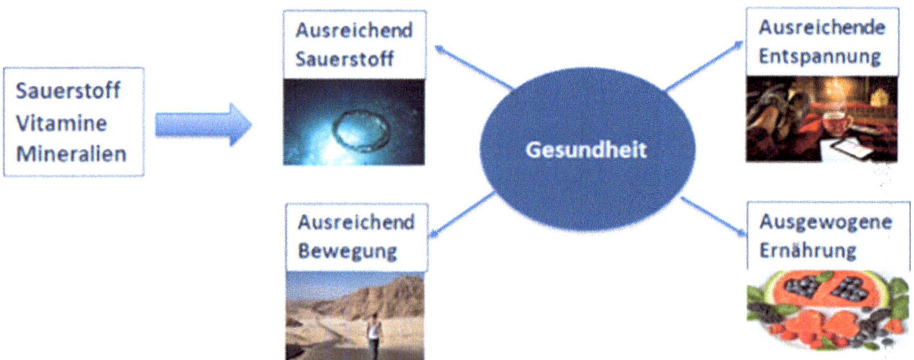

Abb. 14.6 (eigene Darstellung, Heiko J. Janssen), Abb. zeigt mögliche Einflussfaktoren für gesundes Leben

14.4 Folgen von Mangel an Serotonin (Botenstoff = Neurotransmitter)

Serotonin als Botenstoff bzw. Neurotransmitter ist unser Wohlfühlhormon. Ohne Serotonin sind wir schlecht gelaunt, ängstlich oder sogar depressiv. Serotonin kann man nicht einfach essen oder in Form einer Pille schlucken. Serotonin muss direkt im Gehirn erzeugt werden.

Vielfach neigen wir Menschen dazu, unsere Umwelt oder andere dafür verantwortlich zu machen, dass es uns nicht gut geht. Nur wofür tragen wir die alleinige Verantwortung? Als Beispiel möchte ich hier den Botenstoff Serotonin nennen. Serotonin ist ein wichtiger Neurotransmitter und die Neurowissenschaft hat festgestellt, dass ein Mangel dieses Botenstoffes negative Auswirkungen hat, über die wir uns nicht bewusst sind. Dies ist leider sehr häufig der Fall, weil viele Menschen weder auf gesunde Ernährung noch auf ausreichend Bewegung achten. Wie geht es dir damit?

Darüber hinaus sind Schlaf und Pausen gut für unser Gehirn, denn das menschliche Gehirn benötigt Schlaf und Ruhe, da es im Schlaf die gemachten Erfahrungen des Tages verarbeitet. Pausen sind wichtig, auch für sog. Powermenschen (Frank und Storch 2014).

Wusstest Du, dass Dir ein guter Serotoninhaushalt das Gefühl der Gelassenheit, inneren Ruhe und Zufriedenheit bietet? Im Gegenteil dazu ruft ein Serotoninmangel bei Dir das Gefühl des Bedrohtseins hervor, kann eine niedrige Frustrationstoleranz mit sich bringen und Dich zu einer leichten Erreichbarkeit führen. Das kann in beruflichen Alltaggesprächen zu erheblichen Irritationen und Konflikten führen, die Du gar nicht beabsichtigst und die folgenreich sein können und nicht zu Deiner inneren mentalen Fitness beitragen. Die Verantwortung für einen guten und gesunden Serotoninspiegel liegt einzig und allein bei jedem selbst, dafür ist weder der Chef, der Partner oder die Partnerin oder sonst wer verantwortlich.

Wie Du diesen Mangel vermeidest, zeigt Dir eine kleine Liste des „Tuns"

Ernährung: Folgende Nahrungsmittel unterstützen u. a. die Erzeugung von Serotonin:

Hafer, Bananen, Eier, Schokolade, Ananas, Fische wie Lachs oder Makrele, Kichererbsen usw. (Enders 2017)

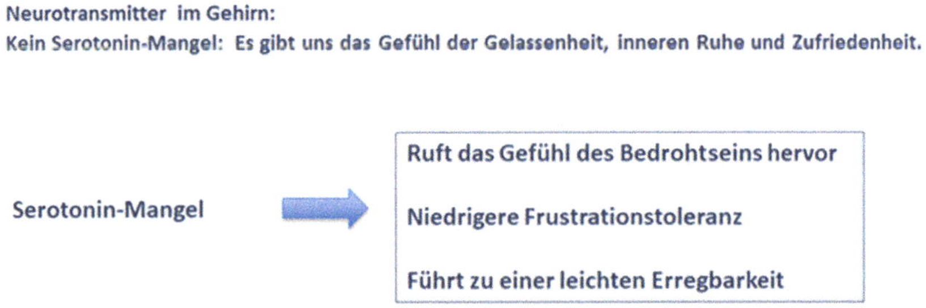

Abb. 14.7 (eigene Darstellung, Heiko J. Janssen), Abb. zeigt mögliche Folgen bzw. Reaktionen eines Serotoninmagels

Bewegung: Regelmäßige Spaziergänge, Joggen, Radfahren, Yoga, Pilates, generell sportliche Betätigung usw.

Entspannung: Meditationen, Yoga, Lesen, generelles Relaxen, ausreichender Schlaf mit tiefer Schlafphase (Gesundheitsreport 2019, Barmer, Schlafstörungen, S. 92–180)

14.5 Stoppmethode zur Stressreduktion

Menschen können nichts anderes als permanent wahrnehmen und beobachten. Diese eingehenden Signale werden immer in einer rasend schnellen Geschwindigkeit von etwa einer Zweitausendstelsekunde im limbischen System bewertet. Diese Geschwindigkeit können wir nicht nachvollziehen. Um überhaupt eine Möglichkeit zu haben, der Flut von negativen Bewertungen (Gedanken) Herr zu werden, hilft uns die sog. Stoppmethode, die seit Langem Anwendung in der kognitiven Verhaltenstherapie findet (Information: bei krankhaften psychischen Störungen wie Psychosen, Neurosen etc. sollte diese Methode nicht zur Anwendung kommen und ärztlicher Rat hinzugezogen werden).

Wenn Du Dich bei einem angstmachenden oder negativen Gedanken erwischt (Beispiel in Abb. 14.9), stoppst Du im **1. Schritt** den Gedanken, indem Du Dir ein Stoppschild vorstellst und laut oder gedanklich Stopp sagst. Dabei ist es wichtig, die Atmung nicht zu vergessen. Leider nutzt der Mensch zum großen Teil sein Atempotenzial nicht vollständig. Angebracht ist es, nach dem Stopp tief ein- und auszuatmen. Es gibt hierzu verschiedene Atemtechniken (Naumann 2019). Entscheidend ist vielmehr, dass Du daran denkst, zu atmen, denn wenn wir aufgeregt sind, ist unser Atem flach und damit nicht im Potenzial, sondern bietet eine Basis für wenig souveränes Verhalten.

Beispiel:

- *Technik für Zoom-Meeting mit dem Vorstand als Teilnehmer funktioniert am frühen Morgen nicht!*

Was kommt als erstes? Ein negativer Gedanke.... „Oh Mann, so ein Mi...", was denkt der Vorstand bloß von mir? Dieser negative Gedanke setzt eine Negativ-Stress-Kettenreaktion in Gang.

Wie kann ich dies ändern bzw. steuern?

- **1. Stopp (Halt) sagen** => dadurch wird die negative Stresskette unterbrochen
  Atmen!!! Individuelle Atem-Techniken anwenden (tief Ein –und Ausatmen)

- **2. Lösen**
  Ich löse es, indem ich z.B. meinen Kollegen anrufe, um Hilfe einzuholen...
  etc....

- **3. Lernen**
  Ich lerne daraus, dass ich z.B. jederzeit Herr meiner eigenen Gedanken sein kann...
  etc...

Abb. 14.8 (eigene Darstellung, Heiko J. Janssen), Abb. beschreibt Vorgehensweise bei der Stopp-Methode

Nun geht es im **2. Schritt** darum, an etwas Schönes oder Lösungsorientiertes zu denken. In diesem Fall löst Du es, indem Du z. B. Deinen Kollegen anrufst, um Hilfe einzuholen.

Der **3. Schritt** ist der des Lernens, denn wenn Du so vorgehst, lernst Du daraus, dass Du verantwortlich für Deine Gedanken bistsein kannst und nicht die der äußeren Umstände.

Zugegeben, die Methode benötigt Erfahrung und Übung, dennoch hat die Mentalwissenschaft nachgewiesen, dass bei regelmäßiger Übung die Lebensqualität um 20–30 % steigen kann; das klingt doch gut! Leider sind 100 % aufgrund der schnellen Reaktionszeit unseres Bewertungszentrums im Gehirn, dem limbischen System, nicht möglich.

TIPP: Mache Dir Post-Its an den PC, Laptop, Taplap, an den Badezimmerspiegel usw. Diese erinnern dich daran, Stopp/Halt in dein Leben zu implementieren! **Probiere es aus und nutze die Methodik so häufig wie es geht im Alltag. Du wirst den Unterschied merken!**

14.6 Strategien, um im Homeoffice gut zurecht zu kommen und die innere mentale Fitness zu erhalten

Eine aktuelle von LinkedIn durchgeführte Studie im Frühjahr 2020 (PRESSEMITTEILUNG – 18 MAI 2020) zeigt interessante Zwischenergebnisse auf. Carl M wird ähnliche Phänomene bei sich und seinen Mitarbeitern erleben und wiedererkennen.

- **Das persönliche Stresslevel** hängt von den Arbeitsbedingungen und der persönlichen Resilienz ab: Für über ein Drittel (30,2 %) der Beschäftigten mindern Angst und Überreizung das tägliche Wohlbefinden. Knapp die Hälfte der ungelernten Kräfte (48,7 %), Arbeitnehmer auf Senior-Manager-Level (44,4 %) sowie auf Führungsebene (47,1 %) fühlen sich gestresster als der Durchschnitt.
- **Täglich Überstunden machen:** Arbeitstage beginnen früh und enden spät, man möchte erreichbar sein – das birgt Stresspotenzial.
- **Das Gedankenkarussell** dreht sich bezüglich Kurzarbeit und Arbeitslosigkeit.
- **Stichwort soziale Bindung:** Fehlende Nähe zu den Kollegen: Gegen diese fehlende Nähe hilft den Befragten am besten die (digitale) verbale Kommunikation (45 %). Die Menschen sollten häufiger miteinander sprechen, häufiger telefonieren.
- Sei in **Videokonferenzen** fokussiert und lenke Dich nicht unnötig ab, denn die Konzentrationsspanne ist noch viel geringerer als in einem üblichen Meeting im Office.
- Achte auf Deine Körpersprache, Gestik und Mimik während der Videokonferenz; alles hat seine Wirkung auf Dritte. Frage Dich immer, wie Du beachtet werden möchtest?

- **Gesunde Ernährung:** Nimm Dir Zeit für die Mittagspause und esse nicht am Schreibtisch. Am besten eignen sich leichte Gerichte mit viel Gemüse und Protein zu verteilen; auch Vollkorn und Kohlenhydrate in Maßen, Sie sollten es nur nicht übertreiben.
- Halte die die normalen Arbeitszeiten ein, als ob Du ins Büro fährst.
- Kurzmeditation gegen Stress, sodass sich Deine Gedanken beruhigen. Hier können bereits fünf Minuten sehr wirksam sein.
- Erledige morgens komplexere Aufgaben. Zu dieser Zeit ist unser Gehirn noch produktiver.
- Mache Sport und bewege Dich (Joggen, Radfahren, Spazieren gehen, Fitness). Meditationsübungen und Yoga/Pilates helfen, die Beweglichkeit zu steigern und beruhigen unangenehme Gedanken.
- Strukturiere Deinen Arbeitstag im Homeoffice und Office und schalte die elektronischen Geräte zeitig ab.
- Reduziere den Nachrichtenkonsum vor dem zu Bett gehen (möglichst zwei Stunden), um den Geist zu beruhigen.

14.6.1 Innere mentale Fitness erhalten in Zeiten von Krisen

- Generell durchläuft jeder Mensch im Leben Krisen. Jedoch bewältigt diese jeder auf seine eigene Weise. Dieses hängt eng mit der persönlichen Konditionierung zusammen (Beispiel Carl).
- Das Durchleben von Krisen hat Einfluss auf das Wohlbefinden, verbunden mit aufkommenden Gefühlen. Zumeist sind dies Angstgefühle, die wiederum einen direkten Einfluss auf das Gehirn haben und damit auf das Verhalten.
- Nur wie schafft er es dann seine innere mentale Fitness aufrechtzuerhalten? Letztlich durchläuft er wie jeder von uns drei Phasen in Krisen (Wallert 2020):
- 1. Phase: Krise anerkennen
- 2. Phase: Chancen suchen
- 3. Phase: Veränderung wagen
- Zunächst geht es um die Anerkennung seiner Situation, dass er in einer Krise steckt und diese akzeptiert und dass es vermutlich nicht so weitergeht wie bisher. Bezogen auf die Krisensituation in 2020 bedeutet dies für Carl M. anzuerkennen, dass er seine Vertriebseinheit remote im Homeoffice führt und später vielleicht in einem Mix aus Büro und Homeoffice. Hier geht es darum, aus der Opferhaltung heraus zu kommen, verbunden mit Ängsten, Hilflosigkeit usw., hin zu einer Haltung des Annehmens. Eine Opferhaltung ist immer verbunden mit negativen Gedanken, die kontraproduktiv für seine innere mentale Fitness ist. Hier geht es für Carl M. darum, bewusst zu erkennen, ein positives Mindset zu wählen. Wenn er das Zusammenspiel aus Handlungsbedarf anerkennt und mental positiv nutzt, aus neuen Erfahrungen zu lernen, kann persön-

liches Wachstum entstehen, indem er neue Wege wagt und geht. Hier seien einige positive Gedanken aufgezählt, wie er bewusst sein persönliches Wachstum steigert, auch in Krisen:

- Neue Lebensformen entdecken in Verbindung mit Arbeit und Familie: Homeoffice
- Mehr auf die Gesundheit achten
- Mehr in die Achtsamkeit und Ruhe gehen
- Reflektieren, was ihm wirklich wichtig ist im Leben
- Mehr das Momentum zu achten und bewusst wahrzunehmen (Bewusstsein steigern)
- Sich mehr der eigenen Gedanken bewusst zu sein (negativ und positiv), um konstruktiver durchs Leben zu schreiten

14.6.2 Tipps für die Arbeit im Homeoffice als Führungskraft im Sinn der inneren mentalen Fitness

Mit der neuen Arbeitsdynamik sind alle Führungskräfte und Mitarbeiter herausgefordert, getragen von Ungewissheit und Ängsten, die Krisen mit sich bringen. Die Ängste können durch die Teamzugehörigkeit konstruktiv umgewandelt werden. Es geht um Eigenverantwortung, Mut, Vertrauen, Nähe und Energie.

Auch wenn man im Homeoffice allein ist, sollte die zwischenmenschliche Komponente aus bekannten Gründen im Fokus bleiben.

Des Weiteren kann für Carl M. das Arbeiten dort gut funktionieren, vorausgesetzt die Rahmenbedingungen stimmen. Das technische Equipment ist dabei eine wichtige Voraussetzung für gute Arbeit. Neben der funktionierenden Technik braucht es etablierte Arbeitsabläufe (Kurz et al. S. 222ff.):

- Klare Kommunikation:
  - Insbesondere ist zeitliche Flexibilität unter Berücksichtigung von Kernarbeitszeiten wichtig
  - Plane feste Zeiten und Routinen ein
  - Bleibe fokussiert und lasse Dich möglichst nicht oder kaum ablenken, es kostet Konzentration
- Stärken des Teamzusammenhalts:
  - Schaffe im Homeoffice wie im Büro eine gute Arbeitsatmosphäre
- Strukturierte Datenablage
- Zielführende Aufgabensteuerung
  - Nutze Aufgabenlisten, um dich nicht zu verzetteln
  - Vereinbare feste Zeiten und Spielregeln, um unnötige Konflikte zu vermeiden

(14 vgl. Jürgen Kurz, Patrick kurz, Marcel Miller: Erfolgreich digital zusammenarbeiten, 2020, S. 222ff.)

14.7 Fazit und Ausblick

In den letzten Jahren sind psychische Belastungen im beruflichen Alltag und neuerdings in der Breite auch im Homeoffice gestiegen, sodass der individuellen Resilienz eine wichtige Bedeutung beizumessen ist. Lösungsorientiertes Denken in Krisenzeiten spricht für mentale Stärke und lässt das Problem seinen Schrecken verlieren oder kleiner werden. Eine klare Tagesstruktur vermittelt nicht nur Dir Sicherheit, sondern auch Deinen Mitarbeitern. Dabei ist auch entscheidend, dass Du Dir Deiner eigenen Stärken bewusst bist und als Vorbild vorangehst.

Optimismus und eine positive Grundeinstellung bieten eine gute Basis für resilientes Verhalten und Auftreten. Füttere Dein Gehirn mit Dingen, die gut laufen und balanciere so Negatives und Positives aus.

Die positiven Konsequenzen wurden durch neurowissenschaftliche Ergebnisse nachgewiesen und aufgezeigt. Negative Gedanken und schlechte Gewohnheiten bieten Nahrung für Stress, daher ist es bedeutsam, sich der Macht der Gedanken bewusst zu werden. Es gehört gewiss Übung dazu, dennoch lohnt es sich für eine gute innere mentale Fitness. Die Stoppmethode hilft dir dabei.

Dankbarkeit unterstützt Dich, ein positives Mindset zu entwickeln, indem Du regelmäßig Dinge notierst, für die Du dankbar bist. Es hilft Dir, zusätzlich eine mentale Gesundheit aufzubauen und geschädigte Hirnbereiche zu reparieren.

Um Deine Gedanken positiv steuern zu können, nutze zusätzlich folgende Regel:

> „Habe die Gelassenheit, Dinge hinzunehmen, die du nicht ändern kannst
> Habe den Mut, Dinge zu ändern, die du ändern kannst
> Habe die Weisheit, das eine von dem anderen unterscheiden zu können“ (vgl. **Gelassenheitsgebet** von Reinhold Niebuhr, ca 1941/42)

Wagen wir einen Blick ins Jahr 2025. Wie sieht der Arbeitsplatz dann aus für Carl M. und sein Vertriebsteam? Vielleicht benötigt das Maschinenbauunternehmen keine eigenen Produktionsräume oder Büroflächen mehr. Eventuell sind alle Mitarbeiter und alle Abteilungen miteinander verbunden über High-End-Netzwerke, sodass 90 % von zu Hause und 10 % in Co-Working Spaces und mobil arbeiten (Geffroy und Albiez 2016, S. 163ff.)? Die Ereignisse dieses speziellen Jahres 2020 sind als Vorboten zu sehen für die Zukunft der Arbeit.

Damit diese Vision der Arbeit 2025 gut funktionieren kann, ist noch ein weiter Weg zurückzulegen. Hierzu ist eine innere mentale Fitness notwendig, um Carl M. und seine Mitarbeiter dorthin entwickeln zu können. Klare und regelmäßige Kommunikation mit den Mitarbeitern und das Schenken von Anerkennung schafft Vertrauen. Die Führung der Persönlichkeit des Mitarbeiters wird an Bedeutung gewinnen. Ansonsten wird Unzufriedenheit sowohl bei Carl als auch bei seinen Mitarbeitern aufkommen.

Diese komplett neuen Arbeitsformen im Remote-Modus bringen viele Unwägbarkeiten und Unsicherheiten mit sich und schnell kommt es zu negativen Gedanken, verbunden mit den beschriebenen Konsequenzen für Gesundheit und Hirnleistung. Die anstehenden Herausforderungen der neuen Arbeitsformen in der Kombination Office/

Homeoffice gehen einher mit notwendigen Verhaltensänderungen der Beteiligten. Diese sind möglich durch neues Denken, nur wird dies in unterschiedlicher Geschwindigkeit ablaufen und nicht jeder wird dieser folgen können und wollen.

Literatur

vgl. PRESSEMITTEILUNG – 06 MAI 2019
vgl. Raymond B. Cattell, 1963
vgl. Prof. Dr. Hollmann, Sporthochschule Köln
vgl. Gunter Frank, Maja Storch: Die Manana-Kompetenz. – Auch Powermenschen brauchen Pause, 9/2011
vgl. Prof. Dr. Dr. Roth, Warum es so schwierig ist, sich und andere zu ändern: Persönlichkeit, Entscheidung und Verhalten, 2020
vgl. Martin Seligmann: Flourish – Wie Menschen aufblühen. Kösel-Verlag, 2004, 2. Auflage, S. 123 ff)
vgl: Studie zu digitalem Stress in Deutschland Fraunhofer Institut für angewandte Informationstechnik FIT /2020 hat Ende 2019 bis Frühjahr 2020; S. 25, S. 28; S. 31–32, S. 35
vgl. Gunter Frank/Maja Storch: „Die MananaKompetenz – Auch Powermenschen brauche Pause“, 6. Auflage, 2014
vgl. Gesundheitsreport 2019, Barmer, Schlafstörungen, S. 92 – 180
vgl. Atemtechniken sind erlernbar, Noah Naumann, Okt. 2019
vgl. PRESSEMITTEILUNG – 18 MAI 2020
vgl. Marc Wallert: Stark durch Krisen, 2020
vgl. Jürgen Kurz, Patrick kurz, Marcel Miller: Erfolgreich digital zusammenarbeiten, 2020, S. 222 ff.
vgl. Edgar K. Geffroy/Doris Albiez; Herzenssache Mitarbeiter, S. 163 ff, 2016

Heiko J. Janssen, Diplom Kaufmann, unterstützt als Executive Coach Führungspersönlichkeiten in Unternehmen in ihrem Change und Wandel, um mit Verbundenheit innovativ, wertorientiert, sinnstiftend und erfolgreich am Markt agierend zu führen. Als neugierige und aufgeschlossene Person befähigt er seine Klienten, eine gesunde Resilienz zu entwickeln und selbstverantwortlich Krisen im Vertrauen zu meistern.Er kann dabei auf eine langjährige Erfahrung als Coach und Dozent im Change-Management, in der Führungskräfte- und Teamentwicklung sowie in der strategischen Beratung, in der Unternehmensentwicklung, im Produktmanagement und im Sales und Account Management zurückgreifen. Neben einer meteorologischen Ausbildung und Tätigkeit beim Deutschen Wetterdienst ist er auch als Wirtschaftsmediator sowie systemischer Organisationsberater ausgebildet. Somit verbindet er in der Kombination nutzbringend Kenntnisse der Klimaentwicklung, der Betriebswirtschaft und des Umgangs mit Verhaltensänderungen in Unternehmen und Organisationen. Privat engagiert er sich mit Begeisterung als Gründungsmitglied und Vorstand in dem gemeinnützigen Umweltverein „Manos Verdes Deutschland e.V.“.

15 Workplace Experience: Hintergründe, Konzept und Umsetzung

Workplace Experience: Background, Concept and Implementation

Lukas Windlinger und Stefanie Lange

Zusammenfassung

Workplace Experience baut auf verschiedenen Ansätzen zu „experience" (brand, customer, user and employee experience) auf. Diese Ansätze fokussieren das subjektive Erleben von Menschen, die in bestimmten Situationen mit Objekten oder Services interagieren. Anhand eines Rahmenmodells der Workplace Experience werden Interaktionen von Mitarbeitenden mit ihrer Arbeitsumgebung erfasst. Workplace Experience Management stellt die Passung zwischen Mitarbeitenden und ihrer Arbeitsumgebung sicher und schafft durch die Gestaltung und den Betrieb der Arbeitsumgebung wechselnde und wiederkehrende positive Erlebnisse. Der hauptsächliche Nutzen des Workplace-Experience-Ansatzes liegt in der Erhöhung der Arbeitgeberattraktivität und der Integration von funktional und emotional positiven Arbeitswelten.

Abstract

Workplace Experience builds on different approaches to experience (brand, customer, user, and employee experience). These approaches focus on the subjective experience of people interacting with objects or services in certain situations. A Workplace Experience framework is used to describe the interactions of employees with their

L. Windlinger (✉) · S. Lange
Institut für Facility Management, Zürcher Hochschule für Angewandte Wissenschaften (ZHAW), Wädenswil, Schweiz
E-Mail: lukas.windlinger@zhaw.ch

S. Lange
E-Mail: stefanie.lange@zhaw.ch

C. Kohlert (Hrsg.), *Das menschliche Büro – The human(e) office*,
https://doi.org/10.1007/978-3-658-33519-9_15

working environment. Workplace Experience Management ensures the fit between employees and their working environment and creates changing and recurring positive experiences through workplace design and workplace operations. The main benefit of the Workplace Experience approach is the increase in employer attractiveness and the integration of functionally and emotionally positive work environments.

15.1 Einleitung

Rolle und Gestalt von Büros haben sich in den letzten Jahrzehnten stetig verändert. Haupttreiber für die Veränderungen waren und sind tiefgreifende ökonomische Veränderungen (Deindustrialisierung, Globalisierung und Entwicklung zur Dienstleistungsgesellschaft), aber auch technische Innovationen wie Ventilation, Aufzüge, Schreibmaschine oder Telefon, welche die Arbeit und die Arbeitsumgebungen verändert haben (Saval 2014). Diese Veränderungen wurden in der Gestaltung von Büros aufgenommen und führten zu neuen Büromöbelkonzepten (z. B. action office, Propst 1966) und Büroraumtypen wie Grossraumbüro (Boje 1968), Bürolandschaft und Kombi-Büro (Puell 1994) und flexiblen Arbeitsplatzkonzepten (Van Meel 2011). In der neueren Zeit lassen sich folgende Haupttreiber für Veränderungen in Bürokonzepten und der Bewirtschaftung von Büroflächen identifizieren (Davis et al. 2011): Kostendruck, Gesundheit und Wohlbefinden, Anpassung an neue Technologien, Unterstützung neuer Arbeitsweisen und -stile, Darstellung von Organisationskultur und Unternehmensimage sowie Steigerung der Arbeitgeberattraktivität, um Mitarbeitende erst zu gewinnen und anschließend möglichst lang zu binden. Diese Treiber haben zu einem Trend in Richtung aktivitätsorientierter Bürokonzepte geführt (Bernhard et al. 2017; Konkol et al. 2017).

Zusammen mit den neueren Veränderungen betreffend Büroumgebungen hat sich auch das Selbstverständnis der Verantwortlichen für diese Flächen in Unternehmen gewandelt (Pinder und Ellison 2018). Stand früher die Verwaltung von Kosten und Flächen im Vordergrund, liegt heute das Hauptziel von Workplace Management darin, Mehrwerte für die Hauptaktivitäten einer Organisation zu schaffen. Dieses Ziel wird über nutzungs- und nutzerorientierte Gestaltung und Bewirtschaftung der Arbeitsumgebungen erreicht. Dabei kommt zusätzlich zum Fokus auf Flächen und deren Einrichtung der Gestaltung und Steuerung von Services eine wichtigere Rolle zu. Ferner wird der Fokus auf Kosten durch eine Betrachtung der Nutzen erweitert. Das Generieren von Mehrwerten durch Workplace Management vollzieht sich auf den folgenden drei Ebenen: Individuen (Unterstützung von Arbeitsleistung, Gesundheit, Wohlbefinden etc. eines Einzelnen), Gruppen (Kommunikation, Zusammenarbeit untereinander) und Organisation (Darstellung von Unternehmenskultur, Arbeitgeberattraktivität insgesamt; Wieber et al. 2016). Wissenschaftliche Studien belegen, dass sich über Workplace Management Mehrwerte auf den oben genannten drei Ebenen für Organisationen realisieren lassen (z. B. Engelen et al. 2019; Windlinger et al. 2015).

Die aktuelle Arbeitswelt lässt sich zunehmend als digital, multilokal und dynamisch beschreiben (Kratzer 2019). Entsprechend entstehen neue Bedürfnisse von Mitarbeitenden, welche durch neuartige Konfigurationen von Menschen, Ort und Raum, Technologie und Arbeitsprozessen bedient werden können. Ein integraler Ansatz dafür ist die Workplace Experience, welche das Erleben der Mitarbeitenden betont und darin besteht, den Mitarbeitenden nicht nur funktionale und attraktive Räume, zeitgemäße Ausstattungen und Technologien zu bieten, sondern auch attraktive Serviceangebote (z. B. Verpflegungs-, Mobilitäts-, Fitnessangebote, Helpdesks) zur Verfügung zu stellen.

15.2 Experience-Ansätze

Objekte und Services müssen so gestaltet sein, dass die Interaktion mit diesen Objekten oder Services die menschlichen Bedürfnisse und Ziele erfüllt (Norman 2013). Dazu müssen die Objekte und Services nützlich und leicht verständlich sein (Windlinger et al. 2016). Im besten Fall sind sie zusätzlich reizvoll und angenehm, d. h. sie erfüllen nicht nur die funktionalen und ergonomischen Anforderungen, sondern führen zu einem Erlebnis, das auch verhaltensbezogene, positive emotionale, ästhetische und kognitive Komponenten berücksichtigt.

Das Konzept der Experience ergänzt dabei den subjektiven Wert des Erlebnisses. Es wird davon ausgegangen, dass der subjektive Wert weniger im Konsum, der Wahl einer Marke oder der (Be-)Nutzung eines Produkts oder einer Dienstleistung liegt als vielmehr in der damit verbundenen (Konsum-)Erfahrung (z. B. emotionale, sensorische, spielerische oder symbolische Elemente; Holbrook und Hirschman 1982). In der Konsequenz bedeutet dies, dass alle Produkte oder Dienstleistungen Komponenten von Erlebnis oder Erfahrung beinhalten, die Wünsche oder Bedürfnisse befriedigen. Erfahrung und Erlebnis werden dadurch zum zentralen Punkt bei der Schaffung von subjektiven Werten.

Experience-Konzepte werden vor allem im Konsumentenmarkt umgesetzt (Tab. 15.1). Brand Experience (Markenerlebnis), Customer Experience (Produkt- und Serviceerlebnis) oder User Experience (Erlebnis mit digitalen Produkten und Services) sind erfolgreiche Ansätze, wenn es um Vermarktung und Verkauf von Produkten oder Dienstleistungen geht. Die Idee der Experience wurde später auch auf Angestellte übertragen und als Employee Experience bezeichnet. Employee Experience konzentriert sich auf die Unterstützung des Arbeitsengagements der Mitarbeitenden durch die kulturelle, technologische und physische Gestaltung der Organisation. Workplace Experience lässt sich als Fortsetzung und Ergänzung dieser bestehenden Ansätze verstehen.

Der Duden (2020) definiert Erlebnis als „von jemandem als in einer bestimmten Weise beeindruckend erlebtes Geschehen“. Die verschiedenen Definitionen und Beschreibungen der unterschiedlichen Experience-Ansätze variieren in Umfang, Kontext und Fokus. Es besteht jedoch über die verschiedenen Ansätze ein Konsens (Skard et al. 2011), wonach Experience 1) ein subjektives und 2) psychologisches oder mentales

Tab. 15.1 Formen von Experience

Bezeichnung	Beschreibung	Fokus	Zielgruppe	Zeitliche Aspekte
BX – Brand Experience (Brakus et al. 2009; Hollmann 2020; Hultén 2011)	Reaktionen (emotional, kognitiv, beziehungs- und verhaltensmäßig) hervorgerufen durch eine Marke bzw. markenbezogene Stimuli Das multisensorische Erlebniskonzept wird ausgerichtet auf angestrebte Empfindungen, Gefühle, Wahrnehmung und Verhaltensreaktionen werden entwickelt	Marke bzw. Markenerscheinung (Design, Identität, Kommunikation, Umgebung)	Konsumenten und Kunden, potenzielle Kunden, (Mitarbeitende)	Langzeitige Bindung wird angestrebt (Kundenzufriedenheit und Loyalität)
CX – Customer Experience (Meyer und Schwager 2007; Verhoef et al. 2009)	Reaktionen (emotional, kognitiv, sozial, körperlich) auf inszenierte Touch-Points zwischen Kunde und Produkt, Firma oder indirekte Kontakte (mit Mitarbeitern, Services, Marken über verschiedene Kommunikationskanäle) über alle Phasen der Transaktion (Suche, Kauf, Konsum, after-sales) CX als leitendes und verbindendes Element von Marketing, Service Operations, Produktentwicklung etc.	Soziale Umgebung, Serviceschnittstelle, Atmosphäre, Auswahl/Sortiment, Preis	Kunden	Experience situativ Langzeitige Bindung wird angestrebt, wiederkehrende Momente
UX – User Experience (Sauer et al. 2020)	Erfahrungen, die der Mensch mit einem technischen Gerät oder (digitalen) Produkt macht Dies beinhaltet die Wahrnehmung mit allen Sinnen, die Funktionalität, Bedeutungen und Werte, Gefühle und Emotionen, die durch dieses Produkt hervorgerufen werden Fokus auf Funktionalität, Benutzerfreundlichkeit und Gestaltung	Starke Produktorientierung, Konzentration auf den Moment der Nutzung/des Konsums Zentrale Inhalte sind Funktionalität, Bedien-/Benutzerfreundlichkeit, Gestaltung/Ästhetik	Nutzende	Fokus eher kurzzeitig, auf den Moment der (Be-)Nutzung, aber auch Reaktionen vor und nach Nutzung
EX – Employee Experience (Morgan 2017)	Das Empfinden der Mitarbeitenden, das erfasst, was sie im Unternehmen erfahren, beobachten oder fühlen Zielt auf Arbeitsengagement, Produktivität und Zufriedenheit der Mitarbeitenden ab	Technische, physische, kulturelle Umgebung Abstimmung zwischen Mitarbeiter und Organisation durch partizipative Prozesse	Mitarbeitende	Langzeit

(Fortsetzung)

Tab. 15.1 (Fortsetzung)

Bezeichnung	Beschreibung	Fokus	Zielgruppe	Zeitliche Aspekte
WP X – Workplace Experience	Reaktionen (emotional, kognitiv, und verhaltensmäßig) aufgrund der Interaktionen eines Mitarbeiters mit seiner Arbeitsumgebung	Physische Arbeitsumgebung, Services am Arbeitsplatz, kulturelle und soziale Aspekte, Technologien am Arbeitsplatz Die Nutzung der Arbeitsumgebung möglichst positiv und nützlich gestalten Zielt auf Arbeitsengagement, Produktivität und Zufriedenheit der Mitarbeitenden ab	Nutzende, interne Kunden, Mitarbeitende	Langzeit

Phänomen ist. Experience resultiert 3) aus multiplen Interaktionen und Berührungspunkten zwischen Nutzer oder Konsument und einem Objekt oder einer Dienstleistung und kann 4) verschiedene Arten von Beziehungen beinhalten (z. B. unter Nutzern, zwischen Nutzern und Objekten oder Marken). Schließlich ist Experience 5) ein multidimensionales Konstrukt, das verschiedene Typen von Reaktionen (emotional, kognitiv, verhaltensmäßig) seitens der Nutzer, Konsumenten, Kunden oder Mitarbeitenden beinhaltet.

Das den verschiedenen Ansätzen entsprechende Experience Management ist gekennzeichnet durch einen integralen und interdisziplinären Ansatz. In allen Bereichen wird über Experience Management die Absicht verfolgt, ein sensorisch, örtlich und zeitlich ganzheitliches und auf übergeordnete Ziele abgestimmtes Erlebnis zu kreieren. Dabei steht häufig der „moment of truth" im Mittelpunkt, wenn aus der Erwartung durch ein Erlebnis eine Erfahrung wird (Lange, Bébié Gut, Baumgartner, Marti, & Windlinger, in Vorbereitung).

Zusammenfassend lässt sich festhalten, dass eine Experience aus einer oder mehreren (vielschichtigen, multidimensionalen) Interaktionen zwischen Menschen, Mensch und Raum, Mensch und Objekt, Mensch und digitalen Objekten oder Mensch und Dienstleistungen resultiert. Diese Interaktionen werden über die Sinne wahrgenommen, individuell interpretiert und gewertet und von emotionalen Reaktionen begleitet. Sie beeinflussen in der Folge Einstellungen, Erwartungen und Verhalten gegenüber den Objekten, Marken, Dienstleistungen oder Räumen.

15.3 Das Office-Ecology-Modell und Workplace Experience

Das Office-Ecology-Modell dient als Rahmen zum Verständnis des Systems Mensch-Arbeitsumgebung. Das Modell beschreibt Arbeitsumgebungen als ein System, in welchem die räumlich-materiellen Faktoren, Technologien und Dienstleistungen in Wechselwirkung mit Arbeitsprozessen, Organisationskultur, Mitarbeitenden und sozialen Beziehungen stehen (Becker und Steele 1995; Windlinger et al. 2014). Nach diesem systemischen Verständnis funktioniert das Gesamtsystem dann optimal, wenn die verschiedenen Systemkomponenten sorgfältig aufeinander abgestimmt werden. Die Qualität der Gestaltung von räumlichen Umgebungen ist insofern immer im Kontext der übrigen Komponenten zu beurteilen. Entsprechend bestimmt auch die Gestaltung und Steuerung des Gesamtsystems die Workplace Experience. Folglich beschreibt die Workplace Experience das Erleben der räumlichen Umgebung im Zusammenspiel mit Arbeitstätigkeiten, Kultur, Technologien und Services. Der Fokus des Workplace-Experience-Ansatzes liegt somit konsequent auf dem subjektiven Erleben der Nutzenden. Dabei werden funktionale und emotionale Komponenten gleichermaßen berücksichtigt. Das Ziel der Gestaltung von Arbeitsumgebungen und Services im Sinn der Workplace Experience besteht darin, ein ganzheitlich subjektiv positives Erlebnis zu schaffen.

Damit rücken neben den funktionalen Aspekten und der Innenraumumgebungsqualität auch Themen wie Kultur, Symbolik, Identität, Ästhetik sowie Services stärker in den Fokus von Gestaltung und Bewirtschaftung der Arbeitsumgebungen (vgl. Petrulaitiene et al. 2018). Aktuelle wissenschaftliche Befunde belegen, dass diese Themen auf Gesundheit und Wohlbefinden, Zufriedenheit und Arbeitsleistung wirken (siehe z. B. Burger und Arampatzi 2020 für Services, Candido et al. 2019 für Ästhetik).

Die Workplace Experience ergibt sich aus einer Reihe von Interaktionen eines Mitarbeiters mit seiner Arbeitsumgebung. Diese Interaktionen beginnen bei Besuchen vor Ort für Bewerbungsgespräche und/oder dem Arbeitsantritt und enden beim Verlassen des Arbeitgebers. Über diese Zeitspanne ist die Workplace Experience in einem stetigen Wandel und beruht auf individuellen Wahrnehmungen und Interpretationen, die durch die Gestaltung und Steuerung der Arbeitsumgebung gezielt hervorgerufen werden. Wie bei anderen Formen der Experience steht der „moment of truth" im Mittelpunkt, wobei es sich im andauernden Arbeitsverhältnis eher um ein langfristiges Erleben, also eine „period of truth" handelt, während der aus Erwartungen durch Erlebnisse Erfahrungen werden.

Konzeptionell ist Workplace Experience als ein Resultat des Zusammenspiels von individuellen, subjektiven Erwartungen, Wahrnehmungen und Bewertungen einerseits und dem Workplace Setting andererseits in Abb. 15.1 dargestellt. Es beinhaltet die im Office-Ecology-Modell beschriebenen Aspekte (Raum und Ausstattung, Services, kulturelle und soziale Settings, Technologien) und die dahinterstehende organisationsspezifische strategische Ausrichtung. Der Büronutzer erlebt das Arbeitsplatzsetting mit bestimmter Absicht und Erwartungen. Die Absicht ergibt sich im funktionalen Setting Arbeitsplatz aus den Arbeitsaufgaben, Arbeitsprozessen und sozialen Gegebenheiten. Die Erwartungen entstehen durch eigene Erfahrungen, Informationen sowie Stimmungen, Bedürfnissen und Präferenzen. Die Absicht beschreibt somit den Grund oder die Motivation, eine bestimmte Arbeitstätigkeit auszuführen. Die Erwartung bestimmt die individuellen Vorstellungen, welche Unterstützungsfunktionen vorhanden sein müssen, um der Tätigkeit erfolgreich nachgehen zu können. Um z. B. beim Schreiben einer Arbeit ungestört und konzentriert arbeiten zu können, zieht sich ein Büronutzer beispielsweise in eine „quiet zone" zurück. Die Absicht ist somit, in Ruhe arbeiten zu können. Erwartet werden z. B. ein freier Arbeitsplatz („space and social"), reibungslose Internetverbindung (Technologie), gute Lichtverhältnisse („space"), ein Wasserdispenser (Services) und Ruhe („social"). Individuell können z. B. auch eine einfache Erreichbarkeit dieser „quiet zone", Behaglichkeit, visuelle Stimuli etc. Bewertungskriterien für die Qualität dieser Experience sein.

Erlebnis und Bewertungskriterien der Interaktion mit der Arbeitsumgebung sind subjektiv. Die Grundelemente einer Workplace Experience können jedoch von Arbeitsplatz- und Serviceangebot, der gewünschten Kultur und Bandbreite der Aufgaben und Arbeitsweisen abgeleitet werden. Wie zuvor beschrieben, entwickelt sich die Workplace Experience beim einzelnen Mitarbeitenden über eine Zeitperiode. Es ist deshalb wichtig, die einzelnen Interaktionen zwischen Mitarbeiter und Arbeitsumgebung nicht isoliert als

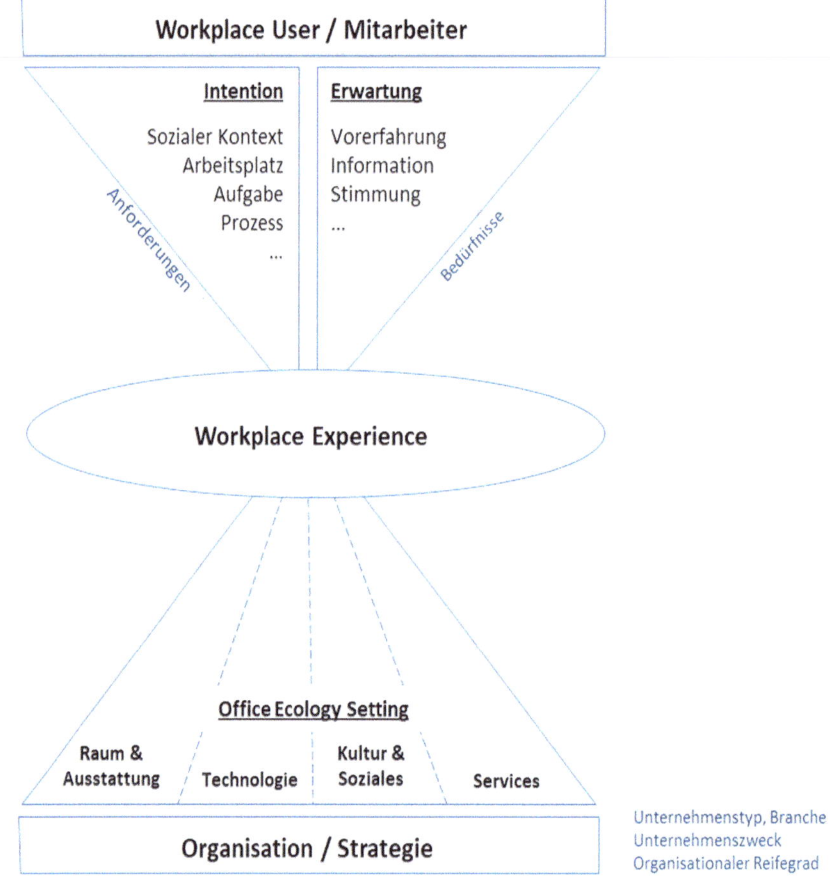

Abb. 15.1 Workplace Experience Framework (eigene Darstellung)

einzelne Erfahrungen zu betrachten, sondern als Element eines sich entwickelnden, aufbauenden Konstrukts (Forlizzi und Battarbee 2004). So kann es sein, dass ein Büronutzer bei der ersten Nutzung der „quiet zone" durchaus zufrieden ist, sich nach einer gewissen Zeit aber an das Angebot gewöhnt, der Umgang damit zur Routine wird und sich die Erwartungen an die Erfahrung ändern (Kujala et al. 2011). Um über eine längerfristige Zeit eine positive Experience zu bieten, sollen dem Nutzenden daher immer wieder neue oder angepasste Elementen geboten werden (z. B. Ausstellungen oder Informationskampagnen, saisonale Dekoration). Basis einer nachhaltig positiven Experience ist somit auch ein Konzept zur Aufrechterhaltung der Experience entsprechend der sich entwickelnden Arbeit und Arbeitsumgebung.

Als Schlussfolgerung ist festzuhalten, dass für die Realisierung von Workplace-Experience-Potenzialen die Passung zwischen den beiden Seiten – Mitarbeitenden und

Arbeitsumgebung – periodisch überprüft und nötigenfalls angepasst wird. Dadurch wird die Funktionalität der Umgebung sowie deren Grad der Erfüllung von weiteren Anforderungen und Bedürfnissen gewährleistet. Zusätzlich soll die Arbeitsumgebung gezielt kuratiert werden, um ihre Wirkung als Kommunikationskanal zwischen Organisation und Mitarbeitenden (sowie weiteren Anspruchsgruppen, wie z. B. Bewerbern, Partnern, Kunden) sowie für positive emotionale Reaktionen zu nutzen.

15.4 Der Nutzen von Workplace Experience

Arbeitsumgebungen sind Bedingung und Kontext menschlichen Arbeitshandelns. Sie beeinflussen Gesundheit und Wohlbefinden der Mitarbeitenden (Windlinger et al. 2014) ebenso wie deren Arbeitsleistung (Windlinger 2014). Trotzdem werden Büroräume und Büroarbeitsplätze meist nach Kriterien ökonomischer Effizienz bewertet; der Fokus liegt auf den Kosten und nicht dem Nutzen der Arbeitsumgebung (vgl. zu den Nutzendimensionen Wieber et al. 2016). Dieser Kostenperspektive ist eine strategische Herangehensweise an Arbeitsräume gegenüberzustellen, die Arbeitsumgebungen als Investition in die Mitarbeitenden und die Nutzerorganisation versteht (Vischer 1996). Eine solches Modell lässt sich insofern ebenfalls ökonomisch begründen, als die Kosten für die Löhne der Büronutzer die Bau- und Instandhaltungskosten über den Lebenszyklus eines Bürogebäudes um mehrere Größenordnungen übersteigen.

Für ein Büro in Zürich sind exemplarisch folgende Kennzahlen charakteristisch:

- Betriebskosten: CHF 53 pro Quadratmeter Geschossfläche (inklusive Verwaltungskosten) pro Jahr (pom + Consulting AG, 2014)
- Mietkosten: CHF 300 netto pro Quadratmeter Hauptnutzfläche pro Jahr (Wüest & Partner 2012)
- Lohnkosten pro Mitarbeiter: etwa CHF 120.000/Jahr (Bundesamt für Statistik 2012a, 2012b)
- Gesamtfläche pro Arbeitsplatz (inklusive Sonderflächen): 18 m^2 Hauptnutzfläche bzw. 29 m^2 Geschossfläche (pom + Consulting AG, 2014; Windlinger 2012)
- Daraus ergeben sich Lohnkosten pro Quadratmeter Geschossfläche (GF) von CHF 4138 bzw. Lohnkosten pro Quadratmeter Hauptnutzfläche (HNF) von CHF 6667

Nach diesen Zahlen beträgt das Verhältnis von Betriebs- zu Miet- zu Lohnkosten 1: 6: 126 (HNF) bzw. 1: 6: 78 (GF). Diese Abschätzung der Kostenverhältnisse zeigt deutlich, dass die Kosten für Löhne die mit Abstand größte Kostenkategorie in Dienstleistungsunternehmen darstellt. Diese Zahlen illustrieren, dass die Erhöhung von Mitarbeiterzufriedenheit, -gesundheit und Arbeitsleistung durch die Gestaltung der Workplace Experience eine große Hebelwirkung entfalten kann, wodurch die Produktivität gesteigert wird.

15.5 Empfehlungen zur Einführung einer Workplace Experience

Workplace Experience basiert auf der Passung zwischen Mitarbeitenden, der Arbeitsumgebung und wechselnden bzw. wiederkehrenden positiven Erlebnissen. Dadurch werden gleichzeitig funktionale Nutzen als auch emotionale, ästhetische und symbolische Nutzen der Arbeitsumgebung erreicht. Als Handlungsfelder zur Workplace Experience ergeben sich dabei:

- Die Gestaltung von Arbeitsräumen und -zonen sowie von Sonderflächen auf den Dimensionen der materiellen Umsetzung (Layout, Möblierung, Dekoration), der Innenraumqualität (Luftqualität, Licht, Akustik) und der sozial-räumlichen Aspekte (z. B. Nähe und Distanz, Privacy, Störungen und Ablenkungen; vgl. Windlinger et al. 2014)
- Die Gestaltung von Dienstleistungen rund um die Arbeitsumgebungen wie z. B. administrative Dienste, Mobilitätsangebote, Verpflegung
- Gestaltung von ergänzenden Flächen und entsprechenden Services, wie z. B. Fitness und Sport, Angebote zur Unterstützung der Work-Life-Integration wie Kinderbetreuung, Kleiderreinigung
- Community Management: interne Veranstaltungen, Ausstellungen, Weiterbildung, Erholungs- und Unterhaltungsangebote; News, Information und Infotainment

Für die Umsetzung von Workplace Experience und für die Auswahl und Bewirtschaftung dieser Handlungsfelder wird empfohlen,

- die Workplace Experience strategisch im Unternehmen zu verankern, d. h. mit übergeordneten organisationalen Strategien und Zielen abzustimmen.
- dass sich insbesondere Unternehmensstrategie, Werte und Kultur in der Workplace Experience widergespiegeln sollen. Das Topmanagement ist deshalb in den strategischen Gestaltungsprozess unbedingt einzubeziehen.
- interdisziplinär zusammenzuarbeiten: Workplace Experience umfasst neben Workplace Management auch Elemente von Human Resources Management und Informations- und Kommunikationstechnologie. Diese Unterstützungsbereiche müssen unter dem Fokus der Workplace Experience abgestimmt werden, damit keine Lücken oder Bruchstellen in der Workplace Experience entstehen.
- ein konsequent nutzer- bzw. menschenzentriertes Vorgehen zu wählen. Die Nutzenden stehen bei der Workplace Experience stets im Zentrum und müssen in den Erarbeitungsprozess kollaborativ eingebunden werden.

Zur Steuerung der Workplace Experience kann ein Workplace-Experience-Leitfaden dienen, der die in der Regel vorliegenden Standards zum Betrieb und der Bewirtschaftung von Arbeitsumgebungen ergänzt und mit diesen in ein Workplace-Betriebskonzept integriert wird. Dieses Workplace-Betriebskonzept ist ein ganzheitliches Konzept zur Bewirtschaftung und zum Betrieb von Büroraumumgebungen, das sämtliche Räume, Flächen und Ausstattung sowie die damit zusammenhängenden Dienstleistungen sowie Prozesse und Verantwortlichkeiten definiert. Es umfasst teilweise klassische Facility Services (z. B. Reinigung, Entsorgung, Helpdesk) sowie Workplace-Experience-spezifische Aspekte (siehe oben). Das Betriebskonzept wird spezifisch an das jeweilige Objekt und die Anforderungen der Nutzerorganisation angepasst. Somit ist das Betriebskonzept eine Erweiterung der Planungsdokumente wie Arbeitsplatzkonzept, Raumbuch und Pflichtenheft.

15.6 Ausblick

Verschiedenen Ansätzen zu Experience ist gemeinsam, dass sie das subjektive Erleben von Menschen, die in bestimmten Situationen mit Objekten interagieren, betonen. Die Workplace Experience wird als Ergebnis von Interaktionen zwischen Büronutzenden, ihren individuellen und subjektiven Intentionen, Erwartungen, Wahrnehmungen und Bewertungen und der Arbeitsumgebung (inklusive Services) beschrieben. Im Unterschied zu anderen Experience-Ansätzen ist die Workplace Experience dadurch, dass sich Mitarbeitende über längere Zeiträume immer wieder in der Arbeitsumgebung aufhalten, als zeitlich längerfristig und sich konstant entwickelnd zu verstehen. Die Inhalte der Workplace Experience sind emotionaler, kognitiver und verhaltensbezogener Natur. Workplace Experience Management zeichnet sich durch eine konsequente Orientierung daran aus, wie Büronutzende ihre Umgebung erleben. Dabei liegt der Fokus sowohl auf funktionalen (z. B. Ausstattung) wie auf emotionalen Workplace-Komponenten (z. B. Wertschätzung oder Freiheit) mit dem Ziel, in der Arbeitsumgebung ein ganzheitlich subjektiv positives Erlebnis zu schaffen. Themen wie Kultur, Symbolik, Identität, Ästhetik, Multisensorik sowie Services sind somit untrennbar mit der Gestaltung und Bewirtschaftung von Arbeitsumgebungen und dazugehörigen Services verbunden.

Die konsequente Nutzerorientierung bzw. Orientierung an Wahrnehmung und Erleben der Arbeitsumgebungen bedeutet, dass die bauliche, technische, gestalterische und ausstattungsbezogene Qualität nicht als Wert an sich im Vordergrund stehen (wie das heute oft der Fall ist), sondern als Mittel zum Ziel der Workplace Experience verstanden werden. Gestaltung und Qualität (von Raum, Ausstattung und Services) sind im Sinn der Workplace Experience auf Erwartungen und Absichten der Nutzenden abzustimmen. Damit verbunden sind Herausforderungen für Bauherren, Architekten und Workplace Manager. Wahrnehmungen und Erleben der Nutzenden entsprechen oft nicht jenen von Experten (z. B. Benz und Rambow 2011) und korrelieren eher schwach mit Standards bzw. objektiv gemessenen Eigenschaften der Innenraumqualität (z. B. Roskams und Haynes 2020). Deshalb sind neue Ansätze und Instrumente erforderlich, welche das menschliche Erleben besser erfassen, beschreiben und in Handlungsempfehlungen übersetzen. Obwohl diese Ansätze noch nicht ausgearbeitet sind, lassen sich doch bereits zwei Grundpfeiler benennen: 1) frühe, kontinuierliche und konsequente Nutzerorientierung bei der Konzeption, Planung, Implementierung und dem Betrieb von Arbeitsumgebungen sowie 2) evidenzbasiertes Vorgehen, das es erlaubt, erfolgskritische Entscheidungen auf Erfahrungen aus wissenschaftlicher Literatur, Best Practices oder gezielt bei Nutzenden erhobenen Daten abzustützen.

Workplace Experience muss sich als Konzept noch bewähren. Es ist anhand der Verbreitung von Experience-Ansätzen in anderen Bereichen davon auszugehen, dass sich diese Herangehensweise auch in Arbeitswelten weiter etablieren und durchsetzen wird. Dies umso mehr als der Ansatz für Mitarbeitende wünschbare Inhalte (nämlich die positive funktionale und emotionale Workplace Experience) mit organisationalen Zielen (Arbeitgeberattraktivität) verbindet und somit integral Mehrwerte realisieren kann.

Literatur

Becker, F. D., & Steele, F. (1995). *Workplace by design. Mapping the high-performance workscape*. San Francisco: Jossey-Bass.

Benz, I., & Rambow, R. (2011). Sichtbeton in der Architektur: Perspektivenunterschiede zwischen ArchitektInnen und Laien. *Umweltpsychologie, 15*(1), 112-129.

Bernhard, M., Eckert, J., Häcki, D., Macht, D., Pfefferli, S., & Strocka, G. (2017). *Büromarkt Schweiz 2017*. Zürich: JLL.

Boje, A. (1968). *Das Grossraum-Büro : Merkmale, Einrichtung, Wirtschaftlichkeit*. München: Verlag Moderne Industrie.

Brakus, J. J., Schmitt, B. H., & Zarantonello, L. (2009). Brand Experience: What Is It? How Is It Measured? Does It Affect Loyalty? *Journal of Marketing, 73*(3), 52-68. doi: https://doi.org/10.1509/jmkg.73.3.5

Bundesamt für Statistik (2012a). *Monatlicher Bruttolohn nach Wirtschaftszweigen und Unternehmensgrösse (NOGA08) – Privater und öffentlicher Sektor zusammen – Schweiz*. Abgerufen am 11.3.2015 unter: https://www.bfs.admin.ch/bfs/portal/de/index/themen/03/04/blank/data/01/06_01.Document.131335.xls

Bundesamt für Statistik (2012b). *Medienmitteilung – Deutliche Unterschiede bei den Arbeitskosten je nach Wirtschaftszweig und Unternehmensgrösse*. Abgerufen am 11.3.2015 unter: https://www.bfs.admin.ch/bfs/portal/de/index/news/medienmitteilungen.Document.186140.pdf

Burger, M., & Arampatzi, E. (2020). Facility management services and employee well-being. *Journal of Facilities Management, 18*(2), 109-130. doi: https://doi.org/10.1108/Jfm-10-2019-0055

Candido, C., Chakraborty, P., & Tjondronegoro, D. (2019). The Rise of Office Design in High-Performance, Open-Plan Environments. *Buildings, 9*(4). doi: ARTN 10010.3390/buildings9040100

Davis, M. C., Leach, D. J., & Clegg, C. W. (2011). The physical environment of the office: contemporary and emerging issues. In G. P. Hodgkinson & J. K. Ford (Eds.), *International Review of Industrial and Organizational Psychology* (Vol. 26, pp. 193-237). New York: John Wiley & Sons.

Engelen, L., Chau, J., Young, S., Mackey, M., Jeyapalan, D., & Bauman, A. (2019). Is activity-based working impacting health, work performance and perceptions? A systematic review. *Building Research and Information, 47*(4), 468-479. doi: https://doi.org/10.1080/09613218.2018.1440958

Erlebnis. (2020). In Duden Wörterbuch. Abgerufen von https://www.duden.de/rechtschreibung/Erlebnis (14.7.2020).

Forlizzi, J., & Battarbee, K. (2004). *Understanding experience in interactive systems.* Paper presented at the Proceedings of the 5th conference on Designing interactive systems: processes, practices, methods, and techniques, Cambridge, MA, USA. https://doi.org/10.1145/1013115.1013152

Holbrook, M. B., & Hirschman, E. C. (1982). The Experiential Aspects of Consumption – Consumer Fantasies, Feelings, and Fun. *Journal of Consumer Research, 9*(2), 132–140. doi: https://doi.org/10.1086/208906

Hollmann, M. (2020). *Architektur als Instrument der Markenkommunikation. Die implizite Wirkung gebauter Botschaften.* Wiesbaden: Springer Gabler.

Hultén, B. (2011). Sensory marketing: the multi-sensory brand-experience concept. *European Business Review, 23*(3), 256–273. doi: https://doi.org/10.1108/09555341111130245

Konkol, J., Bischofberger, B., & Windlinger, L. (2017). Alles nur wegen der Kosten? Treiber und Effekte moderner Bürowelten. *Der Facility Manager, 24*(5), 48-54.

Kratzer, N. (Ed.) (2019). *Arbeit der Zukunft. Thesen und Gestaltungsansätze für den Arbeitsplatz der Zukunft.* München: Institut für Sozialwissenschaftliche Forschung.

Kujala, S., Roto, V., Vaananen-Vainio-Mattila, K., Karapanos, E., & Sinnela, A. (2011). UX Curve: A method for evaluating long-term user experience. *Interacting with Computers, 23*(5), 473-483. doi:https://doi.org/10.1016/j.intcom.2011.06.005

Lange, S., Bébié Gut, P., Baumgartner, S., Marti, T., & Windlinger, L. (in Vorb.). *Workplace Experience (working paper).* Wädenswil: Institut für Facility Managment, ZHAW.

Meyer, C., & Schwager, A. (2007). Understanding customer experience. *Harvard Business Review, 85*(2), 116–126.

Morgan, J. (2017). *The Employee Experience Advantage: How to win the war for talent by giving employees the workspaces they want, the tools they need, and a culture they can celebrate.* Hoboken, NJ: John Wiley & Sons.

Norman, D. (2013). *The design of everyday things* (revised and expanded ed.). New York: Basic Books.

Petrulaitiene, V., Korba, P., Nenonen, S., Jylha, T., & Junnila, S. (2018). From walls to experience – servitization of workplaces. *Facilities, 36*(9–10), 525–544. doi:https://doi.org/10.1108/F-07-2017-0072

Pinder, J., & Ellison, I. (2018). *Embracing workplace to move FM forward.* Hertfordshire: The British Institute of Facilities Management (BIFM).

pom+ Consulting AG. (2014). *FM Monitor 2014.* Zürich: Pom+ Consulting AG.

Propst, R. L. (1966). The action office. *Human Factors, 8*(4), 299–306. doi: https://doi.org/10.1177/001872086600800405

Puell, R. (1994). Raumkonzepte aus 100 Jahren Büroalltag. In Congena (Hrsg.), *Zukunftsstrategie Kombi-Büro. Chancen für Architektur und Organisation* (S. 13–27). München: Callwey.

Roskams, M. J., & Haynes, B. P. (2020). Testing the relationship between objective indoor environment quality and subjective experiences of comfort. *Building Research and Information 49*(4), 387–398. doi:https://doi.org/10.1080/09613218.2020.1775065

Sauer, J., Sonderegger, A., & Schmutz, S. (2020). Usability, user experience and accessibility: towards an integrative model. *Ergonomics, 63*(10), 1207–1220. doi:https://doi.org/10.1080/00140139.2020.1774080

Saval, N. (2014). *Cubed. A secret history of the workplace.* New York: Doubleday.

Skard, S., Nysveen, H., & Pedersen, P. E. (2011). Brand and customer experience in service organizations: Literature review and brand experience construct validation. *Working papers (SNF),* (No. 09/11). https://openaccess.nhh.no/nhh-xmlui/handle/11250/166668 (abgerufen 15.7.2020)

Van Meel, J. (2011). The origins of new ways of working. Office concepts in the 1970s. *Facilities, 29*(9/10), 357–367. doi: https://doi.org/10.1108/02632771111146297

Verhoef, P. C., Lemon, K. N., Parasuraman, A., Roggeveen, A., Tsiros, M., & Schlesinger, L. A. (2009). Customer Experience Creation: Determinants, Dynamics and Management Strategies. *Journal of Retailing, 85*(1), 31-41. doi:https://doi.org/10.1016/j.jretai.2008.11.001

Vischer, J. C. (1996). *Workspace strategies. Environment as a tool for work.* New York: Chapman and Hall.

Wieber, F., Windlinger, L., Conrad, N., & Konkol, J. (2016). Lebensraum Arbeitsplatz — Über das Zusammenspiel von Organisationsentwicklung und Arbeitsumgebung. *OrganisationsEntwicklung*(4), 94–97.

Windlinger, L. (2012). *Effective workplaces: contributions of spatial environments and job design – A study of demands and resources in contemporary Swiss offices.* (PhD Thesis), University College London, London.

Windlinger, L. (2014). *Review zu den Einflüssen der Büroumgebung auf Arbeitsleistung.* Abgerufen von https://www.zhaw.ch/storage/lsfm/forschung/ifm/08-working-paper-einfluesse-der-bueroumgebung-auf-arbeitsleistung.pdf (abgerufen 17.7.2020)

Windlinger, L., Gersberg, N., & Konkol, J. (2015). Unterstützung mobil-flexibler Arbeit durch aktivitätsorientierte Gestaltung von Büroräumen. *Wirtschaftspsychologie*(Heft 4–2014/1–2015), 83–95.

Windlinger, L., Konkol, J., Schanné, F., Sesboüé, S., & Neck, R. (2014). *Gesundheitsförderliche Büroräume. Wissenschaftliche Grundlagen zum Zusammenhang zwischen psychischer Gesundheit und Büroraumgestaltung sowie dem begleitenden Veränderungsprozess.* Abgerufen von https://gesundheitsfoerderung.ch/assets/public/documents/de/5-grundlagen/publikationen/bgm/berichte/Bericht_004_GFCH_2014-06_-_Gesundheitsfoerderliche_Bueroraeume.pdf (abgerufen 17.7.2020)

Windlinger, L., Nenonen, S., & Airo, K. (2016). Specification and empirical exploration of a usability concept in the workplace. *Facilities, 34*(11/12), 649-661. https://doi.org/10.1108/F-01-2015-0003

Wüest & Partner. (2012). *Immo-Monitoring 2013/1. Herbstausgabe.* Zürich: Verlag W&P.

Prof. Dr. Lukas Windlinger studierte Arbeits- und Organisationspsychologie an den Universitäten Bern, Bremen und an der Eidgenössischen Technischen Hochschule (ETH) Zürich. Nach dem Studium arbeitete er am Institut für Arbeitspsychologie der ETH Zürich und wechselte von dort an das Institut für Facility Management der Zürcher Hochschule für Angewandte Wissenschaften (ZHAW). Seit 2008 trägt er den Professorentitel und ist als Leiter der Kompetenzgruppe Betriebsökonomie und Human Resources Mitglied der Institutsleitung. Seine Promotion schloss er 2012 am University College London (UCL) ab ("Effective workplaces: contributions of spatial environments and job design – A study of demands and resources in contemporary Swiss offices"). Lukas Windlinger forscht seit 2005 zu Workplace Management und vertritt diese Disziplin auch in den Bachelor-, Master- und Weiterbildungs-Studiengängen des Instituts für Facility Management.

Stefanie Lange studierte von 2003–2007 Lighting Design an der Hochschule für angewandte Wissenschaft und Kunst Hildesheim/Holzminden/Göttingen und nach einigen Jahren in der Berufspraxis im Jahr 2013 Facility Management am Institut für Facility Management (IFM) in Wädenswil (CH). Während des Masterstudiums begann sie ihre Tätigkeit am IFM als wissenschaftliche Mitarbeiterin in der Kompetenzgruppe Betriebsökonomie und Human Resources. Workplace Experience, Workplace Organisation und Workplace Management in hybriden Arbeitsumgebungen (Fokus Spital) sind Themenfelder, welche sie seither entwickelt. Ergänzend zu diesen F&E Tätigkeiten ist sie in Lehre und Weiterbildung zum Thema Workplace Management am IFM eingebunden.

16 Buzzword Well-being: Fehlanzeige bei der Einführung einer neuen Arbeitswelt?

Buzzword Well-Being: Failure to Introduce a New World of Work?

Susanne Bohra

Zusammenfassung

New Work ist in aller Munde und erfährt seit der Coronapandemie einen immensen Zulauf. Im Zentrum steht hierbei die Arbeit nach den eigenen Fähigkeiten und Kompetenzen auszuwählen und das eigene Potenzial zu entwickeln. Das Wort „entwickeln" beinhaltet, dass etwas nur aufgewickelt werden muss, der Inhalt, also das volle Potenzial, ist schon vorhanden, und zwar immer und zu jeder Zeit. Zusätzlich kann der Arbeitsort passend zur jeweiligen Tätigkeit ausgewählt werden und unterstützt die Mitarbeitenden in ihrer Aufgabenerfüllung optimal. Im Jahr 2020 ist für Unternehmen „purpose" der HR-Trend; das Homeoffice wird deutlich aufgewertet, mobiles Arbeiten und Digitalisierung erfährt eine temporeiche Realisierung in Unternehmen. Was wäre, wenn wir New Work auch bei Veränderungsvorhaben als Handlungsleitlinie ins Zentrum stellen würden? Wenn Menschlichkeit und Wertschätzung in Transformationsaktionen erlebbar werden? Wenn Change emotional, nämlich lebendig wird und Spaß macht? Wenn die Belegschaft ihr volles Potenzial in die Transformation einbringen kann und will? Wenn Change ein Well-being erfährt? Warum das so wichtig ist und wie sich das auch im Kontext von neuen Arbeitswelten denken lässt, davon handelt dieser Beitrag.

S. Bohra (✉)
Olching, Deutschland
E-Mail: susanne@bohra.de

C. Kohlert (Hrsg.), *Das menschliche Büro – The human(e) office*,
https://doi.org/10.1007/978-3-658-33519-9_16

Abstract

New Work is on everyone's lips and has been experiencing an immense influx since the Corona pandemic. The focus here is on selecting work according to one's own skills and competencies and developing one's own potential. The word "develop" implies that something just needs to be wound up, the content, i.e. the full potential, is already there, always and at all timcs. In addition, the place of work can be selected to suit the respective activity and provides optimum support for the employees in fulfilling their tasks. For companies, purpose is the HR trend in 2020, the home office will be significantly upgraded, mobile working and digitalization will be rapidly implemented in companies.

What if we were to place New Work at the center of change projects as a guideline for action? If humanity and appreciation could be experienced in transformation actions? If change becomes emotional, namely fun and lively? If the workforce can and wants to contribute their full potential to the transformation? If change experiences a sense of well-being?

Why this is so important and how it can be imagined in the context of new working environments is the subject of this article.

New Work ist in aller Munde und erfährt seit der Coronapandemie einen immensen Zulauf. Im Zentrum steht hierbei, die Arbeit nach den eigenen Fähigkeiten und Kompetenzen auszuwählen und das eigene Potenzial zu entwickeln. Das Wort „entwickeln" beinhaltet, dass etwas nur aufgewickelt werden muss, der Inhalt, also das volle Potenzial, ist schon vorhanden, und zwar immer und zu jeder Zeit. Zusätzlich kann der Arbeitsort passend zur jeweiligen Tätigkeit ausgewählt werden und unterstützt die Mitarbeitenden in ihrer Aufgabenerfüllung optimal. Im Jahr 2020 ist für Unternehmen „purpose" der HR-Trend; das Homeoffice wird deutlich aufgewertet und Digitalisierung erfährt eine temporeiche Realisierung in Unternehmen.

Was wäre, wenn wir New Work auch bei Veränderungsvorhaben als Handlungsleitlinie ins Zentrum stellen würden? Wenn Menschlichkeit und Wertschätzung in Transformationsaktionen erlebbar werden? Wenn Change emotional, nämlich lustig und lebendig wird? Wenn die Belegschaft ihr volles Potenzial in die Transformation einbringen kann und will? Wenn Change ein Well-being erfährt?

Warum das so wichtig ist und wie sich das auch im Kontext von neuen Arbeitswelten denken lässt, davon handelt dieser Beitrag.

Bild 1 stammen von https://unsplash.com/

[1]

16.1 Einführung

Dreißig Menschen sitzen in einem sterilen, mit dem Dunst und Design der 1980er-Jahre durchwobenen Konferenzraum irgendwo in Deutschland. Aufgrund der räumlichen Ausmaße ruft man sich seine Wortmeldungen zu, manch einer versteckt sich lieber hinter seinem Laptop, den Damen gelingt das auch per Smartphone. Am rechten oberen Rand des U-förmigen Tischaufbaus erscheint das Flipchart wie eine Briefmarke, das unerwünschte Personal orchestriert unaufgefordert in unterschiedlichsten Tönen beim Gedeckwechsel. Die Gemengelage wird mit einem IT-Vortrag gelangweilt, der an Detailtiefe kaum zu überbieten ist, und das wichtigste Thema für die eigentlich als Workshop deklarierte Zusammenkunft von drei Stunden erhält satte zwanzig Minuten. Welche Maßnahmen sind für den Wandel hin zur neuen Arbeitsumgebung zu ergreifen und zu realisieren? Schleppend teilt sich die Gruppe auf zwei Pinwände auf, diskutiert über den Sinn und Unsinn von Mülltrennung im neuen Büro. Im Ergebnis schaffen es drei Maßnahmen auf die Pinwand, eine davon wurde schon vor neun Monaten vom Lenkungskreis aufgrund zu hoher Kosten verworfen, die Realisierung einer Testfläche. Die Teilnehmer wissen das. Sie sind Teil des Topmanagements eines internationalen Konzerns. Die Mitarbeitenden, die schon in wenigen Monaten in ihre neue Arbeitsumgebung einziehen sollen, erhalten nur geringe bis keine Beachtung, und bislang gibt es keine Partizipation. Dies ist kein Einzelfall.

Genaugenommen verändert die Realisierung einer neuen Arbeitswelt neben den räumlichen Strukturen grundlegend die psychosozialen Netzwerke, die Kommunikation untereinander, das Verhalten im Miteinander, greift tief in die Arbeitsorganisation jedes Einzelnen ein und bringt jede Menge neue Technologien mit sich (z. B. digitale Immobilien, wie the Cube, Berlin). Das Spektrum der neu zu erwerbenden Kompetenzen ist vielfältig und zunächst unübersichtlich. Alles zusammen beeinflusst das emotionale

Erleben der Veränderung bei der Belegschaft. Die meisten Mitarbeitenden haben Angst, in der neuen Arbeitsumgebung nur eine reduzierte Leistung zu erbringen und dadurch Einbußen in Kauf nehmen zu müssen, wie z. B. hinsichtlich Verantwortung, Aufgabenbereich, Ansehen und variables Gehalt. Transformationen bleiben stecken oder misslingen, weil der emotionalen Seite der Veränderung kaum Beachtung geschenkt wird, sondern das volle Augenmerk auf den tausendfach wiederholten rationalen Lösungen liegt.

„Change fails because of human factor"
Elisabeth A. Archie 2018

Bild 2 stammen von https://unsplash.com/

2
unsplash

Doch auch rationale Argumente unterliegen einem sog. „confirmation bias". Das ist die Neigung, Informationen so auszuwählen, zu ermitteln und zu interpretieren, dass diese die eigenen Erwartungen erfüllen bzw. bestätigen. Alle anderen Informationen werden nicht wahrgenommen (Peter Wason 1960, 1968).

Auch Kienbaum hat in einer 2015 veröffentlichten Studie zu Change festgestellt, dass die Diskrepanz bei den Change-Enablern zwischen IST und SOLL durchschnittlich einen Bewertungspunkt beträgt, wobei selbstredend das IST zurückliegt (s. Abb. 16.1).

Hervorzuheben sind daraus zwei Punkte: das Topmanagement als Vorbild für Change-Initiativen ist laut Studie ein starker Change-Befähiger, wird jedoch im Change-Alltag noch nicht einmal im Mittelmaß realisiert. Das eingangs aufgezeigte Praxisbeispiel verdeutlicht diesen Punkt. Der zweite ist, dass Mitarbeiter zur Eigenverantwortlichkeit

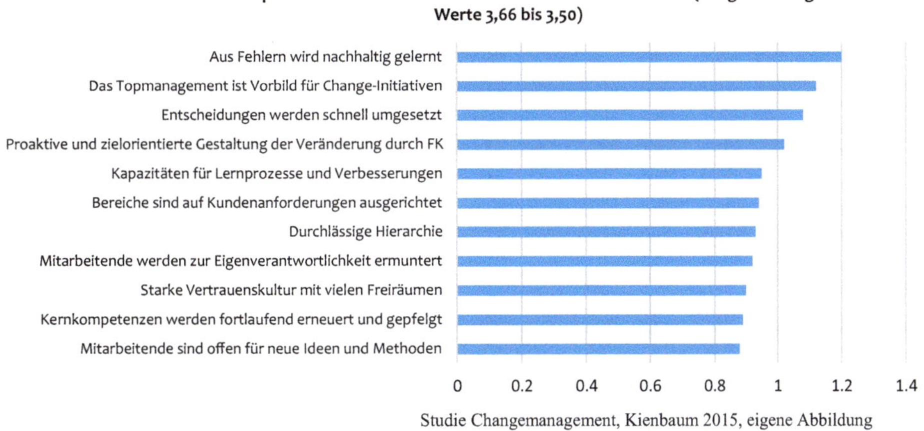

Abb. 16.1 Ist-Soll-Diskrepanz bei den 11 Enablern mit den höchsten Soll-Werten

(eher nicht) ermuntert werden. Mitarbeiter haben in vielen Veränderungsprojekten kaum bis kein Mitspracherecht, obwohl sie davon zentral betroffen sind. Das liegt häufig an der vorgefassten Meinung vieler Manager, damit nur die Büchse der Pandora zu öffnen: „Wir wollen kein Wunschkonzert! Wir müssen jeden Widerstand vermeiden, indem wir keine Berührungspunkte schaffen“. Genaugenommen ist dies das Eingeständnis, Angst vor den eigenen Mitarbeitern zu haben bzw. als Manager nicht mit ihnen umgehen zu können.

Daraus ergibt sich zudem die Frage, wie menschlich und wertschätzend es ist, große Teile der Belegschaft im Veränderungsvorhaben unmündig zu behandeln?

Hierzu hat Mutaree in kurzen Umfragen das Thema Menschlichkeit im Change untersucht und kommt zu frappierenden Erkenntnissen (TED-Umfrage 2019 – Verlieren wir durch Change-Projekte Werte und Moral? TED-Umfrage 2019 – Ist Change menschlich?). Im Ergebnis geben die Studienteilnehmer als wichtigsten Wert innerhalb der Organisation Wertschätzung an (76 % wichtig), während Menschlichkeit nur zu 44 % wichtig ist, d. h. über 50 % der Studienteilnehmer erleben diesen Wert innerhalb der Organisation als unwichtig. Allein dieser Wert ist schon extrem besorgniserregend. In Change-Projekten wird der Wert Wertschätzung zu 72 % vernachlässigt, der Wert Menschlichkeit zu 36 %. (s. Abb. 16.2) Wenn wir uns damit auseinandersetzen, dass wir uns seit mindestens zehn Jahren im permanenten Wandel befinden, ist die Schlussfolgerung evident, dass Wertschätzung ein reines Lippenbekenntnis ist.

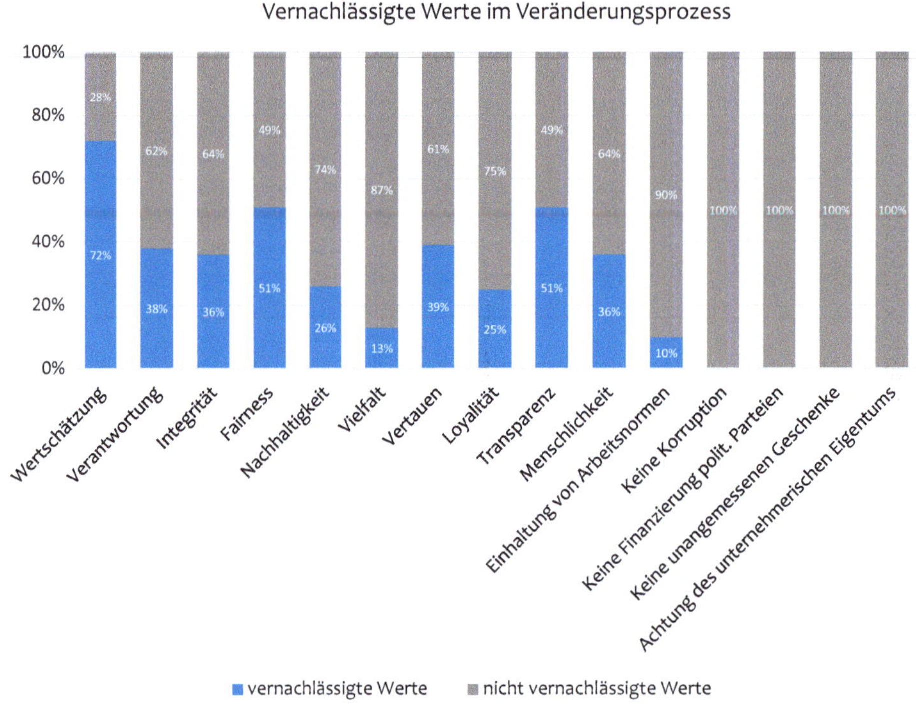

Studie „Kostet Change Werte und Moral?", Mutaree 2019, eigene Abbildung

Abb. 16.2 Vernachlässigte Werte im Veränderungsprozess

16.2 Wie kann man ein menschliches Change-Management bei der Einführung einer neuen Arbeitswelt realisieren?

A. Emotionalise: Purpose – Vision – Handlungsleitlinien

Bisherige Veränderungsprojekte starten meist, nachdem die Planung der neuen Arbeitsumgebung gemeinsam mit dem Management verabschiedet ist. Erst dann werden die Ergebnisse den Mitarbeitenden präsentiert, Vorteile aus Unternehmenssicht proklamiert und dazu aufgerufen, die Neuerungen ohne Widerstand anzunehmen. Kurz: betreutes Denken. Das ist wie Werbung für ein unbekanntes Produkt ansehen zu müssen, für das man – losgelöst von der eigenen Meinung – lächelnd eine irreversible Kaufverpflichtung eingehen muss. Dem Menschen wird abgesprochen, was ihn zum Menschen macht: das Denken im Jetzt und für die Zukunft.

An dieser Stelle soll nun ein externer Berater das Veränderungsprojekt erfolgreich abschließen bzw., wie es in vielen Ausschreibungstexten steht, „die Mitarbeiter proaktiv motivieren und begeistern". Das ist eine Utopie. An dieser Stelle steckt der Karren bereits im Dreck fest und das Projekt kann allerhöchstens mittelmäßig verlaufen, unter der Voraussetzung, dass der Change-Manager gute Arbeit leistet. Die entscheidungsrelevanten Themen für die Belegschaft sind längst verabschiedet. Motivation gibt es nur mit menschlicher und wertschätzender Partizipation. Demotivation gibt es mit Pseudo- und Nullpartizipation.

Schwenken wir kurz zu New Work, so ergibt sich für jede Organisation ein dringender „purpose". Kienbaum definiert „purpose" mit „[…] Daseins- bzw. Existenzberechtigung der Organisation, die sich daraus legitimiert, dass sich die Organisation als Teil der Gesellschaft versteht, und – über reine Profitorientierung hinaus – Mehrwerte schafft für alle Mitglieder der Organisation und deren Stakeholder" (Purpose Studie Kienbaum, 2020). Der Nutzen geht weit über einen ökonomischen hinaus und bezieht den sozialen als auch den ökologischen mit ein, da er sonst im Widerspruch zur Gesellschaft steht.

Normalerweise sind Mitarbeiter innerlich, also emotional, mit ihren eigenen Werten über den Purpose an die Organisation gebunden (vgl. hierzu affektives Commitment, Porter et al. 1974). Zwei Beispiele dafür bieten einmal Google mit „To organize the world's information and make it universally accessible and useful", wobei der ökonomische Purpose von Google wesentlich anders definiert ist, und zum anderen Tesla mit „acceleration of sustainable energy and autonomy". Wichtig ist der Purpose, weil er als Sinn und Zweck der Organisation uns hilft, Extremsituationen besser durchzustehen, wie beispielsweise die Coronapandemie oder eine Übernahme des Unternehmens, er dient als Stresspuffer, indem wir auf emotionale Belastungen weniger stark reagieren, z. B. bei Umstrukturierungen; er ist gesundheitsförderlich, d. h. Menschen, die ihr Leben als sinnerfüllt beschreiben, leben länger; Sinn gibt uns Bedeutsamkeit in unserem Tun, er ermöglicht uns ein Leben im Einklang mit unseren Werten zu leben und verhindert dadurch unter anderem Burn-out-Phänomene (vgl. Michael Steger, Colorado State University).

Allein daraus lassen sich schon die ersten Werte der neuen Arbeitsumgebung ableiten, wie beispielsweise Nachhaltigkeit, Achtsamkeit im Umgang mit Ressourcen, hoher Nutzen und Zugang für alle. Um eine neue Arbeitsumgebung mit den eingangs beschriebenen Veränderungen (psychosoziale, kommunikative, digitale und organisationale) zu rechtfertigen, ist ein solcher „change purpose" wichtig.

> „Inspire through purpose"
> Jim Hemerling, BCG 2016

Dieser sollte sich sowohl aus dem Unternehmenszweck ableiten, als auch Sinn und Zweck der neuen Arbeitsumgebung aufzeigen (s. Abb. 16.3). Zu diesem Ziel ist es ein schwieriger Weg, der sich jedoch lohnt. Der „change purpose" ist eine Handlungsmaxime, an der sich zukünftig alle Projektbeteiligten orientieren: Führungskräfte, Geschäftsführer, Personalleitung, Betriebsräte, Architekten, Interior Designer, Change Manager und viele mehr. Insbesondere in schwierigen Entscheidungsphasen ist die Rückbesinnung auf diese Handlungsleitlinien sehr effektiv.

Menschlich wird dieser Prozessschritt jedoch erst, indem die Mitarbeiter:innen universell daran beteiligt werden. Mitarbeitende sind Experten für ihre Arbeitsweise und wissen somit sehr genau, wie sie am besten sehr gute Arbeit leisten. Selbstredend können an der Gestaltung des Change-Prozesses einer großen Organisation nur einige Mitarbeitende

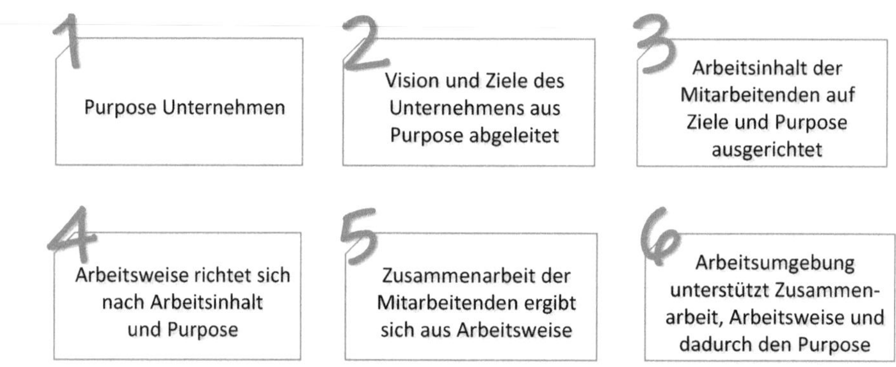

Ableitung Change-Purpose der neuen Arbeitsumgebung aus Unternehmens-Purpose. Eigene Abbildung

Abb. 16.3 Ableitung Change-Purpose der neuen Arbeitsumgebung aus Unternehmens-Purpose

teilnehmen, weil es schlicht für das Unternehmen schnell finanziell untragbar wird, alle zu beteiligen. Diese Projektbeteiligten auf Mitarbeiterebene sind als Mandatsträger:innen verantwortlich, die Belange ihrer Mandant:innen – also den Mitarbeiter:innen – in den Veränderungsprozess kontinuierlich einzubringen. Wer als Mandatsträger:in auf welche Weise aufgenommen wird, handhaben Unternehmen unterschiedlich. Sie werden teilweise von den Führungskräften bestimmt, manchmal von den Kolleg:innen gewählt oder als Bewerber:in durch eine Change-Jury ausgewählt. Manchmal werden auch für unterschiedliche Aufgaben unterschiedliche Mandatsträger:innen eingebunden. In allen Fällen gilt es, den Auswahlprozess transparent und gerecht zu gestalten, damit auch dieser menschlich ist.

Wie in den meisten Projekten auch, geht es in der Transformation genauso darum, Kosten, Qualität und Zeit im Auge zu behalten und für deren Einhaltung zu sorgen. Der einzige Unterschied ist, dass hier im Mittelpunkt der Mensch steht. Und dessen Verhalten ist nicht immer vorhersehbar. In der Psychologie spricht man von Wahrscheinlichkeiten, mit denen ein bestimmtes Verhalten eintritt. Und genauso verhält es sich während der Veränderung. Es gibt eine gewisse Wahrscheinlichkeit dafür, dass Widerstand bei den Mitarbeitenden auftreten kann, genauso, wie es eine Wahrscheinlichkeit gibt, dass es Befürworter:innen der Veränderung geben könnte. Ein gutes Bild zur Orientierung bietet hierbei die Gauß'sche Normalverteilung (s. Abb. 16.4). Von der neuen Arbeitswelt sind 10–20 % der Belegschaft schon vor Projektstart überzeugt („front runner"), während 10–20 % im Widerstand bis weit nach Umzug bleiben („late adopter"). Für Veränderungsprojekte sind die mittleren 60 % am wichtigsten („follower"). Das sind genau diejenigen, die zur Veränderung noch keinen klaren Standpunkt entwickelt haben und unentschieden hinsichtlich Freude oder Ablehnung sind. Für die Auswahl der Mandatsträger:innen ist daher für den Change-Erfolg entscheidend, dass sowohl „front runner" als auch „follower" darunter sind. Für die „late adopter" nimmt man sich extra Zeit, um deren Standpunkt individuell zu besprechen. Häufig werden dabei erfolgskritische Aspekte angesprochen, die für den Change-Prozess sehr wertvoll sein können und deshalb unbedingt zu berücksichtigen sind.

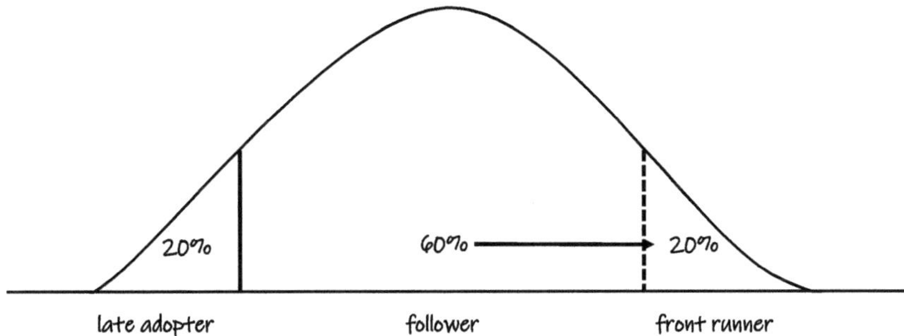

Normalverteilung Einstellung der Mitarbeitenden zur Veränderung, eigene Abbildung. Bezeichnung der Personengruppen aus Changemanagement Studie 2017, Capgemini

Abb. 16.4 Normalverteilung Einstellung der Mitarbeitenden zur Veränderung

Somit kann auch ein demokratischer Prozess der Beteiligung in großen Unternehmen in Gang gesetzt werden. Unmenschlich wird dieser Prozessschritt, wenn ohne Beteiligung der Mitarbeitenden Werte definiert werden, die noch nicht einmal den Kern des Wesens ihrer Arbeit treffen. Hier werden Mitarbeiter:innen wie unmündige Kinder behandelt und man wundert sich über deren Trotzverhalten. Aus meiner eigenen Erfahrung wird in der Realität nur in drei von zehn Unternehmen ein solcher „change purpose" zur Gestaltung und Realisierung einer neuen Arbeitsumgebung ausgearbeitet, und selbst dies in der Regel ohne Mitarbeitende. In fast allen Fällen existiert kein Unternehmens-Purpose.

Zurück zum Veränderungsvorgang. Ein Purpose wird gemeinsam mit den Mitarbeitenden erarbeitet. Im nächsten Schritt geht es darum, wie der Purpose erlebbar gestaltet werden kann. Wie wird er in den Handlungen sichtbar? Woran kann ein anderer erkennen, dass der CHange-Purpose im Change-Prozess gelebt wird? Wie geht man mit Zuwiderhandlungen um? Wird sanktioniert? Oder tritt eine Fehlerkultur in Kraft? Oder heißt sie neuerdings Lernkultur? Und was davon ist purpose-orientiert?

Auch hier ist es wichtig, für alle einen ökonomischen, ökologischen und sozialen Nutzen zu stiften und darüber hinaus Mitarbeitenden ebenso wie Projektmitgliedern einen angemessenen zeitlichen Rahmen sowie Räume bzw. digitale Tools für Zusammenarbeit zur Verfügung zu stellen und gegebenenfalls Reisezeiten zu minimieren bzw. Reisemittel ökologisch auszuwählen usw.

B. Participate: Meilensteine – Change-Roadmap – Monitoring

MEILENSTEINE UND CHANGE-ROADMAP

In den meisten Projekten, bei denen eine physische Arbeitswelt konzipiert und realisiert werden soll, sind oft fixe Zeitpunkte definiert, an denen der Umzug stattfinden muss, beispielsweise durch das Ende des Mietvertrags, die Fertigstellung des neuen Gebäudes oder eine schnelle Kostensenkung durch Reduzierung der Büroflächen. Der Terminplan basiert dabei auf einer sogenannten Rückwärtsterminierung. Wann findet der Umzug statt? Bis wann müssen Möbel eingebracht sein? Bis wann müssen sie bestellt sein?

Bis wann sollte die Anzahl an Möbel bekannt sein? Welche Möbel machen bei welcher Arbeitsweise Sinn? Welches Corporate Design soll in der Arbeitsumgebung realisiert werden? Und so weiter.
Bild 3 stammen von https://unsplash.com/

3

Dadurch ergeben sich auch für den Change klar definierte Meilensteine und Zeitpunkte zur Beteiligung. Das Ganze wird in einer Change-Roadmap festgelegt. Insbesondere bei diesem Prozesspunkt geben Mitarbeitende entscheidende Hinweise, an welcher Stelle welche Veränderungsformate mit welchen Beteiligten das Veränderungsvorhaben stringent voranbringen (Vgl. Abb. 16.5).

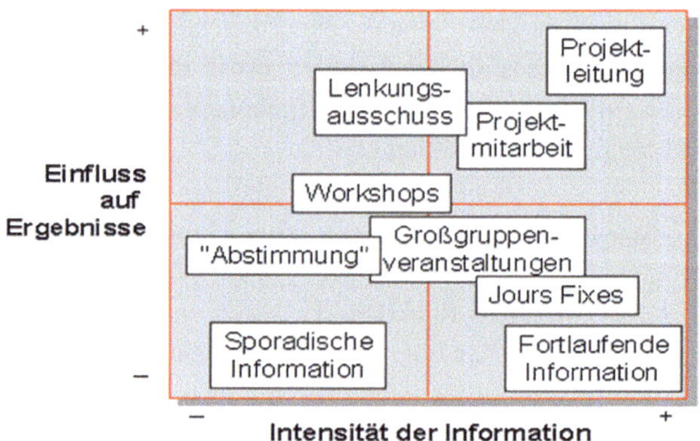

Formen der Einbeziehung. Die Umsetzungsberatung, Winfried Berner und Kollegen

Abb. 16.5 Formen der Einbeziehung

Phasen im Veränderungsprozess im zeitlichen Verhältnis. Eigene Abbildung

Abb. 16.6 Phasen im Veränderungsprozess im zeitlichen Verhältnis

Darum ist es wichtig, die Meilensteine und wie sie erreicht werden sollen gemeinsam mit den Mandatsträger:innen zu erarbeiten und diese dann auch mit entsprechenden Veränderungsformaten zu füllen, bei denen diese Mandatsträger:innen in leitenden Rollen dabei sein sollten. Zum besseren Verständnis in der Change-Kommunikation als auch für die Meilensteine dient die untere Abbildung (Abb. 16.6) mit fünf Phasen und den zwei Meilenstein („concept", „move"). Dabei müssen die zu entwickelten Veränderungsformate auf die Phasen einzahlen, da sie sonst ihre Wirksamkeit verfehlen.

PARTIZIPATION

Dass Mitarbeitende am Change-Prozess partizipieren sollen, wissen wir aus der vielfach veröffentlichten Literatur zuhauf (z. B. Mutaree Studie Change-Fitness 2016). Es steigert die Motivation wie auch die Akzeptanz zur Transformation der eigenen Arbeitswelt.

4

unsplash

Wichtige Motivatoren, die unser Handeln leiten, sind 1. soziale Einbindung, 2. Anerkennung, 3. Sicherheit.

In vielen Projekten zur Konzeption und Umsetzung einer neuen Arbeitswelt werden die Mitarbeiter digital beteiligt. Sie können ihre Meinung zu einem neuen Arbeitsplatzkonzept bzw. zu einem bestehenden über eine Online-Befragung kundtun. Eine Online-Befragung ist jedoch unidirektional, der wichtige Dialog und die Auseinandersetzung mit der Veränderung für Mitarbeitende als auch Projektbeteiligte bleibt aus. Im besten Fall wird die Belegschaft noch über die Ergebnisse informiert, allerdings alles andere als zeitnah. Bis jeder seinen Beitrag zur Kommunikation beigefügt hat, vergehen oft unnötig viele Wochen. In jedem Fall aber ist hier keine soziale Einbindung zu den Veränderungen erfolgt, also das wichtigste Motiv nicht erfüllt. Daraus ergibt sich dann häufig ein Wir, die Projektgruppe gemeinsam mit den Führungskräften sowie dem Topmanagement, und ein Die, die Mitarbeitenden, die Ahnungslosen, die das nicht entscheiden können. Statt sozialer Einbindung resultiert die Beteiligung in eine hierarchisch und kulturell bedingte Trennung. An einem Strang ziehen beinhaltet ein Wir ohne ein Die.

Anerkennung erhalten die Mitarbeitenden meist in negativer Weise, nämlich als Störfaktoren für einen reibungslosen Transformationsprozess, als Widerständler:innen, das wie ein Guerillakrieg anmutet, oder als Trotzkinder, die sich nicht belehren lassen. Der organisationale Erfolg einer Veränderung ist immer an den individuellen Erfolg gekoppelt. Ohne das Individuum gibt es keine Veränderung. Anerkennung erfahren Menschen, indem man ihnen zuhört, ihre Bedürfnisse ernst nimmt, sich für ihre Arbeit bedankt – auch wenn es selbstverständlich ist – und vor allem ihren Beitrag zur Wertschöpfung des Unternehmens heraushebt. Anerkennung, Wertschätzung sowie fundiertes Feedback werden von vielen Mitarbeitenden im Büroalltag schmerzlich vermisst. All das gilt auch für Menschen, die der Veränderung nicht leichtfüßig folgen können. Zuhören, was jemanden aufgrund der Veränderung bewegt, ihn ernst nehmen, sich für seine Offenheit bedanken und wertschätzen wirken Wunder.

Sicherheit ist ein grundlegendes Bedürfnis, das während Veränderungsprozessen in Mitleidenschaft gezogen wird. Menschen haben ein Bedürfnis nach Kontrolle, Dinge vorhersehen, diese beeinflussen und sie erklären können (Dieter Frey und Martin Irle, Theorie der kognizierten Kontrolle, in Theorien der Sozialpsychologie, 1993). Erhalten sie keine Möglichkeit dazu, geraten sie entweder in die erlernte Hilflosigkeit (Martin und Seligman 1975), aus der man ohne Hilfe von außen nicht mehr herauskommt, oder in Reaktanz (Jack Brehm 1966), in einen sogenannten psychologischen Widerstand, der die Einstellung und die Motivation zum Gegenstand der Reaktanz beschreibt, nicht das beobachtbare Verhalten. Widerstand, also das beobachtbare Verhalten, zeigt sich in Transformationsvorhaben unterschiedlich, sowohl offen als auch verdeckt, sowie aktiv oder passiv.

	offen	verdeckt
aktiv	- Wut und Ärger - Sabotage - Gegenallianz bilden	- Gerüchte - Zynismus
passiv	- Verweigerung - Aufgaben bleiben liegen - Informationen werden nicht weitergereicht	- Rückzug - Isolation

Formen von Widerstand. Eigene Abbildung

Abb. 16.7 Phasen im Veränderungsprozess im zeitlichen Verhältnis

Je nach Vorerfahrungen, die individuell durch die Mitarbeitenden gemacht wurden, kann Widerstand unterschiedlich stark ausfallen (Vgl. Abb. 16.7). Die Grundeinstellung vieler Organisationen – konkret des Lenkungskreises oder des Topmanagements – Mitarbeiter nicht zu beteiligen bzw. einer Pseudobeteiligung zuzustimmen, haben fatale Wirkungen auf die Motive soziale Einbindung, Anerkennung und Sicherheit der Mitarbeitenden. Die Menschen in Organisationen sind durchaus in der Lage, eine Pseudobeteiligung als solche zu erkennen. In diesem Sinn wirkt diese Art der Nicht- bzw. Pseudopartizipation aufgrund des originären Wunschs, den Widerstand der Belegschaft niedrig zu halten, wie eine Selffullfilling Prophecy, und man erfährt das Gegenteil der beabsichtigten Wirkung.

Indem man die Mitarbeiter:innen ganzheitlich am Veränderungsprozess beteiligt, ihnen nicht nur ein Mitspracherecht, sondern auch ein Mitbestimmungsrecht einräumt, erhält man in der Folge einen lebendigen, menschlichen und wertschätzenden Ablauf, eine unvergessliche Reise in eine neue Arbeitswelt.

An dieser Stelle möchte ich darauf hinweisen, darüber nachzudenken, was ökonomisch mehr Unfug ist: die Mitarbeitenden in den Widerstand zu treiben und damit organisationalen Misserfolg einzufahren (70 % aller Change-Projekte scheitern schließlich) oder eine Vielzahl und Vielfalt an Mitarbeitenden am Prozess teilhaben zu lassen? Misserfolg bei der Einführung einer neuen Arbeitswelt bedeutet konkret, dass die Mitarbeitenden die räumlichen Angebote nicht nutzen werden, wie es das zugrunde liegende ausgearbeitete Konzept vorsieht. Bezogen auf den Kontext der Einführung einer neuen Arbeitswelt heißt das konkret in kleinen Umbauprojekten (bis zu 400 Mitarbeiter) etwa 4 Mio. € in Hardware wie Umbau, Möbel, Wand, Decke, Boden etc. zu investieren und nur 5 % davon in die, dem Menschen. Eine Erhöhung des Budgets für Change-Management-Aktivitäten um nur 1 % reduziert das Risiko, ein Millionengrab zu schaufeln, um über 70 %.

MONITORING

Um einen erfolgreichen Veränderungsprozess durchzuführen, braucht es ein Steuerungsinstrument, das wie eine Landkarte den Projektbeteiligten aufzeigt, welche Hügel und Berge schon überwunden sind und welche noch vor ihnen liegen. Im „change“ gibt es nicht *den* Weg, der immer zum Ziel führt, sondern viele Wege, die sich im Prozessverlauf ständig ändern werden. Darum macht das wiederholte Monitoring aus den blinden Projektbeteiligten für einen Moment Sehende, der Nebel lichtet sich kurz, um den Weg fortsetzen zu können.

> „Die systematische Umsetzungsbegleitung und eine bewusste Steuerung auf Basis der Ergebnisse eines Change-Monitors können die Erfolgschancen des Veränderungsvorhabens deutlich erhöhen.“
>
> Claudia Schmidt, Geschäftsführerin Mutaree

In kurzen Befragungen, die beispielsweise über die Mandatsträger:innen ausgefüllt und direkt mit ihnen besprochen werden, erhält man Informationen dazu, wie gut der Purpose des Veränderungsvorhabens und dessen Herleitung den Mitarbeitenden vermittelt werden, ob genug Information und Kommunikation erfolgt, inwiefern die Möglichkeiten zur Mitarbeit wahrgenommen und genutzt werden, inwiefern Feedbackmöglichkeiten bestehen und genutzt werden, wie sehr man rational und emotional dem Veränderungsziel zustimmt und inwiefern man glaubt, dass die neue Arbeitsumgebung die eigene Arbeit gut unterstützen wird. Daneben können auch projektspezifische Fragen gestellt werden. Es sollten jedoch maximal zehn Fragen sein, die man in wenigen Minuten beantworten kann. Erst der Dialog mit den Mandatsträger:innen führt dann zu klaren Einblicken und dadurch erst zu zielführenden Change-Aktionen. Auch dieses Change-Format lässt sich bestens mit Mitarbeitenden entwickeln. Sie wissen genau, was sie im Veränderungsprozess am meisten beschäftigt und formulieren deshalb die treffenderen Fragen.

C. Meilensteinkonzept: Arbeitsweise, Nutzerbedarfe und Einbindung

Wie schon das Fraunhofer-Institut wissenschaftlich nachgewiesen hat, ist eine Arbeitstypologie – also eine Gruppe von Mitarbeitenden, die ähnliche Arbeitsweisen verbindet – und die daraus abgeleitet passende Arbeitsumgebung sowohl Motivator als auch Performancesteigerer und fördert Wohlbefinden sowie Zufriedenheit der Mitarbeitenden (Office Analytics. Erfolgsfaktoren für die Gestaltung einer typbasierten Arbeitswelt. Jurecic, Mitja; Rief, Stefan; Stolze, Dennis, Studie 2018). Denn, so heißt es in der Studie:

> „Wer den Erfolgsfaktor Bürogestaltung voll ausschöpfen will, muss sich mit den Bedürfnissen seiner Mitarbeitenden und den Anforderungen, die mit der Verrichtung der Arbeit einhergehen, gezielt auseinandersetzen."
>
> depositphotos

5
depositphotos

Konkret bedeutet das, dass nicht eine Arbeitsumgebung, die für alle identisch ist, bereitgestellt wird, sondern dass für jede Personengruppe mit ähnlichen Arbeitsweisen und Aufgaben eine spezifische Ausführung erforderlich ist.

Es gibt sicher viele Formate der Einbindung von Mitarbeitenden in der Konzeptualisierung der neuen Arbeitswelt. Hier gehe ich nur auf zwei Well-being-Beispiele ein.

1. Beispiel
   Bei der Realisierung einer neuen Arbeitswelt im industriellen Bereich sollte die Belegschaft, nach Vorgabe der Arbeitnehmervertreter, maßgeblich Einfluss nehmen können. Hierbei wurden auf Basis der erhobenen Nutzerbedarfe unterschiedliche Module entwickelt, bestehend aus Möbeln und festen Einbauten, die einen gleichen Flächenbedarf aufweisen. Gemeinsam konnte sich jede Abteilung anschließend mit dem Modulbaukasten ihre eigene Arbeitsumgebung in analoger Weise bauen. Damit sich jeder ein klares Bild der neuen Arbeitsumgebung machen konnte, wurde der fertige Modulbauplan als Raumerlebnis mit Virtual Reality ausgearbeitet. Die Mitarbeitenden konnten sich virtuell in ihrem neuen Büro bewegen und Verbesserungsvorschläge einbringen. Erst wenn alle Mitarbeitenden von ihrem neuen Büro überzeugt waren, haben sie mittels Stempel den Konzeptplan freigegeben. Es ist ein aufwendiges Verfahren, da alle Mitarbeitenden beteiligt waren und ihre Interessen einbringen konnten. Zudem ist Virtual Reality kosten- und zeitintensiv, dennoch war dieses Vorgehen ein durchschlagender Erfolg. Sowohl im weiteren Projektverlauf als auch nach Umzug gab es keinen nennenswerten Widerstand aufseiten der Belegschaft.
2. Beispiel
   Ein zweites Beispiel ist das Durchlaufen eines Arbeitsalltags mit vorher ausgewählten spezifischen Arbeitsprofilen der jeweils zu betrachtender Abteilung. Dazu werden Personas entwickelt, deren berufliche Tätigkeiten auch mit privaten Bereichen wie Kinder, Sport, Arbeitsweg usw. verschränkt wurden. Die Teilnehmer:innen entwickeln zunächst das Durchlaufen der einzelnen Tätigkeiten im privaten wie im Arbeitsumfeld und deren zeitliche Einordnung, gefolgt von Well-being-Momenten, die es schon gibt und solchen, die als weiterer Wow-Effekt den Arbeitsalltag optimieren können. Darunter können sowohl die personalisierte Kaffeetasse als auch ein heller freundlicher Empfangsbereich fallen, sowie die Einsicht, dass der Arbeitsalltag zu viele Unterbrechungen durch Besprechungen hat, die zulasten der Konzentration und Kreativität gehen, oder dass eine App schon am Morgen anzeigt, welche Verkehrsmittel die Persona am schnellsten ins Büro befördern. Ergebnis kann auch sein, dass es zukünftig sowohl Me-Bereiche als auch We-Bereiche in passabler Anzahl gibt. In diesem Szenario hat Wohlbefinden eine sehr zentrale Rolle gespielt.

Well-being bezogen auf die Arbeitsumgebung beinhaltet:

- Ergonomische Faktoren, wie die Anpassung von Möbeln auf individuelle Bedarfe
- Physische Faktoren, insbesondere Licht, Luft, Akustik, Hygiene und Essensangebote
- Mentale Faktoren, dazu gehören Privatsphäre, gute Orientierungsmöglichkeiten, Attraktivität und Stimmigkeit der Arbeitsumgebung sowie Mitsprachemöglichkeiten
- Soziale Faktoren, nämlich Führungsstil, Kollegialität, Unternehmenskultur und Work-Live-Blending

All dies sollte in der Konzeptionierung einer neuen Arbeitsumgebung berücksichtigt werden, damit sie nicht nur den Bedürfnissen der darin „Wohnenden“ gut entspricht, sondern darüber hinaus auch noch gern genutzt wird und dadurch Wertschätzung ausdrückt.

D. Engage by dialogue and experience

Ein Praxisbeispiel:

Damit die neue Arbeitsumgebung auch gut verstanden werden kann, nehmen die Leitungskräfte an einer zweistündigen Informationsveranstaltung teil. Eine mit viel Aufwand erstellte Präsentation erläutert die wichtigsten Änderungen der zukünftigen Arbeitsumgebung, zeigt den Projektplan auf und weist die Teilnehmer:innen auf ihre Aufgaben hin, die sie bis zu einem bestimmten Zeitpunkt zu erledigen haben: 50 Folien. Die anschließende Fragerunde nach eineinhalb Stunden reinem Vortrag ist kurz. Es sind überwiegend Fragen zur Organisation, alles sehr vernünftig. In den nächsten drei Wochen sollen die teilnehmenden Führungskräfte ihre Mitarbeitenden informieren, was auch einigermaßen gelingt. Vier Wochen später finden erste Pulse Checks statt, um zu sehen, wie die Informationen in der Belegschaft angekommen sind. Überwiegend befindet sich alles im mittleren Bereich. Die Frage, ob die neue Arbeitsumgebung persönlich gut funktionieren wird, erhält Bewertungen im unteren Bereich. Das ist nicht verwunderlich, so ist es doch ein Prozess, der über Verstehen, Bewerten und Adaptieren in einer längeren Zeitspanne verläuft. Doch auch nach sieben Monaten sieht der Pulse Check fast identisch aus. Es bewegt sich kaum etwas in den oberen Bewertungsbereich. Wieso?

Gemeinsam mit den sogenannten Nutzervertreter:innen wird über die gleichbleibenden Ergebnisse gesprochen. Ein Dialog, der bei den Projektverantwortlichen großes Interesse zeigt, bei den Nutzervertreter:innen nur mäßiges. Auf die Frage, ob die neue Arbeitsumgebung akzeptiert ist, kommt als Antwort: „Was bleibt uns denn anderes übrig?". Eine resignative Change-Zufriedenheit hatte sich etabliert. Eine lebhafte Diskussion entsteht auf die Frage, was für die Akzeptanz aktuell fehlt. Fundamentale Mängel in der Beteiligung werden ersichtlich. Die Erfassung der Arbeitsweise wurde aus einschlägigen anderen Projekten, die im selben Unternehmen realisiert wurden, abgeleitet, jedoch nicht von den Wandelbeteiligten selbst erneut erfragt. Fragen zur Ausplanung der Arbeitsumgebung und zu fehlendem Equipment wie Whiteboard etc. wurden nicht wahrgenommen und nicht beantwortet. Diesen Mängeln nachträglich noch entgegenzuwirken, ist zu diesem inzwischen weit fortgeschrittenen Projektzeitpunkt nicht mehr möglich. Einige Punkte jedoch werden zur Zufriedenheit der Nutzervertreter aufgenommen und umgesetzt. Zudem hatte sich der Austausch intensiviert, eine vertrauensvolle Zusammenarbeit ist nach weiteren Besprechungen entstanden.

ENGAGE BY DIALOGUE

In vielen Veränderungsprojekten werden Tonnen an Informationen über die Mitarbeitenden ausgeschüttet, in der Hoffnung, viel hilft viel. Auch im Internet gibt es viele gut gemeinte Tipps, wie die richtige Kommunikation zu erfolgen hat. Es geht um Zahlen, Daten Fakten, Vorteile hervorheben, Überzeugen und vieles mehr. Alles Bullshit. Zum Leidwesen vieler Change-Beteiligter.

6
unsplash

Viele glauben, dass es schwierig für viele Menschen ist, Neues anzunehmen und auch mal auszuprobieren. Die eigentliche Schwierigkeit ist jedoch, das Alte und Vertraute, die Gewohnheiten und Automatismen loszulassen. Das geht teilweise sogar so weit, dass Menschen die Tendenz haben, „[...] dysfunktionale Muster aufrechtzuerhalten, so unlogisch sie für andere auch erscheinen mögen" (M. F. R. Kets de Vries, K. Balazs. Die Psychodynamik des Organisationswandels, 2004). Automatismen sind diejenigen Verhaltensweisen, die wir ausüben, ohne darüber nachzudenken, völlig unbewusst, also wie Rad- oder Skifahren. Und egal, wie oft das Neue beschrieben und erläutert wird, für die Wandelbeteiligten gleicht es einem Drahtseilakt, sich vom Alten zum Neuen hinüberhangeln zu müssen, und das, ohne *erlebt* zu haben, ob das Neue trägt, also einen stabilen Boden aufweist. Das Wissen darum, dass das Neue tragen wird, reicht allein bei Weitem nicht aus, den Schritt zu wagen, deswegen bringen Zahlen, Fakten, Vorteile und Überzeugen an dieser Stelle wenig. Es gibt einen deutlichen Unterschied zwischen Wissen und Erleben. Angst und Sorge um Kontroll- und Kompetenzverlust, um das eigene Ansehen in der Organisation, der Verlust von Bequemlichkeiten, das Nichtwissen, was genau die Veränderung für jeden persönlich bedeutet, lösen starke negative Emotionen und dadurch Stress aus. Die Informationsflut begegnet den Beteiligten lediglich auf einer sachlichen Ebene. Für eine adäquate Begegnung ist die emotionale Ebene jedoch Voraussetzung.

Ebenfalls Grundlage für die Verweigerung, zu glauben, dass das Neue trägt, sind bereits gemachte Erfahrungen im Unternehmen. Die Organisation sozialisiert neue Mitarbeitende auf ihre sogenannten eigenen Spielregeln, z. B. welcher Kleidungsstil ist erwünscht? Wie geht man mit Konflikten um? Wird über Privates gesprochen? Dürfen Fehler gemacht werden? Und so weiter. Man wird auf die Unternehmenskultur eingeschworen. Vieles davon ist jedoch in der Tabuzone, es wird nicht darüber gesprochen, dennoch richten alle ihr Verhalten danach aus. Man weiß ja inzwischen auch, ob und wie Change-Vorhaben umgesetzt werden und wie man darauf zu reagieren hat. Entschiedenes Abwarten ist ganz vorn mit dabei. Ebenso kennt man inzwischen die Konsequenzen von hierarchischen Strukturen und daraus folgend den Umgang mit Fehlern. Wie lange die Aufmerksamkeitsspanne bei Führungskräften anhält, wenn Mitarbeitende sich äußern wollen, und ob es dafür überhaupt Aufmerksamkeit gibt. Selbst mit Verantwortung pflegen manche einen Umgang wie mit einem Kleidungsstück, das man an- und ablegen kann. Welche Rolle der eigenen Führungskraft zugestanden wird und welche sie sich nehmen wird, kennt man ebenfalls schon. Das ist alles halbbewusstes Wissen, konkrete Vorerfahrung, über die man kaum mehr spricht. Durch das Tabuisieren wird der Change auch schwieriger, es ist, als ob man gegen einen unsichtbaren Geist ankämpft. Achtet man jedoch auf Killerphrasen während des Transformationsprozesses, kann man diese Tabus sehen und besprechbar machen.

All dies trägt in bedeutendem Maß dazu bei, dass Informationen für diesen Prozessschritt nicht hilfreich sind. Die Kluft unterhalb des Drahtseilakts wird, ähnlich wie die Wahrscheinlichkeit abzustürzen, als enorm groß wahrgenommen. Es fehlt das Vertrauen. Das ist übrigens nicht käuflich, sondern das muss man sich hart erarbeiten. Es lässt sich nur über einen echten, also authentischen, wertschätzenden und offenen Dialog in vielen Iterationen erreichen, der auch Bestandteil der Führungskultur sein sollte (nach K. Doppler, in Changemanagement, den Unternehmenswandel gestalten).

7
unsplash

Mit der sogenannten Change-Story erreicht man viele Mitarbeitende. Diese Art der Vermittlung gibt Identität, Richtung, Verständnis, involviert Zuhörende emotional, berührt sie, lehrt sie, eint Verstand und Herz, beinhaltet auch Krisen, Tiefschläge und wie man diesen gut begegnen kann (Birgit Jäckel, Storytelling. Wozu?, 2016). Die Change-Story ist ein starkes Kommunikationsmittel, das idealerweise schon für die Phase Emotionalise bereitgestellt werden sollte. Sie nimmt den Change-Purpose auf, zeigt Lösungen und eint die Beteiligten, den gleichen Weg zu gehen. McKinsey hat herausgefunden, dass knapp die Hälfte der Belegschaft eine Change-Story für wünschenswert hält (McKinsey 2015). Für die Erstkommunikation ist besonders wichtig, diese Inhalte (vgl. W. Berner und Kollegen (2018), die Umsetzungsberatung) zu bieten:

1. Klarheit schaffen durch Sinn, Kontext und Nachvollziehbarkeit
2. Konsequenzen des Wandels für Organisation, Abteilungen und Teams, für den Einzelnen
3. Nächster konkreter Schritt

Vielfältige Workshop- und Dialogformate bieten den Mitarbeitenden die Möglichkeit, ihre Sichtweisen anzubringen, um damit ihre dahinterliegenden Emotionen bewusster zu machen. Eine gute Führungskraft, in der Regel jedoch eher gute Beratende, können diese Emotionen zum Wandel begreifbar machen und sie damit auch verändern, indem sie spürt, was im Raum bei den Mitarbeitenden vor sich geht, dieses verbalisiert und die Teilnehmer zur Diskussion auffordert (vgl. Th. Giernalczyk, R.A. Lazar, in „Das System, der Berater und die Rolle“, 2002).

Jedem Menschen wohnt eine persönliche, individuelle Psychologik inne, d. h. jeder handelt nach einer inneren Logik, die einzigartig ist, die jedoch nach logischen individuellen Gesetzen geformt ist, welche wiederum handlungsleitend sind. In einem authentischen Dialog zwischen Führungskraft und Mitarbeitenden, bei dem echtes Zuhören, Verstehen-Wollen und hohes Interesse an der Meinung des Mitarbeitenden spürbar wird, lassen sich diese inneren logischen individuellen Gesetze erkennen und im Kontext des Wandelvorhabens gemeinsam bearbeiten. Menschen nehmen in Wandelzeiten weniger Informationen auf, sie sind erstens durch den eingangs erwähnten „confirmation bias“ limitiert, bei dem nur diejenigen Informationen aufgenommen werden, die mit der eigenen Erwartungshaltung konform gehen, und zweitens liegt der Informationsaufnahme ein weiterer Filter zugrunde, der bestimmte Informationen ungehört aussortiert. Diese Sortieranlage besteht aus individuellen Hypothesen, die Vorhersagen darüber beinhalten, welche Ereignisse eintreffen werden, z. B.: „Ich werde in der neuen Arbeitsumgebung unproduktiver arbeiten können“. Diese Hypothesen basieren auf Erfahrungen und früheren Wahrnehmungen. Alle Informationen, die außerhalb des Kontexts der Hypothese liegen, erreichen gar nicht das Wahrnehmungszentrum, wie z. B.: „Es wird für jeden ausreichend Stauraummöglichkeiten geben“ (vgl. Hypothesentheorie der Wahrnehmung, J. Bruner, L. Postman, 1951).

Ein weiterer Faktor, warum Informationen nicht gehört werden, ist die emotionale Involvierung. Menschen erleben wesentlich schneller ihre Emotion zu einer Aussage, als sie darüber nachdenken können (Kognition), wobei die Emotion doppelt so schnell hervorgerufen wird, wie eine kognitive Auseinandersetzung mit der Information überhaupt möglich ist. Die Kognition ist in der Regel nur die Erklärung für die Emotion und sorgt damit für ein durchgängig konsonantes Erleben. Die eigentliche Information wird durch das emotionale Erleben verfälscht, verdrängt oder gar nicht wahrgenommen. Unser Gehirn ist mit anderen Prozessen beschäftigt und nicht mehr aufnahmefähig.

unsplash

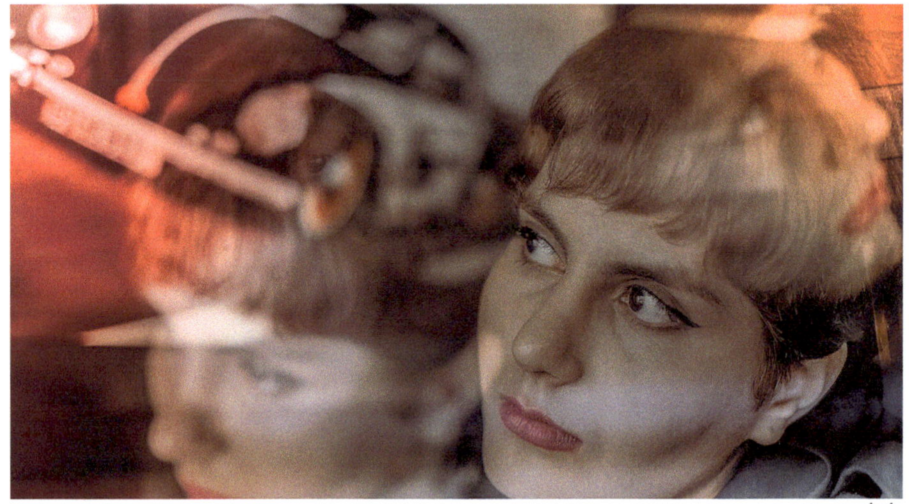

unsplash

 8

Ein Beispiel verdeutlicht dies:

Bei einer Informationsveranstaltung zur Einführung einer neuen Arbeitswelt, die sowohl Open Space als auch eine non-territoriale Arbeitsweisen beinhaltet, nehmen bis zu 300 Mitarbeitende teil. Darunter sind auch Führungskräfte. Emotional aufwühlend wird die Veranstaltung gleich zu Beginn, als klar wird, dass die neue Arbeitswelt in knapp zwei Monaten Realität sein wird. Der kurzweilige Vortrag, was sich zukünftig ändern wird und wie die neue Arbeitswelt funktioniert, wird eine Woche später in Workshops für Führungskräfte mit derselben Unterlage wiederholt. Die Workshop-Leiter:innen wundern sich über die vielen Fragen, die gestellt werden, die vielen Ahs und Ohs. Auf die Frage, wer die Unterlage schon kennt, antwortet von 20 Teilnehmer:innen nur eine Person. Auf die Frage, wer an der Informationsveranstaltung die Woche zuvor teilgenommen hat, antworten alle mit Ja. Neunzehn Workshop-Teilnehmer:innen berichten von keinem Wiedererkennungswert der Unterlage.

Dies alles zeigt auf, dass viel Information den Wandel nicht beschleunigt. Besser ist es, die Information in einem Dialog mit den Beteiligten zu besprechen, dahinterliegende Emotionen bewusst zu machen und erst nach einer tiefgreifenden Verarbeitung über mögliche Lösungen zur Adaption der neuen Arbeitswelt zu sprechen. Dies macht allerdings auch deutlich, wie wichtig einfache, adressatengerechte Sätze sind, klare und transparente Botschaften, die durch Dialog und Wiederholung haften bleiben.

ROLLE DER FÜHRUNG IM DIALOG

Bevor das Wandelvorhaben offiziell startet, braucht es auf Topmanagementebene breiten Konsens für den Wandel, und zwar hinsichtlich

- Notwendigkeit des Wandels – Warum müssen wir uns verändern?
- Ergebnis des Wandels – Was soll nach der Veränderung besser sein?
- Art und Weise des Wandels, Unterstützungsaspekte – Wie und womit soll der Wandel erfolgen?
- Partizipation der Mitarbeitenden – Welche Unternehmenseinheiten sind für den Fortbestand des Unternehmens während des Wandels essenziell?

Ohne Konsens erreicht Change Management nichts. Das mittlere Management erhält durch Dissens keine Rückenstärkung und auch kein Vertrauen in den Wandel. Wie sollen es dann selbst Vertrauen bei ihren Mitarbeitern erreichen? Wie authentisch sein?

Beim Mitarbeitenden muss die eindeutige Botschaft ankommen, dass das Topmanagement beharrlich, entschlossen und konsequent den Wandel vorantreibt, auch durch Krisen, Widerstände und Konflikte hindurch. Das ist allerdings nur im direkten Kontakt anhand der Übereinstimmung von Worten mit Mimik und Gestik sicht- und erlebbar (vgl. konvergente Kommunikation, Schulz von Thun et al. 2012). Hier nützen Videobotschaften, Zitate oder detailreiche Präsentationen nichts.

> „Ist die Unternehmensleitung treibende Kraft der gewünschten Veränderungen im Unternehmen und können sich die Mitarbeitenden wirkungsvoll in den Wandel einbringen, werden sowohl neu eingeführte Arbeitstechnologien als auch eine Vielfalt in der Arbeitsumgebung intensiver genutzt."
>
> Fraunhofer IAO, Studie „Transformation von Arbeitswelten", 2019

Ebenso hohe Relevanz hat die eigene Betroffenheit der Führungskräfte durch die Veränderung der Arbeitswelt. Auch das gilt es zu kommunizieren, erst dadurch entsteht das Wissen, dass alle im gleichen Boot sitzen, und damit Glaubwürdigkeit. In der Realisierung von Multi Space und Free-Seating erheben viele Leitungskräfte den Anspruch auf ein Einzelzimmer. Realität ist, so Steelcase und das Ipsos Institut in einer Studie zum Arbeitsplatz, dass Leitungskräften zu 58 % ein Einzelzimmer zugestanden wird, den Mitarbeitenden hingegen nur zu 21 % (Steelcase, Arbeitsplatzstudie 2017). Damit sitzt man in verschiedenen Booten. Erst in der aktuellen Pandemie mit dem Umstand der rapiden Verbreitung von Home-Office haben viele gemerkt, dass das

Büro zentraler Ort für Kommunikation und fachlichen sowie informellen Austausch ist. Gerade auf Führungsebene nimmt letzteres zu. Auf diese Weise wird viel Wissen in Unternehmen weitergegeben. Wie soll eine zufällige Begegnung mit informellem Touch im Einzelzimmer erfolgen?

Ein gutes Beispiel ist eine kommunale Behörde, die ein neues Gebäude errichtet und dafür Architekturpreise gewonnen hat; die Mitarbeiterzufriedenheit ist jedoch stetig gesunken, auf ein Tiefstniveau. Im Inneren des Designbaus konnten etwa 40 % der Belegschaft im personalisierten Einzelbüro arbeiten (alle leitenden Positionen sowie ausgewählte Stellen), etwa 60 % hingegen arbeiteten in einem offenen Büro mit wenigen zusätzlichen Elementen wie Besprechungsräumen, wohingegen Rückzug über die vorhandenen Einzelbüros erfolgen sollte, sofern der Platz verfügbar war. Beide Gruppen arbeiteten nebeneinander in derselben Fläche. Man erhält sofort eine Zweiklassengesellschaft, in der Neid, Konflikte und Eskalationen an der Tagesordnung stehen. Ein klares Konzept zum Umgang im Miteinander lässt sich hierbei ebenfalls nicht realisieren, z. B. hinsichtlich Hygiene, Laut- versus Leisebereiche etc. Dabei entsteht auch der Eindruck, dass leitende Angestellte mehr konzentrierte Arbeit als Fachkräfte leisten würden. Führungskräfte haben jedoch einen höheren Anteil an kommunikativer Arbeit wie Besprechungen, Austausch, Telefonieren oder Teilnahme an Konferenzen. Hier fehlt es an wahrnehmbarer Gerechtigkeit. Eskalationen sind der einzige Ausweg für viele, um sich Gehör zu verschaffen und mit dem Frust umgehen zu können. Eine neue Arbeitsumgebung muss konsequenterweise an den Arbeitsweisen aller ausgerichtet werden, sodass optimales Arbeiten inklusive Produktivität und Effizienz ideal unterstützt wird, und darf nicht an Privilegien, am hierarchischen Status oder an persönlichen Attitüden festgemacht werden.

Für die Kommunikation ist es wichtig, die geschlossene Haltung des Topmanagements sichtbar zu gestalten, die gleiche Betroffenheit durch den Wandel auf allen Hierarchieebenen herauszustellen, die Vorbildfunktion der Führungskräfte zu gewährleisten und einzufordern sowie emotionale Elemente einzubauen, um Motivation und Bewegungsenergie zu erzeugen.

> „In der Tat ist es 5,3-mal wahrscheinlicher, dass Transformationen […] erfolgreich sind, wenn Führungskräfte den Verhaltensänderungen, die sie von den Mitarbeitern verlangen, Vorbilder geben"
>
> McKinsey Studie „How to beat the transformation odds" 2015

EXPERIENCE

Damit auch die Führungskräfte der mittleren und unteren Ebene die Veränderungen überzeugend, klar und motiviert kommunizieren können, sollten sie zuerst Erfahrungswerte über ihre zukünftige Arbeitsumgebung sammeln, am besten durch Erleben. Erst in einem zweiten Schritt ist der Aufbau von Wissen, welche Handlungsoptionen in der eigenen neuen Bürofläche möglich sind, sinnvoll. Das eine bezieht sich auf Erleben und Erfahren, das zweite auf Wissen. Beim Erleben werden viele menschliche Sinne angesprochen, wie Sehen, Hören, Fühlen (Materialität und Temperatur), Riechen und Körperempfinden (Ergonomie, An- bzw. Entspannung). Diese Eindrücke werden wesentlich tiefer verarbeitet und länger in Erinnerung behalten. Hierüber bekommt man viel schneller Rückmeldung, ob die neuen Büroflächen angenommen werden können oder nicht. Damit nun Führungskräfte überzeugender auftreten können und somit auch authentischer sind, ist es notwendig, dass diese zuerst einen Eindruck von ihren zukünftigen Büroflächen erhalten. Damit sich auch die Mitarbeitenden einen Eindruck verschaffen können, sollte das gewählte Format anschließend allen offenstehen. Für jeden in der Belegschaft ist es wichtig, die zukünftigen Veränderungen einschätzen und bewerten zu können. Analog der Kontrolltheorie ist hier das Erlebnis zentral für die Möglichkeit zur Vorhersage, wie zukünftig gearbeitet wird.

Für ein Erleben sind Testflächen geeignet, die in einem begrenzten räumlichen Umfang die neue Arbeitsumgebung abbilden. Physische, ergonomische, funktionale, mentale und soziale Faktoren können hier ausgiebig getestet und evaluiert werden. In manchen Unternehmen arbeiten ein bis zwei Abteilungen in der Testfläche, in anderen können sich Mitarbeitende tage- oder wochenweise darin einmieten. Hier kann der Mitarbeitende direkt erleben, wie er oder sie in seiner neuen Arbeitsumgebung zurechtkommt und an welcher Stelle er noch Unterstützung benötigt.

Einige Unternehmen stellen eine sogenannte Mock-up-Fläche zur Verfügung. Dort werden auf etwa 400 Quadratmetern sowohl Räume als auch Möbel eingebracht. Mitarbeitende können dann mittels Besichtigung die neue Arbeitsumgebung vorab erleben und sehen und sich damit einen optimalen Eindruck davon verschaffen. Hier fehlt jedoch das Erleben des Miteinanders. Ein tatsächliches Arbeiten findet auf einer Mock-up-Fläche in der Regel nicht statt.

9
unsplash

Eine dritte Möglichkeit ist es, Besichtigungstouren zu anderen Organisationen zu unternehmen, die bereits in ähnlichen Büroflächen arbeiten. Sowohl das Erleben der Arbeitsumgebung als auch der Austausch mit „Bewohner:innen“ unterstützt in großem Maß den Akzeptanzaufbau zur neuen Arbeitsumgebung während der Veränderungsphase. Ob und wie sich die Erfahrungen auf die eigene Veränderung adaptieren lassen, hängt von der Ähnlichkeit der Arbeitsweise und der realisierten Fläche ab. Jedoch ist in diesem Erlebnis der Eindruck größer und nachhaltiger als in einer Mock-up-Fläche.

Eine vierte Möglichkeit besteht darin, die neue Arbeitsumgebung digital per Virtual Reality zu erleben. Es werden sicher weniger Sinne angesprochen, dafür unterstützt die dreidimensionale Nachbildung die Vorstellung, wie die Büroflächen aussehen und welche Abstände bzw. Dichte sich darin abzeichnen.

Eine fünfte Möglichkeit besteht darin, die Baustelle vorab zu besichtigen. Einige Unternehmen lassen dies bereits nach Fertigstellung des Rohbaus zu, andere warten ab, bis Räume eingebaut sind. Allerdings muss hierfür viel Vorstellungskraft mitgebracht werden, um zu erahnen, wo und wie man miteinander zukünftig arbeiten wird. Der umstrittenste Punkt in der Einführung von offenen Bürolandschaften, die Akustik, wird im Rohbau immer schlecht wegkommen.

Keine Möglichkeit für Erleben bieten Bilder aus anderen Arbeitsumgebungen, die eine Vorstellung darüber evozieren wollen, wie die zukünftige Bürofläche in etwa aussehen kann. Diese Methode wird am häufigsten genutzt, weil sie am kostengünstigsten ist. Sie ist jedoch für den beabsichtigten Zweck nicht zielführend. Den Diskussionen zu auditiven und visuellen Ablenkungen und dem daraus folgendem Mangel an Konzentration muss man sich trotzdem stellen.

Ein „late adopter" lässt sich meist jedoch nicht durch Erlebnisse überzeugen, sondern bleibt bei seiner gefestigten Einstellung, dass das neue Büro für ihn nicht funktionieren wird.

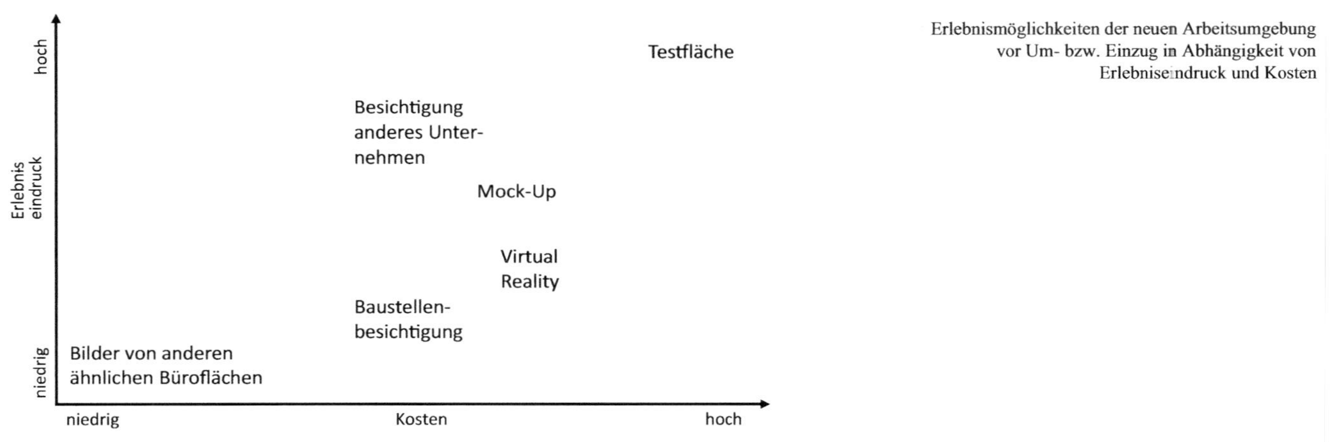

Abb. 16.8 Erlebnismöglichkeiten der neuen Arbeitsumgebung vor Um- bzw. Einzug in Abhängigkeit von Erlebniseindruck und Kosten

Das Erfahrungswissen kann direkt in einen Co-Creation-Workshop einfließen, bei dem die Mitarbeitenden ihre Bürofläche miteinander gestalten. Das zuvor gemeinsam entschiedene Konzept beinhaltet den Rahmen und die notwendigen Standardisierungen für die Bürofläche, sodass auch das Facility Management sein Hauptziel, wenig Aufwand und Kosten durch räumliche Umstrukturierungen zu generieren, gut verfolgen kann. Diese Form der Beteiligung sichert die hohe Zufriedenheit mit der neuen Arbeitsumgebung ab. Als Experten ihrer eigenen Arbeitsweise wissen die Mitarbeitenden am besten, wie sie produktiv und effizient sowie kreativ und innovativ arbeiten können. Der Co-Creation-Workshop bietet jedoch noch an anderer Stelle Hilfe. Wenn jemand das neue Bürokonzept ablehnt, aber dennoch beim Co-Creation-Workshop aktiv mitarbeitet, kann kognitive Dissonanz entstehen. Menschen halten diesen Zustand nicht gern bzw. lange aus. Damit wieder Konsonanz erreicht und dieser Zustand als angenehm empfunden wird, ändern Menschen ihre Werte und Überzeugungen. Bei Menschen entsteht Dissonanz, wenn ihre Meinung mit ihrer Handlung nicht übereinstimmt (Theorie der kognitiven Dissonanz, Lionel Feistinger, 1978). Ein „follower" im Co-Creation-Workshop hat somit eine höhere Wahrscheinlichkeit, dass er das neue Büro akzeptieren wird, indem er Dissonanz vermeidet, während ein „late adopter", um Konsonanz beibehalten zu können und sein Ansehen aufrechtzuerhalten eher die Handlung ruhen lässt und bei dieser Form des Workshops nicht teilnimmt oder den Workshop gar torpediert.

unsplash

10

Danach empfiehlt sich in einem weiteren Schritt die Simulation des Büroalltags, um das Wissen zur Nutzung der neuen Bürofläche zu vertiefen. Davor muss zwingend definiert sein, welche Funktion den einzelnen Räumen und Möbeln zugeschrieben wird, um entscheiden zu können, welche Arbeitsaufgabe in welchem Raum bzw. Möbel idealerweise stattfinden kann. Dieses Wissen dient dazu, Handlungsabläufe vorwegzunehmen, für die noch keine Erfahrungswerte vorhanden sind, sowie ein Wissen über die Selbstorganisation im neuen Büro aufzubauen. Erst dadurch fühlen sich viele Mitarbeitende kompetent genug, die neue Arbeitsumgebung zukünftig produktiv und effizient zu nutzen. Das gibt ihnen die nötige Sicherheit, allmählich das Alte loslassen zu können. Ein achtsamer und bewusster Umgang mit den Mitarbeitenden, geprägt von Menschlichkeit und Wertschätzung ist zwar kostenintensiver, lohnt sich jedoch deshalb, weil nach Umzug die Arbeit zügig und reibungslos wieder aufgenommen werden kann.

Im Vorfeld Klarheit und Sicherheit darüber zu haben, welche Verhaltensweisen im neuen Büro erwünscht sind und welche die Zusammenarbeit stören, erleichtert die Ankunft nach dem Umzug in der neuen Arbeitsumgebung enorm. Netiquette, Spielregeln, „golden rules", Umgang im Miteinander, Verhaltenskodex, „working together" usw.: Es gibt vielfältige Bezeichnungen für ein und dasselbe. Mit diesen Regeln erhält man ein Instrument, das Störungen der Arbeitsaufgabe durch andere entgegenwirkt und eine legitimierte und gemeinsam beschlossene Grundlage bildet. Fehlt diese Grundlage, so kann dies bei Störungen eine sogenannte Verantwortungsdiffusion erzeugen. Verantwortungsdiffusion bezeichnet ein Phänomen, bei dem Verantwortung für ein mögliches Eingreifen auf mehrere Personen verteilt wird und sich dadurch die empfundene eigene Verantwortung reduziert (Bierhoff 2006, S. 115).

Das äußert sich konkret oft darin, dass man durch Störungen von anderen in seinem Arbeitsfluss behindert wird, jedoch den Störenden keinen Einhalt gebietet. Es sitzen ja viele in der offenen Bürolandschaft und einen davon wird es sicher auch stören. Das hat wiederum Signalwirkung auf andere, die aufgrund solcher Vorkommnisse sich lauter als notwendig verhalten. Es gab ja keine Sanktionierung. Dadurch nehmen Störungen oft zu. Ein gutes Beispiel hierfür ist das Handy, ein oder zwei lassen es laut gestellt und bald folgt das ganze Büro.

Die aufgestellten Regeln sollten für alle in einer einfachen und verständlichen Sprache und kurz, prägnant sowie eindeutig formuliert werden. Zu viele Regeln erdrücken, zu wenige hinterlassen Unklarheiten. Viele Unternehmen haben zwischen fünf und acht Regeln aufgestellt. Sie liegen für die ersten Tage im neuen Büro meist offen aus, entweder als Hand-out, als Plakat oder zusammen mit einem Gadget.

Meistens werden sie mit Mitarbeitergruppen ausgearbeitet, die im täglichen Kontakt miteinander arbeiten werden. Mandatsträger:innen können dabei den bilateralen Kanal zwischen KollegInnen und Projektteam sicherstellen. Wichtig hierbei ist, dass alle Mitarbeitenden die Möglichkeit haben, die Regeln im Vorfeld einzusehen und mögliche Gedanken dazu zu äußern. Auch hierbei gilt die Vorbildfunktion der Führungskräfte als „enabler".

11

unsplash

E. Prepare for move

Mitarbeitende wollen wissen, wann der Tag des Umzugs kommt, damit sie sich darauf einstellen können. Das ist insofern wichtig, da bei einem neuen Standort auch eine geänderte Infrastruktur zum Tragen kommt. Neue Anfahrtswege, neue Essensmöglichkeiten, vielleicht sogar der Umstieg auf öffentliche Verkehrsmittel, andere Parksituation etc. Hinsichtlich Wohlbefinden kann eine geänderte Infrastruktur das Work-Life-Blending beeinflussen. Viele nutzen die Mittagspause zum Einkaufen und für schnelle Erledigungen wie Reinigung, Apotheke, Poststelle, Geld von der Bank abheben usw. Ist dies ohne Einschränkung weiterhin möglich, erlebt man sein Work-Life-Blending an diesem Punkt gleichbleibend.

Ebenso ist es für den Umzugsablauf wichtig, dass die Mitarbeitenden wissen, wie sie sich zum Umzug verhalten sollen. Dies rechtzeitig bekannt zu geben, bringt Sicherheit für alle Beteiligten und Wertschätzung für die Mitarbeitenden. Welche Geräte bleiben im Büro? Was passiert mit Schlüsseln? Muss die jahrelang gepflegte Pflanze mit nach Hause genommen werden? Welche Dinge dürfen in Umzugskartons eingepackt werden? Wie werden sie korrekt beschriftet? Und vieles mehr.

F. Move

Der erste Tag im neuen Büro ist meist ausschlaggebend dafür, wie das Projekt insgesamt bewertet wird. Da geht es darum, ob man sich schnell und einfach zurechtfindet, die Technik angeschlossen und sofort einsatzfähig ist, weiß, wo die Kolleg:innen sind und wie die neue Arbeitsumgebung genutzt werden kann. Wieder geht es darum, Sicherheit,

Klarheit und Beeinflussbarkeit herzustellen. Besonders wertschätzend empfinden es Mitarbeitende, wenn sie schon direkt am Eingang persönlich begrüßt werden und von dort zu ihrem Arbeitsplatz oder Arbeitsbereich gebracht werden. Ein sogenannter Floorwalker unterstützt die Belegschaft dabei, die einzelnen Räume kennenzulernen und deren Funktionsweise erklärt zu bekommen, ebenso wie er erster Ansprechpartner für Mängel ist. In einem Projekt wurde die Belegschaft von ihrer jeweiligen Teamleitung in Empfang genommen, zum Arbeitsplatz gebracht und am Nachmittag wurde eine erste Bestandsaufnahme zum neuen Büro im informellen Bereich bei Kaffee und Kuchen einberufen. In einem anderen Projekt hat der Bereichsleiter des umgezogenen Bereichs die Mitarbeitenden am Nachmittag des ersten Arbeitstags besucht und informelle Dialoge zur neuen Arbeitsumgebung geführt. Auch das wird als sehr wertschätzend erlebt und bringt für beide Seiten Vorteile. Der Bereichsleiter bekam nämlich Informationen aus erster Hand. Ein kleines Gadget am Arbeitsplatz oder in der persönlichen Ablage erfreut ebenfalls alle Neuankömmlinge. In der Regel zeigt sich erst jetzt, ob die vorangegangenen Veränderungsformate auch fruchten. Wie schnell wird das neue Büro angenommen und intensiv genutzt? Welche Bereiche bleiben überwiegend leer? Werden Laut- und Leisebereiche auch wie beabsichtigt genutzt?

G. Customise

Leider ist dieser letzte Punkt derjenige, der oft im Change-Prozess vernachlässigt wird. Hier geht es darum, zu prüfen und zu evaluieren, inwieweit

- der Change-Purpose in den Augen der Belegschaft realisiert wurde,
- wie zufrieden alle mit den neuen Büroflächen sind,
- wie gut die neue Arbeitsumgebung die Arbeitsaufgaben der Mitarbeitenden unterstützt,
- wie hoch das Wohlbefinden in den neuen Räumen ist,
- ob die Ziele des Projekts erreicht wurden.

12
unsplash

Oftmals decken die Projektkosten diesen Punkt nicht mehr ab und man ist der Meinung, schon genug finanzielle Mittel in die Belegschaft gesteckt zu haben, oder man möchte vermeintlich „schlafende Hunde nicht wecken", die ein Wunschkonzert lostreten könnten. Abgesehen von diesem Bild von den eigenen Kolleg:innen und Mitarbeiter:innen, das alles andere als wertschätzend ist, unterstellt man ihnen auch egoistische Absichten. Analog der Gauß'schen Normalverteilung mag es diejenigen ja geben, die gern das 40-Quadratmeter-Einzelzimmer mit Whirlpool hätten, die meisten jedoch wollen nur gute Arbeit leisten. Und dazu gehört auch, dass das neue Büro zu einem hohen Prozentsatz passend zur individuellen Arbeitsweise ist. Es mag auch sein, dass der finanzielle Kostennutzen an dieser Stelle zuungunsten des Unternehmens ausfällt; die daraus resultierende Geringschätzung der Mitarbeitenden selbst – sie sind es nicht wert, dass man so viel Geld in sie steckt, damit sie dauerhaft gute Arbeit leisten können – lässt sich jedoch nicht monetär bemessen, nur deren Auswirkungen. Das drückt sich in geringem Engagement aus, fehlerhaften Arbeitsergebnissen, weniger Innovation und Dienst nach Vorschrift. Wie gerade in den Coronazeiten deutlich wurde, erlebt das Home-Office eine steile Karriere hinsichtlich konzentrierten und produktiven Arbeitens, während das Büro zunehmend für kommunikative sowie soziale Aufgaben und Bedürfnisse genutzt wird. Dieser Umstand lässt sich auf die fehlenden Rückzugsmöglichkeiten im Büro zurückführen, die vielen auditiven und visuellen Ablenkungen sowie auf die meisten Zielsetzungen solcher Projekte, Kommunikation und (abteilungsübergreifenden) Austausch zu fördern und dadurch Silodenken zu minimieren. Konzentration gehört definitiv nicht zur Zielsetzung. All dies hätte oder hat sich in der Evaluation der neuen Arbeitsumgebung gezeigt.

Mit einem Evaluierungsergebnis können im nächsten Schritt Optimierungspotenziale auf funktionaler Ebene (Möbel, Räume und sonstiges Equipment bezogen auf Nutzen, Aufgabenunterstützung und Aufenthaltsqualität) sowie auf behavioraler Ebene (psychosoziales Miteinander, Wohlbefinden, Nutzungswissen und Nutzungshindernisse) festgelegt werden. Es ist obsolet darauf hinzuweisen, dass dafür fast nie Gelder bereitgestellt werden. Es ist vermessen zu glauben, dass es mit „one trial fits (forever)" getan ist. Genauso vermessen ist es zu meinen, 100 % Zufriedenheit erreichen zu müssen.

Bei beiden Punkten, Evaluierung und Optimierung ist die Beteiligung der Belegschaft oberstes Gebot. Wiederum in Dialogformaten kann man hier Evaluierungsergebnisse dezidiert besprechen und grundlegende Ursachen für Unzufriedenheit aufdecken. Ganz oft liegen die Ursachen gar nicht in der Arbeitsumgebung begründet, sondern kommen damit erst zum Tragen. Eine mögliche Ursache für das Anzweifeln der Möglichkeit, konzentriert arbeiten zu können, liegt oft auch darin, dass die Aufgabenfülle und die Arbeitsdichte zu hoch ist und darum Konzentration eine sehr große und wichtige Rolle im Arbeitsalltag spielt. Dass Kreativräume nicht genutzt werden, kann auch an einer kontrollierenden Unternehmenskultur liegen, man glaubt dann nämlich, es sei nicht erwünscht sich darin aufzuhalten, oder man möchte nicht, dass andere glauben, man arbeite darin nicht. Wobei prinzipiell Kontrollmechanismen und strenge Hierarchie im Unternehmensalltag die Kreativität und Innovationskraft unterwandern. Informelle Gesprächsmöbel und -ecken werden nicht genutzt, weil man sonst nicht das fleißige Bienchen demonstriert, ebenso, wie ein Viertel der Arbeitnehmer:innen keine Pausen macht, um sich als produktiver als andere darzustellen.

Ein Projektabschluss signalisiert allen Beteiligten: Es ist geschafft. Für viele Menschen bedeutet das Ende einer Veränderung, endlich aus einer Habachtstellung, ständigem Angespanntsein und Stresserleben herauszukommen. Viele Führungskräfte erleben Veränderungen als besonders stressig, da sie zu 60 % darin eingebunden sind, und das trotz der anderen Aufgaben, die dadurch nicht reduziert werden. Gemeinsame Erfolge zu feiern, selbstredend, dient der sozialen Gemeinschaft und bindet sie enger zusammen. Gemeinsam wurden Konflikte, Krisen und Herausforderungen über einen langen Zeitraum hinweg gemeistert.

13

unsplash

16.3 Resümee

Die Bewegung New Work und viele daraus gewonnenen neuen Themen und Einsichten verändern grundlegend unsere Arbeitswelt. „Enabler“ dafür ist sicher die Digitalisierung und „accelerator“ dafür ist wiederum das Gute im Schlechten, nämlich die Coronakrise. Mehrere Studien haben inzwischen empirisch evident nachgewiesen, dass eine weitere Optimierung von Prozessen und weitere Einsparungen die Wertschöpfung nicht mehr maßgeblich beeinflussen, sondern Purpose des Unternehmens, Glück, Zufriedenheit, Sinn des Mitarbeitenden mit dem Arbeitsinhalt und der Arbeitsweise, sowie ein Gemeinschaftsgefühl, das durch die Unternehmenskultur vermittelt wird, die Wertschöpfung positiv beeinflussen (z. B. Great Place to Work Studie 2019, Purpose Studie Kienbaum 2020). Es gibt übrigens einen proud@work-Fonds, der das eindrucksvoll zeigt.

Aus meinem Selbstverständnis heraus, dass Menschlichkeit und Wertschätzung die wichtigsten Grundlagen für ein Miteinander im Unternehmen sind und schaffen, sollten diese Werte auch in alle Bereiche und Aufgaben integriert und im Handeln sichtbar werden, ebenso wie in allen Abläufen. In Veränderungsprojekten erlangen diese Werte eine Strahlkraft. Ich würde mir wünschen, dass es mehr Projekte gibt, in denen Menschlichkeit an erster Stelle steht. Well-being, Wohlbefinden und Menschlichkeit hängen letztendlich sehr eng zusammen.

Ihnen als Leser wünsche ich menschliche und deshalb erfolgreiche Transformationen.

Bildnachweise

Bild 1, 2, 3, 4, 6, 7, 8, 9, 10, 11, 12, 15 stammen von www.unsplash.com
Bild 5 stammt von www.depositphotos.com

Abbildungsverzeichnis

Literatur

Elisabeth A. Archie (https://www.adp.com/spark/articles/2017/11/do-your-employees-resist-change-heres-why-thats-a-good-sign.aspx) (2018)

Peter Wason, Confirmation Bias (https://de.wikipedia.org/wiki/Best%C3%A4tigungsfehler)

Jim Hemerling, BCG (2016) (https://www.ted.com/talks/jim_hemerling_5_ways_to_lead_in_an_era_of_constant_change?referrer=playlist-talks_to_watch_when_your_company_s_reorganizing)

Winfried Berner und Kollegen, 2018. https://www.umsetzungsberatung.de/veraenderungsstrategie/einbeziehung.php

Office Analytics. Erfolgsfaktoren für die Gestaltung einer typbasierten Arbeitswelt. Jurecic, Mitja; Rief, Stefan; Stolze, Dennis (Studie, 2018)

Birgit Jäckel https://birgitjaeckel.com/storytelling-wozu/

McKinsey Studie https://www.mckinsey.com/business-functions/organization/our-insights/how-to-beat-the-transformation-odds# (Studie aus 2015)

Thomas Giernalczyk, Ross A. Lazar „Das System, der Berater und die Rolle" https://www.ipom-net.com/literatur.php (2002)

Kets de Vries, Manfred, and Katharina Balazs. „Die Psychodynamik des Organisationswandels." Psychodynamische Organisationsberatung (2004): 161–197.

Steelcase & Ipsos Insitut, Arbeitsplatzstudie 2017 https://www.steelcase.com/eu-de/pressemitteilung/ich-chef-du-nix-unterschiedlich-arbeiten-fuhrungskrafte-und-angestellte/

Bierhoff, H. W. (2006). Sozialpsychologie. Stuttgart: W. Kohlhammer Druckerei GmbH + Co. KG.

Great Place to Work Studie 2019 https://www.greatplacetowork.de/assets/Uploads/GPTW-Report-2020.pdf

Kienbaum (2020) Purpose Studie 2020: Purpose. Die große Unbekannte. https://media.kienbaum.com/wp-content/uploads/sites/13/2020/10/Kienbaum_Purpose_Studie2020.pdf

Porter, L. W., Steers, R. M., Mowday, R. T., & Boulian, P. V. (1974). Organizational commitment, job satisfaction, and turnover among psychiatric technicians. Journal of Applied Psychology, 59(5), 603–609.

Change-Management-Studie 2014/2015. http://assets.kienbaum.com/downloads/Change- Managemebaument-Studie-Kienbaum-Studie-2014-2015.pdf?mtime=20160810120630.

TED-Umfrage 2019 – Verlieren wir durch Change-Projekte Werte und Moral? TED-Umfrage 2019 – Ist Change menschlich? https://mutaree.com/downloads/Change-TED%20-%20Ist%20Change%20menschlich.pdf

Salsman, John & Schalet, Benjamin & Park, Crystal & George, Login & Steger, Michael & Hahn, Elizabeth & Snyder, Mallory & Cella, David. (2020). Assessing meaning & purpose in life: development and validation of an item bank and short forms for the NIH PROMIS®. Quality of Life Research. 29. 10.1007/s11136-020-02489-3.

Capgemini Deutschland (Hrsg.) (2017): Culture First! Von den Vorreitern des digitalen Wandels lernen. Change Management Studie 2017. https://www.capgemini.com/consulting-de/resources/change-management-studie-2017/#

Mutaree GmbH (2016). Change-Fitness-Studie 2016/2017. Eltville-Erbach: Mutaree. www.mutaree.com/content/change-fitness-studie

Miller, W. R., & Seligman, M. E. (1975). Depression and learned helplessness in man. Journal of Abnormal Psychology, 84(3), 228–238.

Brehm, J. W. (1966). A theory of psychological reactance. Academic Press.

Bruner, J. S.: Personality dynamics and the process of perceiving. In Blake, R. R. & Ramsey, G. B. (eds.): Perception, an approach to personality. New York: 1951, 121–147.

Schulz von Thun, F., Zach, K., & Zoller, K. (2012). Miteinander reden von A bis Z : Lexikon der Kommunikationspsychologie. Reinbeck bei Hamburg: Rowolt Taschenbuch Verlag.

Eckardt G. (2015) Die Theorie der kognitiven Dissonanz (Festinger, L., 1957). In: Sozialpsychologie – Quellen zu ihrer Entstehung und Entwicklung. Schlüsseltexte der Psychologie. Springer, Wiesbaden. https://doi.org/10.1007/978-3-658-06854-7_20

Susanne Bohra, wohnt mit Familie in der Nähe von München. Sie ist Sozial- und Wirtschaftspsychologin und Change-Management-Expertin. Seit zehn Jahren ist sie im Change Management für Drees & Sommer tätig. Davor war sie elf Jahre im Banken- und Versicherungswesen mit innerorganisationalen Veränderungsprojekten beauftragt. Zeitgleich unterrichtete sie mehr als zwölf Jahre als Dozentin an der LMU München im Personalentwicklungsbereich (Führung, Kompetenzaufbau, Change Management).

Teil V

Wohlfühlen am Arbeitsplatz – Funktionales Wohlbefinden
Wellbeing at the Workplace—Functional Wellbeing

17 Räume, die beflügeln – Übersetzung psychologischer Grundbedürfnisse in den Raum

Spaces That Inspire – Translation of Basic Psychological Needs Into Space

Anja Kluge

Zusammenfassung

Räume beeinflussen unser Denken, unsere Emotionen und unsere Handlungen. Auch wenn uns dies selten bewusst ist, so wirken sie beständig. Deshalb sollten sie aktiv so gestaltet werden, dass sie die gewünschten Empfindungen oder Verhaltensweisen fördern. Um Büroräume zu konzipieren, die nicht nur nicht krank machen, sondern wirklich motivieren, können und sollten hilfreiche Erkenntnisse aus der Psychologie einbezogen werden. Dieser Beitrag beschreibt, wie Räume so gestaltet werden können, dass sie zur Befriedigung der drei Grundbedürfnisse Autonomie, Zugehörigkeit und Kompetenz beitragen. Des Weiteren werden hilfreiche Konzepte aus dem Bereich der Architekturpsychologie angesprochen, um noch mehr Anhaltspunkte dazu zu geben, wie Räume entworfen werden können, die beflügeln.

Abstract

Spaces influence our thoughts, our emotions and our actions. Although we are rarely aware of this, they affect us constantly. Therefore, they should be consciously designed to promote the desired sensations or behaviors. In order to conceptualize office spaces that not only do not make us ill, but really motivate us, helpful insights from psychology can and should be applied. This article describes how spaces can be designed in a way that helps to satisfy the three basic needs of autonomy, relatedness and competence. Furthermore, helpful concepts from the field of architectural psychology are outlined to give even more clues on how to create spaces that inspire.

A. Kluge (✉)
Kluges Konzept – Mensch & Raum, München, Deutschland
E-Mail: anja@kluges-konzept.de

C. Kohlert (Hrsg.), *Das menschliche Büro – The human(e) office,*
https://doi.org/10.1007/978-3-658-33519-9_17

17.1 Die Bedeutung des Raums

Engagierte, gesunde Mitarbeiter, die sich zum Wohl der Organisation einsetzen – das ist vermutlich das Ziel einer jeden Führungskraft. Wie man dies erreichen kann, ist eine viel diskutierte Frage, auf die man Antworten aus vielerlei Disziplinen bekommen kann. Ökonomen würden vielleicht die Gestaltung von Anreizsystemen ins Feld führen oder sich entsprechend der Zwei-Faktoren-Theorie von Herzberg (1959) Gedanken über Hygiene- und Motivationsfaktoren machen. Psychologen würden auf die Wichtigkeit der Mitarbeiter-Führungskraft-Beziehung verweisen oder dazu raten, Teamklima, Organisationskultur und Person-Environment-Fit im Auge zu behalten. Unter dem Stichwort New Work wird die Wichtigkeit von Selbstorganisation oder Sinnerleben *(„purpose")* als Motivationsfaktoren unterstrichen. Es gibt also viele Perspektiven, die mit hilfreichen Theorien und Modellen zum Ziel der engagierten Mitarbeiter beitragen können. Doch eine wichtige Dimension wird häufig vergessen: der Raum.

Der Raum beeinflusst – oft unbewusst – unsere Gedanken, Emotionen und Handlungen. Doch auch wenn wir uns selten darüber Gedanken machen, ist er ein Faktor, der beständig wirkt, denn er ist immer da. Es lohnt sich also, in eine kluge Konzeption des Raums zu investieren. Studien zeigen, dass beispielsweise die Kreativität von Wissensarbeitern nicht nur von der Persönlichkeit und der Organisationskultur abhängt, sondern auch von der physischen Umgebung (Dul et al. 2011). Doch wie muss der Raum gestaltet sein, um zu beflügeln?

Es gibt sehr viel Forschung, Richtlinien und Vorschriften dazu, wie Arbeitsräume aussehen sollten, um nicht krank zu machen. Darauf aufbauend geben Erkenntnisse aus der Psychologie, vor allem aus der Sozialpsychologie sowie Umwelt- und Architekturpsychologie Aufschluss darüber, wie man beflügelnde Räume gestalten kann (Abb. 17.1).

Im Rahmen dieses Buchbeitrags werden insbesondere die psychologischen Bedürfnisse genauer dargestellt. Beiträge der Architekturpsychologie werden kurz angesprochen.

17.2 Zur Raumgestaltung hilfreiche Konzepte der Psychologie

17.2.1 Die sozialpsychologische Perspektive

Ein Bedürfnis wird meist als ein Wunsch verstanden, einen Mangel an etwas Notwendigem auszugleichen und ein ausreichendes Maß an Bedürfnisbefriedigung herzustellen. Über die Frage, welche Bedürfnisse die grundlegenden sind, gibt es in der psychologischen Forschung eine lange Debatte. Ein stark beforschter Theoriekomplex ist die *Self Determination Theory*. Dieses übergeordnete Konzept beinhaltet die Basic Needs Theory (Deci und Ryan 1985, 2000; Ryan und Deci 2000). Diese besagt, dass jeder Mensch ein Bedürfnis nach Autonomie, Kompetenz und Zugehörigkeit hat (Ryan und La Guardia 2000; Ryan und Deci 2000). Zahlreiche Studien untermauern, dass

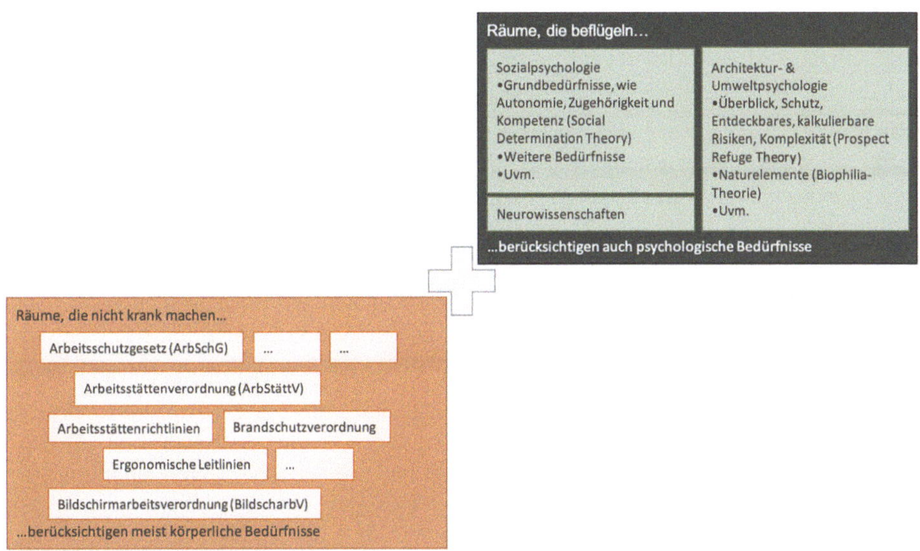

Abb. 17.1 Die Ausrichtung an körperlichen und psychologischen Bedürfnissen des Menschen, sollte im Mittelpunkt des Gestaltungsprozesses stehen

die Befriedigung dieser drei Grundbedürfnisse mit vielen positiven Auswirkungen zusammenhängt, die letztendlich zu mentaler Gesundheit und Wohlbefinden führen. Die Frustration dieser drei Grundbedürfnisse hingegen geht mit negativen Auswirkungen wie Burn-out, Depressionen, Essstörungen etc. einher (Bartholomew et al. 2011).

In erster Linie werden diese Bedürfnisse natürlich durch das soziale Umfeld befriedigt oder frustriert. Doch auch der Raum kann so gestaltet sein, dass er die Bedürfnisbefriedigung wahrscheinlicher macht.

Autonomie: Autonomie ist charakterisiert durch ein hohes Maß an wahrgenommener Wahlfreiheit. Das Bedürfnis ist befriedigt, wenn man sich entsprechend seiner eigenen Werte und Bedürfnisse verhalten kann.

In den Raum übersetzt bedeutet dies, dass es wichtig ist, Umgebungen zu schaffen, die Wahlmöglichkeiten, eine Vielfalt an Settings und Möbeln, Ausstattungsgegenständen, Arbeitsmitteln et cetera bieten. Man sollte sich entsprechend seiner Bedürfnisse die aktuell passende Umgebung wählen können. Räumliche Restriktionen sollten einen nicht darin behindern, sich entsprechend seiner Werte zu verhalten. Büros mit einer Vielfalt an Supportflächen, also Zusatzflächen zu den Standardarbeitsplätzen, können zur Befriedigung des Autonomiebedürfnisses einladen, sofern es keine ungeschriebenen sozialen Regeln gibt, die der Nutzung entsprechend der eigenen Vorlieben entgegenstehen.

Zugehörigkeit: Das Bedürfnis nach Zugehörigkeit beschreibt die Sehnsucht nach Verbundenheit. Man möchte sowohl andere lieben und für sie sorgen, als auch geliebt und umsorgt werden. Dieses Bedürfnis ist also sehr vom sozialen Umfeld abhängig. Menschen können sich aber auch mit der Natur verbunden fühlen, wie Forschung zu *nature relatedness* zeigt (Nisbet et al. 2009). Dazu passen auch Studien zu Ortsverbundenheit *(place attachment)*, die zeigen, dass über die Zeit angesammelte Erfahrungen und Erinnerungen an einen Ort die Verbundenheit zu diesem immer mehr stärken (Jack 2010).

Für die räumliche Gestaltung eines Büros bedeutet dies nun, dass man Orte der Begegnung schaffen sollte. Dies können zum einen Orte sein, an denen man sich spontan und zufällig begegnen und auch mit neuen Menschen in Kontakt kommen kann, wie Kaffeeecken, zentrale Drucker, Eingangs- oder Pausenbereiche. Darüber hinaus sollte der Raum aber auch Settings anbieten, in denen man sich auch mit bekannten Kollegen intensiver austauschen und die Beziehung durch gemeinsames Arbeiten oder ein gutes Gespräch vertiefen kann. Dies könnten beispielsweise Projekträume, Pausenbereiche genauso wie eine visuell und akustisch abgeschirmte Sofaecke sein. Neben Möglichkeiten der sozialen Interaktion und Vernetzung kann Verbundenheit auch indirekt durch das Sichtbarmachen der Zugehörigkeit zum Team, Bereich oder Unternehmen erzeugt werden. Kleine Designdetails wie eine Teamfotowand oder andere individualisierbare Elemente machen Zugehörigkeit sichtbar. Wenn das Unternehmen durch Corporate-Design-Elemente im Raum oder gar durch die Platzierung der eigenen Produkte erlebbar wird, kann dies die Identifikation mit dem Unternehmen und so auch ein Gefühl der Verbundenheit stärken. Wie bereits erläutert, kann man aber auch zum Raum selbst eine Verbundenheit empfinden. Dies ist am wahrscheinlichsten bei Naturerfahrungen und in gewohnten Umgebungen. Dazu kann man beispielsweise Innenhöfe oder Dachterrassen so gestalten, dass man wirklich in die Natur eintauchen kann oder durch Materialien, Muster oder Gegenstände auf Gewohntes referenzieren.

Kompetenz: Das Bedürfnis nach Kompetenz meint den Wunsch danach, dass das eigene Tun etwas bewirkt. Es ist daher nah am psychologischen Konzept der Selbstwirksamkeit (Bandura 1997). Man möchte erleben, dass die eigenen Handlungen etwas verändern und zu den gewünschten Ergebnissen führen. Ein Umfeld, welches Kompetenz fördert, gibt konstruktives Feedback und stellt erreichbare Herausforderungen (Ryan und Deci 2000).

Übersetzt in die Büroraumgestaltung bedeutet dies, dass Räume, die zum Kompetenzerleben beitragen, so gestaltet sind, dass man sich leicht orientieren kann. Man hat Überblick. Dies ist durch eine gut durchdachte Gestaltung des Grundrisses zu erreichen. Die Umgebung und deren Nutzungsmöglichkeiten sollten intuitiv verständlich sein. Man sollte Feedback von der Umgebung oder eindeutige Hinweise zur Handhabung und Nutzbarkeit bekommen. Dies wird bereits in vielen technischen Geräten versucht zu integrieren, sei es haptisches Feedback am Smartphone, akustisches Feedback bei Parksensoren im Auto oder visuelles Feedback durch rote und grüne Leuchten an Besprechungsräumen. Gewohnte Umgebungsdimensionen sowie vertraute Settings, Farben, Materialien, Gerüche und Geräusche können ebenfalls das Gefühl verstärken, sich souverän in der Umgebung verhalten zu können. Ein weiterer wichtiger Aspekt sind die Kontrollmöglichkeiten. Hat man beispielsweise die Option, selbst ein Fenster zu öffnen oder Tische und Stühle zu verschieben, empfindet man Beeinflussbarkeit, was positiv auf die Befriedigung des Grundbedürfnisses nach Kompetenz einzahlt. Räume, die zum Kompetenzerleben beitragen, sollten selbstverständlich auch leichten Zugang zu allen Settings und Gegenständen bieten, was durch eine Berücksichtigung von Barrierefreiheit und Ergonomie in der Gestaltung erreicht werden kann. Zu guter Letzt sollte im Raum natürlich auch die zur erfolgreichen Aufgabenbewältigung nötige Ausstattung vorhanden sein, sodass dem erfolgreichen Tun nichts im Weg steht.

Die Abb. 17.2 gibt noch einmal einen Überblick darüber, welche Elemente im Raum dazu beitragen können, dass die psychologischen Grundbedürfnisse nach Autonomie, Zugehörigkeit und Kompetenz befriedigt werden können.

Bezieht man die psychologische Perspektive konsequent in den Gestaltungsprozess mit ein, kann man also durch die genaue Auseinandersetzung mit einem Bedürfnis Ableitungen dazu treffen, wie der Raum gestaltet werden sollte, um die Befriedigung dieser Bedürfnisse wahrscheinlicher zu machen, und so Räume schaffen, in denen der Mensch im Mittelpunkt steht.

So, wie am Beispiel der drei Grundbedürfnisse Autonomie, Zugehörigkeit und Kompetenz erläutert, kann man viele weitere Bedürfnisse in den Raum übersetzen. Für die Gestaltung eines Büros relevant könnte beispielsweise die Auseinandersetzung mit den Bedürfnissen nach Privatheit, Territorialität oder Gerechtigkeit sein.

17.2.2 Die Perspektive der Architektur- und Umweltpsychologie

Ein Bereich der Psychologie, nämlich die Architekturpsychologie als Teil der Umweltpsychologie, kann uns weitere nützliche Hinweise darauf geben, wie wir einen Raum so gestalten können, dass er am Menschen, seinem Erleben und Verhalten ausgerichtet

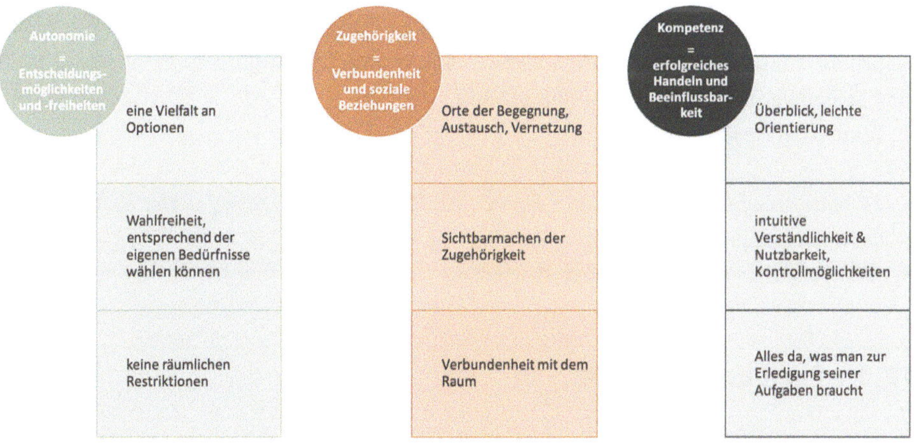

Abb. 17.2 Übersetzung der Grundbedürfnisse Autonomie, Zugehörigkeit und Kompetenz in den Raum

ist. Exemplarisch seien die *Prospect Refuge Theory* sowie die *Biophilia*-Theorie herausgegriffen. Umgebungen, die entsprechend der Biophilia-Theorie oder der Prospect Refuge Theory gestaltet werden, beeinflussen das körperliche und psychische Wohlbefinden, die Stimmung sowie auch die kognitive Leistungsfähigkeit positiv (Browning et al. 2014).

Die Prospect Refuge Theory wurde über die Jahre verfeinert und definiert vier Dimensionen von Umgebungspräferenzen: Übersicht („prospect"), Schutz („refuge"), Hinweise darauf, dass es etwas zu entdecken gibt, („mystery") und kalkulierbare Risiken („risk"; Appleton 1984; Kaplan und Kaplan 1989). Später hinzugefügt wurde die Dimension der Komplexität, einer Vielzahl an sensorischen Informationen, wie sie in der Natur meist vorkommt, woran es in Innenräumen aber oft mangelt. Nicht nur Landschaften, Gärten und Plätze können anhand dieser Dimensionen gestaltet werden, sondern sie sind auch auf Innenräume übertragbar und geben konkrete Hinweise, wie Umgebungen gestaltet werden können, um menschlichen Präferenzen zu entsprechen (Dosen und Ostwald 2016). Möchte man entsprechend „prospect" und „refuge" gestalten, sollte es Ziel sein, sowohl eine gute Balance zwischen Weitsicht und Überblick („prospect"), als auch zwischen Rückzugsorten mit mehr Privatheit („refuge") zu erzeugen. In einem Büro könnte man beispielsweise offenere Grundrisse oder einsehbare Flure und Treppenhäuser mit abschirmenden Nischen, Möbeln mit hohen Rückenlehnen oder Bereiche mit abgesenkten Decken kombinieren.

Die Biophilia-Theorie (Wilson 1984) besagt, dass der Mensch sich zu allem Lebendigen hingezogen fühlt und vermutet eine genetische Komponente dahinter. Auch wenn diese Theorie als Ganzes wissenschaftlich gesehen schwer zu greifen ist, so gibt es doch eine enorme Menge an Studien, die untermauern, dass der Kontakt zur Natur sehr viele positive Auswirkungen auf das körperliche und psychische Wohl von Menschen hat (z. B. Guéguen und Meineri 2013; Maas et al. 2009; Park et al. 2007; Selhub und Logan 2012). Natürliche Elemente in die Büroraumgestaltung zu integrieren, ist daher sowohl sehr lohnenswert als auch nicht allzu schwer umsetzbar. Sichtverbindung zur Natur, natürliche Materialien, das Vorhandensein von Wasser, dynamisches und diffuses Licht sind Beispiele für konkrete Gestaltungstipps.

Zum Weiterlesen:

- *14 patterns of biophilic design – Improving Health & Well-Being in the Built Environment* (Browning et al. 2014).
- *With people in mind* (Kaplan et al. 1998)

17.3 Fazit und Ausblick

Auf die zentrale Frage, wie man es schafft, engagierte und gesunde Mitarbeiter zu haben, gibt es viele hilfreiche Perspektiven. Doch eine wichtige Dimension wird oft vergessen, und zwar der Raum. Der Raum beeinflusst unser Denken, unsere Emotionen und unsere

Handlungen. Meist sind wir uns dessen nicht bewusst. Der Raum ist aber immer um uns und wirkt durchgehend auf uns ein. So ist das Thema inzwischen auch für Neurowissenschaftler interessant geworden (siehe *embodied cognition, neuroarchitecture* etc.). Da wir uns inzwischen die meiste Zeit in menschengemachten Innenräumen aufhalten, sollten wir diese bewusst gestalten. Um ein optimales Design zu konzipieren, sollten Erkenntnisse aus der Psychologie einbezogen werden. Die Sozialpsychologie kann wertvolle Beiträge leisten, beispielsweise indem menschliche Bedürfnisse in konkrete Raumelemente übersetzt werden, die die Befriedigung dieser Bedürfnisse erleichtern. Dies wurde in diesem Beitrag exemplarisch an den drei Grundbedürfnissen Autonomie, Kompetenz und Zugehörigkeit gezeigt. Die Architektur- und Umweltpsychologie als Disziplin, die sich genau mit Fragestellungen dieser Art beschäftigt, gibt ebenfalls hilfreiche Gestaltungsprinzipien an die Hand. Um von positiven Auswirkungen auf das körperliche und psychische Wohlbefinden, die Stimmung sowie auch die kognitive Leistungsfähigkeit zu profitieren, lohnt es sich, die aus der beispielhaft erwähnten Biophilia-Theorie oder der Prospect Refuge Theory abgeleiteten Gestaltungsprinzipien anzuwenden. Entsprechend der zu bewältigenden Aufgaben und der Art der Zusammenarbeit sollten die Dimensionen ausgewählt werden, auf die das Augenmerk im Design gerichtet werden soll. Neben genereller Verbesserung des Wohlbefindens könnten dies beispielsweise Aufmerksamkeitssteigerung (z. B. bei Überwachungsaufgaben im Tower), Förderung von Zusammenarbeit (z. B. bei kreativer Wissensarbeit) oder Stressreduktion (z. B. im Call Center) sein. Für die Gestaltung von Büroräumen bedeutet dies anfangs vielleicht eine etwas aufwendigere Konzeptionsphase. Diese einmalige Investition lohnt sich jedoch, da der Raum einmal gestaltet konstant zum Wohl der Mitarbeiter und so auch zum Wohl der Organisation beiträgt. Verschenken Sie also kein Potenzial, sondern gestalten Sie Räume, die beflügeln!

Literatur

Appleton, J. (1984). Prospects and Refuges Re-Visited. *Landscape Journal, 3*(2), 91–103. https://doi.org/10.3368/lj.3.2.91.

Bandura, A. (1997). Self-efficacy: The exercise of control. New York: Freeman.

Bartholomew, K. J., Ntoumanis, N., Ryan, R. M., & Thogersen-Ntoumani, C. (2011). Psychological need thwarting in the sport context: assessing the darker side of athletic experience. Journal of Sport & Exercise Psychology, 33(1).

Browning, W., Ryan, C., & Clancy, J. (2014). *14 Patterns of Biophilic Design.* https://www.terrapinbrightgreen.com/reports/14-patterns-of-biophilic-design/.

Deci, E. L., & Ryan, R. M. (1985). The general causality orientations scale: Self-determination in personality. Journal of Research in Personality, 19(2), 109–134. https://doi.org/10.1016/0092-6566(85)90023-6.

Deci, E. L., & Ryan, R. M. (2000). The" what" and" why" of goal pursuits: Human needs and the self-determination of behavior. Psychological Inquiry, 11(4), 227–268.

Dosen, A. S., & Ostwald, M. J. (2016). Evidence for prospect-refuge theory: A meta-analysis of the findings of environmental preference research. *City, Territory and Architecture*, *3*(1), 4. https://doi.org/10.1186/s40410-016-0033-1.

Dul, J., Ceylan, C., & Jaspers, F. (2011). Knowledge workers' creativity and the role of the physical work environment. *Human resource management*, *50*(6), 715–734.

Guéguen, N., & Meineri, S. (2013). *Natur für die Seele: Die Umwelt und ihre Auswirkungen auf die Psyche* (J. Bretthauer, Übers.; 2013. Aufl.). Springer Spektrum.

Jack, G. (2010). Place matters: The significance of place attachments for children's well- being. British Journal of Social Work, 40(3), 755–771.

Kaplan, R., & Kaplan, S. (1989). *The Experience of Nature: A Psychological Perspective*. CUP Archive.

Kaplan, R., Kaplan, S., & Ryan, R. (1998). *With People in Mind: Design And Management Of Everyday Nature*. Island Press.

Maas, J., Verheij, R. A., de Vries, S., Spreeuwenberg, P., Schellevis, F. G., & Groenewegen, P. P. (2009). Morbidity is related to a green living environment. *Journal of epidemiology and community health*, *63*(12), 967–973.

Nisbet, E. K., Zelenski, J. M., & Murphy, S. A. (2009). The Nature Relatedness Scale Linking Individuals' Connection With Nature to Environmental Concern and Behavior. Environment and Behavior, 41(5), 715–740. https://doi.org/10.1177/0013916508318748.

Park, B.-J., Tsunetsugu, Y., Kasetani, T., Hirano, H., Kagawa, T., Sato, M., & Miyazaki, Y. (2007). Physiological effects of Shinrin-yoku (taking in the atmosphere of the forest)-using salivary cortisol and cerebral activity as indicators. *Journal of Physiological Anthropology*, *26*(2), 123–128.

Ryan, R. M., & Deci, E. L. (2000). Self-determination theory and the facilitation of intrinsic motivation, social development, and well-being. American Psychologist, 55(1), 68–78.

Ryan, R. M., & La Guardia, J. G. (2000). What is being optimized?: Self-determination theory and basic psychological needs. In S. H. Qualls & N. Abeles (Eds.), Psychology and the aging revolution: How we adapt to longer life (pp. 145–172). Washington, DC, US: American Psychological Association.

Selhub, E. M., & Logan, A. C. (2012). *Your Brain On Nature: The Science of Nature's Influence on Your Health, Happiness and Vitality*. John Wiley & Sons.

Wilson, E. O. (1984). *Biophilia*. Harvard University Press.

Anja Kluge M.Sc. in Psychologie, studierte Psychologie an den Universitäten in München, Bordeaux und Chicago sowie neuroscience applied to architectural design an der Universität Venedig. Sie arbeitete einige Jahre als Unternehmensberaterin im Bereich Organisationsentwicklung, sowie als Change Managerin im Bereich Workplace Consulting. Heute integriert sie ihr Wissen und ihre Erfahrungen aus den Bereichen Psychologie und Architektur zu einem „klugen Konzept" und berät Unternehmen wie Privatpersonen, immer mit dem Ziel, deren Wohlbefinden auf allen Ebenen zu steigern.

18 Das menschliche Büro aus Sicht der Architektur

The Human Office From an Architectural Perspective

Mike Herud

Zusammenfassung

Nicht nur durch Globalisierung, Digitalisierung und kulturellen Wandel ändert sich unsere Arbeitswelt fundamental. Das Jahr 2020 beschleunigt einen Prozess, der sich länger abgezeichnet hat: Zum einen wünschen sich Mitarbeiter Identifikation mit ihrem Arbeitgeber, sie fordern aber auch ein neues Selbstverständnis von Arbeit. Das impliziert stärker denn je die Integration flexibler und digitaler Arbeitsmittel und -methoden. Die Start-up-Szene reflektiert diese Vorteile schon länger: Flache Hierarchien, schnelle Kommunikation und Entscheidungsprozesse tragen zu einer hohen Innovationskraft bei. Wollen Unternehmen eine ähnliche Dynamik entwickeln, kann Architektur helfen, die Voraussetzungen im physischen Raum zu schaffen, andererseits auch die Schwächen des digitalen Raums ausgleichen. Dabei ändert sich nicht nur die Typologie der Architektur, auch die funktionale Gestaltung der Innenräume setzt ein tiefes Verständnis für die entsprechenden Arbeitsweisen voraus. Zudem muss Architektur die Identität eines Unternehmens visualisieren, die Kommunikation fördern und ihr eine Plattform bieten. Hierfür werden praktische Beispiele von SCOPE herangeführt, die verdeutlichen, wie die veränderten Anforderungen an eine neue Arbeitswelt in der Architektur und Innenarchitektur formuliert werden können.

M. Herud (✉)
SCOPE Architekten GmbH, Stuttgart, Deutschland
E-Mail: Mike.Herud@scopeoffice.de

C. Kohlert (Hrsg.), *Das menschliche Büro – The human(e) office*,
https://doi.org/10.1007/978-3-658-33519-9_18

Abstract

Globalisation, digitalisation and cultural transformation are fundamentally changing our working world. 2020 accelerates a process that has been on the horizon for some time: Employees do not merely want to identify with their employer, they are demanding a new self-perception of work that involves the integration of digital methods more than ever. The start-up community has been demonstrating the benefits for some time: flat hierarchies, fast communication and decision processes are great drivers of innovation. For companies interested in developing similar dynamics, architecture can help to create the prerequisites, on the other hand they can also compensate for the weaknesses of digital space. Work processes based on a collaborative, communicative and creative culture need suitable spaces. This means not only changing the way the rooms are accessed, the design also requires a deep understanding of the different ways of working. The architecture should also encourage communication and offer it a platform. SCOPE presents practical examples, which illustrate and demonstrate how the changed demands placed on a new working world can be formulated in architecture and interior architecture.

18.1 Intro

Erst wenn der Mensch sich selbst gehört, in seinem ganzen Selbst erscheint, fühlt er Balance.

Erst wenn das Arbeitsumfeld Akzeptanz für das ganze Selbst verspricht, wird Balance gelebt. Erst wenn Balance gelebt wird, wird Identität sichtbar.

Von allen Entwicklungen, die das Büro in den letzten Jahrzehnten erfahren hat, wirkt der Umbruch der beginnenden Zwanzigerjahre des 21. Jahrhunderts gravierend. Die Coronakrise beschleunigt jedoch nur einen Trend, der sich lange abgezeichnet hat: die Umdeutung des Büros vom rein sachbezogenen Arbeitsort hin zu einem Ort sozialer Interaktion. In Zukunft werden wir noch genauer unterscheiden, weshalb wir ein Büro aufsuchen und zu welchem Zweck.

18.2 Die Entwicklung des Arbeitsplatzes

Dass ein räumlich unabhängiges Arbeiten so an Bedeutung gewinnen würde, war auf lange Zeit nicht absehbar. Arbeitsraum war in erster Linie Produktionsstätte.

Der Wandel von Arbeit und Arbeitsraum, so wie wir ihn heute kennen, nimmt seinen Ursprung mit der Industrialisierung im 19. Jahrhundert. Der Veränderung gewerblicher Produktionsformen zur Verwaltung bis zu den Heilberufen verdanken wir Fortschritt und Wohlstand. Doch die mit der Industrialisierung initiierte Mechanisierung der Arbeit prägte auch über ein Jahrhundert unsere Denk- und Arbeitsweise: schneller, höher, planbarer. Im Ideal der Maschine wurde der Mensch zu eben dieser, produzierte, reproduzierte. Das Anreizsystem geistloser Akkordarbeit zählte auf Druck und Kontrolle.

Arbeitsraum war unter diesen Bedingungen gleichzusetzen mit Produktionsstätte, erst mit den Verwaltungsberufen kamen neue Formen des Arbeitsplatzes ins Spiel. Gemessen ihrer Charakteristika erforderte die überwiegend wenig komplexe, unkommunikative und eindimensionale Sacharbeit Räume, die diesen Bedingungen entsprachen: die Zellenbüros. In ihnen spiegelt sich bis heute eine Arbeitsweise der 1950er-Jahre wider.

Ihre Architektur zeichnet sich vor allem durch kleine Räume aus, welche sich meist entlang der Hausfassade an den Fenstern verteilen und einzelnen Mitarbeitern sowie kleinen Teams Platz bieten. In der Mitte entsteht ein Flur, von dem alle Büros zugänglich sind. Kommunikation findet in dafür vorgesehenen Besprechungsräumen statt und ist stets mit Organisation und Planung verbunden. Die gebauten Strukturen manifestieren dabei eine Ästhetik steiler Hierarchien und bilden eine funktions- und machtgeteilte Arbeitsweise ab.

Erst mit der Globalisierung, der wachsenden Bedeutung der Dienstleitungsbranche, dem demografischen Wandel und der zunehmenden Relevanz von Informationstechnologien, gerät unsere Arbeitswelt in Aufbruchstimmung (Schlüter und Koeper 2013, S. 422).

Die intelligente Vernetzung von Maschinen und Abläufen in der Industrie, auch Industrie 4.0 genannt, steigert die Produktivität enorm und erfordert schnelle Entscheidungsabläufe, um die Effizienz zu steigern. Hierarchien werden abgeschwächt, neue Funktionen integriert und Prozesse vereinfacht (Niebauer und Riemath 2017, S. 217 ff.).

Als treibende Kraft von Wirtschaft und Gesellschaft fördert die Digitalisierung branchenübergreifend zunehmend komplexere Sachverhalte und Zusammenhänge in der Organisation und global. Ein teambasiertes, vernetztes Arbeiten wird somit zur Voraussetzung.

Auch der Kulturwandel bedingt unsere Einstellung zu Arbeit. Vor allem bei den Generationen Y, Z sowie der nachkommenden Generation Alpha, welche komplett im 21. Jahrhundert aufwächst, verdeutlicht sich das Bedürfnis nach einer menschlicheren, authentischeren und reflektierten Arbeit (Christa Catharina Müller 2017). Der Gemeinsinn wird nicht nur über die komplexen Aufgaben gesteuert, sondern auch über die persönliche Einstellung der Arbeitnehmer. Rangordnungen verlieren an Bedeutung, digitale Arbeitsmittel werden zum Selbstverständnis. Es lebe New Work.

Eine Kultur, die dieses Selbstverständnis reflektiert, findet sich schon seit Jahren in der Start-up-Szene. Dort werden nicht nur der traditionelle Arbeitsalltag hinterfragt und neue Wege des Co-Working gesucht; die Innovationskraft zeigt sich vor allem durch flache Hierarchien sowie schnelle Kommunikation und Entscheidungsprozesse.

Schnelligkeit, Agilität, Kommunikation und Kreativität sind die Erfolgsfaktoren für eine lebendige und erfolgreiche Innovationskultur. Wer am Markt bestehen möchte, muss flexibel bleiben und genau dies erfordert neue Arbeitsprozesse, in denen eine positive und kreative Atmosphäre herrscht. Neue Ideen dürfen Platz bekommen und Mitarbeiter ermutigt werden, ihre Arbeit autonomer zu gestalten (Schollmeister 2019).

Um von Start-ups zu lernen, setzen viele Unternehmen auf agile Arbeitstechniken wie Design Thinking. Wenn Menschen unterschiedlicher Disziplinen in einem die Kreativität fördernden Umfeld zusammenarbeiten, haben Zellenbüros definitiv ausgedient. Vielmehr erfordert die teambasierte, mehrdimensionale Arbeitsweise ein neues, maßgeschneidertes Arbeitsumfeld. Der Architektur kommt so eine bedeutende Rolle zu: Zum einen muss sie Raum schaffen für Kollaboration, Konzentration, Kreativität und Regeneration im Team sowie teamübergreifend, zum anderen muss sie aber auch Begegnung fördern. Kommunikation muss forciert werden, da unser vollständiges Verhalten auf einem umfassenden inneren Erleben wie Wahrnehmen, Fühlen und Denken basiert. Erst über den Körper synchronisieren sich Menschen und reagieren auf Änderungen, was zu einer unbewussten Resonanz führt (Eidenschink 2020).

18.3 Gebaute Kommunikation

Architektur hat schon immer auf tiefgreifende gesellschaftliche und kulturelle Umbrüche reagiert und diese in ihrer konzeptionellen Ausrichtung widergespiegelt. So ist es nur folgerichtig, dass sich im Zuge des kulturellen Wandels und jetzt noch verstärkt durch die Auswirkungen der Coronakrise auch die Architektur unserer Büros und Bürogebäude verändert. Wir erleben einerseits eine noch stärkere Verlagerung auf den digitalen Raum und erfahren andererseits ein humanes Dilemma: Je intensiver wir die physische Distanz erleben, desto mehr gerät das Individuum mit seiner Fähigkeit zum kreativen Denken und zur Kollaboration sowie seinem Bedürfnis nach Individualisierung und Kommunikation in den Hintergrund.

Die Zukunft kann nur eine Verschmelzung des digitalen und des physischen Raums sein. Eine hybride Welt, in welcher die gegenseitigen Schwächen ausgeglichen werden können. Nur so wird es Unternehmen möglich sein, Kapital aus der digitalen Transformation und mit der Kreativität auch das wichtigste Kapital aus dem Menschen zu schöpfen.

Wir sind überzeugt, dass Architektur, insofern sie in einen menschlichen Kontext gebettet ist und dadurch Sinn erzeugt, per se einen kommunikativen Aspekt inhärent hat. Doch im besten Fall kommuniziert sie nicht nur etwas, sondern löst auch Handlungen und Emotionen aus. Deshalb sprechen wir von gelungener Architektur, wenn die gebaute Kommunikation auf mehreren Ebenen stattfindet: 1) als Repräsentant – außen, 2) als Identifikationsfläche – innen, 3) als Multiplikator – Begegnungen. Wir nennen das den Trias der Kommunikation.

Um diesem Anspruch gerecht zu werden, verschwinden isolierende Strukturen in der Organisation von klassischen Büroriegeln, die einem möglichst wirtschaftlichen Flächenmanagement zugrunde liegen, zusehends und weichen großzügigen Flächen, die möglichst viel Raum für eine ungeplante Kommunikation bieten. Nicht mehr das isolierende, sondern das teambasierte Arbeiten steht im Vordergrund und damit zunehmend der Team-Space und nicht mehr die Raumzelle. Dies erfordert größere Bürotiefen, um diesen Team-Space, mit allen dienenden Funktionen, die diese Arbeitsweise unterstützen, anzureichern. Der Team-Space, in unserer Begrifflichkeit vor allem als Homebase bezeichnet, verdeutlicht den Anspruch auf ein Urbedürfnis nach Identifikation und Geborgenheit. Bildet die Homebase den Ankerpunkt innerhalb einer Bürostruktur, in der ein konzentriertes aber auch ein kollaboratives Arbeiten in einem gewohnten sozialen Rahmen ermöglicht wird, so werden diese Bereiche durch teamübergreifende Funktionen angereichert. Je nach Nutzungskonzept können diese Raumfunktionen variieren. Die allumfassende Verbindung eines sozialen und kommunikativen Konzepts ist jedoch die möglichst große Schnittmenge an menschlicher Interaktion und Begegnung. Damit nimmt auch der Trend zur Flexibilisierung zu.

Arbeitsplätze sind nicht weiter starr und ortsgebunden, die Flächen zeichnen sich durch eine hohe Dynamik und die daraus resultierende Vielzahl an Möglichkeiten zur räumlichen Nutzung aus. So ermöglichen z. B. flexibel zu öffnende Schiebe- und Rolltore eine Skalierung zwischen einzelnen kleinen Räumen und vollständiger Öffnung, um unterschiedliche Arbeitssituationen zu ermöglichen. Möbel werden dank Rollsystem transportabel und Trennwände verschiebbar oder sogar als Arbeitsmedium in Form von Whiteboards genutzt. Auch im Bereich der Beleuchtung finden sich Lösungen, die ein ortsunabhängiges Arbeiten ermöglichen. Eine gleichmäßige Beleuchtungsstärke an der Decke ist ebenso möglich wie die Ausstattung der Arbeitsplätze mit einem Kompaktequipment, zu dem auch eine Büroleuchte gehört. Wenn der Arbeitsort gewechselt wird, zieht auch die Ausstattung um (Abb. 18.1 und 18.2).

Weg vom sachbezogenen Arbeitsplatz hin zu einem Ort der Interaktion, nimmt das Büro einen Stellenwert mit sozialer Kompetenz ein und zeigt sich als Schnittmenge zwischen Leben und Arbeiten. Insbesondere in Zeiten, in welchen eine Gewichtung zugunsten der digitalen Transformation noch intensiver als zuvor stattfindet, etabliert sich ein Bedürfnis nach Räumen mit sozialer Bedeutung, die ein lebendiges und kommunikatives Miteinander fördern. Ähnlich eines urbanen Raums, in dem viele diverse Angebote und Orte Menschen einladen, sinnstiftende Erfahrungen zu sammeln, muss Architektur Vergleichbares schaffen. Räume die Begegnung und Kommunikation durch ein vielfältiges Angebot fördern, binden den Einzelnen in eine sich im Raum etablierende Gesellschaft ein. Sie fungieren als pulsierender Marktplatz zum Wissensaustausch und Transfer sowie zur sozialen Interaktion. So kann Architektur zum Bindeglied zwischen einem Unternehmen und seinen Mitarbeitern werden. Ein Benefit, den der digitale Raum nicht bieten kann.

Abb. 18.1 Innovation Center 2.0, SAP SE, Potsdam: Das Prinzip der Flexibilisierung haben wir bereits im Innovation Center in Potsdam in einem Prototyp erprobt, welcher mittlerweile zum Serienprodukt gereift ist. In den Design-Thinking-Flächen hängen große Whiteboards von der Decke und lassen sich verschieben, dadurch stehen die Räume in ständigem Wandel und ermöglichen mehreren Arbeitsgruppen in unterschiedlichster Größe das Zusammenarbeiten. Die Whiteboards „flomo" können außerdem separat als Arbeitsmedium genutzt werden, da sie leicht und flexibel handhabbar sind und problemlos transportiert werden können. Die gleichmäßige Beleuchtung von 500 lux ermöglicht zudem eine variable Möblierung über die ganze Fläche. (Fotograf: Zooey Braun)

Die eigentliche Bedeutung einer kommunikativen und nutzerzentrischen Architektur liegt in unserer Konzeption daher in der Erschließung. Hier kumuliert der Begriff des kommunikativen und sozialen Büros. Wurde die Erschließung seither lediglich unter dem Gesichtspunkt der Flächeneffizienz und Beschleunigung der Bewegung von Punkt a zu b gesehen, dient sie in unseren Konzepten als Katalysator der Kommunikation und des Austauschs. Wenn wir in Zukunft nicht mehr zur sachbezogenen Tätigkeit ein Büro aufsuchen, sondern in eine soziale Interaktion treten wollen, um innovative Impulse für eine Unternehmensentwicklung zu setzen, steht die Begegnung im Vordergrund. Wir sprechen dabei vom Begriff der Serendipität (englisch „serendipity"), gelegentlich auch als Serendipity-Prinzip oder Serendipitätsprinzip bezeichnet. Diese beschreibt eine Beobachtung oder Entdeckung von etwas eigentlich nicht Gesuchtem. Für uns bedeutet dies, wenn wir die Begegnung auf allen Ebenen der Architektur fördern, fördern wir Kommunikation und Innovation. In der Gebäudetypologie betrifft dies sowohl die horizontale als auch die vertikale Erschließung. Treppen sind nicht mehr nur verbindende Elemente, sondern Katalysatoren von Begegnung und Kommunikation.

Abb. 18.2 X-Change Lab, Bosch, Stuttgart: Jeder der eingestellten Projekträume verfügt neben einer klassischen Zugangstür über ein elektronisches Rolltor. Durch einen simplen Knopfdruck bietet dieses die Möglichkeit, den Raum spielerisch, agil und flexibel zu nutzen. So kann der Kubus als geschlossener Raum fungieren oder im geöffneten Zustand durch Aktivierung der angrenzenden Flächen die Projektfläche vergrößern. Die unterschiedlichen Arbeitsanforderungen der Mitarbeitenden können so in einer Fläche realisiert werden. (Fotograf: Markus Guhl)

Der Aufzug tritt in den Hintergrund und macht Erschließungskonzepten Platz, die Begegnung und Kommunikation provozieren. Kollaborations- und Kommunikationszentren schließen sich an, wie Nervenbahnen an die Wirbelsäule. Die Treppe wird zum Podium oder zur Bühne und damit zur gebauten Metapher für Kommunikation (Abb. 18.3 und 18.4).

Verbindet man die Erschließungstypologien sinnfällig miteinander, ergibt sich eine weitere Dimension: die der visuellen Kommunikation.

Diese lässt sich zuletzt auch in der zunehmenden Öffnung von Unternehmen nach außen feststellen. Einerseits werden Flächen externen Mitarbeitern oder Freelancern angeboten, um dort einen kreativen Austausch stattfinden zu lassen – Co-Working bedeutet längst nicht mehr nur das Teilen eines Arbeitsplatzes oder -orts, sondern kann auch übergreifend als Impulsgeber durch die Durchmischung mit anderen Unternehmen oder Branchen verstanden werden.

Noch weiter geht die Öffnung von Unternehmen, wenn die Nutzung ihrer Flächen auch Besuchern ermöglicht wird. Im Kulturbereich sind das z. B. firmeneigene Museen wie bei Ritter Sport, in denen Besucher nicht nur an die Produkte herangeführt werden, sondern auch einen Mehrwert in Form von Hintergrundinformationen und Firmenhistorie erleben (Rittersport 2020). Die Microsoft Digital Eatery geht noch einen Schritt

Abb. 18.3 WDF 49, SAP SE, Walldorf: Die großzügige Freitreppe, die vom Erdgeschoss bis ins Obergeschoss reicht, steht als Sinnbild für eine funktionale Verknüpfung von Arbeitsprozessen und Abläufen. Hier wird Kommunikation erlebbar: An den offenen Treppenraum ordnen sich Café- und Kollaborationsbereiche an; von hier erfolgt auch der Zugang zu den im Split Level angelegten Open-Space-Bereichen. Die teaminterne Meeting Zone mit ihren eingestellten Boxen für Micro-Meetings und Thinktanks bedient die funktionalen Anforderungen an eine moderne Arbeitswelt. Als Verbindung der halbgeschossigen Arbeitsebenen ergänzt die Treppe zudem die Arbeitsräume auf jedem Geschoss als erweiterte Fläche. Eingelassene Sitzmöglichkeiten auf breiten Stufen laden zum Verweilen, Arbeiten oder Kollaborieren ein. (Fotograf: Zooey Braun)

weiter. Die kulinarischen Angebote haben nichts mit Unternehmen oder Produkt zu tun, sondern fungieren als Café und Restaurant für jedermann. Originelle Schnittmenge sind die Veranstaltungen von Microsoft, die in den Räumlichkeiten stattfinden (The Digital Eatery 2020). Die SAP Data Kitchen vereint Technologie und Kulinarik und ermöglicht dank App eine punktgenaue Abholzeit von Brunch und Lunch für externe Unternehmen (Data Kitchen Berlin 2020).

Abb. 18.4 WDF 53, SAP SE, Walldorf: Die überdachten Innenhöfe des Modulbaus WDF 53 verfügen über multifunktionale Nutzungsmöglichkeiten. Als Marketplace und Urban Jungle deklariert, lädt das Raumangebot zum Lunch, Ad-hoc-Meeting oder einfach zum Verweilen und Entspannen ein. Die gruppierten Module des Gebäudes sind stellenweise zueinander verschoben, wodurch Balkonrücksprünge entstehen, welche Sichtbeziehungen und Begegnungen im Gebäude ermöglichen

Öffentlich zugängliche Cafés, Showrooms, kulturelle und kulinarische Angebote zeigen nicht nur einen Blick hinter die Kulissen, sondern lassen eine Überschneidung von Profession, Kultur und Sozialem zu. Pulsierende Plätze regen zur Kreativität, zum Austausch und zum sozialen Miteinander in einem gefestigten und gleichzeitig offenen Rahmen an.

Das private Unternehmen wird Teil der gesellschaftlichen Wahrnehmung und übernimmt soziale und gesellschaftliche Verantwortung. So entwickelt sich der Arbeitsplatz in vielen Branchen zu einer Ressource, in der eine soziale, kreative und innovative Wertschöpfung stattfindet und damit die wichtigsten Potenziale gehoben werden, die Menschen zu bieten haben (Abb. 18.5).

Abb. 18.5 Innovation Center 2.0, SAP SE, Potsdam: Transparenz nach innen und außen: Äußerlich passt sich der vierstöckige Glaskubus mit umlaufenen Balkonen dem Bestand an und ist geprägt von seiner spannungsvollen Betonstützenstruktur mit industriellem Charakter, welche die Glasfassade in zahlreichen Diagonalen durchbricht. Das Gebäude gleicht einer offenen Werkhalle, in der alle Geschosse über einen geschossübergreifenden Luftraum miteinander verbunden sind und damit Blickbeziehungen und Begegnungen ermöglichen. (Fotograf: Zooey Braun)

Quellen

M. Schlüter, B. Koeper (2013): Change of Work. In: Bundesgesundheitsblatt 2013 (Hrsg). (S. 422). Berlin Heidelberg: Springer Verlag.

J. Niebauer, A. Riemath (2017). Wandel des klassischen Büroarbeitsplatzes. In: V. Andelfinger, T. Hänisch (Hrsg.): Industrie 4.0 (S. 215 ff.). Wiesbaden: Springer Verlag.

Christa Catharina Müller (2017): Wer ist eigentlich diese Generation Alpha. Abgerufen von: https://www.wuv.de/marketing/wer_ist_eigentlich_diese_generation_alpha (22.05.2020).

Alexandra Schollmeister (2019): Arbeit 4.0 – Neue Arbeitsmethoden für eine motivierende gesunde Unternehmenskultur. Abgerufen von: https://www.2-care.de/blog/artikel/arbeit-4.0-neue-arbeitsmethoden-fuer-eine-gesunde-unternehmenskultur (22.05.2020).

Klaus Eidenschink (2020): Virtuelle Begegnungen? Hinweise zur Psychologie des Kontakts via Bildschirm. Abgerufen von: https://metatheorie-der-veraenderung.info/2020/04/09/virtuelle-begegnung/ (22.05.2020).

Rittersport besuchen. Abgerufen von: https://www.ritter-sport.de/de/besuchen/ (26.06.2020).
The Digital Eatery. Abgerufen von: https://www.microsoft.com/de-de/berlin/digital-eatery.aspx (26.06.2020).
Data Kitchen Berlin. Abgerufen von: https://datakitchen.berlin/de/about/ (26.06.2020).

Mike Herud machte zuerst eine Ausbildung zum Zimmerer. Nach seinem Architekturstudium an der FH Kaiserslautern und der Mitarbeit bei UNStudio in Amsterdam sowie der Zeit als Projektleiter bei Prof. Wolfgang Kergaßner, gründete er 2010 zusammen mit Oliver Kettenhofen SCOPE als Büro für Architektur, Innenarchitektur und Design in Stuttgart. SCOPE gestaltet aus einer nutzerorientierten Perspektive und entwickelt Architektur aus einem vielschichtigen Kontext kultureller und sozialer Aspekte. Nicht nur die Erfüllung technischer und formaler Qualitäten, sondern vielmehr die Übernahme gesellschaftlicher Verantwortung prägen die Architektur von SCOPE.

19 Weil der Mensch ein Mensch ist – Sieben Ratschläge für ein menschliches Arbeitsumfeld

Because Man is a Human Being – Seven Tips for a More Humane Working Environment

Malte Kopmann

Zusammenfassung

Architekten, die den Anspruch haben, ihr Schaffen in den Dienst von Nachhaltigkeit, Sinnhaftigkeit und Menschenwürde zu stellen, begegnen bei der Gestaltung von Bürogebäuden zwangsläufig der Frage nach Angemessenheit und Verhältnismäßigkeit. Im Gegensatz zu einigen anderen Nutzungsflächen bedingt Büroarbeit eine intensive Präsenz von Menschen über einen vergleichsweise langen Zeitraum. Dass sich die Gestaltung von Bürogebäuden also im Besonderen an Verhalten und Bedürfnissen der Menschen orientieren sollte, ist naheliegend. Dies wird jedoch allzu oft nachrangig betrachtet, da der Zweck eines Bürogebäudes aus Sicht von Erstellern und Betreibern ein zutiefst wirtschaftlicher ist und die Frage der Menschlichkeit für beide Gruppen nur selten eine hohe Relevanz aufweist. Die Frage nach der angemessenen Menschlichkeit von Büroflächen ist im Grunde eine Frage an die Gesellschaft; eine Antwort ist demnach auch nicht von der kleinen und von Einzelinteressen getriebenen Gruppe von Bauherren, Arbeitgebern, Projektentwicklern oder Maklern zu erwarten, wenngleich mitunter erfreuliche Ausnahmen diese Regel bestätigen. Im Jahr 1918 wurde in Deutschland der Achtstundentag eingeführt und Arbeitsbedingungen wurden damit menschlicher. In den vergangenen einhundert Jahren aber hat sich die Art des Arbeitens vollkommen verändert und gerade deswegen müssen die Frage nach dem richtigen Maß an Menschlichkeit und die Frage, wie der Mensch hierfür als Maßstab dienen kann, fortwährend und immer wieder neu gestellt werden. Um den notwendigen gesellschaftlichen Diskurs konkrete Reflexionen zu ermög-

M. Kopmann (✉)
Mammolshain, Deutschland
E-Mail: Malte.Kopmann@dreso.com

C. Kohlert (Hrsg.), *Das menschliche Büro – The human(e) office*,
https://doi.org/10.1007/978-3-658-33519-9_19

lichen, werden in diesem Beitrag Optionen beschrieben, wie das architektonische Umfeld für Büroarbeit mehr Menschlichkeit möglich machen kann. Die Frage nach der Verhältnismäßigkeit ist dabei immer eine Gratwanderung, gilt es doch zwischen Erfüllen und Übererfüllen von uneinheitlichen und veränderlichen Bedürfnissen in zumeist volatilen Kontexten abzuwägen. Inhaltlich befasst sich der Beitrag dabei mit den vier Themen Körper, Individuum, Emotion und Gemeinschaft.

Abstract

Architects who claim to place their work in the service of sustainability, meaningfulness and human dignity inevitably encounter the question of appropriateness and proportionality when designing office buildings. In contrast to some other types of use, office work requires an intensive presence of people over a comparatively long period of time. It is therefore obvious that the design of office buildings should be geared in particular to the behaviour and needs of people. However, this is all too often considered of secondary importance, as the purpose of an office building is a deeply economic one from the point of view of both the investors and the operators, and the question of humanity is not very relevant to either group. The question of the appropriate humanity of office space is basically a question for society, and an answer cannot be expected from an individual interest-driven group of builders, employers, project developers or brokers, although there are sometimes pleasing exceptions to this rule. In 1918 the eight-hour day was introduced in Germany, making workplaces more humane. Over the past one hundred years, however, the way of working has changed completely, and for this very reason the question of the right degree of humanity and the question of how man can serve as a yardstick for this must be asked continuously and anew. In order to enable concrete reflections on the necessary social discourse, this article will describe options on how the architectural environment of office spaces can make more humanity possible. The question of proportionality is always a balancing act, as it is necessary to weigh up between fulfilling and overfulfilling inconsistent and changing needs in mostly volatile contexts. In terms of content, the article deals with the themes body, individual, emotion and community.

Architekten, die den Anspruch haben, Ihr Schaffen in den Dienst von Nachhaltigkeit, Sinnhaftigkeit und Menschenwürde zu stellen, begegnen bei der Gestaltung von Bürogebäuden zwangsläufig der Frage nach Angemessenheit und Verhältnismäßigkeit. Die Frage nach dem ausgewogenen Maß, der richtigen Menge und dem passenden Konzept für eine gute Büroarchitektur wird jedoch üblicherweise aus Blickwinkeln betrachtet, die weniger den Menschen als vielmehr das Ergebnis seiner Arbeit (wenn der Bauherr gleichzeitig Nutzer und Arbeitgeber ist) oder den Ertragswert der Immobilie (wenn der

Bauherr beispielsweise Investor oder Projektentwickler ist) in den Mittelpunkt stellen. Der Zweck eines Bürogebäudes ist nämlich sowohl aus Sicht von Erstellern als auch von Betreibern ein zunächst rein wirtschaftlicher. Eine qualitative Bewertung und Beachtung der Wechselwirkung zwischen Büroarchitektur und den Menschen, die sie nutzen, ist für keine der beiden Gruppen besonders relevant und findet bestenfalls auf einer rein funktionalen Ebene statt.

Diese Situation erscheint unzureichend, weil sich Bürogebäude im Gegensatz zu anderen Nutzungsarten, wie z. B. Einzelhandel, durch intensive Nutzung von Menschen über einen vergleichsweise langen Zeitraum auszeichnen. Man sollte folglich hoffen dürfen, dass dementsprechend auch die architektonische Gestaltung hierauf einzahlt, indem sie ihren Nutzern mit angemessenem Respekt begegnet, sich also im Besonderen an deren Verhalten und Bedürfnissen orientiert und sich damit von ihrer besten Seite zeigt – von der menschlichen.

Es ist ein gutes Ziel, in Zukunft nicht mehr auf menschlichere Büros zu hoffen, sondern bereits in der Lage zu sein, Erfahrungen mit realisierten Beispielen auszutauschen. Der Austausch miteinander und das kontinuierliche Lernen voneinander sind unerlässlich, denn nur Erlebnis und Erfahrung mit menschlicheren Arbeitsumgebungen können deren Erfolg und Verbesserungsmöglichkeiten aufzeigen. Menschlichkeit ist nämlich kein konkret beschreibbares Ziel, das sich in räumlich-funktionale Planungsgrundlagen übersetzen, in Planung und Umsetzung steuern und bei Fertigstellung nachweisen lässt. Menschlichkeit muss ein inhaltlicher Kompass und eine anthropophile Haltung sein. Ein Erfüllungsgrad schließlich wird sich erst im Auseinandersetzen der Nutzer mit ihrem Arbeitsumfeld abbilden.

Um sich nun der Frage zu nähern, was eigentlich genau mit Menschlichkeit im Büro gemeint ist und wie man sich an ihr orientieren kann, helfen zwei übergeordnete Thesen:

These 1:
Architektur ist schlicht nicht dazu da, finanziert, gebaut, übergeben oder verwaltet zu werden, sondern vor allem, um durch die eigene Gestaltung und bei ihrer Nutzung ihrem Sinn entsprechend erlebt zu werden. In einer Zeit, die stark von Investoren-, Portfolio- und Mietarchitektur geprägt ist, fällt dieser Perspektivwechsel nicht leicht. Aber jede Gestaltung ohne positiven Sinn ist eine vertane Chance auf eine lebenswertere Zukunft.

These 2:
Der zweite Perspektivwechsel besagt, dass für den Unternehmenserfolg nicht die Optimierung der Effizienz der Rahmenbedingungen von Arbeit, sondern die Optimierung der Effektivität entscheidend ist. Es geht also nicht darum, das Arbeitsumfeld so weit zu reduzieren, dass der Ertrag aus der Arbeit den Aufwand zur Bereitstellung der Rahmenbedingungen möglichst weit übersteigt. Durch Investition in die Bereitstellung einer förderlichen räumlichen und kulturellen Arbeitsumgebung werden statt-

dessen die Nutzer befähigt, Prozesse, Ergebnisse und Ertrag eigenständig zu verbessern, weiterzuentwickeln oder neu zu gestalten. Ein anforderungsgemäßes Umfeld verspricht erwartungsgemäße Ergebnisse – ein förderliches Umfeld hingegen hervorragende Ergebnisse. Dies verhält sich ähnlich dem Prinzip von Henne und Ei, wenn man unterstellt, dass glückliche Hühner die erfolgreicheren Eier legen. Eine Legebatterie ist weder im eigentlichen Sinn noch im auf Arbeitswelten übertragenen Sinn der richtige Weg. Vermutlich fällt auch dieser Perspektivwechsel zunächst schwer.

Was hinter beiden Thesen steht, ist eine Abkehr vom Wettrüsten um messbare wirtschaftliche Kennzahlen in der Büroarchitektur. Ein Büro kann sowohl Schwert als auch Pflugschar sein. Während in der Metapher das Schwert für Kontrolle, Messbarkeit und das Durchsetzen von Zielen steht, symbolisiert die Pflugschar Vertrauen, Augenhöhe und das Fruchtbarmachen des Nährbodens für Entwicklungen. Der Prophet, den die Bibel „Schwerter zu Pflugscharen" sagen lässt, meint damit, dass es nicht darum geht, nach etwas Neuem zu suchen, um einen Mangel an Menschlichkeit zu beheben, sondern lediglich darum, vorhandene Potenziale verantwortungsvoll zu nutzen.

Menschlichkeit umfasst mehr als die Erfüllung funktionaler Anforderungen – und wirtschaftliche Kriterien sind für die Nutzer eher nachrangig. Was aber braucht ein menschlicheres Büro dann? Im Weiteren wird der Frage nach Menschlichkeit im Büro aus zwei Blickwinkeln nachgegangen:

1. **Individuum** – Wie kann der einzelne Mensch im Büro mehr Menschlichkeit erfahren?
2. **Kollektiv** – Welche Handlungsfelder gibt es bezogen auf Gruppen und Gemeinschaften?

Es sei vorweggenommen, dass keine der im Folgenden kurz beschriebenen räumlichen Maßnahmen und ausstattungsbezogenen Empfehlungen wirksam sind, wenn Unternehmenskultur und Führungsverhalten diese nicht unterstützen. Mehr noch – die Frage nach der angemessenen Menschlichkeit von Büroflächen ist im Grunde eine Frage an die Gesellschaft.

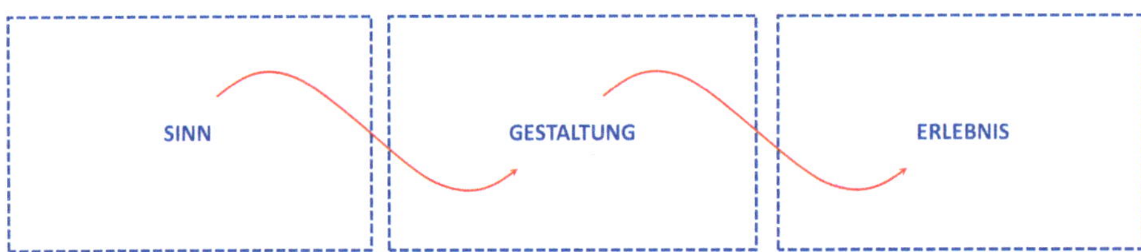

Abb. 19.1 Gestaltung überträgt Sinn ins Erlebnis (Schema, Malte Kopmann)

19.1 Blickwinkel 1: Individuum

Als Menschen sind wir nicht für klassische Büroarbeit geschaffen. Unsere Körper passen sich der Umwelt deutlich langsamer an, als wir diese verändern. In den vergangenen zwei Millionen Jahren wurden unsere Wahrnehmung, unser Bewegungsapparat und unsere Fühl- und Handlungsmuster von einem komplexen Umfeld geprägt, das in der Regel unbeständig, uneindeutig und unsicher war. Traditionell waren es eher Klima, Flora und Fauna, die unser agiles Anpassungsvermögen und unsere kreative Reaktionsfähigkeit herausforderten. Im 21. Jahrhundert trägt das Phänomen einer herausfordernden Umwelt den Titel VUCA und wird eher auf Megatrends wie Digitalisierung, Klimawandel oder New Work bezogen. Wir können heute zwar unser Denken und unsere Aktivitäten darauf anpassen, nicht aber unseren Körper. Dieser wird bei Geburt nach wieMenschen in Bewegung (Foto, unsplash 2017) vor als das geländegängige und überlebenslustige Modell geliefert, das uns über Stein-, Bronze-, Eis- und Eisenzeit bis in die Gegenwart manövriert hat. Wie also können wir unsere Arbeitsumgebung gestalten, um unseren Körpern ein positives Erleben zu ermöglichen?

▶ **TIPP 1:** *Bringen Sie Bewegung ins Arbeitsumfeld*
Langes Sitzen liegt uns ebenso wenig wie langes Stehen. Ein beträchtlicher Teil unseres Körpers besteht aus einem Bewegungsapparat, der regelmäßig betrieben werden sollte, denn unser Körper ist ein System, das gesamthaft am besten funktioniert. Unser Gehirn erreicht im einfachen Gehen, bei etwa 80 cm pro Sekunde tatsächlich eine erhöhte Leistungsfähigkeit. Um langes Verharren in einer Körperhaltung zu vermeiden, können folgende Elemente im Arbeitsumfeld helfen:

- Arbeitstische in Stehhöhe oder unkompliziert höhenverstellbare Tische
- Zentrale Anordnung von regelmäßig frequentierten Anlaufpunkten (z. B. Infrastruktur und Servicenutzungen wie Drucker, Garderoben, Kaffeemaschinen oder dergleichen), um gelegentlich ein aktives Verlassen eines Arbeitsorts zu erreichen
- Abwechslungsreiche Sitz-, Steh- oder Lehngelegenheiten, z. B. in unterschiedlichen Besprechungsräumen, die einen Wechsel zwischen verschiedenen Körperhaltungen ermöglichen
- Einbinden von „ruhigen" Sportgeräten (Sprossenwand, Ergometer, Balancegeräte etc.) in die Büroflächengestaltung
- Bereitstellen von Sport- bzw. Bewegungsräumen inklusive Duschen und Umkleiden
- Erhöhen der Attraktivität von Treppenanlagen als echte Alternative zu Aufzügen im Nahbereich

Auch organisatorische Maßnahmen können mehr Bewegung in den Arbeitsalltag bringen:

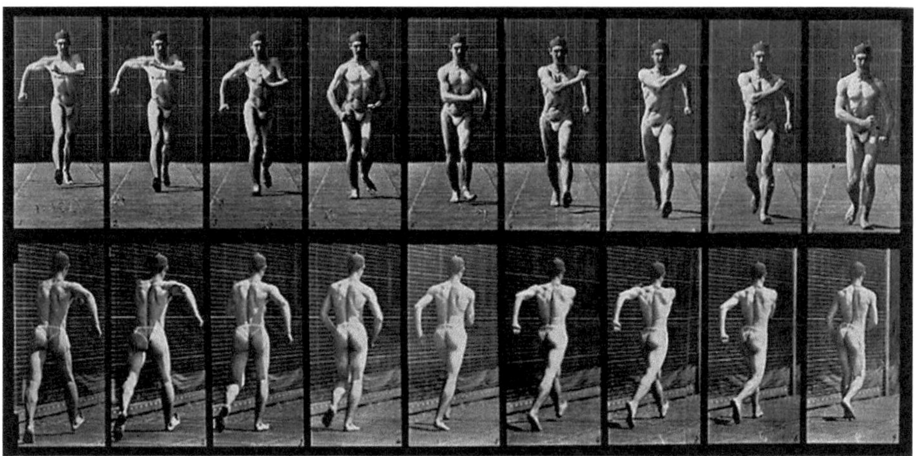

Abb. 19.2 Menschen in Bewegung. (Foto, unsplash 2017)

- Förderung von Mitgliedschaften in Fitnessstudios oder Sportvereinen
- Bereitstellen von Fahrrädern oder e-Bikes, sowohl für kurze Dienstfahrten als auch für Pendler

▶ **TIPP 2:** *Stimulieren Sie die Hirne, wenn Ihnen wache Geister lieb sind!*
Jede Art von Gleichförmigkeit im Arbeitsleben ist Fluch und Segen zugleich. Zum einen vermitteln Monotonie, Routine und die damit verbundene Vorhersehbarkeit zwar ein Gefühl von Sicherheit, Risikoarmut und Planbarkeit, allerdings drohen dadurch unsere Aufmerksamkeit und unsere Reaktions- und Improvisationsfähigkeit abzustumpfen. Dabei benötigen wir beides immer häufiger, um in einer immer schnelleren und unvorhersehbareren Arbeitswelt zu bestehen.

Die Halbwertzeit von Prozessen, die im repetitiven Bewältigen von vorgegebenen Arbeitsschritten auf bereits definierten Lösungswegen bestehen, bevor diese Prozesse automatisiert, digitalisiert oder zumindest ausgelagert werden, sinkt fortwährend. Von heutiger Wissensarbeit wird erwartet, dass neue und unvorhersehbare Problemstellungen eigenverantwortlich gelöst werden. In diesem Zusammenhang wird Kreativität immer relevanter, und obwohl Kreativität immer eine Frage individueller Begabung ist, so kann ein stimulierendes Umfeld Kreativität durchaus beflügeln. Möglichkeiten, ein solches Arbeitsumfeld gezielt zu erzeugen, gibt es viele:

- Erzeugen Sie unterschiedliche oder dynamische Lichtsituationen, die unterschiedliche Tätigkeiten gezielt unterstützen.
- Vermeiden Sie Einfarbigkeit und monotone Strukturen bei der Gestaltung von Boden, Wand und Decke.
- Schaffen Sie einen Wechsel aus offeneren und intimeren Räumen und Flächen und vermeiden Sie lange Flurfluchten.

- Reduzieren Sie räumlich-geometrische Monotonie, z. B. durch verschiedene Mobiliarhöhen, durch nichtlineare Verkehrsflächen – betrachten Sie eine Bürofläche als Landschaft.
- Haben Sie Mut zu spannender Architektur, falls Sie die Möglichkeit haben, dies zu beeinflussen – auch als Investor oder Projektentwickler. Dies steht nicht im Widerspruch zu Flexibilität und Drittverwendbarkeit einer Immobilie.

Die beschriebenen Maßnahmen haben nicht zum Ziel, unsere Arbeitswelten schrill und kunterbunt werden zu lassen. Es ist unbedingt zu berücksichtigen, dass gerade zur Stimulation auch der Kontrast zur Ruhe und zur Entspannung der zu reizenden Sinne erforderlich ist. Insofern gilt der Rat zu Angemessenheit und Verhältnismäßigkeit hier in besonderem Maß.

TIPP 3: *Natürlich können wir uns auch beim Arbeiten besser fühlen*
Unsere Wahrnehmung ist evolutionär bedingt geprägt von der Natur und zwar auf allen Kanälen, also sowohl bezogen auf die Nahsinne als auch auf die Fernsinne. Schon die bloße Farbe Grün wirkt sich beruhigend auf das Auge aus und hilft beim Fokussieren auf Details – denken Sie an Kartenspieltische oder an OP-Säle. Es sollte bei der Gestaltung von Büroflächen und -räumen neben der Farbwahl aber auch auf Licht und Akustik (bezogen auf die Fernsinne Auge und Ohr) sowie auf Raumklima, Temperatur, Luftfeuchtigkeit, Geruch und Taktilität (bezogen auf die Nahsinne Nase, Mund und Haut) geachtet werden. Wo auch immer die Möglichkeit besteht, die genannten Sinneserfahrungen naturnah zu gestalten, sollte dazu geraten werden.

- Inszenieren sie Pflanzen im Innenraum, zumindest an Orten, die allen zugänglich und häufig frequentiert sind (Empfang, Cafeteria, offene Besprechungsbereiche) und beachten Sie dabei sowohl die standort- und artgerechte Auswahl der Pflanzen als auch deren Pflege im Betrieb.
- Verwenden Sie natürliche Materialien im Sichtbereich und Fühlbereich, auch wenn diese mit der Zeit Patina ansetzen – das gehört zur Lebendigkeit dazu.

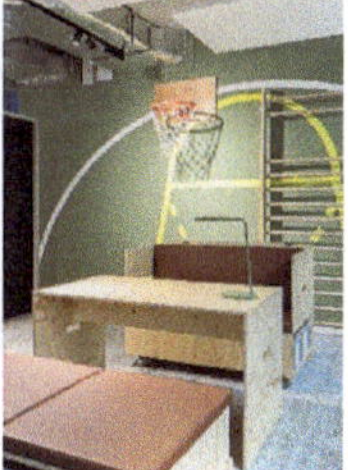

Abb. 19.3 Projektbeispiele. (Fotos, Drees & Sommer)

- Schaffen Sie Ausblicke in die echte Natur von möglichst vielen Orten und verzichten Sie – soweit möglich – auf eine klassische „Verzimmerung" der fassadennahen Nutzflächen.
- Beziehen Sie den Außenraum in die Arbeitswelt ein, z. B. durch Campusanlagen, begehbare und begrünte Dachflächen, Innenhöfe etc., die sich durch einfache Hilfsmittel wie Wetterschutz, WLAN und gegebenenfalls Sitzmöglichkeiten ebenfalls für unterschiedliche Arbeiten eignen können.
- Integrieren Sie Pflanzen- und Grünkonzepte in Innenräume, bestenfalls in unmittelbarer Nähe zu Arbeitsorten, an denen man sich für gewöhnlich länger aufhält (z. B. Besprechungsräume oder Schreibtischarbeitsplätze)

TIPP 4 – *Form follows function – der Mensch folgt leider selten der Form*

Die größere Herausforderung liegt darin, dass wir zwar alle der Natur nach Menschen mit gleichen Anforderungen, dem Wesen nach jedoch Individuen sind und ausgerechnet unterschiedliche Bedürfnisse und Wesenszüge Kern unserer individuellen Identität sind. Das bedeutet, dass es zwar einerseits (wie oben beschrieben) weitgehend übereinstimmende Anforderungen gibt, dass es aber keine Garantie dafür gibt, dass Lösungen für diese Anforderungen von allen Nutzern gleichermaßen akzeptiert und verwendet werden. Bereits die Erfahrung mit den bislang betriebenen Büroumgebungen zeigt, dass wir mit identischen Rahmenbedingungen durchaus unterschiedlich, mitunter auch konträr, umgehen.

Die Relevanz dieses Phänomens sollte nicht unterschätzt werden, stellt doch die Möglichkeit zur freien Persönlichkeitsentfaltung gemäß Abraham Maslow die höchste Stufe der individuellen Zufriedenheit und damit einen möglichen Indikator für Menschlichkeit dar. Außerdem wird anhand der Maslow'schen Bedürfnishierarchie auch klar, dass mit der Zufriedenheit auch die Individualität und damit die Diversität der Anforderungen steigen. Nachdem es eine noch so gute Lösung nie allen recht machen kann, sei folgendes empfohlen:

Abb. 19.4 Projektbeispiele. (Fotos, Drees & Sommer)

- Stellen Sie vielfältige Orte im Arbeitsumfeld zur Verfügung, um individuelle Arbeitsstile zu unterstützen.
- Konzipieren sie Arbeitsorte flexibel und modular, um so schnell auf veränderte Anforderungen reagieren zu können.
- Machen Sie möglichst die gesamte Bürofläche für alle Menschen nutzbar, und ermöglichen Sie auch das Arbeiten außerhalb des Gebäudes.
- Entwickeln Sie einen Führungsstil, der die zunehmende Eigenverantwortung der Menschen für ihre Arbeitsabläufe fördert und fordert.

19.2 Blickwinkel 2: Kollektiv

Viele Geschäftsmodelle beruhen auf der simplen Tatsache, dass mehrere Menschen miteinander mehr erreichen als allein. Kommen dann noch gute Führung und taugliche Arbeitsmittel hinzu, dann wird aus einem Geschäftsmodell schnell ein Erfolgsmodell. Auch der einzelne Mensch sucht gern die Nähe zu Gemeinschaften, den Austausch und gemeinsame Erlebnisse. In diesem Punkt sind sich wirtschaftliche und menschliche Interessen sehr nah. Es erscheint daher als nur folgerichtig, die Arbeitsstätten so zu gestalten, dass sie sich für Zusammenarbeit eignen. Während repetitive Arbeitsschritte abnehmen, werden autarke Tätigkeiten in Zukunft in weitem Maß orts- und zeitunabhängig erledigt werden können. Reine Kommunikation und auch einige Formen von aktiver Zusammenarbeit innerhalb vertrauter Gruppen brauchen sicherlich Gleichzeitigkeit, können dank der Digitalisierung aber auf ein Beisammensein an einem Ort verzichten.

Das bietet neue Möglichkeiten, stellt aber auch die Frage, welchen Mehrwert Zusammensein am selben Ort zur selben Zeit hat und wie solch ein Ort ausgestattet und gestaltet werden kann.

Abb. 19.5 Individualisierungsgrad der maslow'schen Bedürfnisebenen (Schema, Malte Kopmann)

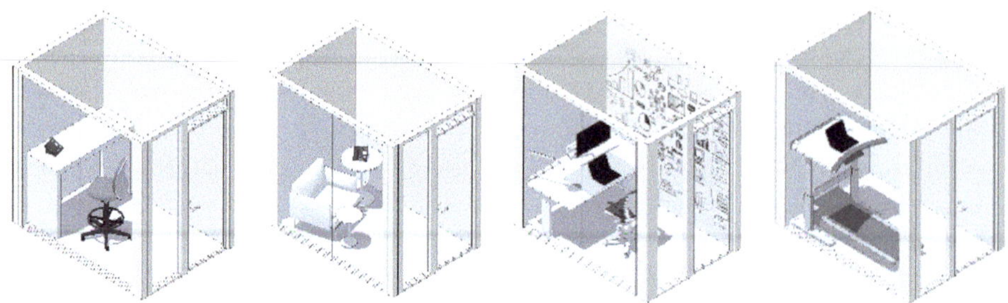

Abb. 19.6 Alternative Raummodule (Zeichnung, Drees & Sommer)

Abb. 19.7 Zeit- und Ortsabhängigkeit verschiedener Formate von Zusammenarbeit (Schema, Malte Kopmann)

TIPP 1 – *Bieten Sie geeignete Bühnen für alle Formen von Interaktion*
Je komplexer, je ergebnisoffener und je unvorhersehbarer die Inhalte, Ziele oder Aufgaben werden, desto mehr wird auch in Zukunft ein Zusammenspiel von Zeit und Raum benötigt, also das Beisammensein von Menschen zur selben Zeit an einem Ort. Ermöglichen Sie nicht nur den reinen Austausch von Informationen in klassischen Besprechungsräumen mit langen Tischen und Monitoren an deren Kopfende. Schaffen Sie darüber hinaus Orte für vielfältige Formen von Gemeinsamkeit im Arbeitsumfeld:

- Vertrauliche Gespräche
- Schneller Austausch
- Gemeinsame Arbeit an Themen oder Projekten
- Wissensaustausch und Lernen
- Kreativarbeit und Workshops

TIPP 2 – *Planen Sie Spontanität*
Menschen brauchen Gemeinschaft. Über den Grad an Zugehörigkeit und die Beziehungen sowohl innerhalb der Gemeinschaften, zu denen wir uns zugehörig fühlen, als auch gegenüber Gemeinschaften, zu denen wir nicht gehören wollen, können oder

dürfen, definieren wir einen guten Teil unseres Selbstbilds. Daher sind Gemeinschaftserlebnisse und Begegnungen von so hoher Bedeutung und hier sind es vor allem die zufälligen und spontanen Treffen, die ein oftmals unterschätztes Potenzial innehaben. Während nämlich sämtliche verabredete Interaktionen und die dafür ebenfalls konzipierten Orte naturgemäß aus der Rückschau – also aus bestehenden Erfahrungen und Erwartungen heraus – geplant werden, bieten zufällige Zusammentreffen das Potenzial zu Neuem und Unerwartetem und damit die Chance auf zusätzliche Wertschöpfung. Im Kontext der Frage nach Menschlichkeit bezieht sich diese Wertschöpfung nicht nur auf den wirtschaftlichen Erfolg eines Unternehmens, sondern auch auf den persönlichen Gewinn an neuen positiven Erfahrungen und Erlebnissen. Ausnahmslos jedes Büro tut gut daran, in diesem Sinn Orte für Spontanität zu planen, um diese Wertschöpfung möglich zu machen. Dies beispielsweise durch folgende Maßnahmen:

- Sehen Sie attraktive Versorgungsorte vor (Cafeterien, Teeküchen etc.), die nutzergruppenübergreifend angeordnet werden und die neben Aufenthaltsmöglichkeiten für kurze Gespräche auch die Möglichkeit für spontane Zusammenarbeit bieten.
- Weiten Sie Verkehrsflächen punktuell auf und planen Sie z. B. Buchten ein, um zufälligen Begegnungen einen Ort zu geben.
- Nutzen Sie bestehende Knotenpunkte entlang von Haupterschließungen, um gezielt Treffpunkte zu inszenieren, darunter Eingangs- und Wartebereiche, Treppenhaus- und Aufzugsfoyers.

TIPP 3 – *Büro ist eine Heimat, machen sie die Beste daraus und hüten sie sie gut.*

Uns als Menschen liegt Gemeinschaft am Herzen, daher wurden im Lauf der Geschichte unzählige Formen von Gemeinschaft entwickelt. Neben dem Wunsch nach Zugehörigkeit streben wir nach Anerkennung, zum einen als Individuen innerhalb der Gemeinschaften, an denen wir teilhaben, zum anderen aus den eigenen Gemeinschaften heraus gegenüber der Gesellschaft insgesamt. Durch gemeinsame und anerkannte übereinstimmende Zugehörigkeiten zu Menschen und Orten entstehen Vertrauen, Sicherheit und Heimatgefühl. Dies findet auch im Arbeitsleben und in Büros statt.

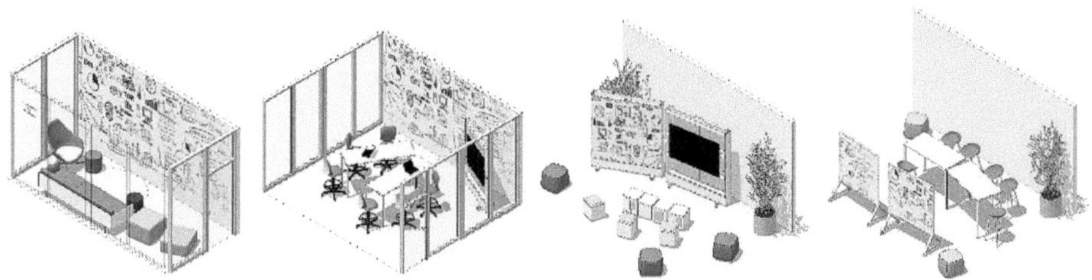

Abb. 19.8 Orte für Zusammenarbeit (Zeichnungen, Drees & Sommer)

Seien Sie sich bitte dessen gewahr, denn während es einerseits möglich ist, dieses Heimatgefühl aktiv und positiv zu gestalten, so ist es andererseits nicht möglich, darauf einfach zu verzichten. Das Büro ist immer eine Heimat. Nimmt man sich ihr nicht an und übernimmt man keine Verantwortung für sie, ist es nur eine Frage der Zeit, bis sie verwildert oder verwahrlost. Ob solch eine Heimat dann noch zum längeren Verweilen einlädt und auf wen genau sie noch einladend wirkt, ist dann bestenfalls fraglich. Gerade vor dem Hintergrund des Fachkräftemangels kommt diesem Thema eine hohe Bedeutung zu. Sowohl die Gestaltung eines Büros als auch die Frage der zwischenmenschlichen Kultur, die sich darin abspielen soll, brauchen eine klare Haltung, ein authentisches Wertegerüst und eine dauerhafte Bereitschaft zur Verantwortungsübernahme. Die zuvor gezeigte Einschätzung, inwiefern die Stufen der Maslow'schen Bedürfnishierarchie von eher individuellen oder kollektiven Bedürfnissen abhängen, spielt bei der Frage nach Zugehörigkeit direkt auf die Frage nach Heimat an.

Auch wenn nicht jeder eine individuelle Übereinstimmung mit der kollektiven Heimat finden wird – eine klare Haltung ist die Voraussetzung für die Gestaltung eines Büros als Heimat, die Identifikation ermöglicht und Orientierung bietet. Heimat ist eine der wichtigsten Facetten eines menschlichen Büros.

So spannend die Frage nach der konkreten Gestaltung einer Heimat im Büro ist, so unmöglich ist es zugleich, allgemeingültige Empfehlungen oder einen anderen konkreten Tipp aufzuführen als diesen:

- Seien Sie mutig und nehmen Sie die Verantwortung bewusst entgegen.

Abb. 19.9 Projektbeispiele (Fotos, Drees & Sommer)

19.3 Nachwort

Nicht zuletzt vor dem Hintergrund des stetig zunehmenden gesellschaftlichen Diskurses und Bewusstseins im Bereich Umweltschutz und Nachhaltigkeit ist das Einbinden von Natur in die Arbeitswelt eins der Schlüsselthemen, nicht nur für mehr Menschlichkeit im Büro, sondern auch für eine hoffentlich langfristig menschliche Welt, in der wir leben. Hinter dieser Behauptung steht der Appell, eine ausgewogene Suffizienz aller Maßnahmen zu erzielen – sowohl der in diesem Beitrag beschriebenen als auch der weiteren bau- und betriebsbezogenen Maßnahmen. Die Einbindung von Natur in Arbeitswelten muss immer auch die Prüfung auf einen möglichen Verzicht beinhalten – im vollen Bewusstsein, dass jeder vertretbare Verzicht in Büros, in denen einige arbeiten, zu einem Gewinn für die Welt, in der alle leben, führen kann. Aber – worauf auch immer ein Büro in Zukunft verzichten kann, es sollte nicht die Menschlichkeit sein. Dass die Digitalisierung unablässig und in allen Lebenslagen leichtfüßige Lösungen für funktionale Belange bereitstellt, wird die Abwägung, welchen Anforderungen bei der Bürogestaltung vorrangig entsprochen werden soll, stark beeinflussen. Weniger funktionaler Bedarf an physischen Elementen ermöglicht mehr Menschlichkeit – sowohl im Büro als auch in der Welt.

Im Jahr 1918 wurde in Deutschland der Achtstundentag eingeführt und das Arbeitsleben damit in einen besseren Einklang mit den Bedürfnissen der Menschen gebracht. In den vergangenen einhundert Jahren hat sich die Art des Arbeitens vollkommen verändert, deswegen müssen die Frage nach dem richtigen Maß an Menschlichkeit und die Frage, wie der Mensch hierfür als Maßstab dienen kann, fortwährend und auch in Zukunft immer wieder neu gestellt werden.

Malte Kopmann geboren in Bonn, Architekt, Studium in Darmstadt und Trondheim. Tätig als Workplace Consultant in München und Frankfurt seit 2008 mit Schwerpunkt Entwicklung von Nutzeranforderungen und Nutzungskonzepten sowie planungs- und nutzerbezogene Veränderungsbegleitung. Ganzheitliches Kundenportfolio (vom Start-up bis zum multinationalen Konzern) vor allem im deutschsprachigen Raum (DACH). Lebt mit Familie im Taunus bei Frankfurt.

Using the Flourish Model for Environmental Design 20

Das Gedeih-Modell für ein ökologisches Design

Derek Clements-Croome, Clare Bowman und Youmna Al-Dmour

Abstract

The word 'comfort' is perhaps overused. It has a neutral quality. It is usually seen as a pleasant or relaxed state of a human being in relation to their environment. Surely however, that is only part of what we need for stimulating and concentrating the mind? After all, comfort can be more soporific than stimulating. The Flourish approach described in this article and demonstrated in two case studies takes us beyond the comfort concept. Our experience of the environment is the result of an interplay of physical, psychological and social factors. Buildings create an environment and this together with people provide a multi-sensory experience. The senses need stimulation to react to otherwise boredom sets. One response to this type of thinking has been air systems which give random air pulsations like very gentle breezes, rather than a steady flow of air, because of its stimulating nature. Natural light changes throughout the day is another natural variation. Comfort is a backdrop but human beings also need sensory change from the stimuli around them. There is a complex balance between steady state and transient patterns that needs to be achieved. We seem to need variety to give contrast to our sensory system. Research on

D. Clements-Croome (✉)
Reading University, Reading, United Kingdom
E-Mail: d.j.clements-croome@reading.ac.uk

C. Bowman
De Montfort University, Leicester, United Kingdom
E-Mail: clarebowman@rczm.co.uk

Y. Al-Dmour
Brunel University London, Uxbridge, United Kingdom

C. Kohlert (Hrsg.), *Das menschliche Büro – The human(e) office*,
https://doi.org/10.1007/978-3-658-33519-9_20

the impact of the built environment on health and well-being is improving our depth of knowledge all the time. What we can conclude from this work is that we need to continue to develop a more comprehensive and holistic view about the effects of the environment on people and widen our scope of design to produce more stimulating places for people to work in and enjoy. The flourish multi-sensory approach is a way to do this.

Zusammenfassung

Das Wort Komfort (Behaglichkeit) wird möglicherweise überstrapaziert. Es hat eine neutrale Qualität. Gewöhnlich wird es als ein angenehmer oder entspannter Zustand eines Menschen in Bezug auf seine Umwelt angesehen. Sicherlich ist dies aber nur ein Teil dessen, was wir zur Anregung und Konzentration des Geistes brauchen? Schließlich kann Komfort eher einschläfernd als anregend sein. Der in diesem Beitrag beschriebene und in zwei Fallstudien demonstrierte Flourish-Ansatz führt uns über das Konzept von Komfort hinaus. Unsere Erfahrung mit der Umwelt ist das Ergebnis eines Zusammenspiels von physischen, psychologischen und sozialen Faktoren. Gebäude schaffen eine Umgebung, und diese zusammen mit den Menschen bieten eine multisensorische Erfahrung. Die Sinne müssen angeregt werden, um auf die sonst einsetzende Langeweile zu reagieren. Eine Reaktion auf diese Art des Denkens sind Luftsysteme, die aufgrund ihrer stimulierenden Natur eher zufällige Luftbewegungen, wie sehr sanfte Brisen, als einen gleichmäßigen Luftstrom erzeugen. Natürliche Lichtveränderungen im Laufe des Tages sind eine weitere natürliche Variation. Komfort ist eine Kulisse, aber der Mensch braucht auch eine sensorische Veränderung durch die Reize um ihn herum. Es herrscht ein vielschichtiges Gleichgewicht zwischen einem Dauerzustand und vorübergehenden Reizen, das erreicht werden muss. Wir scheinen Vielseitigkeit zu brauchen, um unseren Sinnesorganen Abwechslung zu gewähren. Die Forschung über die Auswirkungen der gebauten Umwelt auf Gesundheit und Wohlbefinden verbessert unsere Kenntnisse ständig. Was wir aus dieser Arbeit schließen können, ist, dass wir auch künftig eine umfassende und ganzheitliche Sicht über die Auswirkungen der Umwelt auf den Menschen brauchen und unseren Gestaltungsspielraum erweitern müssen, um anregende Orte zu schaffen, an denen die Menschen arbeiten und sich wohlfühlen können. Der multisensorische Flourish(Gedeihen)-Ansatz ist ein Weg, dies zu erreichen.

20.1 The Multi-Sensory Experience

To design spaces that benefit our well-being requires knowledge of how body and mind respond to the diversity of stimuli they receive from the environment. The nature of the stimuli can be people, your work focus, objects, the look and feel of the space and the atmosphere that is created. The brain does not perceive environmental stimuli in isolation but rather embraces the whole pattern of stimuli as they change in time unless particularly extremes occur in any of the stimuli. The primary stimulus is the task being undertaken but the surroundings provide peripheral stimuli which we are aware of but not to the point of being distracted. As our attention waxes and wanes according to our mind fatigue patterns these peripheral stimuli like colour or views out on to nature for example provide sensory contrast break from work focus. A mixture of sitting, standing and walking provide healthy movement for the body so ways of doing this by walking in gardens, meditating or other means all add contrast in the sensory experience that people can enjoy.

Architecture is for humanity. The buildings it enshrines reflect the spirit of a particular age. At a basic level they shelter people from a range of climates and let them carry out an array of functions in their living and working lives. Often they are judged for their functionality and their visual appearance. Beauty however is not only what the eyes see it is how the building interior affects the human senses in terms of feelings, emotions and affect. So sound, touch, smell and sight all react in particular ways and can or cannot result in a feeling of happiness, contentment or spiritual uplift if the architecture has been designed with imagination and respect for the human sensory needs. Barbara Erwine (2017) in her book *Creating Sensory Spaces* writes about architecture of the invisible or what may be called a total sensory aesthetic. In her book *Urban Smellscapes (2013)* Victoria Henshaw writes about the reactions of people on smellwalks, and others have described soundwalks (Behrendt, F. 2018) but these reactions are explained as being like layers of the senses. You see something but smell and sound or touch elevate our feelings about it whether you are inside or outside a building.

A multi-sensory design approach termed synesthetic design offers an alternative to traditional visual sensory bias by providing the systematic incorporation of all five senses. The aim of synesthetic design is "*to coordinate all sensations stimulated by an object in a manner that results in a pleasant, harmonious overall appearance while coinciding with the particular function(s) desired*" (Haverkamp 2012, S. 14). The Flourish Model applies a multi-sensory people centric approach.

Humans spend most of their time indoors, and a large number of the world's community lives in urban areas and works in an office environment (ASHRAE 1993). There has been a vital global shift in the economy from the manufacturing sector towards the service and knowledge-based industries which operate in indoor office environments (Haynes 2008; WGBC 2014). Hence, it is becoming essential to understand the indoor office environment and the effect it has on occupant wellness.

An indoor office environment has a high level of influence on its occupants' productivity (Van Der Voordt 2004; Frontczak et al. 2012). The BCO's Defining and Measuring Productivity in Offices report (2017) concluded that *"a healthy workplace is not necessarily a productive workplace. However, to be productive office users need to be well. Therefore, a healthy workplace is essential but insufficient for sustained productivity in offices".*

One of the first challenges that has been applied to architecture is to increase the interaction with nature in spaces through optimal design. So nowadays there is an increased green awareness among the community. Therefore, there is a need to deeply understand how the implementation of biophilic features in office workspace can affect the social environment. Furthermore, to what extent do these features solve different issues of the indoor environment quality aspects?

One of the most significant applications is to understand that plants and green features besides the architectural planning can play a role in social interaction in the workplace, which endorses the community sense; they also set a healthy atmosphere while improving the indoor environmental quality (IEQ), and that would naturally permeate entirely through the office building.

Biophilia has been defined as the inherent pull of humans to nature; it is a concept which has been known by interior designers, architects as well as and scientists for many years but for hundreds of centuries by humanity itself. However, in workplaces, including nature into the design has always been considered to be a luxury for bosses' purpose to create ideal employee workspace or even those who desire to show off their preferences towards environmental responsibilities. Biophilia can improve both work production in addition to the financial costs over the improvement of the well-being of communities. By inserting some elements of natural environment into the built environment, it is not only a luxury, but an absolute advantage in productivity and well-being, as it has been proven in several physiological and psychological types of research.

Thus, there is a necessity to explore the quality of the indoor workplace environment within the biophilia design approach and its relationship to occupant wellness.

The IEQ and its effects on work productivity and human comfort in offices are extensively researched. The overall literature review can be summarised as follows:

1. Office layout, air quality, thermal environment, lighting environment and acoustic environment are five key IEQ aspects of office design. Occupants' perception of these five aspects directly influences their total environmental satisfaction and workplace wellness in offices.
2. Occupants' comfort requirements may differ according to the type of work activities and their demographic characteristics.
3. For **office layout**, occupants' perception depends on the items such as personal space, equipment and ergonomically comfortable furniture, the layout of the office and its functionality: for **air quality**, occupants' satisfaction is related to the quality of ventilation and air freshness; for the **thermal environment**, temperature, relative humidity are primary factors to express their satisfaction; for **lighting environment**, daylighting and artificial lighting are two key factors that determine occupants'; for acoutic eneviroment noise problems can be significant in some situations and undermine IEQ.

20.2 Using the Flourish Model to Evaluate the Second Home Company in Spitalfields London

The research on the direct and indirect effects of indoor environment quality on its occupants' productivity can be traced back to the 1920s when Maslow, as well as Vernon and Bedford, published their work on the workplace environment and needs (Vernon and Bedford 1930; Maslow 1943).

However, literature has shown associations among both the indoor environment and levels of comfort, health, well-being, and productivity in the workplace environment. The research methodology has been divided based on the Flourish Model depicted by the Flourish Wheel shown in Fig. 20.1. The value of the Flourish wheel is that it shows an holistic evaluation of the indoor environment together with the perceptual and economic impacts of it on the occupants. Based on the environmental design elements and their human impact the Flourish Wheel indicates that there is a significant link between the second home building and the wellness of the occupants within it.

Firstly, the upper part of the Flourish Wheel which is the design part: It has two types of parameters, the subjective and the objective parameters; the researcher used this part at the on-site observation stage, as the researcher analysed the building indoor environment quality of this biophilic workplace to find out how it solves some of the solutions that have been defined at the literature.

Secondly, the lower part of the wheel is the impact part: it is divided into two parts that affect both the occupants' perceptions as well as the company's productivity and performance in direct and indirect ways, which meant to survey people's feelings about their work environment, besides identifying the total state of being of an individual at a particular time and place (Clements-Croome et al. 2019).

Generating an environment where people thrive is the purpose of the Flourish Model. Clements-Croome et al. (2019) has based the logic for this model on the work of Barrett and Barrett (2010) and Kim and de Dear (2012) that goes outside the comfort and reaches out to obtain the ideal state of well-being as described by Maslow (1943), Seligman (2011), Diener and Biswas-Diener (2011). This model based on three main environmental factors: the design, perceptions, and feelings people have in different environmental settings and by economic consequences created by the environment (World Green Building Council 2014).

Buildings in large cities are mainly challenging, but with creative thinking, they can be lovable, joyful, and soulful spaces for individuals to live and work. If the designer is going to provide buildings that people thrive and flourish in for living or work, there is a need to capture all three layers (Clements-Croome et al. 2019).

This research generated a matrix that explains first, the factors of the IEQ in the office environment based on the literature review; second, these sub-factors have been delivered based on the design part of the Flourish Wheel, and their relationship with the biophilia patterns (Table 20.1 and 20.2 show these relationships clearly)

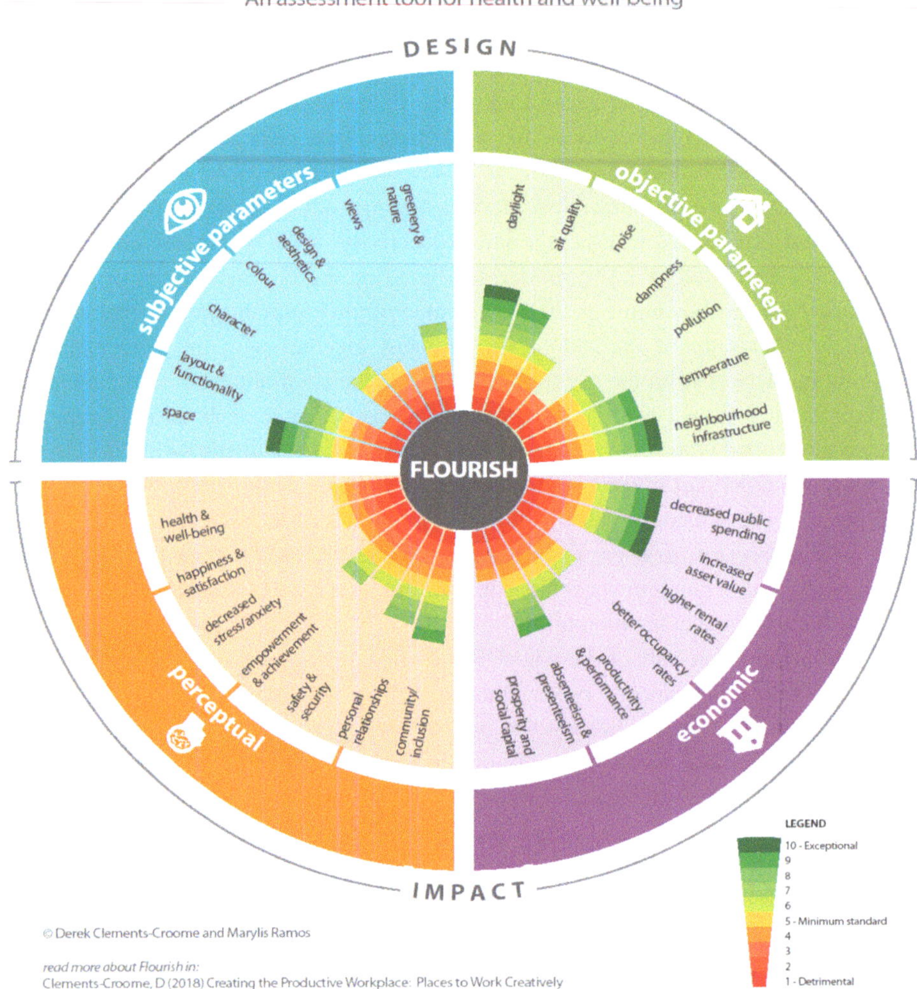

Fig. 20.1 The Flourish Wheel

While the interviews focused on the occupants' perceptions and discussed some economic issues based on the (impact) part of the Flourish Wheel, this research will present a holistic view of the building both physically and psychologically.

Generally, biophilic design can be divided into three categories; nature in the space, natural analogues, and nature of the space (Browning et al. 2014). Nature in the space classifies the direct, physical and short-lived existence of nature in a space, the most critical experiences accomplished through the creation of meaningful, direct connections with these natural elements, mainly through diversity, movement, and multi-

Table 20.1 Environmental Matrix

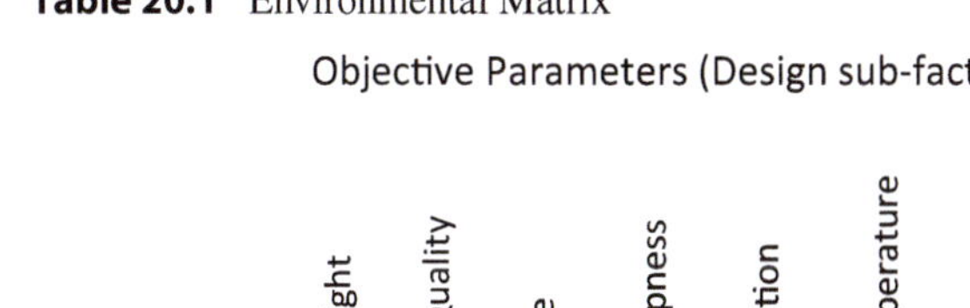

IEQ Factors	Objective Parameters (Design sub-factors)							Biophilia Patterns		
	a. Daylight	b. Air Quality	c. Noise	d. Dampness	e. Pollution	f. Temperature	g. Neighbourhood infrastructure	**Nature in the Space**	**Natural Analogues**	**Nature of the Space**
1. Office layout										
2. Air quality										
3. Thermal environment										
4. Lighting environment										
5. Acoustic environment										

Table 20.2 Visible Environmental Factors are coloured

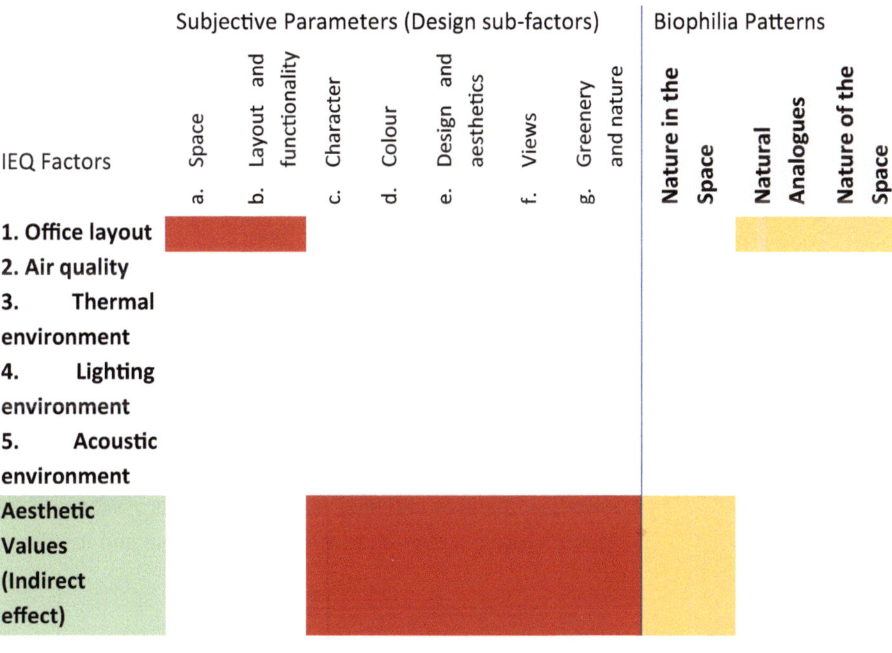

IEQ Factors	Subjective Parameters (Design sub-factors)							Biophilia Patterns		
	a. Space	b. Layout and functionality	c. Character	d. Colour	e. Design and aesthetics	f. Views	g. Greenery and nature	**Nature in the Space**	**Natural Analogues**	**Nature of the Space**
1. Office layout										
2. Air quality										
3. Thermal environment										
4. Lighting environment										
5. Acoustic environment										
Aesthetic Values (Indirect effect)										

sensory interactions. Nature of the space could include plant life, presence of water or even animals; it also could be breezes, sounds, scents, courtyard gardens, green walls, vegetated roofs or any other natural elements.

All of the Biophilia studies present substantial evidence of how indoor environmental quality affects occupant health, well-being and in turn, productivity. In this case, the "Second Home" company merits special attention because first, it has been built based on the concept of the shared workspace (co-working space) that hosts nearly 30 companies that are as alternative as the neighbourhood with small scale; and second in the light of the fact, that the number of self-employed workers has been roughly doubled in the last two decades[1], there had been a need to improve an environment that has ultra-funky and futuristic workspaces.

Interestingly, Spitalfields branch of this company was the first UK project from the Architects José Selgas and Lucia Cano established in 2014 to provide an affordable and accessible working environment for every type of business, with its flexible roaming or studio approach which can be adopted by more established firms. With its exceptional dynamic approach, it has changed the traditional approach to businesses to one that is about sharing and integrating ideas into projects. The 2020 Covid-19 crisis will mean office layouts to be adapted to meet social distancing requirements and to reduce infection risk.

The architects' team have a deep interest in evolutionary psychology and the effects of biophilia on mental and physical health. As for the spaces, they were less identikit in style and more diverse in character. Second Home has thousands of plants including some trees that grow out of the floor. The company has made their inherent love of nature evident to all the occupants.

Table 20.3 shows the biophilic elements used in the building and their relation with the IEQ factors.

Based on the observation and interviews it was clear that the offices of Second Home has included most of the natural elements such as a large number of plants, the presence of water as well as the concept of courtyards, so that the occupants can sense and feel the nature in their surrounding environment (Browning et al. 2014). On the other hand, the building design does not achieve the airflow and thermal comfort conditions because they concentrate more on the environment that is suitable for the large number of plants rather than users. The indoor view was full of life, but to the outside, there was no caring for the landscape.

Natural analogues address the indirect, organic and non-living evocations of nature. Objects, materials, colours, shapes, sequences and patterns found in nature are manifestly in the built environment by artwork, ornamentation, furniture, decoration, and textiles for example.

[1] According to the Office for National Statistics https://www.ons.gov.uk/.

Table 20.3 Biophilic elements used in the building and their relation with the IEQ factors

IEQ	Biophilia applications
1. Office layout	 Different offices extended over the floors, all behind the plastic partitions, which are similar to the bubbles. These offer views through the building, from the front to the end part of the building. The reason for having such partitions is to get extra glazing to the outer walls, which in turn reinforces the visual connection. To guarantee the flexibility in some of the open-plan rooms; it features a large U-shaped meeting table, this kind of tables can be winched up to the ceiling when the occupants are not going to use it or if they need the space for another function which could be ranging from yoga and morning Pilates to evening concerts, parties, dinners, conferences, and film.

(Fortsetzung)

Table 20.3 (Fortsetzung)

IEQ	Biophilia applications
2. Air quality	 The air quality in the building was controlled with some sensors, based on the needs of the plants. The air in the building is not coming from the windows.
3. Thermal environment	 The building is highly exposed to the sun directly with no shading elements, so the temperature in the summer becomes so high, and the areas that have no shading will not be occupied during that time of the year.

(Fortsetzung)

Table 20.3 (Fortsetzung)

IEQ	Biophilia applications
4. Lighting environment	 The building consists of a collection of different lighting fixtures with different colours and lighting shades based on the plant's needs. The building is exposed to daylight.

(Fortsetzung)

Table 20.3 (Fortsetzung)

IEQ	Biophilia applications
5. Acoustic environment	 A number of the curvy plastic enclosures are small size workspaces for almost four to five people, whereas others can accommodate up to 20 occupants, and these include several double-height spaces. Each one of the offices is most transparent and soundproofed because of the insulating of the acrylic material which works perfectly for acoustics, so it is not glass. Still, it is plastic, so it has the ability absorb different types of sounds which can affect the occupants' acoustic comfort.

Table 20.4 SWOT analysis for the building indicating the strengths, weaknesses, opportunities and threats

STRENGTH	WEAKNESS
1. Using some of the biophilia applications such as: a) The visual connection with nature b) Use of recycled materials c) Use of water features d) Biomorphic forms and patterns 2. Most of the occupants admit that the presence of natural aspects affects their wellness positively	1. The use of the plants is not studied to help to improve the indoor environment quality but instead the majority are created for aesthetic reasons 2. The occupants mentioned that there is no privacy between the office rooms because the walls are fully transparent 3. Some of the rooms exposed to the sun directly are not occupied in the summertime because there are no shading elements used in the building
OPPORTUNITIES	**THREATS**
1. "Second Home" is one of the few buildings that started the concept of bringing nature to the inside of the building in London on an internal landscaping scale 2. The occupants agree that this type of building affects their health and well-being in a positive way which in turn affects their productivity	1. The lack of use of technological applications inside the building led to some issues related to the IEQ 2. The gap of integrating both the biophilic design and the smart application context

The on-site observation showed that this building mimics some of the flexibility of nature by the use of some natural, recycled and organic materials. In addition, the interviewees found that the curvilinear shape of the walls enhanced their visual field because curvilinear forms give the feeling of openness and satisfaction, which in turn affects their mood and indirectly their performance. The interviewee also believed that the furniture forms, wallpapers and light colours make the workspace more diverse and this affected their perception in a positive way (Table 20.4).

20.3 The Biophilic Classroom, Putney High School (GDST Girls Day School Trust) London

20.3.1 Background

The impact of the natural world around us is receiving renewed interest for its restorative benefits to health, well-being and productivity (Kaplan 1995). The value of nature in a learning environment study looks at the benefits of biophilic design through the role of nature in a space, nature of the space and nature analogue patterns (Gillis and Gatersleben 2015).

Fig. 20.2 Photographer Matthew Cattell for the woodland mural

Nature in a space is tangible, from the presence of a stimulating views of nature; or by using plants, water features, natural air-flow or breezes, sounds and scents. By mimicking the finer details of natural analogues with textiles, artwork, light, shapes or patterns, designers can re-create the biophilic human connection, and the associated healthy responses.

20.4 Objective

In 2018, an environmental impact study of Putney High School's campus revealed the benefits of the existing mature, natural landscape and made recommendations to diversify the use of nature through the introduction of additional green infrastructure to support health and well-being.

As part of their 'Breathe' Campaign, Putney High School commissioned a nine-month study of the impact of biophilic design within classrooms, with the aim to increase occupant connectivity to the natural environment through the use of direct nature, indirect nature, space and place conditions.

Central to the research was the introduction of the Flourish Model theory of creating natural and harmonious learning environments to stimulate the alpha brain waves (high relaxation) and lower the high beta brain waves (high stress), with the aim to calm the mind to improve attention and create the space for the imagination to thrive (Clements-Croome 2018; Fig. 20.2 and 20.3).

> "Our existence is enlivened every waking moment by a symphony of stimuli from people, objects, building spaces, task interest and nature. This rich array of inputs to the mind and body generates the multi-sensory experience which can colour and enrich the environment for people to live and work in. Like in music the notes of melodies, harmonies and rhythms magically combine in a myriad way to inspire the mind, so too in multi-sensory design which weaves a tapestry and diversity of experience for people to flourish in."
>
> Sustainable Intelligent Buildings for Better Health, Comfort and Wellbeing
>
> Professor Derek Clements- Croome, University of Reading

Fig. 20.3 Putney High School

20.5 Method

The 14 Patterns of Biophilic Design (Terrapin Bright Green 2018) were applied in two classrooms with the overall aim of the study to create refreshing learning environments while gaining greater evidence to support the guidance that biophilia can reduce stress, improve cognitive function and creativity, improve well-being and expedite healing (Terrapin Bright Green 2018).

The 14 Patterns of Biophilic Design are defined as:

Nature in the Space Patterns

- 1. Visual Connection with Nature
- 2. Non-Visual Connection with Nature
- 3. Non-Rhythmic Sensory Stimuli
- 4. Thermal & Airflow Variability
- 5. Presence of Water
- 6. Dynamic & Diffused Light
- 7. Connection with Natural Systems

Natural Analogues Patterns

- 8. Biomorphic Forms & Patterns
- 9. Material Connection with Nature
- 10. Complexity & Order

Nature of the Space Patterns

- 11. Prospect
- 12. Refuge
- 13. Mystery

Nature in the Space took the form of 19 plants, chosen for their air cleaning ability, installed in the Maths classroom using guidance established in *How to grow Fresh Air* (Wolverton 1997) and visual natural analogue in the form of a woodlands photo mural installed in an English classroom.

Further academic research that preceded the Flourish Model in understanding well-being and the hierarchy of a person's needs form the basis for the biophilic classroom study (Table 20.5):

Table 20.5 History of academic research (Professor Derek Clements-Croome, University of Reading)

Maslow 1943	Seligman 2011	Lily Berheimer 2017	Clements-Croome 2016/18
Hierarchy of Needs	PERMA Model	BALANCED How every day spaces shape our lives, behaviour & wellbeing	Flourish Model Wheel
Self-Actualisation (challenging job; opportunities; autonomy; responsibility) **Esteem** (positive feedback) **Social** (good personal and team relationships; open communication) **Safety** (job security; safe environment) **Physiological** (amenable conditions; support systems)	**Flourish: Positive Psychology and positive Interventions** **Positive Emotion** **Engagement** **Positive Relation-ships** **Meaning** **Accomplishment/ Achievement**	**The Shaping of Us** **B** Biophilia - material, views and patterns **A** Atmospheric - light, air quality, temperature and smell **L** Layout-space quality, circulation **A** Amenities – nutrition, movement, ergonomics **N** Noise **C** Cohesion – community, communication **E** Energy-resources & waste **D** Design-Colour, shape, materials, proportions, detail & style *"We shape our buildings and afterwards our buildings shape us."* Winston Churchill	**Subjective Design Parameters** Space Layout & functionality Character Colour Aesthetics Views Greenery/Nature **Objective Design Parameters** Daylight Air quality Noise Pollution Temperature Dampness

20.6 Findings

Temperature, humidity and air quality were monitored for user comfort. Results revealed the Math's classroom with plants improved air quality by an average of 10 % and humidity by 8 % above the English classroom. The study also found consistency of comfort and freshness with the passive ventilation system set to 750 ppm, to support research showing that CO_2 affects decision-making when as low as 600 ppm (Satish et al. 2011, 2012).

20.7 Student Questionnaire

User surveys included; perception of design, comfort, health, attention, cognitive and emotional wellbeing. The surveys revealed the use of plants had a closer association with occupant cognitive well-being, while the mural of nature was the preferred biophilic intervention, with a stronger relationship with emotional well-being (Table 20.6).

Table 20.6 XXXXX

Plants in the classroom and cognitive well-being	Nature mural in classroom & emotional well-being
I feel optimistic about the future	I am generally content
I feel useful	I am generally happy
I feel relaxed	I am generally confident
I feel interested in other people	I am generally angry
I have energy to spare	I am generally tired
I deal with problems well	I am generally anxious
I have been thinking clearly	I am generally quiet
I have been feeling good about myself	I am generally sad
I feel close to other people	
I feel creative	
I feel confident	
I am able to make up my own mind about things	
I have been interested in new things	
I have been cheerful	

20.8 Leuven Behaviour Study

Further observational studies of attention and engagement used the Leuven scale for well-being, developed by Professor Ferre Laevers:

1.

Levels of Involvement

Extent to which students feel at ease, act spontaneously, show vitality and self-confidence to support emotional intelligence and good mental health:

- Extremely low –Signs of discomfort
- Low – Does not seem at ease
- Moderate – Shows signs of not being at ease
- High – Signs of satisfaction
- Extremely High – Spontaneous and expressive

2. Levels of Engagement

Extent to which students are operating to their full capabilities. In particular it refers to whether the child is focused, engaged and interested in various activities:

- Extremely low –Hardly any activity
- Low – Some degree of activity which is often interrupted
- Moderate – Busy the whole time, but without real concentration
- High – Clear signs of involvement, but these are not always present to their full extent
- Extremely High – Continually engaged in the activity and completely absorbed

Observations made before and during the study period demonstrate that the classrooms have been designed and lessons thoughtfully structured to be calm, relaxed and focused. This enables students to be involved and engaged at the highest academic levels on the Leuven scale.

The impact of plants in the Maths classroom demonstrated a subtle change to a more calm environment, with students who took care of the plants describing it as 'so relaxing now'.

During the observation study of the two classrooms the impact of the photographic wall was a more obvious improvement, with students choosing to move to seats with views of the mural and also the teacher facing the students with the mural as a backdrop, spoke of 'loving teaching in this room'. During the lessons there was clear evidence of the Flourish and Thrive theory throughout as the mural allowed nature to simply flood the room as if it was a stage set for books inspired by nature that the students were reading.

20.9 Summary

> "We live through our senses. What we see, touch, taste and smell affect our human physiologically and psychologically"
>
> Sustainable Intelligent Buildings for Better Health, Comfort and Wellbeing
>
> Professor Derek Clements-Croome, University of Reading

In summary our built environment is a multi-sensory experience, stimulated by people, the architectural atmosphere of light and space, the quality of indoor environments, learning and social interactions. Our creativity and productivity, arising from this experience, are dependent on good health and well-being. The Flourish model theory helps us to consider all aspects of both comfort and feelings to create thriving learning environments. The study supports research that a subtle change in environments can evoke positive moods, can have properties that draw people's attention without being stressful or demanding, can help people recover more quickly and fully from mental fatigue and stress; these are known as restorative environments (Gillis and Gatersleben 2015; Gifford R 2012).

> The findings have shown that the subtle reintroduction of nature can enhance the quality of learning environments to benefit health, productivity, cognitive and emotional wellbeing.
>
> Head Mistress Suzie Longstaff

In 2020 during COVID-19 isolation and lockdown, the school continued to promote simple and affordable engagement with nature and use of indoor plants to boost health, focus, productivity and well-being of pupils and staff adapting to online home learning.

20.10 Conclusions

The Flourish Model offers an impact framework against which design considerations can be assessed, and the resulting outcomes can be evaluated. If the workplace is not delivering the productive, enticing, healthy environment employees need to undertake their work, they will have a well-informed basis upon which to express dissatisfaction and act, besides illness absenteeism can increase and staff retention rates decrease with poor environments. The workplace of the future must rapidly execute transition to incorporate environments conducive to our sense of well-being. This can only be achieved by creating workplaces that enable employees to flourish. Measurement will be key in obtaining the data we need to deepen our understanding.

References

(WGBC), W. G. B. C. (2014) *Health, Wellbeing & Productivity in Offices.*

Alker, J., Malanca, M., Pottage, C. and O'Brien, R., 2014. Health, wellbeing & productivity in offices: The next chapter for green building. *World Green Building Council.*

ASHRAE (1993) Fundamentals. Atlanta.

Barrett, P. and Barrett, L., 2010. The potential of positive places: senses, brain and spaces. *Intelligent Buildings International*, *2*(3), pp. 218–228.

BCO (2017) Defining and Measuring Productivity in Offices.

Behrendt, F., 2018, *Soundwalking* in Bull, M., Ed., The Routledge Companion to Sound Studies, Routledge, pp. 249–257.

Bowman, R., 2018. ARCC Green Infrastructure Design Challenge 2018. *Retrieved from RCZM:* https://www.rczm.co.uk/PDF/ARCC%20Green, *20*.

Browning, W., Ryan, C. and Clancy, J., 2014. 14 Patterns of Biophilic Design: Improving Health & Well-Being in the Built Environment. *New York, New York and Washington, DC: Terrapin Bright Green.*

Clements-Croome, D. (2018, April 12). Designing for flourishing environments. Retrieved from CIBSE: https://www.cibse.org/getmedia/871fc228-88fc-4675-b224-4cb12a5642d6/TS2018-12-2Clements-Croomeslides.aspx.

Clements-Croome, D., Turner, B. and Pallaris, K., 2018. Multi-sensory design–creating healthier public spaces. *Retrieved from ARCC Network:* https://www.arcc-network.org.uk/wp-content/pdfs/FGPS-brochureV2-WEB.pdf.

Clements-Croome, D., Turner, B. and Pallaris, K., 2019. Flourishing workplaces: a multisensory approach to design and POE. *Intelligent Buildings International*, *11*(3-4), pp. 131–144.

Clements-Croome, D.J., 2014. Sustainable intelligent buildings for better health, comfort and well-being. *Report for DENZERO project*.

Diener, E. and Biswas-Diener, R., 2011. *Happiness: Unlocking the mysteries of psychological wealth*. John Wiley & Sons.

Frontczak, M., Schiavon, S., Goins, J., Arens, E., Zhang, H. and Wargocki, P., 2012. Quantitative relationships between occupant satisfaction and satisfaction aspects of indoor environmental quality and building design. *Indoor air*, *22*(2), pp. 119–131.

Gillis, K. and Gatersleben, B., 2015. A review of psychological literature on the health and wellbeing benefits of biophilic design. *Buildings*, *5*(3), pp. 948–963.

Havercamp. M., 2012, *Synesthetic Design: Handbook for a Multi-sensory Approach* (Birkhauser-Berlin: Basel)

Haynes, B.P., 2008. The impact of office layout on productivity. *Journal of Facilities Management*, *6*(3), p. 189.

Kaplan, S., 1995. The restorative benefits of nature: Toward an integrative framework. *Journal of environmental psychology*, *15*(3), pp. 169–182.

Kim, J. and de Dear, R., 2012. Nonlinear relationships between individual IEQ factors and overall workspace satisfaction. *Building and Environment*, *49*, pp. 33–40.

Maslow, A.H., 1943. A theory of human motivation. *Psychological review*, *50*(4), p. 370.

Satish, U., Fisk, W.B., Mendell, M.J., Eliseeva, K., Hotchi, T., Sullivan, D., Cleckner, L.B., Shekhar, K. and Teng, K., 2011. Impact of CO2 on human decision making and productivity. *Journal of Applied Social Psychology*, *23*, pp. 847–866.

Seligman, M.E., 2011. Flourish: a visionary new understanding of happiness and well-being. *Policy*, *27*(3), pp. 60–1.

Van Der Voordt, T.J., 2004. Productivity and employee satisfaction in flexible workplaces. *Journal of Corporate Real Estate*, *6*(2), pp. 133–148.

Vernon, H.M. and Bedford, T., 1930. A Study of Heating and Ventilation in Schools. *A Study of Heating and Ventilation in Schools.*, (58).

Wolverton, B.C., 1997. *How to grow fresh air*. Penguin books.

Matthew Cattell, photographer for the woodland mural.

Derek Clements-Croome is an Emeritus Professor at Reading University and has worked in the building design and contracting industry before entering university life. He chairs the CIBSE Intelligent Buildings Group and was commended in 2019 by the CIB for his work as Coordinator for the W098 Commission on Intelligent and Responsive Buildings. He now offers strategic advice to clients, designers and facilities managers on attaining and managing healthy and sustainable environments in buildings of all types. He researches, writes and lectures on these issues for universities, companies and wider audiences nationally and internationally in China, Australia, New Zealand, South Africa, Poland and Finland particularly. Some of his books have been published in Chinese and Russian. He edits and founded the Intelligent Buildings International journal in 2009. Now his work is directed towards health, wellbeing and the impact of wearable technology in the workplace. He works closely with the British Council for Offices. Derek has been a Commissioner on air quality and also biodiversity for the London Boroughs of Hammersmith and Fulham and for the Zerofifty Commission for Haringey in 2017. He has edited and written chapters in the 3rd edition of *Creating the Productive Workplace Routledge* 2018. His recent book *Designing Buildings for People: Sustainable Liveable Architecture* published by Crowood Press 2020 includes his work on the Flourish Model for assessing the impact on the environment on people's health and wellbeing including the economic implications.

Clare Bowman is an Architect specialising in sustainable and Biophilic design. She teaches Architecture at De Montfort University, while continuing active research into the restorative benefits of nature in learning environments to support health and well-being.

Youmna Al-Dmour is a Doctoral Researcher in Design department, Brunel University London, UK. Prior to joining the PhD journey, she studied the bachelor and master's degrees in architecture engineering at the University of Jordan. She is now an hourly paid lecturer at Brunel University London while she is doing her PhD in Design Engineering. Her main research interests are diverse, but her main research focuses on the workplaces Indoor Environmental Quality Design. Currently, she is in her final year of her study; immediately after her graduation, she is going to work as an assistant professor at Mu'tah University in Jordan.

Teil VI
Wohlfühlen am Arbeitsplatz – Körperliches Wohlbefinden
Wellbeing at the Workplace—Physical Wellbeing

21 Bewegungspausen bei der Büroarbeit im Home Office – Selbstverantwortung auf körperlicher und mentaler Ebene

Breaks for Movement During Office Work in the Home Office –Self-responsibility on a Physical and Mental Level

Giselle Fuchs

Zusammenfassung

Besonders in der ersten Jahreshälfte des Jahres 2020 machten immer mehr Firmen von der Möglichkeit Gebrauch große Teile der Büroarbeit im Home-Office ausführen zu lassen. Dies wurde besonders durch die Infektionswelle mit dem Covid-19-Virus verstärkt, Home-Office bot sich dabei an, um gravierende Infektionswellen in den Firmen zu vermeiden. Der Arbeitsablauf im Home-Office sollte durch regelmäßige Bewegungspausen unterbrochen werden um sowohl auf körperlicher wie auf mentaler Ebene Ermüdungserscheinungen vorzubeugen. Um Verspannungen und körperliche Probleme vorzubeugen werden in diesem Artikel GYROKINESIS(R) Übungssequenzen beschrieben. Ebenso werden Anleitungen für verschiedene Visualisierungen vorgestellt, um auf mentaler Ebene zu entspannen. Herauszuheben ist hier die Selbstverantwortung eines Jeden für sich selbst.

Abstract

Especially in the first half of 2020, more and more companies made use of the possibility to have large parts of their office work done from home. This was especially intensified by the wave of infections with the Covid-19 virus. Home-Office was the best way to avoid serious waves of infections in the companies. The workflow in the home office should be interrupted by regular breaks for movement in order to prevent

G. Fuchs (✉)
Naturheilpraxis Giselle Fuchs, München, Deutschland
E-Mail: gisellefuchs@web.de

C. Kohlert (Hrsg.), *Das menschliche Büro – The human(e) office*,
https://doi.org/10.1007/978-3-658-33519-9_21

symptoms of fatigue on both a physical and a mental level. To prevent tension and physical problems, GYROKINESIS(R) exercise sequences are described in this article. Instructions for different visualizations are also presented to relax on the mental level. The personal responsibility of each individual for him/herself is to be emphasized here.

„Stressfalle Home-Office" schrieb am 15. April 2020 die Frankfurter Allgemeine. In diesem Artikel stellt sich Johannes Pennekamp die Frage: „Was passiert, wenn von heute auf morgen Millionen Menschen ihren Arbeitsplatz im Büro gegen den Schreib- oder Küchentisch in den eigenen vier Wänden eintauschen? Erhöht das Arbeiten im Homeoffice die Produktivität? Oder verleitet es eher zum Faulenzen oder macht sogar einsam?" (Pennekamp J.)

Genau diese Situation ist durch die weltweit aufgerufene Corona-Pandemie entstanden. Im März 2020 gab es einen Lock down mit Ausgangssperren, die Büroarbeitsplätze wurden zum größten Teil nach Hause ausgelagert. Die Kinder wurden durch Home-Schooling unterrichtet. Diese Phase ging über Monate, wobei es zu einem deutlichen Ausbau des Home-Office mit Video-Konferenzen kam und die Firmen konnten die Erfahrung machen, dass die Mitarbeiter von zu Hause aus ebenso effektiv und produktiv arbeiten. Viele Firmen wollen aufgrund dieser Erfahrung das Home-Office ausbauen. Einige Patienten erzählten mir, dass ihre Firmen ein Modell von 3:2 anwenden wollen. In diesem Modell ist vorgesehen über drei Tage Home-Office zu arbeiten und zwei Tage in der Firma präsent zu sein, oder 2:3, das wären zwei Tage Home-Office und drei Tage Office-Präsenz. Hier käme das Office-Desk-Sharing zum Zuge in dem sich zwei Mitarbeiter einen Arbeitsplatz teilen.

Für viele Arbeitnehmer ging durch diese Pandemie ein Wunsch in Erfüllung. Sie konnten von zu Hause aus arbeiten. Die Firmen beginnen umzudenken und wollen umstrukturieren. Wichtig sind hier aber die Vor- und Nachteile abzuwägen.

In der Karrierebibel sind die Vor-und Nachteile sehr klar aufgeteilt:

Vorteile:

1. Zeitersparnis (keine Arbeitswege)
2. Selbstbestimmtes Arbeiten
3. Flexiblere Arbeitseinteilung
4. Erhöhte Produktivität
5. Vereinbarkeit von Familie und Beruf
6. Höhere Arbeitszufriedenheit
7. Kostenreduktion

Nachteile:

1. Ablenkungsrisiken
2. Mehr Selbstdisziplin
3. Mehr Organisationsaufwand

4. Soziale Isolation
5. Work-Life-Blending
6. Permanente Erreichbarkeit
7. Anforderungen an Datensicherheit

(Quelle: https://karrierebibel.de/homeoffice – Zugriff 28.06.2020).

Ein besonders wichtiger Faktor beim Home-Office auf den ich in diesem Artikel eingehen möchte, sind die Bewegungspausen. Was ist Bewegung?

Bewegung kann verschiedene Bedeutungen haben:

1) Körperliche Bewegung: physische Aktivität des Menschen mithilfe des Bewegungsapparates (bewusst aktiviert) und der inneren Organe (autonom)
2) Mentale Bewegung: Psychische und emotionale Erregung
3) Fortbewegung
4) Soziale Bewegung
5) Bewegung im Sinne von Mathematik und Physik

Besonders die körperliche Bewegung erscheint uns als natürlich und leider schenken wir dieser Art der Aktivität erst Aufmerksamkeit, wenn der Körper Signale wie Bewegungseinschränkungen und Schmerzen aussendet. Symptome auf mentaler Ebene sind Müdigkeit, Erschöpfung oder gar Depressionen.

Viele werden sich in diesen paar Aufzählungen wiedererkennen. Mit den folgenden Übungen möchte ich Ihnen eine kleine Hilfestellung aufzeigen, um aus dem Kreislauf der Stagnation herauszukommen. Dies sind Bewegungspausen, die in den Ablauf eines Home-office-Tages eingebaut werden können.

21.1 Was sind Bewegungspausen?

Beim Zustand unserer heutigen Zivilisation, sind wir gezwungen uns Gedanken zu machen über Zeitabschnitte in unserem Arbeitsablauf, in denen wir bewusst Pausen einlegen, um gezielt Bewegungen zu machen.

Unsere Vorfahren hatten, um sich ihre Nahrung zu beschaffen genug an Bewegung, z. B. sammelten sie in der Natur Früchte und Kräuter oder gingen auf Jagd. Oft waren unsere Vorfahren gezwungen einen Ortswechsel vorzunehmen, um genügend Nahrung zu finden. Später wurden sie sesshaft, sie bauten ihre Hütten selbst, säten und ernteten ihr selbst Angebautes, hielten sich Tiere und versorgten diese. Heute gehen wir in den Supermarkt oder bestellen uns das Essen nach Hause. Dabei verbrauchen wir keine Kalorien, wir nehmen mehr auf als wir verbrennen und der Körper wird träge. Das Geld wird im Office meist sitzend verdient, abends sitzen wir dann vor dem Fernseher oder es wird am Tablet und Smartphone gespielt. Wenn wir uns fortbewegen, geschieht dies meist im Auto sitzend oder in den öffentlichen Verkehrsmitteln. Das hat wenig mit Bewegung zu tun.

Eine Bewegungspause innerhalb eines Office-Tages ist nicht eine Unterbrechung wie z. B. zu Hause die Spülmaschine ausräumen, die Wäsche aufhängen oder die Fenster zu putzen. Diese Pausen sollten dazu dienen bewusst zu sich selbst zu kommen. Dies kann ein Abschalten nach einem langem Video-Meeting oder einer ausgiebigen Telefonkonferenz oder eine bewusst eingebaute Pause nach ca. 90 min konzentrierter Arbeit am PC sein. Hier kommt es auf die Selbstverantwortung eines Jeden selbst an. SELBST bedeutet, sie sind für sich verantwortlich, es geht um IHREN Körper, um IHR Wohlbefinden. Deshalb stehen SIE im Mittelpunkt in dieser Pause. Es obliegt ihrer Verantwortung ihr Denken von den Arbeitsvorgängen zu befreien und dem Körper einen Ausgleich durch homogene, fließende Bewegungen zu bieten, um aus der meist einseitigen, verspannten Körperhaltung zu kommen.

Leider bietet das Home-Office meist keine ergonomisch gut ausgestatteten Arbeitsplätze, sodass oftmals der Esstisch oder die Couch zum Arbeitsplatz wird. Auch ist es zu Hause nicht immer möglich in einem eigenen Raum zu arbeiten. Umso mehr ist es wichtig, die Bewegungspausen zu nutzen um zur Ruhe zu kommen und sich körperlich und mental eine Pause zu gönnen.

Eine Bewegungspause bedeutet nicht, ein stundenlanges Trainingsprogramm zu absolvieren, sondern 10–15 Minuten aus dem Office-Alltag auszusteigen. Es wäre das gleiche, wenn sie den ganzen Tag nichts essen und am Abend ein Zehn-Gänge-Menü essen würden. Unser Organismus ist dafür nicht geschaffen. Die Regelmäßigkeit der Auszeiten bei der Office-Tätigkeit mit ausgewählten Übungen bringt Entspannung auf körperlicher und mentaler Ebene.

Diese folgenden Übungen sind in den kleinen, regelmäßigen und sehr wichtigen Pausen während des Arbeitsalltags gut durchzuführen. Außerdem sind sie ideal als Ergänzung zu Freizeitbeschäftigungen wie z. B. regelmäßiges Yogatraining, Nordic-Walking, Fahrradfahren, Wandern oder Schwimmen.

21.1.1 KÖRPERLICHE BEWEGUNGSPAUSEN

GYROTONIC® und **GYROKINESIS®** sind dreidimensionale Bewegungssysteme und wurden in den 90 Jahren von Juliu Horvath entwickelt. Das Gyrotonic und Gyrokinesis System vermittelt anhand gezielt aufeinander folgender Bewegungsübungen eine individuelle Schulung der Wirbelsäule, die als steuerndes Zentrum der körperlichen und mentalen Einheit verstanden wird. Sie verbinden traditionelle Erkenntnisse aus den asiatischen Lehren Yoga und Thai Chi mit Übungselementen aus dem Tanz, Schwimmen und Turnen zu einer ganzheitlichen modernen Bewegungsschule. Rhythmisch wogende Übungen trainieren systematisch und sanft den ganzen Körper. So können Blockaden gelöst werden und zusätzlich die inneren Organe, das gesamte Nerven- und Lymphsystem stimuliert werden. Durch stets begleitende Atemtechniken wird zusätzlich vermehrt Sauerstoff ins Gewebe transportiert. Juliu Horvath hat spezielle Gyrotonic Geräte entwickelt. Die Gyrokinesis Methode wird sitzend, auf der Matte und stehend trainiert.

Alle Übungen werden weich und fließend miteinander verbunden, sodass es eher an einen Tanz als an Fitness erinnert. Das Besondere von Gyrotonic und Gyrokinesis ist, dass sie durch ihre Dreidimensionalität dem menschlichen dreidimensionalen Muskelaufbau entsprechen und durch diese Bewegungen so immer die gesamten Muskelketten trainiert werden. Es entstehen keine Muskelpakete, wie es oft beim herkömmlichen Muskelaufbautraining geschieht. Die Übungen haben eine befreiende und trotzdem stabilisierende Wirkung auf den gesamten Bewegungsapparat. Bei regelmäßigem Training wird der Körper auf schonende Weise beweglicher und deutlich vitaler und die optimierte Beweglichkeit wirkt sich auf die gesamte Lebensenergie aus.

In dem folgenden Abschnitt werden fünf Übungen gezeigt, die sich besonders für kleine Bewegungspausen beim Home-Office eignen. Sie stimulieren den gesamten Körper und bringen Ausgleich für die meist sehr einseitige Körperhaltung beim konzentrierten Arbeiten am digitalen Arbeitsplatz.

Übungsbeschreibungen

(Foto: Stuhlposition Ausgangsposition)

Ausgangsposition (=Stuhlposition): Sitzend am Rand eines Stuhles. Sie empfinden mit ihrem Körper das Bild eines Stuhles nach. Die Unterschenkel stellen die vorderen Stuhlbeine dar, ihre Sitzhöcker sind die hinteren Stuhlbeine, wenn sie imaginär nach unten wachsen würden. Die Knie sind im rechten Winkel. Ihre aufgerichtete Wirbelsäule stellt die Rückenlehne dar. Achten sie bei der Ausgangsposition darauf, dass sie auf den Sitzhöckern sitzen und nicht vor (Hohlkreuz) oder hinter (Rundrücken) den Sitzhöckern. Um dies herzauszufinden, können sie auf den Sitzhöckern vor und zurück schaukeln und in der Mitte zur Ruhe kommen. Die Füße sollten dabei mit der Ferse, der Außenkante und allen fünf Grundgelenken (Ballen) den Boden mit leichten, gemeinsamen Druck belasten. Dabei kommt es im gesamten Körper zu einer Grundspannung im Sinne der

Aufrichtung. Diese Position ist die Ausgangsposition für alle folgenden Übungen. (Foto: Stuhlposition Ausgangsposition).

Wave

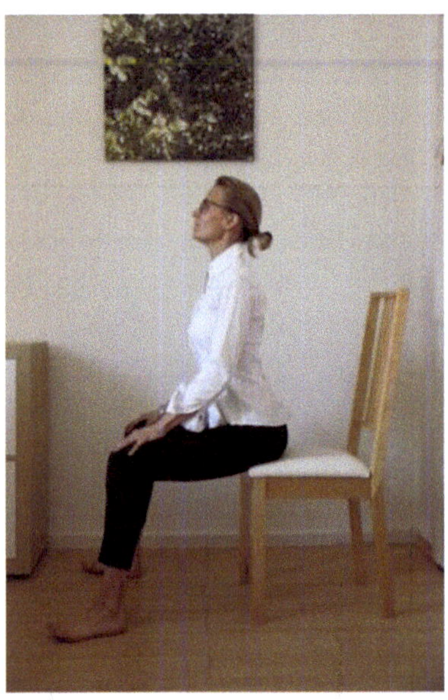
(Foto: Arch)

1. Aus der Stuhlposition richten sie die Wirbelsäule mit dem Blick nach diagonal oben gerichtet auf, die Hände liegen auf den Oberschenkeln, dabei atmen sie ein. Sie bilden mit der gesamtenWirbelsäule einen Bogen nach vorne (Arch). Durch die Verlängerung der Wirbelsäule kommt es zu keinem Hohlkreuz.

(Foto: Arch 2)

2. Mit einer langen Ausatmung bei geöffnetem Mund – es klingt wie das Rauschen des Ozeans – führen sie die nach diagonal oben verlängerte Wirbelsäule in Richtung Oberschenkel nach vorne unten. Achten sie darauf, dass die Halswirbelsäule lang ist und der Kopf nicht in den Nacken fällt. (Arch 2).

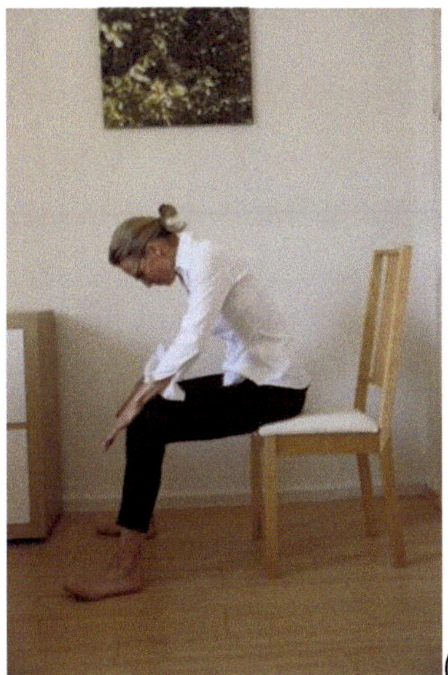
(Foto: Curl 1)

3. Am weitesten Punkt der Vorwärtsbewegung führen sie von der Lendenwirbelsäule beginnend eine Rundung der Wirbelsäule und dem Blick nach unten gerichtet eine „Curl"- Bewegung aus. Diese Bewegung kann durch eine leichte Druckverstärkung auf die Fußsohlen verstärkt werden. Sie können sich dabei vorstellen, dass Wind in ein Segel bläst und es so zu einer gleichmässigen Verlängerung der gesamten Wirbelsäule kommt.
(Curl 1).

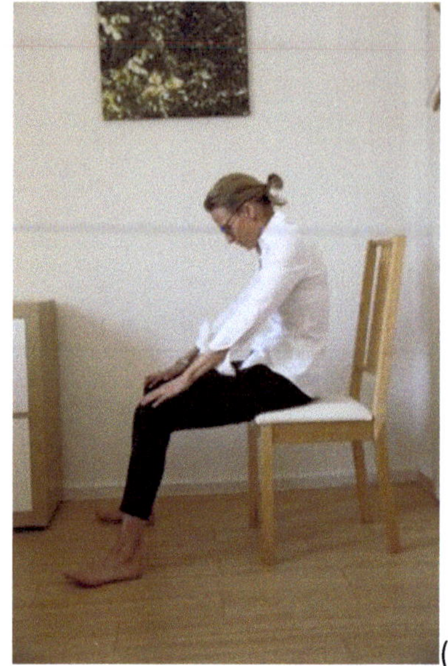
(Foto: Curl 2)

4. Die Curl Bewegung so weit ausführen, bis sie mit dem Kinn über ihrem Schambein sind, dabei verlängern sie die Wirbelsäule als würde Wind in ein Segel wehen. Dadurch werden die Abstände der Wirbelkörper erweitert und die Bandscheiben bekommen Platz. Unterstützen sie die Bewegung durch eine leichte Anspannung der Bauchmuskulatur.
   (Curl 2).

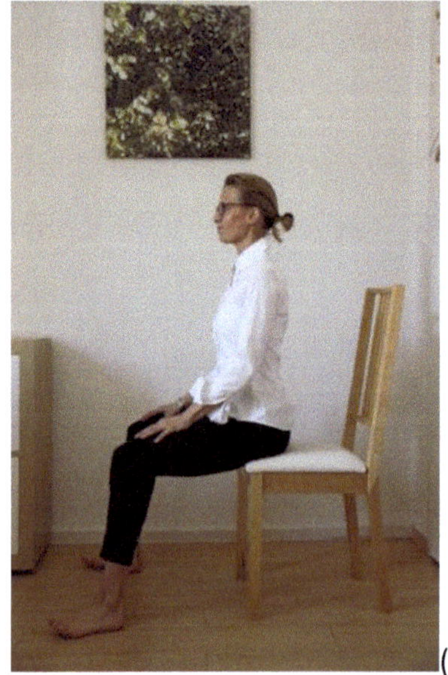
(Foto: Stuhlposition Ausgangsposition)

5. Von dieser Position richten sie sich in die Ausgangsposition (Stuhlposition) mit einer tiefen Einatmung auf. Die Ausatmung erfolgt während der gesamten Vor- und Rückbewegung.
   Sie wiederholen die gesamte Wave 8-10x. Sie können die Bewegung auch klein beginnen und nach und nach größer werden lassen.

Spirale

(Foto: Stuhlposition Ausgangsposition)

1. Sitzend in der gleichen Ausgangsposition wie bei der Wave, der Stuhlposition.
   Mit den Händen führen sie einen leichten Druck auf die Oberschenkel aus, somit verlängern sie die Wirbelsäule, gleichzeitig drücken sie leicht die Füße in den Boden.

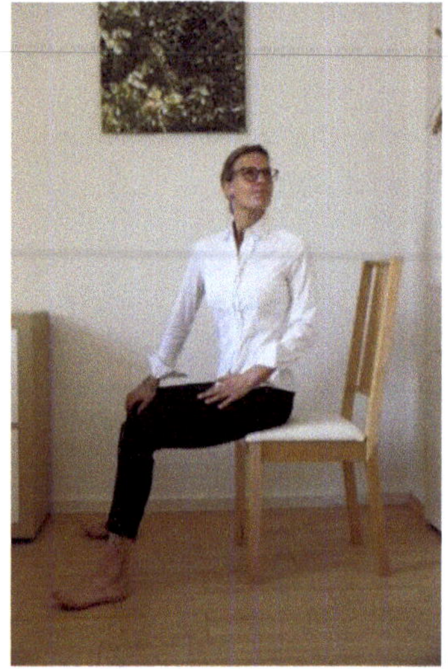
(Foto: Spirale nach links)

2. Spirale nach links:
   Sie initiieren die Bewegung indem sie die rechte Hand am rechten Oberschenkel nach vorne schieben und die linke Hand nach hinten ziehen, gleichzeitig führt ihr rechter Fuß einen leichten Schub nach vorne aus und der linke einen Zug nach hinten, dabei bewegen sich die Füße nicht vom Platz. Durch die Impulse der Füße und der Hände entsteht im Körper eine Drehbewegung der Wirbelsäule, der sie folgen. Der Blick sollte leicht diagonal nach oben links führen. Atmen sie bei der Drehbewegung mit der Verlängerung der Wirbelsäule ein. Spüren sie wie der Atem die Aufrichtung unterstützt. (Spirale nach links).
3. Mit der Ausatmung führen sie die Bewegung wieder in die Ausgangsposition (Stuhlposition), versuchen sie dabei die Verlängerung der Wirbelsäule aufrecht zu erhalten und fallen sie nicht in sich zusammen.

(Foto: Spirale nach rechts)

4. Spirale nach rechts:
   Nun schiebt die linke Hand am linken Oberschenkel nach vorne und die rechte Hand zieht am rechten Oberschenkel nach hinten, gleichzeitig führt der linke Fuß einen leichten Schub nach vorne und der rechte Fuß einen Zug nach hinten aus, ohne die Füße vom Platz zu bewegen. Dabei entsteht eine Drehbewegung der Wirbelsäule nach rechts, der Blick folgt der Bewegung nach rechts oben gerichtet. Bei der Drehung atmen sie ein um die Verlängerung der Wirbelsäule zu unterstützen. (Spirale nach rechts).
5. Mit der Einatmung endet die Bewegung wieder in der Ausgangsposition (Stuhlposition).
6. Die Bewegung wird im Wechsel nach rechts und links ausgeübt. Wiederholung 8-10x/ Seite

Psoas-Stretch

Diese Übung hilft ihnen den Hüftbeuger (M. Ileopsoas), der durch langes Sitzen verkürzt wird zu dehnen.

(Foto: Psoas 1)

1. Setzen sie sich bitte mit dem rechten Sitzhöcker auf die Stuhlkante, das rechte Knie ist im rechten Winkel, das linke Bein ist nach hinten auf dem Fußballen aufgestellt, das Knie ist dabei leicht gebeugt, die Leiste wird gedehnt. Beide Hände liegen auf dem rechten Oberschenkel auf. (Psoas 1)

(Foto: Psoas 2)

2. Drücken sie ihre linke Ferse nun Richtung Boden, dabei streckt sich das linke Knie. Der Linke Arme wird nach oben geführt, der Blick geht leicht nach diagonal vorne oben. Bei dieser Übung wird die gesamte Front in Form eines Bogens gedehnt (Arch), atmen sie dabei tief ein. (Psoas 2)

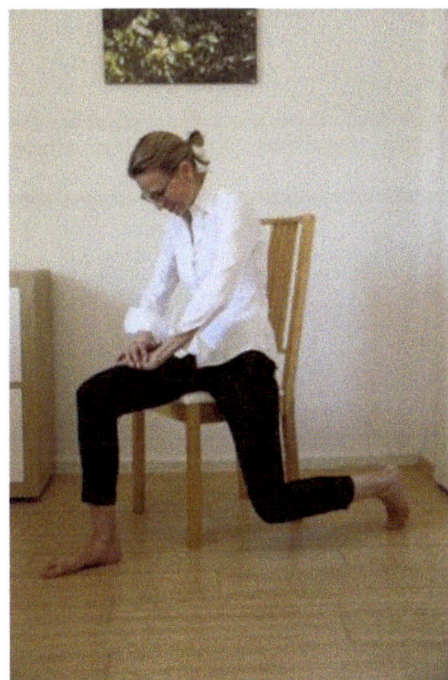
(Foto: Psoas 3)

3. Mit der Ausatmung führen sie ihren Arm auf den Oberschenkel zurück, beugen das linke Bein und runden ihre Wirbelsäule (Curl). (Psoas 3)
4. Führen sie Arch/Einatmung und Curl/Ausatmung im Wechsel aus.
5. Wiederholen die die Übungssequenz mit jedem Bein 8x. Führen sie die Bewegung langsam und nicht ruckartig aus.

Leg slides

Diese Übungssequenz dehnt ihre Rückseite ihrer Oberschenkel, welche meist durch langes Sitzen sehr verkürzt ist.

1. Ausgangsposition Stuhlposition.

(Foto: Leg slides)

2. Setzen sie sich an die vordere Stuhlkante, halten sie mit beiden Händen die Stuhlkanten fest und verlängern sie den Rücken. Das linke Bein bleibt im 90° stehen, strecken sie das rechte Bein und schieben sie die rechte Ferse in Verlängerung nach vorne. Der Oberkörper wird im rechten Winkel zum Bein leicht nach vorne geneigt. Bei der Vorneigung atmen sie aus. Schieben sie dabei ihre Schulterblätter parallel zur Wirbelsäule imaginär nach unten in ihre hinteren Hosentaschen.
3. Mit der Einatmung kommen sie wieder in die Ausgangsposition (Stuhlposition) zurück.
4. Wiederholung auf der anderen Seite. Linkes Bein bleibt gebeugt stehen und rechtes Bein verlängert sich über die Ferse nach vorne, Oberkörper neigt sich im rechten Winkel zum Bein mit der Ausatmung. Mit der Einatmung kommen sie zurück in die Ausgangsposition.

Wiederholung 8x / Bein.

Bewegungsabfolge:

1. Wave 8x
2. Spirale 8x / Seite
3. Psoas Stretch 8 × jede Seite
4. Leg slides 8 × jedes Bein
5. Wave 4x

WICHTIG: Die Bewegungen sollte ohne Schmerzen durchgeführt werden. Finden sie ihren Wohlfühlbewegungsbereich, in dem sie bei der Bewegung keine Probleme haben und spüren sie wie ihr Körper durch die Bewegung mobilisiert und aktiver wird.

21.1.2 MENTALE (BEWEGUNGS)PAUSE

Neben körperlicher Bewegung ist es wichtig auf mentalem, geistigem Gebiet Phasen der Entspannung einzufügen in Kombination mit körperlichen Übungen.

Ziel ist es in der mentalen Bewegungspause unsere Sinnesorgane zu entspannen und die Monotonie des Arbeitsalltags auszugleichen.

Eintauchen in die Farbe Grün

Bereits Hildegard von Bingen, eine Vorreiterin der Naturheilkunde des Mittelalters, hatte die positive Heilwirkung der Farbe Grün für Körper und Seele erkannt. In der medizinischen Farbtherapie, gilt die Farbe Grün ausbalancierend auf Herz und Nieren, ebenso wird die Farbe Grün bei ermüdeten Augen, Allergien und Magengeschwüren angewandt. Außerdem wirkt die Farbe Grün beruhigend und fördert Eigenschaften wie Ausdauer und Zufriedenheit.

Es gibt mittlerweile in vielen Büros und auch in Schulräumen grüne Tafeln an den Wänden und es werden grüne Pflanzen in den Räumlichkeiten aufgestellt.

Übung

Stellen Sie sich an ein offenes Fenster und schauen Sie ins Grüne. Lassen Sie Ihren Blick eintauchen in die verschiedenen Grüntöne eines Baumes, einer Wiese oder was sie sonst mit der Farbe Grün erblicken. Sie können dieses Eintauchen noch vertiefen, wenn sie den Geräuschen im Außen lauschen. Hören Sie die Vögel? Das Summen von Insekten? Blenden Sie Geräusche aus, die sie stören. Stellen Sie sicher, dass weder Telefon noch der Computer stören werden.

Wenn ihnen der Blick ins Grüne verwehrt ist, so wählen Sie ein schönes Bild auf dem eine grüne Pflanze, ein Baum im Frühling/Sommer oder eine Wiese abgebildet ist. Sie werden merken, nach ein paar Minuten entspannen sich die Augen und Ihr Organismus kommt zur Ruhe.

Foto: 20190914_14555

Abbildung.: September 2019, Schloss Schönbrunn, Wien ©Giselle Fuchs

Unendlichkeit

Diese Übung können Sie im Stehen oder im Sitzen machen. Sie sollten dabei mit den Augen das Bild des Unendlichkeitszeichens, was dem Bild einer horizontal liegenden Acht entspricht, nachzeichnen. (siehe Foto: Unendlichkeitszeichen) Bitte schauen Sie dabei nicht auf den Bildschirm, sondern begeben Sie sich weg von ihrem Arbeitsplatz. Sie sollten nach 8–10 × die Richtung des Unendlichkeitszeichens ändern. Diese Übung entspannt ihre Augenmuskulatur, die durch das stetige auf den Bildschirm blicken meist sehr verspannt ist. Versuchen Sie bei der Übung die Gedanken frei von Arbeit und damit zu erledigenden Aufgaben zu halten. Dabei entspannen Sie und sind danach wieder aufnahme- und leistungsfähiger.

Unendlichkeitszeichen,
Foto: 20200804_142259

Meditation zur Visualisierung eines Entspannungsplatzes
Eine weitere Möglichkeit, um zu Entspannen und das Gedankenkarusell anzuhalten, können sie durch Visualisierung erreichen.

Viele meiner Patienten wenden diese Art der Meditation erfolgreich zu Hause an. Sie schätzen es, den eigenen Entspannungsplatz in sich zu wissen und ihn jederzeit ohne Auto oder einen Flug buchen zu müssen, besuchen zu können. Ich habe diese Art der Entspannung selbst in verschiedenen Seminaren in unterschiedlichster Art in den letzten 25 Jahren erlernt und gebe sie in meiner eigenen Variation an sie weiter. Schalten sie dazu alle möglichen Störquellen wie Telefon und Computer aus.

Setzen sie sich entspannt auf einen Stuhl oder ein Kissen auf den Boden und schließen sie die Augen. Atmen sie im Rhythmus ihrer Atmung ein und aus. Hören sie in sich hinein und lassen sie durch den Atem für sie spürbare Verspannungen nach und nach los. Wenn sie die Entspannung körperlich wahrnehmen, können sie gedanklich eine Treppe nach oben oder unten gehen und zählen dabei von 10 bis 1 rückwärts. Lassen sie sich Zeit auf dem Weg zu ihrem Entspannungsplatz. Sie begeben sich gedanklich zu einem von ihnen selbst gewählten Entspannungsplatz. Dies kann zum Beispiel ein Sonnenuntergang am Strand (Foto: Bild Sonnenuntergang) oder eine Bergwiese mit Blick auf die Berge (Foto: Bild Bergblick) sein. Setzen sie sich gedanklich auf eine Bank, eine Wiese oder einen Stein und genießen sie die Aussicht und lassen sie dabei ihren Atem gleichmäßig fließen. Lassen sie den Alltag los und tauchen sie ein in die Stimmung ihres Entspannungsplatzes. Vielleicht schaffen sie es sogar die Wärme der Sonne zu spüren oder das Singen der Vögel zu hören. Wenn sie wahrnehmen, dass sie deutlich entspannter sind und dabei ihr Herz gleichmäßig und ruhig schlägt, können sie die Treppe wieder langsam von 1–10 zurück gehen und kommen an im Hier und Jetzt, in dem sie ihre Augen öffnen. Diese Meditation kann ein paar Minuten bis zu 30 min dauern.

Foto: 20190905_19245
Sonnenuntergang am Strand, Kroatien Sept. 2019, ©Giselle Fuchs

Foto: 201906328_20444
Bergblick, Fieberbrunn, Tirol, Juni 2019 ©Giselle Fuchs

Wenn es ihnen schwer fällt diese Meditation allein durchzuführen gibt es geführte Meditationen auf Tonträgern oder gängigen Medien im Internet.

Beispiele für kombinierte körperliche und mentale Bewegungspausen

1) Gyrokinesis Bewegungsserie/Sequenz: Wave – Spirale – Wave und zusätzlich: Unendlichkeitszeichen
2) Meditation zur Visualisierung eines Entspannungsplatzes und zum Abschluss Gyrokinesis Bewegung: Wave
3) Gyrokinesis Bewegungsserie/Sequenz: Wave-Spirale-Psoas stretch- Leg slides und zusätzlich
   Eintauchen in die Farbe Grün.

21.2 Fazit

Es gibt viele andere Möglichkeiten sich in seinen Pausen zu entspannen und/oder sich in seinen Pausen zu bewegen. Das Wichtigste ist, dass die Pausen zu festen Ritualen werden. Es bringt wenig ständig sein Programm zu ändern und die Übungen nur halbherzig durchzuführen. Manche Übungen brauchen regelmäßige Wiederholungen, dass sie für den Körper effektiv und unterstützend sind. Es ist wie mit dem Zähneputzen, das ist eingeübt und wird morgens und abends automatisch gemacht.

So sollten die Übungen auch zu Ritualen werden.

Möglichkeiten:

1. Nach jeder Videokonferenz aufstehen, das Fenster öffnen und ins Grüne schauen oder auf eine grüne Pflanze, die auf ihrer Fensterbank steht. Dabei entspannen ihre Augen und die Gedanken können frei werden.
2. Sie stellen sich ein Signal an ihrem Computer ein, welches nach 90 min anzeigt, dass sie ihre Bewegungspause machen sollen. Dann können sie die Kombination Wave-Spirale-Wave einbauen. Dies wird ihre Wirbelsäule mobilisieren, die Atmung versorgt sie mit Sauerstoff und Verspannungen können sich lösen.

Ich habe hier nur eine kleine Möglichkeit an Ritualen vorgeschlagen. Seien sie kreativ und denken sie immer daran, dass es um sie und ihren Körper geht. Sie sind verantwortlich für ihn und der Körper wird es ihnen danken.

Und vergessen sie dabei nie:

ATMEN – LÄCHELN – GENIESSEN

Fotos:

Privates Archiv – Giselle Fuchs.

Literatur

Home-Office: Regelung, Vorteile, 50 Tipps https://karrierebibel.de/homeoffice/ Zugriff 28.06.2020

Pennekamp, J. (2020) Stressfalle Homeoffice https://www.blogs.faz.net/fazit/2020/04/15/stressfalle-homeoffice-11308/ Zugriff 27.06.2020

Pennekamp, J. (23.01.2020) Work-Life – Balance, Warum Home-Office Stress verursacht https://www.fazschule.net/article/aHR0cHM6Ly93d3cuZmF6Lm5ldC9ha3R1ZWxsL2JlcnVmLWNoYW5jZS9hcmJlaXRlbi1pbS1ob21lLW9mZmljZS1lcmhvZWh0LWRlbi1zdHJlc3NmYWt0b3ItMTYwMDI2OTkuaHRtbA Zugriff am 27.06.2020

Giselle Fuchs wurde 1967 in Furth bei München geboren. Neben ihrer 13-jährigen Teilzeit-Tätigkeit als medizinische Fachangestellte in einer orthopädischen Praxis absolvierte sie 1988 den Abschluss als staatliche geprüfte Gymnastiklehrerin mit dem Schwerpunkt Rehabilitation und Gesundheitserziehung an der TU München. Ebenso erhielt sie 1989 den Abschluss zur Bühnenreifeprüfung für klassischen Tanz und sammelte internationale Erfahrungen auf der Bühne. 2000 beendete Giselle Fuchs ihre Bühnenlaufbahn und konzentrierte sich auf die medizinische und bewegungstherapeutische Weiterbildung. Sie unterrichtete von 1998 bis 2002 Eutonie, Anatomie und Prävention an der Abraxas-Musical-Akademie/ München und betreut seit 2017 Vorausbildungsschüler mit Körpercoaching an der Münchner Ballettschule Christiane Böhm. Seit 2001 arbeitet Giselle Fuchs in eigener Praxis als Heilpraktikerin mit den Schwerpunkten integrative Osteopathie, Bewegungsanalyse und –therapie. Im Laufe der Jahre entwickelte Giselle Fuchs aufgrund ihrer umfangreichen Berufserfahrungen im medizinischen und bewegungstherapeutischen Bereich ihre eigene Methode „Körper-Coaching nach Giselle Fuchs". Ebenso bietet Frau Fuchs seit 2001 als GYROTONIC® und GYROKINESIS® Master-Trainerin in ihrem Institut GYROTONIC® Munich Aus-und Fortbildungen für GYROTONIC® und GYROKINESIS® Trainer ab. Zusätzlich schloss Frau Fuchs 2020 das Studium zum Betrieblichen Gesundheitsmanager (IHK) ab und bietet im Rahmen der Betrieblichen Gesundheitsförderung (BGF) Arbeitsplatzberatungen, „Körper- Coaching nach Giselle Fuchs" und Mentaltraining u.a. für Führungskräfte an. Außerdem führt Frau Fuchs im Rahmen der Arbeitssicherheit Gefährdungsbeurteilungen nach §5 und 6 des ASG durch.

Keine Macht dem Bewegungsmangel – Mit korrekter Körperhaltung, intermittierendem Sitzen und Mobilisierung schmerzfrei zu gesunder Leistungsfähigkeit

22

No Power to Physical Inactivity—With Correct Posture, Intermittent Sitting and Mobilization Pain-Free to Healthy Performance

Benjamin Weiderer

Zusammenfassung

Dauerhaftes Sitzen, schlechte Körperhaltung und Stress haben weitreichende negative Folgen für den Menschen und dessen Gesundheit. Entspannungs- und Atemtechniken schaffen neben der Bewegung Abhilfe. Das Einhalten von Prinzipien korrekter Körperhaltung beugt vor und stellt eine schmerzfreie Bewegung sicher. Präventiv helfen die Einrichtung eines ergonomischen Arbeitsplatzes genauso wie Bewegungsprogramme für zwischendurch. Es dreht sich im wahrsten Sinn des Wortes um alle Bereiche der Wirbelsäule mit den angrenzenden Gelenken und Extremitäten, um die natürliche Mobilität und Stabilität mit einer bewegungsfördernden Arbeitsumgebung sicherzustellen, zu erhalten und nachhaltig zu steigern. Einfache Bewegungsroutinen, welche regelmäßig ausgeübt werden, helfen Verspannungen und Schmerzen zu beseitigen sowie schmerzfrei zu gesunder Leistungsfähigkeit (zurück) zu gelangen. Betriebliche Gesundheits- und Bewegungsförderung leisten einen wichtigen Beitrag zum Erhalt und zur Förderung der Arbeitsfähigkeit von Arbeitnehmern in zukunftsfähigen Unternehmen. Folglich steigert dies das Betriebsklima und vor allem die Wettbewerbsfähigkeit dieser Unternehmen.

B. Weiderer (✉)
BEWECT – Benjamin Weiderer Coaching & Training, München, Deutschland
E-Mail: info@bewect.com

C. Kohlert (Hrsg.), *Das menschliche Büro – The human(e) office*,
https://doi.org/10.1007/978-3-658-33519-9_22

Abstract

Permanent sitting, poor posture and stress have far-reaching negative consequences for people and our health. Relaxation and breathing techniques help in addition to movement. Adhering to the principles of correct posture prevents and ensures pain-free movement. Preventively, the support of an ergonomic work area as well as exercise programs from time to time helps. It literally revolves around all areas of the spine with the adjacent joints and limbs in order to ensure, maintain and sustainably increase natural mobility and stability with a work environment that encourages movement. Simple movement routines which are exercised regularly, help to eliminate tension plus pain and to return pain-free to healthy performance. Company health and physical activity promotion make an important contribution for maintaining and promoting the employability of personnel in sustainable companies. As a result, this increases the working atmosphere and above all the competitiveness of these companies.

22.1 Vom Laufathleten zum Sitzkrieger

Unser aufrechter Gang mit all seinen anatomischen Umbauten gilt als entscheidendes Merkmal vom Affen zum Menschen. Nach aktuellen Erkenntnissen kann man davon ausgehen, dass bereits bei den Vormenschen (Australopithecinen) ein aufrechter Gang vorhanden war. Ungefähr 3,5 Mio. Jahre alte Fußspuren von Laetoli im Norden von Tansania und Hadar in Äthopien, die dem **Australopithecus afarensis** zugeschrieben werden, weisen darauf hin. Lucy ist wohl das bekannteste Fossil von Australopithecus afarensis. Es wurde am 24. November 1974 von Donald Johanson in Hadar entdeckt. Das zu den am besten erhaltenen gehörende Skelett eines Vormenschen zeigt Anpassungen an den aufrechten Gang: 47 der 207 Knochen wurden gefunden, darunter Oberschenkelknochen und Schienbein sowie Teile des Beckens, der Wirbelsäule und des Schädels.

Hinsichtlich des aufrechten Gangs verschaffen uns weitere Hinweise Gewissheit, darunter vor allem Skelettmerkmale. Das Hinterhauptloch verlagert sich eher zur Schädelmitte, damit der Kopf auf der Wirbelsäule ausbalanciert werden konnte. Eben jene Wirbelsäule weist eine S-Form auf. Die breiten Darmbeinschaufeln des Beckens waren nach innen gedreht und stellten große Ansatzflächen für den großen Gesäßmuskel zur Bein- und Hüftstreckung dar. Dazu besaß der Vormensch lange Oberschenkelknochen mit einem großen Kopf. Die Beine konnten durch eine leichte X-Beinstellung gestreckt werden, damit die Kniegelenke direkt unter dem Körperschwerpunkt lagen. Ebenso hatte er lange, gekrümmte Finger und Füße mit ausgebildetem Fußgewölbe und in einer Reihe stehenden Zehen.

Durch den aufrechten Gang erlangte der Vormensch Vorteile, die nicht nur in einer ökonomischeren Fortbewegung lagen. Große Distanzen konnten viel schneller zurückgelegt werden. Ebenso erlangte der Vormensch durch das Aufrichten eine bessere Rundumsicht, ein Minimieren der Wasserverluste durch Verdunstung und die Möglichkeit, die Hände vielseitig einzusetzen.

Was genau die Entstehung des aufrechten Gangs auslöste, ist bis heute nicht vollständig erforscht. Aus biomechanischer Sicht deuten Untersuchungen an Fußskeletten des Vormenschen darauf hin, dass es artspezifische, mit der Ökologie im Zusammenhang stehende Unterschiede in der Fortbewegungsweise gegeben hat (Abb. 22.1).

Der aufrechte Gang gilt als ein Schlüsselereignis in der Evolution des Menschen. Mit ihm gingen tiefgreifende Folgen einher. Nun hatten die Hände endgültig keine Fortbewegungsaufgaben mehr, sondern konnten verstärkt für die Nahrungsgewinnung und -aufbereitung sowie für Verteidigung und auch für die Herstellung und den Gebrauch von Werkzeugen benutzt werden. Durch das Ausrichten des Schädels über dem Körper bzw. über der Wirbelsäule verringerte sich der Einfluss von Nacken- und Kiefermuskulatur auf die Schädelausformung, welche fortan mehr und mehr vom anwachsenden Gehirn bestimmt wurde.

Aus einer Art der Gattung Australopithecus entwickelten sich vor drei bis zwei Millionen Jahren die ersten Vertreter der Gattung Homo. Als eigenständige, neue Merkmale von Homo gelten unter anderem die gegenüber Australopithecinen kleineren Zähne und Kiefer, kürzere Arme und längere Beine, ein größeres Gehirnvolumen (über 600 cm^3), ein kuppelartig aufgewölbter Hirnschädel sowie die Fähigkeit zur Herstellung von Steinwerkzeugen. Die älteste Homo-Art ist der Homo rudolfensis, benannt nach dem

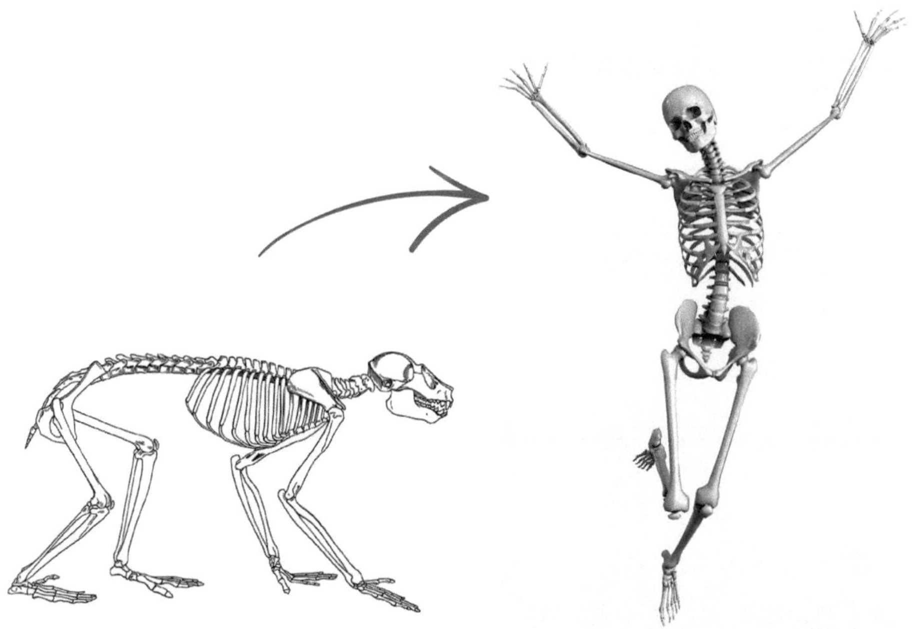

Abb. 22.1 Entwicklung des aufrechten Gangs und Unterscheidungsmerkmale. (Foto: pixabay)

Rudolf-See (heute: Turkana-See) in Kenia. Aus ihm entwickelte sich der Homo erectus, der Afrika verließ und sich über den Vorderen Orient nach Asien und Europa ausbreitete. Die hominiden Fossilien von Dmanissi in Georgien, welche auf 1,8 Mio. Jahre datiert werden, deuten darauf hin.

Vor ungefähr 400.000 Jahren entwickelte sich aus dem Homo erectus eine Form mit größerem Gehirn, der in Europa lebende Neandertaler (Homo neanderthalensis), während zur selben Zeit aus den in Afrika verbliebenen Populationen des Homo erectus der **Homo sapiens** hervorging, der heutige Mensch. Der archaische Homo sapiens (früher anatomisch moderner Mensch) entstand vor ungefähr 250.000 Jahren. Vor 70.000 Jahren breitete sich der Homo sapiens in ganz Afrika und im Nahen Osten aus. Die Besiedlung von Europa und Asien fand vor 45.000 Jahren statt.

Vom Homo sapiens zum Homo sedens

Die sitzende Gesellschaft etablierte sich vor allem ab den 1980er-Jahren, als der Übergang von der Industrialisierung zur Digitalisierung stattfand. Seitdem sitzen viele von uns täglich acht und mehr Stunden am Schreibtisch und starren unentwegt ohne Pause – oftmals auch noch angespannt – in den Bildschirm. Wir verbringen die meiste Zeit im Sitzen, z. B. im Auto, im öffentlichen Personennahverkehr (ÖPNV), zu Hause am Küchentisch oder auf dem Sofa. Wir machen uns die Welt bequem.

Mit jeglicher Automatisierung steigt der Grad der Bequemlichkeit. Die Komfortzone wird zum besten Freund und jede am Rand oder außerhalb dieser sitzenden Aktivität empfinden wir als unbequem. Stattdessen wäre die Entwicklungszone für den Menschen enorm wichtig. Durch diese stehen wir in der Evolution da, wo wir zurzeit sind. Aber stattdessen entwickeln wir uns zurück bzw. in die sitzende Position. Der **Homo sedens** (lateinisch für sitzen) ist geboren (Abb. 22.2).

Zu viel Sitzen geht einher mit Krankheitssymptomen. Das Paradebeispiel sind chronische, gegebenenfalls unspezifische Rückenschmerzen, was unumstößlich mit dem Bewegungsmangel und dem zu vielen Sitzen zusammenhängt. Die Devise, weniger zu sitzen und sich mehr zu bewegen, wäre die einzig logische Folge. Für die Vielsitzer und Bequemen ist die Medizin stets auf der Suche nach anderen Lösungen, stößt jedoch immer wieder an ihre Grenzen.

Abb. 22.2 Vom Bewegungswunder zum Dauersitzer

Zunächst einmal ist unabhängig vom Sitzen körperliche Inaktivität ein Risikofaktor für kardiovaskuläre Erkrankungen (Wen et al. 2011). Betrachten wir das lange Sitzen genauer, werden aus Vermutungen schnell wissenschaftliche Fakten geschaffen. Mittlerweile weisen uns zahlreiche Publikationen auf den Missstand hin. *Sitzen ist das neue Rauchen* von Kelly Starrett (2016), *Sitzen macht krank* von Gerd Schnack (2019) oder *Get Up* von James Levine (2014), um hier nur einige zu nennen. Zuletzt genannter Professor ist ein weltweit bekannter Forscher auf dem Gebiet der Endokrinologie und der Ernährungswissenschaft. Obendrein ist James Levine Experte für Übergewicht und Inaktivität – also dauerhaftes Sitzen – und forscht an der Mayo Klinik in Minnessota und Arizona, USA. Mit seinem Buch *Get Up* rief er bereits 2014 zu mehr Aktivität auf. Reißerisch bringt er es auf den Punkt: **„Wir sitzen uns tot“.**

Zahlreiche Studien belegen inzwischen, dass nur zwei Stunden Sitzen am Stück die Risiken für Herzkreislauferkrankungen, Diabetes, Krebs und orthopädische Probleme wie Nacken- und Rückenschmerzen erhöhen (Diaz, et al. 2017). Zudem zeigen Studien, dass sich die negativen Auswirkungen von langem Sitzen nicht allein durch Sport oder anderen gesundheitsfördernden Gewohnheiten beseitigen lassen (Stamatakis et al. 2019). Es ist wichtig, dass unsere Sitzzeit verringert wird (Patel et al. 2018). Manche gehen sogar so weit und meinen: „Sitzen ist schlimmer als Rauchen“ (MacVean 2014). James Levine bestätigt, dass uns jede Stunde, die wir sitzen, zwei Lebensstunden kostet. Eine Studie aus dem Jahr 2018 ging diesem Sachverhalt auf den Grund (Vallance et al. 2018).

In den letzten 25 Jahren katapultierte sich langes Sitzen zur weltweit viertgrößten vermeidbaren Todesursache, so bestätigt von der WHO (World Health Organization). Jährlich sterben 3,2 Mio. Menschen an den Folgen von Bewegungsmangel. Deshalb ist es enorm wichtig, die körperliche Inaktivität isoliert zu betrachten, ebenso jedoch die Zusammenhänge aller Risikofaktoren im Gesamtkontext eines komplexen Wirkungsgefüges.

Folgen für die geistige Entwicklung

Besonders erschreckend ist die Tatsache, dass die Inaktivität bereits im Kindes- und Jugendalter beginnt. Eine geringe körperliche Aktivität besteht gerade bei weiblichen Jugendlichen und Kindern aus Familien mit niedrigem sozioökonomischen Status (Finger, Varnaccia, Borrmann, Lange, und Mensink 2018). Schon länger ist bekannt, dass die motorische Entwicklung von Kindern eng mit ihrer geistigen Entwicklung verknüpft ist. Man darf das Gehirn nicht unabhängig vom restlichen Körper betrachten. Auch unsere Nervenzellen haben z. B. Rezeptoren für Insulin und andere Stoffe des Fettstoffwechsels.

Immer wieder stellte man im Lauf der Zeit fest, dass körperliche Aktivität kreatives Denken, verbesserte Leistungsfähigkeit und optimal kognitive Funktionen begünstigt. Das Gehirn reagiert ähnlich wie unsere Muskeln, es wächst bei dessen Anregung und verkümmert bei Inaktivität. Von einem hohen Aktivitätslevel profitiert auch die **fluide Intelligenz**: die Fähigkeit, logisch zu denken und unter neuen Rahmenbedingungen Probleme zu lösen.

In einer Studie der University of Illinois stellten die Forscher fest, dass körperlich aktivere Kinder mehr graue Substanz in Basalganglien und Hippocampus aufwiesen wie ihre weniger aktiven Kollegen. Diese Gehirnbereiche sind vor allem für die kognitive Steuerung und das Erinnerungsvermögen zuständig. Gerade für Kinder mit der Diagnose ADHS (Aufmerksamkeitsdefizit-/Hyperaktivitätsstörung) ist Bewegung und Sport wichtig, um sich besser konzentrieren und fokussierter lernen zu können. Hier ist auch der **Wachstumsfaktor Brain-derived neurotrophic factor** (BDNF) wichtig, welcher die Lern- und Konzentrationsfähigkeit verbessert. Dieser schützt bereits existierende Neuronen und Synapsen und führt zur Ausbildung neuer neuronaler Bahnen.

Ich glaube, dass Bewegung darum nach heutigem Wissen der am besten belegte, vielversprechendste und sicherste Weg ist, um Altersdemenz zu verhindern und unsere geistigen Fähigkeiten aufrecht zu erhalten. Kein Medikament, das ich kenne, kann das leisten und vor allem hat Bewegung keine Nebenwirkungen. (Aga Burzynska, Neurowissenschaftlerin, Universität Colorado, USA)

Berücksichtigen von nationalen und internationalen Leitlinien

Um dem Mangel an körperlicher Aktivität im Alltag vorzubeugen, existieren in der Praxis verschiedenste nationale sowie internationale Empfehlungen. Die Richtlinien des American College of Sports Medicine (ACSM) empfehlen für Erwachsene ein minimales Maß zur Gesunderhaltung von mindestens 30 Min körperlicher Aktivität pro Tag bzw. 150 Min moderater Aktivität pro Woche; für Kinder sehen diese noch etwas mehr Bewegung vor. Die Empfehlungen der WHO sehen ähnlich aus: Mindestens 150 Min moderater Aktivität oder 75 Min hoher Intensität pro Woche. Auch eine Kombination aus beidem ist möglich. Die oft gehörten 10.000 Schritte pro Tag können für uns ebenso eine Orientierungsmarke sein; dies sind ungefähr zwischen sechs und acht Kilometer.

Diese evidenzbasierten Empfehlungen orientieren sich an umfangreichen Studienergebnissen. Sie sind als grundlegende Leitlinien zur Gesunderhaltung zu verstehen und geben generelle Empfehlungen bezüglich eines Minimalmaßes an körperlicher Aktivität für unterschiedliche Zielgruppen (Kinder, Jugendliche, Erwachsene, ältere Menschen). Neben diesen minimalen Empfehlungen sollten nach Möglichkeit jedoch zusätzliche Bewegungs- und Sporteinheiten über die Woche verteilt ergänzt werden, um weitere positive Effekte zu erzielen. Alle Aktivitäten über die Mindestempfehlungen von 150 Min pro Woche haben einen zusätzlichen gesundheitlichen Nutzen.

Unsere Vorfahren waren als Jäger und Sammler täglich noch bis zu 40 Kilometer unterwegs. Heute ist das nur noch ein Bruchteil dessen. Eine Hausfrau und Mutter legt noch ungefähr acht Kilometer zurück, ein Manager bis zu zwei und ein Sachbearbeiter nicht mal einen Kilometer. Ein durchschnittlicher Büroarbeiter kommt gerade mal auf 1500 Schritte pro Tag.

Deshalb ist das Motto „Keine Macht dem Bewegungsmangel“ mit Nachdruck zu betonen. Der Mensch ist dafür gebaut, sich zu bewegen. Seit dem Übergang zum aufrechten Gang und vor allem seit Bestehen der Gattung Homo sapiens über die letzten

300.000 Jahre hat sich daran nichts geändert. Als Jäger und Sammler musste sich der Mensch jederzeit fortbewegen. Der natürliche Mechanismus der Bewegung ließ uns bis dato überleben. **Bewegung hält gesund, Bewegung ist Leben.** Unsere über 200 Knochen und über 650 Muskeln wollen bewegt werden. Ohne Bewegung schaden wir unseren Muskeln, unseren Gelenken und letztendlich auch unserem Gehirn.

Sitzen ist so unschuldig und bequem

Doch die Entwicklungen von Stuhl über Auto und Fernseher bis zum Schreibtisch besiegelte den sitzenden Kulturwandel. Die Deutschen sitzen im Durchschnitt 7,5 Stunden pro Tag. Wir sitzen beim Frühstück, wir sitzen auf dem Weg zur Arbeit, wir sitzen in der Arbeit vor dem PC, wir sitzen auf dem Weg nach Hause, wir sitzen beim Abendessen, wir sitzen vor dem Fernseher und zu allem Übel beugen wir uns noch über unsere smarten Geräte. Und so dreht sich diese tödliche Spirale weiter (Abb. 22.3).

Würden wir nicht so häufig und lange sitzen, uns zudem in korrekter Körperhaltung ausrichten und für mehr Bewegungspausen sorgen, wäre der erste Schritt zum Gegensteuern gemacht. Bloß fehlt uns hier das richtige Maß – genau wie oftmals beim Schokolade-Essen – und auch das Bewusstsein dazu verlieren wir aus den Augen. Das Sitzen ist einfach so unschuldig und bequem.

Doch beim Sitzen nehmen wir Körperhaltungen ein, bei denen verschiedene Muskeln nicht aktiviert werden, die vor allem den Rumpf und die Wirbelsäule stabilisieren. Die Folge kennen wir: Viele orthopädische Probleme und Funktionsstörungen wie z. B. Nacken- und Rückenbeschwerden und Dysfunktionen im Beckenbodenbereich. Die

Abb. 22.3 Sitzen in jeder Lebenslage. (Foto: pixabay)

Kosten für Behandlungen und Rehabilitation stiegen in den letzten Jahren enorm (Heron et al. 2019). Neben Morbidität und vorzeitiger Mortalität ist körperliche Inaktivität für eine erhebliche wirtschaftliche Belastung verantwortlich (Ding et al. 2016). Nicht nur, dass es dafür immenser Beträge bedarf, ebenso sind die Folgekosten der Erkrankungen in Form von Arbeitszeitverlust, verringerter Produktivität und verminderter Lebensqualität sehr hoch.

Handeln ist gefragt

Es gilt also schleunigst zu handeln. Sowohl der Einzelne wie auch der Arbeitgeber stehen hier in der Verantwortung, um dem Sitzen und der körperlichen Inaktivität entgegenzuwirken. Sportprogramme und Bewegungspausen in Freizeit und Beruf müssen fest eingeplant werden. Lasst uns aufstehen und mit ergebnisorientierten Strategien gegen den Bewegungsmangel vorgehen. Neben der Bewegung müssen die Körperhaltung erneut ins Lot gebracht und ebenso eine psychische Balance gefunden werden.

Unsere Leistungs- und Optimierungsgesellschaft bringt viele an und noch mehr über ihre Grenzen. Ein hohes dauerhaftes Stresslevel und psychische Daueranspannung sind die Folge. Mit der Digitalisierung und dem ständigen Online-Sein wird das noch schlimmer. Ständige Erreichbarkeit und Höher-Schneller-Weiter kann dauerhaft nicht guttun. Der Mensch braucht regelmäßige Erholungspausen, positive Ablenkung und auch mal Langeweile, dazu Sport, der nicht den Wettkampf an oberster Stelle sieht, sondern den Spaß und die Freude.

Leider verlieren wir von Kindesbeinen über das Jugendalter bis zum Erwachsenensein den Instinkt für natürliches Laufen und Bewegen. Zudem hält unser Körper jede Menge Missbrauch aus und passt sich ständig an, um effektiv zu arbeiten. Es verfestigen sich hier bloß negative Bewegungsmuster, welche oftmals erst sehr viel später ans Tageslicht gelangen.

„Eine Stunde Bewegung am Tag kann nicht die anderen 23 Stunden ausgleichen."

Neben Sport sind die außersportlichen Aktivitäten entscheidend, um Kalorien zu verbrennen. Dr. Levine nennt diese **Non-Exercise Activity Thermogenesis** (Thermogenese durch außersportliche Aktivitäten), z. B. Stehen, ständiges Wippen, Zappeln. Es macht also einen Unterschied, ob wir acht Stunden im Sitzen oder im Stehen arbeiten. Der Sitzkrieger verbrennt hier etwa 300 NEAT-Kalorien, während der stehende Arbeiter etwa 1200 NEAT-Kalorien verbraucht. Ein signifikanter Unterschied, der langfristig zu Übergewicht und Adipositas führen kann.

Einigen wird wohl eher der **Physical-Activity-Level(PAL)-Wert** ein Begriff sein. Das tägliche Aktivitätslevel wird in einer Zahl ausgedrückt, mit der sich zusammen mit dem Grundumsatz ein ungefährer Leistungsumsatz berechnen lässt (Tab. 22.1).

Neben der regelmäßigen Bewegung ist natürlich ebenso die korrekte Ausführung von Übungen oder aber auch nur eine korrekte Körperhaltung im Alltag entscheidend. Unser Körper kompensiert viel und dies auch lange Zeit. Erst wenn unser Belastungszykluskonto

Tab. 22.1 Physical-Activity-Level(PAL)-Werte und Aktivitätslevel

PAL-Wert	Aktivitätslevel
1,2	Ausschließlich sitzende oder liegende Lebensweise
1,3–1,5	Ausschließlich sitzende Tätigkeit mit wenig oder keiner anstrengenden Freizeitaktivität, z. B. Büroangestellte
1,6–1,7	Sitzende Tätigkeit, zeitweilig auch zusätzlicher Energieaufwand für gehende oder stehende Tätigkeit, z. B. Laboranten, Kraftfahrer, Fließbandarbeiter
1,8–1,9	Überwiegend gehende und stehende Arbeit, z. B. Hausfrauen, Pflegepersonal, Kellner, Mechaniker, Handwerker
2,0–2,4	Körperlich anstrengende berufliche Arbeit, z. B. Bauarbeiter, Landwirte, Waldarbeiter, Leistungssportler, Bergarbeiter
Plus zusätzlich 0,3	Körperliche Aktivität wie z. B. 40 bis 60 Min pro Tag

überzogen ist, kommt es zum großen Knall, sprich starke Verspannungen und/oder Schmerz. Den Spruch von Gray Cook sollten wir uns viel öfter bewusstmachen: **„Move well, move often"** (Bewege dich korrekt, bewege dich oft). Es ist entscheidend, zuerst an einer korrekten Körperhaltung und Bewegung zu arbeiten, bevor man dies oft ausführt oder sogar im Training noch Gewicht auflegt.

22.2 Auswirkungen schlechter Körperhaltung und langen Sitzens

Wie bereits im ersten Abschnitt erwähnt, ist unser Körper sehr widerstandsfähig und robust. Wenn wir unseren Bewegungsapparat korrekt ausrichten und ihn pflegen, dann haben wir bis ans Lebensende viel Freude an und mit unserem Körper. Zentrales Thema ist hierbei die Ausrichtung der Wirbelsäule, welche jederzeit nach Stabilisation strebt. Befinden wir uns in guter Körperhaltung und wird die Wirbelsäule durch aktives Anspannen von Muskeln und Gewebe stabil gehalten, ist alles in bester Ordnung. Wenn hier nur ein Faktor im Ungleichgewicht ist und es zu Instabilitäten kommt, stellt der Körper selbst eine reaktionäre Stabilität her, die qualitativ schlechter ist.

In der Folge wird der Rücken nach vorn (Beugung) oder nach hinten (Überstreckung) gekrümmt. Kurzfristig ist dies keine große Schwierigkeit, manifestiert sich dies jedoch dauerhaft, sind nachhaltige Schädigungen vorprogrammiert. Um dies zu verstehen, muss die Biomechanik genauer betrachtet werden, was Thema in einem späteren Abschnitt sein wird. Sitzen wir länger, kommt es einerseits ebenso zu gekrümmten unphysiologischen Haltungen und andererseits sind Gesäß- und hintere Oberschenkelmuskulatur dauerhaft inaktiv.

22.2.1 Orthopädische Probleme

Geht der Blick im Büro zu den Mitarbeitern, werden wir die meisten von ihnen mit nach vorn gebeugtem Rücken, nach innen gerollten Schultern und vorgerecktem Kopf ertappen. Falls diese Position dauerhaft eingenommen wird, kann dies die Stabilität der Wirbelsäule herabsetzen und die Grundfunktionen unserer Stütze schädigen. Der Körper strebt nach einer anderen stabilen Position und erhält durch Fasziengewebe, Bänder und Sehnen passiv Hilfe. Dies ruft jedoch die bekannten Verspannungen hervor (Abb. 22.4).

Zudem werden Muskelbereiche abgeschwächt, andere dagegen verhärten sich. Ein typisches Phänomen sind Lower und Upper Cross Syndrome. Beim **Lower Cross Syndrome** (LCS) stellen Gesäß- und Bauchmuskeln die phasischen (abgeschwächten) Muskeln dar, Hüftbeuger und unterer Rücken die tonischen (angespannten). Zudem verfestigt sich das Fasziengewebe (Fascia thoracolumbalis) im unteren Rücken. Dieses Ungleichgewicht forciert die Hohlkreuzbildung und damit auf lange Sicht erhebliche Erkrankungen des Bewegungsapparats. Beim **Upper Cross Syndrome** (UCS) besteht das Ungleichgewicht zwischen Teilen der oberen Körperpartie. Vordere Halsmuskulatur und unterer Trapezmuskel sowie rautenförmige Muskeln (M. rhomboideus minor und major) sind zu schwach ausgeprägt. Letztere liegen unter dem unteren und mittleren Bereich des Trapezmuskels. Dagegen sind kleiner und großer Brustmuskel sowie der Schulterblattheber (M. levator scapulae) und der obere Trapezmuskel dauerhaft angespannt (Abb. 22.5).

Wird nichts gegen diese beiden Syndrome unternommen, verlieren wir den normalen Bewegungsumfang. Aus dem LCS resultiert eine fortschreitende Lendenlordose, d. h. eine physiologische, nach ventral konvexe Krümmung der Lendenwirbelsäule. Das Gegenstück dazu bildet sich eben durch das UCS, die Brustkyphose, sprich eine physiologische, nach dorsal konvexe Krümmung der Brustwirbelsäule. Wird nun der Kopf noch stark nach vorn gebeugt, spricht man umgangssprachlich von der Geierkopfhaltung. Jede zweieinhalb Zentimeter, die der Kopf vor der frontalen Körperachse steht, verursacht eine Erhöhung der Druckbelastung um ungefähr fünf Kilogramm (Dalton 2020).

Die gekrümmte Haltung nach vorn hat nicht nur Auswirkungen auf die Beweglichkeit, sondern ebenso auf unsere Atmung. Diese wird gestört und ein vollständiges und effizientes Atmen ist nicht mehr möglich. Das Zwerchfell wird durch den Rundrücken

Abb. 22.4 Geierkopfhaltung. (Foto: Paul Huf)

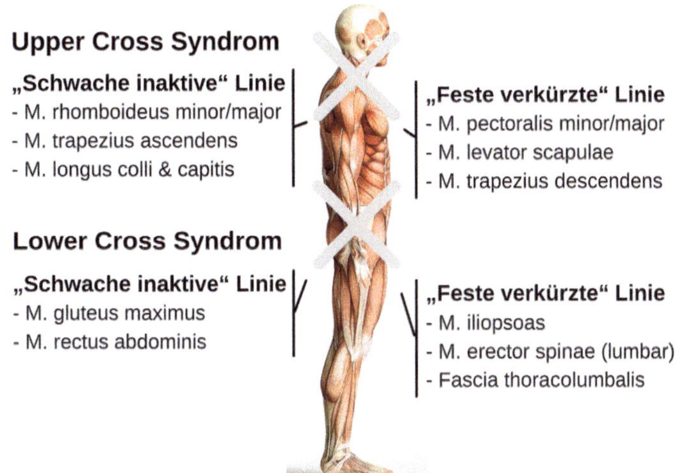

Abb. 22.5 Upper und Lower Cross Syndrome. (Foto: Adobe Stock)

komprimiert. Dies erklärt, warum wir folglich in eine kurze, flache Hals- und Brustatmung verfallen, welche dem Körper eine Kampf- oder Fluchtsituation suggeriert. Stresshormone werden ausgeschüttet; es ist unmöglich, so zu entspannen. Der Teufelskreis ist perfekt.

Dies ist jedoch nur der Anfang. Bei dauerhafter Einschränkung der Zwerchfellfunktion kann es zu schlimmeren **Atemwegserkrankungen** kommen, z. B. zu Asthma oder Chronic obstructive pulmonary disease (COPD), eine chronisch obstruktive Lungenerkrankung.

Leider beschränken sich die Folgen hieraus nicht nur auf den beschriebenen Bereich, sondern führen weiter in Arme und Hände sowie ebenso Richtung Kiefermuskulatur. Durch die Rundung des oberen Rückens drehen sich die Oberarme nach innen. Bleibt der Kopf in seiner Ebene, führt dies zu einem Knick im Kanal des zentralen Nervensystems, dem Rückenmarksstrang. Die Grundspannung des Nervengewebes wird verstärkt und es kommt zu einem Kribbeln oder sogar Taubheitsgefühlen in Armen und Händen. Ebenso kann die abweichende Kopfstellung dazu beitragen, dass die Kiefermuskulatur nicht effizient steuern und stützen kann. Der Unterkiefer wird zurückgezogen. In der Folge müssen Hals-, Kiefer- und Gesichtsmuskeln stärker arbeiten, weitere Verspannungen drohen. Die resultierende schmerzhafte Kiefergelenkstellung wird als kraniomandibuläre Dysfunktion (CMD) bezeichnet.

Vom Sitzen zum Stehen geht die Misere weiter

Stehen wir dann endlich mal vom Bürostuhl auf, krümmen wir uns im Stehen. Zumeist findet hier der nächste Fehler statt. Wir überstrecken die Wirbelsäule im Lendenbereich. Dem können wir entgegenwirken, indem wir die Gesäßmuskeln anspannen. Doch mit dem Vielsitzen wird dieser Muskelbereich regelrecht platt gesessen und verliert immer mehr an Aktivität. Das Hohlkreuz manifestiert sich, wenn wir nicht grundsätzlich darauf achten, eine Neutralstellung der Wirbelsäule einzuhalten.

Durch die nach vorn gekippte Stellung des Beckens entstehen starke Scherkräfte zwischen Wirbelsäule und Becken. Knochen auf Knochen führen dazu, dass es schneller zu Verschleißerscheinungen kommt. Das Becken und die Wirbel der Lendenwirbelsäule stehen in keinem guten Verhältnis zueinander. Kraft und Effizienz gehen verloren (Abb. 22.6).

Natürlich hat dies weiter Einfluss auf unsere Bewegungen und das Ansteuern unserer Gliedmaßen. Nach dem **Gelenk-zu-Gelenk-Ansatz** nach Michael Boyle (Boyle 2012) können in der Folge auch die Knie schlechter angesteuert werden, sodass bei einer Sprungbewegung keine optimale Leistung erzielt werden kann. Mit der Zeit bzw. im Alter werden durch degenerierte Bandscheiben die Knochenkanäle, aus denen die Rückennerven austreten, enger. Die Folgeerscheinung ist eine Spinalkanalstenose, eine Einengung des Spinalkanals.

Auch ein Anspannen der Bauchmuskeln müssen wir erst wieder lernen, nach dem wir aufstehen. Kein Wunder, wenn wir diese nicht benutzen. Dagegen springen andere Muskeln ein, z. B. der Rückenstrecker bei Überstrecken der Wirbelsäule. Mit diesen Zusatzaufgaben ist es nicht verwunderlich, dass dies langfristig zu Verhärtungen und verspannten Muskeln führt. Zudem wird diese Überstreckung noch vom großen Hüftbeuger forciert, dieser verstärkt den Effekt der Lendenlordose. Der verhärtete oder versteifte **große Lendenmuskel** (M. psoas major) zieht den Rumpf nach vorn. Das ungestützte

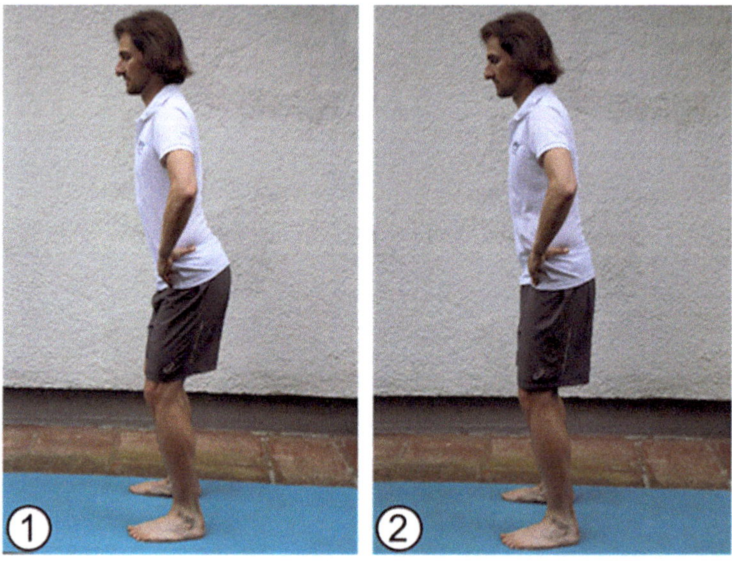

Abb. 22.6 (1) Beckenkippung und (2) Beckenaufrichtung. (Foto: Paul Huf)

Rumpfgewicht erzeugt Widerstand, den der Lendenmuskel durch starke Anspannung auffängt, eine sogenannte passive Belastung. Wenn wir aus der Sitzposition aufstehen, fällt es uns erstmal schwer, die Wirbelsäule korrekt auszurichten. Ein verhärteter Lendenmuskel ist auch der Grund, warum es uns am Anfang schwerfällt, am Steh-Sitz-Schreibtisch zu arbeiten.

Der große Lendenmuskel ist unser wichtigster Hüftbeuger und tiefster Muskel im menschlichen Körper. Er entspringt rechts und links der Lendenwirbelsäule und verläuft durch den Unterbauch und das Becken bis zum oberen Teil der Innenseite des Oberschenkels. Als Alleinstellungsmerkmal verbindet er als einziger Muskel unsere Wirbelsäule mit den Beinen. Ohne ihn könnten wir nicht Treppen steigen, zudem würden wir ohne ihn umfallen, da er als Stabilisator unsere Wirbelsäule stützt (Abb. 22.7).

Der Psoas-Muskel übernimmt zwischen Zwerchfell und Beckenboden wichtige Funktionen im Bereich der inneren Organe, ebenso löst er Spannungen und kann unser Nervensystem ausbalancieren. Dies hat auch Auswirkungen auf unsere Psyche. Nicht wenige bezeichnen den Lendenmuskel als **„Muskel der Seele“** oder Wahrnehmungsorgan des menschlichen Körpers. Er ist nicht so schmerzanfällig wie seine Gegenspieler, die untere Rückenmuskulatur, reagiert jedoch intensiv auf emotionale Zustände und Stress. Bei Verspannung hat dies Auswirkung auf das naheliegende Zwerchfell,

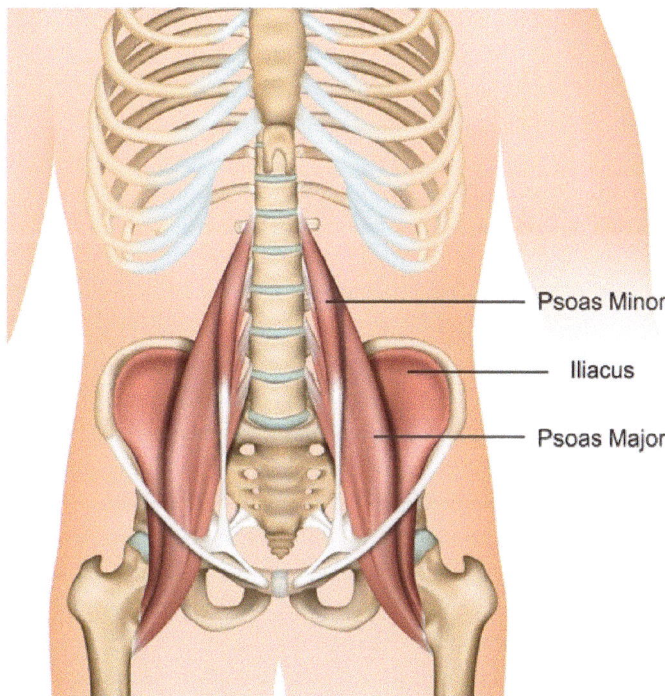

Abb. 22.7 Der Psoas-Muskel und Synergisten. (Foto: shutterstock)

was zu erhöhter Atmung führt. Hält die Verspannung dauerhaft an, wird dem Körper stetig ein Alarmzustand suggeriert. Der Psoas ist unmittelbar mit dem Reptiliengehirn, dem ältesten Teil unseres Gehirns, verbunden. Das Reptiliengehirn, exakt das Stammhirn, sichert uns in bedrohlichen Situationen das Überleben, es ist für den Kampf-Flucht-Reflex verantwortlich (Fetzner 2020). Der Hüftbeuger reagiert mit verstärkter Anspannung.

Auswirkungen eines verkürzten Psoas können z. B. sein:

- Müdigkeit, verringertes Konzentrationsvermögen und Launenhaftigkeit
- Verengte Arterien
- Erhöhter Kortisol- und Blutzuckerspiegel
- Kurzatmigkeit
- Änderung der Darmtätigkeit
- Geschwächtes Immunsystem
- Rückenschmerzen

In der traditionellen ostasiatischen Bewegungs- und Kampfkunst kommt dem Psoas-Muskel bereits über Jahrhunderte eine große Bedeutung zu.

In der Folge einer übertriebenen Vorneigung oder einer Überstreckung kann es passieren, diese durch seitliche Beugungen zu kompensieren. Da wird z. B. eine Schulter oder die eine Seite des Beckens hochgezogen, auch der Kopf zur Seite gekippt. Langfristig schleichen sich hier Asymmetrien ein, welche erneut zu Rückenschmerzen führen. Ebenso neigen wir dann verstärkt zu Verletzungen in ausübenden Sportarten, da die Ungleichgewichte entsprechende Strukturen stärker belasten.

22.2.2 Herzkreislauf- und Stoffwechselprobleme

Die Inaktivität und speziell das Sitzen schaden nicht nur unserem Bewegungsapparat, sondern auch unserer Physiologie und den damit verbundenen körperlichen Vitalfunktionen. Essenziell für das Leben ist die Versorgung des Körpers mit Sauerstoff und Energie. Durch die Beugung in der Brustwirbelsäule beeinträchtigen wir die Lungenfunktion. Das Einatmen wird flacher, wir werden mit weniger Sauerstoff versorgt und andere Organe sowie Herz und Gehirn werden negativ beeinflusst. Ein Teufelskreis, der zuletzt in mangelnder Energie mündet.

Früher wurden die Menschen mit dem Älterwerden wieder leichter, da die Muskelmasse über die Jahre nachließ. Heutzutage werden viele immer schwerer, nicht wegen Bewahren der Muskelmasse oder sogar Ausbau, sondern durch Aufbau des Fettanteils. Beispielhafte Gründe sind die Inaktivität und der Nahrungsüberfluss. Bleibt das Übergewicht dauerhaft bestehen, kann es schnell zu ernsthaften gesundheitlichen Problemen kommen.

Die Zuckerkrankheit **Diabetes mellitus** wird immer öfter diagnostiziert, eine Stoffwechselstörung des Kohlenhydratstoffwechsels, die auf einem absoluten oder relativen Mangel des Hormons Insulin beruht und zu einer chronischen Überzuckerung führt. Diabetes verursacht keine Schmerzen, deshalb kann es lange unentdeckt bleiben.

Bewegen wir uns nicht, werden Muskeln nicht genutzt. Der Körper braucht also auch keine Energie. Versorgen wir jedoch den Körper mit einem Überangebot an Zucker, dann wird dieser aus dem Blut nicht mehr aufgenommen. Es kommt zu einem Anstieg von Glukose im Blut. Im Normalfall schüttet der Körper bzw. die Bauchspeicheldrüse Insulin aus, um den Zucker aus dem Blut in die Zellen zu schleusen. Jedoch werden die Körperzellen bei mangelnder Bewegung und zu viel Zucker resistent gegen das Insulin. Damit gerät die Blutzuckerregulation außer Kontrolle. Nicht nur angemessene Aktivität, sondern auch eine gesunde Ernährung spielen eine große Rolle.

Auch weitere Stoffwechselvorgänge werden durch zu viel Sitzen beeinträchtigt, dazu zählt auch der Fettstoffwechsel. Deshalb ist es so wichtig, regelmäßige Bewegungspausen in den Alltag einzubauen. Dauerhaftes Sitzen verlangsamt alle Stoffwechselvorgänge. Falls der Fettstoffwechsel nicht intakt ist, kommt es zu Übergewicht, im schlimmsten Fall zu Formen von **Adipositas** (Fettleibigkeit). Das „schlechte" Very Low Density Lipoprotein (VLDL) ist stark erhöht, dagegen das „gute" High Density Lipoprotein (HDL) zu niedrig.

Wie bereits zuvor erwähnt wird unter anderem die Herzfunktion negativ beeinflusst. Durch den Bewegungsmangel wird der Körper grundsätzlich geschwächt. Das Herz kann nicht mehr ökonomisch arbeiten, bereits bei kleineren Anstrengungen läuft es auf Hochtouren. Durch die dadurch bedingte Verschlechterung der Fließeigenschaften des Bluts kommt es folglich zur **Hypertonie** (Erhöhung des Blutdrucks).

Diese hier beschriebenen Symptome lassen sich zum **metabolischen Syndrom** zusammenfassen. Dies ist die Kombination von Insulinresistenz, Bluthochdruck, Fettstoffwechselstörung und bauchbetonter Adipositas. Diagnostiziert wird dieses Syndrom, wenn jeweils entsprechende Werte erhöht sind.

Eine allgemein akzeptierte Definition des metabolischen Syndroms gibt es bislang nicht. Je nach Organisation werden die Faktoren unterschiedlich festgelegt (Tab. 22.2):

22.2.3 Psychische Probleme

Im Sitzen ist die Durchblutung des Körpers eingeschränkt. Das Risiko für Herzkreislauferkrankungen steigt, das Gehirn wird nicht mit ausreichend Sauerstoff versorgt. Die Leistung leidet folglich darunter. Fehlende Bewegung unseres Bewegungsapparats macht müde und verhindert den Abbau von Stresshormonen. Aus der Evolution wissen wir, dass wir unter Stress mit der Kampf-oder-Flucht-Reaktion reagieren, sprich in jedem Fall mit Bewegung. Unterbleibt diese, können die Stresshormone nicht abgebaut werden. Konzentrationsschwächen und psychische Erkrankungen sind vorprogrammiert (Abb. 22.8).

Tab. 22.2 Definition des metabolischen Syndroms je nach Organisation.

Nr	Risikofaktoren	WHO (1998)	IDF (2005)	NCEP-ATP-III (2002)
	Was muss zutreffen?	Nr. 1 und mindestens zwei von Nr. 2 bis 5	Nr. 4 und mindestens zwei von Nr. 1, 2, 3a/b	Mindestens drei von Nr. 1 bis 4
1	Nüchtern-blut-zuckerwert	Gestörte Glukose-toleranz oder Diabetes und/oder Insulinresistenz	>100 mg/dl oder diagnostizierter Diabetes	>100 mg/dl oder diagnostizierter Diabetes
2	Arterieller Blut-druck	≥140/90 mmHg	≥130/85 mmHg	≥130/85 mmHg
3a	Fettstoffwechsel-störung	Triglyzeride ≥150 mg/dl	Triglyzeride >150 mg/dl	Triglyzeride >150 mg/dl
3b	Fettstoffwechsel-störung	HDL ≤35 mg/dl (Männer) HDL ≤39 mg/dl (Frauen)	HDL ≤40 mg/dl (Männer) HDL ≤50 mg/dl (Frauen)	HDL ≤40 mg/dl (Männer) HDL ≤50 mg/dl (Frauen)
4	Abdominelle Fettleibigkeit	Taillen-Hüft-Ratio >1 (Männer), >0,85 (Frauen) oder Body Mass Index >30	Taillenumfang ≥94 cm (Männer), ≥80 cm (Frauen)	Taillenumfang ≥102 cm (Männer), ≥88 cm (Frauen)
5	Mikroalbumin-urie	Albuminausscheidung im Urin ≥20 µg/min	–	–

Abb. 22.8 Stress vs. Entspannung. (Foto: pixabay)

Sitzen kann sogar depressiv machen. Mit Abfall der Leistung und gegebenenfalls beginnenden Rückenschmerzen leidet die Motivation. Einer Studie aus Spanien zufolge wiesen Mitarbeiter, die mehr als 42 Stunden pro Woche im Sitzen verbrachten, ein um 31 % erhöhtes Risiko für psychische Erkrankungen auf. Dies ist nicht nur für den Einzelnen bedrückend, sondern kann auch wegen der hohen Ausfallzeiten bis hin zur Berufsunfähigkeit für den Arbeitgeber ein Problem darstellen. Ganz zu schweigen von den immensen Kosten, welche das Gesundheitssystem schwer belasten.

Ein immer stärker betrachtetes Thema neben Sport und Training stellt die Atmung dar. Über die Atmung können wir die Muskelspannung regulieren, weil sie sich auf das **vegetative Nervensystem** (VNS) auswirkt. Viele weitere Körperfunktionen wie

Herzschlag, Verdauung, Stoffwechsel, Puls und Muskeltonus werden neben der Atmung reguliert.

Zum VNS gehören die beiden Schaltkreise **Sympathikus** und **Parasympathikus**. Der Sympathikus ist für Aktivierung und Leistung verantwortlich, er erhöht die Spannung in den Muskeln; der Parasympathikus ist dagegen für Erholung und Entspannung verantwortlich, setzt die Muskelspannung herab. Das VNS kann nicht direkt und willentlich gesteuert werden, es lässt sich jedoch indirekt beeinflussen, z. B. durch autogenes Training, Meditation oder Atmung.

Gerade in unserer schnelllebigen und leistungsoptimierten Gesellschaft leiden viele Menschen unter Stress und Daueranspannung; sprich der Sympathikus ist meist aktiviert, was zu Verspannungen oder sogar Schmerzen führen kann. Hier geht es darum, den Parasympathikus vermehrt zu stimulieren, z. B. durch langsames Ausatmen oder spezielle Atemübungen. Ebenso gibt es Körperregionen, die wir ansprechen können. Teile der parasympathischen Steuerung liegen in der Steißbeingegend und im Bereich der Halswirbelsäule.

Der größte Nerv des Parasympathikus ist der **Nervus vagus**, zehnter Hirnnerv, der an der Regulation der Tätigkeit fast aller inneren Organe beteiligt ist. Im späteren Abschnitt über Neurophysiologie wird auf den Vagusnerv noch genauer eingegangen.

22.3 Prinzipien korrekter Körperhaltung anhand der Biomechanik

Unter Bewegung im physikalischen Sinn versteht man die Änderung des Orts, der Position und der Geschwindigkeit eines physikalischen Körpers (hier: menschlicher Körper) innerhalb seiner Umgebung. Ortsänderung bedeutet einen durch Koordinaten und Kurven im dreidimensionalen Raum feststellbaren Wechsel des Körpers im Verhältnis zum Raum. Unter Positionsänderung versteht man die mithilfe von Längen- und Winkelmaßen bestimmbaren Veränderungen der einzelnen Körperteile gegeneinander. Geschwindigkeitsveränderung definiert sich als eine durch Kraftimpulse verursachte Veränderung des aktuellen Bewegungszustands des Körpers (Grosser und Hermann 1987).

Die beiden Fachgebiete der Physik, **Kinematik** und **Dynamik**, befassen sich mit der Bewegung. Kinematik ist die Lehre der Beschreibung von Bewegung (rein mechanisch auch Bewegungslehre), ohne dabei Masse oder Kräfte zu berücksichtigen. Dynamik ist die Lehre der Wirkung von Kräften und der Ursachen von Bewegung. Bei der Kinematik unterscheidet man translatorische und rotatorische Bewegungen. Bei einer translatorischen Bewegung beschreiben alle Punkte parallele Geraden in derselben Richtung und Geschwindigkeit (z. B. 100-Meter-Sprint), dagegen laufen rotatorische Bewegungen um eine Achse ab (z. B. Pirouette beim Eiskunstlauf). Die Dynamik wird weiter in die Statik und Kinetik unterschieden (Abb. 22.9).

Mit der Dynamik war bereits Sir Isaac Newton Ende des 17. Jahrhunderts auf Ursachenforschung gegangen. Im Jahr 1687 erschien sein Werk *Philosophiae Naturalis*

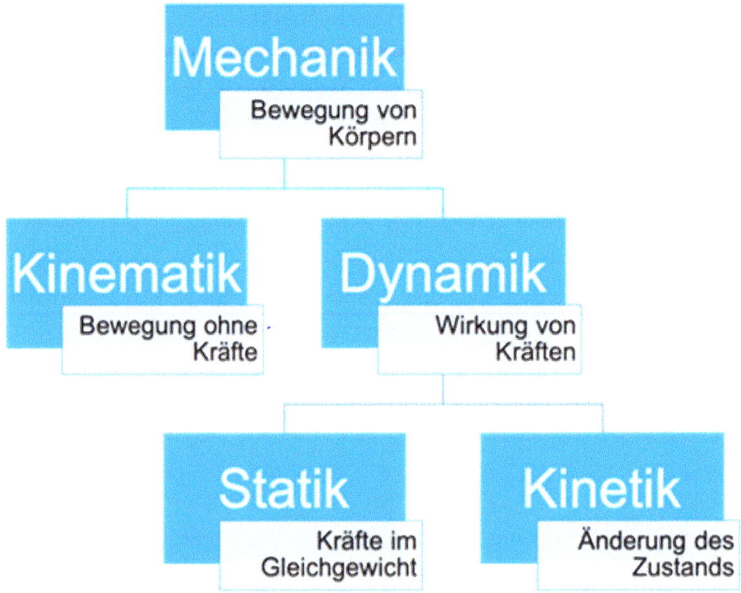

Abb. 22.9 Definition Mechanik und Unterteilung

Principia Mathematica (*Mathematische Prinzipien der Naturphilosophie*), in dem Newton drei Grundsätze der Bewegung formuliert. Diese Grundgesetze der Bewegung bzw. Newton'sche Gesetze gehören zu den Grundlagen der Physik (Tab. 22.3).

Schnelle Fakten der Trainings- und Bewegungslehre

Die Bewegungsabläufe im Sport orientieren sich an einer bestimmten Bewegungsaufgabe. Diese kann entweder resultatsorientiert oder verlaufsorientiert sein. Das Resultat zielt auf das bestmögliche Ergebnis ab, dagegen der Verlauf auf die bestmögliche

Tab. 22.3 Die drei Newton'schen Gesetze

Erstes Newton'sches Gesetz: Trägheitsgesetz	Ein Körper verharrt im Zustand der Ruhe oder der gleichförmig geradlinigen Bewegung, sofern er nicht durch einwirkende Kräfte zur Änderung seines Zustands gezwungen wird
Zweites Newton'sches Gesetz: Dynamisches Grundgesetz	Die Änderung der Bewegung ist der Einwirkung der bewegenden Kraft proportional und geschieht nach der Richtung derjenigen geraden Linie, nach welcher jene Kraft wirkt: Kraft gleich Masse mal Beschleunigung
Drittes Newton'sches Gesetz: Wechselwirkungsgesetz	Kräfte treten immer paarweise auf. Übt ein Körper A auf einen anderen Körper B eine Kraft aus, so wirkt eine gleich große, aber entgegen gerichtete Kraft von Körper B auf Körper A: actio gleich reactio

Verlaufsform. Für unsere Zwecke ist in erster Linie die Verlaufsform wichtig. Die Qualität der Bewegung ist entscheidend, die ebenso von folgenden Faktoren abhängig ist:

- Mensch als bewegter Körper
- Bewegungsobjekte (z. B. Stuhl oder Schreibtisch)
- Faktoren des Umfelds (äußere Einflüsse)

Bereits im frühen Kindesalter ist es entscheidend, die Motorik zu schulen, sprich die Gesamtheit der aktiven, vom Gehirn aus gesteuerten, koordinierten Bewegungen unseres menschlichen Körpers. In der Folge ist die Bewegungstechnik wichtig, diese zu entwickeln, stellt einen langfristigen Prozess dar. Die Bildung von neuen Koordinationsstrukturen und deren Optimierung und Festigung sind das Ziel. Beim Erlernen oder Optimieren einer Bewegung durchlaufen wir grundsätzlich drei ineinander übergehende Phasen (Tab. 22.4).

Für unsere allgemeine Leistungsfähigkeit und für das Erlernen sowie Zustandebringen sportlicher Bewegungen sind grundsätzlich die **sportmotorischen Fähigkeiten** entscheidend. Hierzu zählen Ausdauer, Kraft, Schnelligkeit, Beweglichkeit und Koordination. Darunter lassen sich noch speziellere Formen auflisten, was jedoch für uns erstmal keine Rolle spielt. Wir können diese sportmotorischen Fähigkeiten durch Training entwickeln, was in erster Linie auf dem Prinzip der biologischen Anpassung beruht.

Dieses Prinzip besagt, dass unter dem Einfluss äußerer Faktoren wie eines überschwelligen Trainingsreizes eine Anpassung der inneren Körpersysteme auf ein höheres Leistungsniveau geschieht. Das dynamische Gleichgewicht unseres Organismus (Homöostase) wird gestört, es erfolgt zuerst eine Herabsetzung des Leistungsniveaus und daraufhin reagiert unser Körper nach entsprechender Erholung mit einem höheren Funktionszustand. Diese Leistungsverbesserung bezeichnen wir als Adaptation. Im sportlichen Training spricht man vom Superkompensationseffekt (Abb. 22.10).

In der Trainingslehre gibt es deshalb **Prinzipien zur Auslösung und Sicherung der Anpassung**. Ein Prinzip der Auslösung der Anpassung haben wir bereits kennengelernt: das Prinzip des wirksamen Belastungsreizes. Ein überschwelliger Reiz löst physiologische und anatomische Anpassungen aus. Weitere Prinzipien sind das Prinzip der progressiven Belastungssteigerung, der Variation der Trainingsbelastung, der richtigen Belastungsfolge, der individuellen und wechselnden Belastung. Es sei weiter erwähnt,

Tab. 22.4 Phasenmodell der Bewegung nach Meinel und Schnabel

Phase	Zielsetzung
Grobkoordination	Erwerben des Grundablaufs der Bewegung
Feinkoordination	Verfeinern der Bewegung unter konstanten Bedingungen
Feinstkoordination (Automatisierung)	Stabilisierung und Anpassen der Bewegung, ebenso unter wechselnden Bedingungen

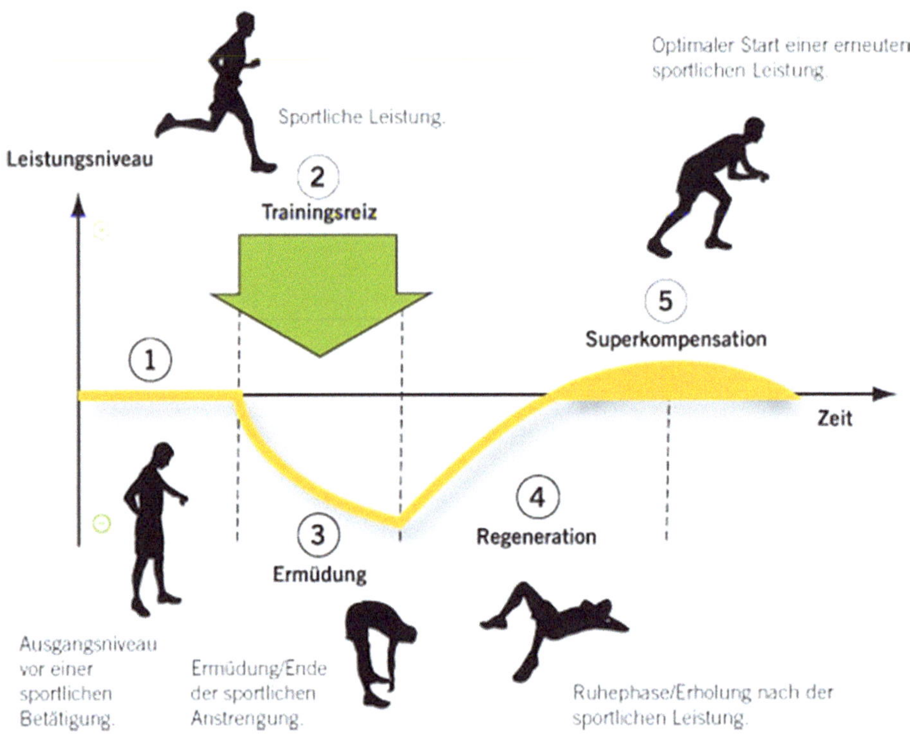

Abb. 22.10 Superkompensationseffekt. (Foto: brunorennt.com)

dass sich die zeitliche Abfolge der Anpassung von schnell zu langsam wie folgt darstellt: Vegetativum, Herz-Kreislauf-System, Muskulatur, Sehnen-Band-Apparat, Gelenke.

Um die Adaptionen zu sichern, existieren Prinzipien der Sicherung der Anpassung. Diese reichen von der optimalen Gestaltung von Belastung und Erholung über das Prinzip der Kontinuität bis zum Prinzip der Periodisierung. Bei erstem Prinzip ist der günstigste Zeitpunkt, um einen Trainingsreiz zu setzen, die **Phase der Superkompensation**, sprich wenn sich nach einer Belastung unser Leistungsniveau über das Ausgangsniveau hinaus angepasst hat. Zum Erreichen einer optimalen Anpassung ist es notwendig, dauerhaft und kontinuierlich die Belastung zu wiederholen. Nach nur einmaliger Wiederholung fallen wir nach kurzer Zeit erneut auf unser Ausgangsniveau zurück. Das Prinzip der Periodisierung betrifft hauptsächlich den Leistungssport, der hier nicht das Thema sein soll.

Bewegungsvorstellung und -steuerung sowie motorischer Lernprozess

Die Bewegungssteuerung erfolgt über Informationsaufnahme, -weiterleitung und -verarbeitung, worauf eine Reaktion passiert. Das Gehirn steuert den Bewegungsablauf, der auf Grundlage eines geistigen Bewegungsprogramms vollzogen wird. Afferente

Nervenbahnen leiten Erregungen von peripheren Rezeptoren (z. B. Auge, Ohr, Haut) zum zentralen Nervensystem. In motorischen Zentren des Gehirns werden die weitergeleiteten Informationen verarbeitet, was der Korrektur während und nach der Bewegung dient. Efferente Nervenbahnen leiten nun wiederum Erregungen vom zentralen Nervensystem zu den Rezeptoren (z. B. Muskeln).

Automatisierte Bewegungen laufen nur bedingt nach diesem Schema ab, da die Steuerung und Regelung der Bewegung hier ohne Beteiligung des Bewusstseins geschieht. Diese automatisierten Bewegungen sind ein Ziel des **motorischen Lernprozesses.** Ein rückengerechtes Verhalten im Sport wird erlernt und geübt, um es fortwährend nicht nur im Sport korrekt auszuführen. Das Ziel ist es, das korrekte Bewegungsmuster in den Alltag zu integrieren (Automatismus).

Wenn wir wieder zur Mechanik zurückkehren, erkennen wir wesentliche Punkte für unsere sportpraktische Umsetzung. Grundsätzlich wirkt auf alle Körper die Erdbeschleunigung mit konstanten 9,81 m/s^2. Bei einem Körper mit der Masse von 10 kg beträgt die Anziehungskraft also 10 kg mal 9,81 m/s^2 ist gleich 98,1 N (Newton). Wenn nun eine Kraft aus einem gewissen Abstand auf einen Punkt einwirkt, übt diese bezüglich dieses Punkts ein gewisses Drehmoment aus. Das Drehmoment beschreibt die Drehwirkung einer Kraft auf einen Körper. Die Größe des Drehmoments ist abhängig von der Größe der Kraft und der Länge des Hebels. Mit zunehmender Hebellänge bei gleicher Kraft steigt das Drehmoment.

Einerseits können wir uns dies gut vorstellen, wenn wir schon mal mit einem Drehmomentschlüssel einen Reifenwechsel bei einem Auto durchgeführt haben. Andererseits hat natürlich bei sportlichen Bewegungen die Länge des Krafthebels auch Einfluss auf die Funktion und die Kraftentwicklung des Muskels, weil Muskelkräfte immer in Verbindung mit Gelenkbewegungen und Gelenkstellungen zu sehen sind. Genauso hat die Last über ihren Hebel Einfluss auf die aufzubringende Kraft (Gesetz von Lastarm zu Kraftarm). Jetzt denkt der eine oder andere an kleinwüchsige Turner, bei denen folglich der Lasthebel kleiner ausfällt (Abb. 22.11).

Gerade langhebelige Muskeln entwickeln durch den langen Hebelarm ein günstiges Kraftmoment. Ein weiterer Aspekt mit Einfluss auf den Bewegungsradius ist die Lage

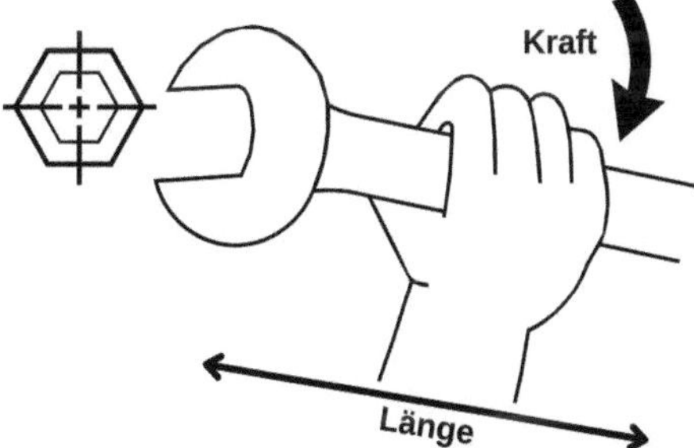

Abb. 22.11 Drehmoment. (Foto: pixabay)

von **Muskelansatz und -ursprung**. Ein Muskel ist über Sehnen an mindestens diesen beiden Punkten befestigt. Zum Beispiel sitzt der Ursprung des geraden Oberschenkelmuskels (M. rectus femoris) am Darmbein und der Ansatz auf der Vorderseite des Schienbeins. Dieser Muskel hat die Funktionen der Hüftbeugung sowie der Kniestreckung. Ansatzferne Muskeln wie der gerade Oberschenkelmuskel in der Funktion als Hüftgelenksbeuger agieren typisch als Haltemuskeln, ansatznahe Muskeln wie der große Lendenmuskel (M. psoas major) dagegen als Bewegungsmuskeln.

Innerhalb einer Bewegung und gerade in Rehabilitationsphasen erhalten **Punctum fixum und Punctum mobile** eine wesentliche Bedeutung. Punctum fixum ist in der Anatomie die lateinische Bezeichnung für denjenigen Punkt, welcher bei Kontraktionen eines Muskels nicht bewegt wird, sondern fixiert ist. Punctum mobile bezeichnet dagegen den Punkt, der bei der Kontraktion eines Muskels bewegt wird. Ob nun Muskelursprung oder Muskelansatz den Fix- bzw. Bewegungspunkt darstellt, ist abhängig von der Art der Bewegung. Im Beispiel des großen Oberschenkelmuskels wäre bei einer Kniestreckung in Sitzposition der Ursprung das Punctum fixum und der Ansatz das Punctum mobile. Ähnlich gestaltet sich dies beim normalen Bizepscurl, der Ursprung an der Schulter stellt das Punctum fixum dar, der Ansatz am Ellenbogen das Punctum mobile (Abb. 22.12).

Im Hinblick auf gesundheitsorientiertes Training ist die Verkürzung des Lasthebels ein entscheidendes Kriterium für die Größe der zu bewältigenden Last, die Bewegungstechnik und die damit verbundenen gesundheitlichen Auswirkungen auf unseren Bewegungsapparat. Gerade Übungen mit gekrümmten Rücken erzeugen oftmals einen ungünstig langen Lastarm im Rücken. Extreme Belastungen für Wirbelkörper, -gelenke und Bandscheiben sind die Folge. Klassisches Beispiel stellt das Anheben einer Kiste dar (Abb. 22.13).

Zum Anheben der Kiste gehen wir idealerweise in die Knie, sprich wir führen eine Kniebeuge mit geradem Rücken aus. Falls wir keine Knieschwierigkeiten haben, können wir ohne Probleme die Knie über die Zehenspitzen hinausschieben. Somit fällt es uns auch leichter, den Rücken neutral auszurichten und wir halten die Krafteinwirkung auf den unteren Rücken niedrig. Ebenso wenn wir in der untersten Position auf die Zehenspitzen gehen müssen.

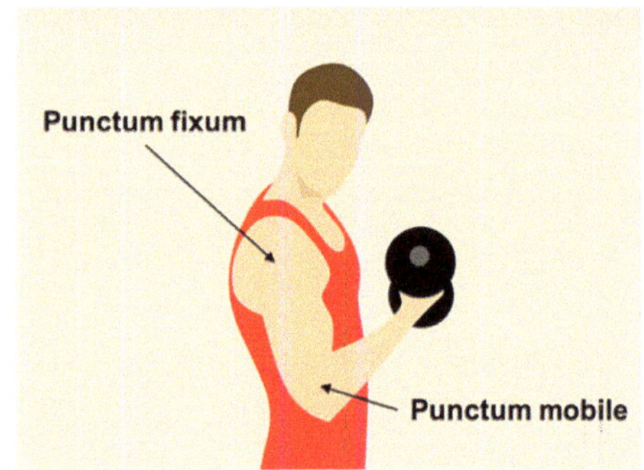

Abb. 22.12 Punctum fixum und Punctum mobile. (Foto: pixabay)

Abb. 22.13 Rückengerechtes Anheben einer Kiste. (Foto: shutterstock)

Immer wieder hört man, dass die Knie nicht über die Zehenspitzen geschoben werden dürfen, was jedoch einen Mythos darstellt. Bei intakten Knien ist das kein Problem. In einer Studie wurde nachgewiesen, dass zwar eine größere Krafteinwirkung auf die Knie vorherrscht, jedoch bei befolgen des Mythos eine um eine vielfach größere Krafteinwirkung auf den unteren Rücken wirkt (Fry et al. 2003).

Auch dem Körperschwerpunkt kommt besondere Bedeutung zu. Dieser liegt in anatomischer Grundstellung ungefähr in Höhe des Nabels, einige Zentimeter vor dem dritten Lendenwirbel. Verändern wir die Grundeinstellung, ändert sich auch die Lage des Körperschwerpunkts. Je weiter der Körperschwerpunkt vom Rotationszentrum des Gelenks entfernt liegt, umso mehr Muskelkraft muss zur Beschleunigung oder zum Abbremsen des Körpers aufgewendet werden.

22.3.1 Verankerungssequenz nach Dr. Kelly Starrett

22.3.1.1 Wichtigkeit einer stabilen Wirbelsäule

Unser Bewegungsapparat kann unglaubliche Leistungen vollbringen, und dies ein Leben lang, wenn wir ihn optimal einsetzen und pflegen. Mit einer stabil ausgerichteten Wirbelsäule legen wir dafür den Grundstein sowie mit stets rückengerechtem Verhalten in jeglichen Situationen. Leider können schlechte Körperhaltung und langes Sitzen diese natürlichen Gewohnheiten und Funktionen beeinträchtigen. Doch das Bewusstsein und die Motivation für langanhaltende Gesundheit können die durch Bequemlichkeit und Kompensation eingeschlichenen schädlichen Bewegungsmuster erneut rückgängig machen.

Damit sich vor allem das Muskel- und Bindegewebsnetz unseres Rumpfs und damit des gesamten Körpers in Balance befindet, erfordert es die Neutralstellung der Wirbelsäule. Ist dies dauerhaft nicht der Fall, wird es unweigerlich mit der Zeit zu Einschränkungen in der Leistung kommen und zwangsläufig zu Schmerzen in unterschiedlicher Form. Warum sollte aber die **Neutralstellung der Wirbelsäule** so vehement beachtet werden?

- Das zentrale Nervensystem (ZNS) soll vor Verletzungen und Folgeerkrankungen geschützt werden. Falls das ZNS beeinträchtigt ist, kann sich dies in vielfältiger Form auswirken, z. B. Schlafmangel, verringerte Leistungsfähigkeit oder körperliche Einschränkung.
- Die Gelenkmobilität wird gesichert und erhöht. Falls die Wirbelsäule schlecht ausgerichtet ist, erkennt der Körper etwaige Instabilitäten und befindet sich in einem Sicherungsmodus. Die Instabilitäten werden als Bedrohung identifiziert und das umliegende Muskel- und Fasziengewebe verhärtet, um die Stabilität wieder herzustellen.
- Die jeweiligen Haltungswechsel sind funktionell, sicher und effizient möglich. Beugen wir uns mit rundem Rücken, um eine Kiste zu heben und drehen uns in diesem Moment auch noch zur Seite, kann die Bewegung nicht gut für unseren Körper sein.
- Eine automatisierte Grund- und Ausgangshaltung wird aufgebaut. In unseren vielfältigen Bewegungen im Alltag benötigen wir eine Pufferzone für ungünstige Arbeits- und Lebenssituationen. Erst die Neutralstellung der Wirbelsäule als Basis generiert und ermöglicht jegliche Bewegung.

Der folgende Spruch führt das Ganze in aller Kürze zusammen:

„Proximale Stabilität für distale Mobilität"

Zitiertes entstammt dem Bobath-Konzept, einem problemlösenden Ansatz in der Befundaufnahme und Behandlung Erwachsener und Kinder mit neurologischen Erkrankungen. Dieses Rehabilitationskonzept wurde vom Ehepaar Bobath insbesondere bei halbseitig gelähmten Menschen (Hemiplegikern) nach einem Schlaganfall angewendet.

22.3.1.2 Aktivieren und Stabilisieren der Wirbelsäule

Falls die Wirbelsäule nicht korrekt ausgerichtet ist, müssen wir Becken, Brustkorb und Kopf erneut in eine Reihe bringen und diese Haltung mit der Rumpfmuskulatur stabilisieren. Dabei ist ebenso die diagonale Stabilität wichtig. Eine einfache Vorgehensweise ist die Rückenlage. Hier nehmen wir die Schwerkraft weg und richten die Wirbelsäule im Liegen aus (Abb. 22.14).

Durch das Liegen sind Kopf, Schultern und Brust sogleich in einer Ebene. Spannen wir dazu noch die Gesäßmuskeln an, so wird das Becken in eine besser ausgerichtete natürliche Haltung gezogen. Zudem richtet sich das Verhältnis von Becken und Lendenwirbelsäule neu aus, was eventuell vorliegende Schmerzen im unteren Rücken verbessert.

Um nun die korrekte Position zu stabilisieren, bedarf es der Rumpfmuskeln. Nachdem wir die Gesäßmuskeln anspannen und einatmen, bringen wir Spannung auf unsere Bauchmuskeln. Hier sollten wir weder einen Hohlbauch noch einen gewölbten Bauch als Ergebnis erhalten. Vorstellung könnte hierbei sein, dass wir den Bauchnabel vom Hosenbund wegziehen oder diesen Richtung Lendenwirbelsäule ziehen. Der höhere Druck im Bauchinnenraum durch die Stabilisierung entlastet zudem die Bandscheiben.

Entscheidender Punkt ist nun ein Aufrechterhalten einer Grundspannung von etwa 20 %. Dies erlaubt uns, sehr schnell zu reagieren, falls eine Bewegung mehr Spannung erfordert. Ziel ist eine immerwährende unbewusste Spannung, sprich eine Automatisation.

Abb. 22.14 Ausrichten der Wirbelsäule und der angrenzenden Gelenke in Rückenlage. (Foto: Paul Huf)

Ein weiterer wichtiger Aspekt ist das stetige Weiteratmen, auch in nahezu 100%iger Bauchspannung, sprich bei maximaler Belastung, die maximale Rumpffestigkeit halten und trotzdem in den Bauch atmen. Eine Pressatmung gilt es gerade bei diversen Erkrankungen, wie z. B. Bluthochdruck, zu vermeiden.

Das Ganze ist ebenso eine hervorragende Mobilisation. Wir richten also in Rückenlage das Becken auf und kippen es erneut, sprich Lendenwirbelsäule Richtung Boden gedrückt und dann wieder davon weg (leichtes Hohlkreuz). Mit dieser dynamischen Bewegung schulen wir die Körperwahrnehmung. Am besten vor einem Spiegel durchführen, um das Verhalten der Lendenwirbelsäule auch direkt zu sehen. Diese Mobilisation ist auch ebenso im Stehen möglich (Abb. 22.15).

22.3.1.3 Unterstützen von stabilen Schultern und Hüften

Wenn wir im Liegen die Wirbelsäule stabilisieren, fallen unsere Füße und Beine leicht nach außen. Grundsätzlich passiert dies ebenso mit den Händen und Armen, wenn wir mit nach oben geöffneten Handflächen liegen. Unser Körper besitzt hier eine hocheffektive Stabilisierungskraft. Durch eine spezielle Drehung (hier: Außenrotation) wird die Stabilisierung der Wirbelsäule verstärkt. Da Schulter- und Hüftgelenk ähnlich aufgebaut sind, gilt die Rotation für beide als Stabilisierungslösung.

Um dies in der Praxis durchzuführen, benötigen wir nun den aufrechten Stand, um vor allem die Hüften in den Boden zu drehen. Dabei ist die Rotation aus dem Hüftgelenk wichtig und dies insbesondere nicht mit den Füßen zu vollziehen. Das linke Bein rotiert ohne sichtbare Details entgegen dem Uhrzeigersinn, das rechte Bein mit dem Uhrzeigersinn. Die Hüftaußendrehung, die von Hüfte über Bein bis Fuß wirkt, ist überdies eine wichtige Komponente für stabile Fußgewölbe.

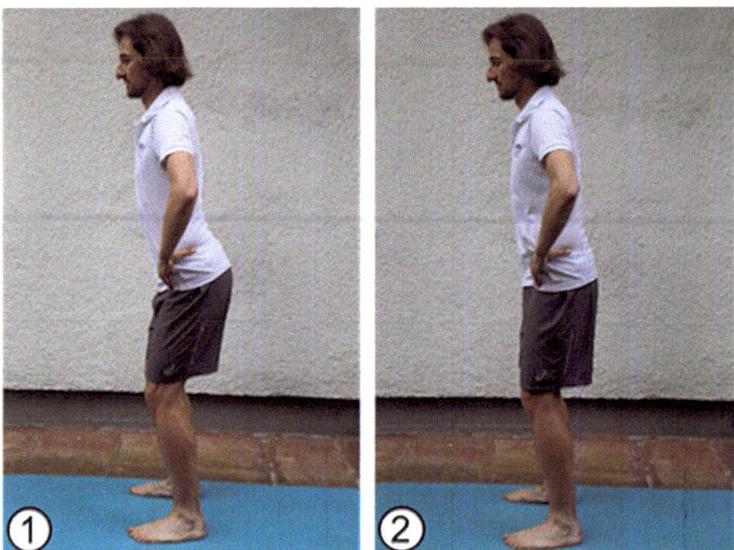

Abb. 22.15 (1) Beckenkippung und (2) -aufrichtung. (Foto: Paul Huf)

Um ebenso die Schultern ins Gesamtkonzept zu integrieren, wenden wir dieselben Regeln wie bei der Hüfte an. Wenn die Biomechanik im Schulterbereich vernachlässigt wird, sind Haltungsprobleme in Hals und Nacken nicht überraschend. Bereits Leonardo da Vinci gab uns mit seiner Zeichnung des vitruvianischen Menschen (Abb. 22.16) in seinen Anatomiestudien den Hinweis, wie die Hände und Arme ausgerichtet sein sollten.

22.3.1.4 Verankerungssequenz

Jedes System, das etwas taugt, muss anpassbar und leicht übertragbar sein – ein Büromensch muss es ebenso verstehen wie ein Weltklasseathlet (Starrett 2016). Es benötigt einen Schritt-für-Schritt-Prozess, der automatisiert werden kann. Floskeln wie „Bauch anspannen" oder „Schultern nach hinten" helfen hier wenig weiter. Kelly Starrett hat dieses System entwickelt, was jedes Mal die gleichen Ergebnisse liefert. Seine **Verankerungssequenz** stellt das Modell dazu dar.

Diese Sequenz gilt es immer wieder auszuführen, vor allem wenn wir uns in einer schlechten Haltung vorfinden. Anfangs kann dies natürlich etwas lästig sein, jedoch wird sich unser Bewegungsapparat nach regelmäßiger Ausführung bald instinktiv selbst korrekt ausrichten. Und je besser unsere Haltung wird, desto weniger müssen wir korrigieren.

Die Verankerungssequenz ist die Basis für alle weiteren Tätigkeiten oder jeglicher Bewegung. Die vollständigen Schritte aus einer schlechten Körperhaltung betreffen die Beckenstellung, Brustkorb, Schultern und Kopf.

Abb. 22.16 Vitruvianischer Mensch. (Foto: pixabay)

Becken in Neutralstellung ausrichten

- Hüftbreit stehen mit parallelen Füßen
- Gesäßmuskeln anspannen für neutrale Beckenstellung
- Hüftgelenke in den Boden drehen

Brustkorb über Becken halten und Stellung verankern

- Bauchmuskeln anspannen und Hüftstabilisation beibehalten
- Bauchatmung über Zwerchfell
- Brustkorb genau über Becken stellen
- Rumpfspannung zur Verankerung halten

Schultern und Kopf ausrichten

- Schultern nach hinten und außen drehen
- Brustkorb locker halten
- Kopf über den Schultern ausrichten

Letztendlich liegen Ohren, Schultern, Hüftgelenke und Sprunggelenke übereinander. Die Arme und Hände liegen locker am Körper an, Daumen zeigen nach vorn. Von oben bis unten sollten wir entspannt stehen (Abb. 22.17).

22.3.2 Richtiges Bewegen

Mit unserer stabil verankerten Wirbelsäule sollen wir uns nun in jeglichen Bewegungen daran orientieren. Egal ob wir in die Knie gehen, uns beugen oder laufen. Nicht nur während des Sports gilt es darauf zu achten, sondern gerade und noch vielmehr bei unseren Alltagsaktivitäten. Mit der erfolgreichen Umsetzung lindern wir Verspannungen und beseitigen sogar dauerhaft Schmerzen.

22.3.2.1 Beugen und Strecken

Wunderbare Beispiele zum Beugen sind die Rumpfbeuge und die Kniebeuge. Bei beiden Bewegungen wird der Rumpf mit neutraler Wirbelsäule aus der Hüfte nach vorn gebeugt. Verschieden sind dabei nur die Rumpfausrichtung und der Umfang der Hüft- und Kniebeugung.

Für die Rumpfbeuge ist die Ausgangsstellung mit der Verankerungssequenz durchzuführen. Mit der Einatmung spannen wir noch mehr den Rumpf an, um die Wirbelsäule weiter zu verankern. Nun ziehen wir mit der angespannten Rumpfmuskulatur die Hüften nach hinten. Die Unterschenkel bleiben senkrecht zum Boden und die Knie sind nur leicht gebeugt. Neben der Spannung in Rumpf und hinterer Beinkette halten wir die Spannung zwischen den Schulterblättern, um einen Rundrücken zu vermeiden (Abb. 22.18).

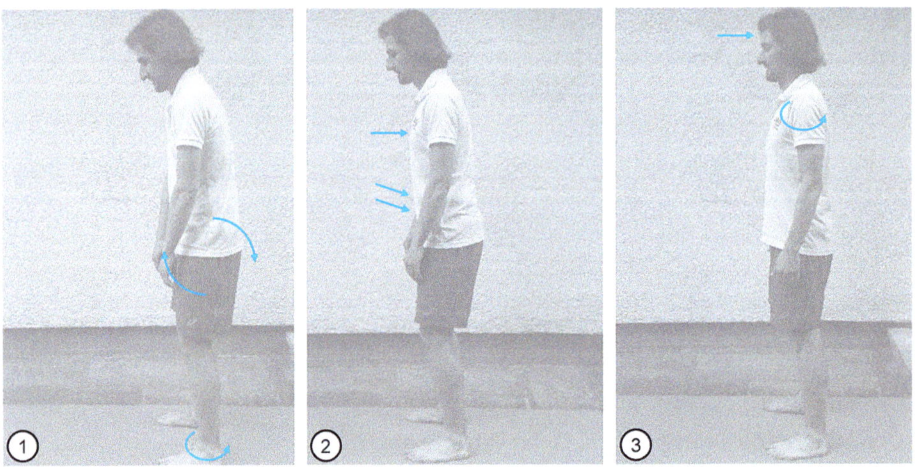

Abb. 22.17 Verankerungssequenz und deren Schritte. (Foto: Paul Huf)

Abb. 22.18 Rumpfbeuge. (Foto: Paul Huf)

Am besten führen wir zum Erlernen der Technik einer Kniebeuge diese auf einem Stuhl oder Kasten aus (Box Squat). Wir beginnen erneut mit der Verankerungssequenz. Im nächsten Schritt belasten wir die Hüften und hinteren Oberschenkelmuskeln, indem wir diese nach hinten schieben, leicht die Knie beugen und den Oberkörper nach vorn neigen. Die Vorstellung, eine Tür mit dem Gesäß zu schließen, kommt der Bewegung sehr nahe. Die Knie schieben wir nach außen und halten die Unterschenkel so senkrecht wie möglich. Die Rumpfspannung – wie bei der Rumpfbeuge – muss stets gegeben sein und der Körperschwerpunkt über den Füßen liegen. Unseren Kopf halten wir in Verlängerung der Wirbelsäule, sodass wir ungefähr 1,5 Meter vor uns zu Boden blicken. Nun beugen wir die Knie noch weiter, Schienbeine so senkrecht wie möglich, und setzen uns auf der vorderen Kante des Stuhls oder des Kastens mit unseren Sitzbeinhöckern ab. Nach dem Absitzen richten wir den Oberkörper mit unserer neutralen Wirbelsäule auf und nehmen die ideale Sitzposition ein. Um wieder in den Stand zu kommen, führen wir die Schritte in umgekehrter Reihenfolge aus (Abb. 22.19).

Für die tiefe Kniebeuge müssen wir uns noch weiter absenken, sprich die Hüfte bis unter die Knie bringen. Die Waden berühren die hinteren Oberschenkelmuskeln, der Rücken ist weiterhin in Neutralstellung und der Körperschwerpunkt über den Füßen. Grundsätzlich sollten wir in dieser tiefen Hocke ohne weitere Probleme verharren können, jedoch kommen viele schon gar nicht mehr in diese Position oder müssen nach kurzer Zeit wieder aufstehen, da es ihnen unangenehm wird. Beobachten wir Kinder, gelingt es diesen nahezu mühelos. Ebenso wenn wir alte Naturvölker wie beispielsweise in Afrika betrachten, die scheinbar ohne jegliche Schwierigkeit in dieser Position diverse Dinge verrichten. Eine wunderbare Übung, um sich der tiefen Kniebeuge anzunähern, ist die gestützte tiefe Kniebeuge (Abb. 22.20). Näheres dazu im Abschnitt zu den Übungen und den Bewegungsprogrammen.

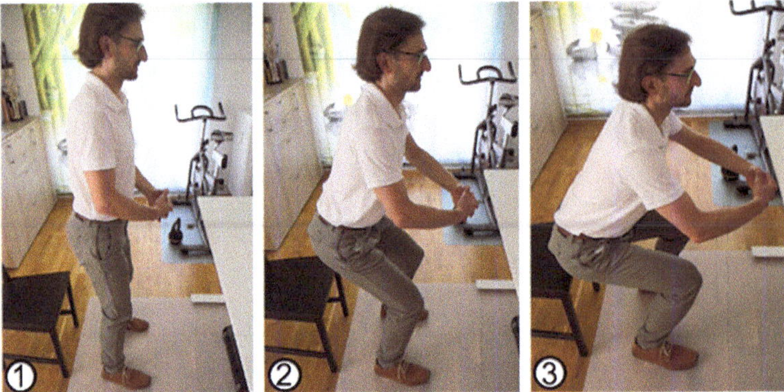

Abb. 22.19 Kniebeuge auf Stuhl. (Foto: Paul Huf)

Abb. 22.20 Gestützte Kniebeuge. (Foto: Paul Huf)

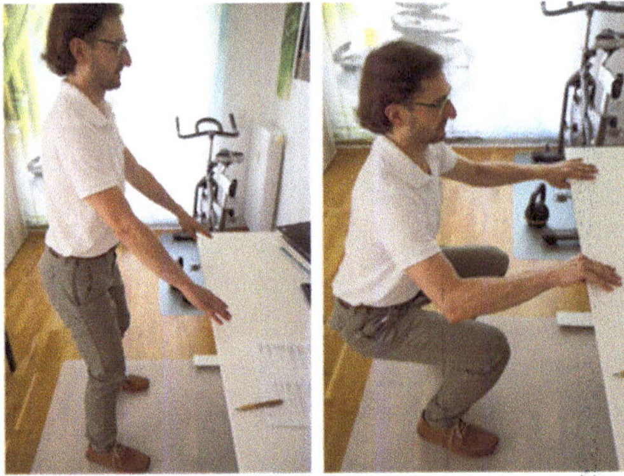

Ein häufiger Fehler ist bei der Kniebeuge vor allem ein Kollabieren der Fußgelenke, zumeist eine übermäßige **Pronation** (nach innen knicken des Fußes, einwärtsdrehen), bzw. der Knie, zumeist eine **Valgusstellung** (nach innen knicken der Knie, X-Beine). Hier nutzen wir erneut die Drehkraft der Hüften. Durch ein Nach-außen-schieben der Knie erzeugen wir Drehkraft und spannen erneut mehr die Gesäßmuskeln an. Dabei ist es jedoch wichtig, dass die großen Zehen fest am Boden stehen bleiben. Knie und Fußgelenk stehen senkrecht übereinander. Um die Knie und den Rücken zu entlasten, müssen die Hüften die harte Arbeit erledigen. So fällt es uns auch leichter, die Schienbeine senkrecht zum Boden stehen zu lassen. Mithilfe der hinteren Oberschenkelmuskulatur werden die Unterschenkel zurückgehalten.

Je tiefer wir in die Hocke gehen, desto stärker machen sich eine mangelhafte Sprunggelenk- und Hüftbeweglichkeit bemerkbar. Je nach Beweglichkeit müssen wir zumeist das ein oder andere Prinzip opfern, um unser Ziel zu erreichen. Die neutrale Wirbelsäulenstellung sollte jedoch hier jederzeit erste Priorität haben. Je nach vorliegenden

Dysbalancen gibt es mehrere Techniken, um sich in die Hocke abzusitzen und auch wieder hoch in den Stand zu gelangen.

Die häufigsten Fehler, die passieren, sind eine überstreckte Lendenwirbelsäule durch zu weit nach vorn geführte Knie, der Valgus-Komplex und eine grundsätzlich instabile Lendenwirbelsäule.

22.3.2.2 Gehen und Laufen

In der heutigen Zeit werden mindestens 10.000 Schritte pro Tag empfohlen, natürlich in möglichst optimaler Form. Mit einem Spaziergang bringen wir sehr einfach Bewegung ins Leben. Mit der richtigen Gehtechnik fällt uns dies auch nicht schwer. Falls es hierbei Schwierigkeiten gibt, lässt sich diese durch einige einfache Richtlinien optimieren.

Grundsätzlich ist es am besten, barfuß zu gehen, falls es die Situation erlaubt. Bevor wir losgehen, sollten wir uns die Verankerungssequenz bewusstmachen. Mit dem ersten Schritt verlagern wir unser Gewicht auf das vordere Bein. Mit jedem weiteren wiederholt sich dies, sobald das freie Bein unter der Hüfte durchschwingt (Abb. 22.21).

Weitere wichtige Punkte sind die Aspekte der Verankerungssequenz, dazu ein leichter Armschwung mit leicht gebeugten Ellbogen, Anspannen der Gesäßmuskeln am Ende jeden Schritts, leichte Beugung des hinteren Beins und nahezu gestrecktes Knie bei der Gewichtsverlagerung auf das vordere Bein. Oftmals machen wir zu große Schritte, was zu einem Abbremsen führt. Die Basis für ein effizientes und flüssiges Gehen ist, das Bein

Abb. 22.21 Technik des Gehens. (Foto: shutterstock)

kurz vor dem Körper unter dem Körperschwerpunkt aufzusetzen. Das Ziel muss sein, dass wir den Körper ab den Sprunggelenken nach vorn fallen lassen. Nach dem Aufsetzen mit dem vorderen Fuß ist es entscheidend, den Fuß von der Ferse zu den Zehen abzurollen. Ein letzter beachtenswerter Punkt ist das Aufsetzen von zueinander hüftbreit parallelen Füßen, die gerade aufsetzen.

Die größten Fehler stellen das Schuhwerk mit starker Sprengung und übermäßiger Dämpfung, ein Entengang und Dysbalancen in Fuß- und Sprunggelenken dar.

22.3.3 Richtiges Tragen

Nicht nur unsere Sorgen und Zweifel schultern wir imaginär, sondern ebenso unter anderem Taschen, Rücksäcke und schwere weitere Gegenstände. Hier kommt den Schultern selbstverständlich eine im wahrsten Sinn des Wortes tragende Rolle zu. Je nachdem wie schwer der Gegenstand ist, müssen wir mal, mehr mal weniger Drehkraft in den Schultergürtel übertragen. Nur so können wir die Gelenke und das entsprechende Gewebe schützen. Natürlich ist auch hier das Zusammenspiel mit Wirbelsäule und Hüfte entscheidend.

22.3.3.1 Ausrichten der Schultern

Erinnern wir uns an die Verankerungssequenz und das Stabilisieren des Schultergürtels. Wir rotieren die Oberarme nach außen, sodass sich natürlicherweise die Hände ebenso drehen. Im Idealfall zeigen die beiden Daumen nach vorn, bei angewinkelten Ellbogen würden diese nach oben zeigen. Drehen wir die Handflächen dagegen noch weiter auf, sodass die Innenflächen nach oben zeigen sowie die Daumen nach außen, erzeugen wir mehr Drehkraft und die Schulterspannung wird erhöht.

Dies passiert ebenso, wenn wir die Arme gestreckt in Schulterhöhe anheben, wobei wir hier aktiv mithelfen müssen, die Schulterstabilität zu wahren. Einfacher wird es erneut, wenn wir die Ellbogen komplett beugen und die Hände mit nach oben geöffneten Handinnenflächen neben die Ohren bringen. Die Daumen zeigen nun zu den Ohren. Eine weitere Position erhalten wir bei Strecken der Arme nach oben, wobei nun die Daumen nach hinten zeigen. Die Vorstellung Handflächen zueinander oder Achseln nach vorn kann hier ebenso für eine korrekte Schulterstabilisation helfen.

22.3.3.2 Tragen von Objekten

Ein Objekt mit beiden Händen zu tragen ist am einfachsten. Am besten machen wir dies mit nach oben gedrehten Handinnenflächen und halten den Gegenstand eng am Rumpf. Wenn die Handstellung wegen besonderer Umstände nicht so möglich ist, beachten wir die beiden folgenden Punkte: Ellbogen eng am Körper und Hände an den Griffen nach außen drehen. Die Bewegung wird in die Schulter übertragen.

Gleiches Spielchen mit nach außen gedrehten Händen und angewinkelten Armen sollten wir auch jedes Mal machen, bevor wir unsere Tastatur am Schreibtisch betätigen. Wir bringen damit den Schultergürtel auf Spannung und richten diesen korrekt aus. Erst dann drehen wir mit der nötigen Schulterstabilität die Finger zu den Tasten und tippen los.

Ob Rucksäcke, Hand- oder Umhängetaschen, zumeist tragen wir diese so, dass Haltungsschäden vorprogrammiert sind. Den Rucksack wie die Umhängetasche auf einer Seite bzw. Schulter, die Handtasche in der Armbeuge. Die Armbeuge ist nicht für das Tragen von Lasten geeignet und zudem trägt in allen Fällen eine Seite das gesamte Gewicht, was die andere Seite mit einem Zug nach oben kompensiert. Bei dauerhafter einseitiger Belastung entstehen Asymmetrien, z. B. Schiefe oder Einrollen der Schulter.

Rucksäcke schultern wir am besten nicht nur auf einer Seite, sondern auf beiden. Umhängetaschen – das sagt ja bereits der Name – werden diagonal umgehängt. Taschen mit kurzen Riemen nehmen wir beim Griff, wobei wir auch hier auf korrekte Wirbelsäulenstellung mit Hüfte und Schulter achten. Gern wechseln wir hier ab und an von einer in die andere Hand.

Ein in unserer Zeit sehr schädigendes Beispiel ist das Halten unseres Smartphones (Abb. 22.22). Wir halten es zumeist vor unserem Rumpf und beugen uns darüber. Aus den vorherigen Abschnitten versteht sich von selbst, dass dies nicht gut sein kann. Korrekt wäre dies, wenn wir das Smartphone mit gebeugten Ellbogen mit entsprechendem Abstand direkt vor unser Gesicht bringen würden. Somit bleibt die Achse Kopf, Schulter, Hüfte und Sprunggelenk in einer Ebene übereinander.

Schlimmster Fehler ist die Rundung der Schulter bzw. die übermäßige Innenrotation der Schulter.

22.3.4 Richtiges Sitzen

Da leider das Sitzen zu unserem Alltag gehört, können wir das Sitzen nicht von heute auf morgen aus unserem Leben verbannen. Jedoch können wir daran arbeiten, eine bessere Position einzunehmen, mehr Bewegungspausen einzubauen und mit Mobilisation die Beweglichkeit zu erhalten.

Abb. 22.22 Fehlerhaftes Tragen und Positionieren von Objekten, hier: Umhängetasche und Smartphone. (Foto: shutterstock)

22.3.4.1 Sitzen am Boden

Auf dem Boden zu sitzen ist gut, da hier sowohl die Hüfte und der Rumpf arbeiten muss. Zudem sitzen wir auf dem Becken und nicht wie zumeist auf dem Stuhl oder Sofa auf den hinteren Oberschenkelmuskeln. Die Sitzbeinhöcker haben ihren Namen nicht von ungefähr erhalten. Bereits das auf den Boden-gehen ist eine hervorragende Übung, da wir uns hier zwangsläufig in die Kniebeuge absenken müssen.

Eine wunderbare Sitzhaltung auf dem Boden ist der Schneidersitz mit überkreuzten Beinen. Mit der Bauchspannung können wir die Wirbelsäule verankern. Drehen wir dann noch die Hüften nach außen, bringen wir auch unser Becken in eine stabile Lage. Gelingt dies anfangs nicht ganz, so können wir ein kleines Kissen unter unser Becken legen, so wird auch die aufrechte Haltung des Oberkörpers einfacher. Ebenso können wir im **Schneidersitz** auf den meisten Bürostühlen sitzen (Abb. 22.23).

Wer im Schneidersitz bereits geübt ist, geht in den **Lotussitz** über. Die Beine sind erneut überkreuzt, wobei nun die Füße auf den gegenüberliegenden Oberschenkeln ruhen. Die Fußsohlen zeigen nach oben und die Ferse ist nah am Körper. Der Oberkörper soll selbstverständlich erneut aufrecht sein, was hier mit einer geringeren Bauchspannung als beim Schneidersitz möglich ist. Jedoch kommt es grundsätzlich auf die Hüftbeweglichkeit an. Eine Hohlkreuzbildung ist zu vermeiden.

22.3.4.2 Passives Sitzen

Im passiven Sitzen müssen keine Stützsäulen erzeugt werden, da dies der Stuhl oder Sessel für uns übernimmt. Letzterer stützt Kopf, Rücken, Becken und Beine, somit benötigt man keine Energie für die Wirbelsäulenstabilisierung. Voraussetzung dafür sind dabei einige Aspekte:

Abb. 22.23 Lotussitz im Vordergrund, Schneidersitz im Hintergrund. (Foto: shutterstock)

- Kopf in Neutralstellung bzw. in Verlängerung der Wirbelsäule
- Folgen der natürlichen Wirbelsäulenkrümmung durch Rückenlehne
- Kein Kippen des Beckens nach hinten
- Ungefähr 135-Grad-Winkel zwischen Beinen und Rumpf
- Stützen der Beine oder im 90-Grad-Winkel mit Fußsohlen am Boden

Passives Sitzen ist zum Entspannen, weniger zum Arbeiten geeignet. Die Wirbelsäule soll dabei weder gestaucht noch aus ihrer neutralen Stellung gebracht werden. Der Kopf darf nicht nach vorn gedrückt werden. Der 135-Grad-Winkel zwischen Beinen und Rumpf öffnet Hüften, verhindert das Verhärten der vorderen Oberschenkelmuskeln und des Hüftbeugers und beansprucht zudem den unteren Rücken kaum.

22.3.4.3 Strategie für Sitzen

Wenn wir schon sitzen, müssen wir uns geeignete Strategien überlegen, wie wir unseren Körper optimal stützen können. Im Sitzen können die Gesäßmuskeln nicht angespannt werden, deshalb sollte als Schwerpunkt eine neutrale Wirbelsäule und eine leichte Rumpfspannung dauerhaft gehalten werden. Runden wir dagegen im Sitzen den Rücken und beugen uns über den Schreibtisch oder das Smartphone, geben wir auch diese Stützsäule auf.

Grundsätzlich sollten wir im Sitzen so viele Stützsäulen wie möglich bilden. Der Hauptfokus sollte die neutrale Wirbelsäule sein. Eine weitere Stützsäule können wir hinzufügen, wenn wir uns im Schneidersitz auf den Stuhl sitzen. Die Hüften werden damit nach außen gedreht, was das Becken und den unteren Rücken stabilisiert. Eine weitere Möglichkeit bietet ein breitbeiniges Sitzen, wobei hier die Knie nicht voll angewinkelt werden. Im breitbeinigen Sitzen führen wir entweder die Fußsohlen aneinander und kippen die Knie nach außen oder stellen die Füße im breiten Stand auf (Abb. 22.24).

Wenn wir unsere Arbeitsumgebung bestimmen können, dann sollten wir im besten Fall stehen. Dies ermöglicht, die Wirbelsäule neutral auszurichten und zu stabilisieren. Dazu animiert dies zur Bewegung. Falls Stehen nicht möglich ist, wäre die zweite Wahl auf dem Boden zu sitzen oder ein passives Sitzen. Müssen wir im Stuhl sitzen, sollten wir unbedingt auf den stabilen Rumpf und die neutrale Wirbelsäule achten. Jede weitere Stützsäule ist wichtig, z. B. entweder im Schneidersitz Platz nehmen oder breitbeinig.

„Die beste Sitzposition ist die nächste."

Unsere Richtlinien für ein optimales Sitzen – wenn es schon das Sitzen sein muss – sollten die in Tab. 22.5 aufgeführten sein.

Alternative Sitzpositionen reichen vom angesprochenen breitbeinigen Sitzen über den Schneidersitz bis zum halben Schneidersitz. Bei zuletzt genanntem wird nur ein Bein auf dem Stuhl angewinkelt abgelegt und die Fußsohle dessen berührt den anderen inneren Oberschenkel. Der Oberschenkel des am Stuhl aufgelegten Beins ist im Hüftgelenk außenrotiert, damit wir erneut eine verbesserte neutrale Wirbelsäulenstellung einnehmen können.

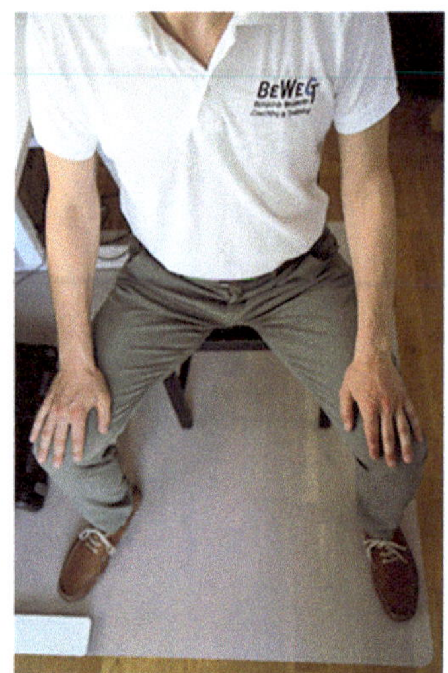

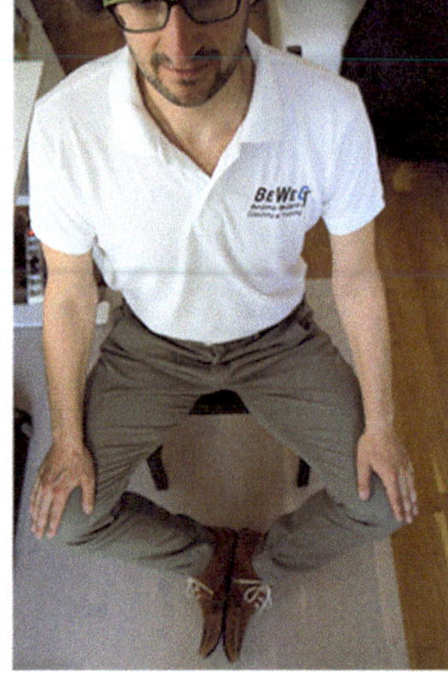

Abb. 22.24 Breitbeiniges Sitzen. (Foto: Paul Huf)

Tab. 22.5 Richtlinien für optimales Sitzen

Wirbelsäule im Stand verankern	Der Verankerungssequenz sollte sich jederzeit bewusst gemacht werden. Wenn wir erkennen, dass wir krumm sitzen: aufstehen und erneut ausrichten.
Auf der vorderen Stuhlkante sitzen	Grundsätzlich reicht zum Sitzen ein Hocker, auf dem wir nur mit den Sitzbeinhöckern sitzen. Das Sitzen auf der Kante fördert das Anspannen der Rumpfmuskulatur und somit eine aufrechte Wirbelsäule, zudem werden Oberschenkelknochen und hintere Oberschenkel entlastet.
Position so oft wie möglich wechseln	Unser Körper teilt uns mit, wenn er sich unwohl fühlt oder sich bewegen möchte. Es gibt auch sehr viele Alternativen, die mit Stuhl oder Hocker ausgeführt werden können.
Jede Stunde aufstehen und bewegen	Ein regelmäßiger Haltungswechsel ist kein Ersatz für Bewegung. Deshalb ist es entscheidend, regelmäßig aufzustehen und sich zu bewegen. Dies kann ein kurzer Spaziergang sein, das Ausführen von Mobilisierungsübungen, auch das erneute Verankern der Wirbelsäule.

Beim Stuhl gibt es High-End-Produkte, was jedoch nicht sagt, dass der Stuhl mit steigendem Preis besser oder ergonomischer wird. Eher können wir uns an das folgende Motto halten: Je einfacher, desto besser. In Auto oder Flugzeug haben wir dagegen kaum eine Wahl. Hier bietet sich an, eine Lendenstütze zu verwenden. Daneben die Hüften so oft wie möglich öffnen und mobilisieren, d. h. auch regelmäßig aufstehen und bewegen. Zudem gilt es im Flugzeug auf den Wasserhaushalt zu achten und gegebenenfalls Kompressionsstrümpfe zu tragen. Besonders nach langen Autofahrten und Flugreisen sollte man nicht auf eine Mobilisierung verzichten.

22.4 Einflüsse aus der Neurophysiologie

Geht es um Bewegung, denken wir immer zuerst an unseren Körper. Doch es dreht sich bei Weitem nicht alles um Muskeln, Sehnen, Knochen, Herz und Blutkreislauf, sondern ebenso um das **zentrale Nervensystem** (ZNS) mit Gehirn und Rückenmark. Im Gehirn sind Bewegungsmuster abgespeichert, welche sogar durch bloße Vorstellung aktiviert werden können.

Wenn wir uns einen Fahrer eines Autos vorstellen, erhalten wir ungefähr einen Einblick, wie das Ganze funktioniert. Auch die bekannte Redewendung „mens sana in corpore sano“ (ein gesunder Geist in einem gesunden Körper) erhält hiermit eine besondere Bedeutung. Wir haben einerseits das ZNS als Steuerungssystem und andererseits den Körper als ausführendes Objekt.

Muskeln, Sehnen und Bänder sind aktiv, diese kontrahieren oder dehnen sich mit jeder Bewegung. Das ZNS, insbesondere das Gehirn, steuert dies, was für eine schnelle Reaktion und gute Koordination nötig ist. Wird das Zusammenspiel perfektioniert, können wir Höchstleistungen vollbringen.

22.4.1 Bewegung und das Gehirn

22.4.1.1 Zentrales und peripheres Nervensystem

Unser Nervensystem wird in ein zentrales und in ein **peripheres Nervensystem** (PNS) unterteilt. Das ZNS besteht hauptsächlich aus dem Gehirn und das PNS aus den Hirnnerven und den Spinalnerven, die die Muskeln innervieren, sowie dem enterischen Nervensystem (Darmnervensystem). Das PNS unterteilt sich nochmals in ein somatisches Nervensystem und das vegetative Nervensystem (VNS). Letzteres teilt sich in **Sympathikus** und **Parasympathikus** auf (Abb. 22.25).

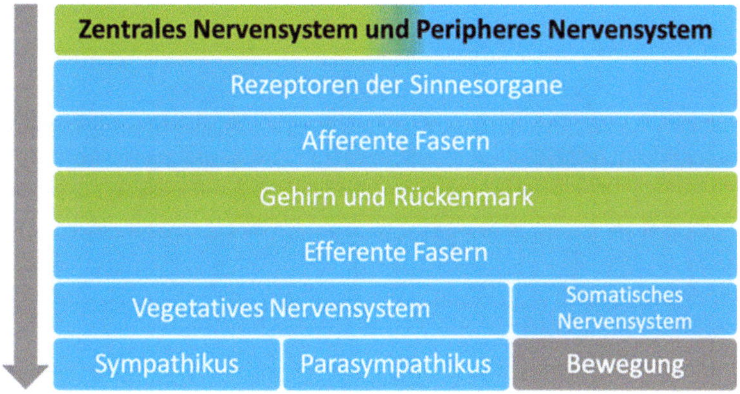

Abb. 22.25 Unser Nervensystem mit zentralem und peripherem Nervensystem

Das ZNS besteht aus Gehirn und Rückenmark. Es arbeitet nach dem Reiz-Reaktion-Prinzip, sprich es verarbeitet Informationen. Reize, die von außen (Umwelt) oder von innen (Körper) im ZNS ankommen, werden als Daten gesammelt, verarbeitet und interpretiert. Dies liefert in der Folge einen Output, z. B. Bewegung.

Die Reize gelangen über die Sinnesorgane und spezielle Wahrnehmungssensoren ins ZNS. Unsere typischen Sinne reichen vom Hören über Riechen und Schmecken zu Sehen und Tasten (Abb. 22.26). Die moderne Physiologie spricht beim Menschen auch noch von weiteren Sinnen: Temperatursinn, vestibulärer Sinn (Gleichgewichtssinn), Schmerzempfindung und Körperempfindung (Propriozeption). Die jeweiligen Sensoren liegen z. B. beim Tasten oder dem Körperempfinden als Tast- und Druckfühler in der Haut. Sogenannte Mechano- und Propriorezeptoren befinden sich in den Schichten der Haut, vor allem in Bindegewebe und Kapseln rund um die Gelenke, jedoch ebenso in Muskeln. Von dort wird das Signal über afferente Nervenbahnen zum ZNS transportiert. Die Mechanorezeptoren werden noch weiter je nach Reiz in entsprechende Rezeptoren unterteilt (Francis McGlone et al. 2014).

Die Signale, welche im ZNS ankommen, werden nun verarbeitet und interpretiert. Dieser Input ist grundsätzlich objektiv und messbar. Die folgende Verarbeitung der Reize geschieht dagegen aufgrund von individuellen Erfahrungen und physiologischen Gegebenheiten subjektiv. Jeder kreiert im Gehirn seine eigene Wahrnehmung der Realität. Schmerzen werden so z. B. verschieden intensiv wahrgenommen oder auch der Geschmack von Süßem oder Saurem. Ebenso geschehen Interpretationen hinsichtlich der Bewegung abhängig von der **Qualität der Reizverarbeitung** und der Auffassung unseres Gehirns. Je besser wir unsere Wahrnehmungssensoren einsetzen, desto besser können diese Reize wahrgenommen und diese wiederum optimal im Gehirn verarbeitet werden. Erst darauf folgt der entsprechende Bewegungsimpuls.

Anhand der Reizverarbeitung erstellt das Gehirn **motorische Befehle**, welche über efferente Nervenbahnen vom ZNS zu entsprechenden Körperregionen wie z. B. Händen

Abb. 22.26 Klassische Sinne des Menschen. (Foto: Adobe Stock)

verlaufen. Ein einfaches Beispiel könnte eine Fliege auf unserer Hand sein, welche wir abschütteln. Viele von unseren Körperprozessen laufen unbewusst ab. Organfunktionen, Blutdruck, Verdauung, Atmung und noch mehr regelt das ZNS als Reaktion auf eingehende Reize, ohne dass wir dies überhaupt wahrnehmen.

Dabei kann es sein, dass dieser Prozess gestört ist und sich auf Haltung und Bewegung auswirkt. Neben der Art des Reizeingangs ist auch die Verarbeitungsqualität der Reize entscheidend. Wird der Reiz korrekt und angemessen interpretiert, können wir optimal reagieren, sprich eine korrekte Haltung einnehmen oder uns entsprechend bewegen.

Sympathikus und Parasympathikus als Gegenspieler

Das PNS liegt außerhalb des ZNS und unterteilt sich in das somatische Nervensystem und das vegetative Nervensystem (VNS). Es registriert über die Sinnesorgane Druck, Schmerz und andere Wahrnehmungen und leitet die Reize ans ZNS weiter, wo die Informationen verarbeitet und wieder in die Peripherie abgegeben werden. Das somatische Nervensystem ist für diese Informationsaufnahme, -weiterleitung und -abgabe über afferente und efferente Bahnen verantwortlich. Damit steuert es die willkürliche und reflektorische Motorik, sprich eine Bewegung entsteht. Das VNS ist für unbewusste Vorgänge wie Herzschlag, Verdauung und Blutdruck zuständig. Dies wird über zwei Gegenspieler gesteuert: Sympathikus und Parasympathikus.

Der Ausgang des Sympathikus ist in der grauen Substanz des Rückenmarks im Bereich von Brust und Lende. Seine Aufgabe ist es, den Körper zu mobilisieren, Energie freizusetzen und den Stoffwechsel anzuregen. Durch ihn wird der Körper in eine Art Alarmzustand versetzt, was in einen Angriff, eine Flucht oder Abwehr mündet.

Der Parasympathikus entspringt in verschiedenen Bereichen des Hirnstamms und im sakralen Rückenmark (Kreuzmark). Seine Aufgabe besteht darin, für Ruhe, Entspannung und Regeneration im Körper zu sorgen. Herz- und Kreislaufsystem werden reduziert, die Verdauungsorgane dagegen aktiviert. Durch das Zusammenspiel von Sympathikus und Parasympathikus können Hemmung und Anregung in unterschiedlicher Stärke und Dauer vermittelt werden, sodass sich der menschliche Organismus an sich ständig verändernde Umweltbedingungen optimal anpassen kann.

Der größte Nerv des Parasympathikus ist der **Nervus vagus,** zehnter Hirnnerv, der an der Regulation der Tätigkeit fast aller inneren Organe beteiligt ist. Dieser Nerv entspringt ungefähr zwischen Schädel und Hals, er zieht von hier Richtung Brusthöhle und weiter in den Bauchraum. Mithilfe der Herzfrequenzvariabilitätsanalyse ist es möglich, die Aktivität des Vagusnervs sichtbar zu machen (Abb. 22.27).

Unseren Vagusnerv können wir durch verschiedene Vorgehensweisen stimulieren: Nacken massieren, Kiefer mobilisieren, Wechseldusche, Eisbad fürs Gesicht, Probiotika einnehmen, Meditation, Atemübung.

Eigenwahrnehmung und Tiefensensibilität

Wenn wir zur Bewegung zurückkehren, sind die bereits angesprochenen Propriozeptoren wichtig. Diese sitzen an den Enden von Nerven in Haut und Gelenken. Die

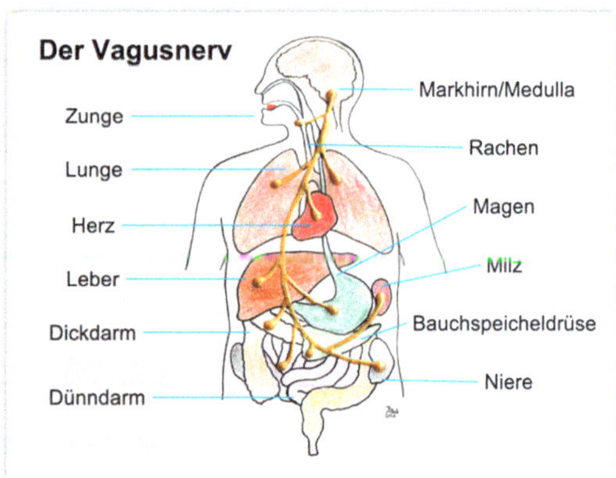

Abb. 22.27 Der Vagusnerv

Propriozeption (von lateinisch „proprius" für eigen und „recipere" für aufnehmen) bezeichnet die Wahrnehmung des eigenen Körpers nach dessen Lage im Raum, den Stellungen von Kopf, Rumpf und Extremitäten zueinander sowie deren Veränderungen als Bewegungen einschließlich dem Empfinden für Gewicht, Spannung, Kraft und Geschwindigkeit. Die Propriozeption wird ebenso durch die Tiefensensibilität beschrieben.

Dieser Sinn gibt uns das Gespür, wie wir stehen, ob wir liegen oder sitzen, die Beine gebeugt oder gestreckt sind, und auch wie die Gelenke stehen. Unverzichtbar für koordinierte und korrekte Bewegungen. Diese innere Wahrnehmung lässt sich schulen. Und dies ist gerade für inaktive Zeiten wichtig. Verschiedene Mobilitätsübungen, englisch „mobility drills" genannt (Meinart 2018), schaffen eine positive Antwort im Gehirn, stärken die Leistung sowie Beweglichkeit und Bewegungsqualität.

22.4.1.2 Körperlandkarten der Bewegung

Das Gehirn als Datenverarbeitungszentrale ist jederzeit lernfähig, egal ob in jungen oder älteren Jahren. Immer wieder werden durch unterschiedlichste Umwelteinflüsse neue Daten abgespeichert, verarbeitet und ausgewertet. Das stetige Verändern des Gehirns und die Bildung von Verknüpfungen der Nervenzellen führen sogar auch zu neuen Gehirnzellen (Abb. 22.28). Diese Veränderung nennt man **Neuroplastizität**. Das gilt auch für Bewegungen, diese werden als Muster im Gehirn abgespeichert. Je öfter ein Bewegungsmuster ausgeführt wird, desto stärker fixiert es sich auch im Gehirn – in weiterer Grund, schon in jungem Alter sich motorisch vielfältig auszutoben und die Bewegungen physiologisch korrekt auszuführen.

Aber auch in hohem Alter sind wir noch zu enormen Leistungen fähig. Die lebenslange Fähigkeit des Gehirns sich zu verändern und umzubauen, macht es möglich, jegliche Sportarten oder Bewegungsabläufe zu erlernen. Noch faszinierender ist die Regenerationsfähigkeit des Gehirns. Defekte oder nach Tumor entfernte Gehirnregionen werden durch andere Gehirnregionen übernommen, sodass sich verloren geglaubte

Muster erneut aufbauen. Das macht z. B. das Sprechen nach einem Schlaganfall wieder möglich oder das Gehen nach einer Querschnittslähmung.

Durch Bewegungsreize werden neuronale Verbindungen zwischen den Gehirnzellen und Muster gebildet, eine Landkarte der Bewegung entsteht. Wiederholen wir die Bewegung, verstärkt sich das Muster. Wird das Erlernte nicht wiederholt, löscht das Gehirn aufgebaute Verknüpfungen wieder. Frei nach dem Motto *„use it or lose it"*. Vielfältige Bewegungen und ständiges Üben festigen die Plastizität des Gehirns und machen uns in unserer Bewegung effizienter und sicherer. Ein Tennisschlag, der Tausende Male geübt und ausgeführt wurde, wirkt mit der Zeit immer flüssiger. Störungen sind hier nicht mehr so leicht, da das Einüben tiefe Spuren im Gehirn hinterlässt. Starke synaptische Verbindungen entstehen, welche von ausgehenden Reizen genutzt werden, schnell an die richtige Stelle zu gelangen.

Im Gehirn gibt es übergreifende Bereiche, die für die Ausführung der Bewegungen verantwortlich sind. Die entsprechenden Areale ergeben sich zu einer Bewegungsvorlage. Die abgespeicherten Vorlagen kann man sich wie Landkarten vorstellen. Je mehr Sensoren im Körperteil und je ausgeprägter die Koordination und die Sensibilität, desto mehr Raum nimmt diese Landkarte ein. Umgekehrt kann man also von der Größe der Landkarte auf die Bedeutsamkeit der Körperregion schließen. Diese sensorischen und motorischen Landkarten wurden bereits im frühen 20. Jahrhundert durch Elektroenzephalografieuntersuchungen nachgewiesen.

Zur Veranschaulichung wurde eine Figur entwickelt, welche die Größenverhältnisse der **neuronalen Landkarten** im Gehirn abbildet, den sogenannten Homunkulus. Hände und Mund sind überproportional groß. Ein Zeichen dafür, wie wichtig diese sensorisch und motorisch sind. Folglich sind auch die dafür zuständigen Bereiche im Gehirn groß. Der Begriff, der sich international für diese Landkarten etabliert hat, ist *„body maps"*.

Anhand der Bewegung kann beurteilt werden, wie gut und genau die Landkarten im Gehirn sind. Bewegungen mit Landkarten von hoher Qualität können exakt und nahezu in Zeitlupe ausgeführt werden. Langsame Bewegungen fördern überdies unsere

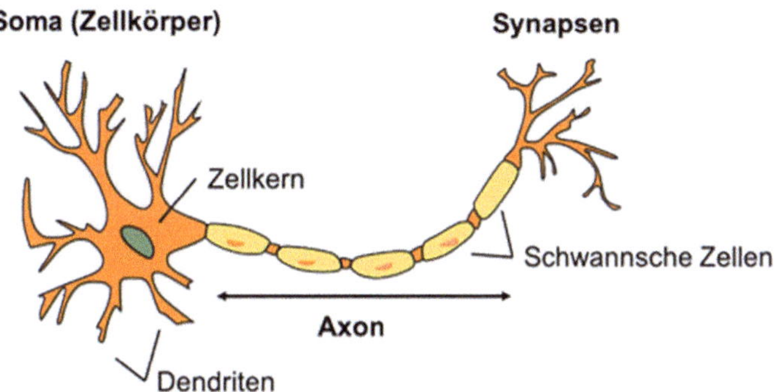

Abb. 22.28 Aufbau einer Nervenzelle. (Foto: pixabay)

Koordination und die Neuroplastizität. Dazu macht Übung den Meister. Aktive Muskelarbeit ist dabei sehr wichtig.

Durch die Impulse aus Rezeptoren in den Muskeln ist das ZNS dazu in der Lage, Bewegungsmuster aufzubauen. Nutzen wir jedoch Muskeln nicht, kann sich daraus auch eine sensomotorische Amnesie ergeben. Nicht verwendete Landkarten löscht das Gehirn nach dem bereits erwähnten Use-it-or-lose-it-Prinzip. Das macht sich besonders für Vielsitzer bemerkbar. Je länger wir sitzen, desto schwerer wird es für die Gesäßmuskeln, diese zu aktivieren und entsprechend ihre Arbeit zu verrichten.

Bevor sich diese Landkarten im Gehirn bilden, lernen wir Bewegungen. Dies geschieht intuitiv und bereits vor der Geburt. Nach dem Try-and-error-Prinzip versuchen wir Bewegungen immer und immer wieder, ein sehr komplexer Prozess. Das Lernen vollzieht sich in verschiedenen Stufen. Hier sind drei Grundvorgänge entscheidend: Spezialisierung des Gehirns, Regulation der Wahrnehmung hinsichtlich Empfindlichkeit und Intensität, sensorische Verarbeitung (Meinart 2018).

Spezielle Mobilitätsübungen folgen wiederum dem Ansatz: Software vor Hardware. Sprich, diese wirken sich zuerst auf die Landkarten im Gehirn aus, danach erst passen sich Muskeln, Sehnen und Bänder an.

22.4.1.3 Schmerzen verstehen

Laut Definition ist Schmerz eine komplexe Sinneswahrnehmung unterschiedlicher Qualität, die in der Regel durch Störung des Wohlbefindens gekennzeichnet ist und in ihrer chronischen Form ein eigenständiges Krankheitsbild darstellt. Darüber hinaus ist es eine subjektive Empfindung und zugleich ein Gefühl, welches durch die psychische Wahrnehmung realer, aber auch vorgestellter (irrealer) Schmerzen entsteht (Kolster 2010).

Schmerz ist ein sehr komplexes Phänomen, was durch die Mediziner längst noch nicht komplett aufgeklärt ist. Eins weiß man jedenfalls sicher: Schmerz entsteht im Gehirn, er beruht auf Funktionen des Nervensystems, welches Impulse an das Gehirn weiterleitet. Schmerz ist auch ein Warnsignal. Da der Schmerz multifaktoriell ist, stellt sich das Schmerzempfinden immer subjektiv dar. Schmerzen sind meist nicht durch eine Ursache bedingt, sondern werden durch verschiedene Einflüsse ausgelöst. Die Betrachtung des Schmerzes sollte ganzheitlich sein, d. h. die einzelnen Teile wie Genetik, Lebensgewohnheiten, körperliche Gesundheit sowie mentale und soziale Umwelt beleuchten.

„Schmerz ist einer der Wege des Körpers, um mitzuteilen, dass seine Biomechanik missachtet und beschädigt wird.“

Es gibt zwei Arten von Schmerzen: **Akuter Schmerz** tritt bei einer Verletzung auf, welcher nur eine begrenzte Zeit anhält. Heilt das Gewebe oder die Wunde ab, verschwinden die Schmerzen im Normalfall im Zuge der Ausheilung. Typische akute Schmerzen sind z. B. Stiche, Schnitte, Zerrungen, Prellungen, Bänderrisse. In all diesen Fällen ist akuter Schmerz nicht nur völlig normal, sondern ebenso überlebenswichtig. Durch die Wahrnehmung des Schmerzes sind wir in der Lage, entsprechende Maßnahmen zu ergreifen.

Verschiedene Schmerzrezeptoren in der Haut und im Bindegewebe reagieren sofort. Über Schmerzsensoren, die sogenannten **Nozizeptoren**, gelangen elektrische Signale über das Rückenmark ins Gehirn. Es werden gleich mehrere Hirnregionen alarmiert. Der Schmerzeindruck wird analysiert und geprüft (Abb. 22.29). Woher kommt das Signal? Wie stark ist der Reiz? Wie lange dauert dieser an? Wie groß ist die entsprechende Körperstelle?

Ein Bereich der Großhirnrinde ist aktiv, wo unter anderem automatisierte Bewegungen abgespeichert sind. Schmerz führt also zu Bewegung. Bekanntestes Beispiel ist wohl die heiße Herdplatte. Ebenso sind entsprechende Hirnareale aktiv, die für die emotionale Verarbeitung zuständig sind. Warum? Der Reiz wird als unangenehm wahrgenommen, ein Warnsignal. Bei eintretenden Schmerzsignalen werden auch beruhigende Stoffe ausgeschüttet, sogenannte körpereigene Opiate, welche unser Schmerzempfinden verringern können.

Schmerzsignale aus dem Körper werden im Gehirn auf verschiedene Art und Weise interpretiert und weiterverarbeitet. Dies ist von mehreren Faktoren wie individuellen Erfahrungen, Werten, soziokulturellen Bedingungen und der eigenen Situation abhängig. Eine Fußverletzung ist für einen Läufer schwerwiegender als für einen Geiger, da die Folgen auch in die Berechnung des zentralen Nervensystems eingehen. Schmerzsignale werden gegebenenfalls verstärkt, falls ernsthafte Bedrohung besteht.

Chronischer Schmerz ist im Vergleich zum akuten Schmerz noch mehr vom Gehirn und dem gesamten Nervensystem bestimmt. Man spricht von chronisch, wenn der Schmerz länger als drei Monate andauert. Die Ausprägung kann hier von Schmerz in Bewegung oder in Ruhe über sporadisch oder ständig bis nur in bestimmten Situationen gehen. Auch der Grad des Schmerzes ist von Mensch zu Mensch unterschiedlich: unangenehm, noch erträglich oder kaum aushaltbar.

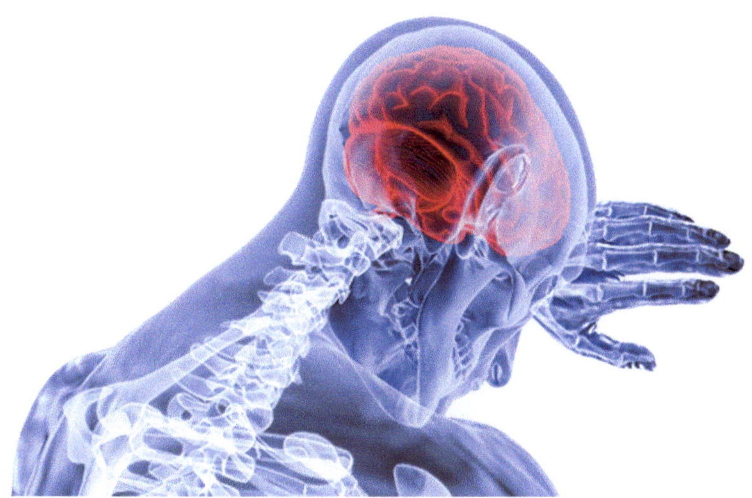

Abb. 22.29 Schmerz und Verarbeitung. (Foto: pixabay)

Beispiele für chronische Schmerzen können Kopfschmerzen, Rückenschmerzen oder Schmerzen nach Verletzungen und Unfällen sein. Auch aus Dauerbelastung oder falscher Körperhaltung können chronische Schmerzen entstehen. Schwierig wird es, wenn diese aus vermeintlich ungeklärter Ursache auftreten – ein nicht selten auftretendes Phänomen, mit dem viele Schmerzpatienten zu kämpfen haben. Deshalb ist es wichtig, mehrere Faktoren beim Beleuchten der Schmerzen einzubeziehen. In der heutigen Zeit sind vor allem Stress und Anspannung zentrale Punkte.

Schmerzen hinterlassen Spuren

Mit der Zeit kann sich ebenso unsere Schmerzwahrnehmung in den entsprechenden Hirnarealen verändern. In vielen Fällen wird das Gehirn überempfindlich und reagiert dann bereits auf kleinste Reize. Die Reizweiterleitung und Sensoren im Gewebe werden hypersensibel. Es kann dazu kommen, dass falsche Signale entstehen und Alarm ausgelöst wird, obwohl keiner besteht, sprich, auch die Warnfunktion besteht dann zumeist nicht mehr.

Ärzte bezeichnen das Entstehen des chronischen Schmerzes im Nervensystem auch als **Schmerzspuren** und **Schmerzgedächtnis** (Abb. 22.30). Das Gehirn speichert den Zustand und merkt sich, was ihn ausgelöst hat. Bei ähnlichen Auslösern wird dies aus dem Archiv abgerufen – als Schmerz. Manchmal reichen kleinste Auslöser und der nächste Schmerzschub erfasst den Patienten (Butler und Moseley 2016).

Leider kann es dazu kommen, dass weitere Spuren im Gehirn hinterlassen werden, welche wir natürlich gern ausradieren möchten. Der Bereich im Gehirn, der beruhigende Stoffe ausschüttet, verkleinert sich. Mediziner vermuten dahinter einen Schutz des Gehirns vor Überlastung. Die Schmerzempfindung kann jedoch in der Folge nicht mehr so gut reguliert werden. Durch eine gute Schmerzbehandlung, z. B. nach dem biopsychosozialen Ansatz, kann dies rückgängig gemacht werden. Vorrangiges Ziel ist eine Schmerzlinderung sowie ein verbesserter Umgang mit den Schmerzen und Steigern der Lebensqualität.

In den letzten Jahren hat sich aufgrund der Sachverhalte Schmerzspuren und -gedächtnis auch die Meinung zu zwei Punkten etwas geändert. Schmerzmittel werden behutsam eingesetzt, um zu verhindern, dass sich der Schmerz nicht einprägt. Daneben wird das Thema Schonung bei Schmerzen und Verletzungen nunmehr differenziert gesehen. Sobald es möglich ist, steht Bewegung an erster Stelle, besser als Passivität und Warten auf Heilung.

Durch Schmerzen und Passivität verschlechtert sich auch die motorische Ansteuerung der Muskeln. Oft gehen die lang andauernden Schmerzen und Bewegungsschwierigkeiten auf Unfälle und Verletzungen aus früheren Zeiten zurück. Eine Schonhaltung hat gegebenenfalls über die Jahre die Bewegungsqualität verringert. Aus diesem Grund ist es umso wichtiger, nach Unfällen und Verletzungen schnell wieder in Bewegung zu kommen. Das Prinzip „use it or lose it" greift hier wieder um sich.

Am besten regen wir unser Gehirn frühzeitig mit Bewegung an und versorgen es mit Aufgaben. „Gute" Bewegungen mit Ausloten des maximalen Bewegungsradius helfen.

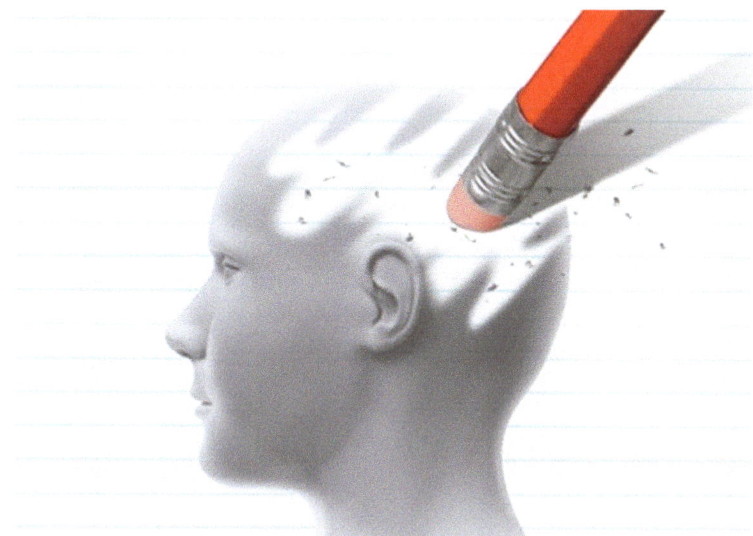

Abb. 22.30 Schmerzspuren würden wir gern ausradieren. (Foto: Adobe Stock)

Je mehr Bewegung, desto mehr aktivieren wir unser Gehirn. Dabei ist es entscheidend, die schmerzende Stelle und auch darum herum zu mobilisieren und jeweils individuell passende positive Bewegungen zu finden. Folglich sollen die Bewegungen vom Gehirn als nicht bedrohlich interpretiert werden.

Konzepte für richtige Behandlungen

Nach der einfachen Methode Reiz-Reaktion kann der Schmerz lokalisiert werden. Meist gibt es für bestimmte Schmerzen keine konkrete, einzelne Ursache, pauschal lässt sich dies schon gar nicht sagen. Strukturelle Mängel wie z. B. Beckenschiefstand oder Abweichungen bei Gelenken können für die Schmerzen verantwortlich sein, müssen es aber nicht. Hier gibt es keine eindeutige Zuordnung. Eher gilt es, neben dem **Gelenk-zu-Gelenk-Ansatz** von Michael Boyle die Krankheitsgeschichte des Patienten und die Neurophysiologie zu betrachten (Boyle 2012; Abb. 22.31).

Betrachten wir die Gelenke unseres Körpers, so wechselt die Beanspruchung immer zwischen Mobilität und Stabilität. Angefangen vom mobilen Fußgelenk über stabiles Kniegelenk bis hoch zur mobilen oberen Halswirbelsäule. Das Konzept der regionalen Interdependenz (Abhängigkeit) beschreibt Ursache-Folge-Ketten. Diese sind Auslöser, die in benachbarten, weiter oben oder unten liegenden Gelenken entstehen und sich auf entfernter liegende Strukturen auswirken. Zum Beispiel können Hüftbeschwerden zu Schmerzen im Kniegelenk oder in der Lendenwirbelsäule führen.

Der Neurophysiologie wird deshalb eine große Rolle beigemessen. Bewegungen im biologischen System des Menschen funktionieren nicht nur nach den Gesetzen der klassischen Mechanik, sondern vor allem auf der Basis der Neurophysiologie. Zentrales

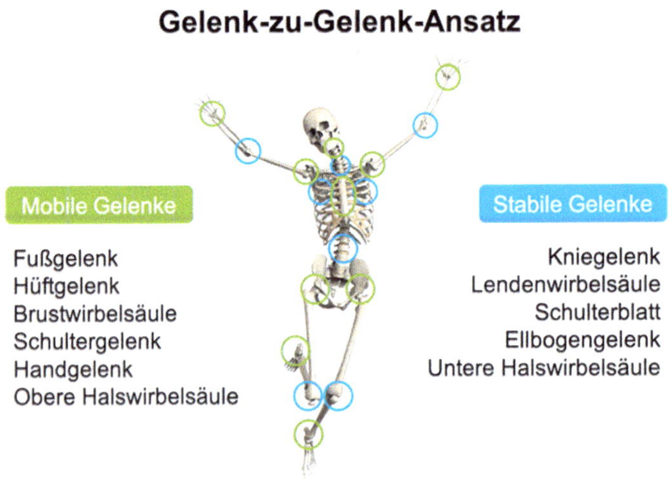

Gelenk-zu-Gelenk-Ansatz

Mobile Gelenke

Fußgelenk
Hüftgelenk
Brustwirbelsäule
Schultergelenk
Handgelenk
Obere Halswirbelsäule

Stabile Gelenke

Kniegelenk
Lendenwirbelsäule
Schulterblatt
Ellbogengelenk
Untere Halswirbelsäule

Abb. 22.31 Gelenk-zu-Gelenk-Ansatz nach Michael Boyle. (Foto: pixabay)

Thema der Neurophysiologie ist dabei das Steuern durch das Zentralnervensystem. Mit dem Ansatz der **Gelenkmodulation** erhalten wir ein modernes Konzept zum Beheben von Bewegungseinschränkungen und Schmerzen.

Diese Gelenkmodulation funktioniert über die neuronalen Schaltkreise, die nur vom Rückenmark aus erfolgen. Sie koppeln bestimmte Gelenke und Bewegungen miteinander, sodass sie beim rhythmischen Laufen oder Gehen automatisch zusammenarbeiten. Man geht davon aus, dass bestimmte Gelenke und Bewegungen andere Gelenke innerhalb eines Schaltkreises beeinflussen. Verschiedene Bewegungen aktivieren dabei unterschiedliche neuronale Netzwerke.

Nach diesem Modell übt z. B. das Handgelenk Einfluss auf das Sprunggelenk aus und die Flexion verbessert die Streckung, sprich nach Beugung und Mobilisieren des Handgelenks kann es zu einer Verbesserung der Streckung des Sprunggelenks kommen. Weitere Gelenkbeispiele sind Ellbogen und Knie, Schulter und Hüfte, Iliosakralgelenk und Halswirbelsäule. Bewegungsbeispiele sind Innen-/Außenrotation, Pronation/Supination, Lateralflexion rechts/links.

Klassische Screening- und Assessment-Methoden betrachten den Körper oft nur strukturell und geben keine Rückschlüsse auf mögliche Verletzungen oder die Leistungsfähigkeit. Der Ansatz mithilfe der Neurophysiologie berücksichtigt zudem die von Schmerzen und Schonhaltungen veränderten Bewegungsmuster im Gehirn. Eine Verletzung verursacht Schmerz und dieser verändert unsere Bewegungsmuster – kurzfristig ein sinnvoller Schutzmechanismus bis zur Ausheilung, jedoch besteht langfristig durch eine Kompensation über die Ausheilung hinaus die Gefahr des Auftretens von Dysbalancen.

Hier kann es sein, dass jeder Patient anders reagiert. Jeder Körper ist in seiner Anatomie einzigartig und bildet eine selbstständige Funktionseinheit. In der Tat wirken bei verschiedenen Menschen unterschiedliche Maßnahmen und Übungen. Was bei dem einen hilft, muss nicht heißen, dass es ebenso bei einer anderen Person den Weg in die Schmerzfreiheit darstellt. Damit ist klar, dass es keine Schablone für Korrekturen gibt, sondern jedes Mal eine Spurensuche, welche individuell bestritten werden muss.

Was jedoch jeden Menschen eint, egal ob jung oder alt, ist die jederzeitige Chance, sich positiv zu verändern. Der Körper baut sich permanent um, er ist bioplastisch. Als Teil davon wird die Neuroplastizität betrachtet, welche die funktionellen und strukturellen, adaptiven Veränderungen im Bereich des ZNS subsumiert. Wie wir bereits wissen, ermöglicht diese auch Lernvorgänge. So wie wir unsere Muskeln durch Training kräftigen können, lassen sich unsere Gedanken und unser Gehirn durch Informationen stärken.

22.4.1.4 Richtlinien für Training bei Schmerzen und nach Verletzungen

Der Weg aus dem Schmerz ist immer individuell. Ein festgeschriebenes Verfahren gibt es nicht, jedoch lassen sich einige Schritte auf dem Weg zur Schmerzfreiheit und zu gesunder Leistungsfähigkeit zusammenfassen. In diesem Zuge kann es sehr hilfreich für uns sein, mit einem erfahrenen Trainer oder Sporttherapeuten zusammenzuarbeiten.

Mobilität

Schmerzen minimieren und in Bewegung kommen.

So bald wie möglich bewegen – natürlich ohne das verletzte Gewebe zu schädigen – ist das Mittel der Wahl. Egal ob aktiv oder passiv, regt die Bewegung die umliegenden Strukturen an und fördert die Durchblutung. Studien belegen, dass sogar das Training nur einer Körperseite ebenso bis zu 30 % positive Auswirkung auf Kraft und motorische Kontrolle der anderen, gegebenenfalls verletzten, Körperseite hat. Es ist immer auf das Feedback unseres Körpers zu achten. Denn einer der größten Fehler ist, viel zu schnell zu viel zu wollen.

Das Motto sollte sein: Qualität vor Quantität.

Stabilität

Rumpf stabilisieren und schmerzhafte Bewegungen vermeiden.

Grundsätzlich sollte der Rumpf stabilisiert und die Wirbelsäule verankert werden. Nur wenn der Körperkern stabil ist, sind körperferne Bewegungen ohne Probleme möglich. Ist der von einer neuen Übung oder Bewegung ausgelöste Schmerz gegenüber dem vorher empfundenen deutlich schwächer, sind wir auf dem richtigen Weg. Hier gilt es fortzufahren und ebenso Variationen einzubauen.

Das Motto sollte sein: Training im schmerzfreien Bereich.

Konditionelle Fähigkeiten

Leichte Belastung und langsam steigern.

Anfangs sollte eine Belastung gewählt werden, welche den entsprechenden Schmerz nicht auslöst. Mit langsamen Steigern der Belastung kann sich unser Körper nach und nach daran gewöhnen und die Toleranzgrenze gegenüber der Belastung bzw. dem Schmerz erhöhen. Ziel muss es sein, unseren schmerzfreien Bewegungsradius zu erweitern sowie

Körper und Geist positive Bewegungserfahrungen zu geben. Positive Anpassungen von Gehirn, Nerven, Gewebe und Muskeln folgen, die sich in der Intensität immer steigern.

Das Motto sollte sein: Qualität vor Quantität sowie Training im schmerzfreien Bereich.

Nachhaltige Schmerzfreiheit
Kraft aufbauen und alte Verletzungen beachten.

Im weiteren Training gilt es, alte Verletzungen und vor allem auch Narben zu berücksichtigen. Letztere gelten als Störfelder, da sie sensorisch unterversorgtes Gewebe darstellen. Unser Gehirn erhält folglich von einer vernarbten Körperstelle weniger Signale, häufig auch falsche oder verzerrte Meldungen. Solche Narben sollten manuell behandelt bzw. stimuliert werden. Weiter bauen wir Intensität auf, natürlich unter Beibehaltung unserer verankerten Wirbelsäule.

Das Motto sollte sein: Ganzheitlich denken sowie auf Experten zurückgreifen.

Gesunde Leistungsfähigkeit
Schmerzfrei trainieren und Variation einbauen.

Nachdem wir den aktuellen Schmerz überwunden und ebenso alte Verletzungen berücksichtigt haben, kehrt eine für uns „neue" oder wieder erfahrene Leistungsfähigkeit zurück. Im weiteren Training gilt es nunn weitere Variation (z. B. Gelenkwinkel, Trainingsmethoden) einzubauen, je nachdem wie sich unsere Motive und Ziele darstellen. Wir geben unserem Gehirn neue Aufgaben zum Anlegen von neuen Bewegungsmustern. Denn je größer unser Bewegungsrepertoire im gesunden Zustand ist, desto besser können Körper und Gehirn auf Schmerz und Verletzung reagieren.

Das Motto sollte sein: Komfortzone verlassen und Entwicklungsbereich betreten sowie neue Reize durch Variation.

22.4.1.5 Richtlinien bei verbreiteten Schwierigkeiten

Wie erwähnt, gibt es keine Patentrezepte, jedoch zeigen sich einige Verletzungen gehäuft und immer wieder. Mit verschiedenen Mobilisationsübungen und Tests können wir uns an eine Lösung herantasten. Dabei gilt es, vorsichtig vorzugehen und jederzeit im schmerzfreien Bereich zu bleiben. Nachfolgend einige Tipps und unverbindliche Vorschläge (Abb. 22.32).

Handgelenk Gerade unphysiologische Handbewegungen oder -stellungen, z. B. Tippen auf der Tastatur ohne die natürliche Gelenksachse einzuhalten, führen zu Spannungsgefühlen oder sogar zu einer Sehnenscheidenentzündung oder dem Karpaltunnelsyndrom. Mobilisierungen, Faszienrollen des Unterarms und der Hände sowie sanfte Dehnungen können Abhilfe schaffen.

Nacken Durch die digitale Gesellschaft mit unentwegtem Sitzen und auf das Smartphone schauen, wirken ständig Kräfte auf die Nackenmuskeln, welche Schmerzen bis

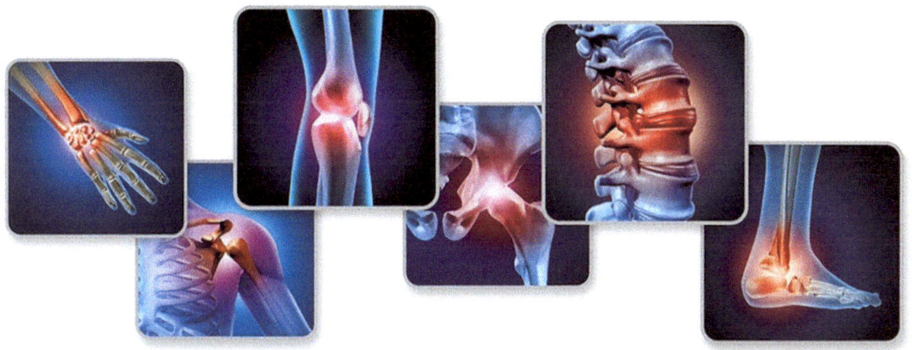

Abb. 22.32 Unsere anfälligsten Gelenke und Körperbereiche. (Foto: Adobe Stock)

in den Kopf hervorrufen können. Langsam ausgeführte Mobilisierungsübungen in jede Richtung bieten hier gegebenenfalls Abhilfe.

Schulter Schmerzen in der Schulter bei Überkopfbewegungen treten oft auf, wenn die Beweglichkeit der Brustwirbelsäule eingeschränkt ist. Mit Mobilisation der Brustwirbelsäule verbessern wir die motorische Ansteuerung und die Beweglichkeit der für das Schultergelenk verantwortlichen Muskeln.

Rücken-/Lendenwirbelsäule Oftmals ist eine Blockade des Iliosakralgelenks für Schmerzen verantwortlich. Durch Mobilisations- und Traktionsübungen können wir die Spannung auf die Bänder verringern und Blockaden lösen.

Hüfte Schmerzen treten nach immerwährenden unphysiologischen Bewegungen auf, gerade auch bei Vielsitzern. Die Mittel der Wahl wären Dehnung und Mobilisation der Hüftkapsel, was am besten durch einen Experten funktioniert, der das Gelenk bewegt.

Knie In vielen Fällen deuten Schmerzen nach dem Laufen auf eine eingeschränkte Mobilität der Hüfte und der Füße hin. Knicken wir z. B. mit dem Fuß verstärkt nach innen ein, ist unser unteres Sprunggelenk zu schwach. Ebenso sollten wir die Dorsalflexion (Beugung eines Bewegungssegments nach dorsal, sprich hinten, d. h. zum Rücken, Handrücken oder Fußrücken hin) überprüfen, sprich, wie weit wir unser Knie über die Zehenspitzen hinausschieben können, während die Fußsohle und insbesondere die Ferse am Boden bleiben.

Sprunggelenk Das bereits beim Knie geschilderte verstärkte Einknicken des Fußes nach innen belastet unsere Strukturen enorm. Wichtig ist die Anregung unserer Fußmuskeln, um Fußgewölbe und Gelenke stabil zu halten. Mobilisierungen sowohl für das untere wie das obere Sprunggelenk, jedoch auch Faszientraining für die Fußsohle, sollten regelmäßig auf dem Plan stehen.

Weiterführende und detaillierte Informationen können bei Klingenberg (2019) und Meinart (2018) nachgelesen werden. Im letzten Abschnitt mit Übungen und Bewegungsprogrammen erhalten wir ebenso einen Überblick über einige zielführende Übungen.

22.4.2 Atmung ist nicht selbstverständlich

22.4.2.1 Atmung und Wirkungsweise

Wir können tagelang ohne Essen auskommen, einige Tage ohne Wasser, jedoch nur wenige Minuten ohne Atemluft und Sauerstoff. Atmen ist überlebenswichtig. Über den Atem können wir die Muskelspannung regulieren, weil er sich auf das vegetative Nervensystem (VNS) auswirkt. Viele weitere Körperfunktionen wie Herzschlag, Verdauung, Stoffwechsel, Puls und Muskeltonus werden neben der Atmung vom VNS reguliert.

Zum VNS gehören die beiden bereits kennengelernten Gegenspieler Sympathikus und Parasympathikus. Der Sympathikus ist als Aktivator für Leistung verantwortlich, der Parasympathikus für Erholung und Entspannung. Erstgenannter erhöht die Spannung in den Muskeln, zweitgenannter setzt diese herab. Das VNS kann nicht direkt und willentlich gesteuert werden, es lässt sich jedoch indirekt beeinflussen, z. B. durch autogenes Training, Meditation oder Atmung.

Gerade in unserer schnelllebigen und leistungsoptimierten Gesellschaft leiden viele Menschen unter Stress und Daueranspannung, sprich der Sympathikus ist meist aktiviert, was zu Verspannungen oder sogar Schmerzen führen kann. Hier geht es darum, den Parasympathikus vermehrt zu stimulieren, z. B. durch langsames Ausatmen oder spezielle Atemübungen. Ebenso gibt es Körperregionen, die wir ansprechen können. Teile der parasympathischen Steuerung liegen in der Steißbeingegend und im Bereich der Halswirbelsäule. Führen wir Übungen für die Halswirbelsäule und das Iliosakralgelenk aus, kann dies beruhigend und entspannend wirken. Zusätzlich verstärken langsame Ausführung und langsames Atmen diesen Effekt.

Bei der Atmung werden sowohl Brust- und Bauchbereich mobilisiert und aktiviert, vorausgesetzt unsere Atmung ist gleichmäßig und kontrolliert. Der wichtigste Atemmuskel ist das **Zwerchfell** oder Diaphragma, was eine entscheidende Rolle spielt. Das Zwerchfell ist eine Muskel-Sehnen-Platte, welche eine kuppelförmige Gestalt hat und bei Säugetieren die Brust- und die Bauchhöhle voneinander trennt.

Selbsttest für unsere Atmung

Unsere Atmung können wir mit einem Selbsttest überprüfen, ein adäquater Test ist der **Body Oxygen Level Test,** kurz BOLT-Test. Ein positives Ergebnis spricht für gute Gesundheit. Ein negatives Ergebnis ist gegebenenfalls mit Krankheit (z. B. Lunge, Herz, Diabetes, Übergewicht), Befindlichkeitsstörungen (Stress, Schlafstörung, Allergien) oder schlicht und einfach mit einer ungünstigen bis falschen Atemtechnik assoziiert.

Die Yogis im Himalaya praktizieren seit Jahrtausenden eine kontrollierte Atempause, sie atmen ruhig ein und aus. Am Ende der Ausatmung legen sie eine Atempause ein. Der Sauerstoffgehalt im Blut sinkt ab, die Kohlendioxidkonzentration steigt an, bis der Reflex zur Einatmung einsetzt.

Zur Durchführung des BOLT-Tests sitzen oder stehen wir bequem und atmen ruhig, bis unser Atem gleichmäßig fließt. Nachdem die Atemluft stetig und ruhig strömt, halten wir nach einer normalen Ausatmung den Atem an und die Nase zu. Ab hier stoppen wir die Sekunden, bis wir erneut das Bedürfnis verspüren einatmen zu müssen. Entscheidend dabei ist, dass wir dem natürlichen Einatmungsreflex vertrauen, da die Zeit bis dahin die Aussagekraft hinsichtlich des Sauerstoffgehalts im Blut am stärksten stützt. Wenn bis zur letzten Sekunde gewartet wird und bereits eine unwillkürliche Zwerchfellkontraktion einsetzt, erhält der Test wenig Aussagekraft. Nach dem Test sollten wir normal weiteratmen können, ohne dass wir verstärkt einatmen und eine Sauerstoffschuld ausgleichen müssen.

Eine grobe Einordnung stellt sich wie in Tab. 22.6 dar.

Die Zwerchfellatmung ist die Atemtechnik, welche wir im Ruhezustand und während unserer alltäglichen Tätigkeiten anwenden sollten. Dies sichert den Zugang zum parasympathischen Nervensystem und hilft, den Stresspegel abzusenken und zu entspannen. Die korrekten Schritte in Richtung bauchbasierter Atmung mit Zwerchfell sind folgende:

- In Rückenlage die Beine beugen und heranziehen, um die Spannung im unteren Rücken zu reduzieren
- Hände übereinander auf den Bauch legen
- Langsam und gleichmäßig durch die Nase in Richtung Bauchraum einatmen, dass sich die Hände anheben
- Ruhig und gleichmäßig durch die Nase ausatmen, dass sich die Hände wieder absenken

Genau diese Auf- und Abbewegung der Hände stellt die Zwerchfellatmung sicher.

22.4.3 Neuroathletik

In den vorherigen Abschnitten haben wir bereits neuronale Prinzipien und Prozesse kennengelernt und erfahren, wie diese unsere Leistung beeinflussen. Das Gehirn und das

Tab. 22.6 Auswertung für Body Oxygen Level Test

0–10 s	Krank, Leistungsfähigkeit signifikant eingeschränkt
10–20 s	Leistungsfähigkeit eingeschränkt, ungünstige Atemtechnik
20–40 s	Mittelwert, Sportler mit ungünstiger Atemtechnik
40–60 s	Gesunde Leistungsfähigkeit, gute Atemtechnik
Über 60 s	Außerordentlich gesunde Leistungsfähigkeit, sehr gute Atemtechnik

Nervensystem sind die im Hintergrund agierenden Körpersysteme, die unsere körperliche und somit sportliche Leistung entscheidend bestimmen. Nun ist es so, dass sich unser Gehirn nicht sonderlich für sportliche Leistung interessiert, jedoch steuert das Gehirn alle Vorgänge im Körper. Nichts geschieht ohne Veranlassung und Genehmigung vom Gehirn. Schaffen wir es, die Kommunikation zwischen Gehirn und Körper zu optimieren, können wir ebenso zu gesteigerter und gesunder Leistungsfähigkeit gelangen.

Für eine Steigerung unserer Leistung müssen wir vor allem drei Systeme optimal aufeinander abstimmen: **visuelles System** (Sehen), **vestibuläres System** (Gleichgewicht), **propriozeptives System** (Eigenwahrnehmung). Das Gehirn strebt nach Sicherheit, sodass alle Informationen aus den drei Systemen daraufhin gescannt werden. Je stärker diese Sicherheit vom Gehirn eingeschätzt bzw. gewährleistet werden kann, desto optimaler und effizienter können wir eine Bewegung ausführen.

Natürlich müssen die Informationen ohne Probleme über die verschiedenen Nervenbahnen transportiert werden, sprich, dem peripheren Nervensystem kommt ebenso eine entscheidende Bedeutung zu. Es werden Hirnareale durchlaufen, welche es sowohl auf der linken und auf der rechten Gehirnhälfte gibt. Die Gehirnhälften haben in Bezug auf die Bewegung grundsätzlich ergänzende Aufgaben: Sie entwerfen und initiieren zum einen die willkürliche Bewegung auf der gegenüberliegenden Körperhälfte und stabilisieren zum anderen die gleichseitige Körperhälfte. Wegen der Sicherheit ist die Stabilisierung wichtiger, ein **reflexiver Prozess**. Es sind ungefähr 90 % der Kommunikation zwischen Gehirn und Körper, welche die gleichseitige Körperhälfte stabilisieren, dagegen nur 10 % Nutzung für die Bewegung auf der gegenüberliegenden Körperhälfte (Lienhard 2019; Abb. 22.33).

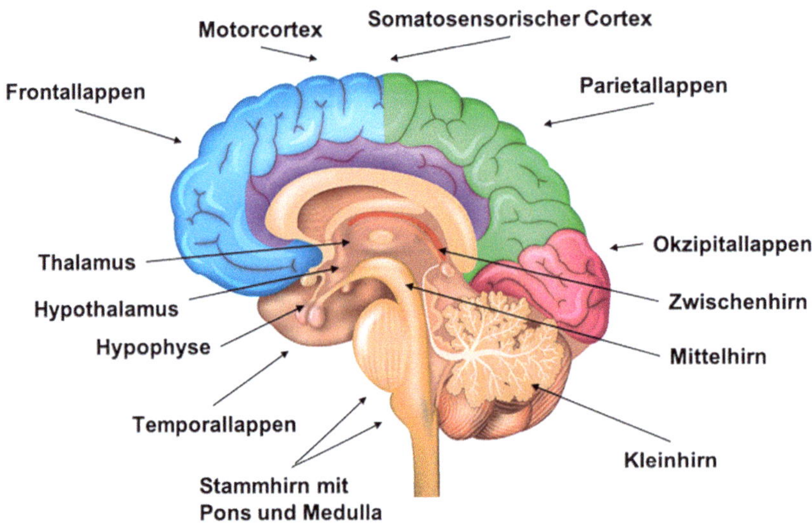

Abb. 22.33 Unser Gehirn und dessen Bereiche. (Foto: Adobe Stock)

Ein wichtiger Grundsatz beim neurozentrierten Training bzw. der Neuroathletik besagt, dass wir jederzeit auf unseren Körper hören sollen. Unsere Leistungsfähigkeit ist oftmals aufgrund von alten Verletzungen, Beeinträchtigungen des Gehirns oder nichtgenutzten Hirnarealen eingeschränkt, sodass wir mit Bedacht und für uns adäquaten Progressionen trainieren sollten.

Informationsvorsprung durch Neuroassessments

Weiter gibt es nun **Neuroassessments**, mit denen wir überprüfen können, ob eine ausgeführte Übung einen positiven Effekt hatte. Drei Basis-Assessments für Beweglichkeit sind folgende: Rumpfbeuge (Abb. 22.34), Ganzkörperrotation (Abb. 22.35) und Innen-/Außenrotation der Schulter (Abb. 22.36). Neben diesen Basis-Assessments gibt es viele weitere Assessments, unter anderem für Kraft und Koordination.

Für die Assessments ist es nötig, immer die jeweils gleichen Ausgangsbedingungen zu schaffen und die jeweils identische Bewegung auszuführen, um gewissen Testgütekriterien wie Objektivität, Zuverlässigkeit und Validität zu genügen. Die Assessments beginnen meist im neutralen Stand, da dies verlässliche und bessere Ergebnisse liefert. Wollen wir nun überprüfen, ob eine Übung für uns eher leistungsfördernd ist, so führen wir ein Assessment aus, z. B. Rumpfbeuge. Danach führen wir unsere Übung aus, die wir überprüfen wollen. Verbessert sich das Assessment, hier die Rumpfbeuge, nach Ausführen der Übung, so zeigt die Übung einen positiven Effekt. Auch als **biopositiv** bezeichnet.

Ein wichtiger Punkt ist das Bewusstsein über die Momentaufnahme der Assessments. Wie Gehirn und Nervensystem reagieren, hängt von vielen Faktoren ab und ist situationsbedingt sowie variabel. Deshalb gilt es, unser Training regelmäßig zu überprüfen. Eine Übung, die uns diese Woche noch überfordert, kann in der nächsten Woche bereits für eine Leistungssteigerung verantwortlich sein. Optimales Training bedeutet auch immer zu wissen, wie unser Gehirn an diesem Tag auf das Training reagiert.

Abb. 22.34 Neuroassessment Rumpfbeuge. (Foto: Paul Huf)

Abb. 22.35 Neuroassessment Ganzkörperrotation. (Foto: Paul Huf)

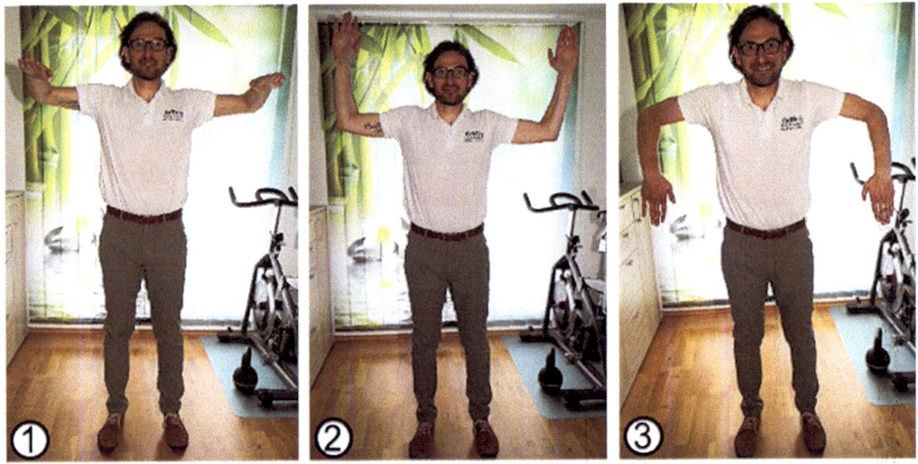

Abb. 22.36 Neuroassessment Innen-/Außenrotation der Schulter. (Foto: Paul Huf)

Gehirn strebt nach reflexiver Stabilität

Um nun eine optimale Bewegung auszuführen, müssen wir die drei zuvor genannten Systeme mit entsprechenden Trainingsansätzen aufeinander abstimmen. Eine Bewegung besteht zum einen aus der willkürlichen Bewegungsaktion und der unbewusst ablaufenden reflexiven Stabilisierung des Körpers, welche für das Ermöglichen der willkürlichen Bewegung nötig ist. Die **reflexive Stabilität** ist dabei immer das primäre Ziel des Gehirns und Nervensystems, um Sicherheit zu erlangen. Somit werden 90 %

der Signale für diesen Aspekt genutzt, die restlichen 10 % für das Ausführen der willkürlichen Bewegung.

Die willkürliche Bewegung können wir durch die Funktionalität und Aktivität des **Kleinhirns** (Zerebellum) verbessern, da das Kleinhirn für die Integration, Koordination und Korrektur genau dieser Bewegung zuständig ist. Der größte Teil der Informationen, die aus dem Kleinhirn in den **Kortex** (Großhirnrinde) gesendet werden, wird zum kontralateralen Frontallappen weitergegeben. Hierüber wird das **Stammhirn** aktiviert, was den größten Anteil der reflexiven Stabilität verantwortet. Trainieren wir also unser Kleinhirn, verbessern wir die reflexive Stabilität der gegenüberliegenden Körperseite. Wenn also Koordinationsdefizite auf der einen Seite vorliegen, dann können Stabilisationsschwierigkeiten auf der anderen Körperhälfte auftauchen.

Das Kleinhirn kann mit Koordinationstests überprüft werden. Neben dem Test von Rhythmus und Präzision ist ebenso darauf zu achten, wie sich die Stabilität der Wirbelsäule darstellt. Diese Differenzierungen helfen beim Aufbau eines individuellen und spezifischen Trainings. Bedenken sollten wir jedoch auch immer: Wenn bei jemanden eine bestimmte Neuromobilitätsübung hilft, heißt dies nicht, dass es bei einem anderen Athleten ebenso zu einer Verbesserung führt (Lienhard 2019).

Das Training des Kleinhirns lässt sich am besten mit Gleichgewichtsübungen trainieren. Um die Anteile des Kleinhirns zu aktivieren, kann die Integration der Übungen in Aufwärmphasen oder aktive Pausengestaltung weiterhelfen. Anfangs bietet es sich an, die Übungen sogar als eigenständiges Training auszuüben, bis eine gewisse Routine und Verbesserung spürbar ist. In der Aufwärmphase sind die Übungen über eine Dauer von drei bis fünf Minuten auszuführen, in Pausen reichen 30 bis 60 Sekunden aus.

Um nun die reflexive Stabilität zu verbessern, greifen wir optimalerweise auf Übungen für das Gleichgewichtssystem zu. Das rechte Gleichgewichtssystem stabilisiert die rechte Körperhälfte, das linke System ebenso ipsilateral. Der Hauptgarant für eine gute reflexive Stabilität ist insbesondere ein ideal aktives Stammhirn, welches von der **Formatio reticularis** durchzogen ist, ein ausgedehntes, diffuses Neuronennetzwerk. Ein weiterer Helfer neben dem Gleichgewichtssystem ist das **Mittelhirn** (Mesenzephalon), was mit der **Brücke** (Pons) und **verlängertem Mark** (Medulla oblongata) sowie dem **Zwischenhirn** (Dienzephalon) das vollständige Stammhirn darstellt.

Dabei ist jedoch wichtig zu erwähnen, dass eine Verbesserung der reflexiven Steuerung erst funktioniert, wenn die drei bewegungssteuernden Systeme beherrscht werden und aufeinander abgestimmt wurden. Einschränkungen in einem der Systeme können signifikant negative Folgen für die reflexive Stabilität haben. Beherrschen wir die Grundübungen der einzelnen Komponenten gut, dann können wir auch das Training um spezielle Übungen für verbesserte reflexive Stabilität anreichern.

Wichtige Nervenbahnen, welche die Kopf- und Nackenstabilität sicherstellen, beginnen im Dach des Mittelhirns. Hirnareale und Strukturen, die nah beieinander liegen, beeinflussen sich gegenseitig, sprich eine Aktivierung eines Areals bedingt auch eine Aktivierung der angrenzenden Bereiche. Dies stellt ein Grundgesetz der Neurowissenschaften dar. Hier liegen auch Hirnnerven, die die Augenbewegungen steuern. Daher kann das Mittelhirn besonders einfach über ein Training der peripheren Wahrnehmung aktiviert werden. Visuelle Reize liefern die meisten Informationen, die für eine Verbesserung hervorragend genutzt werden können.

Bei den Zeiträumen für die Übungen gilt Ähnliches wie schon beim Training der willkürlichen Bewegung. In der Aufwärmphase sind die Übungen über eine Dauer von drei bis fünf Minuten auszuführen, in Pausen reichen 30 bis 60 Sekunden aus. Führt man eine eigene Einheit aus, so nimmt man sich am besten 10 bis 20 Min dazu Zeit.

Eine simple Übung, wie wir die beschriebenen Sachverhalte praktisch erleben können, stellt der Ausfallschritt mit geradem Blick nach vorn oder mit Blick nach oben dar. Blicken wir nach vorn, sodass wir ungefähr fünf bis acht Meter vor uns auf den Boden blicken, stehen wir wohl ziemlich stabil. Führen wir den Ausfallschritt genauso aus, blicken jedoch nach oben an die Decke oder sogar im Freien in den Himmel, wird es bestimmt sehr viel wackeliger. Das visuelle System schlägt aus.

Im Büro sollten wir uns öfter mal dem „kurzsichtigen" Blick abwenden, sprich in die Ferne blicken, nicht nur um die Augen zu entspannen. Eine wunderbare Übung ist auch folgende: Mit der Hand einen Stift ungefähr 40 bis 50 Zentimeter vor dem Gesicht halten und nach links und rechts bewegen. Die Augen folgen dem Stift, ohne dass wir den Kopf bewegen. Natürlich können wir den Stift auch nach unten oder oben bewegen.

22.5 Lösungsansätze für Freizeit und Beruf

In den letzten fünf Jahren hat sich die Anzahl der Büroarbeitsplätze in Deutschland weiter erhöht, die Büroarbeit ist ein maßgeblicher Wirtschaftsfaktor. Inzwischen arbeiten 71 % aller Beschäftigten zeitweise an einem Büroarbeitsplatz; 2015 waren es noch 51 %. Mittlerweile zählt für fast 32 Mio. Menschen Büroarbeit zum Alltag. Bei der bewegungsfreundlichen Ausstattung der Arbeitsplätze hinken wir aber noch hinterher. Bisher sind ungefähr 28 % der Arbeitsplätze in Deutschland mit einem Steh-Sitz-Arbeitstisch ausgestattet (Industrieverband Büro und Arbeitswelt e. V. [IBA] 2020).

Deshalb sind auch Unternehmen gefragt, Arbeitsplätze entscheidend umzugestalten, damit die Beschäftigten weniger durch das Dauersitzen gefährdet sind. Viele Unternehmen berücksichtigen insbesondere bei einem Büroneubau **moderne Bürokonzepte**. Die in Altgebäuden Verbliebenen werten ihre Bürolandschaften mit immer wieder neuen kreativen Sitzgelegenheiten auf. Das geht vom Hängesessel bis zum gemütlichen Bürosofa.

Auch Walkstations sind bereits im Gespräch, eine Kreuzung aus Laufband und Schreibtisch, jedoch muss wohl dazu noch einige Zeit vergehen, bis diese Konzepte Einzug halten und ernst genommen werden. Simple und kostengünstige Alternativen sind Fußstütze oder Fußwippe. Letzteres ist eine Art Mini-Stepper, der sich gut unter dem Schreibtisch platzieren lässt. Während des Arbeitens kann man damit seine Beine trainieren und regt den Blutfluss in den Beinen an.

Natürlich ist langes Sitzen auch in der Freizeit schädlich. Denn nicht nur im Büro, auch in der Freizeit sitzen wir immer mehr. Sind wir früher vielmehr leichten Haushaltstätigkeiten wie Kochen und Abwaschen selbst nachgegangen, bestellen wir uns heute häufiger Essen nach Hause oder lassen den Geschirrspüler für uns arbeiten. Immer mehr Haushalte sind smart eingerichtet, sodass wir für das Einlegen einer CD oder das Einschalten des Lichts nicht mal mehr aufstehen müssen, sondern stattdessen noch länger in unsere digitalen Utensilien wie Smartphone oder Tablet schauen können.

Eine ernstzunehmende Entwicklung. Hier kann es nur eine Lösung geben: „Hoch mit dem Hintern! Zu viel sitzen ist für den Arsch!" Freizeitaktivitäten sollen uns nicht auch noch zum Herumhocken verleiten. Keiner muss Extrem- oder Leistungssportler werden, bereits spazieren in der Natur, tanzen mit dem Partner oder handwerkliche Tätigkeiten sind ein Anfang. Denn: „Wer länger sitzt, ist früher tot."

Grundsätzliche Richtlinien sollten wir in unseren Arbeits- und Freizeitalltag aufnehmen. Auch wenn wir uns am Anfang etwas dazu zwingen müssen, wird dies nach kontinuierlichem Berücksichtigen nach einiger Zeit – die Wissenschaft spricht im Mittel von 66 Tagen – in Fleisch und Blut übergehen.

- Langes Sitzen verringern bzw. vermeiden – so wenig wie möglich sitzen
- Für jede sitzende Stunde mindestens fünf Minuten bewegen
- Körperhaltung in jeder Lebenslage überprüfen und gegebenenfalls korrigieren. Erinnern wir uns an die Verankerungssequenz
- Täglich fünf bis zehn Minuten Mobilisationsroutinen absolvieren, vor allem für Bereiche mit Verspannungen und Dysbalancen
- Bewegung und Sport in unseren Alltag einbauen
- Psychische Anspannung reduzieren und regelmäßig Entspannungs- sowie Atemtraining in den Alltag einbauen.

22.5.1 Systematischer Ansatz

22.5.1.1 Mit Atemübungen die Weichen stellen

Atemübungen sind heutzutage essenziell, um zu entspannen, um einfach genug Sauerstoff zu erhalten und Übungen korrekt auszuführen. Ein Anhalten der Luft während der Übungsausführung ist bereits eine Art der Kompensation. Gerade bei Bluthochdruckpatienten ist eine Pressatmung zu vermeiden.

Übung 1: Aktivieren des Parasympathikus

Wir nehmen eine bequeme aufrechte Sitzposition ein oder legen uns in Rückenlage auf eine Matte. Arme lassen wir locker und mit nach oben geöffneten Handflächen neben dem Körper liegen. Die Beine fallen locker nach außen und der Rücken liegt auf der Matte auf. Wir schließen die Augen. Nun konzentrieren wir uns vollständig auf unseren Atem. Wie fließt dieser, durch Mund und/oder Nase? Atmen wir mehr in den Brustkorb oder den Bauch? Wir atmen locker etwa drei Sekunden durch die Nase in den Bauch ein, kurz den Atem anhalten und etwa vier Sekunden ohne Druck ausatmen. Erneut den Atem kurz anhalten und diesen Rhythmus beibehalten. Immer wenn wir ausatmen, sollten wir nun mehr und mehr das Gefühl der Entspannung spüren. Nach einiger Zeit des langsamen Ausatmens sollte der Herzschlag absinken, ein Zeichen für das Aktivieren des Parasympathikus. Dieses Vorgehen ist eine Basis für die Meditation.

Übung 2: Blockierte Atmung
Wir atmen gleichmäßig durch die Nase ein und aus. Nach vier bis fünf ruhigen Atemzügen atmen wir maximal aus und halten unsere Nase sowie den Mund geschlossen. Wir führen einige Atemzüge bei zugehaltener Nase durch, ohne dass wirklich Atemluft eingeatmet wird. Durch unsere Vorstellungskraft weiten wir Brust- sowie Bauchraum und nehmen wahr, wie sich das Zwerchfell zusammenzieht. Der Brust- und Bauchraum wird aktiviert und mobilisiert. Abschließend atmen wir erneut durch die Nase ein und aus, bis sich unsere Atmung normalisiert.

Übung 3: Bauchatmung gegen Widerstand
In Rückenlage legen wir ein Buch auf unseren Bauch. Wir atmen durch die Nase ruhig in den Bauch ein, sodass sich die Bauchdecke samt dem Buch hebt. Beim Ausatmen senkt sich die Bauchdecke samt Buch wieder. Dies wiederholen wir drei bis fünf Minuten.

Alternativ können wir ebenso in die 90-90-Position gehen, sprich Hüfte und Beine sind 90 Grad gebeugt. Füße können wir an der Wand aufsetzen oder die Beine auf einem Stuhl oder einer Box ablegen. Durch diese Position entspannen wir unseren unteren Rücken mehr.

Bei der fortgeschrittenen Variante achten wir auf die Ein- und Ausatmungsphasen (Inspiration und Exspiration) sowie die Zwischenphasen. Die Einatmungsphase sollte etwa vier Sekunden lang sein, die Ausatmungsphase etwa sechs Sekunden und die Zwischenphasen ungefähr zwei bis drei Sekunden.

Übung 4: Krokodilsatmung („crocodile breathing")
Wir liegen entspannt auf dem Bauch und die Hände liegen über Kreuz unter unserer Stirn. Die Einatmung erfolgt zuerst in den Bauch, der aktiv in den Boden gedrückt wird, dann in den Brustkorb. Die Einatmung geschieht durch die Nase, die Ausatmung kann durch Mund und Nase erfolgen.

Eine fortgeschrittene Variante wäre das Auflegen eines Buchs auf den unteren Rücken, zudem in die Flanken zu atmen, sprich dass sich nicht nur der untere Rücken hebt, sondern ebenso die Flanken ausdehnen.

Übung 5: Atmung durch einen Strohhalm („positive exspiratory pressure", PEP)
Anfangs ist ein passender Strohhalm auszuwählen. Je nach Situation und individueller Kapazität können Durchmesser, Länge und Winkel angepasst werden. Je länger der Strohhalm oder/und kleiner der Durchmesser des Strohhalms, desto größer der Widerstand.

Wir legen den Strohhalm locker zwischen die Zähne, ohne darauf zu beißen. Die Lippen schließen wir locker um den Strohhalm. Nach Einatmen durch die Nase lassen wir die Luft ganz entspannt durch den Strohhalm ausströmen. Insbesondere soll nicht forciert die Luft herausgepresst werden. Nach einer kurzen Atempause atmen wir einige Atemzüge in dieser Weise weiter.

Gerade für Patienten mit Asthma oder Chronic Obstructive Pulmonary Disease (COPD) ist dies eine Atemübung, um eine Atemtechnik bei Luftnot oder erhöhter Belastung zu erlernen.

22.5.1.2 Frühkindliche Entwicklung und Stabilisation der Fähigkeiten

Wir alle haben uns ab Geburt in unserer Beweglichkeit und Körpermotorik stetig weiterentwickelt. Über manche Bewegungen, die wir als Kind ausführen konnten, können wir heute jedoch nur noch staunen. Der Prozess der frühkindlichen Entwicklung hinsichtlich der Bewegung ist entscheidend. Kinder nehmen ihre Welt mehr über ihre Sinne, ihre Tätigkeiten und ihren Körper wahr und weniger durch ihre geistigen Fähigkeiten wie das Denken. Bewegung ist die Grundlage der kindlichen Handlungsfähigkeit und gehört zu den grundlegenden kindlichen Betätigungs- und Ausdrucksformen. Deshalb ist es grundlegend, dass das Schulen der Beweglichkeit und der **Körpermotorik** in der frühkindlichen Phase einen festen Stellenwert in der ganzheitlichen Entwicklung eines Menschen hat.

Gray Cook beschrieb hierzu drei Stufen mit verschiedenen erlernten Positionen und stufenweise Bewegungen, welche von der fundamentalen Stufe über die Übergangsstufe bis zur funktionellen Stufe reichen (Abb. 22.37). In der fundamentalen Stufe geht es um die Rückenlage, die Bauchlage, das Rollen von Rücken- in Bauchlage und zurück, den Vierfüßlerstand und das Krabbeln. Die Übergangsstufe betrifft das Sitzen auf dem Boden, das Knien bzw. den Fersensitz mit Aufrichten des Oberkörpers und die tiefe Hocke. In der funktionellen Stufe dreht sich alles um den aufrechten Stand und die Gangart. Eine Basis, welche wir im Kindesalter legen und uns bis an unser Lebensende so gut wie möglich erhalten sollten.

Bewegung hat zudem eine wichtige Funktion bei der Ausprägung des Gehirns und der kognitiven Entwicklung. Bewegungshandlungen aktivieren aus neurophysiologischer Sicht mehrere Hirnareale, z. B. werden Nervenfasern im Gehirn durch Bewegung verstärkt. Eine detaillierte Beschreibung konnten wir bereits im früheren Abschnitt zur Neurophysiologie nachlesen.

Diese neurophysiologischen Prozesse verbessern ebenso den Spracherwerb und die kognitive Leistungsfähigkeit im Allgemeinen. Je vielfältiger unser Nervenkomplex im Gehirn ist, desto intelligenter ist ein Mensch. Am intensivsten ist der Aufbau der nervalen Strukturen bis ungefähr zum zwölften Lebensjahr, es werden Nervenzellen vernetzt und Synapsen gebildet. Daher hat die frühkindliche Entwicklungsphase und mit ihr die motorische Förderung eine große Bedeutung. Als Erwachsener lässt sich dies leider nicht mehr vollständig nachholen, auch weil das Gehirn in den ersten Lebensjahren ganz besonders lernbereit und lernfähig ist. Das Gehirn verändert sich nicht nur durch Erfahrung, sondern auch durch Bewegung.

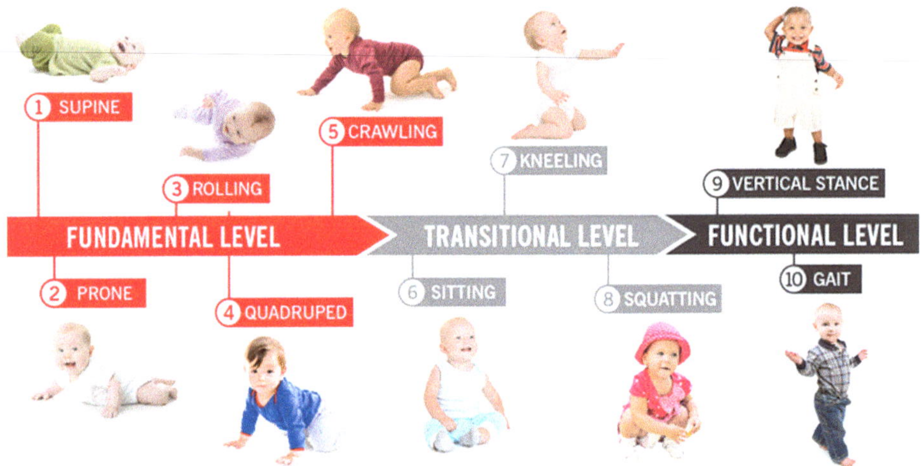

Abb. 22.37 Drei-Stufen-Modell zur frühkindlichen Entwicklung von Gray Cook. (Foto: https://www.functionalmovement.com/)

22.5.1.3 Biomechanik

Eine gute Biomechanik ist elementar. Bewegungsabläufe sollen effizient sein, damit Verletzungen vorgebeugt und Schmerzen vermieden werden. Wer eine gute Bewegungseffizienz aufweist, der sorgt dafür, dass sein Bewegungsapparat im Einklang arbeitet. In der Folge ist auch nicht so viel Nacharbeit nötig, sprich Mobilisations- und Faszienarbeit. Bewegen wir uns von Anfang an korrekt, werden gewebelimitierende Bewegungsfehler entschärft, die gegebenenfalls schnell zu Dysbalancen führen können.

Im Abschnitt über korrekte Körperhaltung konnten wir bereits einiges über Motorik erfahren und wie wichtig eine vielseitige Entwicklung während der Kindheit aus biomechanischer Sicht ist. Diese zu entwickeln ist das eine, diese ein Leben lang zu erhalten das andere. Nur wer stets auf rückengerechtes Verhalten achtet und auf ungünstige Positionen oder einseitigen Sport mit Ausgleich durch Alternativtraining und Mobilisation aufwartet, der wird mit seinem Bewegungsapparat bis ans Lebensende Freude haben.

22.5.2 Integration von Mobilisationsprogrammen in den Alltag

Eine tägliche Mobilisation von nur 10 bis 15 Min würde uns im Lauf der Zeit viel Frust und Ärger mit Verspannungen und Schmerzen sparen. Nur leider nehmen sich die wenigsten Menschen dafür die entsprechende Zeit. Und das, obwohl die Mobilisationsübungen einfach in den Alltag integriert werden können.

Mobilisation gegen Inaktivität und Steifheit

„Mobilisation ist ein bewegungsbasiertes, integriertes Ganzkörperkonzept, das alle bewegungs- und leistungsbeschränkenden Komponenten berücksichtigt. Dazu gehören

verkürzte und verhärtete Muskeln, Weichgewebe- und Gelenkkapselrestriktionen, Koordinationsschwierigkeiten und fehlende Gelenkmobilität sowie neurodynamische Probleme. Kurz gesagt ist Mobilisation ein Werkzeug, um Bewegungs- und Leistungsprobleme ganzheitlich anzusprechen.“ (Dr. Kelly Starrett)

Gerade für Vielsitzer und inaktive Menschen wäre die Mobilisationsarbeit ein entscheidender Faktor. Ob am Morgen, am Abend oder unter dem Tag, integriert mit durchgeführten Bewegungspausen wäre sehr wichtig. Um es auf den Punkt zu bringen: Das Handeln und Tun ohne Wenn und Aber einfach zu machen.

Bereits mit simplen Übungen und der täglichen Routine könnte man der Inaktivität vorbeugen. Ob nun Arm- oder Schulterkreisen, einfache Kniebeugen, Wirbelsäulenrotationen oder langsame Kopfbewegungen, alles wunderbare und leichte Übungen, um diese regelmäßig in den Berufs- oder Freizeitalltag einbauen zu können. Zudem wirken kurze Entspannungs- und Atemübungen Wunder, um sich einige Momente von allem auszuklinken und neue Energie zu tanken. Im Übungs- und Bewegungsabschnitt finden wir dazu Beispiele.

Für Menschen, die eine regelmäßig ausgeführte Sportart betreiben, bietet sich das Mobilisieren vor der Ausübung dieser Sportart an. Lieber etwas mehr Zeit davor einplanen und sich richtig aufwärmen und mobilisieren, bevor in den Laufschritt übergegangen oder der Tennisschläger geschwungen wird. Da jeder Sport einseitig ist, gilt es gerade hier die strapazierten Körperbereiche zu bearbeiten.

„Mobilisation heilt Symptome, Haltungskorrektur heilt Krankheiten.“

Um mit so wenig Mobilisation wie möglich zurechtzukommen, entscheidet von Anfang an die biomechanisch korrekte Ausführung von Bewegungen. Verhalten wir uns im Alltag und im Sport physiologisch korrekt, dann kommen wir gar nicht in die Verlegenheit, uns mit Krankheit und Schmerz beschäftigen zu müssen.

22.5.2.1 Mobilisationsmethoden und -techniken

Es gibt viele verschiedene Mobilisationsmethoden und -techniken, welche ebenso sinnvoll kombiniert werden können.

Die **Faszienarbeit** dürfte den meisten ein Begriff sein. Die einfachste Methode ist hierzu das Rollen mit einer Faszienrolle. Mit der Rolle wird der entsprechende Bereich bearbeitet, indem langsam auf- und abgerollt wird. Zur Körpermitte ggf. mit etwas stärkerem Druck, um die Lymphe anzuregen. Wenn ein Punkt besonders schmerzt, sollte hier kurz innegehalten und verweilt werden. Eventuell bieten sich hier auch ganz kleine Bewegungen an. Zwei wichtige Punkte sind das stetige Atmen mit tiefem Einatmen und entspanntem Ausatmen und so gut es geht loszulassen, sprich die Anspannung aus dem Weichteilgewebe nehmen.

Auch das **Stretching** wird den meisten ein Begriff sein. Dehnmethoden gibt es jedoch viele. Welche aber ist die beste? Dies lässt sich nicht pauschal sagen, denn alle haben ihre Vor- und Nachteile. Das klassische statisch passive Dehnen wird wohl am häufigsten angewandt, sprich, Dehnstellung einnehmen und 20 bis 30 Sekunden oder länger die Dehnposition halten. Neuere Studien besagen, dass nachhaltige Effekte erst ab 45 Sekunden oder länger einsetzen. Wenn wir in der Dehnposition noch anfangen, zu wippen oder federn – keinesfalls ruckartige Bewegungen – dann sind wir schon in der dynamischen Dehnung.

Eine in Studien (Hindle et al. 2012) belegte, sehr erfolgversprechende Vorgehensweise ist die **propriozeptive neuromuskuläre Fazilitation** (PNF). Die bekanntesten Methoden sind hier die Contract-Relax-Methode (CR-Methode – Ausnutzen der autogenen Hemmung), die Antagonist-Contract-Methode (AC-Methode – Ausnutzen der reziproken Hemmung) und die Kombination aus beiden.

Bei der CR-Methode nehmen wir zuerst die Dehnposition ein und dehnen locker über ungefähr 40 Sekunden. Nach Auflösen der Dehnstellung kontrahieren wir den Zielmuskel, sprich, den gerade gedehnten, für maximal sechs bis acht Sekunden. Nach zwei bis drei Sekunden erfolgt erneut die Dehnung über 40 Sekunden oder länger. Diesen Prozess wiederholen wir zwei bis drei Mal oder solange bis keine Verbesserung mehr zu spüren ist. Hier wird der Sehnenreflex ausgenutzt, der eine Hemmung des Muskelreflexes im Zielmuskel bewirkt. Der Golgi-Sehnen-Apparat ist ein Steuerungsinstrument für eine Überdehnung und dient als Schutzorgan bei extremer Muskelanspannung. Das ist der Grund, warum wir den Zielmuskel danach noch intensiver dehnen können.

Bei der AC-Methode spannen wir zuerst den Gegenspieler (Antagonisten) der Zielmuskulatur an. Bei einer Dehnung der hinteren Oberschenkelmuskulatur wäre dies in dem Fall der vordere Oberschenkel. Nach ungefähr sechs bis acht Sekunden Kontraktion lassen wir für zwei bis drei Sekunden locker und dehnen dann unseren Zielmuskel über ungefähr 40 Sekunden. Diesen Prozess wiederholen wir zwei bis drei Mal oder solange, bis keine Verbesserung mehr zu spüren ist. Hier wird der Muskelreflex ausgenutzt, der durch die Anspannung des Gegenspielers den Zielmuskel dehnt und entspannt. Die Muskelspindeln sind ein Steuerungsinstrument für den Erregungszustand eines Muskels. Auch durch diesen Effekt können wir den Zielmuskel intensiver dehnen.

Kombinieren wir beide Methoden, erhalten wir die CRAC-Methode. Alle beschriebenen Methoden sind eher für erfahrene Sportler geeignet, da muskulär koordinativ und motivational anspruchsvoll. Unerfahrene sollten einen Experten hinzuziehen oder zuerst mit dem passiven Stretching arbeiten. Damit lassen sich anfangs ebenso bereits gute Erfolge erzielen.

Eine speziellere Faszienarbeit ist das **Triggern**. Durch die in den letzten Jahren entstandenen verschiedenen Werkzeuge dazu wird dies dem einen oder anderen ebenso ein Begriff sein. Im menschlichen Körper gibt es unzählige Triggerpunkte. Dies sind kleine punktuelle Verdickungen im Muskel. Sie verursachen Schmerzen, die sich auch auf andere Körperbereiche ausweiten können. Werden die Punkte nicht behandelt, können rasch weitere Symptome hinzukommen. Wenn unser Bewegungsapparat überlastet ist oder wir dauerhaft eine schlechte Haltung einnehmen, kommt es zu eben jenen myofaszialen Triggerpunkten und gegebenenfalls weiteren Folgen wie Tenderpoints, Hartspann, verklebte Faszien, muskuläre Verspannungen, Myogelosen und Hypertonus der Muskulatur.

Triggern funktioniert am besten mit einem sehr kleinflächigen Werkzeug. Mittlerweile gibt es kegelförmige Trigger oder stiftähnliche, welche an den Triggerpunkt angelegt werden. Über ungefähr eine Minute wird ein auszuhaltender Druck im „Wohlwehbereich“ aufgebaut. Es folgt eine mindestens einminütige Mobilisierungsphase, sprich, angrenzende Gelenke werden bewegt, sodass sich die Spannung in den Muskeln ändert und somit auch erneut das Schmerzempfinden. Dies können wir gern wiederholen oder den Trigger etwas anders ansetzen und erneut zuerst triggern, dann mobilisieren. Optional können wir im dritten Schritt entsprechende Muskelgruppen dehnen.

Eine andere Form der Faszienarbeit stellt das **Drücken und Drehen** dar. Hier wird am besten ein Lacrosseball verwendet, den man auf das zu mobilisierende Gewebe drückt. Dem entsprechenden festen beizubehaltenden Druck folgt ein Verdrehen in beide Richtungen, um das Gewebe und die lockere Haut zu straffen. Besonders gut eignet sich diese Methode für schwach durchblutete Bereiche und Körperbereiche, auf welchen die Haut fest auf Gewebe oder Knochen liegt. Diese Körperbereiche sind z. B. Hand und Handgelenk, Fuß und Sprunggelenk, Schlüsselbein oder Ellbogen.

Daneben gibt es auch noch **Massagewerkzeuge**, welche sowohl für die Mobilisation und Regeneration sowie zum Aktivieren verwendet werden können. Die entsprechenden Massagepistolen haben unterschiedliche Aufsätze und verschiedene Geschwindigkeitsstufen, je nach Motiv und zu behandelnden Körperstellen.

Für die Mobilisation benutzt man eine mittlere Geschwindigkeitsstufe und kann während der Bearbeitung des Gelenks oder des Muskels ebenso wie beim Triggern das Gelenk bewegen. Bei der Regeneration hingegen ist eine untere Geschwindigkeitsstufe mit langsamer Bearbeitung des Gewebes zu empfehlen. Zu beachten ist hier in jedem Fall, dass dies am besten von einem Experten durchgeführt werden sollte.

22.5.2.2 Intermittierendes Sitzen

Mittlerweile sagt wohl das intermittierende Fasten, sprich Intervallfasten oder Kurzzeitfasten, den meisten von uns etwas – nebenbei, eine in der Tat sehr zweckmäßige Ernährungsform, die auf verschiedene Arten ausgeführt werden kann. Grundsätzlich isst man hier in einem bestimmten Rhythmus, es wird zwischen Zeiten der normalen Nahrungsaufnahme und des Fastens gewechselt.

Mit dem intermittierenden Sitzen gestaltet es sich ebenso, hier nur auf Sitzen und Bewegen bezogen. Das Ziel ist es, die Sitzzeit immer wieder zu unterbrechen und die folgende Zeit für Bewegung zu nutzen. Ob es nur ein Aufstehen, ein Mobilisieren, ein Spaziergang oder eine komplette Sporteinheit ist, bleibt dagegen jedem selbst überlassen. Ebenso kann jeder für sich selbst entscheiden, wie lange seine Sitzzeit unterbrochen wird.

Am Arbeitsplatz können wir uns einfach einen Termin oder das Handy stellen, um an die wiederkehrende Bewegung erinnert zu werden und uns so aus der Sitzfalle zu befreien. Eine hervorragende Übung ist die naturrichtige Hocke, auch unter tiefer Hocke oder Entspannungshocke bekannt. In dieser Hocke haben wir in korrekter Ausführung den Rücken bogenartig gerundet, der Spinalkanal ist maximal geöffnet, die Kniegelenke sind scharnierartig nach vorn ausgerichtet und beide Fersen haben in paralleler Ausrichtung festen Bodenkontakt (Schnack 2019; Abb. 22.38).

Abb. 22.38 Tiefe Hocke. (Foto: Paul Huf)

Leider kommen viele von uns gar nicht in die tiefe Hocke oder es wird eher die naturunrichtige europäische Krampfhocke. Sprich es erfolgt keine Rückenentlastung, durch angehobene Fersen keine Entlastung der Waden und Achillessehne sowie eher hohem Innenmeniskusstress. Waden und Achillessehne werden durch eine hohe Vorfußbelastung angespannt. Das kann sich sogar auf den unteren Rücken auswirken.

Der naturrichtigen Hocke können wir uns mit der Kniebeuge auf dem Stuhl (Gesäß Richtung Vorderkante des Stuhls absenken) und mit der gestützten Kniebeuge annähern. Diesen Varianten hatten wir uns bereits im Abschnitt über die korrekte Körperhaltung gewidmet. Ebenso ist es möglich, sich der Wand zu bedienen. Wir gehen in die Hocke und lassen unseren Rücken durch die Wand stützen. Eine fortgeschrittene Variante, welche zusätzlich die Lenden-Becken-Region aufdehnt, bietet sich mit Überschlagen der Beine an.

Nehmen wir eine Kettlebell zu Hilfe, welche wir bottom-up (verkehrt herum) vor unserem Körper halten, arbeiten wir mit Gegengewicht beim Absenken in die Kniebeuge (Abb. 22.39). Der Oberkörper bleibt zudem aufrecht und es reicht, anfangs in die halbe Kniebeuge zu gehen bzw. soweit wie mit korrekter Körperhaltung möglich. Eine weitere Hilfestellung kann am Anfang die Erhöhung der Fersen sein, z. B. indem ein Brett oder eine Hantelscheibe unter die Fersen gelegt wird.

Anreize für Bewegung haben wir bis hierher bereits einige kennenlernen dürfen, im Praxisabschnitt am Ende gibt es noch zahlreiche mehr. Hier wollen wir vorerst nur noch auf die Dehnung der Vorderseite, insbesondere des Hüftbeugers, eingehen, da dieser durch zu langes Sitzen fest wird und verspannt. Für eine Dehnung dessen können wir uns z. B. mit einem Bein auf die Sitzfläche des Stuhls stellen. Mit aufrechtem Oberkörper und leichter Bauchspannung schieben wir unser Becken langsam nach vorn. Die Beine sind parallel und die Zehenspitzen nach vorn ausgerichtet. In der Position verharren wir, bis eine merkliche Entspannung im Hüftbeuger zu spüren ist. Gern kann hier auch mit federnden – jedoch keine ruckartigen – Bewegungen gearbeitet werden (Abb. 22.40).

Abb. 22.39 Goblet Squat. (Foto: Paul Huf)

Abb. 22.40 Dehnung des Hüftbeugers mithilfe (1) eines Stuhls oder (2) der Schreibtischauflage. (Foto: Paul Huf)

Für die beweglicheren Personen bietet sich an, ein Bein bzw. die Fußsohle auf der Auflage des Schreibtischs aufzusetzen. Aufrechte Körperposition wahren und gezielt in stabilem Stand die Hüfte aufrichten.

Weitere Anregungen für ein bewegtes Arbeitsumfeld und mehr Bewegung am Arbeitsplatz erhalten wir im nächsten Abschnitt.

22.5.3 Betriebliches Gesundheitsmanagement

Mit der Entwicklung zu dauerhaft sitzenden Arbeiten, vor allem im Büro, und der stetig steigenden Krankheitstage durch orthopädische Erkrankungen wird das Thema Gesundheit und Wohlbefinden am Arbeitsplatz immer wichtiger. Die Wertschätzung dafür steigt, auch weil viele psychische Erkrankungen aus den physischen Schwierigkeiten entstehen. Hier ist sowohl der einzelne Arbeitnehmer gefragt, die richtigen Strategien zu entwickeln, wie auch der Arbeitgeber, der eine gesundheitsfördernde Arbeitsumgebung vorhalten sollte. Der DKV-Report von 2018 bescheinigt, dass der Bewegungsmangel zu einem immer größerem Problem in Deutschland wird (Froböse et al. 2018).

Heutzutage ist das **betriebliche Gesundheitsmanagement** (BGM) essenziell, um die Zufriedenheit und Produktivität seiner Mitarbeiter zu sichern. Dahinter sollte sich eine individuelle und auf die Firma zugeschnittene Strategie befinden, sonst verpufft der Aufwand schnell und keiner gewinnt. Das BGM muss die entsprechenden betrieblichen Strukturen und Prozesse lenken und entwickeln, um Arbeit, Organisation und Verhalten am Arbeitsplatz gesundheitsförderlich zu gestalten. Die vier Hauptpfeiler eines BGM sind Arbeitsgesundheitsschutz, betriebliches Eingliederungsmanagement, betriebliche Gesundheitsförderung und Personalmanagement (Abb. 22.41).

22.5.3.1 Gesund im Büro – Arbeitgeber und Arbeitnehmer in der Verantwortung

Der Arbeitgeber ist in der Verantwortung, sich um ein betriebliches Gesundheitsmanagement zu kümmern und dieses strategisch anhand der Unternehmenskultur auszurichten. Es ist förderlich, geeignetes Personal einzusetzen, welches sich auf diese Themen spezialisiert hat.

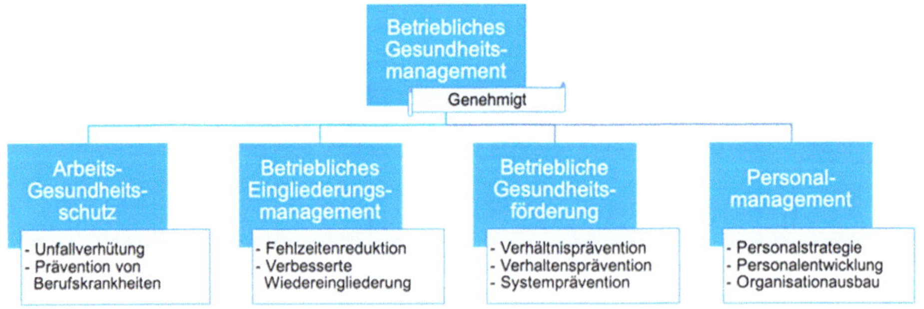

Abb. 22.41 Übersicht zum betrieblichen Gesundheitsmanagement

Der **Arbeitsgesundheitsschutz** muss durch den Arbeitgeber gewährleistet sein. Unfälle sind zu verhüten und berufsbedingten Krankheiten ist vorzubeugen. Arbeitssicherheit spielt eine maßgebliche Rolle im Betrieb. Die Sicherheit der Beschäftigten, also die Beherrschung und Minimierung von Gefahren bei der Arbeit, steht an oberster Stelle, um die Sicherheit und Gesundheit der Mitarbeiter sowie die menschengerechte Gestaltung der Arbeit zu sichern. Mitarbeiter dürfen beispielsweise nicht irgendwelchen giftigen Chemikalien oder anderen gesundheitsgefährdenden Stoffen oder Belastungen ausgesetzt sein. Entsprechende Schutzkleidung ist notwendig.

Das **betriebliche Eingliederungsmanagement** (BEM) hat die Aufgaben, die Arbeitsunfähigkeit der Beschäftigten möglichst zu überwinden, erneuter Arbeitsunfähigkeit vorzubeugen und den Arbeitsplatz des betroffenen Beschäftigten im Einzelfall zu erhalten. Fehlzeiten sollen somit auf ein Minimum reduziert werden und ebenso den Mitarbeiter optimal reintegrieren.

Die **betriebliche Gesundheitsförderung** ist für unsere Zwecke eine der wichtigsten Bausteine. Diese basiert auf drei Säulen: Verhaltensprävention, Verhältnisprävention und Systemprävention. Die Verhaltensprävention geht vom einzelnen Mitarbeiter aus und betrifft die Prävention im Hinblick auf das Verhalten des Einzelnen. Maßnahmen der Verhaltensprävention zielen auf die Förderung gesundheitsgerechter Verhaltensweisen ab und richten sich vorwiegend an Personen. Dazu zählen sowohl Informations- und Aufklärungsmaßnahmen sowie Maßnahmen zur Vermittlung von Bewältigungstechniken zur Verhaltensänderung.

Im Gegensatz zur Verhaltensprävention setzt die Verhältnisprävention an den Arbeitsbedingungen an. Es geht hier um Arbeitsplatzgestaltung, Arbeitsmittel und sonstige Arbeitsumgebung. Maßnahmen streben eine vorbeugende gesundheitsgerechte und -förderliche Gestaltung der Arbeitsumgebung im Hinblick auf die Verringerung der Risikofaktoren und der Begrenzung von Belastungen an.

Die dritte Säule der Systemprävention hat ein gesundes Miteinander im gesamten Unternehmen zum Ziel. Kollegialer Zusammenarbeit und respektvollem Umgang in einer Hierarchie sollen große Bedeutung zukommen. Aus Sicht des Arbeitsgesundheitsschutzes ist die Systemprävention eine Verhältnisprävention.

Konkrete Ziele der betrieblichen Gesundheitsförderung sollten sein:

- Einbeziehen der Beschäftigten in den Entwicklungsprozess
- Bewusstseinssteigerung bei den Beschäftigten für mehr Bewegung
- Reduzieren des Bewegungsmangels durch sportliche Angebote und Aktivitäten
- Vorbeugen und Reduzieren spezieller gesundheitlicher Risiken
- Prävention und Begrenzung arbeitsbedingter Belastungen des Bewegungsapparats, aber auch der Psyche
- Stärken der physischen wie psychosozialen Gesundheitsressourcen
- Sicherung der Leistungsfähigkeit aller Beschäftigten
- Steigerung der Produktivität und damit der Wettbewerbsfähigkeit des Unternehmens

Im **Personalmanagement** werden alle Aufgaben zusammengefasst, die im Zusammenhang mit der Personalplanung, -entwicklung, -führung und -verwaltung stehen. Konkret heißt dies, Arbeitskräfte den Unternehmenszielen entsprechend auszuwählen, einzusetzen und zu fördern. Dies setzt eine strategische und nachhaltige Planung sowie eine geeignete Unternehmenskultur voraus. Im Wesentlichen hat das Personalmanagement zum Ziel, die Mitarbeiterzufriedenheit zu stärken und diese nachhaltig hoch zu halten. Zahlreiche Studien belegen, dass Zufriedenheit bei der Arbeit und Produktivität sowie Kreativität der Mitarbeiter in engem Zusammenhang stehen. Mit zufriedenen Mitarbeitern bleibt der Krankenstand niedrig, genauso wie die Fluktuationsquote.

In diesem Sinn ist der Arbeitnehmer dazu angehalten, die entsprechenden Angebote wahrzunehmen und sich in die Unternehmenskultur einzufügen. Eigenverantwortung wird hier großgeschrieben. Auch über die Arbeit hinaus ist der Arbeitnehmer angehalten, sich gesundheitsgerecht entsprechend seiner Gesundheit zu verhalten. Die Freizeit sollte als Ausgleich genutzt werden, damit sowohl psychische und physische Gesundheit gefördert werden.

22.5.3.2 Ergonomischer Arbeitsplatz und Arbeitsumgebung

In den Abschnitten zuvor haben wir bereits erfahren, was wir – kann das Sitzen nicht vermieden werden – im Sitzen beachten sollten. Genau, so viele Stützsäulen wie möglich aufbauen. Ebenso konnten wir einen Einblick in die Biomechanik erlangen, damit wir unsere Grundsätze für unser Verhalten im Alltag, nicht nur beim Sitzen, daran orientieren können. Für das Sitzen gilt die Maxime: **Biomechanisch optimiertes Sitzen.**

Unser Ziel muss es sein, einen dynamischen Arbeitsplatz zu schaffen. Dazu gehört eine bewegungsfördernde Arbeitsumgebung. Unabhängig davon, ob wir sitzen oder stehen, sollten wir jegliche Bewegungsarten beherzigen:

- Haltungswechsel und Neuausrichtung: Immer wenn der Körper ein Signal gibt, wechseln wir von einer Haltung in die nächste. Wichtig dabei, immer die neutrale Wirbelsäulenstellung beachten.
- Mobilisations- und Bewegungspausen: Über den Haltungswechsel hinaus bauen wir bewusste Mobilisation und Bewegung in den Arbeitstag ein, um sowohl Körper und Geist aufzulockern. Gerade für Körperbereiche, welche gegebenenfalls Dysbalancen aufzeigen, bieten sich regelmäßige Mobilisationen an.
- Entspannungspausen: Eine kurze Atemübung oder Meditation kann oft Wunder wirken, um Kreativität zu fördern oder neue Energie zu tanken. Ebenso kann dies eine kurze Kaffeepause mit dem Kollegen sein, um das Soziale aufrechtzuerhalten.

Haltungswechsel bieten sich ständig an, die weiteren beschriebenen Pausen mindestens fünf Minuten pro Stunde. Das mag am Anfang für manch einen viel klingen, doch nachdem wir dies ritualisieren, merken wir, wie gut uns das tut und um wie viel produktiver wir in der Folge sind. Sich gut zu bewegen ist eine Fertigkeit. Es benötigt Zeit, um sich zu entwickeln. Kinder müssen eine Aufgabe 10.000 Mal ausführen, bevor eine bestimmte Fertigkeit korrekt automatisiert ist. Also viel Übung.

Vom Sitzen zum Stehen

Wenn wir nun vom Sitzen zum Stehen übergehen wollen, erfordert dies Zeit und das Beachten einiger Punkte. Als die ersten Stehschreibtische entwickelt wurden, behaupteten Kritiker vorschnell, dass Stehen schlechter wäre als Sitzen. Angesichts der vielen positiven Studien hinsichtlich des Stehens ist dies jedoch nicht haltbar. Unser Körper ist für Bewegung gebaut und eine bewegungsfördernde Umgebung ist durch das Stehen vielmehr gegeben als durch das Sitzen. Aber natürlich können wir nach jahrelangem Sitzen nicht von heute auf morgen ins Stehen übergehen. Es ist ja auch nicht anzuraten, mit dem Laufen zu beginnen und nach einem Monat bereits einen Marathon zu absolvieren. Eine sinnvolle Strategie baut sich Schritt für Schritt auf. Letztendlich benötigt der Körper Zeit zur Anpassung.

Eine grobe Richtlinie wäre, mit 15 Min pro Stunde Stehen zu starten. Im Einzelfall kann dies natürlich abweichen. Es gilt, auf den Körper zu hören und Signale wahrzunehmen bzw. zu beachten. Auf die neutrale Wirbelsäulenstellung ist jedoch sowohl im Sitzen wie im Stehen zu achten. Woche für Woche steigern wir die Stehzeiten und vergessen auch nicht die wichtigen Bewegungs- und Mobilisationspausen. Leichter Muskelkater und „gute" Schmerzen zeigen, dass sich im Körper etwas tut. Der Übergang sollte etwas fordernd sein, aber nicht unter- oder überfordernd. Bedenken wir auch, dass nicht jeder Tag gleich ist. Entscheidend ist, unser Körperbewusstsein und die Eigenwahrnehmung zu schulen sowie weiterzuentwickeln.

Genauso wie im Sitzen ergeben sich ähnliche Richtlinien am Steharbeitsplatz. Als erstes gilt es, sich die Verankerungssequenz vor Augen zu führen und diese Haltung einzunehmen. Leider richten sich viele Menschen „nur" ihren Arbeitsplatz mit vermeintlich ergonomischer Tastatur und Maus ein, vergessen jedoch, zuerst auf eine korrekte Körperhaltung zu achten. Deshalb gilt es, dass sich die Umgebung und der Schreibtisch an uns anpasst oder angepasst wird und nicht umgekehrt. Ein Schreibtisch, der zu unserem ausgerichteten Körper passt, erleichtert den Übergang vom Sitzen zum Stehen.

An einem idealen Stehschreibtisch können wir Monitor, Tastatur und PC-Maus in der richtigen Höhe positionieren. Der obere Monitorrand sollte auf Augenhöhe sein. Unser Gesicht sollte einen Abstand zwischen 45 und 75 cm vom Bildschirm haben. Den Abstand von Tastatur und Maus finden wir durch neutrale Wirbelsäulenausrichtung und indem wir die Ellbogen so anwinkeln, dass die Unterarme parallel zum Boden zeigen. Die Hände liegen direkt hinter Tastatur und Maus. Das Handgelenk ist in seiner natürlichen Achse ausgerichtet, nicht abgeknickt (Abb. 22.42).

Kleine Helfer für den Stehschreibtisch

Einige Hilfsmittel, um besser am Stehschreibtisch zurechtzukommen, vereinfachen zudem die Veränderung hin zu einem funktionellen Steharbeitsplatz. Flache Schuhe haben einen positiven Einfluss auf Körperhaltung und -bewegung. Gut gepolsterte Schuhe, zudem gegebenenfalls mit Pronationsstütze, nehmen unseren Füßen ihre Aufgaben ab, sodass sich die Muskeln eher zurückbilden, als dass sie gefordert werden. Unser Fußgewölbe ist eine selbsttragende Einheit, wie ein Bogen in der Architektur,

Abb. 22.42 Korrektes Sitzen am Schreibtisch. (Foto: Paul Huf)

welcher auch keinen Extrapfeiler in der Mitte zum Stützen benötigt. Auf dieser Basis baut unser Bewegungsapparat auf, insbesondere die Wirbelsäule.

Absolut schlecht für unsere natürliche Biomechanik sind Schuhe mit hohen Absätzen. Diese wird im Lauf der Zeit verändert und die Gefahr für Fuß- und Sprunggelenksschwierigkeiten steigt. Wenn wir uns zurück an den Gelenk-zu-Gelenk-Ansatz nach Michael Boyle erinnern, ist es logischerweise eine Frage der Zeit, bis sich Schmerzen an anderer Stelle einstellen. Es versteht sich von selbst, dass der Übergang zu flachen Schuhen – genauso wie der zum Stehen – Zeit und Geduld benötigt.

Falls sich bereits Bewegungseinschränkungen in Sprunggelenken oder Valgusknie (X-Beinstellung) eingeschlichen haben, sollten wir langsam in Richtung flachere Schuhe gehen und öfter auch Barfußphasen in den Alltag einbauen. Die Mobilisation der Füße und Zehengymnastik fördert zudem den Weg zurück zu gesunden Füßen. Eine geringe Sprengung unserer Schuhe ist entscheidend, sprich der Rückfuß sollte nicht wesentlich höher als der Vorfuß stehen. Eine breitere Zehenbox der Schuhe bietet den Zehen Platz und fördert die natürliche V-Form des Fußes.

Ein weiterer Punkt ist der Boden, welcher nicht zu hart und nicht zu weich sein sollte. Wenn der Boden sehr hart ist, spielt Bewegung eine noch größere Rolle. Ein

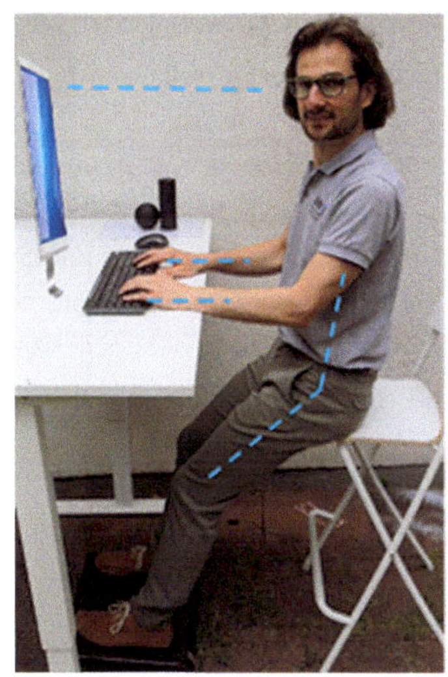

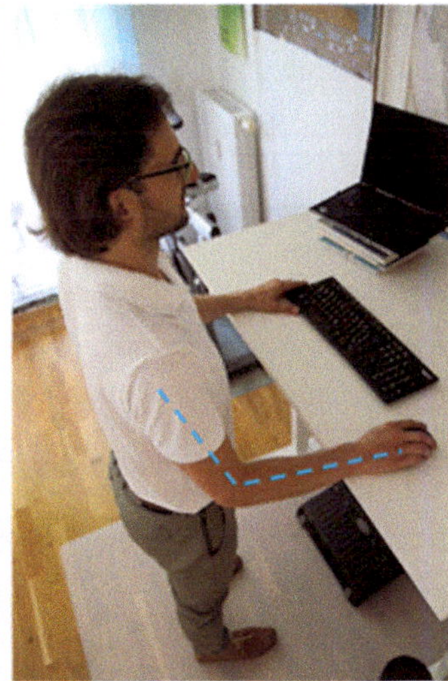

Abb. 22.43 Korrektes Stehen am Steh-Sitz-Schreibtisch. (Foto: Paul Huf)

adäquates Werkzeug stellen auch Antiermüdungsmatten dar, die kleine aktivierende Fußbewegungen zulassen. Bei einem zu weichen Boden müssen unsere Füße enorm arbeiten, auch ist es schwieriger, eine korrekte Haltung einzunehmen. Diese gilt es regelmäßig zu überprüfen, um notwendige Korrekturen jederzeit vornehmen zu können.

Eine wesentliche Erleichterung, vor allem um die neutrale Wirbelsäule automatisch von der passiven Belastung zu entlasten, ist ein Fußhocker, Schrägbrett oder Fußstütze (Abb. 22.43). Wenn wir an einer Bartheke stehen und es dort eine Fußreling gibt, setzen wir intuitiv einen Fuß darauf, da es einfach angenehmer für unseren unteren Rücken wird. Das Becken bringen wir damit automatisch in eine günstigere Lage, damit die Lendenwirbelsäule entlastet wird. Wichtiger Punkt dabei ist, dass das Knie nicht höher als die Hüfte angehoben sein sollte. Ein Vorteil eines Schrägbretts gegenüber einem einfachen Hocker ist die zusätzliche Möglichkeit des Dehnens von Wade und Achillessehne.

Ein Sitzhocker ist ein weiteres wichtiges Detail beim Einrichten des Steharbeitsplatzes (Abb. 22.43). Dieser soll nicht das Sitzen in eine höhere Position verlagern, sondern zum Anlehnen, Aufstützen der Füße oder als Hilfsmittel zum Haltungswechsel verwendet werden. Am besten eignen sich ein Sitzhocker mit mittelharter, flacher und geradkantiger Sitzfläche. Auch die Sitzhöhe ist entscheidend, welche ungefähr der Schritthöhe entsprechen sollte. Wie wir bereits beim passiven Sitzen erfahren haben, bietet sich ein 135-Grad-Winkel zwischen Beinen und Rumpf an.

Neben diesen vorgenannten Punkten hat die weitere Einrichtung eventuell weniger Einfluss auf unsere Physis, dafür jedoch auf die Psyche. Eine grüne Pflanze, ein inspirierendes Bild an der Wand und/oder eine helle Umgebung kann unser seelisches Wohlbefinden fördern. Pflanzen sind wahre Multitalente und sorgen für ein angenehmes Raumklima. Einige Pflanzen fangen Staub ab und mit diesem gefährliche Schadstoffe, die an den Staub gebunden sind. Darüber hinaus produzieren die Pflanzen Sauerstoff, sorgen für angenehme Luft und dämpfen auch den Schall. In einem hellen Büro benötigen wir nicht so viel künstliches Licht und entlasten hiermit unsere Augen.

Ein letzter Punkt ist das allgemeine Betriebsklima. Haben wir freundliche und nette Kollegen, die Kommunikation und Kollegialität groß schreiben, können wir uns glücklich schätzen. Motivieren sich die Mitarbeiter gegenseitig zu mehr Bewegung und Spaziergängen in Pausen, kann diese Synergie auch förderlich für die geschäftliche Zusammenarbeit sein. Auch gemeinsame sportliche Aktivitäten, ob außerhalb der Firma oder gegebenenfalls innerhalb eines betrieblichen Sportangebots, fördern und entwickeln die sozialen Kontakte, was letztendlich für den Arbeitgeber nur von Vorteil sein kann.

Alternative Positionen, ob im Sitzen oder Stehen, sollten wir jederzeit im Repertoire haben (Abb. 22.44). Im Abschnitt zur korrekten Körperhaltung und zum richtigen Sitzen konnten wir bereits einige Alternativen kennenlernen, wenn es um das Sitzen auf einem herkömmlichen Stuhl bzw. Bürostuhl geht. Aber ebenso haben wir im Stehen viele Möglichkeiten, immer einen Haltungswechsel anzustreben (Abb. 22.45).

22.5.3.3 Mehr Bewegung am Arbeitsplatz

Im Abschnitt zum intermittierenden Sitzen haben wir bereits viele Anregungen zur Bewegung und zum Haltungswechsel erhalten. Jedoch können wir unserer Kreativität freien Lauf lassen. Jegliche Bewegung und Unterbrechung der starren Sitzhaltung fordert und fördert unser Bewegungssystem. Im Folgenden sehen wir uns an, was noch sinnvoll sein kann.

Eine adäquate zu beherzigende Formel ist 40-15-5. Während einer Arbeitsstunde sollten wir maximal 40 Min am Stück dynamisch sitzen, 15 Min stehen und fünf Minuten gezielt bewegen.

Telefonate sind eine hervorragende Gelegenheit, um für mehr Bewegung am Arbeitsplatz zu sorgen. Sollten wir also die Möglichkeit mit einem Headset haben, dann die Telefonate im Stehen oder Herumlaufen ausführen. Außer natürlich wir müssen etwas am Rechner besprechen.

Auch für Besprechungen bietet es sich an, diese im Stehen oder sogar draußen an der frischen Luft im Gehen abzuhalten, natürlich je nachdem wie viele Personen in der Besprechung zusammenkommen und ob es die Situation zulässt.

Im Team lassen sich ebenso wunderbar kurze Büro-Work-outs und Übungen durchführen. Der Arbeitsalltag wird aufgelockert, etwas Stress fällt ab und wir bleiben in Bewegung. Am besten ist es, feste Zeiten zu vereinbaren und diese fest im Kalender einzutragen, sonst laufen wir Gefahr, dass nach anfänglicher Motivation das Ganze schnell wieder einschläft.

Ein klassisches Beispiel für mehr Bewegung stellt die Treppe dar: also zukünftig Treppe statt Aufzug nehmen. Gerade beim Treppensteigen können wir uns der neutralen Wirbelsäule bewusst werden und uns auch den im Sitzen vernachlässigten Gesäßmuskeln widmen.

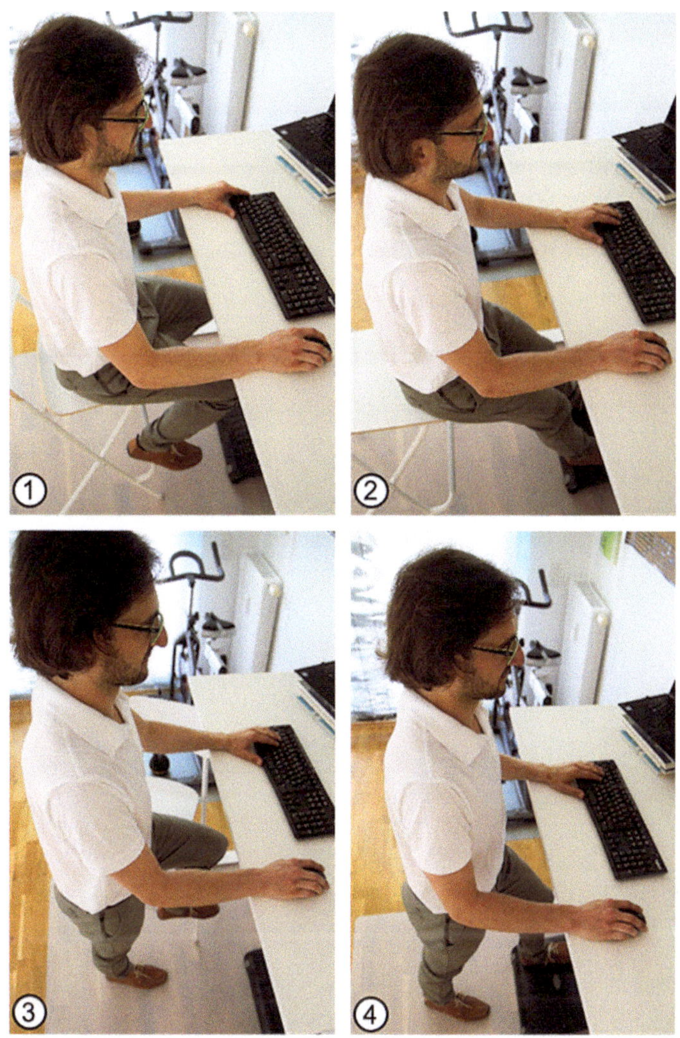

Abb. 22.44 Alternative Arbeitspositionen Nr. 1: (1) Sitzen auf Sitzhocker; (2) Anlehnen an Sitzhocker; einbeiniges Aufstellen auf Fußreling (3) Sitzhocker oder (4) Fußstütze. (Foto: Paul Huf)

Trotz guter Vorsätze scheitern wir manchmal einfach daran, weil wir nicht daran denken. Wie schnell vergeht die Zeit und schon sind drei oder vier Stunden angestrengter Arbeit vorbei. Gerade in der heutigen Zeit kann das keine Ausrede sein. Es gibt genügend Apps, bei denen wir uns eine Erinnerung einstellen können.

Bietet unser Arbeitgeber Ruheräume an, können wir unsere Pause auch für einen **Powernap** nutzen. Dieser wirkt oft wahre Wunder und lässt das Mittagstief erst gar nicht aufkommen. Ist dieser nicht möglich, kann auch ein Verdauungsspaziergang helfen.

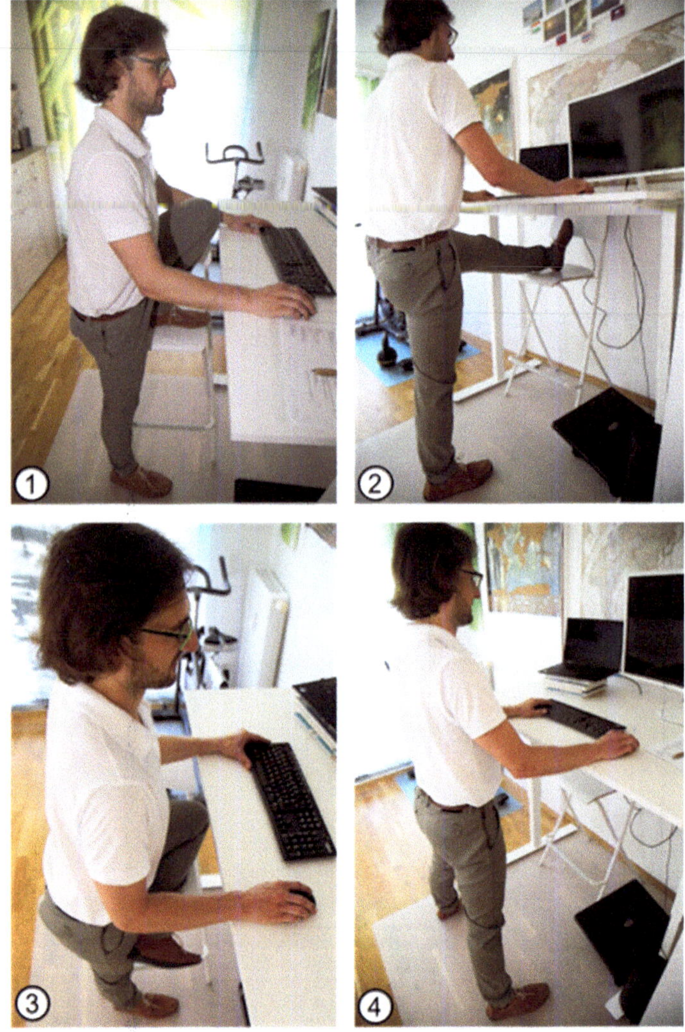

Abb. 22.45 Alternative Arbeitspositionen Nr. 2: (1) Aufstellen Bein auf Sitzhocker; Auflegen von (2) gestrecktem Bein oder (3) angewinkeltem Bein auf Sitzhocker; (4) breitbeiniges Stehen. (Foto: Paul Huf)

Neben all den Vorschlägen dürfen natürlich die kurzen Mobilisierungsübungen am Schreibtisch nicht fehlen. Zwei bis drei Übungen reichen. Ob einfaches Schulterkreisen oder Hüftmobilisation, wichtig ist, dass wir es regelmäßig in den Büroalltag einbauen.

Natürlich bietet sich der Arbeitsweg für mehr Bewegung an – entweder gleich mit dem Rad zur Arbeit oder mal eine oder zwei Stationen vorher aussteigen, wenn wir mit den öffentlichen Verkehrsmitteln unterwegs sind. Das ist ein enormer Gesundheitsbooster, der oftmals auch Stress mit dem Straßenverkehr oder mit den öffentlichen Verkehrsmitteln abnimmt.

Zu guter Letzt sollten wir das auch dokumentieren, sprich ein Tagebuch über unsere Bewegungsaktivitäten führen. In unserem Kopf geistert viel herum, aber nur wenn wir es auch schwarz auf weiß haben, können wir den Überblick behalten und nötige Rückschlüsse ziehen.

22.6 Die Praxis: Übungen und Bewegungsprogramme

Um präventiv vorzugehen, Schmerzen oder Verletzungen zu behandeln oder einfach den Bewegungsradius zu verbessern, gibt es kein Pauschalrezept. Wir benötigen einen systembasierten Ansatz, um unsere Bewegungen effizienter und körpergerecht zu machen. In diesem Abschnitt werden sowohl Büroübungen als auch sportliche Übungen für jegliche Körperbereiche dargestellt und erläutert. Diese können in kurzen Fünf-bis-zehn-Minuten-Einheiten durchgeführt werden, aber ebenso, wenn wir mehr Zeit dazu haben. Egal ob als Aufwärmen vor dem Sport oder Abwärmen nach dem Sport, egal ob mit Start in den Tag oder über den Tag verteilt oder erst abends. Das Entscheidende ist, es zu TUN.

Je nach Motiv und/oder Problembereichen suchen wir uns die entsprechenden Übungen heraus, welche wir durchführen wollen. Folgende Schritte sind wichtig bei der Durchführung:

- Gelenke und Körperbereiche mit Schwierigkeiten zuerst in Angriff nehmen, danach eingeschränkte Körperhaltungen
- Nicht alles auf einmal behandeln wollen, zuerst das schwächste Glied bearbeiten
- Zeit nehmen für die Übungen und auf korrekte Ausführung achten

Das Motto sollte sein: **Qualität vor Quantität**. Das fängt schon vor der eigentlichen Einheit an, indem wir uns gedanklich darauf einstellen: ruhig an die Sache herangehen und den Atem mit der Bewegung synchronisieren. Bei zu viel Anspannung und einem zu wenig an Konzentration riskieren wir nur, dass wir gegebenenfalls unsere physischen und/oder psychischen Schwierigkeiten noch verschlimmern.

22.6.1 Büroübungen

Die nachfolgenden Übungen stellen keinen Anspruch auf Vollständigkeit dar. Dies ist eine beispielhafte Auswahl an Übungen für entsprechend oft verspannte und abgeschwächte Körperbereiche, welche einfach in den Büro- oder Freizeitalltag integriert werden können.

Am zielführendsten ist im Schmerzfall jedoch ein individualisiertes Konzept für jeden einzelnen Menschen bzw. Patienten, abhängig von dessen Vorgeschichte, etwaigen Dysbalancen und früheren Erkrankungen.

22.6.1.1 Faszientraining und Triggern

Innerhalb der Mobilisationsmethoden haben wir die Faszienarbeit und das Triggern erwähnt. Gerade für verspannte und verhärtete Muskelbereiche bietet sich diese Methode an. Innerhalb des Faszienrollens bearbeiten wir den Bereich ungefähr zwischen ein bis drei Minuten mit langsamen Rollbewegungen. Um vermehrt die Lymphe anzuregen, kann der Druck in Richtung Körperkern gern etwas stärker ausfallen.

Beim Triggern orientieren wir uns an der Dreier-Methode Triggern-Mobilisieren-Dehnen, d. h. etwa eine Minute Triggern, eine Minute Mobilisieren und optional im Anschluss Dehnen.

Plantarfaszie (Sehnenplatte innerhalb der Fußsohle).

Mit einer kleiner Faszienrolle kann die Plantarfaszie ideal bearbeitet werden. Dazu stellen wir uns mit einem Fuß auf die Rolle, die Bewegungsrichtung geht langsam vom Ballenbereich bis zum Ansatz des Fersenbeins. Wir geben soviel Druck auf die Fußsohle, dass ein etwaiger Schmerz noch gut aushaltbar ist. Stellen wir bei einem Punkt fest, dass es etwas mehr schmerzt, verharren wir an diesem Punkt mit intensivem Druck oder kleinen Hin- und Herbewegungen. Zu beachten ist, dass wir nur Faszien- oder Muskelgewebe bearbeiten und hinsichtlich Knochengewebe nur bis zum Ansatzbereich hinarbeiten. Für eine Variation kippen wir den Fuß nach innen und außen, um die komplette Fußsohle zu erreichen. Nach ein bis zwei Minuten wechseln wir den Fuß (Abb. 22.46, Bild 1 und 2).

Beim Triggern setzen wir den Trigger ebenso auf Faszien- oder Muskelgewebe auf, ebenso kann dies am Ansatz zum Knochen gemacht werden. Sprich in diesem Fall z. B. am Ansatz zum Fersenbein. Der Druck sollte erneut aushaltbar sein, auf einer Skala von 1 bis 10, bei der 10 immensen Schmerz darstellt, darf es eine 8 sein. Auch mit dem Trigger gehen wir die einzelnen Bereiche der Fußsohle ab. Finden wir schmerzhaftere Triggerpunkte, verweilen wir hier länger. Das Prinzip ist Triggern, Mobilisieren und optionales Dehnen. Zuerst triggern wir über ungefähr eine Minute, danach mobilisieren wir erneut über ungefähr eine Minute. Im Fall der Plantarfaszie kann dies ein Auf- und Abbewegen der Fußspitze sein. Nach erfolgter Bearbeitung können wir die Fußsohle noch dehnen, sprich die Fußspitzen Richtung Schienbein ziehen (Abb. 22.46, Bild 3).

Wade

Ähnlich der Fußsohle gestaltet sich die Methode bei der Wade. Mit der großen Faszienrolle bearbeiten wir den Bereich vom Ansatz der Achillessehne bis kurz vor die Kniekehle, ebenso mit Variation durch Kippen des Beins nach innen und außen (Abb. 22.46, Bild 4 bis 6).

Mit dem Trigger gehen wir die Wade ab, selbiges Vorgehen wie oben beschrieben. Bei schmerzhaften Punkten länger verweilen und mit der Dreier-Methode Triggern-Mobilisieren-Dehnen verfahren.

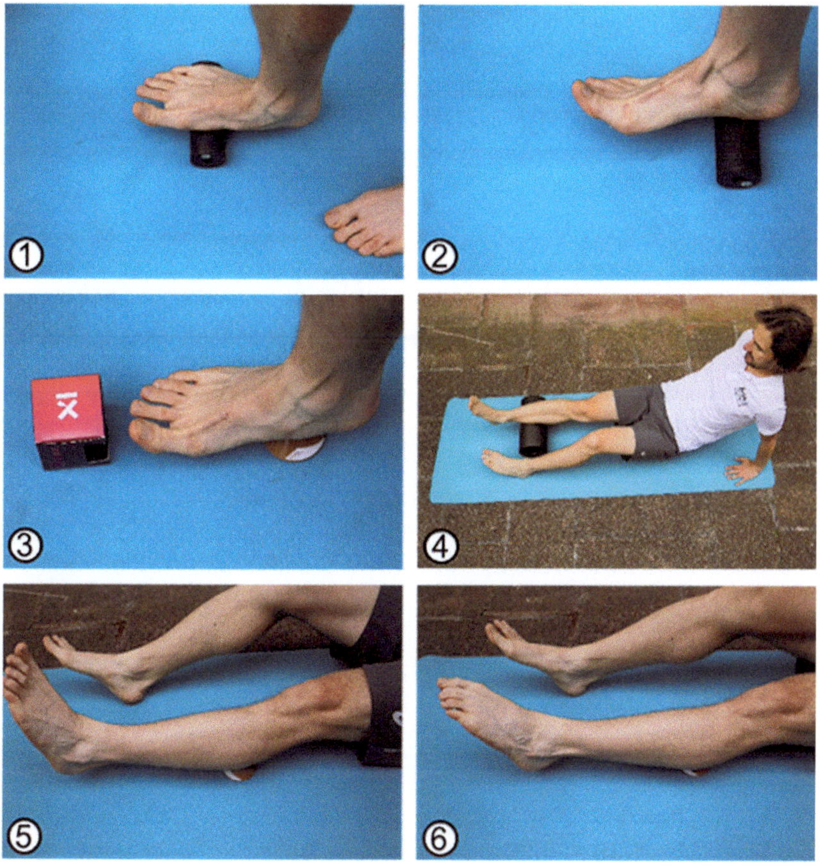

Abb. 22.46 Faszienrollen und Triggern von (1–3) Plantarfaszie und (4–6) Wade. (Foto: Paul Huf)

Oberschenkel

Mit den Oberschenkelmuskeln verfahren wir analog, somit für vorderen und hinteren Oberschenkel sowie für Adduktoren und Abduktoren (Abb. 22.47, Bild 1 und 2).

Gesäß

Innerhalb des Gesäßbereichs ist vor allem der M. piriformis (birnenförmiger Muskel) interessant, welcher oftmals verspannt ist. Dieser zieht vom Kreuzbein zur Außenseite des Oberschenkels, genauer zum großen Rollhügel (Trochanter major) des Oberschenkels. Da dieser Muskel oftmals in Dauerspannung ist, kann er durch Druck auf den Ischiasnerv Schmerzen desselben auslösen. Eine Behandlung nach der bereits beschriebenen Vorgehensweise, Rollen und/oder Triggern, kann sehr zweckdienlich für ein Auflösen der Spannung sein (Abb. 22.47, Bild 3 und 4).

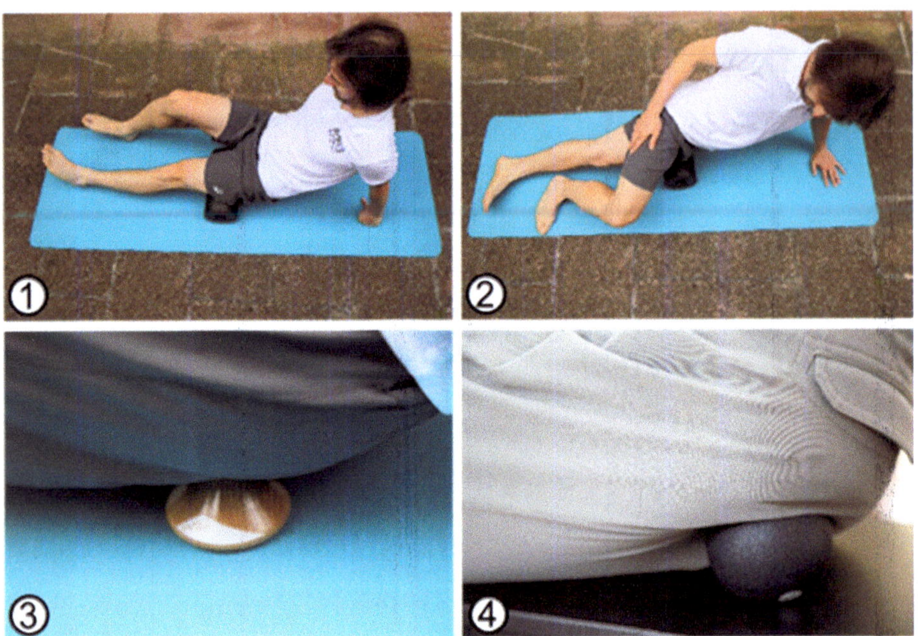

Abb. 22.47 Faszienrollen und Triggern von (1–2) Oberschenkel und (3–4) Gesäß. (Foto: Paul Huf)

Oberer/unterer Rücken

Ähnlich wie mit dem Piriformis ergeht es uns des Öfteren mit dem oberen Rücken. Durch verkrümmtes, nach vorn gebeugtes Sitzen mit nach oben gezogenen Schultern sind oberer Trapez (M. trapezius descendens) und Schulterblattheber (M. levator scapulae) verspannt. Wir erinnern uns an das Upper Cross Syndrome. Hier gilt es, gerade mit dem Trigger vorsichtig umzugehen, da wir durch falsches Aufsetzen, z. B. auf dem Wirbelkörper bzw. den Dornfortsätzen nachhaltige Schäden davontragen können.

Faszien- und Muskelgewebe bearbeiten und am Rand des Schulterblatts entlanggehen. Alternativ kann auch ein Faszienball statt dem Trigger verwendet werden. Ebenso zuerst nicht am Boden, sondern an der Wand durchführen.

Im Bereich des unteren Rückens ist ebenso Vorsicht geboten. Ein Rollen mit der großen Rolle ist kein Problem, hier kommt es nur auf die gleichmäßige Atmung und Bauchspannung an. Beim Triggern, egal ob mit Trigger oder Ball, arbeiten wir immer links oder rechts neben der Wirbelsäule (Abb. 22.48).

Ein Rollen von unterem Rücken zu oberem Rücken (bis Schulterblätter) ist jederzeit mit angemessener Bauchspannung durchzuführen. Im Bereich des oberen Rückens – wenn wir an den Schulterblättern angekommen sind – können wir uns der Rolle anschmiegen, die Rumpfspannung halten wir jedoch aufrecht. Es geht vor allem um die Brustöffnung. Verstärkt wird der Effekt, wenn wir die Arme über den Kopf strecken.

Alternativ können wir mit den Händen zum gegenüberliegenden Brustkorb greifen und mehr über die Seite rollen, sprich Oberkörper etwas nach links oder rechts kippen und erneut von unten nach oben bewegen.

Brust

Die Brust als ebenso zumeist fester und verspannter Bereich ist auch mit kleinem Faszienball oder Trigger zu bearbeiten. Zuerst kann hier wieder gegen die Wand gearbeitet werden, bei fortgeschrittenem Stadium ebenso am Boden auszuführen.

Arm/Hand

Arme behandeln wir am besten mit kleinen Faszientools, z. B. mit der kleinen Rolle oder dem Ball. Hier kann der Unterarm von jeglicher Seite abgerollt werden, ebenso der Oberarm bevorzugt mit Druck gegen die Wand. Die Handflächen lassen sich ebenso mit der kleinen Rolle bearbeiten. Hartnäckige Verspannungen können auch mit dem Trigger verarztet werden (Abb. 22.49).

22.6.1.2 Dehnübungen

Innerhalb der Dehnung führen wir im klassischen Stretching (passiv-statisches Dehnen) die Übungen für ungefähr 40 bis 60 Sekunden aus. Um es dynamischer zu gestalten, sind sanfte federnde Bewegungen zusätzlich möglich, jedoch ist auf ruckartige Bewegungen

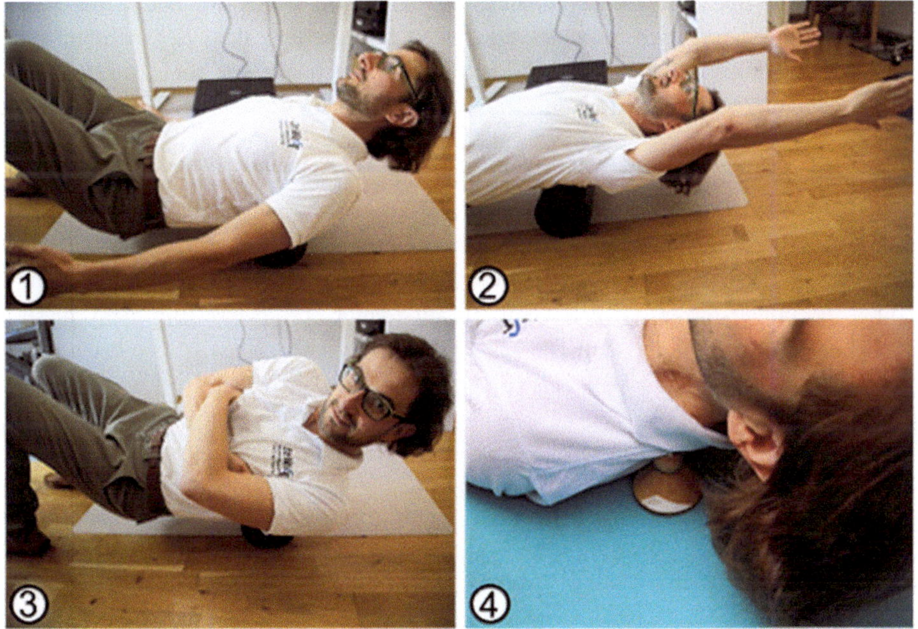

Abb. 22.48 Faszienrollen und Triggern von unterem und oberem Rücken. (Foto: Paul Huf)

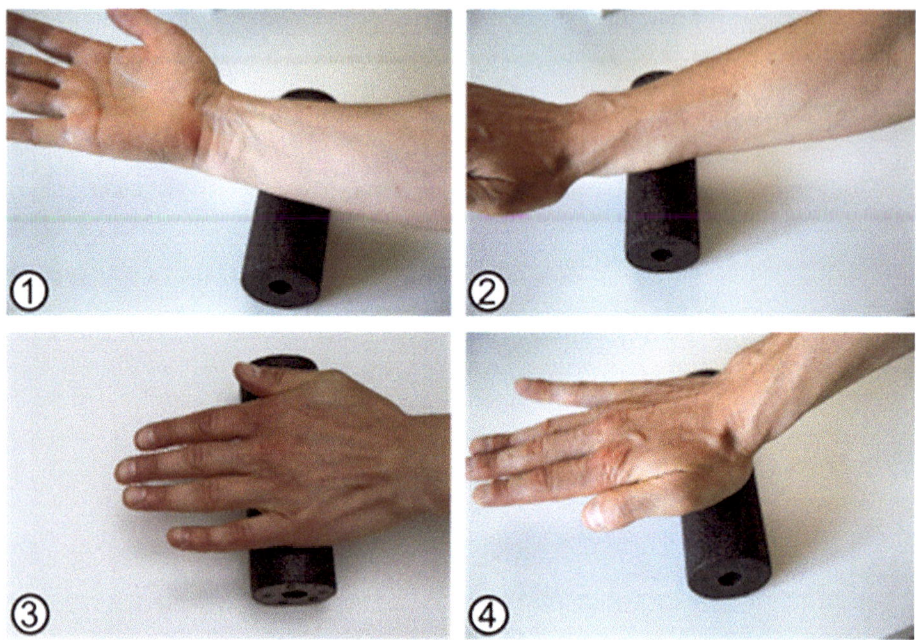

Abb. 22.49 Faszienrollen und Triggern von (1–2) Arm und (3–4) Hand. (Foto: Paul Huf)

zu verzichten. Spezielle Dehnmethoden, wie z. B. die CRAC-Methode, folgen den eigenen Richtlinien. Unsere Atmung ist jederzeit mit der Bewegung zu synchronisieren, d. h. Pressatmung vermeiden und mit Einnahme der Dehnposition ruhig ausatmen, um die Entspannung weiter zu forcieren.

Nacken

In der Geierkopfhaltung und in gekippter Kopfposition verlangen wir unserem Nacken und Schulterbereich einiges ab. Neben der Mobilisierung dieser Bereiche bietet sich eine Dehnung an. Dazu greifen wir im Sitzen oder im Stand mit einer Hand über den Kopf, stellen die Fingerspitzen auf der Kopfseite auf (damit der spätere Zug nicht zu stark wird) und ziehen den Kopf sanft zur Seite. Wir achten darauf, dass unsere Brustwirbelsäule aufrecht ist. Um die Dehnung zu verstärken, drücken wir mit der anderen Hand Richtung Boden. Auch hier können wir mit Winkelvariationen arbeiten, je nachdem, wo wir die für uns angenehmste Dehnung verspüren. Nach ungefähr 40 bis 60 Sekunden wechseln wir die Seite. Ebenso können wir mit beiden Händen die Finger am Hinterkopf aufsetzen und den Kopf mit leichtem Druck nach vorn ziehen (Abb. 22.50).

Schulter

Wenn wir den Arm vor unserer Brust zur Seite ziehen, erhalten wir eine Dehnung im hinteren Schultermuskel (M. deltoideus pars spinalis). Die aufrechte Brustwirbelsäule ist

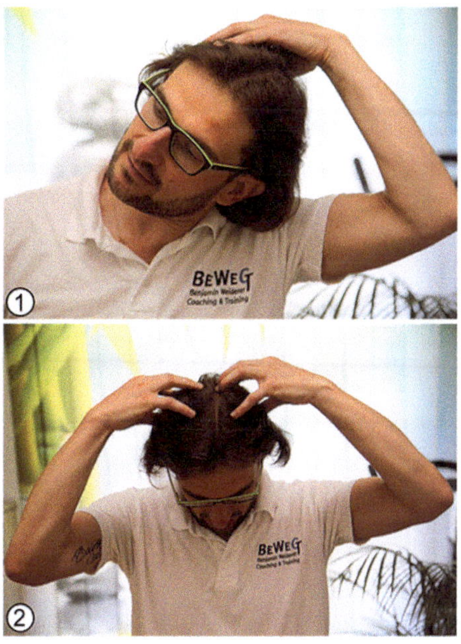

Abb. 22.50 Dehnung der Nackenmuskulatur. (Foto: Paul Huf)

zu gewährleisten und bei der Dehnung ist jederzeit ruhig zu atmen. Der vordere Bereich ist ebenso wichtig, auf den wir innerhalb der Mobilisierung eingehen (Abb. 22.51, Bild 1).

Unterarm/Handgelenk

Um die Handgelenke von der Büroarbeit zu entlasten, können wir diese dehnen. Einerseits mit vor der Brust zusammengepressten Händen, andererseits im Vierfüßlerstand und Auflegen des Handrückens auf dem Boden (Abb. 22.51, Bild 2 bis 4). Dabei ist auf einen neutralen Rücken zu achten und dass der Oberarm aus dem Schultergelenk gedrückt wird. Letztere Variante kann natürlich ebenso im Stehen vor dem Schreibtisch durchgeführt werden. Alternativen sind, die Handrücken ein- oder beidhändig auf die Tischplatte zu legen und ebenso die Finger zum Körper zeigen zu lassen sowie zueinander.

Hüftbeuger

Im Abschnitt zum intermittierenden Sitzen sind wir bereits auf zwei Varianten der Dehnung des Hüftbeugers eingegangen. Eine klassische ist selbstverständlich der weite Ausfallschritt. Wir achten auf parallele hüftbreite Beinstellung, Zehenspitzen zeigen nach vorn, strecken die Ferse des hinteren Beins weit nach hinten und halten das vordere Knie über der Fußsohle. Das Gewicht steht auf der ganzen Fußsohle. Auf eine leichte Rumpfspannung ist zu achten. Wir sinken immer mehr mit Hüfte und Becken ein. Hier können wir auch erneut federnde Bewegungen ausführen, jedoch keine ruckartigen. Nach ungefähr 40 bis 60 Sekunden wechseln wir die Seite (Abb. 22.52, Bild 1).

Abb. 22.51 Dehnung (1) des hinteren Schultermuskels und (2–4) der Handgelenke. (Foto: Paul Huf)

Hintere Beinkette mit Wade und hinterem Oberschenkel

Gerade die hintere Beinkette mit ischiocruraler Muskulatur (rückseitiger Oberschenkelmuskulatur) ist gegenüber der Vorderseite meist schwach ausgeprägt. Um diese zu dehnen, stellen wir ein Bein bzw. die Ferse auf einen Stuhl. Aus der hüftbreiten Stellung mit Zehenspitzen gerade nach vorn und parallel nach vorn ausgerichtetem Becken senken wir mit neutraler Wirbelsäule den Oberkörper Richtung Zehen ab. Diese ziehen wir etwas heran, um die Dehnung zu verstärken. Sollte es am meisten in der Kniekehle ziehen, beugen wir das Bein etwas an. Nach den üblichen 40 bis 60 Sekunden wechseln wir die Seite (Abb. 22.52, Bild 2).

Gesäß

Im vorherigen Abschnitt haben wir den Piriformis-Muskel bereits erwähnt, nun geht es um seine Dehnung. Dies können wir sitzend auf einem Stuhl erledigen, in dem wir ein Bein über das andere schlagen und mit der gleichseitigen Hand das Knie Richtung Boden drücken. Die leichte Rumpfspannung natürlich aufrechterhalten. Eine Verstärkung erreichen wir durch das Nach-vorn-Beugen des Oberkörpers (Abb. 22.53, Bild 1 und 2).

Alternativ ist diese Übung mithilfe der Schreibtischplatte möglich. Hier legen wir das Bein auf der Schreibfläche ab (Beachte: Höhe entspricht ungefähr der Schritthöhe) und achten auf eine Verankerung der Wirbelsäule. In der Endposition konzentrieren wir uns auf die aufrechte Körperhaltung und die Hüftaufrichtung (Abb. 22.53, Bild 3 und 4).

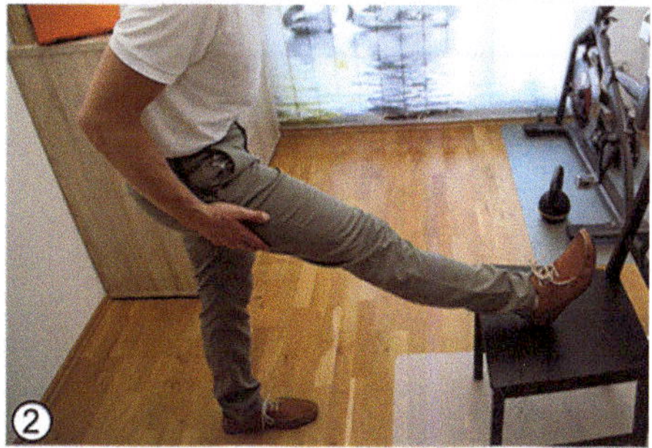

Abb. 22.52 Dehnung (1) des Hüftbeugers und (2) der hinteren Beinkette. (Foto: Paul Huf)

22.6.1.3 Mobilisierungsübungen

Wenn wir mobilisieren, arbeiten wir in der Regel in einer langsamen Geschwindigkeit. Ungefähr zehn Wiederholungen der Übungsausführung bieten eine gute Orientierung. Dabei ist darauf zu achten, dass wir versuchen, unseren Bewegungsradius während der Ausführung sukzessive zu vergrößern.

Kopf/Nacken

Mit neutraler Wirbelsäule schauen wir gerade nach vorn und nehmen den Kopf leicht zurück, als wollten wir ein Doppelkinn machen. Aus dieser Position senken wir den Kopf ab, der Blick folgt jederzeit der Bewegung. Die Beugung geschieht mehr durch den oberen Teil der Halswirbelsäule (HWS). Genauso können wir den Kopf leicht in den Nacken legen, die Bewegung kommt erneut aus der oberen HWS. Hier achten wir insbesondere, dass wir nicht komplett in die Endposition gehen, um Weichgewebe an der Kopfhinterseite zu schonen.

Aus der erneuten Ausgangsposition drehen wir den Kopf jeweils zu beiden Seiten (Achse Wirbelsäule). Ziel sollte es sein, über die Schulter blicken zu können. In einem weiteren Durchgang können wir die beiden Ausführungen kombinieren, sprich wir drehen uns zur Seite und nicken in dieser Stellung. Das Kinn senkt sich zum Schlüsselbein ab (Abb. 22.54).

Brustwirbelsäule

Die Schulterblätter sollen für eine dreidimensionale Bewegung optimal über der Brustwirbelsäule (BWS) gleiten, ideal mit dem Scapula-Kreisen zu erreichen. Mit aufgestützten Händen auf der Tischplatte erleichtern wir uns die Ausrichtung der neutralen

Abb. 22.53 Dehnung des Gesäßmuskels, insbesondere Piriformis, im (1–2) Sitzen und (3–4) Stehen. (Foto: Paul Huf)

Wirbelsäule. Aus der lockeren Position ziehen wir die Schultern zu den Ohren. Der Kopf bleibt jederzeit gerade und in Verlängerung der Wirbelsäule. Jetzt ziehen wir die Schulterblätter auseinander und weit voneinander weg, ebenso schieben wir den Arm weit aus der Schulter nach vorn. Im dritten Schritt lassen wir die Schulterblätter entlang des Brustkorbs nach unten gleiten und führen diese im letzten Schritt wieder auf halben Weg zusammen (Abb. 22.55).

Um die Oberkörperstreckung zu trainieren, können wir die Arme hinter den Kopf bringen. Zuerst führen wir die Bewegung mit jeweils einem Arm aus. Ziel ist es, so weit wie möglich am gegenüberliegenden Schulterblatt nach unten zu greifen. Danach führen wir die Bewegung mit beiden Armen aus, überkreuzen die Unterarme hinter dem Rücken und verharren mit ruhiger Atmung für ungefähr 20 bis 30 Sekunden in der Position „Hasenohren". Dies fördert ebenso die Überkopfmobilität (Abb. 22.56, Bild 1 und 2).

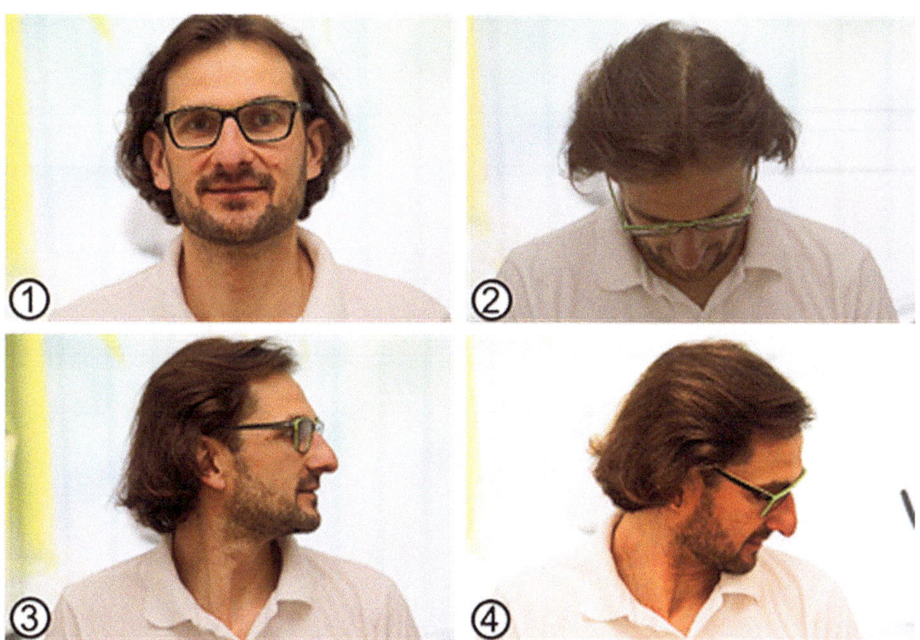

Abb. 22.54 Mobilisation der Halswirbelsäule in (2, 4) Beugung und (3, 4) Seitdrehung. (Foto: Paul Huf)

Die Rotationsfähigkeit von HWS und BWS fördern wir mit im Sitzen stabilisierter Lendenwirbelsäule (LWS). Dazu klemmen wir z. B. eine Faszienrolle zwischen die Beine. Aus dieser Position drehen wir uns um die Achse Wirbelsäule zu beiden Seiten und schauen über die Schulter nach hinten (Abb. 22.56, Bild 3 und 4).

Legen wir die Hände auf der Tischplatte auf und strecken die Arme über den Kopf, sodass Arme, Kopf und Oberkörper eine parallele Ebene zum Boden darstellen, können wir mit diagonalen Rotationsbewegungen ebenso die HWS und BWS mobilisieren. Zudem bringen wir die Brustmuskulatur und die hintere Beinkette etwas auf Spannung. Die Füße stehen ungefähr schulterbreit parallel auseinander.

In der Ausgangsposition drehen wir uns mit gestrecktem Arm senkrecht nach oben auf und schauen über die Innenhandfläche zur Decke. Beim Rückführen bringen wir die Hand zur gegenüberliegenden Fußspitze. Die andere Seite behandeln wir in gleicher Weise (Abb. 22.57).

Hüfte

Um das Hüftgelenk zu mobilisieren, gehen wir in den Einbeinstand, mit leicht gebeugtem Bein. Mit dem freien Bein beschreiben wir eine Acht, sprich vorn und hinten eine Schleife. Um die Mobilisation zu verstärken, rotieren wir das Bein bewusst nach innen und außen (siehe vor allem Abb. 22.58, Bild 2, 3 und 6). Unser Becken bleibt

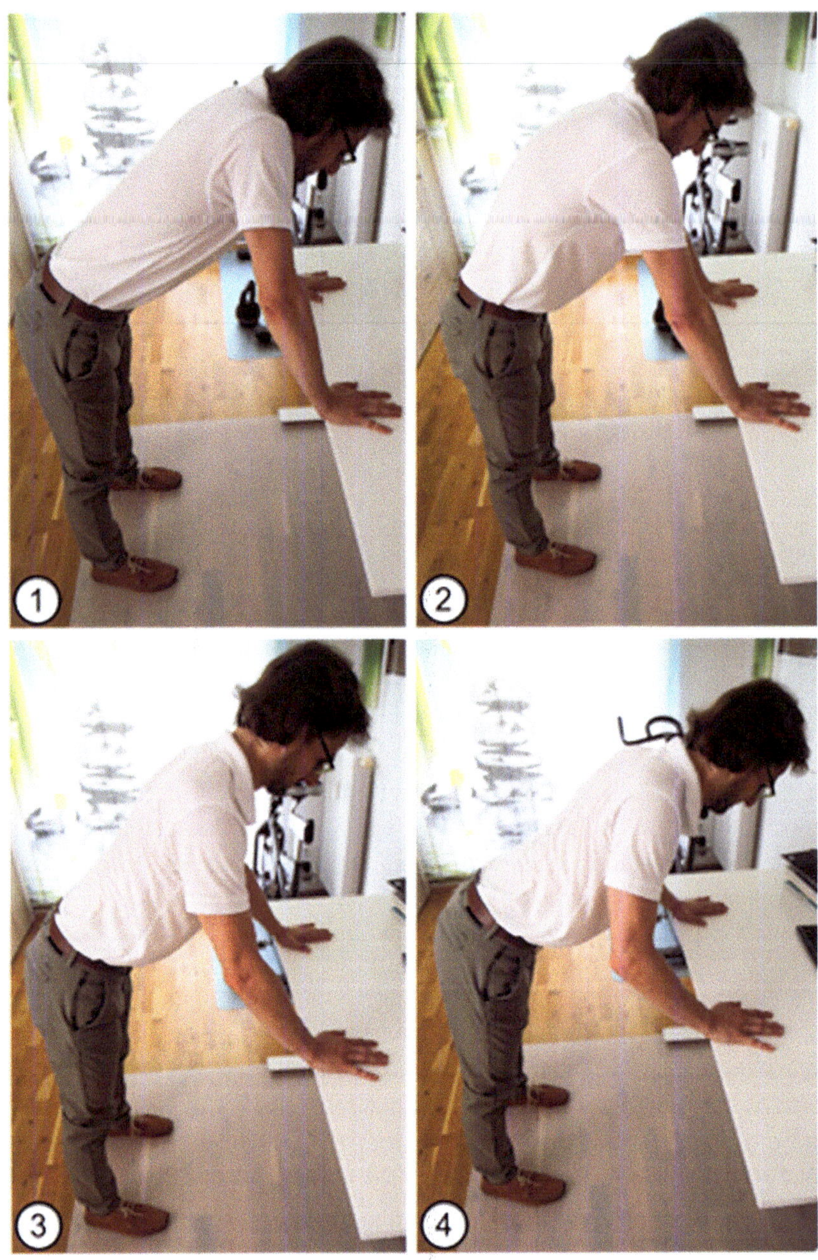

Abb. 22.55 Scapula-Kreisen. (Foto: Paul Huf)

Abb. 22.56 Mobilisation des Oberkörpers, (1–2) Überkopfbewegung und (3–4) Brustwirbelsäule. (Foto: Paul Huf)

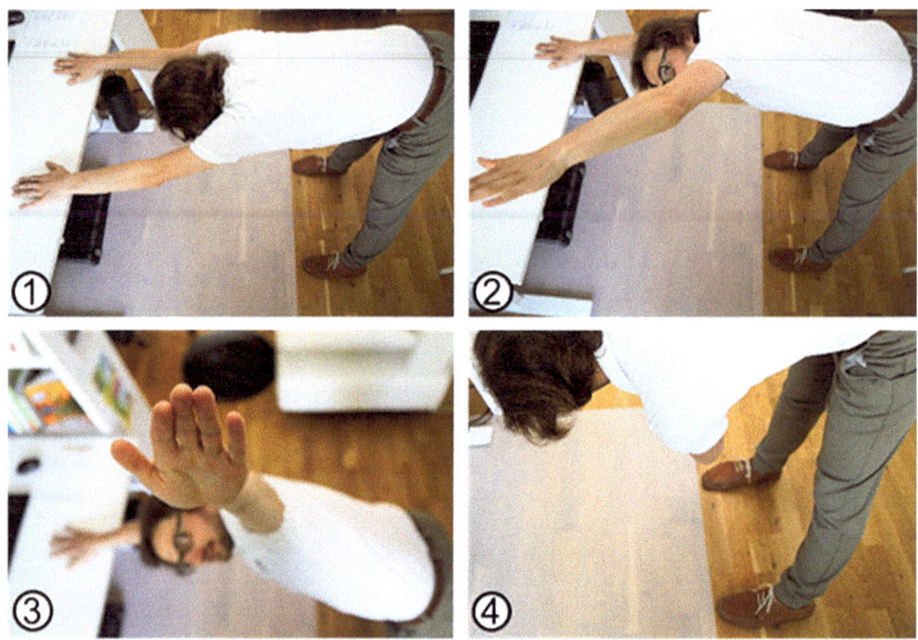

Abb. 22.57 Mobilisation der Hals- und Brustwirbelsäule. (Foto: Paul Huf)

dabei stabil parallel nach vorn ausgerichtet; es rotiert nur der Oberschenkel in der Hüftpfanne.

Alternativ können wir ebenso ein Bein anwinkeln, sodass im Hüft- und Kniegelenk ein 90-Grad-Winkel entsteht; mit der Kniescheibe Kreise nach außen (gelenköffnend) ausführen. Wir beginnen klein und werden mit den Kreisen immer größer, bis wir den maximalen Bewegungsradius ausgelotet haben (Abb. 22.58).

Iliosakralgelenk

Das Iliosakralgelenk stellt eine mit wenig Spielraum ausgestattete Verbindung zwischen Kreuzbein und Darmbein her. Mediziner sagen, dass bis zu 80 % der Menschen eine Blockade des Iliosakralgelenks haben. Um dieses zu mobilisieren, gehen wir auf einem Stuhl oder einer Box in den Vierfüßlerstand. Ein Bein setzen wir auf die Sitzfläche, das andere lassen wir frei in der Luft hängen. Der Oberkörper wird nicht verdreht und bleibt – genauso wie das Becken – parallel zum Boden ausgerichtet. Das freie Knie senken wir nun leicht ab. Eine kleine Bewegung, die ausschließlich aus dem Iliosakralgelenk erfolgt (Abb. 22.59).

Knie-/Sprunggelenk

Eine Dysbalance des Sprunggelenks kann sich oftmals auf das Kniegelenk und umgekehrt auswirken. Seit dem erwähnten Gelenk-zu-Gelenk-Ansatz von Michael Boyle dürfte dies

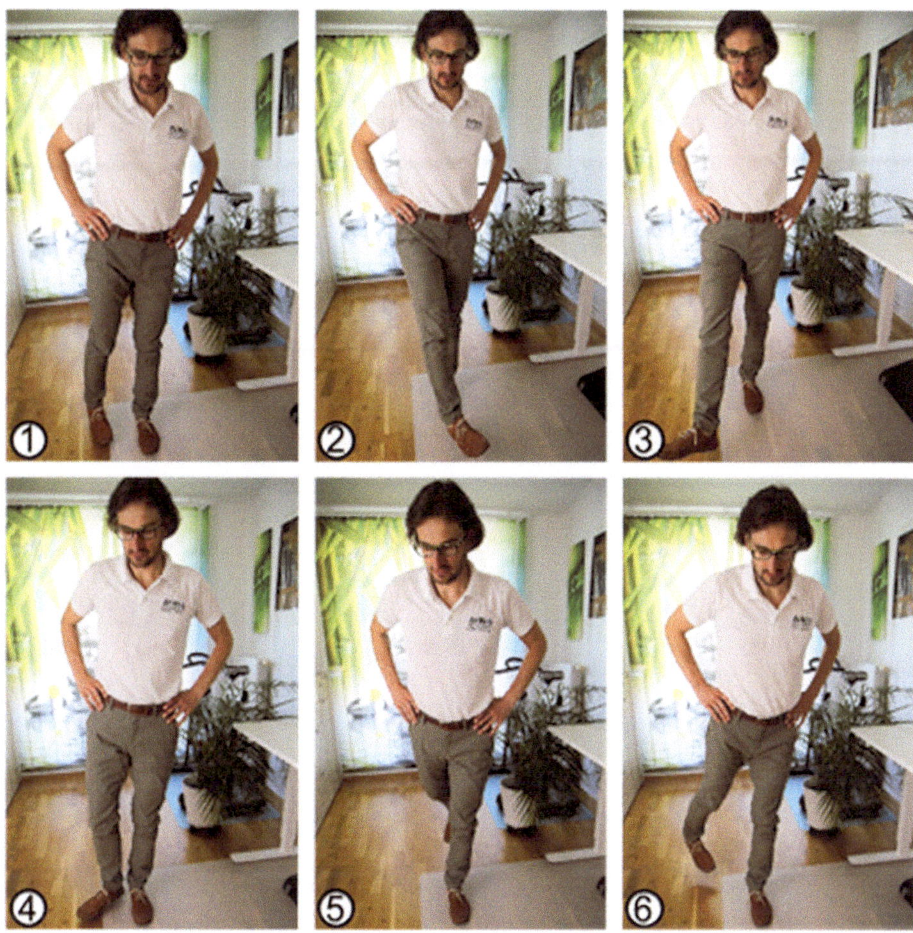

Abb. 22.58 Mobilisation des Hüftgelenks mit Achter-Kreisen. (Foto: Paul Huf)

klar sein. Eine Mobilisation für beide Gelenke stellt das Kniekreisen im Ausfallschritt dar. Hierzu gehen wir in einen mittleren Ausfallschritt, vorderes Knie ist über der Fußsohle ausgerichtet und beide Fußspitzen zeigen nach vorn. Nun führen wir Kreise mit dem Knie aus, ohne dass die vordere Fußsohle, insbesondere die Ferse, den Bodenkontakt verliert. Wir steigern das Ganze wieder von klein nach groß. Wir wechseln sowohl die Richtung der Kreise wie auch danach das Bein. Durch die kreisenden Bewegungen erreichen wir mit dieser Übung sowohl das untere (Pronation und Supination) wie das obere (Dorsalextension und Plantarflexion) Sprunggelenk (Abb. 22.60).

Alternative ist: Fußspitze im Einbeinstand des freien Beins nach unten in Richtung Boden und oben zum Schienbein führen, ebenso den freien Fuß im Einbeinstand nach innen und außen kippen.

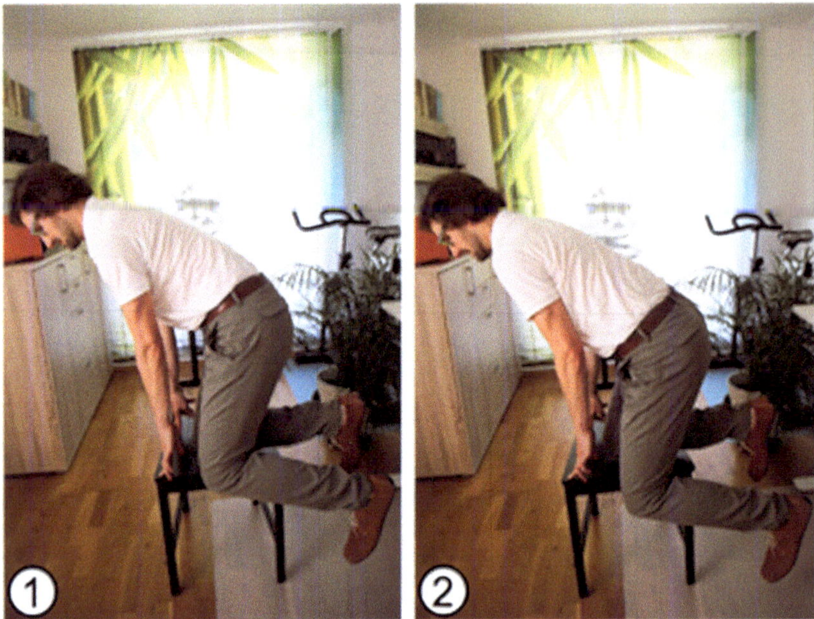

Abb. 22.59 Mobilisation des Iliosakralgelenks. (Foto: Paul Huf)

22.6.1.4 Kraftübungen

Im Kräftigungsteil geht es uns vor allem um die Kräftigung abgeschwächter Muskeln. Im Kapitel über schlechte Körperhaltung haben wir bereits innerhalb des Lower und des Upper Syndrome tonische und phasische Muskeln kennengelernt. Wir konzentrieren uns vor allem auf die phasischen Muskeln. Die Ausführungsgeschwindigkeit sollte – wenn nichts anderes vermerkt ist – für konzentrische sowie für exzentrische Phase ungefähr zwei bis drei Sekunden sein. Vor allem bei der exzentrischen Phase ist auf langsame Ausführung zu achten.

In der konzentrischen Phase zieht sich der Muskel gegen einen Widerstand zusammen (überwindend), in der exzentrischen Phase wird der kontrahierte Muskel gedehnt (nachgebend). Ein Beispiel ist der Bizepscurl: Beim Anheben der Hantel befinden wir uns in der konzentrischen Phase (Ansatz und Ursprung des Muskels nähern sich an), beim Absenken in der exzentrischen Phase (Ansatz und Ursprung des Muskels entfernen sich). Die Zahl der Wiederholungen orientieren sich zwischen 10 und 15. Je nach Fitnesslevel können zwei bis drei Sätze vollzogen werden, unterbrochen von einer circa 30 sekündigen Pause.

Rotatorenmanschette

Unter der Rotatorenmanschette versteht man eine Gruppe von vier Muskeln, welche um bzw. am Schulterblatt liegen und für die Stabilisierung des Schultergelenks sorgen. Die vier Muskeln sind Unterschulterblattmuskel (M. subscapularis), Obergrätenmuskel (M. supraspinatus), Untergrätenmuskel (M. infraspinatus) und kleiner Rundmuskel (M. teres minor). Diese machen die Innen- und Außenrotation des Arms möglich.

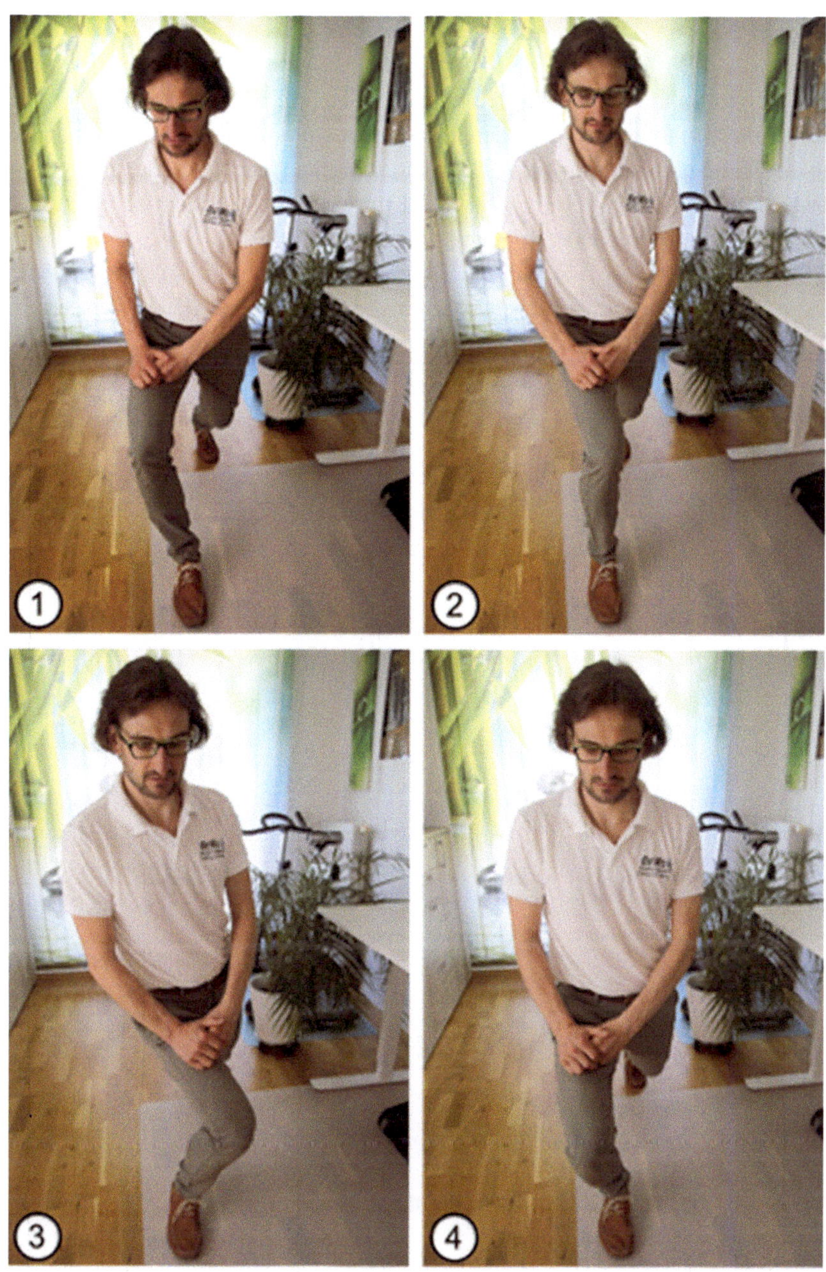

Abb. 22.60 Mobilisation von Knie und Sprunggelenk durch Kniekreisen im Ausfallschritt. (Foto: Paul Huf)

Um die Innen- und Außenrotation zu verbessern, führen wir genau diese mit einem Theraband aus. Wir fixieren das Theraband in Ellbogenhöhe, winkeln diesen im 90-Grad-Winkel an und halten das Theraband mit neutral ausgerichtetem Handgelenk in leichter Grundspannung. Den Ellbogen fixieren wir am Körper. Wir stehen hüftbreit und locker im Schultergürtel. Für die Außenrotation drehen wir den Unterarm mit weiterhin am Körper fixiertem Ellbogen nach außen. Für die Innenrotation führen wir die Bewegung nach innen zur anderen Seite aus (Abb. 22.61).

Mithilfe des Minibands lässt sich die Rotatorenmanschette ebenso gut kräftigen. Dazu nehmen wir das Miniband unter leichter Spannung zwischen die Hände, achten selbstverständlich auf eine neutrale Wirbelsäulenstellung und bleiben locker in den Schultern. Nun bleibt eine Hand an Ort und Stelle und die andere versetzen wir in verschiedene Stellungen.

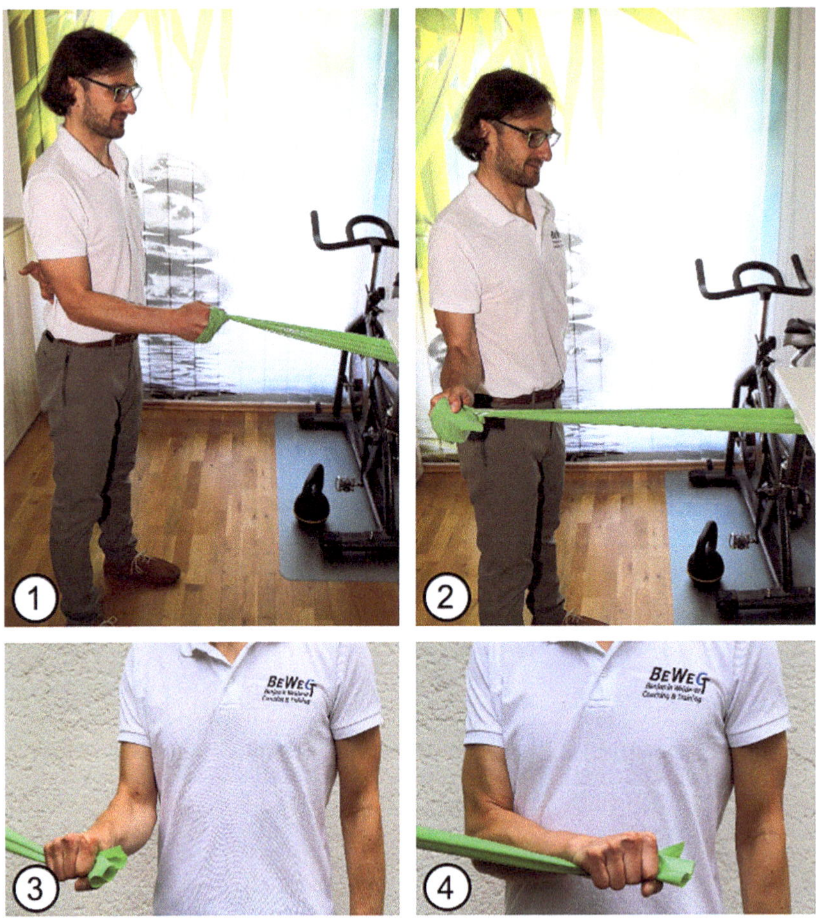

Abb. 22.61 Kräftigen der Rotatorenmanschette durch (1–2) Außen- und (3–4) Innenrotation. (Foto: Paul Huf)

Wir können uns an einer Uhr orientieren, sprich Hand z. B. auf ein Uhr oder vier Uhr setzen. Die Übung können wir sowohl auf dem Schreibtisch als auch an der Wand ausführen (Abb. 22.62, Bild 1 und 2).

Neben der vorher beschriebenen Innen- und Außenrotation vernachlässigen viele die Außenrotation mit angehobenem Oberarm. Hierzu stellen wir uns erneut hüftbreit mit leichter Rumpfspannung vor ein Objekt, an dem wir das Theraband auf Schulterhöhe fixieren. Ellbogen befindet sich im 90-Grad-Winkel und das Band in leichter Grundspannung. Nun drehen wir den Oberarm nach außen und führen den Unterarm aus der Waagerechten in die Senkrechte (Abb. 22.62, Bild 3 und 4).

Trapezmuskel und Rautenmuskeln

Mindestens genauso wichtig wie die Rotatorenmanschette sind der dreiteilige Trapezmuskel (M. trapezius) und die beiden Rautenmuskeln (M. rhomboideus minor und major), die unter diesem liegen. Um nach einem Bürotag mit zumeist vorgebeugter Position wieder in die Brustöffnung zu gelangen, sind diese Muskeln zu aktivieren.

Für die erste Übung „Butterfly" führen wir im Stehen oder im Sitzen die Arme im angewinkelten Zustand vor den Körper, Oberarme sind parallel zum Boden und Handflächen zeigen zueinander. Wir öffnen den Brustkorb, spreizen die Arme nach außen und führen die Schulterblätter in Richtung Wirbelsäule zusammen. Während der Übung die neutrale Wirbelsäulenstellung beibehalten (Abb. 22.63, Bild 1 und 2).

Eine weitere Übung kommt dem Rudern oder eher dem Stockschub gleich, ebenso im Stehen oder Sitzen möglich. Wir führen die Arme statt angebeugt hier gestreckt nach

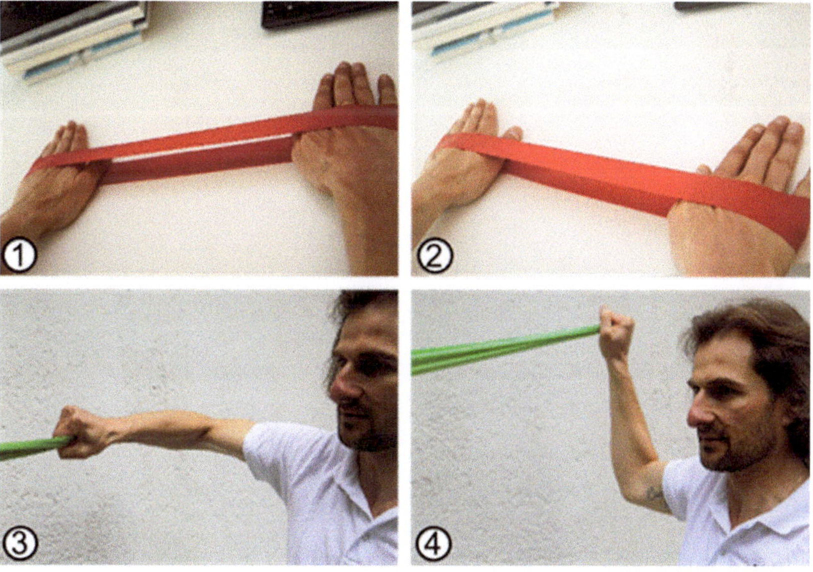

Abb. 22.62 Kräftigen der Rotatorenmanschette durch (1–2) Miniband und (3–4) Außenrotation. (Foto: Paul Huf)

unten, um nochmal mehr auf das Zusammenziehen der Schulterblätter nach unten zu achten. In der Ausgangsposition ist das Theraband in leichter Grundspannung und die Schultern sind locker. Mit dem Ziehen halten wir die Rumpfspannung und achten auf eine gleichmäßige Atmung (Abb. 22.63, Bild 3 und 4).

Bauchmuskeln

Die Bauchmuskeln haben unter anderem die Aufgabe, den Gegenzug zu den Rückenmuskeln aufrechtzuerhalten. Wenn diese ihrer Funktion nicht nachkommen, sind Dysbalancen die natürliche Folge. Im Sitzen heben wir die Füße leicht vom Boden ab und strecken die Beine unter leichter Rumpfspannung. Unter gleichmäßiger Bauchatmung heben wir, so gut es geht, die gestreckten Beine an und senken diese wieder ab (Abb. 22.64, Bild 1 und 2). Eine einfachere Variante ist das Anbeugen der Beine, sprich die Knie Richtung Brustkorb hoch und runter führen.

Eine weitere koordinative Möglichkeit ist das wechselseitige Zusammenführen von Ellbogen und Knie. Es ist darauf zu achten, dass das Knie zum Oberkörper geführt wird und die Wirbelsäule neutral ausgerichtet ist (Abb. 22.64, Bild 3 und 4).

Gesäß- und Beinmuskeln

Es existieren einige Übungen, die sowohl Gesäß und Beinmuskeln ansprechen. Eine klassische stellt die Kniebeuge dar, wir führen diese multidirektional aus. Im mit verankerter Wirbelsäule aufrechten Stand verlagern wir das Gewicht auf ein Bein und tippen im Wechsel mit der Fußspitze nach hinten, zur Seite und nach vorn, indem wir mit dem Standbein leicht in die Knie gehen (Abb. 22.65).

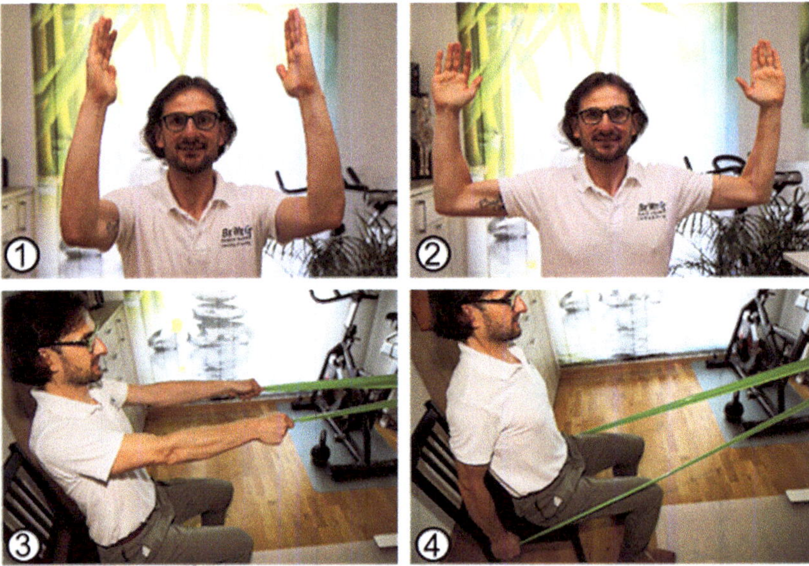

Abb. 22.63 Kräftigen des Trapezmuskels und der Rhomboiden durch (1–2) Butterfly (3–4) und Schub. (Foto: Paul Huf)

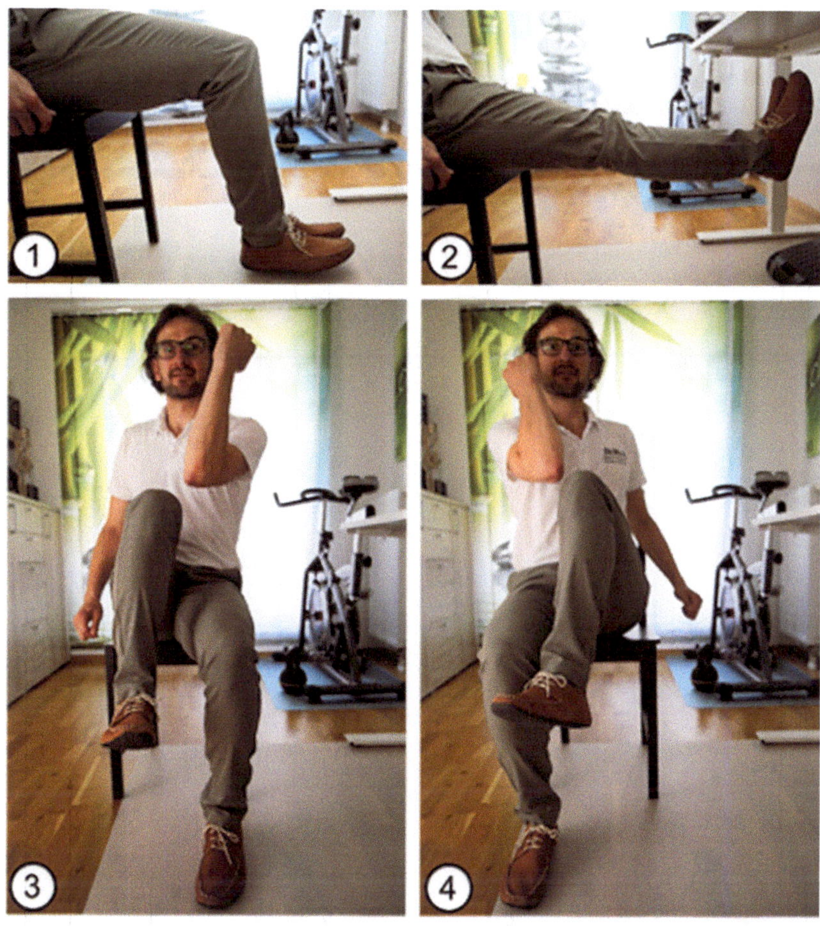

Abb. 22.64 Kräftigen der Bauchmuskeln durch Beinheben. (Foto: Paul Huf)

Um vermehrt die Beinrückseite anzusprechen, bietet sich die Rumpfbeuge an. Im aufrechten schulterbreiten Stand schieben wir unser Gesäß nach hinten, beugen die Knie nur leicht und senken den aufrechten Oberkörper ab, bis dieser parallel zum Boden ist. Das Gewicht lastet auf der gesamten Fußsohle, insbesondere etwas mehr auf der Ferse (Abb. 22.66).

Eine fortgeschrittene Variante stellt die einbeinige Rumpfbeuge dar. Ausgangsposition mit leicht angehobenem Bein, Ausführung ähnlich der beidbeinigen Rumpfbeuge. Das Becken bleibt parallel nach vorn bzw. in Endposition parallel zum Boden. Das freie Bein ist in Verlängerung des Oberkörpers nach hinten gestreckt. Als weiteren Zusatz können wir noch einen Ruderzug durchführen, um den oberen Rücken zu aktivieren. Schulterblätter ziehen nach innen unten zur Wirbelsäule (Abb. 22.67).

Um das Herz-Kreislauf-System noch besser anzuregen, können wir den Bergsteiger in Schräglage durchführen. Dazu stützen wir uns in der Liegestützposition am Schreibtisch

Abb. 22.65 Kräftigen der Gesäßmuskeln und Oberschenkelmuskeln durch multidirektionale Kniebeuge. (Foto: Paul Huf)

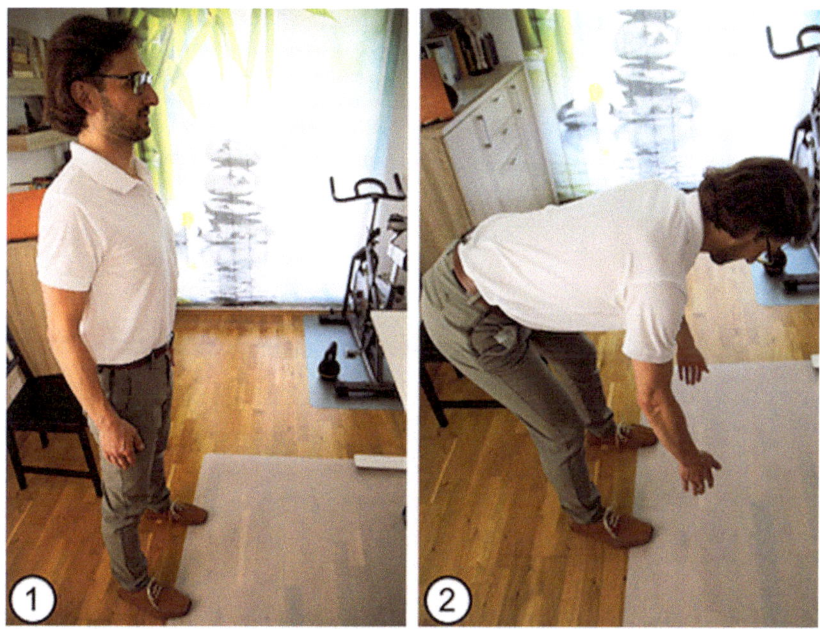

Abb. 22.66 Kräftigen der ischiocruralen Muskulatur durch beidbeinige Rumpfbeuge. (Foto: Paul Huf)

Abb. 22.67 Kräftigen der ischiocruralen Muskulatur durch einbeinige Rumpfbeuge. (Foto: Paul Huf)

ab, sodass der Körper eine Ebene bildet. Die Schultern ziehen wir nach unten und der Oberarm drückt locker aus dem Schultergelenk. Nun beginnen wir langsam abwechselnd das Knie Richtung Ellbogen nach oben zu ziehen. Dies können wir auf derselben Seite oder diagonal machen. Fühlen wir uns stabil im Rücken, können wir hier die Geschwindigkeit erhöhen. Zu beachten ist jedoch jederzeit die Verankerung des unteren Rückens (Hohlkreuz vermeiden) und oberen Rückens (aufrechte BWS und Schulterblätter in Neutralstellung; Abb. 22.68).

22.6.2 Sportliche Mobilisationsprogramme

Die nachfolgenden Übungen stellen keinen Anspruch auf Vollständigkeit dar. Dies ist eine beispielhafte Auswahl an Übungen, welche sich in der Praxis bei verschiedenen Athleten bewährt haben.

Für individuelle Motive und/oder Dysbalancen sowie Asymmetrien ist es am zielführendsten, ein individualisiertes Konzept mit einem Experten und Personal Trainer zu erstellen.

22.6.2.1 Faszientraining und Triggern

Hier wird auf die Ausführungen im vorherigen Abschnitt zu den Büroübungen verwiesen. Gerade für Athleten ist es wichtig, je nach Sportart die festen und verspannten Muskeln zu bearbeiten und somit Verspannungen zu lösen. Dies ist ein Baustein, um schnell zu regenerieren und fit für das nächste Training oder den Wettkampf zu sein.

22.6.2.2 Dehnübungen

Im klassischen Stretching (passiv-statisches Dehnen) führen wir die Übungen ungefähr 40 bis 60 Sekunden aus. Für mehr Dynamik sind zusätzlich sanfte federnde Bewegungen möglich, jedoch ist auf ruckartige Bewegungen zu verzichten. Spezielle Dehnmethoden, wie z. B. die CRAC-Methode, folgen den eigenen Richtlinien. Die Atmung ist jederzeit mit der Bewegung zu synchronisieren, d. h. Pressatmung vermeiden und mit Einnahme der Dehnposition ruhig ausatmen, um die Entspannung weiter zu forcieren.

Grundsätzlich sind auch hier die Übungen aus dem vorherigen Abschnitt zu den Büroübungen zu empfehlen. Im Folgenden werden noch speziellere Stretching-Übungen vorgestellt.

Hüfte, hintere Beinkette und Rücken

In fast jeder Sportart, in der wir auf den Beinen unterwegs sind, kommt dem Hüftbeuger ein besonderes Augenmerk zu, für Vielsitzer sowieso. Im Halbkniestand (HKS) richten wir uns aus, sprich ein Bein aufstellen, sodass der Unterschenkel senkrecht auf dem Boden steht, und anderen Unterschenkel am Boden ablegen. Der Oberkörper ist aufrecht und die Hüfte parallel nach vorn ausgerichtet. Nun schieben wir die Hüfte nach vorn, bis wir einen Zug in der Leiste spüren (Abb. 22.69, Bild 1).

Abb. 22.68 Kräftigen der Beine durch schrägen Bergsteiger. (Foto: Paul Huf)

Zur Dehnung der hinteren Beinkette legen wir uns in Rückenlage auf eine Matte. Ein Bein heben wir gestreckt an, das andere bleibt gestreckt auf der Matte liegen. Nun greifen wir das angehobene Bein knapp unter der Kniekehle und ziehen es zu uns heran. Das andere Bein lassen wir immer noch gestreckt auf der Matte liegen. Für Variation können wir sowohl das Bein nach innen oder außen im Hüftgelenk rotieren. Damit erreichen wir die verschiedenen Anteile der ischiocruralen Muskulatur noch besser (Abb. 22.69, Bild 2).

Abb. 22.69 Dehnung des Hüftbeugers (1) im HKS und der hinteren Beinkette (2) in Rückenlage. (Foto: Paul Huf)

Aus dem Yoga kennen wir zwei Übungen (Asanas), mit denen wir ebenso den Hüftbeuger und die hintere Beinkette ansprechen können: Kobra und herabschauender Hund. Die Kobra dehnt sogar die komplette Vorderseite auf.

Aus dem Vierfüßlerstand nehmen wir die Knie weg von der Matte und strecken die Beine, insbesondere bringen wir die Fersen Richtung Matte. Das Brustbein schieben wir ebenso Richtung Matte und wir drücken den Oberarm aus der Schulter. Für den Positionswechsel vom herabschauenden zur Kobra bringen wir das Gesäß Richtung Boden und schieben den Kopf über die Hände hinaus. Wir bauen eine Spannung über die komplette vordere Körperseite auf (Abb. 22.70).

Etwas spezieller ist eine Dehnung der Hüftkapsel mit dem Muschelsitz. Wir sitzen im Schneidersitz am Boden und stellen ein Bein körpernah auf. Der Oberkörper ist aufrecht

Abb. 22.70 Dehnung der hinteren Beinkette (1) und des Hüftbeugers (2) mit Asanas. (Foto: Paul Huf)

und der gestreckte Arm drückt auf der Seite des aufgestellten Beins von innen gegen das Knie nach außen (Abb. 22.71, Bild 1).

Im Kutschersitz dehnen wir dagegen den gesamten Rücken. Hierzu setzen wir uns mit angewinkelten Beinen auf eine Matte. Wir greifen mit den Händen von innen um unsere Fußgelenke und ziehen uns mit sanften Zug nach vorn unten. Die Knie fallen leicht zur Seite und der Rücken rundet sich (Abb. 22.71, Bild 2).

22.6.2.3 Mobilisierungsübungen

Wenn wir mobilisieren, dehnen wir ebenso bestimmte Bereiche unseres Körpers. Deshalb arbeiten wir bei der Mobilisation in der Regel mit einer langsamen Geschwindigkeit. Ungefähr zehn Wiederholungen der Übungsausführung bieten eine gute Orientierung. Das Ziel ist, unseren Bewegungsradius während der Ausführung sukzessive zu vergrößern.

Abb. 22.71 Dehnung der Hüftkapsel (1) im Muschelsitz und des Rückens (2) im Kutschersitz. (Foto: Paul Huf)

Grundsätzlich sind ebenso hier die Übungen aus dem vorherigen Abschnitt zu den Büroübungen zu empfehlen. Im Folgenden werden noch speziellere Mobilisationen vorgestellt.

Brust- und Halswirbelsäule
Im Vierfüßlerstand legen wir eine Hand in den Nacken, halten Oberkörper und Rücken stabil, Kopf in Verlängerung der Wirbelsäule und drücken uns mit dem abstützenden Arm aus der Schulter. Mit der Ausatmung drehen wir uns mit dem Ellbogen um die Achse Hals-/Brustwirbelsäule (HWS/BWS) und schauen über den Ellbogen nach oben. Der Lendenbereich bleibt stabil.

Können wir letzteres nicht sicherstellen, gehen wir in den Fersensitz. Wir nehmen einen Unterarm zwischen die Beine fixiert und legen den Handrücken des anderen Arms auf die Lendenwirbelsäule (LWS). Nun drehen wir uns mit dem Ellbogen auf und schauen über die Schulter nach oben (Abb. 22.72, Bild 1 bis 4).

Selbiges können wir im Stehen durchführen. In leichter Kniebeugestellung mit nach vorn abgesenktem Oberkörper nehmen wir eine Hand in den Nacken und legen die andere auf die LWS. Nun drehen wir uns mit der in den Nacken gelegten Hand auf. Die LWS und auch die Beine bleiben stabil und sollten sich nicht bewegen oder mitdrehen (Abb. 22.72, Bild 5 und 6).

Schultergürtel
Die Ausrichtung des Schultergürtels ist einer der Bausteine der Verankerungssequenz. Zur Mobilisation können wir die Teetassenübung machen. Zudem mobilisieren wir mit dieser Übung durch das Drehen der Handgelenke auch diese.

Wir stehen im neutralen Stand oder Knien und halten die Arme im Ellbogen im 90-Grad-Winkel gebeugt, die Handflächen zeigen nach oben. Die Hände halten wir jederzeit nah am Körper, den Arm schieben wir aber aus dem Schultergelenk. Der Kopf bleibt während der kompletten Übungsausführung neutral. Wir ziehen die Ellbogen zurück und rotieren mit den Armen nach innen, bis wir die stets nach oben gerichteten Handflächen hinter den Rücken gebracht haben. Wir rotieren die Arme weiter nach innen und spreizen diese gestreckt ab. Nun beugen wir beide Ellbogen und führen die Hände vor unser

Abb. 22.72 Mobilisation der Brust- und Halswirbelsäule im (1–2) Vierfüßlerstand, (3–4) Fersensitz und (5–6) Stehen. (Foto: Paul Huf)

Gesicht und dann über den Kopf, als wollten wir uns mit den Handrücken über das Haar streichen. Wir senken die Ellbogen ab und nehmen die Arme zurück an die Seite unseres Körpers. Abschließend rotieren wir den Unterarm zurück in die Ausgangsposition (Abb. 22.73).

Anfangs ist es einfacher, wenn die Übung nur auf einer Seite ausgeführt wird.

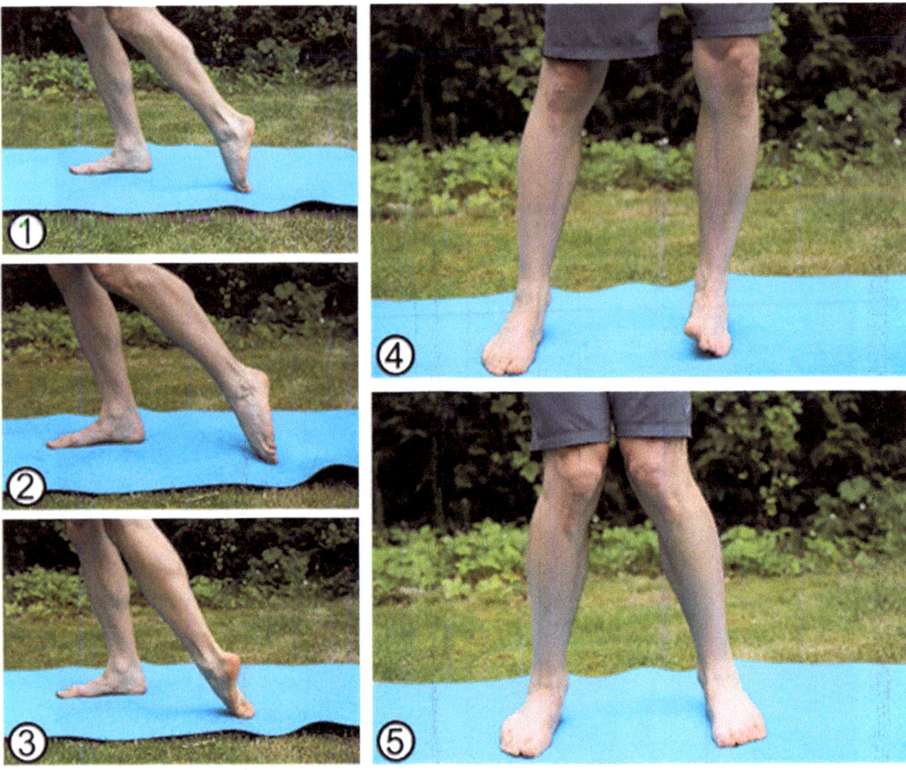

Abb. 22.75 Mobilisation der Fußgelenke durch Schub Fersenbein. (Foto: Paul Huf)

Um die inneren und äußeren Anteile des Sprunggelenks zu erreichen, rotieren wir das Bein nach außen bzw. nach innen. Ähnlich zur normalen Variante schieben wir aus dem Fersenbein (Abb. 22.75, Bild 2 und 3).

Daneben existieren weitere Möglichkeiten, die Innen- und Außenseite zu mobilisieren. Für die Außenseite verlagern wir das Gewicht auf ein Bein und drehen den Fuß auf die Außenkante. Wir können dies verstärken, indem wir den Oberkörper mit zur Seite drehen.

Für die Innenkante stellen wir uns etwas breiter hin. Nun schieben wir die Fersenbeine nach innen. Die Bewegung erfolgt aktiv aus den Sprunggelenken (Abb. 22.75, Bild 4 und 5).

Für eine weitere Übung setzen wir uns mit gerundetem Rücken in den Fersensitz. Durch ein Aufrichten des Rückens mobilisieren wir gleichzeitig die Wirbelsäule und machen uns die Verankerung bewusst. Nun stellen wir die Zehenspitzen auf, dazu strecken wir die Hüfte. Mit einer kontrollierten Bewegung bringen wir die Knie weg vom Boden und stattdessen die Fersen dahin. Mit den Armen gleichen wir aus und der Rücken bleibt neutral ausgerichtet. Von hier aus können wir uns auch noch in den Stand aufrichten oder sofort aus der Kniebeuge die Routine in umgekehrter Reihenfolge ausführen (Abb. 22.76).

Abb. 22.76 Mobilisation der Fußgelenke durch Fersensitz/Kniebeuge. (Foto: Paul Huf)

Kombinierte Übungen für mehrere Bereiche

Mit der Übung Knieumrunden mobilisieren wir gleich zwei Bereiche auf einmal: Hüfte und Schulter. Wir sitzen mit einem angewinkelten Bein am Boden, das andere stellen wir angewinkelt auf. Nun schieben wir einen Oberarm innen am Bein entlang in Richtung Boden und rotieren die Schulter nach innen. Den Arm führen wir um das Knie nach hinten. Mit der anderen Hand greifen wir hinter dem Rücken die Finger der knieumrundeten Hand. Dies halten wir für ungefähr 30 Sekunden. Danach wechseln wir die Seite (Abb. 22.77).

Für die nächste Übung begeben wir uns in den 90-90-Sitz. Ein Bein legen wir im Sitzen angewinkelt hinter dem Körper ab, das andere angewinkelt vor unserem Körper. In den Knien achten wir auf einen 90-Grad-Winkel, den Oberkörper halten wir aufrecht. Auf der Seite des vorderen Beins stützen wir uns mit der Hand knapp neben dem Körper ab. Nun führen wir eine Rotation um die Hals- und Brustwirbelsäule aus. Wir strecken uns mit dem freien Arm nach hinten und schauen über die Handfläche nach hinten. Dann führen wir den Arm wieder nach vorn, rollen uns ein und schieben den Arm zwischen dem anderen Arm und den Körper hindurch (Abb. 22.78, Bild 1 bis 3). Eine Progression erhalten wir, wenn wir das hintere Bein ganz ausstrecken (Abb. 22.78, Bild 4).

Abb. 22.79 Mobilisation des gesamten Körpers. (Foto: Paul Huf)

Schulter

Auch mit dem Kleingerät Kettlebell lassen sich hervorragende Übungen ausführen. Eine davon ist die Rotation in Rückenlage. Dazu legen wir uns in Rückenlage auf eine Matte und greifen die Kettlebell fachgerecht über die Seite. Wir strecken den Arm nach oben

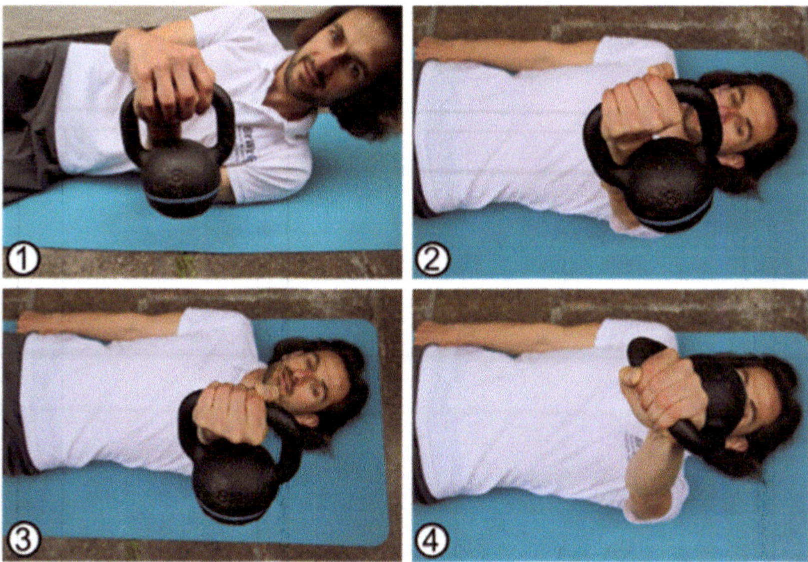

Abb. 22.80 Kräftigen der Rotatorenmanschette mit Kettlebell. (Foto: Paul Huf)

aus, dabei ist das Handgelenk in seiner natürlichen Achse ausgerichtet. Nun rotieren wir den Oberarm in der Schulter nach außen und innen. Durch eine angemessen schwere Kettlebell wird der Oberarm im Schultergelenk zentriert und kleinste Abweichungen müssen ausgeglichen werden (Abb. 22.80).

Eine Variante davon wäre in Ausgangsposition die Kettlebell nach oben zu drücken, sodass sich das Schulterblatt vom Boden wegbewegt.

Rumpf mit Bauch und Rücken

Das aktive Beinheben stellt eine sehr gute Übung für unsere Bauchmuskeln dar, daneben mobilisieren wir damit die Hüfte. In Rückenlage legen wir die Hände neben unserem Körper ab und bauen leichte Rumpfspannung auf. Der komplette Rücken liegt am Boden auf. Wir heben nun ein Bein gestreckt an, solange das andere Bein gestreckt auf dem Boden liegen bleibt. Sodann heben wir das andere Bein langsam an und bringen beide Beine nach oben gerichtet nebeneinander. Während der Übungsausführung atmen wir stets gleichmäßig in den Bauch (Abb. 22.81).

Nun bringen wir die Beine abwechselnd in umgekehrter Reihenfolge wieder Richtung Boden. In der fortgeschrittenen Variante werden beide Beine knapp über dem Boden gehalten. Kann die Rumpfspannung nicht aufrechterhalten werden, legen wir nach Zum-Boden-bringen des Beins dies dort ab und führen danach das andere Bein gestreckt zum Boden.

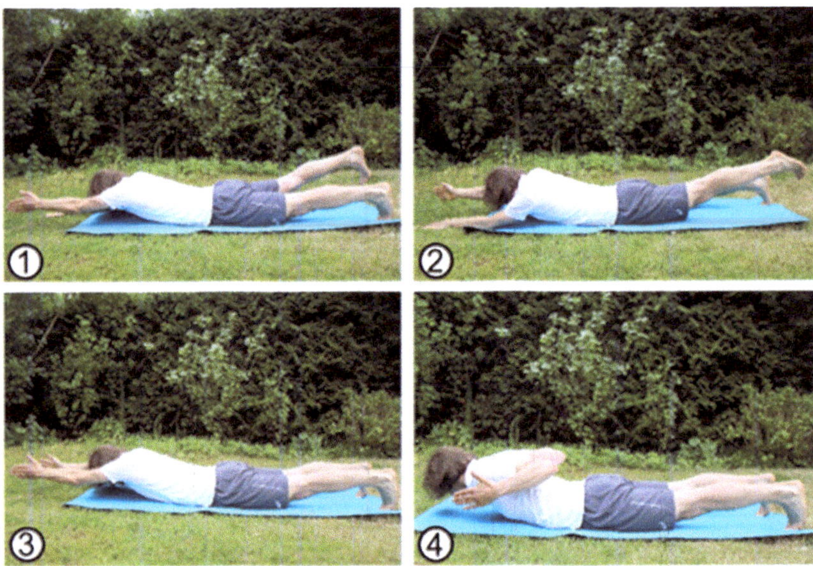

Abb. 22.83 Kräftigen des Rückens durch (1–2) Körperwaage und (3–4) Schwimmer. (Foto: Paul Huf)

Wirbelsäule zusammen. Danach geht es erneut in die Streckung (Abb. 22.83, Bild 3 und 4). Eine fortgeschrittene Variante stellt das Anheben der Fußspitzen während der Ausführung dar, welches jedoch nur gemacht werden sollte, wenn der untere Rücken schmerzfrei ist.

Beine

Die Rumpfbeuge kennen wir bereits aus vorherigen Abschnitten. Diese kann ebenso mit der Kettlebell ausgeführt werden. Wir stehen schulterbreit und aufrecht mit Kettlebell in den Händen. Nun schieben wir das Gesäß etwas nach hinten und senken uns mit aufrechtem Oberkörper ab. Das Gewicht der Kettlebell aktiviert den oberen Rücken. Genauso ruhig und gleichmäßig arbeiten wir erneut in den Stand zurück (Abb. 22.84).

Natürlich darf auch die klassische Kniebeuge nicht unerwähnt bleiben, welche jedoch bereits in vorherigen Abschnitten beschrieben wurde, so im Abschnitt zum intermittierenden Sitzen.

Abb. 22.84 Kräftigen der ischiocruralen Muskulatur durch Rumpfbeuge mit Kettlebell. (Foto: Paul Huf)

Literatur

Boyle, M. (2012). *Fortschritte im Functional Training.* München: riva Verlag.

Butler, D., & Moseley, L. (2016). *Schmerzen verstehen.* Berlin: Springer.

Dalton, E. (March 2020). *Dalton Myoskeletal.* Von https://erikdalton.com/blog/upper-cross-controversy/ abgerufen

Diaz, K., Howard, V., Hutto, B., Colabianchi, N., Vena, J., Safford, M., . . . Hooker, S. (Octobre 2017). Patterns of Sedentary Behavior and Mortality in U.S. Middle-Aged and Older Adults. *Annals of Internal Medicine*, S. 167(7):465–475.

Ding, D., Lawson, K., Kolbe-Alexander, T., Finkelstein, E., Katzmarzyk, P., van Mechelen, W., & Pratt, M. (July 2016). The economic burden of physical inactivity: a global analysis of major non-communicable diseases. *The Lancet*, S. 388:1311–1324.

Fetzner, A. (2020). *Der Seelenmuskel: Die Angst auflösen und Entspannung finden.* Norderstedt: BoD – Books on Demand.

Finger, J., Varnaccia, G., Borrmann, A., Lange, C., & Mensink, G. (2018). Körperliche Aktivität von Kindern und Jugendlichen in Deutschland – Querschnittergebnisse aus KiGGS Welle 2 und Trends. *Journal of Health Monitoring*, S. 3(1): 24–31. Von https://www.rki.de/DE/Content/Gesundheitsmonitoring/Themen/Koerperl_Aktivitaet/koerperl_aktiv_node.html abgerufen

Francis McGlone, F., Wessberg, J., & Olausson, H. (May 2014). Discriminative and Affective Touch: Sensing and Feeling. *Neuron Perspective*, S. 82(4): 737–755.

Froböse, I., Biallas, B., & Wallmann-Sperlich, B. (2018). *Der DKV-Report 2018.* Düsseldorf: DKV Deutsche Krankenversicherung.

Fry, A. C., Smith, J. C., & Schilling, B. K. (December 2003). Effect of Knee Position on Hip and Knee Torques During the Barbell Squat. *The Journal of Strength and Conditioning Research*, S. 17(4): 629–633.

Grosser, M., & Hermann, H. (1987). *Die sportliche Bewegung.* München: BLV Buchverlag.

Heron, L., O'Neill, C., McAneney, H., Kee, F., & Tully, M. (March 2019). Direct healthcare costs of sedentary behaviour in the UK. *Journal of Epidemiology & Community Health*, S. 73:625–629.

Hindle, K., Whitcomb, T., Briggs, W., & Hong, J. (March 2012). Proprioceptive Neuromuscular Facilitation (PNF): Its Mechanisms and Effects on Range of Motion and Muscular Function. *Journal of Human Kinetics*, S. 31:105–113.

Industrieverband Büro und Arbeitswelt e.V. (IBA). (2020). *IBA-Studie 2019/2020: Die Entwicklung der Büroarbeit.* Von https://iba.online/: https://iba.online/site/assets/files/5013/iba_studie_2020_final.pdf abgerufen

Klingenberg, M. (2019). *Return-to-Sport.* München: Pflaum Verlag.

Kolster, B. (2010). *Massage.* Berlin: Springer.

Levine, J. (2014). *Get up!: Why your chair is killing you and what you can do about it.* New York: St. Martin's Press.

Lienhard, L. (2019). *Training beginnt im Gehirn.* München: riva Verlag.

MacVean, M. (31. July 2014). *Los Angeles Times.* Von https://www.latimes.com/science/sciencenow/la-sci-sn-get-up-20140731-story.html abgerufen

Meinart, P. (2018). *Mobility – Das große Handbuch.* München: riva Verlag.

Patel, A., Maliniak, M., Rees-Punia, E., Matthews, C., & Gapstur, S. (October 2018). Prolonged Leisure Time Spent Sitting in Relation to Cause-Specific Mortality in a Large US Cohort. *American Journal of Epidemiology*, S. 187(10):2151–2158.

Schnack, G. (2019). *Sitzen macht krank.* München: Piper Verlag.

Stamatakis, E., Gale, J., Bauman, A., Ekelund, U., Hamer, M., & Ding, D. (April 2019). Sitting Time, Physical Activity and Risk of Mortality in Adults. *Journal of the American College of Cardiology*, S. 73(16):2062–2072.

Starrett, K. (2016). *Sitzen ist das neue Rauchen.* München: riva Verlag.

Thömmes, F. (2017). *Wer länger sitzt, ist früher tot.* München: riva Verlag.

Vallance, J., Gardiner, P., Lynch, B., D'Silva, A., Boyle, T., Taylor, L., . . . Owen, N. (November 2018). Evaluating the Evidence on Sitting, Smoking, and Health: Is Sitting Really the New Smoking? *American Journal of Public Health*, S. 108(11): 1478–1482.

Wen, C., Wai, J., Tsai, M., Yang, Y., Cheng, T., Lee, M.-C., . . . Wu, X. (August 2011). Minimum amount of physical activity for reduced mortality and extended life expectancy: a prospective cohort study. *The Lancet*, S. 378:1244–1253.

Benjamin Weiderer ist Personal Trainer und Online Coach sowie Sport- und Massagetherapeut. Er ist Inhaber von BEWECT – Benjamin Weiderer Coaching & Training. Er arbeitete 15 Jahre als Business Manager/Analyst in Freier Wirtschaft und kennt daher die Schreibtischtätigkeit sowie den damit einhergehenden Bewegungsmangel nur zu gut.

Teil VII

Corona und die Zukunft des Arbeitsplatzes
Corona and the Future of the Workplace

Community Well-being

Wohlergehen der Gemeinschaft

23

Gethin Nadin

Abstract

During the Coronavirus pandemic, the world of work saw a huge acceleration in employee well-being. An analysis of data from late 2019 compared to data from April 2020 shows that employees are now more likely to believe their employers have a responsibility to address their health and well-being. Our relationships with people at work and the feeling that we are part of a community have become an integral part of our overall well-being. Regular social interactions with other people have a positive impact on employee engagement. The relationships we have with other people have a significant effect on our health, happiness and the quality of our lives. The quality relationships we have with other people are the key to a happy and healthy life. However, over the last few years, we have been in a social recession. We have started to lose the connection with people in our communities that our evolution had previously deemed so important to our survival on earth. In his article, Gethin Nadin discusses the growing importance of community well-being to the overall employee experience and why it's becoming so important for employers to cultivate positive connections at work.

Zusammenfassung

Während der Coronaviruspandemie erlebte die Arbeitswelt eine enorme Beschleunigung des Wohlbefindens der Arbeitnehmer. Eine Analyse der Daten von Ende 2019 im Vergleich zu den Daten vom April 2020 zeigt, dass die Arbeitnehmer

G. Nadin (✉)
Cardiff, UK
E-Mail: GethinNadin@hellobenefex.com

C. Kohlert (Hrsg.), *Das menschliche Büro – The human(e) office,*
https://doi.org/10.1007/978-3-658-33519-9_23

23.2 Community Well-being

The idea of community well-being is that our subjective well-being (also known as happiness) isn't just an experience for the individual but is actually quite significantly impacted by the people around us in our communities. Our relationships with people at work and feeling like we are part of a community has become an integral part of our overall well-being. Regular social interactions with other people have a positive impact on employee engagement. But community well-being isn't just about the people we work with, but how they and the organisation make us feel. Do we feel represented within the company? Do I feel secure enough to speak up? Is my voice heard? Do I feel like I belong here? While all of the parts of community well-being were important before, following the global corona virus pandemic, we saw a pretty seismic shift towards employees and employers understanding the value of community at work as millions of employees adjusted to working lives driven more remotely and with less connection to each other.

A Harvard study of adult development tracked the lives of 724 men for 79 years of their lives. The researchers found that the relationships we have with other people have a significant effect on our health, happiness and the quality of our lives. The study found that quality relationships with other people were the key to a happy and healthy life. However, over the last few years, we have been in a social recession. We have started to lose the connection with people in our communities that our evolution had previously deemed so important to our survival on earth. Around the world, loneliness has become a growing problem. In 2019, more than half of UK employees said they felt lonely 'always' or 'often'[8]. Around a half say they don't have a friend at work[9].

In the 2018 Australian Loneliness Report, more than 25 % of people say they report feeling lonely three or more days a week. Across the whole of Europe, around 30 million adults say they frequently feel lonely. In Japan, an estimated half a million people have shut themselves off from society, often staying at home for months on end. The global loneliness epidemic should worry employees and employers. When people experience social pain from feeling lonely or isolated, the region of the brain that is activated is the same as if physical pain had been experienced. The risk of developing all of the major chronic illnesses are increased when someone feels lonely. In one now famous study, it was found that loneliness was as bad for us as smoking 15 cigarettes a day[10].

The impact employee loneliness is having on the workplace is significant. If employers could increase the ratio of employees who say they have a friend at work

[8] https://www.ons.gov.uk/peoplepopulationandcommunity/wellbeing/bulletins/coronavirusandlonelinessgreatbritain/3aprilto3may2020

[9] https://www.gallup.com/workplace/236213/why-need-best-friends-work.aspx

[10] https://www.campaigntoendloneliness.org/threat-to-health/

to 60%, employee engagement would increase so much that that employer would see 36% fewer health and safety incidents, almost 10% higher customer engagement and an amazing 12% higher profit[11]. But just as the loneliness epidemic was at its highest, a global pandemic forced millions to stay away from their friends, family and colleagues and community well-being at work took a massive hit. Despite us being more connected than ever, we are lonelier than we have ever been. Feelings of community have been falling in the UK since 2014 and as of February 2020, data shows that Britons sense of community was continuing to fall[12].

In Charlie Chaplin's first spoken film (and his most expensive) *The Great Dictator*, Chaplin gave a rousing speech to remind us all of the importance of connection to others: "We have developed speed, but we have shut ourselves in. Machinery that gives abundance has left us in want. Our knowledge has made us cynical. Our cleverness, hard and unkind. We think too much and feel too little. More than machinery we need humanity. More than cleverness we need kindness and gentleness". I use this quote a lot as I think it sums up decades later that we are still trying to replace human connection with technology and distance, and it isn't working that well. We need a better balance. But the global pandemic ended up being a forced experiment in community well-being. While its drastically changed the way we live and work, it's given us the opportunity to rethink how we can build our workplaces that cater more for mental health, social connection and community. Could we rebuild our offices so that they solve some of the problems around loneliness and isolation employees have been feeling for so long?

What is clear that in the future, the office must coexist and not compete with the home. These two lives most employees have at work are not mutually exclusive and will need each other to survive. The mass working from home that the world saw in 2020 was an acceleration of an already growing trend to allow employees to work from the location that best suited them. Around 230 US employers say that 30% of their workforce were already working from home at least some of the time before the pandemic hit. Studies that predate the pandemic also found that thanks to advances in collaboration software, a third of the global workforce was expected to be remote by 2022. But while many employees feel they can work harder and better from home, it's not without its problems. In a book by Dan Schawbel called *Back to Human: How Great Leaders Create Connection in the Age of Isolation*, Schawbel found that employees working remotely tend to spend half their day using technology to communicate rather than having any face to face interactions. Schawbel found that this meant just over half of remote employees said they 'very often' or 'always' feel lonely. Similar research by Igloo software also found in 2019 that 70% of remote employees say they feel 'left out' of the workplace and often feel

[11] https://www.gallup.com/workplace/236213/why-need-best-friends-work.aspx

[12] https://www.theguardian.com/society/2020/feb/20/britons-sense-of-community-belonging-is-falling-data-shows

23.4 Psychological Safety

One of the largest workplace studies ever conducted can show us how an investment in community well-being can have a hugely positive impact on team performance. Google's now famous two-year study in team performance revealed that the best performing teams have one thing in common—psychological safety. Multiple studies show that when psychological safety is high, employees are more likely to take small risks, speak up, be more innovative and creative. But to get to a point where psychological safety is high, community well-being must be high. For employees to build trust and emotional connections with each other, they need a space and a workplace that can facilitate time spent together. This is why it is so important for employers to ensure community well-being forming a part of your overall well-being strategy, and when you do, it's certainly an investment that will pay dividends.

When employees have regular social interactions with each other, it helps to develop more trusting relationships. When this happens, the evidence shows us that this can have a hugely positive impact on the individual. Staff working in hospitals with higher community well-being report less home and work conflict. Community well-being has been shown to directly correlate with job satisfaction, life satisfaction and mental health. Those employees who feel they have a friend at work say they feel happier and as a result, they feel more productive. The social connectedness we feel as humans is significant to our lives. Key findings from a social network and well-being survey of 2,840 people confirm the vital importance social connections play in our individual well-being. In the workplace, social connectedness correlates with employee mortality. It also correlates more strongly with well-being than social or economic characteristics such as long term illness, unemployment or being a single parent.

But it's not just psychological safety that improves with better community well-being. Employees brains seem to work more effectively when they work with other people. Social interaction is immensely complex. We often think of it as being quite basic and binary, but understanding social cues, reading body language, reading emotions etc. are all some of the most complex things our brains do on a daily basis. Despite this, we do it really well. Research shows us that we find talking to another person far less mentally taxing than giving or listening to a monologue[18]. In children we can see that they learn better when they do so while interacting with other children, rather than just watching them[19].

[18] https://www.sciencedirect.com/science/article/abs/pii/S136466130300295X

[19] https://psycnet.apa.org/record/2012-01242-015

23.5 Resilience

For as long as humans have walked the earth, we've needed other people. Social connections are required for our survival. Even thought we've moved quite far from our time living basic lives outdoors, that need hasn't wavered and if anything, we need people we can rely on even more now than we ever have. Our social connections are now so closely linked to our survival as humans that our lives literally depend on them. A review of 148 different studies revealed that people with stronger social relationships have a 50% increased likelihood of survival. Even across different age groups, genders, health status and cause of death—we are less likely to die when we have people in our lives[20]. As far back as the 1970's, research has continually found that people with weaker social connections die younger than those with extensive ones[21].

One of the main benefits to feeling part of a community at work is that it promotes pro-social behaviour. Communities (and feeling like you are part of one) makes us more likely to help others and support them when they need it. But this in turn has a huge impact on us. Helping others decreases symptoms of depression[22]. Helping others also produces more gratitude and enhances our emotional well-being. When we step up to help others through the stressful parts of their lives, we are actually improving our own skills and building better emotional resilience for ourselves[23]. As we enter this period of recovery from the pandemic and if employers are to improve the significant issue of global employee burnout, finding ways to use community wellbeing to enhance employee resilience will inevitably pay off over the next 5 years and beyond.

We have evolved to expect to develop social relationships. For humans, there is safety in numbers and also less work. Working together as a team has served humans for as long as we've been on the earth as many hands make light work. We yearn to walk this earth with another person because of how much we need other people to support us through life. People with emotionally supportive partners are physically better off. Those who cohabitate are happier than those that don't[24]. Committed relationships are linked to less production of cortisol which suggests that married or paired people are less responsive to psychological stress[25]. Having people close to us in our lives acts like a buffer to stress. They help us to be more resilient to the knocks life throws at us and

---

[20] https://www.mindwise.org/blog/uncategorized/the-importance-of-social-connection/

[21] https://pubmed.ncbi.nlm.nih.gov/425958/

[22] https://journals.sagepub.com/doi/abs/10.1177/0146167217695558

[23] https://journals.sagepub.com/doi/abs/10.1177/0146167217695558

[24] https://www.huffpost.com/entry/relationship-health-benefits-significant-other_n_2602397?guccounter=1

[25] https://www.nm.org/healthbeat/healthy-tips/emotional-health/are-you-stressed

that resilience is important for the workforce. Staff who are better prepared to manage stress and depression benefit the business immensely. In one study researchers found that stressed out college students were far less likely to suffer from depression if they had strong social support around them[26].

23.6 Belonging

To belong somewhere is widely considered a basic human need. As most of our time is spent at work, feeling like we belong there plays a big part in our well-being. An analysis of research published in *Personality and Social Psychology Review* in 2016[27] found that employees who feel more camaraderie with their colleagues and more connection to the company they worked for report better health and happiness and are less likely to suffer burn-out.

Something else for employers to consider when building community well-being at work is how it can be used to attract and retain employees. In one South Korean study into community well-being, researchers looked at what makes a city more attractive to people[28]. They found that, despite most people believe it was the economic property of the city, it was actually the social capital. Residents are most satisfied with what the researchers called 'collective goods' over 'private goods'.

23.7 Diversity and Inclusion

Almost all areas of well-being are interdependent. The way we feel about money can impact our sleep and physical exercise can improve our mental health. Community well-being is not different. Working in a community that enables us to speak up, feel listened to and be able to contribute to is really important for our mental health. As we've seen in this article, having supportive work colleagues who we can rely on and trust is vital for how we feel about our lives. But community well-being is also about surrounding ourselves with people who look and act like us, so we feel represented, but also to surround ourselves with people who aren't like us at all. This diversity at work has been shown to be massively beneficial to the organisation.

[26] https://ijmhs.biomedcentral.com/articles/10.1186/1752-4458-8-41
[27] https://journals.sagepub.com/doi/abs/10.1177/1088868316656701
[28] https://link.springer.com/article/10.1007/s42413-018-0004-2

Employees working in an inclusive environment are more likely to receive help from their colleagues[29]. They are also less likely to experience discrimination[30] and these environments help to create employees that help each other and are more likely to be happy, and all of this clearly impacts individual health and well-being[31].

Those employers in the top quartile for ethic and racial diversity in management teams are 35% more likely to have financial returns above their industry average[32]. In addition, those with diverse executive boards have a 95% higher return on equity than those with homogenous boards[33]. Those employers that have high ratings for inclusion and diversity are 70% more likely to have success in new markets[34]. Those figures are huge. When employers commit to create better communities at work and when they foster psychological safety and inclusion by doing so, the payoff is significant.

23.8 An Investment, Not a Cost

For employers, the benefits of better community well-being are compelling. When community well-being is high, it encourages employees to share ideas and knowledge which in turn drive innovation. Community well-being builds friendships which leads to higher employee engagement and better employee performance. Community well-being encourages collaborative working. Those employers with high levels of collaboration are five times more likely to be high performing than those without[35].

[29] https://www.tandfonline.com/doi/abs/10.1080/02134748.2016.1190126

[30] https://www.dca.org.au/sites/default/files/dca-suncorp_inclusionwork_index_synopsis_final.pdf?__cf_chl_jschl_tk__=293a76e04d45675684571f4a58cea2cfaa085a05-1597309168-0-AZ_fMWP977MyY0V3BHrpnz6t8fvxqCQuc346GezyUuVu_sMusruWd3_0Ja0LVO93p9e9ybyQoxKzIP5-uS755ZdT6Z-KiwEyitk-vJCLcG_yjVOGDEpwPi5o1jNrUhcYuqPRACxp6iifVnxCdoflB_Fls7ByjC2fNIob7vOPnc_f8UIsIDDFLiI1dtxF54wEa45RhM8dVSetU3ciNeNBbUVlFas34AMf2SQiSUjmw9ESKJKbNEGe9NaIQgrntQOLSD36kxbrJQF_spmfb3O7QaEEQpP1Hh9int9VHMKw3wK402Vg089uZXfkoTfmvhClekpNWK94UD5iO8XYN0mzlpMs1QFge16LD1t44OKH5EKX0ycWbbgAHxzIObrBQ0eyQhkEbih7TVjo2hbn_MS9VNt98hsfTkZZ5usIyYENdnSn

[31] https://www.psychologytoday.com/us/blog/raising-happiness/201002/what-we-get-when-we-give

[32] https://www.mckinsey.com/business-functions/organization/our-insights/why-diversity-matters

[33] https://www.mckinsey.com/business-functions/organization/our-insights/is-there-a-payoff-from-top-team-diversity

[34] https://www.willistowerswatson.com/en-GB/Solutions/inclusion-and-diversity

[35] https://www.raconteur.net/business-innovation/how-collaboration-powers-productivity

At a time when a quarter of Americans say they have no one to confide in at all[36], data tell us that most people have a third less friends than they've had in the recent past[37]. It's time for employers to build better workplaces designed for humans and what they need. While the office may have changed forever, that doesn't mean it no longer has an important role to play. The time is right for employers to create stronger employee experiences by investing in the things that matter most—people. I firmly believe the workplace's role as a place for gathering and for building social ties will become more common over the next ten years. As employers and as a society, we must try harder to build better and stronger communities. As more and more employers commit to build better workplace communities, the benefits will be far reaching. Employers have the ability to help society to combat growing loneliness and fostering safer spaces for trust and inclusion.

23.9 People are well-being

If the global pandemic of 2020 taught us anything, it was how much people contribute to a worthwhile life. Whether that's the street you live on, the building you sleep in or the place you work. Although we probably knew this anyway, I think the pace of modern life meant we forgot that. The hustle porn shared on LinkedIn tried to tell us that being self-made and self-reliant was the way to success—that no man was an island. Social media put us in competition with each other as much as it connected us. Instagram helped to paint a false picture of what others lives looked like and Facebook made us compare our worst days with everyone else's best. It's hardly surprising loneliness was on the rise when we see how the things that were supposed to bring us together tore us apart.

But the thing I find the most worrying is how we started to feel lonely and isolated at work. Before the pandemic hit, most of us felt alone at work. The very definition of culture is the ideas, customs and behaviours of a group of people at work. Creating workplace cultures has been at the centre of HR strategy ever since Peter Drucker said, "culture eats strategy for breakfast", so when and why did we stop thinking about it as collection of people? I've heard Drucker's quote used by many CEOs and HR Directors who were responsible for creating horrible workplace cultures and communities. Leaders who work their people to the bone, offer little in the way of benefits and recognition, fail to support the mental health of their struggling employees but think sending a 'thank you' card once a year and the occasional pizza day is culture.

[36] https://www.inc.com/jessica-stillman/americans-in-their-30s-are-getting-more-miserable.html

[37] https://abcnews.go.com/Technology/facebook-friends-fewer-close-friends-cornell-sociologist/story?id=14896994#.Ttfpzla8GSp

Because of the significant affect it had on it, workplace will forever be known as pre and post Coronavirus. I hope that in the post-Coronavirus world of work we start to value more the people working for us. It wasn't the shareholders who got you through the pandemic, it was the people who rallied around, who cared for your customers and who supported each other through it. Our society changed during the pandemic and we started to re-evaluate what community meant. People all around the world sat up and started to finally take notice of those organisations that put people before profit and treated their employees well. A growing trend over the last few years was catapulted to become front page news. When employers posted on social media about how they were supporting their people through the pandemic, this led to much further and longer engagement over time according to LinkedIn[38]. Some of the most successful social media posts by employers during the pandemic were those where they showed how they were supporting their people. Because of the pandemic, 60 % of professionals now say they want to work for an organisation that supports its people during 'unpredictable times'. More than three quarters of consumers now say they feel more positively towards a brand that supports its people[39] and a massive 90 % of people say brands must do everything they can to protect the well-being of their employees[40].

In the future, those brands that commit to and invest in community well-being and the health of their people will continue to receive unprecedented media coverage. The consumer and employer brands have merged, and brands must be seen to be looking after their people if they are to succeed. Almost three quarters of consumers emphatically agreed that any brand that was seen to be putting profits before people during the pandemic will lose their trust forever[41]. And good riddance.

Gethin Nadin is an award-winning MBPsS psychologist, bestselling HR author, and one of the world's most influential employee engagement and employee experience experts. For more than 20 years, Gethin has been working in employee engagement, employee experience and employee wellbeing, advising some of the world's most recognisable brands. As a frequent writer and regular keynote speaker on employee experience and employee wellbeing, Gethin has been featured in Forbes Magazine, The Guardian, The Huffington Post and The Financial Times. Gethin works with the UK Government on employee wellbeing initiatives and is a Fellow of the Royal Society for Arts, Manufactures and Commerce.

[38] LinkedIn: https://business.linkedin.com/talent-solutions/blog/employer-brand/2020/data-shows-how-coronavirus-has-influenced-employer-branding

[39] https://www.prweek.com/article/1681418/brands-prioritising-tact-conscious-comms

[40] https://www.worldtrademarkreview.com/brand-management/brand-responses-coronavirus-are-having-tangible-effect-consumer-behaviour

[41] https://www.worldtrademarkreview.com/brand-management/brand-responses-coronavirus-are-having-tangible-effect-consumer-behaviour

Die Refiguration der flexiblen Arbeit – Wie die Perspektive der Mitarbeitenden die Flexibilisierung neu formiert

24

The Re-figuration of Flexible Work – How the Perspective of Employees is Reshaping Flexibility

Theresia Leuenberger, Livia Suter und Hartmut Schulze

Zusammenfassung

Die Digitalisierung ermöglicht eine flexible Gestaltung der Arbeit, die auch die Bürogestaltung beeinflusst. Mitarbeitende suchen beispielsweise gemäß tätigkeitsbasiertem Ansatz die zur Tätigkeit passende Arbeitsumgebung auf. Die Situation einer Pandemie, in der mehr Leute im Homeoffice arbeiten und die Distanzregeln in Büroräumen Mitarbeitende mit Abstand platziert, erschwert, dass sie den jeweils zu ihrer Tätigkeit passenden Arbeitsplatz vorfinden. In unserem Beitrag schlagen wir daher eine Refiguration der flexiblen Arbeit vor, um zu erreichen, dass Mitarbeitende ihren Bedürfnissen entsprechend auch während der Pandemiesituation – zeitlich und räumlich – flexibel arbeiten können. Wir argumentieren, dass dazu neben der Tätigkeit die Perspektive von Mitarbeitenden in der Konzeption der flexiblen Arbeit vermehrt berücksichtigt werden muss. Ihre Wohnsituation, ihr Arbeitsweg sowie die damit zusammenhängenden sozialen und psychologischen Implikationen sollen ebenfalls

T. Leuenberger (✉) · L. Suter · H. Schulze
Fachhochschule Nordwestschweiz Hochschule für Angewandte Psychologie, Olten, Schweiz
E-Mail: theresia.leuenberger@fhnw.ch

L. Suter
E-Mail: livia.suter@fhnw.ch

H. Schulze
E-Mail: hartmut.schulze@fhnw.ch

C. Kohlert (Hrsg.), *Das menschliche Büro – The human(e) office*,
https://doi.org/10.1007/978-3-658-33519-9_24

beachtet werden. Am Beispiel von drei Personas skizzieren wir einen Ansatz für eine mögliche Neukonzeption der flexiblen Arbeit, der die Erfahrungen während einer Pandemie implementiert.

Abstract

The digitization of work enables more flexible work arrangements which in turn influence the design and use of office spaces. In an activity-based office, the employees choose and occupy an appropriate working zone based on the activity they perform (alone, with others, routinely or creatively, etc.). The situation of a pandemic in which more people carry out all their work at home and at the same time social distancing in the offices forces them to sit further apart makes it more difficult for employees to find a suitable workplace for their activities. Challenged by this lack of fitting (between activity and office environment), we propose in our article a refiguration of flexible working, which ensures that employees can work flexibly – in terms of time and space – according to their needs during a pandemic situation. We argue that to achieve this, in addition to the activity, the perspective of employees must be equally taken into account when designing flexible work. The living situation, the journey to work and the related social and psychological implications should – next to their roles in the organization – form the basis of a conception of flexible work. Using three personas as examples, we outline approaches for a possible redesign of flexible work that takes the recent experiences during a pandemics.

Ausgangslage des flexiblen Arbeitens: Infrastrukturelle und psychologische Aspekte
Um die Büroarbeit raum-zeitlich flexibler zu gestalten, entwickelten Forschende unter anderem aus den Bereichen Arbeits- und Organisationspsychologie sowie Gebäudemanagement den aktivitätsbasierten Ansatz. Die Grundlage dazu ist eine Arbeitsumgebung, die verschiedene Settings anbietet, die die Mitarbeitenden im Ausführen der verschiedenen Tätigkeiten möglichst optimal unterstützen. Engelen und Kollegen (2019) zeigen in ihrer Übersicht, wie die flexible Arbeitsumgebung die Interaktion und die Kommunikation der Mitarbeitenden sowie ihre Kontrolle respektive ihre Entscheidung über die zeitliche und räumliche Ausübung ihrer Tätigkeit positiv beeinflusst. Die Wahl des passenden Arbeitsplatzes schließt dabei auch die Möglichkeit ein, außerhalb des Büros zu arbeiten, wie beispielsweise an bereits etablierten Orten wie im Homeoffice, Co-Working-Spaces oder unterwegs (Kingma 2016).

Aktuelle Forschung zeigt, dass insbesondere die Eigenschaften von Tätigkeiten und die darin ausgedrückten Bedürfnisse der Mitarbeitenden Entscheidungskriterien dafür bilden, in welcher Zone sie arbeiten wollen und werden (Apple-Meulenbroek et al. 2015). Ein erfolgreiches Arbeiten nach dem tätigkeitsbasierten Ansatz setzt in diesem Sinn eine optimale Abstimmung zwischen den Eigenschaften der Tätigkeit, den Merkmalen der Mitarbeitenden und der Arbeitsumgebung (Einrichtung und Infrastruktur)

Tab. 24.1 Eigenschaften von Tätigkeiten

Planbar/formell	Nicht planbar/informell
Diese Tätigkeiten werden im Vorhinein geplant und in einer vorher festgelegten Art und Weise durchgeführt. Meistens bezieht sich das Planbare und Formelle auf Besprechungen, wie z. B. zyklisch wiederkehrende Führungsgespräche.	Diese Tätigkeiten sind nicht im Detail geplant. Die Handlungen entwickeln sich von Situation zu Situation und entstehen spontan und ad hoc, z. B. bei einem zufälligen Treffen am Drucker.
Zusammenführend/integrierend	Erkundend/kreativ
Diese Tätigkeit folgt häufig auf eine erkundende Phase. Kognitive Prozesse der Verdichtung, der Beurteilung von Relevanz und Priorität und letztlich auch der Entscheidungsfindung sind hier angesprochen.	Recherchierend oder im kreativen Dialog mit anderen werden neue Inhalte entwickelt. Es handelt sich um öffnende, assoziative und explorierende kognitive Prozesse.
Routine/einfach	Neuartig/komplex:
Gewohnheitsmäßige Tätigkeiten, die auf Basis vorheriger Erfahrung wenig Aufmerksamkeit erfordern und entsprechend geringere kognitive Ressourcen beanspruchen. Hier hat sich ein Nebeneinanderarbeiten bewährt, um Motivation und Aufmerksamkeit aufrechtzuerhalten.	Bei neuartigen und komplexen Aufgaben kann nur bedingt auf Erfahrung zurückgegriffen werden. Es handelt sich um Tätigkeiten mit einer hohen kognitiven Beanspruchung und stärkerer Unsicherheit. Sie benötigen ein erhöhtes Maß an Motivation, Durchhaltewillen, Selbstvertrauen und viel Aufmerksamkeit.

voraus. Bei dieser Mensch-Umwelt-Passung handelt es sich also um ein komplexes System von Tätigkeitseigenschaften, Merkmalen von Mitarbeitenden sowie Raumeigenschaften (Appel-Meulenbroek et al. 2015), auf die wir im Folgenden gesondert eingehen.

Wir unterscheiden raumrelevante Eigenschaften von Tätigkeiten[1], die sich auf die kognitiven Informationsverarbeitungsprozesse beziehen und mit den jeweiligen Aufgabenmerkmalen einhergehen (Tab. 24.1) sowie die Kooperationsform betreffen, ob also Aufgaben allein oder mit anderen zusammen ausgeführt werden oder ob parallel nebeneinanderher gearbeitet wird. Eine weitere Eigenschaft betrifft den Grad der erforderlichen Privatsphäre hinsichtlich der Vertraulichkeit der Aufgabe. Vertrauliche Aufgaben erfordern eine höhere visuelle oder akustische Privatsphäre und damit eine eher abgeschlossene Zone, während umgekehrt eine wenig vertrauliche Aufgabe eine geringere visuelle und akustische Privatsphäre voraussetzt und offene Übergänge erlaubt.

Die Mitarbeitenden sind über personenbezogene Merkmale in die Konzeption einer flexiblen Arbeitsumgebung berücksichtigt. Laut Appel-Meulenbroek et al. (2015) unterscheiden sich diese Merkmale signifikant je nach beruflicher Position (Führungskräfte

[1] Die hier aufgeführten Tätigkeitseigenschaften stammen aus einem laufenden Projekt am Institut für Kooperationsforschung und -entwicklung an der Hochschule für Angewandte Psychologie der Fachhochschule Nordwestschweiz. Eine Publikation dazu ist geplant.

und Mitarbeitende) sowie dem Anstellungsgrad (Vollzeit und Teilzeit). Folglich haben Mitarbeitende unterschiedliche Bedürfnisse an die Arbeitsumgebung. Die Passung zwischen ihren tätigkeits- und personenbezogenen Bedürfnissen und der Umwelt ergibt sich letztlich aus dem konkreten Zusammenspiel zwischen den emotionalen (psychischen) sowie den funktionalen (physischen) Aspekten der Umwelterfahrung.

Die psychischen Aspekte äußern sich in der Beziehung zu anderen Mitarbeitenden und zum Ort (z. B. Verbundenheit zum Ort) sowie in den Grundbedürfnissen wie Zugehörigkeit, Sicherheit, Kontrolle und Komfort. Vischer (2007) fasst die psychologischen Aspekte mit dem Konzept *Komfort* als drei hierarchisch zusammenhängende Kategorien zusammen: 1) physischer Komfort, 2) funktioneller Komfort und 3) psychologischer Komfort. Physischer Komfort umfasst menschliche Grundbedürfnisse wie die Zugänglichkeit, ohne die ein Gebäude unbewohnbar ist. Funktionaler Komfort beschreibt die ergonomische Unterstützung der Nutzenden bei der Ausführung von Arbeitstätigkeiten, wie z. B. die Qualität des Raumklimas. Psychologischer Komfort entsteht aus dem Gefühl der Zugehörigkeit, des Besitzes und der Kontrolle über die Arbeitszone.

Zur Kontrolle über die Arbeitszone gehört die Regulierung der Privatheit, der Dichte und der Territorialität. Die *Privatheit* beschreibt den Prozess der Kontrolle über den Zugang anderer zur eigenen Person (Altman 1975). Durch die Wahl der zur Tätigkeit passenden örtlichen Arbeitsumgebung kontrollieren Mitarbeitende ihren Bedarf nach Privatsphäre. Ein Zuviel an sozialem Kontakt kann Stress durch das Gefühl von Überfüllung auslösen, zu wenig Kontakt im Gegenzug Stress durch ungewollte Isolation (Vischer 2005). Die Wahrnehmung der Relation zwischen der eigenen Person und anderen beschreibt auch der Aspekt von *Dichte* und *Enge*. Dieser kommt zur Geltung, wenn die Nutzenden subjektiv empfinden, dass sich auf einer bestimmten Fläche eine zu große Anzahl an Leuten befindet. Dies führt über einen Kontrollverlust oder der Verletzung der interpersonalen Distanz zu Gefühlen der Beengtheit und zu Beengungsstress (Flade 1998).

Der persönliche Bezug zum Ort drückt sich psychologisch als *Territorialität* und als *Ortsidentität* aus. Territorialität beschreibt das Phänomen, dass Personen eine gewisse räumlich definierte Zone für sich beanspruchen und dadurch eine emotionale Bindung zum Raum entsteht. Das Phänomen dient häufig der Manifestation von Macht und Status (Flade 1998). Unterstützt die Umwelt eine Ortsgebundenheit, das Gefühl von Territorialität sowie eine passende und kontrollierbare Privatsphäre und Dichte, können Mitarbeitende daraus in der Wahrnehmung der Umwelt ein Umweltvertrauen entwickeln, das mit dem Gefühl von *Sicherheit* einhergehen kann (Flade 1998). Verstetigt sich eine Mensch-Umwelt-Beziehung stellt sich eine *Gewohnheit* ein, die sich bei den Mitarbeitenden im Verlauf der Zeit als Verhaltensroutinen und Nutzungsskripts für die unterschiedlichen Zonen äußert. Sie nutzen dann beispielsweise gewisse Arbeitsplätze vermehrt für bestimmte Tätigkeiten.

Tab. 24.2 Arbeitszonen und die unterstützten Tätigkeiten (in Erweiterung von Steffen und Schulze 2017)

Zone	Unterstützte Tätigkeiten
Rückzug:	Konzentriertes und kreatives Arbeiten, Telefonieren; bilaterale kurze Treffen
Geschlossene Zone für Treffen:	Treffen im Team, formale Sitzungen, Projektarbeit, kreative Arbeit
Ruhige Arbeitszone:	Erstellen von Konzepten, Beurteilungen, Auswertungen, Protokollen
Offene Arbeitszone:	Administrative Arbeit, Telefonieren, Schreiben, Lesen
Offene Zone für Treffen:	Kurze bilaterale Treffen
Co-Working Zone:	Projektarbeit, kurze bilaterale Treffen
Soziale Zone:	Austausch, Verpflegung, kurze Treffen

Die *Ortsidentität* gründet in den Bedeutungen und Wahrnehmungen, die die Nutzenden in Bezug auf ihre Umgebung haben. Eine geringe Ortsidentität führt zu einer abnehmenden Bedeutung, einer schwächeren Bindung und einer geringeren Vielfalt an Erfahrungen am entsprechenden Ort (Ujang 2012). Eine hohe Ortsidentität führt zu einer *Ortsgebundenheit* als Entwicklung einer affektiven Bindung zwischen Menschen und bestimmten Orten (Hidalgo und Hernández 2001).

Bezogen auf die physische Arbeitsumgebung unterscheidet die Literatur Raumeigenschaften nach der Funktionalität, dem Gebäudetyp[2] und gemäß des tätigkeitsbasierten Ansatzes nach Arbeitszonen (offene, ruhige Arbeitszonen, Rückzugsorte und dergleichen) sowie nach der Nutzungsform (geteilte oder fixe Arbeitsplätze). Als weitere Eigenschaften finden sich in der Literatur Unterscheidungen nach dem Grad der Offenheit einer Zone, die Anzahl an Nutzenden pro Fläche sowie nach der Abmessung einer Zone. Damit die Mitarbeitenden passende Zonen für das Ausführen der Tätigkeit nach ihren eigenen Bedürfnissen finden, besteht eine gängige flexible Arbeitsumgebung in der Regel aus verschiedenen Zonen für Kollaboration, Treffen oder Sitzungen, offenen und eher ruhigen Arbeitszonen, Rückzugszonen sowie Co-Working und sozialen Zonen (Tab. 24.2).

[2] Der Schweizerische Ingenieur und Architektenverein unterscheidet Gebäudekategorien in der Nutzungszuordnung gemäß SIA 380/1 Anhang A, wie beispielsweise Wohnen, Verwaltung, Schulen, Verkauf, Industrie.

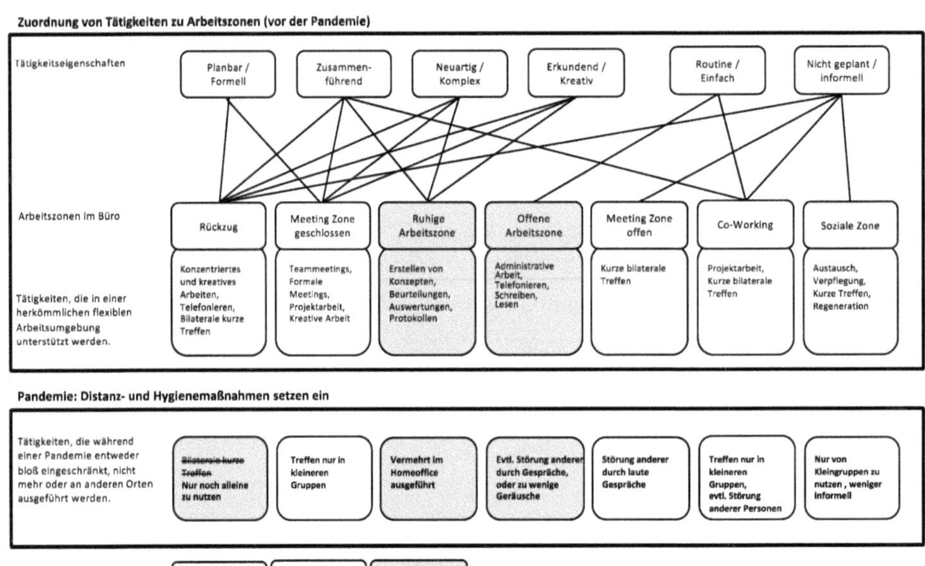

Abb. 24.1 Flexible Arbeitszonen und Eigenschaften der Tätigkeiten vor (oben) und während einer Pandemie (unten)

Mehrere Zosnen einer gewohnten flexiblen Arbeitsumgebung unterstützen mehrere Tätigkeiten mit bestimmten Eigenschaften (Abb. 24.1). Die Arbeitszonen passen jedoch nur, wenn die Mitarbeitenden diese entsprechend für die vorgesehenen Tätigkeiten nutzen. Wird beispielsweise in einer Rückzugszone laut telefoniert oder gesprochen, kann für die eventuell ebenfalls anwesenden Mitarbeitenden keine akustische Privatheit mehr gewährt werden. Die Konzentration der Nutzenden wird beeinträchtigt und sie können komplexe Arbeitsaufgaben nur erschwert ausüben[3].

24.1 Herausforderung Pandemie: flexible Arbeit trotz Virus

Während einer Pandemie, wie sie im Jahr 2020 mit dem Virus Covid-19 weltweit nahezu alle Bereiche der Gesellschaft betrifft, verordneten Regierungen Verhaltensregeln, die einer weiteren Verbreitung des Virus entgegenwirken sollen. Entsprechend führen

[3] Um derartige Situationen zu vermeiden, sollten sich die Mitarbeitenden über die Verhaltensweisen in den Zonen verständigen. Der Grad der Formalisierung kann sich nach Abteilung und Organisation unterscheiden. In der Praxis bewährt sich anstelle eines mehrseitigen Regelwerks die Erarbeitung gemeinsamer Regeln auf der Basis geteilter Werte im Rahmen eines Workshops.

Organisationen verschiedene infrastrukturelle, verhaltens- und organisationsorientierte Maßnahmen ein, um dennoch ein möglichst sicheres Arbeiten in den Arbeitsräumen zu ermöglichen. Bezogen auf die Nutzung der einzelnen Arbeitszonen, insbesondere infolge der Anweisung, zu anderen Personen Distanz zu halten[4], sowie durch die Hygienevorschriften[5] ändern sich die Rahmenbedingungen für die Tätigkeiten in den bestehenden flexiblen Arbeitszonen gravierend. Um die Übertragung über Aerosole zu verhindern, ist z. B. ein Mindestabstand von mindestens drei Metern zwischen den Arbeitsplätzen notwendig (Fischer De Santi 2020).

Wir erklären, wie diese Sicherheitsmaßnahmen die Nutzung einer gewohnten flexiblen Arbeitsumgebung einschränken (Abb. 24.1) und wie sie sich psychologisch auf die Mitarbeitenden auswirken können.

Das Einhalten des Mindestabstands bedeutet eine Reduktion der verfügbaren Arbeitsplätze pro Fläche und Zonen. Die Verhaltensregeln beeinflussen die Nutzung der einzelnen Arbeitszonen. Die Rückzugszone kann wegen der geringen Größe häufig nur mehr eine Person nutzen. Es fehlen weitere Zonen, in denen größere Gruppen Sitzungen abhalten oder Einzelne an virtuellen Treffen teilnehmen können. In den offenen Arbeitszonen stören Mitarbeitende, die nun über Distanz lauter sprechen müssen, um einander zu verstehen, andere Personen. Gleiches kann auch in den offenen Zonen für Treffen und Co-Working auftreten. Generell nimmt der informelle Charakter des flexiblen Büros ab, da sich grundsätzlich im Büro und in der Sozialen Zone eine geringere Anzahl Personen aufhalten dürfen. Damit sind die Mitarbeitenden bezüglich ihrer Kontrollmöglichkeiten von Zeit und Raum der Arbeit, d. h. in welcher Zone sie welche Tätigkeit wann ausführen, wesentlich eingeschränkt. Folglich nimmt die Zufriedenheit mit der Arbeitsumgebung ab (Engelen et al. 2019).

Die Anordnung von Maßnahmen zur Verhinderung von Ansteckungen und die damit zusammenhängenden Nutzungseinschränkungen der flexiblen Arbeitszonen stören in den meisten Fällen eingespielte Verhaltensweisen. Die Mitarbeitenden müssen somit Gewohnheiten und Kontrollmöglichkeiten aufgeben. Einschränkungen in der Entscheidungsfreiheit führen bekanntermaßen zu Frustration und Widerstand. Durch die geringere Belegung der Büroräume können Mitarbeitende weiterhin ihren jeweiligen Bedarf an Privatsphäre nicht mehr vollumfänglich kontrollieren. Zudem wird ein spontaner Informationsaustausch erschwert. Dies kann positiv sein für Personen mit

[4] Sie dienen der Vermeidung der Übertragung durch den direkten Kontakt mit infizierten Personen vor allem über Tröpfcheninfektion (Asadi 2020) sowie der Übertragung über die Luft (Cheng 2020; Chhikara 2020; Ong 2020).

[5] Sie dienen der Vermeidung einer Ansteckung durch den indirekten Kontakt mit Oberflächen oder Gegenständen, die von der infizierten Person berührt wurden, und folglich durch den Kontakt mit der kontaminierten Hand mit Mund, Nase oder Augen erfolgen könnte (Kampf 2020; van Doremalen 2020).

einem Bedürfnis nach hoher Privatheit. Hier kann sich ein höheres Wohlbefinden einstellen, da die geringe Belegung ihrem Bedarf an Privatheit eher entspricht. Dagegen kann sich durch die Einschränkung des Bedürfnisses nach sozialem Austausch in einer offenen Arbeitszone ein Gefühl der Isolation einstellen (Vischer 2005).

Eine weitere Folge der Unterbelegung – weniger Dichte – zeigt sich in der Unterstimulation. Sie führt zu Langeweile und verhindert, dass sich der menschliche Organismus an Herausforderungen der Umwelt anpassen muss (Wohlwill 1974). Einen produktiven Arbeitsmodus für beispielsweise Routinearbeiten können Mitarbeitende dadurch nur schwerlich erreichen.

Der Kontrollverlust der Mitarbeitenden durch die angeordneten Maßnahmen im Zusammenhang mit der Pandemie kann sich auch in Bezug auf das Territorium äußern, wenn Mitarbeitende ihre gewohnten Arbeitsplätze nicht mehr belegen dürfen.[6] Ihnen wird damit die Möglichkeit genommen, sich mit dem Ort zu identifizieren, respektive die bislang bestandene emotionale Bindung an den Ort löst sich auf. Für Mitarbeitende, die das Bedürfnis nach territorialem Verhalten zur Macht- bzw. Statusdemonstration haben, kann diese Situation Stress erzeugen und Dissonanzen zum Führungsverständnis hervorbringen (Flade 1998).

Die pandemiebedingten Maßnahmen erschüttern durch die einschneidenden Veränderungen am Arbeitsort das Gefühl der Sicherheit. Medienberichte mit Titeln wie „Gefahrenzone Großraumbüro" (Fischer De Santi 2020) oder „Virenherd Großraumbüro" (Streit und Schreier 2020) können die Unsicherheit vergrößern. Damit sich bei den Mitarbeitenden erneut ein Umweltvertrauen einstellen kann, muss das Büro, anstatt als „gefährlicher" Ort einer möglichen Ansteckung wieder als ein sicherer Ort wahrgenommen werden können. Das Unternehmen oder die Organisation ist gefordert, entsprechende Maßnahmen zu kommunizieren und deren Einhaltung zu kontrollieren. Wie in Veränderungsprozessen allgemein, bilden Transparenz, Nachvollziehbarkeit und Sinnhaftigkeit die Voraussetzungen dafür, dass sich die Mitarbeitenden neue Verhaltensroutinen aneignen und diese auch einhalten (Boch 2013). Babapour Chafi und Rolfö (2019) betonen, dass die Mitarbeitenden die Regeln eher einhalten, wenn die Organisation ein einheitliches Verständnis handhabt und die Einführung gut vorbereitet, d. h. verständlich vermittelt, wie und warum die Regeln zu befolgen sind. Verbessert sich dadurch für die Mitarbeitenden die Arbeitssituation, kann sich, z. B. wie im vorliegenden Fall der Pandemie, das Gefühl der Sicherheit erhöhen, und die Mitarbeitenden akzeptieren die Regeln eher.

Die getroffenen Maßnahmen und die dadurch erforderlichen Verhaltensänderungen beeinflussen den Komfort, den die Mitarbeitenden beim Arbeiten erfahren.

---

[6] Studien zeigen, dass Mitarbeitende auch in geteilten Arbeitsplätzen immer wieder dieselben Orte aufsuchen (Elsbach 2003; Höpfl und Hirst 2011).

Der physische Komfort wird beeinträchtigt, wenn der Zugang zum Gebäude über eine Desinfektionsanlage und Messung der Körpertemperatur erschwert wird. Im Gegenzug können solche Maßnahmen jedoch das Sicherheitsgefühl erhöhen.

Der funktionale Komfort vermindert sich durch Zugluft, wenn beispielsweise nicht mehr die Klimaanlage, sondern die Zufuhr von Außenluft das Raumklima reguliert. Umgekehrt kann der Komfort aber auch durch mehr Sauerstoffgehalt in der Luft (vermehrter Luftaustausch und weniger Nutzende pro Fläche) sowie den tieferen Lärmpegel zunehmen.

Der psychologische Komfort nimmt ab, wenn Zonen geschlossen oder anders genutzt werden und sie dadurch nicht mehr zu den Bedürfnissen der Mitarbeitenden passen. Die Mitarbeitenden sind in ihrer Kontrolle über die Wahl der passenden Arbeitszone eingeschränkt. Insbesondere wenn Mitarbeitende vermehrt außerhalb des Büros im Homeoffice arbeiten und sich somit ihr Kontakt mit Kolleg*innen verringert, kann ihr Gefühl der Zugehörigkeit sinken. Im Gegenzug kann ihre Kontrolle über die Wahl des Arbeitsorts zunehmen, wenn sie ein funktionales Homeoffice einrichten und nutzen können.

Die Auswirkungen auf die Mitarbeitenden hängen dabei von der Art und Anzahl der Maßnahmen und ihren einschränkenden Effekten ab. Erleben die Mitarbeitenden die Auswirkungen als negativ und einschränkend und sind die Möglichkeiten zur Interaktion, Kommunikation und Kontrolle von Zeit und Raum der Arbeit erschwert oder nicht mehr möglich, nimmt ihre Zufriedenheit mit der Arbeitsumgebung ab (Edwards 1999).

Neben den dargelegten Veränderungen, die eine Pandemie für die Nutzungsmöglichkeit gewohnter flexibler Arbeitsräume sowie die psychologischen Implikationen für die Mitarbeitenden bedeuten, zeichnet sich laut ersten Publikationen ab, dass Mitarbeitende auch nach der Pandemie vermehrt zu Hause und virtuell arbeiten werden und die Arbeit im physischen Büro abnimmt (Almarzooqi und Alaamer 2020; Kniffin et al. 2020; Megahed und Ghoneim 2020; Schulte et al. 2020). Als weiterer Beleg für diese Schlussfolgerung wird angefügt, dass mittlerweile bekannt ist, dass Coronaviren auch über Aerosole übertragen werden.[7]

Darüber hinaus skizzieren die ersten Evaluationen positive und negative Effekte der Entwicklung vom Büro zum Homeoffice und machen deutlich, wie die „Lebensumstände“ der Mitarbeitenden, die Art der Arbeit sowie die Beziehung zur Organisation darauf einwirken. Mehrere Studien belegen positive Erfahrungen im Homeoffice (Almarzooqi und Alaamer 2020; Schulte et al. 2020).

[7] Wie der Bericht von Fischer De Santi (2020) darlegt, kann das Einhalten von Abständen in geschlossenen Räumen über längere Zeit eine Übertragung des Virus nicht verhindern. Wird in einem Büro zudem oft und andauernd gesprochen, wird die Zirkulation der Viren in der Luft weiter verstärkt. Homeoffice ist nach Fischer De Santi (2020) die wirkungsvollste Maßnahme, um sich vor einer Ansteckung am Arbeitsplatz zu schützen.

Bei differenzierter Betrachtung zeigen sich Unterschiede bezüglich Geschlecht und Wohnsituation. Andauerndes Homeoffice kann neben den positiven Effekten durch die Abnahme von Störungen auch zu einer Zunahme von Stress und Burn-out-Risiko führen (Hayes et al. 2020). Dabei scheint die Stresszunahme bei denen, die vor dem Lockdown nicht im Homeoffice gearbeitet haben, größer zu sein (Hayes et al. 2020). Eine Ursache wird in der Überlagerung der Lebensbereiche gesehen, dafür spricht auch, dass die Belastung generell bei den Personen mit Familie und Kindern im schulpflichtigen Alter ebenfalls höher ist. Frauen, die zuvor nicht zu Hause gearbeitet haben, empfinden in der neuen Situation eher Stress als Männer. Dies ist ihrer höheren Belastung durch die Hausarbeit und Kinderbetreuung geschuldet (Hayes et al. 2020), insbesondere wenn der Partner nicht zu Hause arbeiten kann (Alipour et al. 2020).

Weiterhin hat sich gezeigt, dass sich die Bedürfnisse beispielsweise bezüglich virtueller Arbeit und Routinen zwischen Mitarbeitenden mit und ohne Familie unterscheiden (Kniffin et al. 2020).

Mit einer quantitativen Erhebung unter IT-Entwickler *innen zeigen Bao et al. (2020), dass die Art und der Umfang der Aufgabe die Produktivität im Homeoffice beeinflussen. So reduzierte sich die Produktivität bei umfangreichen Projekten. In anderen Branchen sind vermutlich vergleichbare Unterschiede festzustellen. Eine erste Studie in der Schweiz zur Arbeit von zu Hause während der Pandemie macht deutlich, dass positive Erfahrungen eine gute Führung auf Distanz und eine klare Kommunikation voraussetzen (Schulte et al. 2020). Diese muss auf die Mitarbeitenden abgestimmt sein, denn ein wesentlicher Beitrag zum Wohlbefinden leistet die Autonomie der Arbeit (Schulte et al. 2020). Führungskräfte mit einem hierarchischen Stil werden daher andere Herausforderungen bezüglich der Motivation der Mitarbeitenden begegnen als solche, die einen flachen Führungsstil verfolgen (Kniffin et al. 2020). Als nachteilig für das Wohlbefinden erweist sich allerdings der fehlende soziale Austausch (Schulte et al. 2020).

Megahed und Ghoneim (2020) gehen davon aus, dass Mitarbeitende in Zukunft eher zuhause arbeiten und virtuell kommunizieren. Entsprechend könnten sich die Büroflächen verringern (Megahed und Ghoneim 2020) oder zumindest eine andere Bedeutung erhalten und vermehrt projektbasierter Arbeit dienen, die besser mit physischer Präsenz geling. Es zeichnet sich also ab, dass die Pandemie als Katalysator für die Digitalisierung fungiert (Hofmann et al. 2020). Wenn keine entsprechenden Maßnahmen unternommen werden, kann die Situation allerdings zu sozialen und räumlichen Ungleichheiten führen sowohl zwischen Ländern und Stadtteilen. Denn die Voraussetzungen (Gewohnheit, Verfügbarkeit und dergleichen), um zu Hause zu arbeiten sind nach Land, Bevölkerungsgruppen und Branchen ungleich verteilt (Reuschke und Felstead 2020). Co-Working-Spaces am Wohnort könnten beispielsweise Mitarbeitenden, deren Wohnsituation sich nicht für das Homeoffice eignet, eine Möglichkeit bieten, den Arbeitsweg zu vermeiden (Mariotti und Di Matteo 2020) und vom positiven Life-Domain-Balance-Effekt zu profitieren (Almarzooqi und Alaamer 2020).

Der Einfluss der Sicherheitsvorkehrungen in einem herkömmlichen Büro auf die psychologischen Dimensionen der Arbeit im Büro (Sichtbarkeit/Dichte, Territorium/

Ortsidentität, Sicherheit/Gewohnheit und Komfort) einerseits und die ersten Ergebnisse zu Studien im Homeoffice und in Co-Working-Spaces machen deutlich, dass die herkömmliche flexible Arbeitsumgebung nicht mehr zu den Bedürfnissen der Mitarbeitenden passt. Wir argumentieren, dass eine Passung unter den pandemischen und postpandemischen Umständen nur gelingen kann, wenn die *Perspektive* der Mitarbeitenden über die tätigkeitsbezogenen Aspekte hinaus in der Konzeption der flexiblen Arbeitsumgebung berücksichtigt wird. Während die Gestaltungsbedingungen mobil-flexibler Arbeit (nach Weichbrodt et al. 2016) bislang auf die vier Dimensionen – Infrastruktur/Architektur, Technologie, Arbeitsmodell, Organisationsstruktur – abstellen, gilt unser Augenmerk diesbezüglich den Mitarbeitenden. Wir zeichnen im Folgenden auf, wie in Bezug auf die Dimension Infrastruktur/Architektur die flexible Arbeit durch die Berücksichtigung der Perspektive der Mitarbeitenden eine Refiguration erfährt.

Zur Refiguration der flexiblen Arbeit

Mit dem Begriff Refiguration lenken Knoblauch und Löw (2020) „den Blick auf die Frage nach dem durch Spannungen bewirkten Umbau gesellschaftlicher Ordnung und damit auch der Ordnungsprinzipien". Knoblauch und Löw konstatieren, dass sich während der Pandemie zwei Entwicklungen abzeichnen: eine territoriale Schließung von Körper (soziale Distanz), Wohnräumen (Homeoffice) und Ländern (Schließung der Grenzen) als Container und eine Öffnung der Kommunikationsnetzwerke (virtuelle Kommunikation). Raumlogisch unterscheiden die Autor*innen zwischen einer Top-down-Hierarchie und einer flächigen Netzwerkbildung. Wie die bisherigen Ausführungen zeigen, gilt diese Beobachtung auch für Teilbereiche der Gesellschaft, wie das flexible Arbeiten: Organisationen ordnen Schutzmaßnahmen an, die zu territorialen Abgrenzungen führen, und die Mitarbeitenden und ihre Kunden*innen arbeiten mittels verschiedener Softwareprogramme zusammen und vernetzen sich. Wie wir aufzeigen konnten, führen die von oben angeordneten Schutzmaßnahmen dazu, dass die Mitarbeitenden die herkömmliche flexible Arbeitsumgebung nicht mehr optimal nutzen können. Gleichzeitig belegen erste Erhebungen zum Homeoffice, dass die mittels Software unterstützte Vernetzung – unter den genannten Voraussetzungen – gut funktioniert (unter anderem Führung auf Distanz) oder erschwert wird (unter anderem außer Haus arbeitender Partner).

Berücksichtigt man in der Konzeption von flexiblen Arbeitsräumen die Perspektive der Mitarbeitenden, wie von uns vorgeschlagen, wird es möglich, die Refiguration spezifisch für die flexible Arbeit zu konzipieren. Denn, aus architektur- und raumsoziologischer Literatur ist bekannt, dass die Perspektive von Handelnden und Wahrnehmenden wesentlich ihre Erfahrung und Nutzung der gebauten Umwelt (Leuenberger 2018) oder, allgemeiner, ihre Art, Räume – einem relationalen Verständnis folgend – zu konstituieren, bestimmt (Löw 2001). Die von Knoblauch und Löw beschriebene Refiguration erfährt dabei eine Nuancierung bezüglich territorialer Schließung einerseits und Netzwerkbildung andererseits. Die Anzahl und Art der Arbeitszonen innerhalb (unter anderem offene Arbeitszonen, Zonen für Treffen) und außerhalb des Büros

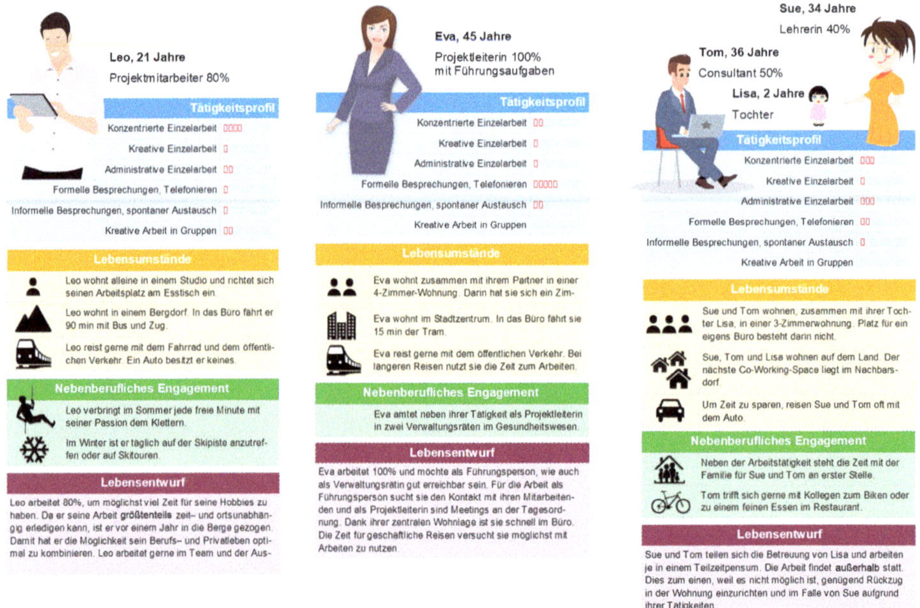

Abb. 24.2 Beschreibung der drei Personas

(Homeoffice, Co-Working-Space) werden auf die Wohnsituation, den Arbeitsweg und dergleichen der Mitarbeitenden neu abgestimmt. Die kommunikative Vernetzung erfolgt ebenfalls unter Berücksichtigung der Bedürfnisse der Mitarbeitenden und der Art des Austauschs physisch vor Ort (z. B. Projektarbeit), virtuell (z. B. für formale Treffen) oder hybrid.

Anhand von drei Personas[8] skizzieren wir im Rahmen eines Gedankenexperiments eine Refiguration der flexiblen Arbeit, die die Passung zwischen Mitarbeitenden und verschiedenen Arbeitszonen innerhalb und außerhalb des Büros in virtuellen und physischen Räumen wieder herstellt.

Die drei entwickelten Personas (Abb. 24.2) haben die Person-Umwelt-Passung für sich gefunden. Die Beschreibung umfasst ein Tätigkeitsprofil bezogen auf einen normalen Arbeitsalltag. Weiter sind die Lebensumstände wie Wohn- und Familiensituation sowie die Mobilität berücksichtigt. Zur Vervollständigung der Vorstellung zur Life-Domain-Balance, wird auch das nebenberufliche Engagement sowie der Lebensentwurf beschrieben:

[8] Die Entwicklung von Personas verfolgt das Ziel, möglichst realitätsnahe Beispiele zu kreieren, mit denen eine Identifikation leicht gelingen kann (Grudin und Pruitt 2002).

Leo – der Unabhängige

Mein Name ist Leo, ich bin 21 Jahre alt und arbeite als Projektmitarbeiter zu 80 % bei einem Software-Entwickler. Mein Arbeitsalltag umfasst schwerpunktmäßig Einzelarbeit. Aber auch die kreative Arbeit in Gruppen ist ein wichtiger Bestandteil bei der Entwicklung von neuen Programmen. Da ich in den Bergen wohne und ins Büro eine Anfahrt von 90 min einplanen muss, arbeite ich normalerweise nur einen Tag pro Woche im Büro. An diesem Tag planen wir im Team den physischen Austausch und die Gruppenarbeit. Für die Einzelarbeit bevorzuge ich das Homeoffice, da ich da weniger gestört werde und mir meine Arbeit selber einteilen kann
Mein Team arbeitet zeitunabhängig. Dies bedeutet, dass es keine fixen Arbeitszeiten gibt. Bei mir sind Arbeiten am Abend oder auch in der Nacht keine Seltenheit. Insbesondere im Sommer nutze ich frühmorgens die guten Bedingungen, um zu klettern. Gegend den Abend richte ich mir dann an meinem Esstisch einen Arbeitsplatz ein. Da ich ohne physische Unterlagen arbeite, genügen mir Bildschirm, Laptop, Dokingstation und Headset. Das zeit- und ortsunabhängige Arbeiten ermöglicht mir, mich selber zu organisieren und meine Zeit für Hobbies zu maximieren
Der Kontakt mit meinem Team und der Austausch ist mir sehr wichtig. Daher treffe ich mich regelmäßig mit meinen Teamkolleg*innen und Vorgesetzten virtuell. Sei dies für bilaterale Absprachen, formelle Treffen oder Pausen. Da alle zeitunabhängig arbeiten, koordinieren wir uns im Team mit der Definition einer geringen Anzahl an Fixterminen. Dazu gehört auch der wöchentliche Austausch mit meiner vorgesetzten Person. Wir versuchen die Termine so zu legen, dass wir immer möglichst viele Tage ohne geplante Treffen haben. So können wir an Aufgaben dranbleiben und in den Flow kommen. Spontaner Austausch wird über die Chat-Funktion initiiert
Jetzt, wo die Fallzahlen wieder steigen, verzichte ich auf die Fahrt in das Büro. Dies, um eine Ansteckung auf dem Weg oder vor Ort zu verhindern. Als einziger Nachteil sehe ich das Wegfallen der physischen Gruppenarbeit und Austausch. Hier müssen wir uns mit Tools behelfen, die die Nachteile etwas kompensieren können

Eva – die Führungsperson

Mein Name ist Eva, ich bin 45 Jahre alt und arbeite als Projektleiterin zu 100 % bei einer Versicherung. Dort führe ich ein Team mit 20 Mitarbeitenden. Neben meiner Führungsfunktion amte ich in zwei Verwaltungsräten. Meine typische Arbeitswoche besteht größtenteils aus formellen Besprechungen. Auch wichtig sind informelle Besprechungen und die Einzelarbeit. Damit ich mich zurückziehen kann, verbringe ich einen Tag pro Woche im Homeoffice. An diesem Tag stehen dann auch keine Termine auf dem Programm. So kann ich konzentriert alles erledigen. Die anderen Tage reise ich von einem Treffen zum nächsten. Wenn ich im Büro bin, bespreche ich mich mit meinen Mitarbeitenden oder ich bearbeite meine E-Mails in der Co-Working-Zone. Gerne würde ich zwei Tage Homeoffice machen, um mehr Zeit für konzentriertes Arbeiten und das störungsfreie Abarbeiten von Pendenzen zu haben. Die Vielzahl an Treffen erlauben dies leider nicht. Oft arbeite ich jedoch am Abend noch weiter, um Pendenzen abzuarbeiten. Günstige Zeiten sind oft auch die geschäftlichen Reisen, wo ich ungestört arbeiten kann
Aufgrund der steigenden Fallzahlen hat unser Unternehmen Sicherheitsmaßnahmen getroffen. Für mich bedeutet das, dass viele Sitzungen aufgrund der eingeschränkten Platzverhältnisse nicht mehr physisch stattfinden können. Die Durchführung von hybriden Treffen ist für mich nicht zufriedenstellend, so dass ich lieber darauf verzichte. Für das Abhalten der virtuellen Treffen fehlt es im Büro an genügend Boxen. Daher habe ich mich nun ins Homeoffice zurückgezogen. Hier schätze ich den Zeitgewinn durch das Wegfallen der Reisen. Auch kann ich mir vermehrt Zeitfenster für konzentrierte Arbeite schaffen. Der Arbeitsalltag wird entschleunigt und ich habe das Gefühl, dass ich mehr Planbarkeit habe. Jedoch fehlt mir der physische Austausch mit meinen Mitarbeitenden. Da diese jedoch auch vermehrt im Homeoffice arbeiten, sind wir nun dafür auf virtuelle Tools umgestiegen. Im Büro bin ich nur noch vereinzelt für kleine Treffen mit dem Management

Tom – der Gesellige

Mein Name ist Tom, ich bin 36 Jahr alt und arbeite 50 % als Consultant bei einer Bank. Ich teile mir die Betreuung unserer Tochter Lisa mit meiner Frau Sue. Sue arbeitet 40 % als Lehrer in der Schule im Dorf. Mein Arbeitsalltag umfasst in der Regel viel Einzelarbeit. Punktuell gibt es auch Besprechungen und Austausch. Aufgrund unserer Wohnsituation ist es mir nicht möglich, ein Homeoffice einzurichten. Neben dem fehlenden Platz kommt auch die fehlende Abgrenzung dazu. Ich möchte Arbeit- und Privatleben trennen und die Vorstellung zuhause zu Arbeiten ist für mich schwierig. Ebenfalls ist für mich die Isolation im Homeoffice nichts. Auch wenn ich alleine arbeite schätze ich es, wenn ich andere Personen sehen und hören kann. Damit ich zeitlich flexibler bin, gehe ich jedoch selten in das Büro. Die meiste Zeit arbeite ich im Co-Working-Space im Nachbarsdorf. Dahin habe ich mit dem Auto fünf Minuten. Im Co-Working-Space schätze ich die familiäre Atmosphäre. Es sind immer die gleichen Personen da und man kennt sich. Oft wird am Mittag sogar zusammen gekocht und gegessen. Manchmal machen wir über den Mittag auch eine kurze Bike-Tour. Für konzentrierte Arbeit und virtuelle Treffen gibt es Rückzugsmöglichkeiten, die ich nutze. Für alle anderen Arbeiten bin ich in der Co-Working-Zone, wo unterschiedliche Personen nebeneinander her arbeiten. Der Co-Working-Space gibt mir die Möglichkeit zum Austausch aber auch zum Rückzug

Mit den steigenden Fallzahlen ändert sich für mich nicht vieles. Im Co-Working-Space werden Sicherheitsmaßnahmen umgesetzt, die ich für sinnvoll halte. Da der Space über genügend Platz verfügt, können die Arbeitsplätze separiert werden

Vor dem Hintergrund der Darstellung der Auswirkung der Pandemie auf die Konzeption von flexiblen Büroräumen sowie in Anbetracht der ersten Evaluationen illustrieren die fiktiven Personas indikativ, wie sich die flexible Arbeit für sie neu formiert. Mitarbeitende nutzen danach das Büro vor allem für physische Treffen zum Austausch und zur intensiven Zusammenarbeit. Dies schließt auch Zonen für die Teilnahme an virtuellen Treffen ein, wenn das Homeoffice dafür nicht genutzt werden kann, sowie Zonen für hybride Treffen, an denen Mitarbeitende vor Ort und virtuell teilnehmen. Die Zonen für die Einzelarbeit können sich im Büro dadurch reduzieren, da Mitarbeitende dafür das Homeoffice oder näher am Wohnort gelegene Co-Working-Spaces nutzen. Wie in Abb. 24.3 dargestellt, vervielfältigen sich unter der Berücksichtigung der Perspektive der Mitarbeitenden – exemplarisch wiedergegeben durch die Personas – die Zonen der flexiblen Arbeit räumlich innerhalb des Büros (zusätzlich hybride und virtuelle Treffen) und außerhalb (Homeoffice, Co-Working-Space, virtuelle Räume).

Die Berücksichtigung der Perspektive der Mitarbeitenden in der Konzeption der flexiblen Arbeit zielt auf psychologischer Ebene darauf ab, die Passung zwischen den Bedürfnissen der Mitarbeitenden und der Arbeitsumgebung herzustellen sowie die Selbstwirksamkeit und Entscheidungsfreiheit der Mitarbeitenden auch während einer Pandemie zu gewährleisten. Wer die Möglichkeit hat, zuhause eine produktive Atmosphäre zu erzeugen und die Bereitschaft signalisiert, wählt für die Einzelarbeit und Teilnahme an virtuellen Treffen das Homeoffice. Voraussetzungen bildet die Aufgabe, die wie die Persona Sue gezeigt, nicht in jedem Fall zuhause durchgeführt werden können. Weiter gilt es, die Bereitschaft der Mitarbeitenden im Homeoffice zu arbeiten abzuklären, man kann sich wie Tom beispielsweise vor Isolation fürchten und daher die

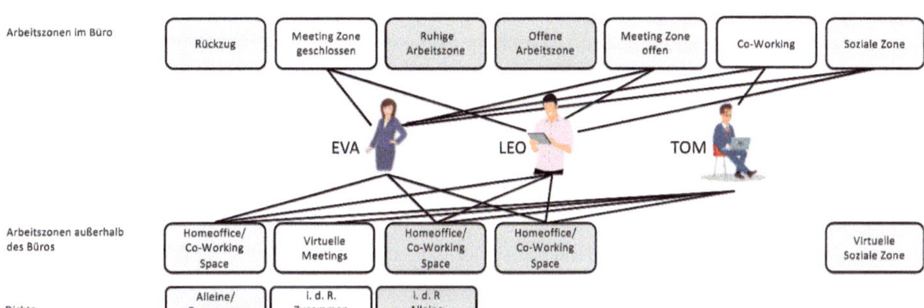

Abb. 24.3 Refiguration der flexiblen Arbeit mit Zuordnung der gewählten Zonen der Personas

Arbeit in Co-Working-Spaces vorziehen. Zum produktiven Arbeiten gehören weiter ausreichende Platzverhältnisse, passende Ausstattung sowie Rückzugsmöglichkeiten. Das Beispiel von Leo verdeutlicht, dass bei einer Bereitschaft und einer geeigneten Lebenssituation das Homeoffice eine optimale Passung erzeugen kann. Das Homeoffice kann in den meisten Fällen, wenn die Funktion von Mitarbeitenden eine Vielzahl an verschiedenen Tätigkeiten erfordert, keine Passung für die gesamte Tätigkeitspalette bieten. Mit der Möglichkeit Co-Working-Spaces am Wohnort und das Büro für sichere physische und hybride Treffen zu nutzen, können Mitarbeitenden die Arbeit passend zu ihren Bedürfnissen flexibel gestalten.

Organisationen wird eine derartige Refiguration der flexiblen Arbeit vor neue Herausforderungen stellen. Wir nennen zwei wichtige, die uns für ein gelingendes flexibles Arbeiten wesentlich erscheinen. Die Organisation sollte ihre Mitarbeitende auch im Homeoffice mit entsprechender technischer Infrastruktur und ergonomischen Einrichtung ausstatten, damit sie in ihren Tätigkeiten optimal unterstützt werden. Entsprechende Regelungen zum Homeoffice (z. B. Erreichbarkeit) und Schulungen für Vorgesetzte und Mitarbeitende (z. B. hinsichtlich Führung auf Distanz) unterstützen das Erlernen neuer Routinen. Die zweite Herausforderung sehen wir darin, dass für Mitarbeitende, denen das Arbeiten zu Hause nicht möglich ist, oder die dies nicht möchten, entsprechende Zonen im Büro zur Verfügung gestellt werden. Grundsätzlich verändert die Verschiebung der Arbeit aus dem Büro in die Telearbeit den psychologischen Vertrag und verschiebt die Verantwortungspflicht: Der Arbeitgeber muss hier seine Fürsorgepflicht wahrnehmen.

Fazit

Durch die Pandemie sind Mitarbeitende und Organisationen gefordert, die flexiblen Arbeiten neu zu formieren. Die Schutzmaßnahmen zur Vermeidung der Virusübertragung bewirken, dass die gewohnten flexiblen Arbeitszonen nicht mehr optimal zu den Bedürfnissen der Mitarbeitenden passen. Aktuelle Evaluationen und erste empirische Studien zu den Erfahrungen im Homeoffice zeigen gleichermaßen Chancen und Risiken einer Verlagerung der Arbeit nach Hause auf. Wir nehmen diese Situation zum Anlass, neu über die Konzeption der Zonen für flexibles Arbeiten nachzudenken und schlagen vor, die Perspektive der Mitarbeitenden explizit und durchgängig in allen Dimensionen der flexiblen Arbeit (Architektur/Infrastruktur, Technologie, Arbeitsmodell, Organisationsstruktur) zu berücksichtigen. In Bezug auf die räumliche Gestaltung der flexiblen Arbeit unter Berücksichtigung der Pandemiesituation können wir anhand von drei Personas exemplarisch skizzieren,

- wie die Perspektive von Mitarbeitenden in die Konzeption der flexiblen Arbeit einfließt,
- wie die Passung zwischen Tätigkeit und Arbeitsumgebung mit einer neuen Konzeption der flexiblen Arbeit gelingen kann,
- welcher Mehrwert für die Mitarbeitenden und Herausforderungen für die Organisationen dadurch entstehen.

Literatur

Alipour J V, Falck O, Schüller S (2020) Germany's Capacities to Work from Home (SSRN Scholarly Paper ID 3578262). Social Science Research Network. https://papers.ssrn.com/abstract=3578262. Zugegriffen am 25. November 2020

Almarzooqi B, Alaamer F A (2020) Worker Perceptions on Working from Home during COVID-19 Pandemic Empirical Evidence from Bahrain (SSRN Scholarly Paper ID 3643890). Social Science Research Network. https://doi.org/https://doi.org/10.2139/ssrn.3643890

Altman I (1975) The environment and social behavior: Privacy, personal space, territory, and crowding. Monterey, CA, Brooks/Cole

Andela M, van der Doef M (2019) A comprehensive assessment of the person–environment fit dimensions and their relationships with work-related outcomes. Journal of Career Development 46: 567–582

Appel-Meulenbroek R, Kemperman A, Kleijn M, Hendriks E (2015) To use or not to use: which type of property should you choose? Predicting the use of activity based offices. Journal of Property Investment & Finance 33:320–336

Asadi S B (2020) The coronavirus pandemic and aerosols: Does COVID-19 transmit via expiratory particles? Aerosol Science and Technology 54:635-638. doi: https://doi.org/10.1080/02786826.2020.1749229

Babapour Chafi M, Rolfö L (2019) Policies in Activity-based Flexible Offices-'I am sloppy with clean-desking. We don't really know the rules.' Ergonomics 62:1–20

Bao L, Li T, Xia X, Zhu K, Li H, Yang X (2020) How does Working from Home Affect Developer Productivity? -- A Case Study of Baidu During COVID-19 Pandemic. arXiv:2005.13167 [cs]. https://arxiv.org/abs/2005.13167. ***Zugegriffen am 25. November 2020***

Boch D (2013) Flexible Arbeitswelten: Change Management in der Büroplanung – Lessons Learned aus dem Flexible-Office-Netzwerk. vdf Hochschulverlag AG an der ETH Zürich, Zürichs

Cheng V W (2020) Escalating infection control response to the rapidly evolving epidemiology of the Coronavirus disease 2019 (COVID-19) due to SARS-CoV-2 in Hong Kong. Infection Control & Hospital Epidemiology 41:493–498. doi: https://doi.org/10.1017/ice.2020.58

Chhikara B S (2020) Corona virus SARS-CoV-2 disease COVID-19: Infection, prevention and clinical advances of the prospective chemical drug therapeutics. Chemical Biology Letters 7:63–72

Edwards J R (1999) Work and family stress and well-being: An examination of person-environment fit in the work and family domains. Organizational behavior and human decision processes 77:85–129

Elsbach K D (2003) Relating physical environment to self-categorizations: Identity threat and affirmation in a non-territorial office space. Administrative Science Quarterly 48:622–654

Engelen L, Chau J, Young S, Mackey M, Jeyapalan D, Bauman A (2019) Is activity-based working impacting health, work performance and perceptions? *A systematic review. Building Research & Information 47:468–479. doi:* https://doi.org/10.1080/09613218.2018

Fischer De Santi K (2020) Maskenpflicht in den Läden – und was ist mit der Gefahrenzone Grossraumbüro? https://www.tagblatt.ch/leben/maskenpflicht-in-den-laeden-aber-was-ist-mit-der-gefahren. Zugegriffen am 25. November 2020

Flade A (1998) Psychologie und gebaute Umwelt. Konzepte, Methoden, Anwendungsbeispiele. Institut Wohnen und Umwelt, Darmstadt

Grudin J, Pruitt J (2002) Personas, participatory design and product development: An infrastructure for engagement. In Proc. PDC (Vol. 2)

Hayes S, Priestley J L, Ishmakhametov N, Ray H E (2020) "I'm not Working from Home, I'm Living at Work": Perceived Stress and Work-Related Burnout before and during COVID-19 [Preprint]. PsyArXiv. https://doi.org/https://doi.org/10.31234/osf.io/vnkwa

Hidalgo M C, Hernández B (2001) Place attachment: Conceptual and empirical questions. *Journal of environmental psychology 21:273–281*

Hofmann J, Piele A, Piele C (2020) Arbeiten in der Corona-Pandemie – auf dem Weg zum New Normal. Studie des Fraunhofer IAO in Kooperation mit der Deutschen Gesellschaft für Personalführung DGFP e. V. (W. Bauer, O. Riedel, & S. Rief, Hrsg.). Fraunhofer IAO

Höpfl H, Hirst A (2011) Settlers, vagrants and mutual indifference: unintended consequences of hot-desking. Journal of Organizational Change Management.

Kampf G T (2020) Persistence of coronaviruses on inan-imate surfaces and their inactivation with biocidal agents. *Journal of Hospital Infection 104:246–251. doi:* https://doi.org/10.1016/j.jhin.2020.01.022

Krause A, Schulze H, Windlinger L (2018) Mobil-Flex-Arbeit und Gesundheit. In Betriebliches Gesundheitsmanagement. Grundlagen und Trends (Blum-Rüegg, A., S. 76–97). Gesundheitsförderung Schweiz

Kingma S F (2016) The constitution of 'third workspaces' in between the home and the corporate office. New Technology, Work and Employment 31:176–193

Kniffin K M, Narayanan J, Anseel F, Antonakis J, Ashford S, Bakker A B, Bamberger P, Bapuji H, Bhave D P, Choi V K, Creary S J, Demerouti E, Flynn F, Gelfand M, Greer L, Johns G, Kesebir S, Klein P G, Lee S Y, … van vugt, mark (2020) COVID-19 and the Workplace: Implications, Issues, and Insights for Future Research and Action [Preprint]. PsyArXiv. https://doi.org/https://doi.org/10.31234/osf.io/gkwme

Knoblauch H, Löw M (2020) Re-figuration of Space and refigured modernity. https://doi.org/https://doi.org/10.12759/hsr.45.2020.2.263-292

Leuenberger T (2018) Architektur als Akteur? Zur Soziologie der Architekturerfahrung, Bielefeld: transcript

Löw M (2001) Raumsoziologie. Suhrkamp, Frankfurt s. M.

Mariotti I, Di Matteo D (2020) Coworking in emergenza Covid-19: Quali effetti per le aree periferiche? https://www.eyesreg.it/2020/coworking-in-emergenza-covid-19-quali-effetti-per-le-aree-periferiche/. Zugegriffen am 25. November 2020

Megahed N A, Ghoneim E M (2020) Antivirus-built environment: Lessons learned from Covid-19 pandemic. Sustainable Cities and Society 61:12–35. https://doi.org/https://doi.org/10.1016/j.scs.2020.102350

Ong S W (2020) Air, surface environmental, and **personal** protective equipment contamination by severe acute respiratory syndrome coronavirus 2 (SARS-CoV-2) from a symptomatic patient. JAMA 323:1610–1612

Reuschke D, Felstead A (2020) Changing workplace geographies in the COVID-19 crisis: Dialogues in Human Geography. https://doi.org/https://doi.org/10.1177/2043820620934249

Schulte V, Steinbach C, Verkuil A, Hübenthal S (2020) Studie zur Umstellung auf Homeoffice in der Schweiz während der Covid19 Krise. Fachhochschule Nordwestschweiz Hochschule für Wirtschaft, Zürcher Hochschule für Angewandte Psychologie

Steffen M, Schulze H (2017) Multispace funktioniert nur, wenn es ständig optimiert wird. fmpro Service, 3:20–22

Suter L, Schulze H, Steffen M, Schläppi M, Weichbrodt J (2019) Behavior Settings im Büroraum—Eine Methode zur Beteiligung von Mitarbeitenden an der Planung von Büroumgebungen. In GfA (Hrsg.), Frühjahrskongress 2019: Arbeit interdisziplinär analysieren – bewerten – gestalten (6 S.)

Streit M, Schreier J (2020) Virenherd Grossraumbüro. https://www.derbund.ch/virenherd-grossraumbuero-246068663216. Zugegriffen am 25. November 2020

Ujang N (2012) Place attachment and continuity of urban place identity. Procedia-Social and Behavioral Sciences 49:156–167

van Doremalen N B (2020) Aerosol and surface stability of HCoV-19 (SARS-CoV-2) compared to SARSCoV-I. New England Journal of Medicine. doi: https://doi.org/10.1101/2020.03.09.20033217

Vischer J C (2005) Space Meets Status. Designing workplace performance. Routledge, Abingdon Oxon

Vischer J C (2007) The effects of the physical environment on job performance: towards a theoretical model of workspace stress. Stress and Health: Journal of the International Society for the Investigation of Stress 23:175–184

Weichbrodt J, Berset M, Schläppi M (2016) FlexWork Survey 2016: Befragung von Erwerbstätigen und Unternehmen in der Schweiz zur Verbreitung mobiler Arbeit (S. 32) [Forschungsbericht]. Hochschule für Angewandte Psychologie FHNW

Wohlwill J F (1974) Human response to levels of environmental stimulation. Human Ecology 2:127–147

Wohlers C, Hertel G (2018) Longitudinal Effects of Activity-Based Flexible Office Design on Teamwork. Frontiers in psychology 9:20–26.

Dr. Theresia Leuenberger ist promovierte Soziologin auf dem Gebiet Planungs- und Architektursoziologie und studierte Architektur an der ETH Zürich und an der Universität Stuttgart. Sie forscht an der Hochschule für Psychologie an der Fachhochschule Nordwestschweiz (FHNW) und an der Technischen Universität Berlin zu Wahrnehmung und Erfahrung der gebauten Umwelt sowie zu Partizipations- und Planungspraktiken. Seit 2012 lehrt sie regelmäßig an der Hochschule für Kunst Bern HKB Bern zu räumlichen und sozialen Aspekten des Designs. Davor arbeitete sie als freiberufliche Architektin für verschiedene Büros in den Bereichen Kommunikationsdesign, Innenarchitektur und Architektur in den Niederlanden und Deutschland.

Livia Suter, MSc in Arbeits-, Organisations- und Personalpsychologie mit Studium an der Hochschule für Angewandte Psychologie an der Fachhochschule Nordwestschweiz (FHNW). Sie forscht dort zur nutzerzentrierten Gestaltung von Arbeits- und Lernräumen sowie zu Partizipations- und Veränderungsprozessen. Davor absolvierte sie ein Bachelorstudium in Facility Management und untersuchte in einer eigenen Studie der Einfluss der Persönlichkeit auf Raumpräferenzen in flexiblen Büroumgebungen.

Prof. Dr. Hartmut Schulze studierte Arbeits- und Organisationspsychologie an der Universität Hamburg. Mit Beendigung seiner Promotion wechselte er 1999 zu DaimlerChrysler in das Ressort Forschung und Entwicklung. Hier war er verantwortlich für das Team „Psychologie im Engineering" im Labor „IT for Engineering". Seit 2006 ist er Professor an der Hochschule für Angewandte Psychologie und leitet seit 2011 das Institut für Kooperationsforschung und -entwicklung. Seine inhaltlichen Schwerpunkte in Forschung und Lehre liegen in der Analyse, Gestaltung und Evaluation von Konzepten und Lösungen zu Arbeits- und Büroräumen, zu mobil-flexiber Arbeit und zur Mensch-Roboter-Interaktion.

Rethinking Office Work— A Post-Pandemic View 25

Büroarbeit neu denken – Eine post-pandemische Perspektive

John Willy Bakke und Udo-Ernst Haner

Abstract

The COVID-19 pandemic was met with lockdowns and a massive deployment of working from home, whereby existing working practices and taken-for-granted procedures were challenged. In this article, we use the pandemic as a prism for reassessing office work, which allows us to see familiar things in new ways. As one of the results, we foresee that working from home will become more of a regular practice, and at higher levels than before the crisis. We nevertheless expect that co-located work will retain its primacy, since many established organizational processes, both formal and informal, are built around co-location. The future of office work is open-ended, since it is shaped by a multitude of players and developments. Post-pandemic office work has also implications outside the immediate office realm, on areas like transportation and urban planning. The development of post-pandemic office work is a continuous process that requires local adaption. It is permeated by normative considerations, for which we propose to apply the principle of sustainability as a normative guide for developing post-pandemic office work.

J. W. Bakke
Aalborg, Denmark

U.-E. Haner (✉)
Fraunhofer-Institut für Arbeitswirtschaft und Organisation IAO Stuttgart, Stuttgart, Deutschland
E-Mail: Udo-Ernst.Haner@iao.fraunhofer.de

C. Kohlert (Hrsg.), *Das menschliche Büro – The human(e) office*,
https://doi.org/10.1007/978-3-658-33519-9_25

Zusammenfassung

Der COVID-19-Pandemie wurde mit Lockdowns und einer massiven Umsetzung von Homeoffice begegnet, wodurch bestehende Arbeitsweisen und als selbstverständlich angesehene Vorgehensweisen infrage gestellt wurden. In diesem Beitrag nutzen wir die Pandemie als Prisma für eine Neubewertung der Büroarbeit, was uns ermöglicht, Bekanntes auf neue Weise zu sehen. Als ein Ergebnis erkennen wir, dass Homeoffice üblicher und sich auf einem höheren Niveau als vor der Krise etablieren wird. Wir gehen auch davon aus, dass die Arbeit im Büro weiterhin Vorrang haben wird, da viele etablierte organisatorische Prozesse, sowohl formell als auch informell, auf Kollokation basieren. Die Zukunft der Büroarbeit ist jedoch offen, da sie von einer Vielzahl von Akteuren und Entwicklungen geprägt wird. Dies hat auch außerhalb der unmittelbaren Büroarbeit Auswirkungen auf Bereiche wie Verkehr und Stadtplanung. Die Entwicklung der post-pandemischen Büroarbeit ist ein kontinuierlicher Entwicklungsprozess, der lokale Anpassungen erfordert und von normativen Überlegungen getragen wird. Deshalb schlagen wir Nachhaltigkeit als normatives Gestaltungsprinzip für post-pandemische Büroarbeit vor.

25.1 A Black Swan—The Shock of the Unexpected

Early 2020 one of Taleb's black swans[i] came along. SARS-CoV-2 started spreading massively around the world and COVID-19 was getting recognition as a pandemic. Consequently, governments around the world started to impose a variety of measures to contain the virus and protect the people—up to imposing total lockdowns. Although there have been scenarios and warnings at least some five years earlier by researchers and others[ii], the pandemic provided the world with the shock of the unexpected. This meant, that shops stayed closed, non-essential travel was largely forbidden, and except for personnel in hospitals, supermarkets, or other domains deemed as critical infrastructure people were asked to stay at home. These measures were taken in order to avoid gatherings and thereby to reduce the risk of contagion.

For most people, this was a previously unexperienced disruption of their daily life. For companies, and for the economy in general, ways had to be found on how to keep the economy running, without people going to work in the literal sense of the word. For all in the office work realm[iii], one of the major responses was a massive deployment of remote work, specifically working from home. However, working exclusively from home posed challenges, both to work life and private life. While still needing to get work done, people had to deal with combining work life and private life in the same environment, and with other family members present.

While face-to-face collaboration and socializing at the workplace stopped, technology-mediated ways of interaction had suddenly become the only solution available. Additionally, accustomed routines like travel to an office or to customers, after-work sports, and other activities in the work-life balance had to be reconsidered, or simply rendered void.

The struggle and handling of the challenges encountered through this home-based working became intensively shared and much-debated topics across all communication channels, particularly in social media. One could find pictures of people carrying computer displays home from work, descriptions of how people set up semi-permanent workplaces at home, complaints or success stories regarding intensive deployment of collaboration tools, and discussions on the etiquette for web conferences.[iv]

The practice of working from home is a recurrent topic in the organization of information work, however, due to the pandemic, it deserves a fresh look. It has been around for decades, strongly propagated by flexible working supporters, but only moderately implemented in control-driven companies. Suddenly now, due to the lockdowns, working from home has become a common practice for a majority of information workers and a lauded solution by almost every business leader—at least for the time given. This massive recommendation for working from home, however, leads to major questions regarding post-pandemic office work:

- In the future, where will office work take place?
- Which work tasks will be performed preferably in corporate offices?
- How will office work and office environment design reflect the new needs arisen through the pandemic?
- What are the main players shaping post-pandemic office work?
- How to assess post-pandemic office work?

In light of the pandemic, a discussion of future work locations is required. This particularly applies to office work, which largely is location independent. In general, it does not require production machinery or extensive face-to-face customer interaction. For office work, information technology is the backbone that allows for location-independent working.

Any location for work has characteristic properties, making it more or less appropriate for performing specific work tasks there. In this article, we look at the interplay of distributed work and co-located work. We will also address its implications on the design of offices, work-related travel, urban planning, and the organization of information work after the pandemic.

A crisis is an opportunity for change, where one can observe the future in the making. One often mentioned outcome of the COVID crisis is the increased pace of technological development. The enforced digitalization due to the pandemic has made access to communications technologies at all work sites much easier, which in turn will facilitate distributed, travel-free meetings, and distributed work in general. Key technology providers have argued that due to the pandemic, two to three years of digitalization have taken place during a couple of months.[v]

With 'after the pandemic', or 'post-pandemic', we refer to the era after the recognition of COVID-19 as a pandemic in March 2020—not the era when, at some hopefully rather soon future point in time, the virus has been finally contained. We do so because, COVID-19 almost instantly had an immense impact on life in general and work life in particular, and it is impossible to un-think these experiences. This impact will grow ever larger, the longer the pandemic lasts. Therefore, a return to the pre-pandemic situation is not very likely. Rather, even with the availability of vaccines for COVID-19, a *new normal* for many aspects of our lives will emerge instead. The future will then seem normal again, however different it will be.[vi]

25.2 The Pandemic—A Prism for Rethinking Office Work

Office work has kept changing over time. Ever since monks have used their cells for reading and writing, work environments, work technologies and work organization have been designed intentionally to serve different purposes of the organization—and with the progressing of the human relations movement also to increasingly serve the needs of information workers.[vii]

The dominant pre-pandemic trends in office work were aiming at increasing flexibility of organizations, supporting collaboration and innovation in organizations, and progressing with the digitalization across the organization. In corporate offices, single-person offices and cubicles were largely phased out, in favor of more open, but structured working environments offering a larger variety of work settings. Organizational change efforts were aiming at introducing agile work principles for ensuring goal orientation. Information technology was being deployed to enhance efficiency as well as to seize the opportunities of big data and intelligent assistants.

With the advent of the pandemic, some of these trends were interrupted whereas others intensified, allowing a major rethinking of the concept of the office. The lockdown and the subsequent recommendation "if possible, work from home" have been described as "the biggest experiment in human history"[viii], establishing a living laboratory for flexible working under severe circumstances for everyone—not just for those who choose to participate. In this article, we use the pandemic as a *prism* or an eye-opener, allowing us to see familiar things in new ways. Thereby, we witness the establishment of the 'new normal' of office work and post-pandemic office work environments, while in the making.

To us, the future of office work is open-ended, it is neither fully determined, nor is it to be freely designed from scratch. It is, of course, both possible and valid to make detailed predictions, for instance that working from home would double or even triple. Such predictions, however, may be of limited value, since it is hard to assess the accuracy of the prediction and to determine that one certain prediction is better or worse compared to another. Instead, focus will be on understanding the actors involved and the mechanisms at play, shaping the future—in an open-ended process.

The future of office work is shaped by a multitude of players and their activities and decisions—as in the initial recommendation from public authorities to work from home. Corporate managers and their attitudes towards flexible working will shape organizations and ultimately the demand of office work environments. Real-estate owners and project developers will determine the offering of spaces for information work, while the information workers themselves will show their preferences amongst the work environments available. Policy makers as well as public and regulatory authorities will and shape a legal framework for work that allows for more flexibility in organizing work while ensuring public interests and workers' health. Similarly, architects and urban planners will need to adapt offices, apartments, buildings, and neighborhoods to allow the new organization of work life and private life to unfold. All these players with their own perceptions, assessments and conceptions of what a new normal in the office world might look like, will shape the new reality based on their professional roles.

In the following sections, the home and the office are addressed as locations for work, each with characteristic properties, making them more or less appropriate for different work tasks. This is followed by a discussion of the organization of office work, where it is argued that many existing work activities and processes are developed for co-located settings, which is a challenge for distributed work practices. The pandemic is also shown to have impact on work-related travel, the associated topic of urban and regional planning, and the location of residential areas relative to work areas. Contextual factors, such as the overarching development trends in the digitalization of work and the general economic development will affect the society at large, including post-pandemic office work.

The final section of the article addresses the assessment of office work. It is argued that established work practices had obtained a status of *taken-for-granted,* which is an indication that they work reasonably well, but also with the consequence that the practices rarely are explicitly assessed.

It is further argued that the practices brought to the forefront during the crisis have the potential for becoming the new normal, but that this will depend on the activities and assessments of key players in the field. There is a lack of clear conceptual models for alternative practices, and experts and distinct decision makers have a major role in developing conceptual models for the new practices.

In addition to the descriptive approach to post-pandemic office work, we also address normative issues, since they are important for choices made by the respective players. We argue that the criterion of *sustainability* can serve as a litmus test for what can be considered humane office work, and we include some suggestions for guiding local development towards the new normal when we ask: What is a humane workplace? To what extent is a *new normal* sustainable for the parties involved?

Key learning:

- The pandemic serves as a prism, allowing us to look at the taken-for-granted in office work with fresh eyes.
- The pandemic is an opportune moment for assessing and evaluating both established practices and the emergent ones.

25.3 Working from Home—From the Margins to the Forefront

From the beginning of the industrial era, going to a workplace outside the home or the farm has been the taken-for-granted practice for most people—so well established that the phrase 'going to work' usually refers to both the physical movement to a workplace and the activities for making a living located in that workplace. The pandemic and the lockdowns have turned that practice upside down: working from home has now been implemented as a measure for reducing the risk of virus transmission by significantly reducing the commute to work and the co-presence with others at the workplace.

Working from home is by far not a new phenomenon, invented as a response to the pandemic. From the 1970s on, researchers and practitioners challenged the practice of going to a designated workplace. They argued that support from emergent information and communication technologies would obliterate the need for commuting—thereby establishing the new practice of teleworking or telecommuting.[ix] From the individual's point of view, it was seen as a way of avoiding the time-consuming commute, thereby freeing time for an improved work-life balance—and for getting more work done. From the employer's point of view, home-based work was seen as a response to employee wishes, and as a help for recruitment processes by increasing the geographical area from which employees could be attracted, especially relevant in the case of dual-career families with jobs at different locations.[x]

In the early years of location-independent work, two types of employees were identified as well-suited for working from home: Those with a high degree of self-organization, and those with very standardized jobs that were seen as easy to measure and control, such as call-centers or sales. Experiences with teleworking and other types of distributed work demonstrated, however, that virtually *all* office-based jobs encompass work tasks that easily can be done outside the office environment, and further, that few employees could or wanted to work full-time from home.

Although home-based office work has a 40–50 years' legacy, it was not a broadly established practice before the outbreak of the pandemic. According to Eurostat, in 2017, a stable volume of only 5.0% of employed persons in the European Union (EU) *usually* worked from home. However, the percentage of employed persons in the EU who *sometimes* work from home has increased steadily over the years, from 7.7% in 2008 to 9.6% in 2017.[xi] These figures indicate that working from home has been a somewhat contested solution, with proponents and adversaries among both employers and employees. One major reason for this is the large number of factors that need to be considered when organizing for working from home. Among them are legal restraints, volume and regularity of working from home, as well as types of work tasks that are allowed for home-based work. In the context of the latter, one issue relates to data privacy regulations forbidding certain forms of data access in environments seen as insecure.

The response to the pandemic is clearly showing that home-based work is possible and acceptable on a much larger scale than pre-pandemic practice had indicated. In countries around the world, technology companies, financial organizations, or research institutions among many others have literally expelled the office workers from their offices, making home-based working mandatory. To many, the exception became the rule. Already in April 2020, almost 4 in 10 employees in Europe had started teleworking.[xii]

Many companies have since praised the experiences with the enforced extensive deployment of working from home and started intense debates whether this work practice should be prolonged after the pandemic. Public announcements of individual companies[xiii] as well as some early studies[xiv] suggest that letting employees work extensively from home will be part of the post-pandemic new normal—for some "as in forever".[xv] However, others want their employees back into the office as soon as possible, emphasizing the value of co-presence: "It's for the get-togethers with other human beings and forming those relationships".[xvi] The opinion is divided among employees, too. Many express their pleasure of having a flexibility in their workday, whereas for others, working from home is a crisis solution, only. Some did not have an appropriate location at home, others preferred the established practice of going to a workplace and meeting colleagues.

Attitudes to the daily commute differ. A study from Norway showed that many of those travelling by collective transportation or by car were happy to avoid the commute, whereas it was largely missed by those walking or using bikes.[xvii] Part of the reason for missing the daily commute was that they wanted to maintain the transportation to work and home again as a routine or a transition ritual, delineating work from leisure. A COVID solution has been to take a walk or a bike ride before working from home, in what has been named *fake commuting*.[xviii] This is a practice that also has beneficial health effects that can serve as a remedy for the lack of physical mobility and exercise often associated with working from home.

When working from home becomes regular, ergonomics becomes an important issue to be resolved, as not everyone has a workspace compliant with the standards from the office. The material base for working from home does also differ significantly, depending on the space available for establishing a workplace at home and the personal context of the individual. Therefore, assessments of working from home practices will vary if the workplace at home resembles a private cellular office, or if it is in a shared space with children, partner and pets. The assessment will also depend on the division of labor among the partners in the domestic sphere: A person with a high degree of responsibility for household or children may fall off career-wise, compared to the one that can concentrate fully on the work tasks, when working from home.

Personality traits of individuals are also shaping attitudes and policies regarding working from home. The more introverted persons seem to thrive at home, while the extroverted are missing the buzz and the energy of the office.[xix] Similarly, a recent study claims that the most meaningful personality traits explaining the adaptability to extensive working from home during the pandemic are "agreeableness" in the positive and "conscientiousness" in the negative.[xx] In addition, one can assume that due to different management styles—or manager personalities—some will prefer to have 'their' employees nearby, others will allow for widespread working from home. The first position can be summarized as allowing employees to work from home when they have good reasons *not* to come to the office, the latter as seeing the office as a resource to be used whenever relevant.

A caveat to massive and enduring deployment of working-from-home is that it can cause psychological imbalance, such as feelings of loneliness, irritability, worry and guilt, triggered by the isolation from colleagues and the organization as a whole.[xxi] The reduced volume of communication, in particular of informal communication, can cause personal performance and well-being to deteriorate. These considerations may become even more prominent if companies expand their flexible working strategies.

At the time of writing, it seems that working from home is about to achieving the status of a widespread taken-for-granted practice. The future of working from home *after* the pandemic, however, depends on the sum of experiences and attitudes among parties involved, primarily the employers and employees, but also trade unions, industry organizations, public authorities and governments providing agreements as well as a legal framework.[xxii] Of key importance is how working from home is re-negotiated as a new normal within organizations—beyond its role as an instrument for crisis management. One response to this multitude of interrelated factors is to have working from home as a voluntary solution based on an explicit organizational framework for work that all parties can agree upon. This also has the corollary that arrangements also need to be acceptable for those who cannot, or choose not to work from home, to avoid an unintentional split with an organization's staff.[xxiii] It cannot be the outcome, that having access to a well-equipped office space at home should be the criterion for being allowed to work from home—or for being employable.

Key learning:

- Working from home is implemented as a measure for reducing the risk of virus transmission by significantly reducing the commute to work and the co-presence with others at the workplace.
- The response to the pandemic is clearly showing that home-based work is possible and acceptable on a much larger scale than pre-pandemic practice had

indicated, and that working from home is about to achieve the status of a taken-for-granted practice.

- The assessment of working from home practices will vary with the available spatial options within homes, the division of labor among the partners in the domestic sphere, and with a person's personality traits.
- Working from home is best implemented as a voluntary solution for the major share of the employees, based on an explicit organizational framework for work that all parties can agree upon.

25.4 Corporate Offices—Working in Offices is Here to Stay

Offices can be seen as mirrors of their organizations[xxiv], with major changes shown in both organizational structures and office design. Over time, different conceptual models for office design have been introduced: the cellular office, the bullpen office, the cubicle farm, the Bürolandschaft, and various other forms of open-plan offices.[xxv] Some of them have virtually disappeared again, while others have gone through significant changes. The players most directly involved in the shaping of offices are the companies themselves, together with real estate owners, the facility management function, architects, interior designers, and office equipment manufacturers.

The COVID crisis has emphasized *health concerns* as a major dimension of office planning, in addition to building design, room partitions, space efficiency and the like, thereby providing new challenges and prompting changes to the design of corporate offices. A central idea accompanying these changes has been that office design can be an instrument for shaping office work, as expressed in the statement: "Influencing behavior is almost all of what management is about, and buildings influence behavior".[xxvi] This approach has to a large extent been acknowledged by corporate clients, which, in turn, has motivated a large number of office construction and design projects.[xxvii] The rich service offerings within corporate offices together with the variety of spaces offered has expanded so much, that in some extreme instances, employees are drawn to the office and have started using the workplace as their home—as "Googlers living at Google"[xxviii] suggests, although usually supported by a caravan or truck nearby.

One highly influential development trend has been to move away from a rigid assignment of people to specific workplaces, to accommodate a high level of flexibility at work, and also to use office design as a tool for supporting communication and collaboration at the workplace. The observation that not everyone in an organization will be present at the same time, due to travels, meetings, illnesses and leaves of absence, as well as home-based work, further supports the design of flexible office solutions. For adopters of this spatial flexibility, the transition into the pandemic work mode has been fairly easy, whereas extensive working from home resulted in idle office space.

From a real-estate perspective, increasing the variety of office work environments comes at a cost. Dominating office structures have been challenged, and to a large degree replaced by a combination of different workspace settings, where generic workplaces are supplemented by a range of dedicated rooms, such as project rooms, quiet zones etc., to support the diversity of work tasks.[xxix] This allows accommodating a high level of flexibility at work, enabling activity-based working, i.e. workplace choice based on needs and preferences. A recent survey in Germany from before the pandemic showed that researchers and practitioners in the field of office work to a large extent agreed that activity-based usage in multi-space offices would become the new dominant type of corporate offices.[xxx]

With the advent of the pandemic, the use of office buildings and co-located work were no longer part of the taken-for-granted practice, instead, they have been associated with a potential risk of contagion. This means that offices, especially the open-place offices, have been seen as undesirable locations for work—as expressed in statements like "The Open-Plan Office Is Dead".[xxxi]

As an immediate reaction, 'office providers' have been offering remedies to those who still want to or have to work in offices, through the common responses of social distancing and stricter demands to hygiene. One initiative has been to reduce the pressure on office space by limiting the number of people per square meter in the office by setting a cap on the number allowed in a work zone at any given time.

In the long run, these measures, together with an eventual weakening of the economy and higher levels of unemployment will further reduce the demand for office space.[xxxii] It is, however, important to notice that lowering the number of people working in offices at any given time does not lead to a proportional reduction in the demand for office space.[xxxiii]

As long as the risk of contagion is considered significant, changes of the physical office layout may be necessary, e.g. by re-installing partitions and walls or even by (re)introducing cellular offices, for instance for vulnerable employees. Further, the use of non-territorial working and hot-desking schemes may be reduced, e.g. by establishing offices for small, more permanent and less fluctuating teams. The longer this risk perception prevails, the more these remedies will become durable and the more architects and office designers will be forced to think of form following the fear of infection.[xxxiv]

After the pandemic is contained, offices will continue to be main loci for office work, although more than before supplemented by working from home, from co-working centers or from telework centers. This is because offices offer certain distinctive qualities not found elsewhere. They are places offering designated zones for both concentration work and collaborative tasks, enabling physical encounters and face-to-face interaction. The latest evolution of the modern organization has led to ways of organizing work based on collaboration, self-organization and agile work. We foresee that this type of work will outlast the pandemic, and that activity-based usage in multi-space offices will continue.

In parallel, potential developments of smart office technologies are foreseeable. Examples are access control, distance enforcement and facilities management technologies.[xxxv]

Access control technologies can ensure that only entitled persons can access buildings, work zones, or areas previously accessible as semi-public spaces, such as atriums or cafeterias. Stricter access control might rely on face recognition or other touch-free technologies and might be amended by health checks, e.g. by fever measurement before entering.

Sensors and cameras deployed in buildings can detect the density of people in lobbies or at coffee machines and enforcing distance keeping through appropriate alarms.[xxxvi] Similarly, instruments such as smartphones[xxxvii] can measure and record proximity among persons, combining health precautions with the benefits of people meeting face-to-face.

In facility management, one can foresee more use of software for workplace reservation, and technology solutions for assessing workplace usage, e.g. based on sensors at desks, at work stations and in meeting rooms. Thereby, efficient workspace utilization can be achieved. Facility management technologies can also be installed to improve workplace hygiene: Besides increasing cleaning cycles within the workplace, e.g. automatically after a desk is deserted, one can envision improvements in ventilation systems, with better filtering and increased rates of air exchange. Further, one can foresee an increased use of sensors, reducing the need to touch surfaces, such as elevator buttons, light switches and the like.[xxxviii]

Office buildings, the physical design of spaces for work, and the technologies deployed within offices are not neutral containers or instruments for work. They have significant symbolic connotations, being artefacts of communication towards employees, collaborative partners, investors and the public. The exterior, as demonstrated in the phenomenon of flagship buildings, is stating presence, status, and values, while similarly the interior can express e.g. attitudes and priorities. Together, the exterior and the interior, their design and potentially implemented art programs hope to convey a particular image of an organization.[xxxix]

Since most organizations will not evolve into fully distributed, or "remote companies"[xl], buildings and offices will persist for their symbolic connotations, but even more so for their value as locations for work. Due to their ability to accommodate a diversity of work tasks in a professional setting as well as for their role to fostering relationships and creating weak ties[xli], offices will retain their role as key signifiers for organizations. Hence, even if the physical footprint of an organization after the pandemic may require an adaptation, developments such as sales of art from corporate collections, believing that now there is "nobody to impress"[xlii], might turn out to be premature.

The future total need for office space is hard to predict, regarding both the volumes and the qualities needed. The balance among working in corporate offices, working from home, and working from alternative locations will be determined by the players involved. Companies will seek their preferred degree of workplace presence and implement their favored workplace characteristics, depending on workplace strategy and organizational culture. Employees, in turn, will individually push for their preferred commuting patterns while seeking to adjust their private homes for working from there. Real estate owners may rework their properties, turning offices into apartments—or vice versa—with the help of architects and interior designers. Urban planners will strive for recreating a functioning balance of spaces for working and living for the cities of the future. In the end, none of the players affecting the office realm will dispute that *working in offices is here to stay.*

Key learning:

- The corporate office will retain its role as the primary location for office work, although work conducted at home and at other locations will become more important than before the pandemic.
- The office will continue to accommodate the full variety of work tasks in a professional setting, while emphasizing its role for encounters, communication and collaboration.
- The design of corporate offices will at large reflect the learnings from the pandemic, more intentionally allowing for social distancing and contributing to the implementation of increased hygiene standards.
- Changes in the physical footprint of an organization, particularly its reduction, challenges the role of buildings and offices as a symbol for an organization.

25.5 Office Processes—The Primacy of Co-located Work

Employers and employees are the players most directly involved in how office work is organized. Their activities are contained within the framework of laws, agreements and regulations, aided by their respective representation bodies, and often implemented with the help of consultants. All of these parties deploy and further develop conceptual models and regulatory ideas for what constitutes productive and humane ways of organizing work.

The organization of office work is *shaped but not determined* by these conceptual models (similarly, the physical environment of homes or offices shapes but does not determine the organization of work). Reactions to the lockdowns have demonstrated that office work can be reorganized in many ways, e.g. through reprioritization, reassignment, and—as discussed—relocation of work tasks. For some, one of the learning points from the crisis was that there were time-consuming processes that could be postponed or even cancelled, since they were identified as unnecessary "pseudo-work".[xliii] In some cases, organizations have followed recommendations for distancing and reducing the number of social contacts within offices. They introduced for example working in split teams for co-located work, and keeping employees dedicated to stable teams and fewer projects instead of encouraging ephemeral participation in a multitude of projects.[xliv] In addition, of course, one of the most common ways to reorganize work for reducing the risk of contagion was to relocate work to employees' homes.

Since working from home during the pandemic has proven to work fairly well, strong voices want to keep this practice as one regular element of the new normal. Reactions to this 'experiment' from office workers and companies alike are indicating that the majority seems to gravitate back to the office, implying that working from home *full-time* is not the preferred solution. The reasons for missing the office relate to the very essence of organizations as collaborative endeavors: the characteristics of work tasks, the business rationale, and the human nature as social beings.

Working in an organization is about working together. Being physically together provides a richness that distributed work can hardly match, although video meetings and distributed coffee drinking indeed can provide a high degree of co-presence (and in large organizations, most of the colleagues are nevertheless distributed). The more open-ended the work processes, such as idea-generation, strategy development and innovation, the more they benefit from the rich context of communication in a co-located setting. These processes rely on trust, creativity, serendipity, and strategic alignment among the participants. Therefore, wanting to return to the office is also a result of the desire to engage oneself successfully in such work processes.

'Working' also encompasses a large set of activities that are additional and contextual to the immediate work tasks, relating to core management and leadership duties. For dealing with them, organizations have introduced a number of formal and informal procedures. Formal procedures include team building activities, strategy seminars, appraisal interviews, as well as rules for employee representation. Informal processes such as learning and knowledge sharing are challenged, too, when deprived of the office as a meeting place. Similarly, lacking the sense-making talks, e.g. the informal collegial processes around the coffee machine, can curb the identification with the organization, impede the detection of organizational processes in need of improvement as well as block the formulation and implementation of common responses to challenges identified.[xlv] With large volumes of distributed work, there is a need to establish new procedures within an organization based on mental models of distributed collaboration and associated conceptual models for office work.

While deficiencies and pitfalls of the formalized procedures are well known, the extent to what all these processes depend on physical co-presence is less frequently emphasized. One may simply imagine what it would mean to a newly employed colleague to start working in a vivid office environment, compared to starting to work mainly away from his or her new team. Especially informal and open-ended processes would suffer, such as learning workflow practices, immersing into the workplace culture, or generating new ideas.[xlvi] From this perspective, co-located work has a primacy, whereas distributed work may be seen as derivative to it.

When switching to a fully distributed work organization, procedures must be established for planning beyond current work tasks or for identifying and rewarding contributions and work efforts—both visible and invisible. In addition, new norms are needed for ensuring learning and competence building, and for sustaining and developing corporate culture. Of particular importance is to overcome the 'out-of-sight-and-out-of-mind'-syndrome. Being present should not determine who gets a promotion or participation in a new project. All this is exemplifying the rich content of the taken-for-granted conceptual models for co-located office work.

Inverting a long-standing social principle in organizations by implementing full-time distributed work can also affect the business rationale of these organizations. It may lead to a fragmentation of the organization, if outsourcing replaces standard employee relations. As one Norwegian business leader formulated laconically: "If you can succeed well without your manager, perhaps the manager may succeed well without you".[xlvii] This statement highlights that the value of employment relations goes beyond that of simply being co-located. Nevertheless, it is possible, to bypass co-location, and have totally distributed teams or even to build fully fletched remote companies from scratch.[xlviii]

Although fully distributed work may not be a realistic alternative to full-time co-located work, the exposition of its implications illustrates the multitude of processes that need to be dealt with in a distributed setting. Therefore, experiences from co-located work guide the establishment and functioning of distributed teams and organizations, including the need to convert informal, co-located processes into more explicit, formalized procedures.

Few organizations plan a full conversion into becoming a fully distributed or remote company, instead, they simply may consider an expansion of flexible work. The experiences from the pandemic have shown that working from home has functioned fairly well: for performing work tasks, for improving work-life balance, and for providing a robustness against potential new crises. Working from home, so we therefore foresee, will be accepted as a significant element of the new normal for the major share of the employees. In order to counteract some of its challenging aspects, we expect that working from home will be a voluntary solution, neither a perk or a bonus for the few, nor a *de facto* right for everybody. Further, its availability will depend on work types, personality differences, and proven job fulfillment. For maintaining informal processes, in-office work will remain the norm, at least for parts of the working week. Introducing concepts for splitting the working week between co-located work and working from home is a low-threshold solution that upholds and combines benefits from both alternatives, e.g. in schemes with mandatory common days in office.[xlix]

Conceptual models for 'the post-pandemic new normal' will need to develop procedures, rules and regulations at a local level, taking into account the specificity of preferences and culture. Such a local workplace regime typically will be implemented through local organizational development and training, to be best suited to the organization in question.

Furthermore, conceptual models have to conform to national laws and regulations, industry-specific agreements, and norms and traditions. In countries like Germany and Norway, for example, the sudden and massive deployment of working from home has posed authorities with legal challenges, e.g. relating to the employer's responsibility for providing a good, i.e. healthy and ergonomic, working environment in the employee's own home and ensuring the abiding to health and safety regulations by the employee.[1]

During the pandemic, feasible and acceptable alternative solutions have been found to the major challenges of sudden massive distributed work processes. However, it is the sum of these challenges on individual, organizational, and societal level that will continue to prove the primacy of co-located work processes for the foreseeable future.

Key learning:

- The taken-for-granted office practices are developed in and adapted to the context of co-located settings in corporate offices. New practices need to be applicable also in distributed settings.
- In-office work will likely remain the norm, since co-located working facilitates the conduct and maintenance of the many processes—formal and informal–needed for office work to function in the long run.
- Working from home should be a voluntary solution, based on local agreements: Neither a perk for the few, nor a de facto right for everybody.
- Introducing concepts for splitting the working week between co-located work and working from home is a low-threshold solution that upholds and combines the benefits of both alternatives.

25.6 Getting there and Getting around—Work-related Travel and Urban Planning

The major reasons for the relocation of work to private homes has been to avoid the risk of contagion, both within offices, and while getting there. Working from home reduces the pressure on public transportation, and has the additional benefit of making room for those with an imminent need for transportation, including people who have to meet up at their workplaces during the pandemic as well as those lacking alternatives to public transportation. While the use of public transportation decreased, the less contagious use of private cars as a share of the transport volume has increased. The use of bikes and e-scooters has increased as well, in particular where bike lanes have been established to support such micro-mobility. This reflects that criteria for assessing transportation means have been challenged and that priorities have changed during the pandemic.

The changing criteria are clearly demonstrated in the activities of public authorities. Previously, they have initiated programs for reducing commuting by car based on environmental considerations, while now, since the pandemic, the need for social distancing have motivated recommendations for reducing the use of public transportation. Changing attitudes towards public transportation and shifting behavior in daily commuting has major economic and ecological impacts. For example, there are positive ecological impacts of changed travel habits, as seen in the improvements in air quality during the lockdown.[li]

Besides the daily commute, a large volume of other work-related travel has been affected by the COVID crisis. Conferences and meetings with customers and clients have been cancelled or turned into virtual events, adhering to enterprise policies and general restrictions on travels. With respect to work-related travel after the pandemic, one may argue that based on the COVID experiences, either the low volume will persist due to environmental, economic and, health-related reasons—or that travel behavior will return to pre-pandemic levels, at least for certain kinds of meetings, and for higher-ranking personnel. We expect that work-related travel will rise again due to the benefits of face-to-face encounters in e.g. negotiations, sales-meetings and scientific conferences, but to a lower level than before the crisis, and with stricter assessments of the actual need for travelling.

If the change towards a re-increased use of private cars persists after the pandemic, the discussion on their ecological and physical footprint will intensify further, embracing several topics of urban planning, like the need for parking lots. The changes will also influence the future location of office work and, as a consequence, the development of neighborhoods and cities. Lower rents and decreased housing prices in certain urban areas may indicate that COVID already has been an impulse to de-urbanization.[lii]

The need for travelling is closely interrelated with urban and regional planning, and the associated zoning regulations. In the post-pandemic world, zoning regulations may again be challenged and changed, e.g. by a reduced need for office space, due to increased working from home. This might allow for a transformation of offices into apartments creating mixed-use zones, similar to what has happened when industrial spaces have been converted into apartments and lofts. An increase in distributed work might also lead to a weakening of industrial clusters, since they depend on factors like co-location, a certain degree of common labor market, and places for random encounters with representatives from other companies.[liii]

Adding a different type of work sites nearer to transportation hubs or employees' homes affects both zoning and transportation needs. Maybe, the pandemic leads to a recapitulation of experiences made from the 1970s onwards. Then, telecommuting centers were established as supplements to working from offices and from homes, providing the possibility to work in a professional environment while saving the long commute. The original form of telecommuting centers has been moderately successful, whereas coworking centers had grown in popularity[liv] and one may therefore ask if locations for work outside both office and home will get another boost.

Due to the pandemic, work-related travel behavior has changed significantly. Similarly, the criteria for assessing alternative means of transportation have changed, as when concerns for the climate are supplemented with concerns for the risk for contagion. Changes in behavior and assessments have potential impacts on the urban fabric and consequently on urban planning, such as the conversion of offices to residential use, or the establishment of alternative sites for work.

Key learning:

- The criteria for assessing work-related travel has changed. During the pandemic, the choice of transportation means has been less driven by environmental considerations and more by the need for hygiene and social distancing.
- Public authorities need to incorporate experiences with working from home in zoning arrangements, and in planning the transportation infrastructure.
- We expect that work-related travel will rise again, but to a lower level than before the crisis, and with stricter assessments of the actual need for travelling.
- Coworking centers might get a boost after the pandemic, providing the possibility to work in a professional environment while saving the long commute.

25.7 Post-pandemic Office Work—Sustainability as the Normative Base

The pandemic has shaken our world—it has challenged business operations and it has heavily interfered with our daily lives. The risk of contagion has led to lockdowns, and we were forced to scrutinize or even abandon taken-for-granted practices—among them 'going to work'. Homes have again become locations for both work and residential activities, while offices, as well as public transportation and other places of encounter outside the work-home-axis became feared as contagious.

Whereas the experience of the pandemic overshadowed almost everything, it also served as a prism, enabling us to see the familiar in office work in a different light. Many, employees and employers alike, have found that working from home proved viable, and now plan to expand flexible working after the pandemic, while largely rejecting full-time distributed working. We have shown the centrality of offices, both in terms of the facilities they provide and their role for supporting office work processes, including the informal ones. From this, we have drawn the conclusion that offices are here to stay, but that they need rework and revisions to better fit the updated requirements of co-located work. That will likely result in less open-plan offices, more spatial variety for collaborative work, and the use of smart-office technologies to protect health or ensure comfort and convenience. We have also discussed the direct impact of remote work for diminishing the need for office space, which, in turn, can motivate conversions of offices into residential space or other usages, with long-term implications for urban and rural planning.

The new normal will also depend on other developments outside the office realm. The general economic development with fluctuations in employment levels and demand patterns will have major impacts on the need for office space, and on the organization of office work. Resulting shifts in power balances among the parties involved might foster or inhibit change, e.g. if labor markets turn from scarcity to oversupply. Similarly, technological developments like bots and various implementations of artificial intelligence may have disruptive implications on office work, e.g. in the demand for different types of competence. Finally, when a COVID vaccine is widely available and administered, there may be less emphasis on hygiene and social distancing when organizing office work. The experiences from the pandemic will however have repercussions for some period of time.

The post-pandemic office work will not only be influenced by the experiences of the past and the developments of the present, it will equally be shaped by expectations for the future. It has been a main theme in this article, that office work is a domain that is constructed by the activities and choices of many different players. There are two main implications of this perspective: That the shaping is permeated by normative considerations and that the shaping of the post-pandemic office work is open-ended.

Normative considerations in office work and in the design of offices are by no means new, they are embedded in the players' assessment of what is normal, rational, productive and reasonable. They are also recurrent areas for conflicts, negotiations, agreements, and legislation. The aspiration to move towards humane office work after the pandemic is a well-suited example for elaborating such a normative position: The pandemic allows us, or even forces us to look at the normative base of office work with fresh eyes, since the taken-for-granted aspects so clearly have been brought to our attention.

We propose the principle of *sustainability* as the major normative guide for developing post-pandemic office work, understood as an approach aiming at finding balanced positions for players involved. In this sense, sustainable post-pandemic office work aims at the well-being of all parties involved, while ensuring that enterprises are economically sound and contribute to societal prosperity, and that their activities are justifiable, in light of environmental challenges, too. In the long-run, all these factors together build sustainability in office work.[lv]

Achieving sustainability in post-pandemic office work means to connect to the normative base of the multitude of players shaping it, and to agree on overarching norms for the future of office work. While health and safety measures were at the forefront during the crisis, office design and office work after the pandemic need to balance a whole range of expectations and demands from these players.

The social partners have a prominent role in developing and agreeing on conceptual models of office work that are widely applicable, and to foresee and plan for contingencies with a longer-term perspective. New policies, however, will, go beyond preventing contagion and determining the appropriate share of working from home. They will have to address the well-known themes of maintaining or regaining profitability, increasing flexibility, ensuring employee loyalty, remuneration, work-life integration, employability and career perspectives, as well as ecological assessments of office work and its supportive services, including work-related transport and travel. While interest organizations speak primarily for their members, public authorities also have a concern for those who are not organized, and for those with a weaker bargaining position.

Further, real estate owners and developers need to bring their interests in accordance with the requirements posed by the demand side for office space. This might lead to upgrades of office space, conversions into apartments or demolitions of office buildings. The latter two alternatives would also allow architects and urban planners to aid the further development of the inner cities, the business districts and other neighborhoods. Thereby, it will be possible to rebalance commercial, cultural and residential space, revive public life, enable green mobility and restore societal vivacity, and consequently help creating the sustainable cities of the future.

There are several other players relevant for shaping post-pandemic office work. Experts on quite different fields, as well as non-governmental organizations will have impact by developing their conceptual models for sustainable post-pandemic work. Psychologists may, for example, contribute with their findings on mental health and performance during the 'pandemic experiment', and climate-conscious youth will continue to promote climate protection, e.g. by inducing 'flight shame'.[lvi]

Not all players need to agree on a specific approach to sustainability for it to become a guide for post-pandemic office work. For a movement towards a more sustainable and humane office work to take place, it is sufficient that an unneglectable number of players recognize the need for change and exercise their will to change. By working towards a transformation, they will develop the understanding of what the state-of-the-art of office work is or should be. In this sense, achieving sustainability in office work is less a final state and more a continuous development process.

The key to pursuing sustainability after the pandemic is the *local adaptation* of these over-arching norms, principles and regulations that are negotiated by the social partners and other players. These changes have to be locally anchored within organizations through transformational leadership and broad employee involvement[lvii] in order to have impact, and to acquire the status of a 'new normal'.[lviii]

An initial set of criteria can aid the movement towards sustainable solutions for post-pandemic office work in the process of *local adaptation:*

- *Widespread Satisfaction:* Particularly now after the pandemic, the new normal in the organization of office work, needs to largely satisfy the players in the office realm with their interests and expectations, by being a good compromise:
  Are the main players happy?
- *Complementing Contributions:* The new normal of office work will emerge when all parties recognize the value of each other's contributions to creating a sustainable post-pandemic office work—while sharing occurring costs and benefits of the transition:

Is the cost allocation fair, and the cost–benefit balance acceptable to everyone?

- *Environmental impact assessment:* Post-pandemic office work will not be sustainable if it does not document progress on ecological sustainability criteria. The lockdowns have exemplified the impact of pre-pandemic practice on air quality, energy consumption and space utilization:
Are the solutions environment-friendly?
- *Longevity:* The new normal will not be a stable state, but rather a moving target. Nevertheless, each new intermediate balance will only be acceptable over time for the many stakeholders if it contributes to a more humane world of work in offices and beyond:
Are the solutions viable in the long run?[lix]

As a result, rethinking office work from a post-pandemic perspective means reviewing the taken-for-granted practices and ever-rebalancing office work and its supportive services according to a new normative base. Since all the players in the office work realm can have direct impact on its development, the future of office work after the pandemic is open-ended.

Nevertheless, it is sustainability criteria that needs to be applied to assess the new normal—a moving target pursuing the humane office. Without doubt, the new normal of office work will be something else than a return to the pre-pandemic state: After the pandemic, we will be "recovering, but to a different economy"[lx] and we cannot strive to return to a "normality, that for a long time already did not have a future".[lxi] The pandemic provided us with a prism, to look again, to review, to rethink, to rebalance our way of being and working, and to create the new normal.

Key learning:

- The pandemic has challenged existing office work practices, and made a number of taken-for-granted practices visible, allowing us to assess both existing practices and the new ones introduced after the pandemic.
- The post-pandemic office work will be shaped by expectations for the future, and constructed by the activities and choices of many different players.
- The principle of sustainability can serve as the major normative guide for the design of humane office work, after the pandemic.
- For a movement towards more sustainable office work to take place, it is sufficient that an unneglectable number of players recognize the need for change and exercise their will to change.
- It is through local adaptation and supported by transformational leadership and broad employee involvement to create the 'new normal'.

Endnotes

i. See Taleb (2007).

ii. See Schietke et al. (2014) as well as Gates, W. (2015) https://www.youtube.com/watch?v=6Af6b_wyiwI. Accessed Sept. 10, 2020.

iii. By office work, we refer to information work and knowledge work that traditionally has been performed in offices in both private and public sector. Office work is contrasted by production work and onsite service-work.

iv. The article is inspired by on-going postings and discussions in social media and news media, and is drawing on the existing literature on home-based working, alternative officing, and other forms of flexible working.

v. https://www.microsoft.com/en-us/microsoft-365/blog/2020/04/30/2-years-digital-transformation-2-months/, https://www.zdnet.com/article/accenture-we-are-seeing-three-years-of-digital-transformation-in-three-months/. Accessed June 21, 2020.

vi. https://edition.cnn.com/2020/09/30/health/back-to-normal-bias-wellness/index.html. Accessed Oct. 21, 2020.

vii. For surveys of office design, see van Meel (2000), Duffy (1997) and Albrecht (2000).

viii. https://www.nzz.ch/gesellschaft/das-grosse-experiment-ld.1579435. Accessed Oct. 7, 2020.

ix. Telecommuting is the preferred term in the US literature, whereas teleworking is more commonly used in Europe. See Nilles (1976) for telecommuting as a way of reducing road travel, also as a response to the oil embargo in the early 1970s. See also the futurist Toffler (1980) on "the electronic cottage".

x. Nilles (1994), Johnson (1997).

xi. https://ec.europa.eu/eurostat/web/products-eurostat-news/-/DDN-20180620-1. Accessed May 4, 2020

xii. https://www.eurofound.europa.eu/publications/report/2020/living-working-and-covid-19-first-findings-april-2020. Accessed Sept 15, 2020.

xiii. Google can serve as an example, letting employees work from home until at least July 2021. https://edition.cnn.com/2020/07/27/tech/google-work-from-home-extension/index.html, others more permanent https://www.cnbc.com/2020/05/01/major-companies-talking-about-permanent-work-from-home-positions.html. Accessed Aug. 10, 2020.

xiv. E.g. Hofmann et al. (2020).

xv. https://edition.cnn.com/2020/05/22/tech/work-from-home-companies/index.html. Accessed Sept 10, 2020.

xvi. https://edition.cnn.com/2020/09/10/business/netflix-ceo-hastings-harlow/index.html. Accessed Sept 14, 2020.

xvii. https://www.nrk.no/norge/blir-palagt-hjemmekontor-_-mange-savner-jobbreisen-1.15219898. Accessed Oct 29, 2020.

xviii. https://www.meridianbs.co.uk/blog/2020/10/why-are-so-many-people-fake-commuting. Accessed Oct 25, 2020.
xix. https://www.vg.no/nyheter/meninger/i/AdVrQ5/sanna-sarromaa-vaar-tid-har-kommet. Accessed April 2, 2020.
xx. Bernstein et al. (2020).
xxi. See e.g. Mann and Holdsworth (2003).
xxii. E.g. the German Government plans to establish the right to work 24 days per year from home. https://www.manager-magazin.de/politik/deutschland/homeoffice-arbeitsminister-hubertus-heil-plant-rechtsanspruch-auf-24-tage-a-9b3bd1f9-d1c1-4df3-86d4-fd324cda13e1. Accessed Oct. 6, 2020.
xxiii. See ILO (2020).
xxiv. See Bauer and Haner (2018).
xxv. See Albrecht (2000).
xxvi. Seiler (1984).
xxvii. See Duffy (1997), Harrison et al. (2004), Becker (2004).
xxviii. https://www.cnbc.com/2015/10/21/googlers-living-at-google-tiny-spaces-probably-no-sex.html. Accessed Oct. 12, 2020.
xxix. See Haner (2019).
xxx. Haner and Wackernagel (2018).
xxxi. https://www.inc.com/geoffrey-james/the-open-plan-office-is-dead.html?icid=landermore. Accessed April 22, 2020.
xxxii. https://www.faz.net/aktuell/wirtschaft/sorge-vor-geisterstaedten-in-grossbritannien-sterben-die-bueros-16931724.html?utm_source=pocket-newtab-global-de-DE. Accessed Sept. 14, 2020.
xxxiii. https://www.stern.de/wirtschaft/news/corona-krise-trotz-corona-und-homeoffice--das-buero-stirbt-nicht-aus--9449612.html. Accessed Oct. 25, 2020.
xxxiv. https://www.theguardian.com/artanddesign/2020/apr/13/smart-lifts-lonely-workers-no-towers-architecture-after-covid-19-coronavirus. Accessed Oct. 25, 2020.
xxxv. https://emag.archiexpo.com/smart-office-a-post-pandemic-evolution-for-workspaces/. Accessed Sept 24, 2020.
xxxvi. See e.g. https://www.mapiq.com/smart-office-technology-for-covid-19/, and https://www.pointgrab.com/. Accessed Sept. 24, 2020.
xxxvii. For one example, see https://hd.media.mit.edu/tech-reports/TR-554.pdf. Accessed Sept. 24, 2020.
xxxviii. See e.g. https://envoy.com/blog/how-to-implement-touchless-technology-for-your-office/. Accessed Sept. 21, 2020.
xxxix. Strati (1999) as well as Haner and Bakke (2008).
xl. https://blog.remotive.io/remote-companies/. Accessed Oct. 10, 2020.
xli. Bernstein et al. (2020).
xlii. https://www.forbes.com/sites/oliverwilliams1/2020/10/04/with-nobody-to-impress-companies-are-quitely-selling-their-art-collections/. Accessed Oct. 12, 2020.

xliii. https://www.a4arbejdsliv.dk/artikel/dennis-noermark-coronatiden-er-en-fremkaldervaeske-for-pseudoarbejde-her-er-spoergsmaalene-lederne-skal-til-at-have-svar-paa. Accessed June 1, 2020.

xliv. https://www.mom.gov.sg/covid-19/general-advisory-for-workplace-measures and https://www.bloomberg.com/news/articles/2020-03-15/deutsche-bank-to-operate-globally-in-split-teams-reuters-says. Accessed April 12, 2020.

xlv. See Bakke and Bean (2006).

xlvi. On innovation and architecture, see Allen and Henn (2007).

xlvii. https://www.nrk.no/ytring/hjemmekontorets-forbannelse-1.15209670. Accessed Oct. 31, 2020.

xlviii. See e.g. https://blog.remotive.io/remote-companies/. Accessed Oct. 15, 2020.

xlix. We are contrasting the notion of Bernstein et al. 2020, who describe situations where combining co-located and distributed work might produce the worst of both worlds.

l. See https://www.dn.no/innlegg/jus/arbeidsliv/hjemmekontor/innlegg-arbeidsmiljoloven-gjelder-pa-hjemmekontoret-ogsa/2-1-826216, accessed June 20, 2020, and https://www.spiegel.de/wirtschaft/unternehmen/homeoffice-bundesregierung-will-heimarbeitsplaetze-nicht-kontrollieren-a-3d6f76ad-1c91-4677-9191-e5c8dbaa7cdb. Accessed Oct. 12, 2020.

li. https://medialibrary.climatecentral.org/resources/travel-and-air-pollution-during-covid-19. Accessed June 14, 2020.

lii. https://abc7news.com/san-francisco-rent-median-drop-covid-19/6288920/. Accessed July 10, 2020.

liii. https://www.bloomberg.com/news/articles/2020-08-18/the-silicon-valley-tech-exodus-could-be-a-plus?sref=fzXhlHko. Accessed Aug. 25, 2020.

liv. https://www.deskmag.com/en/2019-state-of-coworking-spaces-2-million-members-growth-crisis-market-report-survey-study. Accessed Oct 18, 2020.

lv. See e.g. Savitz (2014).

lvi. https://www.independent.co.uk/travel/news-and-advice/flygskam-anti-flying-flight-shaming-sweden-greta-thornberg-environment-air-travel-train-brag-tagskryt-a8945196.html. Accessed June 14, 2020.

lvii. See Wackernagel and Haner (2019), and Bakke (2007).

lviii. An elaborate framework for developing working from home arrangements is found in ILO (2020), see also Bakke (2007).

lix. This formulation is inspired by the triple bottom line approach to sustainability, addressing the "people", the "profit" and the "environment" factors. In addition, the criterion of long-term viability is made explicit, to be applicable for all factors.

lx. https://edition.cnn.com/2020/11/12/economy/economy-after-covid-powell/index.html. Accessed Nov 13, 2020.

lxi. https://taz.de/Luisa-Neubauer-in-taz-FUTURZWEI/!171105/. Accessed Nov 13, 2020.

References

Albrecht, D. (2000): *On the Job: Design and the American Office*. Princeton: Princeton Architectural Press.

Allen, T. J. and Henn, G. W. (2007): *The Organization and Architecture of Innovation. Managing the Flow of Technology.* New York: Butter worth–Heinemann and Architectural Press.

Bakke, J. W. (ed.) (2007): *A Nordic guide to workplace design*. Oslo: Nordic Innovation Centre. Electronic version: https://norden.diva-portal.org/smash/get/diva2:707118/FULLTEXT01.pdf. Accessed Oct 10, 2020.

Bakke, J. W. and Bean, C. (2006): "The Materiality of Sensemaking". *Tamara Journal*. Vol 5 Issue 5–3.

Bauer, W. and Haner, U.-E. (2018): "Mehr Mut den Entscheidern—Die Arbeitsumgebung als Spiegel der Organisation". *Handelsblatt Journal Immobilienwirtschaft*, S.18–19.

Becker, F. (2004): *Offices at Work. Uncommon Workspace Strategies that Add value and Improve Performance*. New York: Jossey Bass.

Bernstein, E., Blunden, H., Brodksy, A., Sohn, W., and Waber, B. (2020): "The implications of working without an office". *HBR.ORG, July 2020*

Duffy, F. (1997): *The New Office*. London: Conran Octopus.

Haner, U.-E. (2019a): "Multispace Office. Implications of Work Environment Choice for Organizational Innovation", in Bitran, Iain (Ed.): *International Society for Professional Innovation Management—ISPIM*: XXX ISPIM Innovation Conference. Florence, Italy, 16–19 June, 2019.

Haner, U.-E. and Bakke, J.W. (2008): "Proximity, mobility and aesthetics in strategies for innovation management". *International journal of entrepreneurship and innovation management.* Volume 8 (2008), Nr.2, Pages 168–183.

Haner, U.-E. and Wackernagel, S. (2018): *Kurzbericht zur Studie "Wirksame Büro- und Arbeitswelten" – Ausgewählte Erfolgsfaktoren für eine wirksame Gestaltung von Büro- und Arbeitswelten.* Stuttgart: Fraunhofer IAO. https://publica.fraunhofer.de/eprints/urn_nbn_de_0011-n-4941837.pdf. Accessed Sept. 12, 2020.

Harrison, A. et al. (2004): *The Distributed Workplace*. London: Spon Press.

Hofmann J., Piele A. and Piele C. (2020): *Arbeiten in der Coronapandemie—auf dem Weg zum New Normal.* Stuttgart, Fraunhofer IAO. https://publica.fraunhofer.de/eprints/urn_nbn_de_0011-n-5934454.pdf. Accessed Sept. 12, 2020.

ILO (2020): *Teleworking during the COVID-19 pandemic and beyond. A Practical Guide*. Geneva: International Labour Office. https://www.ilo.org/wcmsp5/groups/public/---ed_protect/---protrav/---travail/documents/publication/wcms_751232.pdf. Accessed Aug. 19, 2020.

Johnson, M. (1997): *Teleworking (In Brief)*. London: Routledge.

Mann, S. and Holdsworth, L. (2003): "The psychological impact of teleworking: stress, emotions and health". *New Technology, Work and Employment*. Volume18, Issue3, November 2003. Pages 196–211.

Nilles, J. (1976): *Telecommunications-Transportation Tradeoff: Options for Tomorrow*. New York: John Wiley & Sons.

Nilles, J. (1994): *Making Telecommuting Happen: A Guide for Telemanagers and Telecommuters*. New York: Van Nostrand Reinhold.

Savitz, A. W. (2014): *The triple bottom line*. San Francisco: Jossey-Bass.

Schietke, R. et al. (2014): *Influenza pandemic in Germany 2020—Scenarios and action options.* Stuttgart: Fraunhofer Verlag. https://publica.fraunhofer.de/eprints/urn_nbn_de_0011-n-2871102.pdf. Accessed Aug. 5, 2020.

Seiler, J.A., (1984): "Architecture at Work", *Harvard Business Review*, 62(5), pp. 111–121.

Strati, A. (1999): *Organization and aesthetics*. London: Sage.

Taleb, N. N. (2007): The Black Swan: The Impact of the Highly Improbable. New York: Random House.

Toffler, A. (1980): The third wave. London: Collins.

van Meel, J. (2000): *The European Office. Office Design and National Context*. Rotterdam: 010 Publishers.

Wackernagel, S. and Haner, U.-E. (2019): *Ergebnisbericht zur Studie "Transformation von Arbeitswelten"—Faktoren für einen erfolgreichen Wandel in Organisationen*. Stuttgart: Fraunhofer IAO. https://publica.fraunhofer.de/eprints/urn_nbn_de_0011-n-5551970.pdf. Accessed Sept. 12, 2020.

John Willy Bakke is an independent expert, who has worked as a research scientist and advisor on teleworking, flexible office solutions and trust in distributed work. He has also worked as an analyst of telecom markets and of communication technologies. In all his work, there has been an emphasis on customer experiences, user perspectives and user participation. His latest affiliation was with Telenor, the incumbent telco provider in Norway, as a senior research scientist.

He is co-author and co-editor of the books and reports *Handbook on teleworking, New ways of working, Teleworking and labor legislation,* and *The electronic nomad* (all in Norwegian), and *A Nordic guide to workplace design*. Bakke is Master of Social Sciences (sociology) and Master of Science (electronic engineering), both from the University of Trondheim, Norway.

Udo-Ernst Haner is senior research scientist at the Fraunhofer Institute for Industrial Engineering IAO in Stuttgart, Germany. His research focus is on organizational innovation, particularly related to new work approaches and new organizational forms. Previously, he has been founding director of the Business Innovation Engineering Center and Team Lead "Information Work Innovation" at the Fraunhofer IAO. He has published studies and articles on the transformation of work, organizational innovation, as well as on office innovation.

He is also lecturer on "Technology and Innovation Management" at the University of Stuttgart, Germany. He holds a Master's degree in Industrial Engineering from the Karlsruhe Institute of Technology in Germany and a Master's degree in Business Administration from the University of Massachusetts at Dartmouth, USA.

26 Eine Anmerkung am Ende – Krise als Chance

A Note at the End – Crisis as a Chance

Christine Kohlert

Zusammenfassung

In diesem letzten Kapitel wird ein kleiner Ausblick gewagt, wie eine Rückkehr ins Büro nach der Pandemie aussehen könnte und ob diese Krise möglicherweise auch eine Chance bietet, Dinge zu überdenken und neu zu justieren. Eine Soziologiestudentin, die sich auf eine Interviewreise begeben hatte, um für sich eine Orientierung für ihre Zukunft zu finden, kommt mit ihrer Sicht zu Arbeit, Digitalisierung und Klima zu Wort. Am Ende steht die Frage, wie eine zukünftige Work-Life-Balance gelingt und was sich durch unser persönliches Engagement verändern kann, damit diese Arbeitswelt ein gesunder und menschlicher Ort wird.

Abstract

In this last chapter, we risk a brief outlook on what a return to the office after the pandemic might look like and whether this crisis might also offer an opportunity to rethink and readjust things. A sociology student, who went on an interview trip to find orientation for her future, gives her views on work, digitalization and climate. Finally, the question is how to achieve a future work life balance and what can change with our personal commitment so that this working world becomes a healthy and humane place.

C. Kohlert (✉)
München, Deutschland
E-Mail: cekohlert@gmx.net

C. Kohlert (Hrsg.), *Das menschliche Büro – The human(e) office*,
https://doi.org/10.1007/978-3-658-33519-9_26

The new normal?

Wie sieht es aus das neue Normal, wenn die Pandemie besiegt ist und ein Impfschutz gefunden wurde. Vieles wird sich verändert haben, manches wird bleiben, wenn auch angepasst an neue Bedingungen, ein verändertes Bewusstsein und neu gemachte Erfahrungen. Wir werden möglicherweise ein neues Verständnis von Arbeit entwickeln, hervorgerufen durch Denkanstöße aus der Krise und der Erkenntnis, dass vieles, was noch vor ein paar Monaten undenkbar erschien, eventuell doch praktikable Lösungen sind. Es wird viele Wahlmöglichkeiten geben, in einem Ökosystem aus unterschiedlichen Flächen und Orten. Dies wird sich auch auf unsere Stadtstrukturen auswirken. Auf den Verkehr, besonders den öffentlichen Nahverkehr, aber auch auf die Wohnsituation der Menschen. Einige Bürogebäude werden zu Wohnungen umgebaut oder zu Mischformen aus Wohnen und Arbeiten, andere werden zu Orten des Treffens, zu Marktplätzen des Wissens, für Zusammenarbeit und Austausch. Im Gegenzug werden Wohnungen sich ebenfalls wandeln. Wer sich für das Arbeiten von zu Hause entscheidet, wird darauf achten, dort auch den richtigen Ort mit der richtigen Ausstattung zu haben. Andere werden Lösungen in der Nähe ihrer Wohnung bevorzugen, ob nun vom Arbeitgeber eingerichtet oder als Co-Working-Space. Es wird in Zukunft verstärkt um Wahlmöglichkeiten gehen, sowohl des Arbeitsplatzes als auch des Arbeitsorts und um Eigenverantwortung, freie Zeiteinteilung und um das Erreichen von Zielen in einem gesunden Umfeld. Daneben ist und bleibt das Büro der Ort der Identifikation, der Ort der sichtbaren Unternehmenskultur, ein Freiraum für das Denken und damit der wichtigste Begegnungsort der Arbeit. Ein neuer Sehnsuchtsort Büro?

Ich wurde in diesem merkwürdigen Jahr von einer 19-jährigen angehenden Soziologiestudentin[1] interviewt, die sich auf eine vierwöchige Reise durch Deutschland begeben hatte, um für sich eine Orientierung zu gewinnen. Sie wollte Zusammenhänge besser verstehen zu den Themen Digitalisierung, Europa, Arbeitswelten und dem menschlichen Miteinander. Dazu hatte sie 30 Gesprächspartner von unterschiedlichen Unternehmen und Institutionen befragt. Anschließend fasste sie diese Interviews für sich mit dem Zitat „Nichts in der Geschichte des Lebens ist beständiger als der Wandel" (Charles Darwin) unter den drei Bereichen: Zukunft, Klimakrise und Veränderung zusammen.

Am Ende dieses Buchs würde ich deshalb sehr gern jemanden wie sie, aus der jungen Generation zu Wort kommen lassen und wie sie diese Antworten verschiedener Generationen für sich zu einer persönlichen Orientierung verarbeitet hat.

Zum Thema Arbeitswelten hat sie für sich festgestellt, dass diese sich neu erfinden müssen. Es wird neue Berufe geben, Präsenzarbeitsplätze werden verschwinden und wir werden digitaler und orts- und zeitungebundener. In den Unternehmen werden die Hierarchien flacher und sogenannte Softskills werden wichtiger. Führungskräfte

[1] Marie Luise Schönfeld, eine Interviewreise durch Deutschland: Future Insights – Einblicke in eine Lebens- und Arbeitswelt im Wandel (unveröffentlicht).

werden zu Coaches mit einer Führsorgepflicht für die Mitarbeiter und deren Gesundheit. Gegenseitiges Vertrauen, Fairness und Empathie werden die Schlagwörter der Zukunft sein. Agile interdisziplinäre Teams mit Diversität sind gefragt. Dies braucht Räume, in denen man Fehler machen darf, in denen man ungezwungen kreativ sein und Dinge ausprobieren kann. Es geht um den „community spirit" und um das menschliche Miteinander und darum, die Lebensqualität für alle zu verbessern. Dazu braucht es ein Umfeld, in dem verschiedenste Menschen zusammenkommen und sich entfalten können, und Räume, die es zulassen, auch „strukturiert wild" zu sein.

Die Digitalisierung bietet viele Chancen. Menschen aus aller Welt vernetzen sich und es könnte eine Gesellschaft aus internationalen, toleranten und aufmerksamen Menschen entstehen. Unsere Arbeitsweise wird flexibler und agiler, wir werden weltweit vernetzt sein. Die Technik kann dabei eine große Hilfe darstellen, aber wir müssen lernen, mit ihr umzugehen und die Technik als Instrument zu begreifen. Um dieses Instrument aber richtig zu nutzen, brauchen wir ein neues Denken. Ob Technik zum Fluch oder Segen wird, liegt also in unserer Hand.

Wir brauchen aber nicht nur den technischen, sondern auch den menschlichen Fortschritt. Viele wünschen sich einen freundlicheren Umgang, mehr Respekt und Toleranz und authentischere Menschen. Dazu muss jeder anfangen, zu sich selbst zu finden und den Schwerpunkt zu verändern, von egozentrischen Individuen zu einer Wir-Gesellschaft. Eine Chance für die heranwachsende Generation, die „shared" und gemeinschaftlich denkt, ohne aber dabei die eigene Individualität zu vernachlässigen. Ziel muss die Symbiose des Ichs mit dem Wir sein.

Die Welt braucht eine gemeinsame Vision und Kompromissfähigkeit, langfristiges Planen und positive, authentische Führungspersönlichkeiten, die Richtung und Orientierung geben und Menschen, die ihre Eigenverantwortung wahrnehmen und die richtigen Dinge tun.

Soweit die Gedanken der jüngsten Generation der berufstätigen Bevölkerung, der sogenannten Generation Z, zur Zukunft der Arbeit. Für die Zukunft des Büros kann man diese Gedanken noch etwas weiterführen. Die Entwicklungen dazu konnte man schon länger erahnen; durch Corona wurden diese teilweise vorweggenommen oder beschleunigt.

Büros waren schon lange kein festes System mehr, Technologie und vor allem die mobile Technologie hat den Ort Büro verändert. Was viele Chefs vor Corona noch vehement abgelehnt haben, wurde in der Krise zur Normalität. So hat das erzwungene Experiment widerlegt, dass zu Hause nicht produktiv gearbeitet wird. Es ist so etwas wie die Abkehr von der protestantischen Arbeitsethik, einem Präsentismus der schon lange nicht mehr zeitgemäß war, denn wer im Homeoffice macht was er will, der hat das auch vorher schon getan.

Eine mögliche Vision: Gearbeitet wird in Zukunft vermehrt dort, wo man lebt, um einerseits Fahrzeiten zu vermeiden und andererseits aus ökologischem Bewusstsein. Ermöglicht wird dies durch die Gelegenheit, von zu Hause aus zu arbeiten, die in der Zeit der Pandemie erprobt wurde, sowie durch örtlich verteilte Flächen. Organisationen verabschieden sich von riesigen Hauptverwaltungen und gründen kleinere Niederlassungen – Satelliten – an den Wohnorten der Mitarbeiter, allein oder mit anderen Unternehmen zur Arbeit in Gemeinschaft. Gemeinden stellen lokal Flächen zur Verfügung für die arbeitenden Menschen, die nicht mehr unbedingt in der Innenstadt leben wollen. Man besinnt sich wieder mehr auf die Familie und ein Leben in der Gemeinschaft, und dass Arbeiten überall stattfinden kann, man folgt nicht mehr der Arbeit, sondern Arbeit ist dort, wo man ist. Durch den Einfluss von künstlicher Intelligenz und Technologie werden neue Büroformen möglich und damit eine neue Arbeitskultur. Der Wissensarbeiter konzentriert sich auf Kreativität und Strategie; Routinearbeiten werden durch künstliche Intelligenz erledigt.

Es wird auf alle Fälle ein neues, ein anderes Büro sein, in das wir zurückkehren. Und wir kehren nicht zur Arbeit zurück, nur an einen Ort, der sich Büro nennt, denn gearbeitet wurde die ganze Zeit, nur an unterschiedlichen Orten. Es gilt zu überlegen, wer zurückkehrt und wie oft, denn es geht um eines der menschlichen Grundbedürfnisse, die Sicherheit. Wie könnte eine solche angepasste Arbeitswelt also aussehen?

Das Büro, in das wir zurückkehren, wird auf dem neuesten Stand sein, was das Thema Klima und Lüftung betrifft, es wird Apps zur Verfügung stellen, die in Echtzeit erlauben, Plätze zu buchen und jedem Mitarbeiter die Tools und die Arbeitsplatzausstattung zur Verfügung stellen, die er benötigt und bevorzugt. Analoges und digitales Arbeiten und Treffen werden bestens unterstützt, ebenso wie hybride Formate. Es ist eine der unterschiedlichen Auswahlmöglichkeiten, aber vor allem ist es der Ort für Netzwerken, kreative Teamarbeit, Austausch und die gemeinsame Umsetzung kreativer Ideen.

In den Büros wird es Kernzonen geben, in denen die Teams verortet sind, neben Flächen für Zusammenarbeit, die es erlauben, besser über Teams hinaus zusammenarbeiten zu können. Sehr wichtig sind weiterhin Flächen für konzentrierte Arbeit, um ruhige und fokussierte Tätigkeiten erledigen zu können, etwas, das in allen Studien als essenziell gefordert wird. Innovationen und Ideen entstehen immer durch den Wechsel von fokussierter Einzelarbeit und der Abstimmung in Teams. Außerdem braucht es Räume für Entwicklung und Lernen, in denen Mitarbeiter, Gäste oder auch Kunden zusammenkommen können für Schulungen, Weiterbildungen, Gruppenarbeit oder auch das Selbststudium. Und nicht zu vergessen: Flächen für die gemeinsame Verpflegung, um sich auszuruhen, nachzudenken und sich mit Kollegen auszutauschen, vor allem informell und ungeplant, nach dem Vorbild eines Wiener Kaffeehauses. Dort kann man viele verschiedene Aktivitäten tun, man kann lesen, schreiben, am Laptop arbeiten, aber auch beobachten, nachdenken, Ideen sammeln oder sich einlassen auf Gespräche mit anderen, ob geplant oder ungeplant und spontan.

Es wird in Zukunft weniger unterschiedliche Bereiche geben, aber ein Netzwerk aus unterschiedlichen Orten. Bereiche für Austausch, zufällige Begegnungen, Zusammenarbeit, Zugehörigkeit, Identität, aber auch für das Fokussieren und Möglichkeiten, um konzentriert und allein arbeiten zu können. Es ist wichtig, dass die Kultur überall erlebbar ist und man das Gefühl hat, etwas zu leisten und etwas zum größeren Ganzen beitragen zu können. Die Orte wird man wählen können, je nach persönlichen Vorlieben und Bedürfnissen, ökonomischen Gründen und zu erledigender Arbeit. Viel Flexibilität und Veränderungsmöglichkeiten sind die Basis, um auch gewappnet zu sein für zukünftige Herausforderungen.

Work-Life-Blending – wo hört die Arbeit auf, wo fängt die Freizeit an? Vor allem für die Wissensarbeit ist es schwierig, eine Grenze zu ziehen. Ideen und Lösungen kommen nicht auf Befehl zwischen 9 und 17 Uhr. Jeder weiß selbst, wann er gute Ideen hat, in der Dusche, beim Spaziergang, beim Schwimmen, beim Laufen; die Liste ist endlos. Es ist wichtig, persönlich abschalten zu können, auch im wahrsten Sinn des Worts: nicht erreichbar sein, weder per Handy noch per E-Mail oder einem anderen Kanal. Aber für ein gutes Work-Life-Blending, mit der richtigen Balance, braucht es eigene Entscheidungen und den eigenen Willen sowie die richtige Unternehmensakzeptanz. Passt das für alle, dann stimmt die Work-Life-Balance und die Mitarbeiter sind gern bei der Arbeit, sind motiviert und engagiert und haben auch Spaß an der Arbeit.

In Zukunft wird es vor allem aber auch darum gehen, dass es uns ALLEN gut geht, um das Wir und was wir alle dafür tun können und müssen. Schon lange ging es um „unser" Büro in der Gesamtheit und weniger um „meines" ganz persönlich. Nun geht es nicht nur um den gemeinsamen Ort, sondern auch um die gemeinsame Verantwortung für unser aller Wohl, unsere Gesundheit und unser Wohlfühlen. Es geht darum, wieder mehr Menschlichkeit im gemeinsamen Miteinander zu zeigen, im Kleinen wie im Großen – für unsere Welt, für ein besseres Klima, mehr Vernunft, mehr Mitgefühl, mehr Empathie. Wir alle leisten damit einen Beitrag zu einer holistischen Gesamtsicht und helfen uns damit selbst. Wir müssen uns überlegen, wie wir in Zukunft leben wollen und nie vergessen: Arbeit ist nicht ein Ort, zu dem man geht, es ist das, was man tut.

Prof. Dr. Christine Kohlert Architektin und Stadtplanerin, beschäftigt sich seit über 30 Jahren mit Lern- und Arbeitswelten der Zukunft, insbesondere mit dem Zusammenspiel von Raum und Organisation. Ihre Schwerpunkte liegen in der Einbeziehung der Nutzer in den Entstehungsprozess, dem Sichtbarmachen des Veränderungsprozesses, sowie der Raumanalyse. Sie ist außerdem Professorin an der Mediadesign Hochschule in München und der Fachhochschule in Augsburg. Am MIT (Massachusetts Institute of Technology) betreute sie 12 Jahre lang als Research Affiliate verschiedene Forschungsprojekte und leitete Seminare zu Raum und Organisation sowie zu Innovation. Christine Kohlert berät und begleitet Organisationen bei der Entwicklung von Strategie und Vision und leitet und führt begleitende Workshops und Exkursionen durch. Sie ist in verschiedenen Gremien und hat die wissenschaftliche Leitung für Konferenzen. Gemeinsam mit Verbundpartnern aus Forschung und Praxis forschte sie im Projekt PRÄGEWELT (Präventionsorientierte Gestaltung neuer Arbeitswelten), wie Arbeitswelten gesundheitsförderlich gestaltet werden können. Sie lebte drei Jahre in Tansania sowie ein Jahr im Kosovo und lehrte an den dortigen Universitäten. Sie arbeitete für die Gesellschaft für technische Zusammenarbeit (GTZ), die Friedrich Ebert Stiftung, Cultural Heritage without Borders (CHwB) sowie die Deutsche Botschaft und leitete verschiedene Stadtentwicklungsprojekte. Außerdem betreute sie im Rahmen des Lehrplans (UNESCO) Entwicklungsprojekte in Tansania.

MIX
Papier aus verantwortungsvollen Quellen
Paper from responsible sources
FSC® C105338

If you have any concerns about our products,
you can contact us on
ProductSafety@springernature.com

In case Publisher is established outside the EU,
the EU authorized representative is:
Springer Nature Customer Service Center GmbH
Europaplatz 3, 69115 Heidelberg, Germany

Printed by Libri Plureos GmbH
in Hamburg, Germany